TECHNICAL DESCRIPTION OF KTCS TRAIN CONTROL SYSTEM

KTCS 열차제어시스템 기술 해설

공학박사 · 철도신호기술사 서석철 저

도서출판 세화

머리말

KTCS 열차제어시스템 기술해설

시속 300km로 황금물결이 넘실대는 가을 평야를 가로지르는 KTX의 매끈한 차체를 떠올려 보십시오. 그 거대한 쇳덩이가 빼곡한 시간표에 맞춰, 보이지 않는 신호를 읽으며 한 치의 오차도 없이 스스로를 제어하는 모습은 이제 우리에게 익숙한 풍경입니다.

하지만 그 익숙함 뒤에는, 대한민국 철도 기술의 독립을 향한 수십 년간의 끈질긴 도전과 마침내 우리가 쟁취한 눈부신 성과가 숨 쉬고 있습니다. 바로 간선과 고속철도를 위한 KTCS-2와 도시철도를 위한 KTCS-M으로 대표되는 한국형 열차제어시스템(KTCS)입니다.

오랫동안 현장에서 우리 철도의 발전을 지켜보며, 한 가지 아쉬움이 있었습니다. 프랑스, 독일 등 해외 기술에 의존해야 했던 과거를 넘어 우리 손으로 세계 최고 수준의 열차제어시스템을 만들었음에도, 그 위대한 성과가 소수의 전문가들에게만 알려져 있다는 사실이었습니다. 이 경이로운 기술의 작동 원리와 그 안에 담긴 치열한 노력의 이야기를 더 많은 분과 나누고 싶었습니다.

이 책은 바로 그 갈증에서 시작되었습니다. 특히 이 기술해설은 저자가 KTCS-2 전라선 시범구간에서 3년 동안 기술사양과 현장 건설 감리(사양서 검토, LAB 시뮬레이션 시험, FAT, SA, 종합시험운행 등)를 수행한 경험을 바탕으로 집필하였습니다. 현업에서 전문성을 키워나가는 신호 엔지니어분들이 기술의 핵심을 꿰뚫고 실무에 적용할 수 있는 깊이 있는 지침서가 되기를 바랍니다. 또한, 미래의 철도 전문가를 꿈꾸는 학생들과 우리 기술의 현재와 미래에 관심이 많은 독자들까지, 누구나 KTCS의 세계를 쉽고 깊이 있게 탐험할 수 있도록 길을 안내하고자 합니다.

이 책은 단순한 지식의 나열이 아닌, 하나의 완성된 여정으로 구성되어 있습니다. 열차제어의 기초 원리에서 출발하여, 간선/고속철도의 표준이 된 KTCS-2와 도시철도 환경에 최적화된 KTCS-M의 핵심 기술과 시스템 구조를 체계적으로 살펴볼 것입니다. 나아가 대한민국 철도 현장을 바꾸고 있는 생생한 적용 사례를 확인하고, 열차들이 무선으로 하나처럼 움직이는 '가상연결'과 같은 미래 철도의 모습까지 함께 그려보게 될 것입니다.

무엇보다, 현장의 엔지니어들을 위해 별도의 '기술 강의' 장(제5부)을 마련하여 RAMS 공학, 사이버보안, 제동 모델 등 실무에서 반드시 마주하게 될 핵심 주제들을 심도 있게 다루었습니다.

또한, 이 책의 집필과 편찬에 도움을 주신 ㈜경인기술의 정회장님과 관계자 여러분의 성원에 감사의 말씀을 드립니다.

부디 이 책이 K-철도의 새로운 심장, KTCS의 힘찬 박동을 느끼고 그 미래를 함께 설계해나가는 즐겁고 유익한 지적 탐험이 되기를 바랍니다.

저자 *서석철* 드림

차례

제1부 KTCS 열차제어시스템의 이해

제1장 열차제어시스템(KTCS-2) 개발 배경

1.1	개발 배경 및 필요성 : 간선과 도시철도 신호시스템 표준화	12
1.2	철도신호 열차제어 시스템의 개요	12
1.3	ERTMS/ETCS와 CBTC 개요	14
1.4	ERTMS와 KTCS-2의 개요 및 차이점	18

제2장 한국형 열차제어시스템(KTCS)의 발전 : 1, 2, 3단계

2.1	KTCS-1 (ETCS Level 1)	32
2.2	KTCS-2 (ETCS Level 2)	33
2.3	KTCS-3 (ETCS Level 3)	34

제3장 KTCS-2와 KTCS-M : 핵심 특징과 차이점 비교

3.1.	KTCS-2의 핵심 특징과 시스템 구조	36
3.2.	KTCS-M의 핵심 특징과 시스템 구조	37
3.3.	KTCS-2와 KTCS-M의 기술적 공통점 및 차이점 심층 분석	39

제2부 간선/고속철도 표준 - KTCS-2

제4장 KTCS-2 시스템 구성 및 기능

4.1	지상 설비(Wayside Equipment)	44
4.2	차상 설비(Onboard Equipment)	81

KTCS 열차제어시스템 기술해설

제5장 핵심 기술요소 분석

5.1.	위치 검지 기술	92
5.2.	이동권한(MA) 방식	92
5.3.	KTCS 제동 특성 요약	93
5.4.	DMI(Driver Machine Interface) 설계 및 운전 패턴	97
5.5.	ETCS-2 LEVEL 전환: 원리와 절차	101

제6장 KTCS-2의 신경망, LTE-R

6.1.	철도 전용 통신 기술, LTE-R	103
6.2.	음성, 영상, 데이터가 함께 전송되는 통신	104
6.3.	3단계 검증 안전 확보	104
6.4.	철도무선통신망(LTE-R)의 중앙센터설비	105
6.5.	LTE-R 특징 및 주파수 내역	105

제7장 KTCS-2의 운영 논리

7.1.	KTCS-2 RBC의 역할과 논리 알고리즘	107
7.2.	KTCS-2의 열차 간 간격 유지 기술	123
7.3.	KTCS-2 진로설정 및 열차 진로처리	134
7.4.	KTCS-2 비정상 상황 대처 로직	137
7.5.	KTCS - 동작 모드	139

제8장 KTCS-2 도입 효과 및 과제

8.1.	수송용량 증대 및 유지보수 비용 절감 분석[정량적 효과]	146
8.2.	기술 종속 탈피와 K-철도 브랜드 강화[정성적 효과]	147
8.3.	기관사와 관제사의 업무 변화[인적 효과]	147
8.4.	신호장치 간소화, 설비 유지보수 비용 절감	149

CONTENTS

8.5.	운전 자동화 수준 향상	150
8.6.	통신 장애/EMI 문제 및 대응 방안	151

제9장 KTCS-2 안전성 증명 및 인증

9.1.	Fail-Safe 원칙과 다층적 구현	153
9.2.	개발 생명주기와 안전성 활동(V&V)	156
9.3.	안전무결성등급(SIL)의 이해와 적용	161
9.4.	안전기능평가(GA & SA)	162
9.5.	시스템 승인 및 인증절차	165
9.6.	안전성 증명(Safety Case) 사례	167

제10장 성능 검증 및 적용 사례

10.1.	KTCS-2 RAMS 요구사항	170
10.2.	최초의 시험대, 전라선 시범사업의 성공	174
10.3.	비수도권 최초 광역철도, 대경선 적용 사례	174
10.4.	전국 고속철도망으로의 확대 : 경부고속선, 호남고속선 적용 계획	175

제11장 ETCS-2 시스템 시험 인증 절차 종합 분석(Multitel 사례 중심)

11.1.	실험실 검증의 필요성과 목적	176
11.2.	ETCS Level 2 시스템의 이해	177
11.3.	시험 인증기관의 역할 및 절차	178
11.4.	시뮬레이션 시험 시나리오의 유형	179
11.5.	인터페이스 및 성능 검증 시험 절차	183
11.6.	운영 시나리오 기반 통합 성능 검증	186
11.7.	검증과 안전성 보장	188

KTCS 열차제어시스템 기술해설

제12장 KTCS-2 도입에 따른 유지보수자, 기관사, 관제사 교육

12.1. 유지보수자   189
12.2. 기관사   192
12.3. 관제사   197

제3부 도시철도 표준 - KTCS-M

제13장 KTCS-M의 이해

13.1. KTCS-M(CBTC 기반) - 도시철도 표준   202
13.2. 도시철도신호시스템(KTCS-M) 적용   204
13.3. CBTC 기반 이동폐색과 완전 무인운전(GoA 4)   208
13.4. KTCS-M 시스템 아키텍처 및 특징   209

제14장 KTCS-M 도입 효과 및 전망

14.1. KTCS-M 도입에 따른 도시철도 운영 효율 극대화 및 비용 절감 효과   214
14.2. 기관사 및 관제사 업무 변화   215
14.3. KTCS-M과 국가 철도망 통합 신호체계 연계 과제   218

제15장 KTCS-M 적용 사례 분석

15.1. 기술 검증의 초석 - 일산선 시범사업 상세 분석   226
15.2. 최초 상용화의 이정표 - 신림선 완전 무인운전(GoA 4) 구현   228
15.3. 표준의 확산 - 광역철도로의 확장과 미래 전망   229

CONTENTS

제4부 차세대 기술과 미래 발전 방향 및 기술 표준

제16장 다음 세대의 기술 : KTCS-3와 가상결합

16.1. 궤도회로가 필요 없는 진정한 무선통신 기반 제어   234
16.2. KTCS-3 시스템 특징   234

제17장 미래 철도 기술 : 가상결합(Virtual Coupling) 및 Hybrid Level 3

17.1. 열차가 스스로 소통하는 '가상결합(Virtual Coupling)' 기술   244
17.2. Hybrid Level 3   244

제18장 K-열차제어시스템의 과제와 발전 방향

18.1. 세계시장으로의 도전과 경쟁력 강화   250
18.2. 우리가 풀어야 할 과제   251
18.3. 인공지능(AI) 기반 예지정비 시스템 연계 방안   252
18.4. 사이버보안, 레질리언스 강화 및 디지털 트윈 적용   254
18.5. 종합 발전 방향   256

제19장 기술 기준 및 표준 : KRS와 국제 표준

19.1. 국가 철도신호 규격 (KRS)   258
19.2. ERTMS/ETCS Level 2 기술문서 참조   259
19.3. ISO/IEC/ITU 관련 표준 적용   260

제5부 신호 엔지니어를 위한 기술 강의

제20장 KTCS-2 열차제어시스템의 이해

20.1.	KTCS-2의 등장과 기술적 배경	268
20.2.	KTCS-2 고정폐색 시스템 운용 분석	277
20.3.	KTCS(ETCS) 제동 모델 기술 해설	285
20.4.	철도 신호 시스템 통신 프로토콜 기술 설명	296
20.5.	열차제어시스템(KTCS-2) 성능지표 표준화 및 RAMS 공학	314
20.6.	KTCS-2 사이버보안 설명	321
20.7.	열차제어시스템(KTCS-2)의 시험·인증 절차	337
20.8.	열차제어시스템(KTCS-2)의 장애·열화 운전 대응 설명서	346
20.9.	KTCS-2 신호 엔지니어를 위한 통신 공학	353
20.10.	한국형 CBTC(KTCS-M)의 핵심 원리 및 아키텍처 분석	373
20.11.	철도 선로용량에 대한 이론, 적용 및 증대 방안	389
20.12.	KTCS 신호 엔지니어를 위한 RAMS 기초 이론	400

부록

1. 신호 약어	416
2. 신호 용어	420
3. KTCS-2 통신 시스템 용어 및 약어집	439
4. EULYNX : 유럽 철도 신호 시스템의 혁신을 이끄는 표준화 이니셔티브	447
5. 통신관련 Data	449
참고자료	453
맺음말	457

KTCS 열차제어시스템 기술해설

KTCS 열차제어시스템의 이해

제 1 부

제 1 장 열차제어시스템(KTCS-2) 개발 배경

1.1 개발 배경 및 필요성 : 간선과 도시철도 신호시스템 표준화

21세기 대한민국 철도는 KTX 고속철도의 개통을 필두로 비약적인 성장을 거듭해왔다. 운행 속도와 수송량은 폭발적으로 증가했지만, 그 이면에는 중요한 과제가 숨어있었다. 바로 철도 운행의 안전과 효율을 책임지는 '두뇌', 즉 열차제어시스템을 대부분 해외 기술에 의존하고 있다는 점이었다.

프랑스의 TVM-430, 이탈리아의 안살도 ATC 등 노선마다 다른 국가의 시스템이 적용되다 보니, 다음과 같은 문제점들이 발생하였다.

- **기술 종속 심화** : 시스템 유지보수와 개량에 막대한 외화가 필요하였고, 핵심 기술을 이전받지 못해 우리 실정에 맞는 능동적인 개선이 불가능하였다.
- **운영 비효율** : 각기 다른 시스템 간의 호환성 문제로 직결 운행이 어렵고, 운영 및 유지보수 인력 양성에도 어려움이 따랐다.
- **성능 한계 봉착** : 기존 시스템들은 점차 증가하는 열차 운행 횟수와 속도 향상 요구를 감당하기에는 점점 한계에 다다르고 있었다.

이러한 기술적, 경제적 난제를 해결하고, 대한민국 철도의 완전한 기술 자립을 이루기 위한 국가적인 염원이 모여 탄생한 것이 바로 **'한국형 열차제어시스템(KTCS)' 개발 프로젝트**이었다. 이는 단순히 외산 시스템을 국산으로 대체하는 것을 넘어, 세계 표준을 따르면서도 우리의 강점인 ICT 기술을 접목하여 세계 시장을 선도할 수 있는 차세대 시스템을 확보하기 위한 담대한 도전이었다.

1.2 철도신호 열차제어 시스템의 개요

대한민국의 철도신호 시스템은 안전에 대한 요구 수준이 높아짐에 따라 단계적으로 발전해왔다. 초기에는 기관사의 눈에 의존하는 기계식 신호기와 기본적인 안전장치에서 시작하여, 수도권 도시철도를 중심으로 열차의 정지 신호 위반 시 자동으로 제동을 체결하는 ATS(Automatic Train Stop) 시스템이 도입되었다.

2004년 KTX 고속철도가 개통되면서, 지상에서 보내는 신호를 차내에서 연속적으로 수신하여 허용 속도를 초과하지 않도록 감시하는 프랑스의 TVM-430과 같은 고성능 외산 시스템이 처음으로 도입되었다. 이후 여러 노선에 다양한 종류의 ATC(Automatic Train Control) 시스템이 적용되며 기술 수준을 높여왔다.

그러나 이러한 개별적인 시스템 도입만으로는 기술 종속과 비효율 문제를 근본적으로 해결할 수 없었다. 이에 정부와 산학연은 세계적인 추세인 ERTMS(유럽 철도 교통 관리 시스템)를 표준 모델로 삼아, 2010년대부터 본격적인 한국형 열차제어시스템(KTCS) 개발에 착수하였고, 마침내 그 결실인 KTCS-2를 세상에 내놓게 되었다.

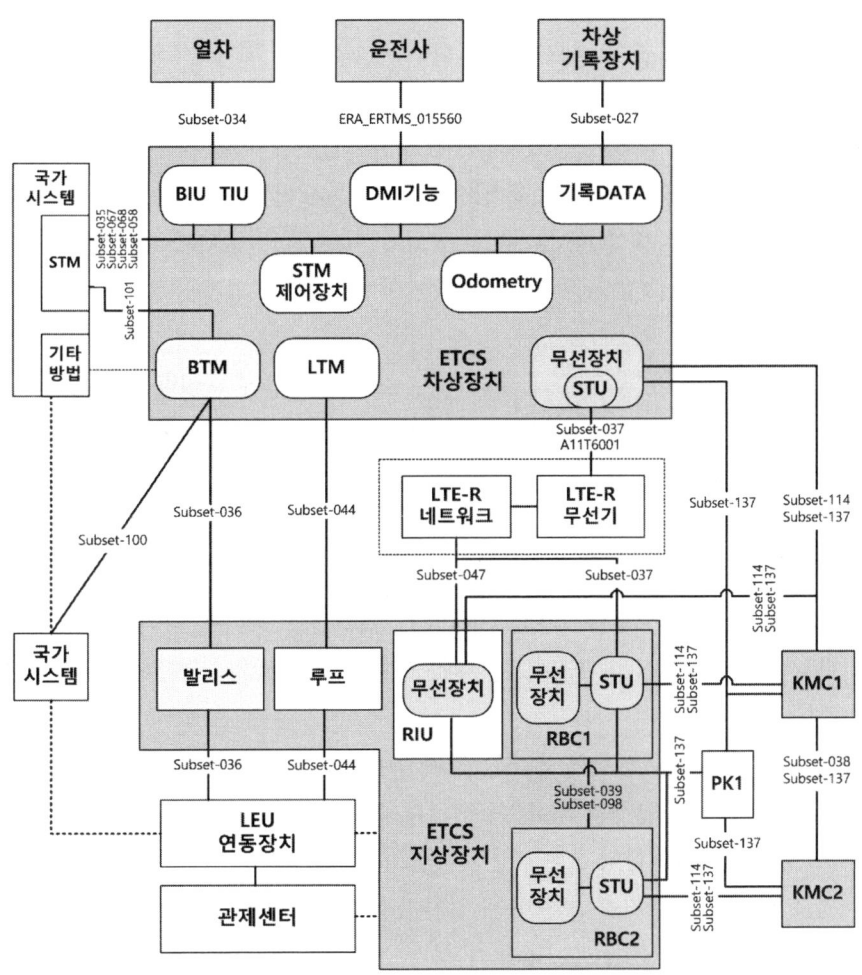

[그림 1-1] ERTMS/ETCS 구성도

1.3 ERTMS/ETCS와 CBTC 개요

1.3.1 ERTMS/ETCS의 탄생 배경과 목표

유럽 대륙은 오랫동안 각국이 독자적으로 개발한 수많은 철도신호 시스템이 혼재하는 '기술의 파편화' 문제를 겪어왔다. 이는 열차가 국경을 넘을 때마다 기관차를 교체하거나, 여러 신호 시스템에 대응할 수 있는 복잡한 장비를 탑재해야 하는 비효율을 낳았다. 이러한 문제를 해결하고 단일 유럽 철도 시장을 구축하기 위해 탄생한 것이 바로 유럽 철도 교통 관리 시스템(ERTMS, European Rail Traffic Management System)이다.

ERTMS는 크게 세 가지 핵심 요소로 구성된다.
① ETCS(European Train Control System) : 열차의 속도를 감시하고 제어하는 핵심 신호 시스템이다.
② RMR(Railway Mobile Radio) : 열차와 지상 관제 센터 간의 통신을 담당하는 철도 전용 이동통신 시스템으로, 현재의 GSM-R과 미래의 5G 기반 FRMCS가 여기에 해당한다.
③ ATO(Automatic Train Operation) : ETCS의 보호 아래 열차의 출발, 주행, 정차를 자동화하는 시스템이다.

이 중 ETCS의 궁극적인 목표는 유럽 내 모든 철도 노선과 차량에 단일한 표준을 적용하여, 어떤 국가의 열차든 별도의 제약 없이 유럽 전역을 자유롭게 운행할 수 있도록 하는 '상호운용성(Interoperability)'을 확보하는 것이다.

(1) ETCS 레벨(Level)의 이해

ETCS는 적용되는 기술 수준과 지상-차상 간 정보 전달 방식에 따라 여러 '레벨'로 구분된다. 각 레벨은 하위 호환성을 가지므로, 상위 레벨의 차상 장치는 하위 레벨 노선에서도 운행이 가능하다.

- **Level 0** : ETCS 차상 장치를 탑재한 열차가 ETCS 설비가 없는 노선을 운행하는 상태이다. 차상 장치는 해당 열차의 최고 속도만 감시하며, 기관사는 전적으로 선로변의 기존 신호기를 보고 운전해야 한다.
- **Level 1** : 선로변 신호기를 보완하는 열차자동방호(ATP) 시스템이다. 선로에 설치된 지상 장치인 '유로발리스(Eurobalise)'가 특정 지점을 통과하는 열차에 신호 현시 정보, 선로 제한 속도 등을 불연속적으로 전송한다. 열차는 이 정보를 수신하여 다음 발리스를 만날 때까지 유효한 제동 곡선을 계산하고 속도를 감시한다. 이 레벨에서는 여전히 선로변 신호기가 필수적이다.

- Level 2 : 연속적인 무선통신(GSM-R)을 기반으로 하는 본격적인 차상신호 시스템이다. 열차는 자신의 위치를 지속적으로 무선폐색센터(RBC, Radio Block Center)로 보고하고, RBC는 열차의 전방 선로 상태를 종합하여 주행 허가 정보인 '이동권한(MA, Movement Authority)'을 실시간으로 열차에 전송한다. 이 정보는 운전실의 DMI(Driver-Machine Interface)에 직접 표시되므로, 이론적으로 선로변 신호기를 완전히 제거할 수 있다. 이는 건설 및 유지보수 비용을 절감하고, 고속 운행 시 기관사의 시인성을 획기적으로 개선한다. 하지만 열차의 점유 여부를 확인하는 수단은 여전히 궤도회로나 차축검지기와 같은 전통적인 지상 설비에 의존한다.
- Level 3 : ETCS의 궁극적인 지향점으로, '이동폐색(Moving Block)' 개념을 간선 철도에 도입하는 것을 목표로 한다. Level 2와 동일하게 무선통신을 사용하지만, 가장 큰 차이점은 궤도회로와 같은 지상 열차 검지 장치를 완전히 배제한다는 것이다. 대신, 열차 스스로 자신의 위치뿐만 아니라 열차가 분리되지 않았음을 증명하는 '열차 무결성(Train Integrity)'까지 확인하여 RBC에 보고해야 한다. 이를 통해 열차 간 간격을 최소 제동 거리까지 단축시켜 선로용량을 극대화할 수 있다. 기술적 난이도로 인해 아직 널리 상용화되지는 않았으며, 최근 기술 표준(CCS TSI 2023)에서는 Level 3의 기능들이 Level 2의 확장 기능으로 통합되는 추세이다.

(2) ETCS Level 2 시스템 아키텍처 및 운영

현재 가장 널리 구축되고 있는 ETCS Level 2는 다음과 같은 구성 요소들의 유기적인 상호작용을 통해 작동한다.

① 차상 장치(On-board Equipment)
- EVC(European Vital Computer) : 차상 시스템의 두뇌 역할을 하는 핵심 컴퓨터로, RBC로부터 수신한 정보와 발리스 정보, 열차의 제동 성능 등을 종합하여 안전한 속도 프로파일을 계산하고 열차를 감시한다.
- DMI(Driver-Machine Interface) : 기관사에게 허용 속도, 목표 지점, 선로 정보 등을 시각적으로 전달하는 디스플레이 장치이다.
- BTM(Balise Transmission Module) : 선로의 유로발리스를 통과할 때 정보를 읽는 장치이다.
- 무선 통신 장치(GSM-R FRMCS) : RBC와의 연속적인 데이터 통신을 담당한다.

② 지상 장치(Trackside Equipment)
- RBC(Radio Block Center) : 관할 구역 내 모든 열차의 운행을 총괄하는 지상 제어 센터이다. 연동장치로부터 진로정보를, 열차로부터 위치 정보를 받아 각 열차에 대한 이동권한(MA)을 생성하고 전송한다.

- **유로발리스(Eurobalise)** : 선로에 설치된 수동형 정보 전송 장치로, 열차에 정확한 위치 기준점을 제공하거나 고정된 선로 정보를 전달한다.
- **연동장치(Interlocking System)** : 선로전환기, 신호기 등을 제어하여 열차의 진로를 안전하게 확보하고, 그 상태 정보를 RBC에 제공한다.
- **열차 검지 장치(Train Detection System)** : 궤도회로나 차축검지기를 이용하여 특정 폐색 구간에 열차가 있는지 없는지를 물리적으로 확인한다.

1.3.2 CBTC – 도시철도 용량 증대의 해법

(1) CBTC의 개념과 목표

통신기반 열차제어(CBTC, Communication-Based Train Control)는 그 이름에서 알 수 있듯이, 지상의 궤도회로가 아닌 열차와 지상 간의 연속적인 양방향 무선통신을 기반으로 열차를 제어하는 시스템이다. 이 시스템은 국제전기전자공학회(IEEE)의 1474.1 표준에 의해 정의되며, 짧은 역간거리와 높은 운행 빈도가 특징인 도시철도(지하철, 경전철) 환경에서 선로 용량을 극대화하는 것을 최우선 목표로 한다.

CBTC의 핵심은 궤도회로에 의존하지 않고, 열차 스스로 자신의 정확한 위치를 파악하여 지상으로 보고하는 것이다. 이를 통해 전통적인 '고정폐색'의 한계를 극복하고 '이동폐색'을 구현함으로써, 열차 운행 시격을 획기적으로 단축시킬 수 있다.

(2) 이동폐색(Moving Block) 패러다임

CBTC 운영 원리의 핵심은 이동폐색이다. 이는 철도 신호의 근본적인 패러다임 전환을 의미한다.

- **고정폐색(Fixed Block)** : 선로를 궤도회로 등으로 물리적인 구간(폐색)으로 나누고, '하나의 폐색에는 한 대의 열차만 존재할 수 있다'는 원칙을 따른다. 후속 열차는 선행 열차가 앞선 폐색 구간을 완전히 벗어나야만 해당 구간에 진입할 수 있어, 실제 안전거리 외에 불필요한 공간이 낭비된다.
- **이동폐색(Moving Block)** : 물리적인 폐색 구간 대신, 각 열차를 중심으로 하는 동적인 안전 영역(가상의 폐색)을 설정한다. 이 안전 영역의 크기는 열차의 현재 속도에 따른 제동거리와 안전 여유를 더해 실시간으로 계산되며, 선행 열차의 실제 후미 위치 바로 뒤까지 후속 열차의 주행이 허가된다. 선행 열차가 전진하면 후속 열차의 이동 한계도 즉시 연장되므로, 열차들은 최소한의 안전거리만을 유지한 채 촘촘하게 운행할 수 있다.

(3) CBTC 시스템 아키텍처 및 운영

CBTC 시스템은 ETCS와 달리 시스템의 핵심 지능이 차상으로 상당 부분 이동한 것이 특징이다.

① 차상 장치(On-board Equipment)
- VOBC(Vehicle On-Board Controller) : 열차의 두뇌 역할을 하는 고성능 컴퓨터이다. 속도계, 가속도계 등의 센서 정보를 종합하여 자신의 정확한 위치와 속도를 실시간으로 계산하고, 이를 지상으로 보고한다. 또한 지상으로부터 수신한 '이동권한 한계(LMA, Limit of Movement Authority)'에 따라 열차의 가감속을 자동으로 정밀하게 제어한다.

② 지상 장치(Wayside Equipment)
- ZC(Zone Controller) : 특정 구역(Zone)을 담당하는 지상 제어 장치이다. 관할 구역 내 모든 열차로부터 위치 보고를 받아 실시간 노선 지도를 생성하고, 이를 바탕으로 각 열차의 LMA를 계산하여 전송한다.
- DCS(Data Communication System) : 열차(VOBC)와 지상(ZC) 간의 양방향 데이터 통신을 중계하는 무선 네트워크이다. (주로 Wi-Fi 또는 LTE-R 사용)
- 위치 보정용 비콘태그 : 궤도회로가 없는 대신, 열차가 주기적으로 자신의 위치 오차를 보정할 수 있도록 선로의 특정 지점에 설치된 기준점이다.

(4) 자동운전(GoA)과 CBTC

CBTC의 정밀한 이동폐색 제어는 높은 수준의 자동운전을 구현하기 위한 필수 전제 조건이다. 철도 자동화 등급(GoA, Grade of Automation)은 다음과 같이 분류되며, CBTC는 최고 등급인 GoA 4까지 지원하도록 설계된다.

- GoA 1(Manual Operation) : ATP 시스템의 보호 하에 기관사가 운전, 출입문 조작, 비상 대응을 모두 수행한다.
- GoA 2(Semi-automatic Train Operation, STO) : 자동 가감속 및 정위치 정차는 시스템이 수행하지만, 출입문 조작과 출발은 기관사가 담당한다.
- GoA 3(Driverless Train Operation, DTO) : 기관사 없이 운행하며, 시스템이 모든 운행과 출입문 조작을 담당한다. 비상 상황 시에는 승무원이나 관제사가 개입한다.
- GoA 4(Unattended Train Operation, UTO) : 기관사나 승무원 없이 완전 무인으로 운행하며, 비상 상황 대처까지 시스템이 자동으로 수행한다.

1.3.3 비교 분석 및 결론

(1) ETCS와 CBTC 핵심 비교

[표 1-1] ETCS와 CBTC

속성	ERTMSETCS (Level 2 기준)	CBTC
주요 적용 분야	간선 및 고속철도	도시철도(지하철, 경전철)
핵심 목표	국가 간 상호운용성 확보	선로 용량 극대화, 시격 단축
기반 표준	ERTMSTSI(유럽연합 기술사양)	IEEE 1474.1
폐색 원리	고정폐색(Fixed Block)	이동폐색(Moving Block)
열차 검지 방식	지상 설비(궤도회로, 차축검지기)	차상 자율 측위(On-board Positioning)
시스템 지능 중심	지상 중심 (RBC)	차상 중심 (VOBC)
지상 설비	복잡함(궤도회로 등 필요)	단순함(궤도회로 불필요)
자동화 수준	GoA 2 수준 지원	GoA 4(완전 무인운전) 지원

1.4 ERTMS와 KTCS-2의 개요 및 차이점

1.4.1 한국형 열차제어시스템(KTCS) 개요

(1) 독자 표준의 필요성

한국 철도신호 시스템의 역사는 오랫동안 해외 기술에 대한 의존의 역사와 같았다. 각 노선은 건설 시기에 따라 각기 다른 국가의, 서로 다른 세대의 신호 시스템을 도입하여 운영되었다. 이는 마치 '해외 철도 신호 전시장'과 같은 양상을 띠게 되었으며, 이러한 기술적 파편화는 심각한 운영상의 비효율과 경제적 부담을 야기했다. 서로 다른 시스템 간의 호환성 부재는 특정 노선에 투입된 차량이 다른 노선에서 운행될 수 없는 제약으로 작용했으며, 이는 차량 운영 계획의 유연성을 크게 저해했다. 더욱이, 시스템 유지보수를 위한 부품 수급, 소프트웨어 업데이트, 기술 지원 등 모든 과정에서 해외 제작사에 전적으로 의존해야만 했다. 이는 높은 라이선스 비용과 유지보수 비용으로 직결되었을 뿐만 아니라, 문제 발생 시 신속한 대응을 어렵게 만드는 고질적인 문제였다.

이러한 배경 속에서 한국형 열차제어시스템(KTCS, Korean Train Control System) 개발 프로젝트는 단순한 기술 개선 사업을 넘어, 철도 신호 분야에서의 '기술 주권'을 확보하기 위한 국가적 과제로 부상했다. 정부 주도의 국가 연구개발(R&D) 과제로 시작된 이 프로젝트는 명확한 비전을 가지고 있었다. 그 핵심 목표는 **표준화(Standardization)**, **국산화(Domestication)**, **국제화(Internationalization)**, 그리고 사업화였다. 첫째, 국내 철도망 전체에 적용될 단일 표준을 확립하여 상호운용성을 확보하고, 둘째, 핵심 기술과 장비를 국산화하여 해외 기술 의존도를 낮추고 건설 및 유지보수 비용을 획기적으로 절감하며, 셋째, 국제 표준을 충족하여 해외 시장에 진출할 수 있는 수출 상품을 개발하고, 마지막으로 이를 통해 국내 철도 산업 생태계를 강화하는 것이었다. 실제로 KTCS-2의 도입은 고속선 개량 사업에서만 약 1조 2천억 원 이상의 예산 절감 효과를 가져올 것으로 분석되는 등, 그 경제적 효과는 막대하다.

KTCS는 적용 대상 노선의 특성에 따라 체계적으로 분류된다. **KTCS-1**은 기존 일반선에 적용되는 열차자동방호장치(ATP, Automatic Train Protection) 시스템이며, 본 보고서의 핵심 주제인 **KTCS-2**는 고속선 및 주요 간선 철도용으로, **KTCS-M**은 도시철도(Metro)용으로 특화되어 개발되었다. 또한 미래 기술로 **KTCS-3**가 차세대 고속선용 이동폐색 시스템으로 연구개발 중에 있다. 이처럼 KTCS-2와 KTCS-M은 경쟁 관계가 아닌, 서로 다른 운영 환경의 요구사항을 충족시키기 위해 설계된 상호 보완적인 시스템이다.

KTCS 개발 전략의 가장 주목할 만한 점은 '이중 트랙 표준화' 전략을 채택했다는 것이다. 이는 단일한 독자 표준을 고집하는 대신, 각 철도 분야에서 세계적으로 검증되고 통용되는 표준을 전략적으로 수용한 것이다. 간선 및 고속철도 분야에서는 유럽의 열차제어시스템(ETCS, European Train Control System)을, 도시철도 분야에서는 통신기반 열차제어(CBTC, Communication-Based Train Control)를 각각의 기술적 기반으로 삼았다. ETCS는 유럽 연합(EU)이 철도 상호운용성을 위해 의무화한 표준이며, CBTC는 전 세계 대도시의 고밀도 운행 환경에서 사실상의 표준으로 자리 잡은 기술이다. 이러한 접근 방식은 여러 측면에서 매우 실용적이고 현명한 선택이었다. 첫째, 이미 성숙한 글로벌 표준의 안전 철학과 기술을 기반으로 함으로써 개발 리스크와 기간을 단축하고 시스템의 안전성을 최고 수준으로 확보할 수 있었다. 둘째, 처음부터 국제 표준과의 호환성을 내재하게 되어 '국제화' 및 수출 목표 달성에 결정적인 발판을 마련했다. 즉, KTCS는 한국의 철도 환경에 최적화된 시스템이면서 동시에 세계 시장에서도 통용될 수 있는 두 개의 강력한 제품 라인(KTCS-2와 KTCS-M)을 확보하게 된 것이다. 이는 단순한 기술 개발을 넘어, 철도 산업의 글로벌 경쟁력을 염두에 둔 고도의 비즈니스 및 지정학적 전략의 산물이라 할 수 있다.

1.4.2 고속 및 간선 철도용 KTCS-2

(1) ETCS Level 2 기반 아키텍처 프레임워크

KTCS-2는 한국이 독자적으로 개발한 고속 및 간선 철도용 열차제어시스템으로, 그 기술적 근간은 유럽 표준인 ETCS Level 2에 두고 있다. ETCS Level 2의 핵심은 지상과 열차

간에 연속적인 양방향 무선 통신을 사용하여 열차의 운행을 제어하는 것이다. 이는 기존에 선로변 신호기나 특정 지점에서만 정보를 전달받던 ETCS Level 1 방식에서 진일보한 개념으로, 운전실 내 차상신호(Cab Signalling)를 구현하여 기관사에게 실시간 운행 정보를 제공하고, 잠재적으로는 선로변 신호기를 완전히 대체할 수 있어 안전성과 운행 효율을 극대화한다. KTCS-2는 설계 최고 속도 400km/h의 고속선 환경까지 고려하여 개발되었으며, 일반 간선 철도에도 적용이 가능하다.

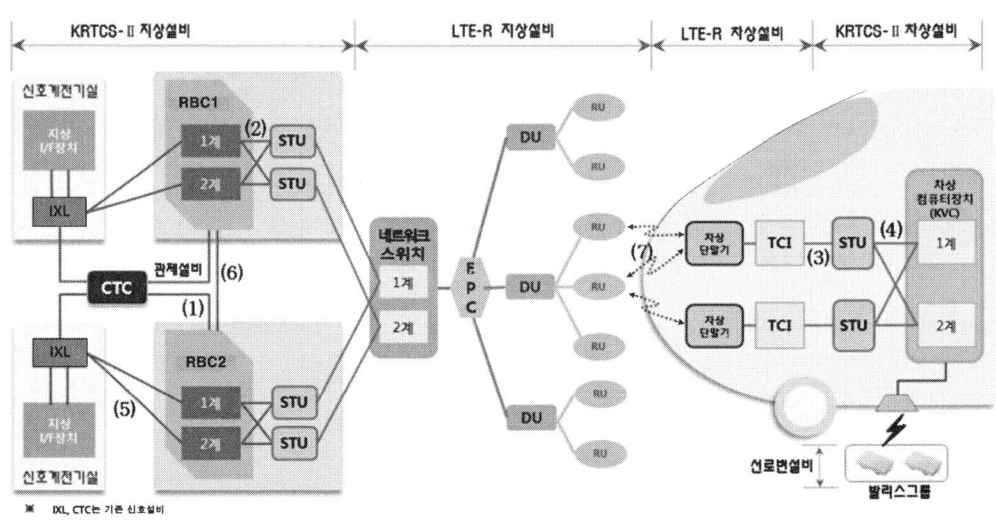

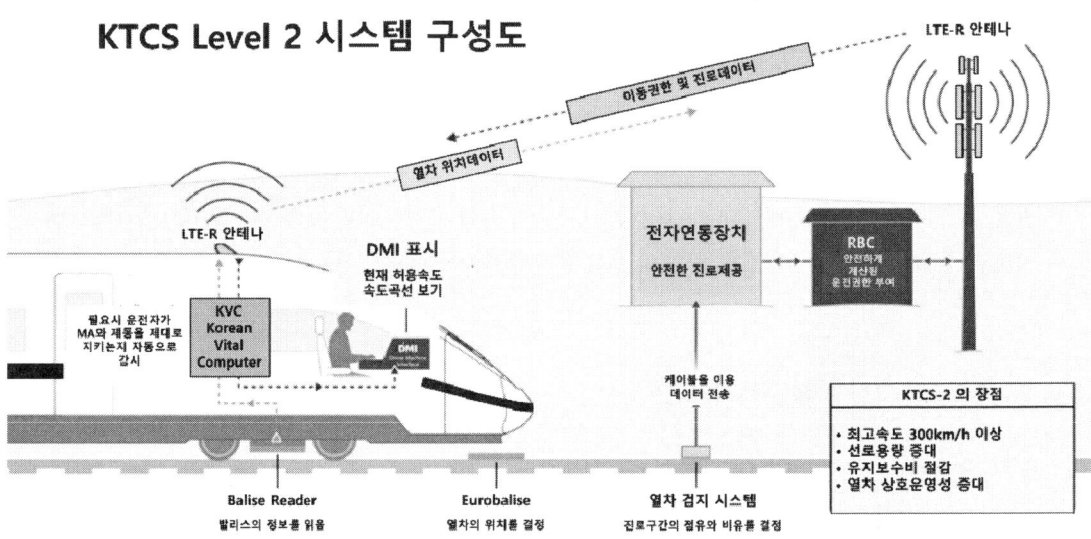

[그림 1-2] KTCS-2 시스템 구성도

① 시스템 아키텍처 개요
　　KTCS-2 시스템은 크게 세 가지 주요 서브시스템으로 구성된다. 이들 서브시스템은 유기적으로 연동하여 열차의 안전한 운행을 보장한다.
　　㉠ 관제 센터(Control Center) : 중앙에서 노선 전체의 열차 운행을 감시하고 제어하는 역할을 한다. 열차집중제어장치(CTC, Centralized Traffic Control)가 여기에 해당하며, 운영자는 CTC를 통해 열차의 운행 경로를 설정하고 시스템의 전반적인 상태를 모니터링한다. CTC는 후술할 무선폐색센터(RBC)와 인터페이스하여 진로 설정 정보를 전달한다.
　　㉡ 지상 설비(Trackside Equipment) : 선로를 따라 설치되어 열차 제어에 필요한 핵심 기능을 수행하는 장비들로 구성된다.
　　　• 무선폐색센터(RBC, Radio Block Center) : KTCS-2 시스템의 '두뇌'에 해당한다.
　　　• 전자연동장치(IXL, Interlocking System) : 선로전환기, 신호기 등 선로변 장치들을 제어하여 열차의 진로를 안전하게 확보하는 역할을 한다.
　　　• LTE-R 무선 통신망 : 열차와 RBC 간의 데이터 통신을 담당하는 전용 네트워크이다.
　　　• 발리스(Balise) : 선로에 설치된 지상자로, 열차에 정확한 위치 정보를 제공한다.
　　㉢ 차상 장비(On-board Equipment) : 열차에 탑재되어 실질적인 열차 방호 및 속도 제어를 수행하는 장비들이다.
　　　• 차상 ATP 컴퓨터 : 시스템의 핵심 안전 장치로, RBC로부터 수신한 정보를 바탕으로 실시간으로 열차 속도를 감시한다.
　　　• LTE-R 무선 모뎀 : 지상과의 데이터 통신을 담당한다.
　　　• 발리스 전송 모듈(BTM, Balise Transmission Module) : 발리스를 통과할 때 정보를 수신하는 안테나 및 처리 장치이다.
　　　• 운전자표시장치(DMI, Driver-Machine Interface) : 기관사에게 운행 속도, 목표 지점 등 각종 정보를 시각적으로 전달하는 인터페이스이다.
② 핵심 구성 요소 상세 분석
　　• 무선폐색센터(Radio Block Center, RBC)
　　RBC는 KTCS-2 시스템의 지능적인 중앙 처리 장치이다. 그 역할은 관할 구역 내 모든 열차의 운행을 총괄하고 안전을 보장하는 것이다. RBC는 전자연동장치로부터 각 폐색 구간의 점유 상태, 선로전환기의 방향 등 진로에 대한 정보를 수신한다. 동시에, 관할 구역 내를 운행하는 모든 열차로부터 LTE-R을 통해 실시간으로 위치 보고를 받는다. 이 두 가지 정보를 종합하여, RBC는 각 열차가 안전하게 주행할 수 있는 한계 지점, 즉 '이동권한(MA, Movement Authority)'을 계산한다. 계산된 MA는 허용 속도 프로파일과 함께 LTE-R을 통해 해당 열차로 즉시 전송된다. 하나의 RBC는 약 60km에 달하는 광범위한 구간을 관할할 수 있으며, 열차는 한 RBC의 관할 구역에서 다음 RBC의 관할 구역으로 이동할 때 '핸드오버(Handover)' 절차를 통해 중단 없이 제어 정보를 수신한다.

- **발리스(Balise)**
발리스는 선로 중앙에 일정한 간격으로 설치된 수동적인 정보 전송 장치(Transponder) 이다. 열차가 발리스 위를 통과할 때, 차상의 BTM 안테나가 발리스에 전원을 공급하고, 그 즉시 발리스는 저장된 고유 정보를 열차로 전송한다. 이 정보에는 발리스의 절대적인 위치 좌표가 포함되어 있어, 열차의 차상 장치가 자신의 위치를 보정하는 기준점(Reference Point)으로 사용된다. 열차는 바퀴 회전수를 기반으로 한 주행거리측정장치(Odometry)를 통해 지속적으로 자신의 위치를 추정하지만, 바퀴의 미끄러짐이나 마모 등으로 인해 오차가 누적될 수 있다. 발리스는 이러한 누적 오차를 주기적으로 초기화하여 위치 정보의 정확성을 유지하는 필수적인 역할을 한다. 또한, 발리스는 선로의 구배, 곡선, 영구적인 속도 제한 등 변하지 않는 고정 정보를 저장하여 열차에 전달하는 기능도 수행한다.

- **LTE-R 통신 네트워크**
KTCS-2의 가장 혁신적인 특징 중 하나는 세계 최초로 철도 전용 4세대(4G) 무선통신망인 LTE-R(LTE-Railway)을 열차제어에 상용화했다는 점이다. 기존의 표준 ETCS Level 2는 2G 기반의 GSM-R을 사용하는데, 이는 데이터 전송 속도가 느리고 대역폭이 제한적이다. 반면, LTE-R은 고속, 대용량, 저지연 데이터 전송이 가능하여 훨씬 안정적이고 신뢰성 높은 통신 환경을 제공한다. 이를 통해 RBC와 열차 간의 양방향 통신이 실시간으로 이루어지며, 단순한 열차제어 정보를 넘어 향후 실시간 영상 전송, 원격 진단 등 다양한 스마트 철도 서비스를 구현할 수 있는 기반을 마련하였다.

- **차상 ATP 장치(On-board ATP Unit)**
차상 ATP 장치는 열차의 안전을 책임지는 최종 보루이다. 이는 안전무결성 최고 등급인 SIL 4(Safety Integrity Level 4)를 만족하도록 설계된 고신뢰성 컴퓨터 시스템이다. 차상 장치는 BTM을 통해 발리스 정보를 수신하고, 주행거리측정장치를 통해 자신의 위치를 지속적으로 계산한다. 동시에 LTE-R을 통해 RBC로부터 이동권한(MA)을 수신한다. 수신된 MA와 선로 정보, 그리고 열차 자체의 제동 성능 데이터를 바탕으로, 차상 장치는 실시간으로 '동적 속도 프로파일(Dynamic Speed Profile)', 즉 제동 곡선을 계산한다. 이 프로파일은 열차가 현재 속도로 주행할 때 MA의 한계 지점을 넘지 않고 안전하게 정차하기 위해 언제부터 감속을 시작해야 하는지를 나타낸다. 기관사는 DMI에 표시된 허용 속도를 준수하여 운전하며, 만약 기관사가 허용 속도를 초과하거나 제동 시점을 놓치면 차상 ATP 장치가 자동으로 개입하여 비상 제동을 체결함으로써 충돌이나 탈선을 방지한다.

(2) 고정폐색 환경에서의 운영 원리

KTCS-2는 최첨단 무선통신 기술을 사용함에도 불구하고, 그 근본적인 안전 철학은 전통적인 **고정폐색(Fixed Block)** 원리에 기반을 두고 있다. 고정폐색이란 선로를 일정한 길이의 여러 구간, 즉 '폐색'으로 나누고, '하나의 폐색에는 동시에 한 대의 열차만 진입할 수 있다'는 원칙을 엄격히 지키는 방식이다. KTCS-2에서 열차의 존재를 감지하고 폐색 구간의 점유 여부를 확인하는 주된 수단은 여전히 선로에 설치된 궤도회로(Track Circuit)이다.

이 점은 KTCS-2의 운영 원리를 이해하는 데 매우 중요하다. 즉, LTE-R을 통한 연속적인 무선통신은 궤도회로 기반의 고정폐색 시스템을 대체하는 것이 아니라, 이를 '향상'시키는 역할을 한다. 기존의 신호 시스템에서는 열차가 한 폐색을 완전히 빠져나가 궤도회로가 '해방' 되었음이 확인된 후, 그 정보가 다음 선로변 신호기에 현시되기까지 물리적인 시간 지연이 발생했다. 후속 열차는 그 신호기까지 도달해야만 전방의 상황 변화를 인지하고 가속할 수 있었다.

반면, KTCS-2에서는 이러한 정보 지연이 거의 사라진다. 선행 열차가 폐색을 통과하여 궤도회로가 해방되는 즉시, 이 정보가 전자연동장치를 통해 RBC로 전달된다. RBC는 이 정보를 바탕으로 후속 열차에 대한 새로운 이동권한(MA)을 즉시 계산하여 LTE-R을 통해 전송한다. 후속 열차는 선로변 신호기를 기다릴 필요 없이 운전실의 DMI를 통해 거의 실시간으로 연장된 MA를 확인하고 운행을 계속할 수 있다. 이러한 방식은 고정된 폐색의 물리적 제약 내에서 정보 전달의 효율성을 극대화함으로써, 마치 폐색의 경계가 유연하게 움직이는 것과 같은 효과를 낸다. 이 때문에 KTCS-2의 운영 방식을 '가상 폐색(Virtual Block)' 또는 '유사 이동폐색(Quasi-moving Block)'이라고도 설명할 수 있다. 이는 운행 시격을 단축하고 선로용량을 증대시키는 데 크게 기여한다.

① 열차 제어 생명주기(단계별 분석)

KTCS-2 환경에서 열차가 운행되는 과정은 다음과 같은 단계적 생명주기를 따른다.

㉠ **위치 초기화 및 보정** : 열차가 운행을 시작하면, 차상 장치는 바퀴 회전수를 기반으로 한 주행거리측정장치를 이용해 자신의 위치를 추정한다. 운행 중 선로에 설치된 첫 번째 발리스 그룹을 통과하면서 절대 위치 정보를 수신하고, 이를 기준으로 누적된 주행거리 오차를 보정하여 정확한 위치를 확립한다.

㉡ **위치 및 상태 보고** : 정확한 위치가 확립된 열차는 자신의 ID, 위치, 속도, 진행 방향 및 열차의 무결성(Train Integrity, 열차가 분리되지 않았음을 의미) 상태를 포함한 정보를 주기적으로 RBC에 LTE-R을 통해 보고한다.

㉢ **이동권한(MA) 요청 및 수신** : 열차의 위치 보고를 받은 RBC는 해당 열차의 전방 선로 상태를 확인한다. RBC는 전자연동장치로부터 궤도회로 점유 정보와 설정된 진로 정보를 받아, 어느 폐색 구간까지가 비어 있고 안전하게 진입할 수 있는지를 판단한다.

ⓔ MA 계산 및 전송 : RBC는 이 정보를 바탕으로 해당 열차에 대한 이동권한(MA)을 생성한다. MA에는 주행을 허가하는 거리(End of Authority), 해당 구간의 속도 제한 프로파일(Static Speed Profile), 선로 구배 정보 등이 포함된다. 이 MA는 즉시 LTE-R을 통해 열차로 전송된다.

ⓜ 속도 감시 및 자동 방호 : 열차의 차상 ATP 장치는 수신한 MA와 자체적으로 보유한 열차 제동 성능 데이터를 결합하여, 안전한 제동 곡선을 포함한 동적 속도 프로파일을 생성한다. 이 정보는 DMI를 통해 기관사에게 시각적으로 제공되며, 차상 장치는 열차의 실제 속도가 이 프로파일을 넘지 않도록 지속적으로 감시한다. 만약 속도 초과가 감지되면, 시스템은 경고를 보낸 후 자동으로 제동을 체결한다.

ⓗ MA 연속 갱신 : 선행 열차가 전진하여 앞선 폐색 구간을 해방시키면, 이 정보가 즉시 RBC로 전달된다. RBC는 이를 인지하고 후속 열차에 대한 MA를 실시간으로 연장하여 전송한다. 이 과정이 반복되면서 열차는 정차 없이 연속적으로 운행할 수 있게 된다. 이는 KTCS-2가 기존 시스템 대비 운행 효율성을 크게 향상시키는 핵심 메커니즘이다.

(3) 도입 사례 연구 및 성능

① 전라선 시범사업 : 상용화의 첫걸음

KTCS-2 시스템의 성공적인 상용화를 위한 결정적인 검증 무대는 전라선(익산~여수엑스포, 180km)에서 진행된 시범사업이었다. 2018년부터 2022년까지 진행된 이 사업은 국가 R&D를 통해 개발된 KTCS-2 기술을 실제 영업 노선에 적용하여 시스템의 안전성, 신뢰성, 성능 및 상호운용성을 종합적으로 시험하는 것을 목표로 했다. 시범사업 기간 동안 KTX 열차에 차상 장치를 설치하고, 전라선 구간에 RBC, 발리스, LTE-R 등 지상 설비를 구축하여 실제 운행 환경에서 발생할 수 있는 모든 시나리오를 테스트했다. 이 과정을 통해 KTCS-2는 세계 최고 수준의 안전성 평가 기준인 SIL 4를 만족함을 입증했으며, 낙석이나 차량 구름과 같은 선로 장애 발생 시 이를 실시간으로 감지하여 운행 중인 열차에 안전하게 정차할 수 있는 정보를 제공하는 등 첨단 안전 기능도 검증했다. 2022년 4월, KTCS-2는 전라선에서 성공적으로 상용 운전을 시작하며, 한국 철도 신호 기술의 자립을 알리는 중요한 이정표를 세웠다.

② 대경선 상용 운행 : 유연성과 호환성 입증

2024년 12월, 비수도권 최초의 광역철도인 대구권 광역전철(대경선)이 개통하면서 KTCS-2는 또 다른 중요한 상용화 실적을 확보했다. 대경선 사례가 특별히 주목받는 이유는 KTCS-2 시스템의 유연성과 하위 호환성을 명확하게 보여주었기 때문이다. 대경선은 기존 경부선을 개량하여 운행하는 노선으로, 지상 신호 설비가 ETCS Level 1 방식으로 구축되어 있다. KTCS-2 차상 장치는 ETCS Level 1 및 Level 2와 모두 호환되도록 설계되었기 때문에, 대경선에서는 지상 인프라에 맞춰 ETCS Level 1 호환 모드로 운영된다. 이는 선로변 발리스를 통해 신호 정보를 수신하는 방식이다. 이 사례는 KTCS-2가 최신 기술인 Level 2뿐만 아니라 기존에 널리 구축된 Level 1 환경에서도 원활하게 작동할 수 있음을 증명한 것으로, 전국 철도망에 단계적으로 시스템을 확대 적용해 나가는 과정에서 기존 인프라와의 공존이 가능함을 시사하는 중요한 의미를 가진다.

1.4.3 고밀도 도시철도용 KTCS-M

(1) CBTC 기반 아키텍처 프레임워크

KTCS-M(Metro)은 복잡하고 혼잡한 도시철도 환경의 요구사항을 충족시키기 위해 특별히 설계된 한국형 표준 신호 시스템이다. 이 시스템의 기술적 기반은 통신기반 열차제어(CBTC, Communication-Based Train Control)로, 이는 고속/간선 철도용인 KTCS-2와는 근본적으로 다른 철학에서 출발한다. 도시철도는 짧은 역간 거리, 높은 운행 빈도, 그리고 신속한 승하차가 특징이다. 이러한 환경에서는 열차 간의 간격, 즉 시격(Headway)을 최대한 단축하여 선로 용량을 극대화하는 것이 무엇보다 중요하다. CBTC는 바로 이 목적을 달성하기 위한 최적의 기술로, 그 이름에서 알 수 있듯이 지상의 궤도회로가 아닌, 열차와 지상 간의 연속적인 '무선통신'을 통해 열차의 위치를 파악하고 안전거리를 제어한다.

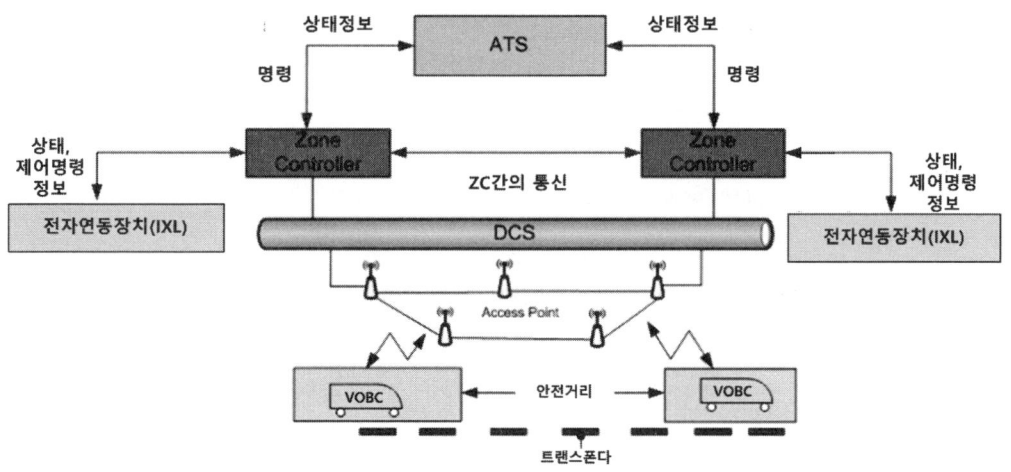

[그림 1-3] CBTC 시스템 구성도

① 시스템 아키텍처 개요

KTCS-M의 아키텍처는 궤도회로의 부재를 전제로 설계되었다는 점에서 KTCS-2와 가장 큰 차이를 보인다. 시스템은 다음과 같은 주요 구성 요소로 이루어진다.

㉠ 관제 센터(Control Center) : **자동열차운행감독장치(ATS**, Automatic Train Supervision)가 노선 전체의 운행 스케줄을 관리하고, 열차의 운행 상태를 실시간으로 감시하며, 운행 계획을 자동으로 조정하는 역할을 한다.

㉡ 지상 설비(Wayside Equipment) : KTCS-2에 비해 물리적으로 매우 간소화된 것이 특징이다.
- 존 컨트롤러(ZC, Zone Controller) : CBTC 시스템의 핵심 제어 장치로, KTCS-2의 RBC와 유사한 역할을 수행하지만, 더 작고 복잡한 구역을 담당한다.
- 전자연동장치(IXL, Interlocking System) : 역 구내의 선로전환기 등 진로 제어를 담당하는 역할은 동일하나, 궤도회로 대신 ZC로부터 받은 열차 위치 정보를 기반으로 동작한다.
- 데이터 통신 시스템(DCS, Data Communication System) : 주로 LTE-R을 사용하여 열차와 지상 설비 간의 양방향 데이터 통신을 중계한다.
- 데이터 포인트/발리스 : 궤도회로가 없는 대신, 열차의 위치를 정밀하게 보정하기 위한 기준점으로 선로에 드물게 설치된다.

㉢ 차상 장비(On-board Equipment) : 시스템의 핵심 지능이 차상으로 이동한 것이 특징이다.
- **차상 제어 장치(VOBC**, Vehicle On-Board Controller) : 열차의 '두뇌' 역할을 하는 고성능 컴퓨터로, 자신의 위치를 실시간으로 정밀하게 계산하고, 열차의 무결성을 스스로 증명하며, ZC로부터 받은 이동권한에 따라 열차의 속도와 제동을 직접 제어한다.

② 핵심 구성 요소 상세 분석

- 존 컨트롤러(Zone Controller, ZC)

ZC는 노선의 특정 구역(Zone)을 담당하는 지상 제어 장치이다. ZC의 역할은 관할 구역 내 모든 열차로부터 실시간 위치 보고를 수신하고, 이를 바탕으로 각 열차에 안전한 이동 한계(LMA, Limit of Movement Authority)를 부여하는 것이다. RBC가 수십 km의 긴 구간을 제어하는 반면, ZC는 더 짧지만 운행 밀도가 훨씬 높은 구간을 제어한다. ZC는 선행 열차의 정확한 후미 위치를 기반으로 후속 열차의 LMA를 계산하여 전송함으로써, 열차들이 최소한의 안전 제동 거리만을 유지하며 운행할 수 있도록 한다.

- 지상 ATP / 데이터 포인트

KTCS-M은 열차 검지를 위해 궤도회로를 사용하지 않는다. 대신, 열차 스스로 자신의 위치를 파악하여 보고하는 방식을 사용한다. 하지만 열차의 위치 정보 정확도를 유지하기 위해, 선로변에는 위치 보정을 위한 기준점이 필요하다. 이를 위해 발리스와 유사한 데이터 포인트(Data Point) 또는 태그(Tag)가 역 구내나 특정 지점에 설치된다. 열차가 이 지점을 통과할 때, 차상 장치는 자신의 계산된 위치와 데이터 포인트의 절대 위치를 비교하여 오차를 보정한다.

- **고도화된 차상 시스템**

    KTCS-M의 가장 큰 특징은 시스템의 핵심 기능과 책임이 지상에서 차상으로 대거 이동했다는 점이다. KTCS-2에서는 궤도회로가 열차의 존재와 무결성을 보증하는 1차적인 역할을 하지만, KTCS-M에서는 차상 장치가 이 모든 것을 스스로 수행해야 한다. 차상 제어 장치(VOBC)는 속도계(Tachometer), 가속도계, 그리고 위치 보정용 데이터 포인트 정보를 종합하여 수 cm 단위의 정밀도로 자신의 위치(열차의 전두부와 후미부)를 실시간으로 계산한다. 또한, 열차의 맨 앞과 맨 뒤 차량 간의 통신을 통해 열차가 중간에 분리되지 않았음을 지속적으로 확인하는 '열차 무결성 감시(Train Integrity Monitoring)' 기능을 내장하고 있다. 이처럼 고도로 자율적인 차상 시스템이 있기에 궤도회로 없이도 안전한 운행이 가능한 것이다.

(2) 이동폐색 패러다임의 운영 원리

KTCS-M의 운영 원리는 **이동폐색(Moving Block)** 패러다임에 기반한다. 이는 고정폐색과는 완전히 다른 개념으로, 철도 신호 시스템의 패러다임 전환을 의미한다. 고정폐색에서 '폐색'이 선로상의 물리적이고 고정된 구간을 의미했다면, 이동폐색에서 '폐색'은 각 열차를 중심으로 하는, 눈에 보이지 않는 동적인 안전 영역을 의미한다. 이 안전 영역의 크기는 열차의 현재 속도에 따른 제동 거리와 약간의 안전 여유를 더한 값으로 실시간으로 계산되며, 열차가 움직임에 따라 이 안전 영역도 함께 이동한다.

이동폐색의 가장 큰 장점은 선로 용량을 극대화할 수 있다는 것이다. 고정폐색 시스템에서는 선행 열차가 아무리 빨리 전방으로 이동하더라도, 후속 열차는 선행 열차가 점유했던 물리적인 폐색 구간을 완전히 벗어날 때까지 기다려야만 했다. 이로 인해 열차 사이에는 실제 안전 거리 외에, 고정된 폐색 구간의 길이로 인한 불필요한 공간이 낭비되었다. 그러나 이동폐색 시스템에서는 후속 열차의 이동 한계가 선행 열차의 실제 후미 위치에 의해 결정된다. 선행 열차가 1m 전진하면, 후속 열차의 이동 한계도 거의 실시간으로 1m 연장된다. 이로 인해 열차들은 서로의 최소 안전 제동 거리만큼만 간격을 유지한 채 촘촘하게 운행할 수 있게 되어, 운행 시격을 획기적으로 단축시킬 수 있다.

이러한 정밀하고 신뢰성 높은 제어는 높은 수준의 자동 운전을 가능하게 하는 필수 전제 조건이다. KTCS-M은 기관사의 개입 없이 자동으로 출발, 주행, 정차, 출입문 제어 등을 수행하는 자동열차운전(ATO, Automatic Train Operation) 기능과 완벽하게 통합된다. 이를 통해 기관사가 탑승하지 않는 완전 무인운전(UTO, Unattended Train Operation), 즉 GoA(Grade of Automation) Level 4까지 구현할 수 있다.

① 이동폐색의 작동 메커니즘(단계별 분석)

KTCS-M의 이동폐색 메커니즘은 다음과 같은 정밀한 상호작용을 통해 구현된다.

- ㉠ **자율적 위치 및 상태 파악** : 노선을 운행하는 모든 열차는 자신의 차상 제어 장치(VOBC)를 통해 지속적으로 자신의 정확한 위치(전두부와 후미부), 속도, 진행 방향, 그리고 열차 무결성 상태를 계산한다. 이 계산은 초당 수십 회 이상 이루어진다.
- ㉡ **실시간 데이터 전송** : 각 열차는 이 정보를 담은 데이터 패킷을 초당 수 회의 빈도로 무선 통신망(LTE-R)을 통해 자신의 관할 존 컨트롤러(ZC)로 전송한다.
- ㉢ **실시간 노선 지도 생성** : ZC는 관할 구역 내 모든 열차로부터 이 데이터 패킷들을 수신하여, 마치 레이더 화면처럼 실시간으로 열차들의 위치와 상태를 보여주는 동적인 노선 지도를 생성하고 유지한다.
- ㉣ **이동권한(LMA) 계산** : ZC는 각 후속 열차에 대해, 바로 앞에 있는 선행 열차의 실시간 후미 위치를 식별한다. 그리고 후속 열차의 제동 성능을 고려하여, 선행 열차의 후미로부터 안전 제동 거리만큼 떨어진 지점을 해당 후속 열차의 이동 한계(LMA)로 설정한다.
- ㉤ **LMA 전송 및 열차 제어** : 계산된 LMA는 즉시 무선 통신망을 통해 해당 후속 열차로 전송된다. 후속 열차의 차상 장치는 이 LMA를 수신하고, 이를 초과하지 않도록 자신의 속도와 제동을 자동으로 정밀하게 제어한다.
- ㉥ **연속적인 업데이트 루프** : 선행 열차가 앞으로 나아가면, 그 새로운 위치 정보가 ZC로 전송되고, ZC는 즉시 후속 열차의 LMA를 갱신하여 다시 전송한다. 이 1~6단계의 루프가 끊임없이 반복되면서, 열차들은 마치 보이지 않는 끈으로 연결된 것처럼 안전거리를 유지하며 유기적으로 운행하게 된다.

(3) 도입 사례 연구 및 성능

① 일산선 시범사업 : 상용화를 위한 최종 검증

KTCS-M 기술의 상용화를 위한 핵심적인 발판은 서울 지하철 3호선 구간인 일산선(대화역~백석역)에서 수행된 시범사업이었다. 이 사업은 국가 R&D 과제로 개발된 KTCS-M 시스템의 안정성과 성능, 그리고 기존 신호 시스템과의 호환성을 실제 운영 중인 노선에서 검증하기 위해 추진되었다. 시범사업을 통해 3호선 전동차 1개 편성에 KTCS-M 차상 장치를 설치하고, 시험 구간에 지상 설비를 구축하여 열차의 출발부터 정차, 무인 운전 시나리오까지 모든 환경에서의 기능과 안전성을 철저히 테스트했다. 이 시범사업은 한국이 독자 개발한 CBTC 시스템이 세계에서 가장 복잡하고 혼잡한 지하철 네트워크 중 하나인 서울 지하철 환경에 성공적으로 통합될 수 있음을 증명하는 중요한 과정이었다.

② 전국 도시철도 확대 계획 : 외산 시스템 대체와 표준화

과거 서울 1~9호선을 비롯한 대부분의 국내 도시철도는 각기 다른 해외 제조사의 신호 시스템을 사용해왔다. 이는 KTCS 도입 이전의 간선 철도와 마찬가지로 유지보수의 어려움과 높은 비용 문제를 야기했다. 일산선 시범사업의 성공을 바탕으로, 정부와 각 지방자치단체는 KTCS-M을 향후 국내 모든 도시철도의 표준 신호 시스템으로 확립하려는 장기적인 비전을 가지고 있다. 기존 노선 중 시스템 교체가 필요한 과천선, 분당선 등에 점진적으로 확대 적용하고, 부산 5호선, 서울 동북선 등 신규 노선에는 건설 단계부터 KTCS-M을 기본 사양으로 도입할 계획이다. 이를 통해 전국 도시철도 신호 시스템을 국산 기술로 표준화하여 운영 효율성을 높이고 비용을 절감하며, 나아가 완전 무인운전 시대를 앞당기는 것을 목표로 하고 있다.

이동폐색 시스템의 가장 명백한 이점은 선로 용량의 증대이지만, 그에 못지않게 중요한 장점은 지상 설비의 대폭적인 감소와 그에 따른 생애주기비용(Lifecycle Cost)의 절감이다. 고정폐색 시스템의 근간을 이루는 궤도회로는 선로 전 구간에 걸쳐 설치되어야 하는 물리적인 장치이다. 각각의 궤도회로는 전원 공급 장치, 케이블, 전자 장비 등으로 구성되며, 이는 레일의 파손, 침수, 녹 등 외부 환경에 매우 취약하여 고장의 주요 원인이 된다. 따라서 궤도회로는 막대한 초기 설치 비용뿐만 아니라 지속적인 점검과 보수를 요구하는 유지보수의 큰 부담이기도 하다. KTCS-M은 열차 검지를 궤도회로에 의존하지 않고, 열차 스스로 위치를 파악하여 지상으로 보고하는 방식을 채택함으로써 이러한 문제를 근본적으로 해결한다. 궤도회로가 사라진 선로는 구조적으로 매우 단순해진다. 이는 초기 건설 비용을 낮추고, 유지보수 인력과 비용을 획기적으로 절감하며, 시스템의 고장 가능성 자체를 줄여 전체 시스템의 가용성과 신뢰도를 높이는 효과를 가져온다. 따라서 이동폐색 기술의 도입은 단순히 열차를 더 많이 운행하기 위한 운영적 선택을 넘어, 철도 인프라의 총 소유 비용을 절감하고 시스템의 강건성(Robustness)을 향상시키는 경제적, 기술적 전략이라고 할 수 있다.

1.4.4 비교 분석 및 미래 전망

(1) 기술적 비교 분석

KTCS-2와 KTCS-M은 동일한 'KTCS'라는 이름 아래 개발되었지만, 그 기반 철학, 아키텍처, 운영 방식은 근본적으로 다르다. 이는 두 시스템이 목표하는 운영 환경(고속/간선 철도와 도시철도)의 요구사항이 상이하기 때문이다. 신호 시스템 중급 기술자가 두 시스템의 차이를 명확히 이해하기 위해 주요 기술적 영역을 중심으로 비교 분석한다.

> **KTCS 열차제어시스템 기술해설**

- **기반 철학과 표준** : KTCS-2는 전통적인 철도 신호 시스템의 안전 철학을 계승하고 발전시킨 ETCS Level 2 표준에 기반한다. 이는 기존의 폐색 개념을 유지하되, 무선통신을 통해 정보 전달을 고도화하는 '진화적' 접근 방식이다. 반면, KTCS-M은 궤도회로라는 전통적인 열차 검지 방식을 완전히 배제하고 통신에 전적으로 의존하는 CBTC 표준을 기반으로 한다. 이는 기존 시스템과의 단절을 의미하는 '혁명적' 패러다임 전환에 가깝다.
- **폐색 원리** : KTCS-2는 **고정폐색(Fixed Block)** 원리를 따른다. 선로는 물리적인 궤도회로에 의해 고정된 구간으로 나뉘며, 열차의 안전거리는 이 폐색 단위로 확보된다. 무선통신은 폐색의 상태 정보를 신속하게 전달하여 효율을 높이는 역할을 한다. 이에 반해, KTCS-M은 **이동폐색(Moving Block)** 원리를 채택한다. 안전거리는 선행 열차의 실제 위치를 기준으로 실시간으로 계산되는 동적인 '가상 폐색'으로, 물리적인 선로 구간과는 무관하다.
- **열차 검지 방식** : 안전의 핵심인 열차 위치 검지 방식에서 가장 큰 차이가 드러난다. KTCS-2는 일차적으로 지상에 설치된 **궤도회로**를 통해 열차의 존재를 확인한다(지상 검지 방식). 열차의 차상 장치가 보고하는 위치는 궤도회로 정보와 교차 검증되는 보조적인 수단이다. 그러나 KTCS-M은 열차에 탑재된 **차상 장치가 스스로** 정밀하게 위치를 계산하고 그 결과를 지상으로 보고하는 방식(차상 검지 방식)에 전적으로 의존한다.
- **핵심 제어 장치** : KTCS-2의 지상 제어 핵심은 무선폐색센터(RBC)이다. RBC는 수십 km에 달하는 광역 구간을 담당하며, 상대적으로 적은 수의 열차를 장거리 운행 관점에서 제어한다. KTCS-M의 핵심은 존 컨트롤러(ZC)이다. ZC는 더 좁은 구역(Zone)을 담당하지만, 해당 구역 내에서 훨씬 더 많은 수의 열차를 매우 짧은 시격으로 정밀하게 제어해야 하는 복잡한 임무를 수행한다.
- **선로 용량과 운행 시격** : 고정폐색의 물리적 한계로 인해 KTCS-2는 운행 시격을 단축하는 데 한계가 있다. 효율은 높아지지만, 시격은 궁극적으로 가장 긴 폐색 구간의 길이에 의해 제약을 받는다. 이동폐색을 사용하는 KTCS-M은 이러한 물리적 제약이 없으므로, 이론적으로 열차의 제동 성능이 허용하는 최소한의 안전거리까지 시격을 줄일 수 있어 선로 용량을 극대화할 수 있다.
- **자동화 수준** : KTCS-2는 기관사의 운전을 지원하고 감독하는 ATP 기능이 핵심이며, 자동운전은 기관사가 운전실에 탑승하여 시스템을 감독하는 GoA Level 2 수준까지 지원하는 것을 목표로 한다. 반면, KTCS-M은 시스템 설계 초기부터 완전 무인운전(GoA Level 4)을 염두에 두고 개발되었다. 정밀한 이동폐색 제어는 무인운전의 필수적인 전제 조건이다.

[표 1-2] KTCS-2 vs KTCS-M 기술 사양 매트릭스

속성	KTCS-2	KTCS-M
기반 표준	ETCS Level 2	CBTC(Communication-Based Train Control)
폐색 원리	고정폐색(Fixed Block)	이동폐색(Moving Block)
주요 열차 검지 방식	지상 궤도회로(Track Circuit)	차상 자율 측위(On-board Positioning)
핵심 지상 제어 장치	무선폐색센터(RBC, Radio Block Center)	존 컨트롤러(ZC, Zone Controller)
통신 매체	LTE-R(철도 전용 4G)	LTE-R(철도 전용 4G)
주요 적용 분야	고속철도, 일반/간선 철도	도시철도(지하철, 경전철)
최고 지원 속도	400km/h(설계 기준)	약 100km/h 내외
시격 단축 잠재력	높음(기존 시스템 대비)	매우 높음(이론적 한계치에 근접)
자동화 지원 수준	GoA 2(ATO with Driver)	GoA 4(Unattended Train Operation)
지상 설비 복잡도	높음(궤도회로, 발리스 등 다수)	낮음(궤도회로 불필요, 설비 간소화)
차상 시스템 자율성	중간(위치 보고 및 속도 감시)	높음(자율 위치/무결성 증명 및 제어)

제 2 장 한국형 열차제어시스템(KTCS)의 발전 : 1, 2, 3단계

한국형 열차제어시스템(KTCS, Korean Train Control System)은 세계 표준인 유럽 열차제어시스템(ETCS)을 기반으로 하며, 기능과 기술 수준에 따라 Level 1, 2, 3으로 발전해왔다. 각 레벨은 통신 기술과 열차 검지 방식의 차이를 핵심으로 구분되며, 하위 레벨과 호환되는 특징을 가진다.

2.1 KTCS-1 (ETCS Level 1)

Level 1은 기존의 지상신호장치 위에 ETCS 시스템을 덧씌우는(Overlay) 방식이며, 열차 위치는 전자연동장치와 연결된 궤도회로, 액슬카운터 등의 선로변 장치로 검지된다. 열차 운행에 필요한 정보(이동권한)는 선로에 설치된 '발리스(Balise)'라는 장치를 열차가 통과하는 순간에만 불연속적으로 전송받는다. 선로변 신호기는 계속 사용되며, 필요에 따라 루프나 무선(Radio Infill)을 통해 추가적인 정보를 전송하여 선로용량을 향상시킬 수 있다.

(1) 특징
- 기존 신호 시스템(ATS)을 개량하여 안전성을 강화한 형태
- 열차가 특정 지점(발리스)을 통과할 때만 정보를 수신하므로 연속적인 열차제어에는 한계가 있다.
- 주로 과속 방지와 같은 안전 기능에 중점을 둔다.
- 2010년대 초반 중앙선, 장항선, 충북선 등 일반선 노선 적용

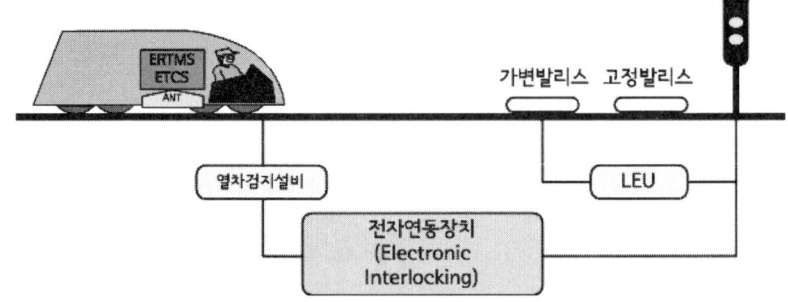

[그림 2-1] KTCS Level 1 구성

2.2 KTCS-2 (ETCS Level 2)

Level 2는 LTE-R과 같은 철도 전용 무선통신망을 이용해 지상의 '무선폐색센터(RBC)'와 열차가 지속적으로 정보를 교환하는 방식이다. 이로 인해 선로변 신호기는 더 이상 필요하지 않게 되지만, 열차의 위치는 여전히 궤도회로나 차축카운터 같은 선로변 설비를 통해 검지된다. RBC는 각 열차의 위치를 실시간으로 파악하여 최적의 이동권한을 생성하고 무선으로 전송해준다. 발리스는 열차가 자신의 위치를 보정하기 위한 기준점('전자 마일포스트')으로만 사용된다.

(1) 특징

- **무선통신 기반** : LTE-R을 이용해 지상의 관제 센터와 열차가 지속적으로 정보를 교환하며, 이를 통해 실시간으로 열차의 위치와 속도를 파악하고 제어할 수 있다.
- **운행 효율성 증대** : 연속적인 제어가 가능해져 열차 간의 간격을 단축하고 운행 밀도를 높일 수 있다.
- **상호 호환성** : 유럽 표준 규격(ETCS)과 호환되어 해외 시장 진출 및 향후 대륙 철도 연결에 유리하다.

(2) 현황

전라선(익산~여수엑스포) 구간에서 상용화에 성공했으며, 경부고속선, 호남고속선 등 주요 고속 노선에 순차적으로 도입될 예정이다.

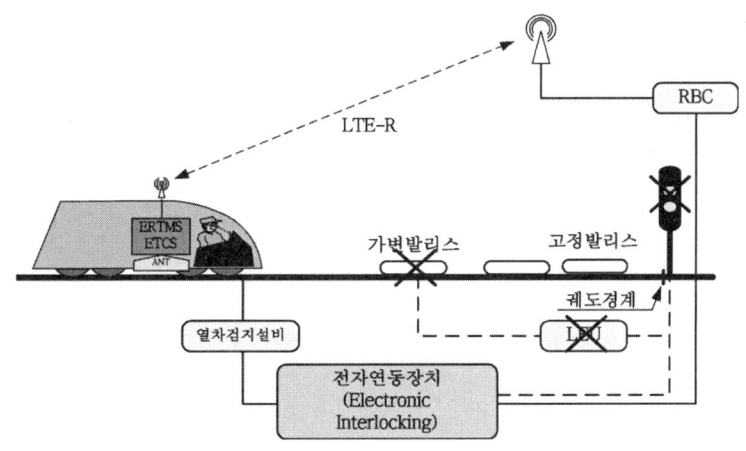

[그림 2-2] KTCS Level 2 구성

2.3 KTCS-3 (ETCS Level 3)

Level 3는 열차제어 기술의 최종 진화형으로, 선로변의 열차 검지 설비(궤도회로, 차축카운터)를 완전히 제거하는 것을 목표로 한다. 대신, 열차가 스스로 자신의 위치와 열차의 편성이 나뉘지 않았음(열차 무결성)을 검증하여 RBC에 보고한다. 이 방식은 선행 열차의 실제 후미 위치에 따라 후행 열차의 이동권한이 실시간으로 갱신되는 진정한 '이동폐색(Moving Block)'을 구현할 수 있게 한다. 이는 선로용량을 극대화하고, 선로변 설비의 운영 및 유지보수 비용을 획기적으로 감소시킬 수 있는 완전한 무선 기반 시스템이다.

(1) 특징

- **이동폐색 방식** : 열차 스스로 자신의 위치와 앞선 열차와의 거리를 실시간으로 계산하여 최적의 안전거리를 유지하며 운행한다. 이를 통해 선로용량을 극대화할 수 있다.
- **열차 자율주행 기반** : 열차자동운전(ATO, Automatic Train Operation) 기능이 포함되어 있어 최적의 속도 프로파일로 운행함으로써 에너지 효율을 높이고, 기관사의 인적 오류를 예방할 수 있다.
- **효율성 극대화** : 궤도회로 등 지상 설비가 불필요해져 건설 및 유지보수 비용을 절감할 수 있다.

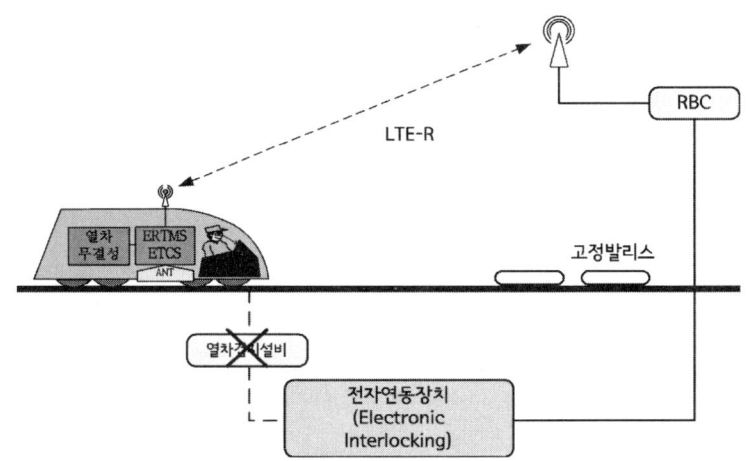

[그림 2-3] KTCS Level 3 구성

[표 2-1] KTCS/ETCS 레벨별 특징 비교표

구분	Level 1	Level 2	Level 3
선로변 신호기	사용함	사용하지 않음	사용하지 않음
전송장치	Balise, Loop, Radio infill	Balise, Radio	Balise, Radio
무선통신시스템	사용하지 않음	일부 사용함	사용함
무선폐색센터	사용하지 않음	사용함	사용함
열차 무결성	선로변 체크	선로변 체크	열차 자체 체크
고성능 폐색	불가능함	가능함	가능함
이동폐색	불가능함	불가능함	가능함
위치보정	Balise	Balise	Balise
열차검지 방법	궤도회로, 액슬카운터 (선로변설비 이용)	궤도회로, 액슬카운터 (선로변설비 이용)	차상연산 (선로변설비 사용 안 함)
발리스 종류	고정/가변	고정	고정
LEU	사용함	사용하지 않음	사용하지 않음

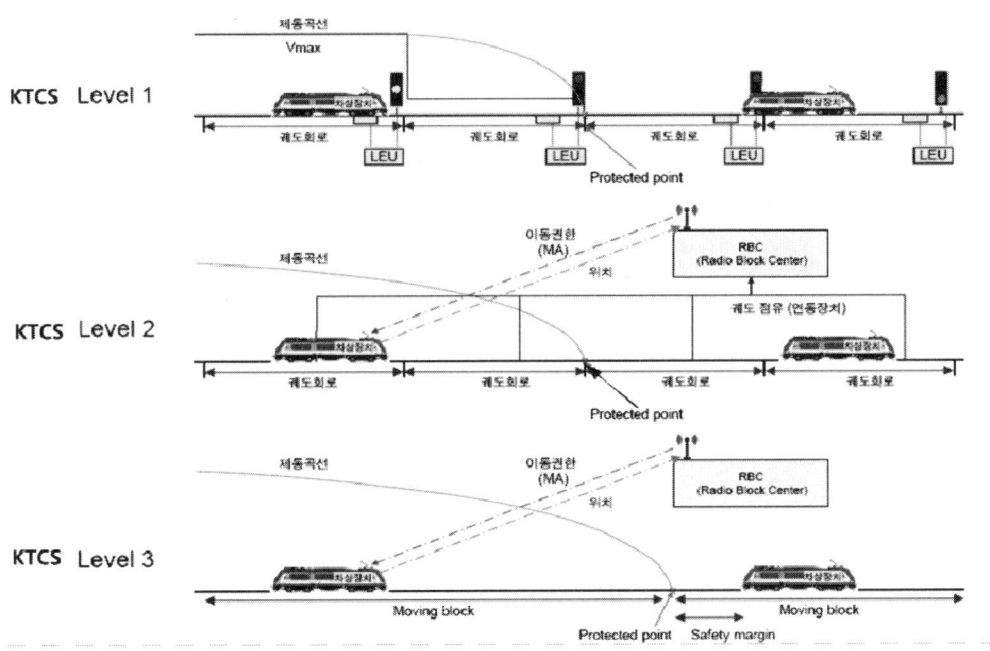

[그림 2-4] KTCS Level 1, 2, 3 운전선도 비교

제3장 KTCS-2와 KTCS-M : 핵심 특징과 차이점 비교

3.1 KTCS-2의 핵심 특징과 시스템 구조

KTCS-2는 국가 간 상호운용성을 목표로 개발된 유럽 표준 ETCS Level 2를 기술적 근간으로 하는 고속 및 간선 철도용 열차제어시스템이다. 이 시스템의 핵심은 전통적인 철도 신호의 안전 철학을 계승하되, 최신 무선통신 기술을 접목하여 그 효율성을 극대화하는 '진화적' 접근 방식에 있다.

(1) 핵심 특징

- 고정폐색(Fixed Block) 기반 제어 : KTCS-2의 안전 확보 원리는 선로를 궤도회로(Track Circuit)와 같은 물리적 장치로 분할한 '고정된 폐색' 구간을 기반으로 한다. '하나의 폐색에는 한 대의 열차만 진입할 수 있다'는 전통적인 원칙을 엄격히 준수한다.
- LTE-R을 통한 차상신호 구현 : 세계 최초로 철도 전용 4G 무선통신망인 LTE-R을 열차 제어에 상용화하여, 지상과 열차 간에 연속적인 양방향 통신을 구현했다. 이를 통해 선로변 신호기 없이 운전실의 표시장치(DMI)에 직접 운행 정보를 현시하는 차상신호(Cab Signalling)를 실현하여 고속 주행 시 안전성과 효율성을 높인다.
- 국내 표준화 및 기술 자립 : 외산 기술에 의존하던 국내 철도 신호 시스템을 국산화하고 표준화하여, 노선 간 호환성을 확보하고 유지보수 비용을 획기적으로 절감하는 것을 목표로 개발되었다.
- 국제 표준 호환성 : 유럽 ETCS 표준 규격을 충족하여 Level 1 및 Level 2와 모두 호환되므로, 국내외 노선에서의 상호운용성을 보장하고 해외 시장 진출의 기반을 마련했다.

(2) 시스템 구조

KTCS-2 시스템은 지상 설비가 열차의 위치를 1차적으로 감지하고, 이를 기반으로 차상 장치를 제어하는 '지상 중심'의 아키텍처를 가진다.

(3) 지상 설비(Trackside Equipment)

- 무선폐색센터(RBC, Radio Block Center) : 시스템의 '두뇌' 역할을 하는 지상 제어 장

치이다. 연동장치로부터 궤도회로 점유 및 진로 정보를 수신하고, 열차로부터는 실시간 위치 보고를 받는다. 이 정보들을 종합하여 각 열차가 안전하게 주행할 수 있는 한계 지점, 즉 이동권한(MA, Movement Authority)을 계산하여 LTE-R을 통해 열차로 전송한다.
- **궤도회로/차축검지기** : 폐색 구간 내 열차의 존재 유무를 물리적으로 검지하는 핵심 안전 설비이다.
- **발리스(Balise)** : 선로에 설치된 지상자로, 열차가 통과할 때마다 정확한 위치 기준점을 제공하여 차상 장치의 주행거리 오차를 보정하는 역할을 한다.
- **연동장치(Interlocking System)** : 선로전환기 등을 제어하여 물리적인 열차 운행 경로를 확보하고, 그 상태 정보를 RBC에 제공한다.

(4) 차상 장비(On-board Equipment)
- **차상 ATP 컴퓨터** : 열차의 안전을 책임지는 최종 보루이다. RBC로부터 수신한 이동권한(MA)과 선로 정보, 열차 자체의 제동 성능 데이터를 바탕으로 실시간 제동 곡선을 포함한 동적 속도 프로파일을 생성하고, 열차 속도가 이를 초과하지 않도록 지속적으로 감시하며 필요시 자동으로 비상 제동을 체결한다.

3.2 KTCS-M의 핵심 특징과 시스템 구조

KTCS-M(Metro)은 수송 용량 극대화가 최우선 과제인 도시철도 환경에 맞춰 통신기반 열차제어(CBTC, Communication-Based Train Control) 기술을 기반으로 개발된 한국형 표준 시스템이다. 이 시스템의 핵심은 궤도회로라는 물리적 제약에서 벗어나 통신 기술을 통해 선로 효율을 극한까지 끌어올리는 '혁명적' 패러다임 전환에 있다.

(1) CBTC 기반의 이동폐색과 운전시격 단축

KTCS-M의 가장 큰 기술적 특징은 이동폐색(Moving Block)의 구현이다. 이는 고정된 선로 구간을 단위로 열차 간격을 제어하던 고정폐색과 달리, 각 열차를 중심으로 하는 동적인 안전 영역(가상의 폐색)을 설정하는 방식이다.
이동폐색의 작동 원리는 다음과 같다.
① **차상 중심의 자율 위치 인식** : 열차에 탑재된 제어 장치(VOBC)가 속도계, 가속도계 등의 센서 정보를 종합하여 자신의 정확한 위치(열차의 맨 앞과 뒤)를 실시간으로 정밀하게 계산한다.

② 실시간 위치 보고 : 모든 열차는 자신의 위치 정보를 LTE-R 통신망을 통해 지상의 존 컨트롤러(ZC, Zone Controller)로 지속해서 전송한다.

③ 동적 이동권한 계산 및 전송 : ZC는 선행 열차의 실제 후미 위치를 기준으로, 후속 열차의 제동 성능을 고려한 최소 안전거리를 확보한 지점을 이동권한 한계(LMA, Limit of Movement Authority)로 계산하여 후속 열차에 즉시 전송한다.

이러한 메커니즘을 통해 선행 열차가 전진하는 만큼 후속 열차의 이동권한이 실시간으로 연장되므로, 고정폐색 구간의 길이로 인해 낭비되던 불필요한 공간 없이 열차들이 최소한의 안전거리만을 유지하며 촘촘하게 운행할 수 있다. 이는 운전시격을 획기적으로 단축시켜 선로용량을 극대화하는 핵심 원리이다.

(2) 완전 무인운전(GoA 4) 지향 시스템

KTCS-M은 시스템 설계 초기부터 최고 수준의 자동화 등급인 GoA(Grade of Automation) 4, 즉 완전 무인운전(Unattended Train Operation)을 지향한다. 이동폐색을 통한 정밀하고 신뢰성 높은 열차 제어는 완전 무인운전의 필수적인 전제 조건이다. 시스템이 기관사의 개입 없이 열차의 출발, 정위치 정차, 출입문 제어 등 정상적인 운행은 물론, 예측하지 못한 비상 상황 발생 시 대처까지 자동으로 수행하는 것을 목표로 한다. 이는 인적 오류를 원천적으로 배제하여 안전성을 높이고, 운영 효율성을 극대화한다.

(3) 국내 표준(KRS) 및 국제 규격 만족

KTCS-M은 2015년 12월 한국철도표준규격(KRS)으로 제정되어 국가 표준으로서의 지위를 확보했다. 동시에, 기반 기술인 CBTC는 IEEE 1474.1 국제 표준을 준용하며, 시스템의 안전성은 국제전기기술위원회(IEC)의 안전무결성 최고등급(SIL 4)을 만족하도록 설계되었다. 이는 시스템의 신뢰성을 보증하고, 국내 도시철도 신호 시스템의 통일된 표준을 제시하며, 나아가 해외 시장에서도 통용될 수 있는 기술적 기반을 마련했다는 의미를 가진다.

(4) LTE-R 통신망 활용

KTCS-M이 KTCS-2와 마찬가지로 LTE-R을 표준 통신망으로 채택한 것은 단순한 기술 선택을 넘어선 전략적 결정이다. 도시철도 환경에서 초 단위로 수많은 열차와 지상 시스템이 주고받는 방대한 양의 데이터를 지연 없이 처리하기 위해서는 고속, 대용량, 고신뢰성 통신망이 필수적이다. LTE-R은 이러한 CBTC 시스템의 엄격한 통신 요구사항을 충족시키는 최적의 솔루션이다. 또한, 국가 철도망 전체(간선/고속철도 및 도시철도)에 걸쳐 단일화된 통신 인프라를 구축함으로써, 시스템의 유지보수 효율성을 높이고 향후 5G 기반의 차세대 철도통신시스템(FRMCS)으로의 전환까지 고려한 미래지향적 포석이라 할 수 있다.

3.3 KTCS-2와 KTCS-M의 기술적 공통점 및 차이점 심층 분석

3.3.1 기술적 공통점 - 공유하는 혁신의 기반

KTCS-2와 KTCS-M은 서로 다른 길을 걷고 있지만, 몇 가지 중요한 기술적 기반을 공유한다. 이는 한국형 표준 시스템으로서의 정체성을 형성하는 공통분모이다.

(1) 차세대 통신망(LTE-R)의 공통 적용

두 시스템의 가장 중요한 공통점은 세계 최초로 철도 전용 4G/LTE 무선통신망인 LTE-R을 열차제어의 핵심 통신 인프라로 채택했다는 점이다. 이는 기존의 2G 기반 GSM-R이나 Wi-Fi 등과 비교해 월등히 높은 속도와 대용량 데이터 전송, 그리고 낮은 지연 시간을 보장한다. 이로써 국가 철도망(간선/고속 및 도시철도) 전체에 걸쳐 일관되고 강력한 통신 기반을 마련했으며, 단순한 신호 정보 교환을 넘어 향후 다양한 스마트 철도 서비스를 구현할 수 있는 토대를 구축했다.

(2) 국가 표준화 및 기술 자립이라는 공동의 목표

두 시스템 모두 각기 다른 해외 기술이 파편적으로 도입되어 비효율을 낳았던 과거를 극복하고, '국산화'와 '표준화'를 통해 기술 주권을 확보하려는 국가적 R&D 과제의 산물이다. 이를 통해 유지보수 효율성을 높이고 비용을 절감하며, 국내 철도 환경에 최적화된 안정적인 시스템 운영을 보장한다.

(3) 국제 표준 준수

KTCS-2는 유럽 표준인 ETCS를, KTCS-M은 도시철도 국제 표준인 CBTC(IEEE 1474.1)를 기반으로 개발되었다. 이는 각 시스템이 세계적으로 검증된 안전 철학과 기술을 따르고 있음을 의미하며, 국내에서의 안정적인 운영은 물론 향후 해외 시장에 진출할 수 있는 기술적 호환성과 경쟁력을 확보하는 기반이 된다.

3.3.2 기술적 차이점 - 목적이 정의한 기술의 분화

KTCS-2와 KTCS-M의 차이점은 '어디서, 어떻게 달리는가'라는 근본적인 질문에서 시작된다. 광활한 영토를 고속으로 연결하는 것과, 조밀한 도시 공간에서 수송 효율을 극한으로 끌어올리는 것은 전혀 다른 기술적 해법을 요구한다.

(1) 폐색 원리 : 고정(Fixed) vs 이동(Moving)

두 시스템을 가르는 가장 근본적인 차이는 열차 간의 안전거리를 확보하는 '폐색(Block)'의 개념에 있다.

① KTCS-2(고정폐색) : 전통적인 철도 신호의 안전 철학을 계승한 고정폐색(Fixed Block) 원리를 따른다. 선로는 궤도회로에 의해 물리적으로 나뉜 고정된 구간(폐색)으로 구성되며, '하나의 폐색에는 한 대의 열차만 존재한다'는 원칙이 절대적이다. LTE-R 통신은 이 폐색 구간의 점유 정보를 신속하게 열차에 전달하여 운행 효율을 높이는 역할을 하지만, 안전거리의 기본 단위는 여전히 지상에 고정된 블록이다.

② KTCS-M(이동폐색) : 도시철도의 수송 용량 극대화를 위해 이동폐색(Moving Block)이라는 혁신적인 개념을 채택한다. 이 방식에서는 물리적인 폐색 구간이 존재하지 않는다. 대신, 각 열차를 중심으로 실시간으로 계산되는 동적인 안전 영역(가상의 폐색)이 열차를 따라 함께 움직인다. 후속 열차는 선행 열차의 실제 후미 위치와 자신의 제동 성능을 기준으로 계산된 최소 안전거리까지만 접근할 수 있어, 열차 간격을 획기적으로 단축시킬 수 있다.

(2) 열차 검지 방식 : 지상 중심 vs 차상 중심

열차의 위치를 어떻게 파악하는지는 폐색 원리의 차이와 직결된다.

① KTCS-2(지상 검지) : 열차의 존재를 확인하는 1차적인 책임은 지상 설비인 궤도회로에 있다. 궤도회로가 특정 구간의 점유를 확인하면, 이 정보가 RBC(무선폐색센터)로 전달되어 열차 제어의 근거가 된다. 즉, 지상이 열차의 위치를 감시하고 통제하는 구조이다.

② KTCS-M(차상 자율 측위) : 궤도회로를 완전히 배제하고, 열차에 탑재된 차상 장치(VOBC)가 스스로 자신의 정밀한 위치를 계산하여 지상으로 보고하는 방식에 전적으로 의존한다. 시스템의 핵심 지능과 책임이 차상으로 이동한 것으로, 열차의 자율성이 극대화된 구조이다.

(3) 시스템 아키텍처 및 자동화 수준

운영 환경의 차이는 시스템의 전체적인 구조와 지향하는 자동화 수준의 차이로 이어진다.

① KTCS-2 : 상대적으로 넓은 구간을 소수의 열차가 고속으로 운행하는 환경에 맞춰, 중앙의 RBC(무선폐색센터)가 강력한 권한을 가지고 관할 구역 전체를 통제하는 중앙집중적 구조이다. 자동화 수준은 기관사가 운전실에 탑승하여 시스템을 감독하는 GoA Level 2(반자동운전)를 목표로 한다.

② KTCS-M : 좁은 구역에 수많은 열차가 조밀하게 운행하는 환경에 맞춰, 각 열차의 VOBC(차상 제어 장치)가 높은 수준의 자율성을 가지고 운행을 제어하는 분산적 구조의

특징을 보인다. 시스템 설계 초기부터 기관사나 승무원이 탑승하지 않는 GoA Level 4 (완전 무인운전)를 지향한다.

③ 비교 요약표

[표 3-1] KTCS-2와 KTCS-M

속성	KTCS-2 (고속/간선 철도용)	KTCS-M (도시철도용)
기반 표준	ETCS Level 2	CBTC (IEEE 1474.1)
폐색 원리	고정폐색 (Fixed Block)	이동폐색 (Moving Block)
열차 검지	지상 궤도회로 (Trackside Detection)	차상 자율 측위(On-board Positioning)
시스템 지능	지상 중심 (RBC)	차상 중심 (VOBC)
핵심 목표	상호운용성, 고속 주행 안전	수송 용량 극대화, 시격 단축
자동화 수준	GoA 2 (반자동운전) 목표	GoA 4 (완전 무인운전) 지향
지상 설비	복잡 (궤도회로, 다수의 발리스)	단순 (궤도회로 불필요)

(4) 상호 보완을 통한 국가 철도망의 완성

KTCS-2와 KTCS-M은 기술적 기반과 지향점에서 명확한 차이를 보이지만, 이는 우열의 문제가 아닌 역할의 차이이다. KTCS-2가 국가의 대동맥을 잇는 '연결성'과 '표준화'를 책임진다면, KTCS-M은 도시의 모세혈관을 책임지는 '효율성'과 '집적화'의 상징이다. 두 시스템은 LTE-R이라는 공통의 신경망 위에서 각자의 임무를 수행하며, 서로를 보완하여 대한민국 철도망 전체의 안전성과 효율성을 한 단계 끌어올리는 핵심적인 기술 자산이라 할 수 있다.

KTCS 열차제어시스템 기술해설

간선/고속철도 표준 – KTCS-2

제 2 부

제4장 KTCS-2 시스템 구성 및 기능

KTCS-2 시스템은 지상에 설치되어 열차의 운행을 지휘하는 '지상 설비'와, 열차에 탑재되어 그 지휘를 받아 실제로 움직이는 '차상 설비'로 구성된다. 각 설비에 속한 핵심 장비들과 그 기능은 다음과 같다.

4.1 지상 설비(Wayside Equipment)

[표 4-1] 주요 지상 설비 상세 설명

장비명	주요 기능
RBC (Radio Block Centre)	- ETCS Level 2 선로변 시스템의 심장부 - 관할 구역 내 모든 열차의 안전한 이동과 간격을 위한 데이터 교환을 관리 - 연동장치(IXL) 정보에 따라 이동권한(MA)을 생성하여 열차로 전송
IXL (Interlocking System)	- 역 구내의 신호기, 선로전환기 등을 상호 연동시켜 열차 운행의 안전을 확보하는 제어 시스템 - 열차의 진로를 설정하고 다른 열차의 진입을 막도록 폐색구간을 쇄정(Locking)
KMC (Key Management Center)	- RBC와 열차 간의 무선통신을 위한 암호화 키를 관리, 생성, 배포하는 역할 - 시스템 전체의 통신 '보안(Security)'을 책임지는 핵심 요소
유로발리스 (Eurobalise)	- 열차에 고정된 ETCS 메시지를 전송하는 선로 설치 장비 - Level 2에서는 주로 열차 위치 관리를 위한 기준점(위치 보정)으로 사용됨
LEU (Lineside Encoder Unit)	- ETCS Level 1에서 사용되며, 연동장치의 신호 정보를 받아 가변 발리스에 전송할 메시지를 생성하는 장치
STU (Security Transmission Unit)	- RBC와 IXL 간 주고받는 무선 데이터의 안전성과 무결성을 보장하는 장치
ATS (Automatic Train Supervision)	- 철도 교통 흐름을 실시간으로 감독하고, RBC와 연동장치 등 시스템 장비의 진단을 수행하는 설비

4.1.1 RBC

한국형 열차제어시스템 KTCS-2(Korean Train Control System-2)에 사용되는 RBC(Radio Block Centre, 무선폐색센터)는 지상에서 열차의 운행을 제어하고 안전을 확보하는 핵심적인 역할을 수행하는 시스템이다. 쉽게 말해, **선로 주변의 상황을 종합하여 열차에게 안전한 이동권한(Movement Authority)를 내리는 지상의 관제탑**과 같은 존재라고 할 수 있으며, 약 70Km 간격으로 설치된다.

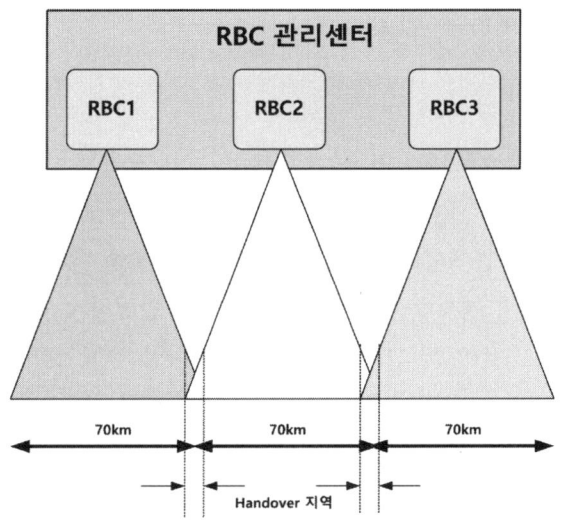

[그림 4-1] RBC의 책임관리 구역

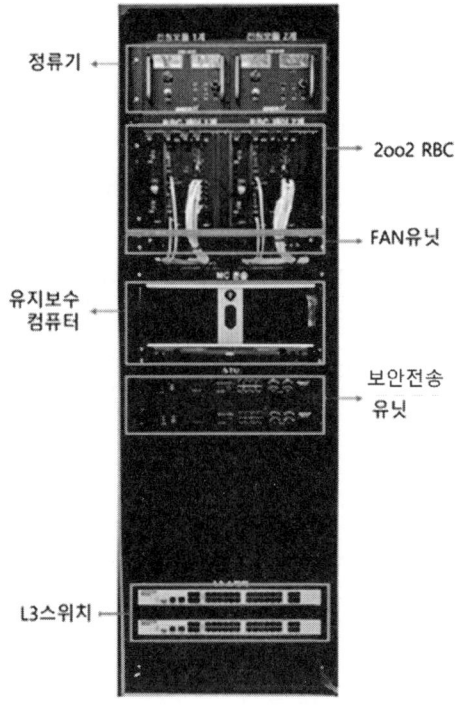

[그림 4-2] RBC랙, 정류기, RBC, 유지보수컴퓨터, STU, L3스위치

KTCS-2는 유럽의 표준화된 열차제어시스템인 ETCS(European Train Control System) Level 2 기술을 기반으로 국산화된 시스템이다. 이 시스템의 핵심은 선로에 설치된 신호기를 이용하는 대신, **철도통신망(LTE-R)을 통해 RBC와 열차의 차상장치가 실시간으로 정보를 교환**하여 열차 간의 간격을 제어하는 것이다.

(1) RBC의 주요 기능

RBC는 다음과 같은 중요한 기능들을 수행하며 열차 운행의 안전성과 효율성을 높인다.

- **이동권한(MA) 생성 및 전송** : RBC는 연동장치(Interlocking System)로부터 선로의 진로설정 정보를, 중앙관제설비(CTC)로부터는 열차 운행 계획을 수신한다. 또한, 운행 중인 다른 열차들의 위치 정보를 바탕으로 각 열차가 안전하게 주행할 수 있는 거리, 즉 '이동권한'을 생성하여 무선망을 통해 해당 열차에 직접 전달한다.
- **열차 위치 감시** : 열차에 장착된 차상장치로부터 주기적으로 위치 보고를 받아, 관할 구역 내 모든 열차의 위치와 속도를 실시간으로 파악하고 추적한다.
- **안전 정보 제공** : 선로의 제한 속도, 구배, 곡선 등 선로 조건과 관련된 정보를 열차에 제공하여 최적의 속도로 안전하게 운행할 수 있도록 돕는다.
- **핸드오버(Handover) 관리** : 열차가 하나의 RBC 관할 구역을 벗어나 인접한 다른 RBC 관할 구역으로 진입할 때, 열차제어 정보가 끊이지 않고 원활하게 이관될 수 있도록 핸드오버 절차를 수행한다. 일반적으로 RBC 하나가 약 70km의 구간을 담당한다.

(2) RBC의 특징 및 중요성

KTCS-2의 RBC는 **안전무결성 최고 등급인 SIL 4(Safety Integrity Level 4) 인증**을 획득하여 시스템의 높은 신뢰성을 보장한다. 이는 시스템 장애 발생확률이 극히 낮다는 것을 의미하며, 열차 운행의 안전과 직결되는 핵심 요소이다.

RBC를 통해 열차는 지상의 신호기 색깔을 눈으로 확인하지 않고도 차내의 모니터를 통해 운행 가능 거리와 속도 정보를 정확히 파악할 수 있다. 이를 통해 **열차 운행 간격을 획기적으로 줄여 선로용량을 증대시키고, 수송 효율을 높일 수 있다.** 또한, 낙석이나 선로 장애물 등의 돌발 상황 발생 시, 관련 정보를 즉시 운행 중인 열차에 전달하여 비상 정지를 유도하는 등 신속한 대응이 가능하게 되었다.

KTCS-2의 RBC는 무선통신을 기반으로 열차를 제어하는 현대적인 신호 시스템의 '두뇌'로서, 대한민국의 철도 교통을 더욱 안전하고 효율적으로 만드는 데 핵심적인 역할을 담당하고 있다.

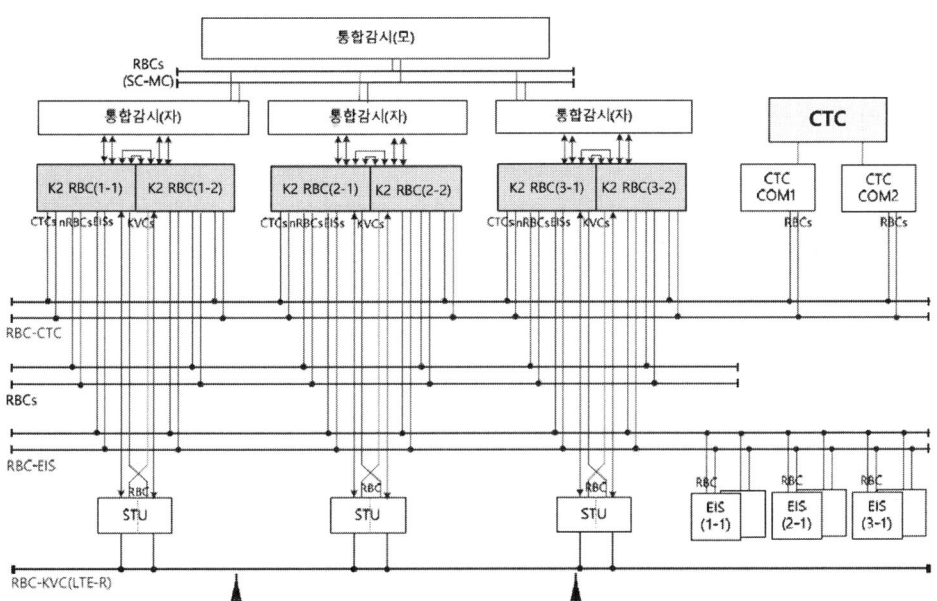

[그림 4-3] RBC 네트워크

4.1.2 IXL

IXL(Interlocking System, 전자연동장치)은 역 구내에서 열차가 안전하게 정해진 진로로만 운행하도록 교통정리를 해주는 '**지능형 교통경찰**'과 같다. 주요 역할은 다음과 같다.

- **진로 제어** : 열차가 들어오고 나갈 때, 선로전환기(열차의 길을 바꿔주는 장치)를 정확한 방향으로 이동시키고, 다른 열차가 진입하지 못하도록 해당 진로를 쇄정한다(폐쇄).
- **신호 제어** : 설정된 진로에 따라 신호등에 정지, 진행 등 적절한 신호를 표시하여 기관사에게 운행 가능 여부를 알려준다.
- **안전 확보** : 열차가 동시에 같은 선로에 진입하거나, 선로전환기가 잘못된 방향으로 설정되는 등 충돌이나 탈선을 유발할 수 있는 위험한 상황이 발생하지 않도록 상호 모순되는 동작을 원천적으로 차단한다.

(1) 열차제어시스템(KTCS-2) 시스템에서의 IXL과 RBC의 관계

KTCS-2는 무선통신을 기반으로 열차를 제어하는 시스템으로, RBC(무선폐색센터)가 중심적인 역할을 한다. IXL은 이러한 KTCS-2 시스템의 지상 장치로서 RBC와 긴밀하게 연동하여 작동한다.

IXL이 역 구내의 선로 상태(선로전환기의 방향, 궤도의 열차 점유 여부 등)를 확인하고 안전한 진로를 확보하면, 이 정보를 **RBC**에 전달한다.

RBC는 IXL로부터 받은 진로 정보를 바탕으로, 관할 구역 내 다른 열차들의 위치까지 종합적으로 고려하여 최종적인 이동권한(MA)을 생성하고, 이를 무선망(LTE-R)을 통해 열차의 차상장치로 직접 전송한다.

IXL은 역 구내라는 특정 구역의 안전을 책임지는 지역 전문가라면, RBC는 더 넓은 관할 구역 전체의 교통 상황을 총괄하며 열차 운행을 지휘하는 중앙 관제탑이라고 할 수 있다. 이 두 시스템의 유기적인 정보 교환을 통해 KTCS-2는 더욱 안전하고 효율적인 열차 운행을 가능하게 한다.

4.1.3 Smartlock 400 전자연동장치

(1) SSI에서 Smartlock 400으로의 진화

① **전략적 필수 과제 : SSI(Solid State Interlocking)의 계승**

Smartlock 400은 전 세계적으로 널리 사용되던 기존의 SSI(Solid State Interlocking) 시스템을 계승하기 위해 명시적으로 설계된 차세대 전자연동장치이다. SSI 기술은 수십 년간 철도 안전의 표준으로 자리 잡았으나, 처리 용량의 한계, 독점적인 하드웨어 구조, 통신 제약 등 노후화에 따른 문제에 직면하게 되었다.

영국 Network Rail이나 벨기에 Infrabel과 같이 방대한 SSI 네트워크를 운영하는 철도 기관들은 기술적 한계에 부딪혔다. 기존 SSI 시스템은 노후화되었지만, 이를 SSI와 호환되지 않는 새로운 시스템으로 전면 교체하는 것은 중앙 연동장치뿐만 아니라 모든 선로변 장치(TFM)를 교체하고 수십 년간 검증된 연동 논리를 다시 작성해야 하므로 막대한 비용과 운영 중단을 초래하는 비현실적인 방안이었다.

Smartlock 400은 이러한 문제들을 해결하는 동시에, 기존 SSI 운영 논리와 선로변 인프라에 대한 수십 년간의 투자를 보존할 수 있는 진화적인 해결책으로 개발되었다. 이 시스템의 개발은 더 높은 용량, 최신 CENELEC 표준 준수, 그리고 유럽 철도 교통 관리 시스템(ERTMS)과 같은 상위 시스템과의 통합 필요성에 의해 추진되었다.

② **높은 수준의 가치 제고**

Smartlock 400의 시장 매력은 다음과 같은 핵심 이점에 기반한다.

- **용량 및 성능 향상** : 단일 Smartlock 400 CIXL(Central Interlocking)은 최대 부하 상태의 '터보 SSI' 큐비클 6대 이상에 해당하는 영역을 관리할 수 있어, 관제 센터의 물리적 공간과 복잡성을 획기적으로 줄인다.
- **안전성 및 신뢰성 강화** : 최고 안전 무결성 등급인 SIL 4 인증 플랫폼을 기반으로 하여 매우 높은 신뢰성과 운영 기능을 제공하며, 안전과 정시성을 극대화한다.

- 유지보수성 향상 및 수명주기 비용 절감 : 원격 진단, 현대적인 그래픽 사용자 인터페이스, 상용 기성품(COTS) 하드웨어 사용 등의 특징은 운영 비용(OPEX)을 절감시킨다.
- 비용 효율적인 마이그레이션 진로 : SSI와의 하위 호환성은 기존 철도 네트워크를 단계적이고, 운영 중단을 최소화하며, 경제적으로 현대화할 수 있는 진로를 제공한다.

[표 4-2] 레거시 SSI와 Smartlock 400의 차이점

기능	레거시 SSI	Alstom Smartlock 400	주요 이점
중앙 처리 장치	독점적 마이크로프로세서 모듈(MPM)	COTS 기반 2oo3 안전 플랫폼	성능 향상, 비용 절감, 기술 진부화 방지
아키텍처	물리적, 분산형	중앙 집중식, 가상화(VIXL)	물리적 공간 축소, 유연성 증대
용량	1 MPM 당 1개 연동장치	1 CIXL 당 최대 8개 VIXL (SSI 6-8대 분량)	대규모 영역 제어, 경계 지연 감소
제어 영역	물리적 경계로 제한	소프트웨어 정의 가상경계	설계 유연성, 운영 효율성 최적화
연동장치 간 통신	느린 직렬 내부 데이터 링크 (IDL)	고속 내부 VIXL 간 통신	진로 설정 지연 시간 단축
진단	텍스트 기반 기술자 터미널	그래픽 HMI, 원격 진단, 30일 로그	고장 분석 시간 단축, 유지보수 효율 증대
데이터 매체	EPROM	USB 메모리 장치, PCMCIA 카드	데이터 관리 용이성, 다양성 확보
표준 준수	독점적 표준	CENELEC, Euro-Interlocking, ERTMS-ready	상호운용성 확보, 미래 시스템 확장성

(2) Smartlock 400 시스템의 주요 기능

① 핵심 연동 논리

Smartlock 400은 소프트웨어를 통해 연동장치의 근본적인 목적인 열차 운행의 안전 확보를 수행한다. 주요 기능은 다음과 같다.

- 진로 무결성(Route Integrity) : 열차를 위한 안전하고 충돌 없는 진로를 보장하기 위해 모든 선로전환기(포인트)가 올바른 위치에 있고 쇄정되어 있는지 확인한다.
- 신호기 현시 제어 : 진로가 안전하게 설정되고 잠겼음이 확인된 경우에만 운전자에게 진행 신호를 현시한다.
- 측방 및 퇴행 방호 : 설정된 진로를 위협할 수 있는 다른 진로로부터의 무단 진입을 방지한다.
- 진로 잠금 및 해제 : 열차가 접근하고 통과하는 동안 진로의 무결성을 유지하기 위해

접근 잠금, 진로 잠금 등 다양한 형태의 잠금을 구현하고, 열차가 해당 구간을 완전히 벗어난 후 안전하게 진로 구간을 해제한다.

② 자동화 및 중앙 집중식 운영

Smartlock 400은 현대적인 관제 센터 환경에 최적화되어 설계되었다.

- **자동 진로설정** : 시스템은 진로설정을 완전히 자동화하여 관제사의 업무 부담을 줄이고 운영 효율성을 높일 수 있다. 이는 중앙 집중식 교통 제어(CTC) 시스템 통합의 핵심 기능이다.
- **선로변 설비 제어 및 감시** : 선로전환기, 신호기, 열차 정지 장치, 건널목 등 연결된 모든 철도 인프라에 대한 포괄적인 제어 및 감시 기능을 제공한다.
- **열차 검지 및 추적** : 궤도회로, 차축 검지 장치와 같은 다양한 열차 검지 기술과 통합되어 선로 점유 상태를 감시한다. 이는 연동 논리의 가장 기본적인 입력 정보이다. 특히 Smartlock 400 GP(General Purpose) 버전은 완전히 통합된 열차 검지 시스템을 특징으로 한다.

'진로설정의 완전 자동화' 기능은 단순한 편의 기능을 넘어 네트워크 용량 증대의 전제 조건이다. 이 기능은 상위의 교통 관리 시스템(TMS)이 열차 흐름을 동적으로 최적화할 수 있게 하는 직접적인 원동력이 된다. 고밀도 운행 환경에서 순수 수동 조작으로는 이러한 최적화가 불가능하기 때문이다. 관제사의 수동 조작은 분당 처리할 수 있는 진로설정 및 의사결정 수에 한계가 있어 복잡한 교차점에서는 병목 현상을 유발하고, 이는 열차 운행 간격을 줄이는 데 제약이 된다. Smartlock 400은 CTC와 같은 상위 시스템으로부터 진로 명령을 받아 자동으로 실행할 수 있게 됨으로써, 이러한 인간의 한계가 제거된다. 결과적으로 TMS는 전체 네트워크 상황을 실시간으로 분석하여 지연을 최소화하고 처리량을 극대화하는 일련의 진로 명령을 연동장치에 내릴 수 있게 되어, 기존의 물리적 인프라를 더욱 효율적으로 활용할 수 있게 된다. 따라서 '자동화' 기능은 '용량 증대'라는 이점을 직접적으로 가능하게 하는 핵심 요소이며, 철도 운영자에게 이는 새로운 선로 건설 없이도 교통 관리를 통해 미래의 용량 증대를 꾀할 수 있음을 의미한다.

(3) Smartlock 400 아키텍처 프레임워크

① 시스템 개요

일반적인 Smartlock 400 시스템은 세 가지 핵심 요소로 구성된다. 이 시스템의 아키텍처는 근본적으로 SSI와 동일하게 설계되었으며, 이는 기존 시스템에서의 마이그레이션을 용이하게 하는 핵심적인 특징이다.

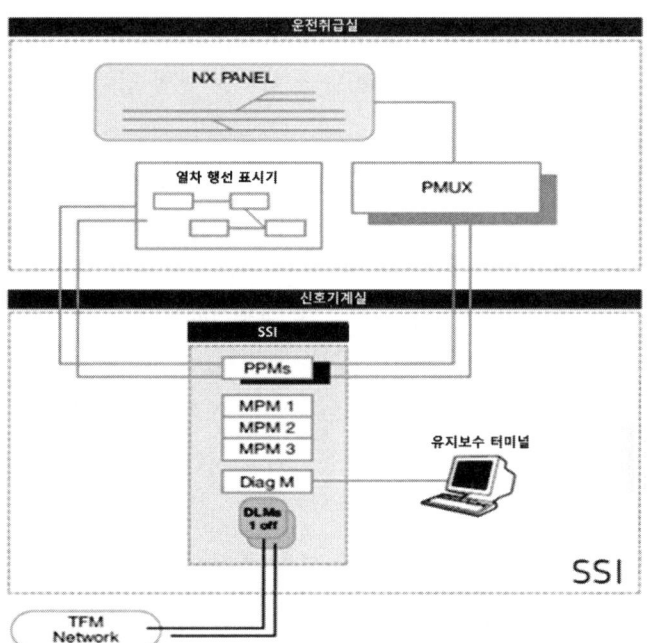

[그림 4-4] SSI 구성도

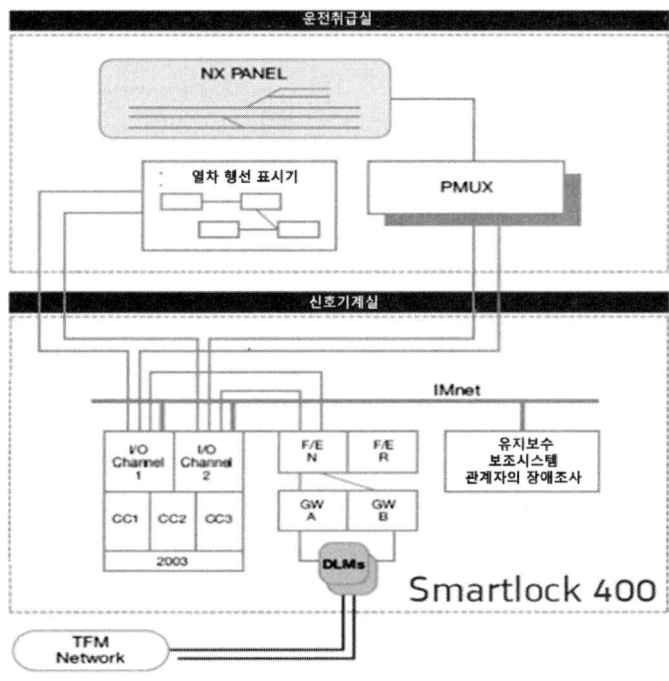

[그림 4-5] Smartlock 400 구성도

② 중앙 연동장치(CIXL – Central Interlocking Cubicle)
- 시스템의 '심장' : CIXL은 연동 논리를 실행하는 안전 컴퓨터를 내장한 핵심 처리 장치이다.
- 하드웨어 플랫폼 : 다양한 철도 애플리케이션에 사용되는 Alstom의 범용 '2oo3 플랫폼'을 기반으로 한다. 구성 요소는 주 처리 보드(MPU), 고속 통신 보드(HSCU), 이중 관리 보드(REDMAN)로 되어 있다. PowerPC 프로세서를 사용하며, 메모리 카드(PCMCIA 또는 USB 장치)에서 로드된 애플리케이션 데이터를 실행한다.
- 기능 : CIXL은 TICC를 통해 선로변으로부터 상태 정보를 수신하고, 이를 프로그래밍된 연동 논리 및 애플리케이션 데이터와 비교 평가한 후, 제어 명령을 다시 선로변 설비로 전송한다. 또한 제어하에 있는 철도의 실시간 상태를 기록하는 연동 메모리를 포함하고 있다.

③ 선로변 인터페이스 통신 큐비클(TICC – Trackside Interface Communications Cubicle)
- 현장으로의 게이트웨이 : SMGW(Smart Gateway)는 CIXL과 선로변 통신 네트워크 간의 전용 인터페이스 역할을 한다. 이 장치는 선로변 기능 모듈(TFM)과의 통신 프로토콜을 관리한다.
- 데이터 흐름 : TFM으로부터 선로변 설비의 상태(예 선로전환기 위치, 신호기 램프 점등 확인, 궤도 회로 점유 상태)를 주기적으로 수집(polling)하여 이 데이터를 CIXL로 전달한다. 반대로, CIXL로부터 제어 명령을 수신하여 해당 TFM으로 전송한다.
- TFM 게이트웨이(TFMGW) : 일부 구성에서는 TICC 내에 TFM 게이트웨이(TFMGW)가 위치하며, 이는 TFM 폴링/응답 주기를 관리한다. TFMGW는 CIXL에 대해서는 슬레이브로 동작하지만 TFM에 대해서는 마스터로 동작한다.

④ 지원 시스템(Support System : Ssys)
- 현대적인 유지보수 인터페이스 : 지원 시스템은 구형의 텍스트 기반 SSI 기술자 터미널을 현대적인 그래픽 사용자 인터페이스(HMI)로 대체한다.
- 핵심 기능 : 유지보수 인력과 기술자를 위한 포괄적인 도구 모음을 제공하며, 시스템 감시, 경보 관리, 이벤트 로깅, 사용자 접근 제어, 설정 기능 등을 포함한다.
- 원격 접근 및 진단 : 핵심 기능 중 하나는 표준 통신 네트워크를 통해 원격으로 진단 정보에 접근할 수 있다는 점이다. 이는 중앙 집중식 유지보수 전략을 구현하는 데 매우 중요한 요소이다. 시스템은 상세한 오프라인 분석을 위해 최대 30일간의 시스템 동작 이력을 기록할 수 있다.
- 하드웨어 구성 : Sser(서버), ClientGW(클라이언트 게이트웨이), KVM 스위치 등으로 구성되어 있다.

⑤ 네트워크 아키텍처 : 시스템운영의 3가지 핵심의 주요 네트워크는 다음과 같다.
- IMNet(내부 유지보수 네트워크) : CIXL과 Ssys 간의 통신용
  IMNet은 SML400 시스템과 Ssys 간의 내부 유지보수 네트워크(IMNet)이며, 이중화 네트워크로 구성되어 있다.

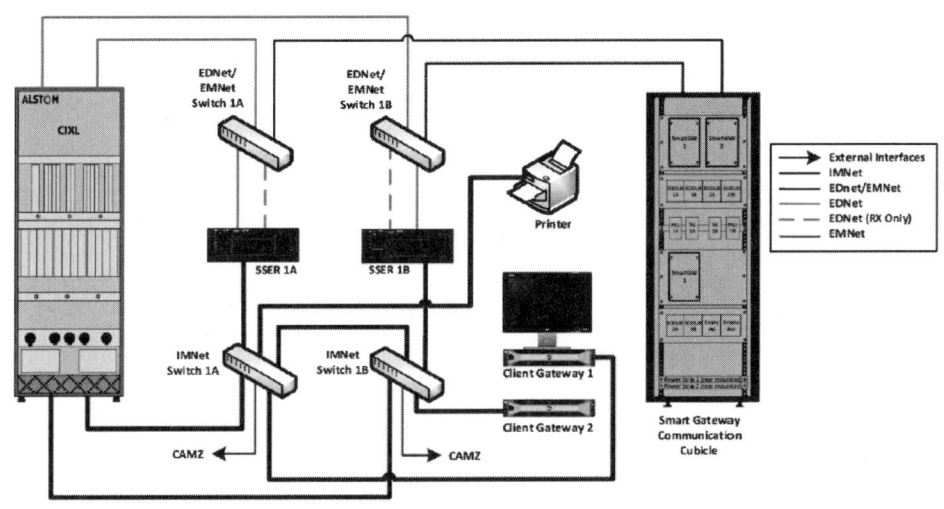

[그림 4-6] IMNet (내부 유지보수 네트워크)

- EDNet(외부 데이터 네트워크) : CIXL과 SMGW 간의 선로변 장치 데이터 통신용
  Ssys와 SMGW 큐비클 간의 외부 유지보수 네트워크(EMNet)는 SMGW 큐비클에서 Ssys으로 진단 정보를 제공하는 데 사용된다. 각 Sser은 EMNet을 통한 이더넷 링크를 통해 SMGW 큐비클에 연결된다.

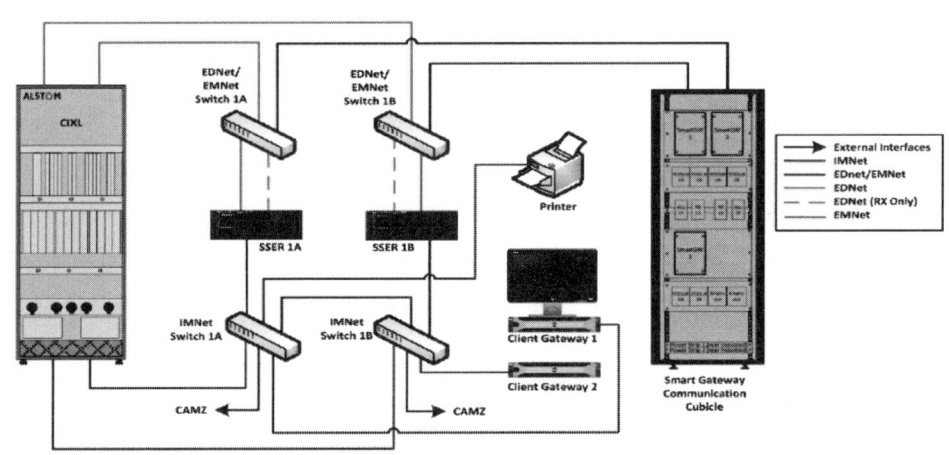

[그림 4-7] SMGW 네트워크 아키텍처

- EMNet(외부 유지보수 네트워크) : Ssys와 SMGW 간의 진단 정보 통신용

CIXL이 SMGW 큐비클과의 통신은 CIXL의 이더넷 통신보드(EAU)와 SMGW 큐비클의 EDNet/EMNet Network Switch에 연결된다. 즉, SMGW 큐비클 내 EDNet/EMNet Network Switch A 및 Network Switch B를 통해 'A' 채널 I/O 그룹이 링크 A에 연결되고 'B' 채널 I/O 그룹은 SMGW 큐비클 링크 B에 연결된다.

[표 4-3] Smartlock 400의 구성 요소

구성 요소	하위 요소/플랫폼	주요 기능
중앙 연동장치 (CIXL)	2oo3 플랫폼, VIXL	연동 논리 연산, 안전성 보장, 시스템 가상화 및 확장
선로변 인터페이스 (SMGW)	TFM 게이트웨이	CIXL과 선로변 TFM 네트워크 간의 데이터 통신 중계
지원 시스템(Ssys)	그래픽 HMI, 원격 클라이언트	시스템 감시, 진단, 로깅, 유지보수 및 기술자 제어 기능 제공
선로변 기능 모듈 (TFM)	(레거시 SSI 구성 요소)	신호기, 선로전환기 등 현장 설비와 직접 인터페이스하여 상태를 읽고 제어

(4) 2-out-of-3 (2oo3) 안전 아키텍처

① 고장 허용(Fault Tolerance)의 원리

안전 최우선 시스템에서 고장 허용 컴퓨팅은 필수적인 개념이다. 이는 시스템의 일부 구성 요소에 장애가 발생하더라도 전체 시스템이 안전한 상태를 유지하며 계속 작동할 수 있도록 하는 설계 철학이다. 이를 구현하기 위한 일반적인 접근 방식 중 하나가 'X-out-of-Y' 다중화 모델이다.

② CIXL의 2oo3 구현

- 핵심 설계 : CIXL은 2-out-of-3(2oo3) 하드웨어 아키텍처를 기반으로 한다. 이는 같은 소프트웨어를 실행하는 3개의 독립적인 처리 채널을 두고, 각 채널의 출력을 투표 메커니즘을 통해 비교하는 방식이다.
- 투표 및 오류 검출 : 최소 2개의 채널이 같은 결과에 동의하는 경우에만 명령이 출력된다. 만약 한 채널이 다른 결과를 내면, 해당 채널은 고장으로 식별된다.
- 점진적 성능 저하를 통한 고가용성 : 2oo3 아키텍처의 가장 큰 장점은 단일 하드웨어 고장이 발생하더라도 시스템 전체가 중단되지 않는다는 점이다. 한 채널에서 고장이 감지되면, 시스템은 해당 모듈을 격리하고 2-out-of-2(2oo2) 작동 모드로 원활하게 전환하여 안전하게 기능을 계속 수행할 수 있다. 이는 단순한 이중화 구조에 비해 시스템 가용성을 크게 향상시킨다.

③ COTS 하드웨어를 통한 SIL 4 달성
- CENELEC SIL 4 : 이 시스템은 철도 애플리케이션에 대한 최고 안전무결성 등급인 SIL 4 인증을 받았으며, CENELEC 표준(EN 50128, EN 50126)을 준수한다.
- 하드웨어 및 소프트웨어 다양성 : 같은 상용 기성품(COTS) 하드웨어를 사용하면서도, 안전성은 소프트웨어 다양성 기법을 통해 더욱 강화된다. 예를 들어, 3개의 서로 다른 ADA 컴파일러를 사용하면 특정 컴파일러의 시스템적 결함이 3개 채널 모두에 동일하게 영향을 미칠 가능성을 줄일 수 있다. 또한, 데이터는 내용이 다변화된 USB 메모리 장치를 통해 로드될 수 있다.

철도신호는 일반 컴퓨팅 시장의 빠른 성능 향상과 비용 절감 효과를 철도 시스템에 도입하면서도, 엄격한 SIL 4 안전 요구사항을 충족시킬 수 있게 하는 강력한 비용·성능 이점을 창출한다. 독점적인 안전 인증 하드웨어를 개발하는 것은 막대한 비용과 시간이 소요되며, 결과물은 종종 COTS 시장의 성능에 뒤처지게 된다. 반면, PowerPC와 같은 COTS 프로세서를 사용하면 적은 비용으로 더 높은 처리 능력을 제공할 수 있으며, 이 여분의 처리 능력은 VIXL과 같은 대규모 가상화 기능을 가능하게 하는 직접적인 원동력이 된다. COTS 하드웨어 자체는 '고장 안전(fail-safe)'은 수렴하지 않지만, 2oo3 아키텍처는 이러한 비안전 구성 요소들을 안전한 시스템으로 포장하는 메커니즘 역할을 한다. 3개의 채널과 투표 로직을 통해 시스템은 단일 COTS 구성 요소의 무작위 하드웨어 고장을 감지하고 차단할 수 있다. 이는 우수한 가격 대비 성능을 제공하고, 새로운 COTS 프로세서를 더 쉽게 통합할 수 있게 하여 플랫폼의 미래 확장성을 보장한다.

④ 고장 복구 및 유지보수
- **활선 교체(Hot-Swapping)** : 2oo3 시스템에서 고장 난 채널은 시스템이 2oo2 모드로 온라인 작동 중인 상태에서 교체할 수 있어, 시스템 중단 시간을 최소화한다.
- **MTBF/MTTR** : Smartlock 400 컴퓨터의 평균 중요 고장 간격(MTBSF)은 레거시 SSI 시스템보다 높다. 구체적인 MTBF(평균 고장 간격) 및 MTTR(평균 수리 시간) 수치는 제공되지 않았으나, 2oo3 아키텍처와 원격 진단 기능은 이러한 지표를 기존 시스템보다 향상시키는 것을 목표로 설계되었다. 선로변 장애 발생 시 신호기를 정지 현시로 전환하는 데 걸리는 평균 시간은 2초 미만이다.

(5) 가상화와 확장성 : VIXL 개념

① 확장성의 필요성

전통적인 연동장치는 각 물리적 큐비클이 고정된 지리적 영역을 제어하는 구조적 한계를 가진다. 이러한 경계를 확장하거나 수정하는 것은 복잡하고 비용이 많이 들며, 별개의 연동장치 간의 통신(경계 초월 진로)은 상당한 시간 지연을 유발한다.

② 가상 연동장치(VIXL) 소개
- 개념 : VIXL(Virtual Interlocking)은 CIXL 내의 소프트웨어 파티션으로, 물리적인 SSI 큐비클 하나의 전체 프로세스를 에뮬레이션한다.
- 용량 : 단일 CIXL은 여러 개의 VIXL을 호스팅할 수 있다(초기 버전에서는 최대 8개, 최신 릴리스에서는 그 이상 가능). 이를 통해 단일 Smartlock 400 컴퓨터가 최대 6~8개의 물리적 SSI 연동장치를 대체할 수 있다.
- 독립성 및 통신 : 각 VIXL은 독립적으로 요청을 처리할 수 있어, CIXL이 동시에 여러 명의 관제사와 작업할 수 있게 한다. 또한, VIXL들은 내부적으로 서로 통신할 수 있는데, 이는 물리적 SSI 장치 간의 '내부 데이터 링크(IDL)'와 같은 역할을 하지만 훨씬 빠른 속도로 이루어진다.

③ 가상화의 이점
- 경계 초월 지연 감소 : 여러 연동 영역을 단일 CIXL로 통합함으로써 많은 물리적 경계가 가상 내부 통신 진로로 전환된다. 이는 물리적 SSI 경계를 넘어 진로를 설정할 때 발생하는 상당한 시간 지연(4~16초)을 제거한다.
- 데이터 준비 단순화 : VIXL이 서로의 메모리에 읽기/쓰기 접근을 할 수 있고 메시지 제한이 제거됨에 따라, 크고 복잡한 레이아웃의 데이터 엔지니어링 프로세스가 단순화된다. '확장 VIXL' 개념은 매우 큰 설비의 경우 경계를 완전히 제거할 수도 있다.
- 네트워크 설계 최적화 : 가상화를 통해 연동 경계를 시간적으로 덜 중요한 위치에 배치할 수 있어, 전반적인 운영 성능이 향상된다.
- 시스템 가용성 증대 : 여러 SSI를 더 신뢰성 있는 단일 중앙 컴퓨터로 통합하는 것은 전체 시스템 가용성을 직접적으로 증가시킨다.

VIXL 개념은 COTS 하드웨어로의 전환을 통해 얻어진 막대한 처리 능력증가의 직접적인 결과물이다. 이는 '하나의 장비, 하나의 영역'이라는 물리적 아키텍처에서 유연한 소프트웨어 정의 신호 아키텍처로의 근본적인 전환을 의미한다. 레거시 SSI 프로세서는 자체의 제한된 영역에 대한 논리를 실행할 정도의 처리 능력만을 가졌지만, 현대적인 COTS 프로세서로의 전환은 수십 배의 컴퓨팅 용량 증가를 가져왔다. 이 잉여 용량을 활용하여 VIXL 개념을 창안했다. VIXL은 하드웨어 경계 문제를 소프트웨어 설정 문제로 변환시킨다. 엔지니어는 이제 두 개의 연동장치를 물리적으로 배선하는 대신, 같은 장비 내에서 두 VIXL 간의 소프트웨어 링크를 정의한다. 이는 논리적 연동 영역을 물리적 하드웨어로부터 분리시키는 패러다임의 전환이며, 철도 운영자에게 전례 없는 유연성을 제공한다. 운영자는 대규모 하드웨어 프로젝트 없이도 네트워크 변화에 맞춰 소프트웨어에서 제어 경계를 재설정할 수 있게 된다.

(6) 외부 철도 시스템과의 인터페이스

① 인터페이스 철학 개요

Smartlock 400은 과거의 점대점 방식의 독점적 링크에서 벗어나, 광범위한 철도 하위 시스템과의 상호운용성을 보장하기 위해 개방형 표준 인터페이스를 채택하여 설계되었다. 이 시스템은 현대 네트워크 아키텍처에 부합하는 IP 기반 통신을 지원한다.

② 제어 시스템(CTC/HMI) 인터페이스
- 레거시 패널 지원 : 기존의 관제사용 출발-도착(NX) 패널을 위해 패널 멀티플렉서(PMUX)를 통한 직접 인터페이스를 제공한다.
- VDU 기반 시스템 : 통합 전자 제어 센터(IECC)와 같은 현대적인 VDU 기반 제어 시스템과 완벽하게 호환된다. 내부 'NX 패널 소프트웨어'는 필요한 패널 표시 기능과 열차 번호 표시 장치(TD) 인터페이스를 제공할 수 있다.

③ ERTMS/ETCS 인터페이스
- ERTMS-Ready : 시스템은 명시적으로 'ERTMS-ready'로 설계되었다.
- RBC 인터페이스 : ETCS 레벨 2/3 무선폐색센터(RBC)와의 정의된 인터페이스를 갖추고 있다. 이를 통해 연동장치는 RBC에 진로, 선로전환기, 신호기의 실시간 상태를 제공하며, RBC는 이 정보를 사용하여 열차에 대한 이동 허가(Movement Authority)를 생성한다. 이 인터페이스는 Euroradio와 같은 최신 CENELEC 호환 프로토콜을 사용할 수 있다.
- 단계적 구현 : 형식승인 인증서에 따르면, RBC 인터페이스는 초기에 RBC에 상태 정보만 제공하고 제어 명령에는 응답하지 않도록 구성된 테스트 목적으로 허용된다. 이는 완전한 통합을 향한 신중하고 단계적인 접근 방식을 시사한다.

④ 선로변 설비 인터페이스
- 레거시 TFM 지원 : 시스템의 핵심 특징 중 하나는 SMGW를 통해 기존 SSI 선로변 기능 모듈(TFM) 및 데이터 링크 모듈(DLM)을 기본적으로 지원한다는 점이다. 이는 비용 효율적인 마이그레이션 전략의 열쇠이다.
- Smart I/O – 차세대 인터페이스 : Smartlock 400의 최신 릴리스는 TFM/DLM 네트워크를 대체하는 차세대 'Smart I/O'를 도입했다. Smart I/O는 CIXL이 더 많은 수의 입출력 지점을 더 빠른 속도로 처리할 수 있게 하며, 향상된 원격 진단 기능을 제공한다. 이는 선로변 설비와의 직접적인 IP 기반 통신으로의 진화를 나타낸다.
- 직접 인터페이스(GP 버전) : Smartlock 400 GP(General Purpose) 버전은 선로전환기 및 신호기와의 직접 인터페이스를 특징으로 한다. 이는 중간 신호 계전기 및 관련 케이블을 제거하여 유지보수 비용과 인프라 공간을 줄인다.

⑤ 통신 프로토콜 및 네트워크 아키텍처

시스템은 주요 구성 요소 간의 상호 연결 및 원격 접근을 위해 개방형 표준 통신 프로토콜, 특히 IP 기반 네트워크(이더넷)로 전환하고 있다. CIXL과 RBC 간의 통신과 같이 안전이 중요한 통신을 위해서는 LTE-R 같은 특정 CENELEC 호환 프로토콜을 사용한다. 표준 네트워크의 사용은 지리적으로 분리된 광섬유 진로와 같은 다중화된 통신 진로를 허용하여, 기존 시스템의 제약된 점대점 링크에 비해 가용성을 크게 향상시킨다.

레거시(TFM)와 차세대(Smart I/O, 직접 인터페이스) 선로변 인터페이스를 모두 지원하는 것은 의도적이고 효과적인 2단계 시장 전략을 보여준다. 이는 기존 설비 현대화 시장을 즉시 확보하는 동시에, 향후 신규 건설 프로젝트 및 추가 업그레이드를 위한 진로를 마련하는 것이다. 1단계에서는 수많은 TFM 네트워크를 교체하는 데 드는 막대한 초기 비용을 피할 수 있는 하위 호환성을 제공하여, 중앙 SSI 전자장치 교체 계약을 확보한다. 2단계에서는 일단 Smartlock 400 CIXL이 설치되면, 철도 운영자는 다음 단계의 현대화를 지원할 수 있는 플랫폼을 갖게 된다. Smart I/O 및 직접 IP 기반 인터페이스의 도입은 논리적인 다음 업그레이드가 된다. 운영자는 두 번째 단계에서 구형 TFM 데이터 링크를 현대적인 IP 네트워크로 교체하여 속도, 진단 기능 향상, 케이블 감소 등의 이점을 얻고 TCO를 더욱 절감할 수 있다. 이는 Alstom이 단일 제품을 판매하는 것이 아니라 장기적인 현대화 로드맵을 판매하는 'Land and Expand' 전략이며, 각 단계에서 경쟁자를 배제하고 고객과의 수십 년 관계를 구축하는 효과를 낳는다.

[표 4-4] 외부 철도 시스템과의 인터페이스

인터페이스 대상 시스템	목적	물리적/논리적 인터페이스	주요 프로토콜/표준
CTC (예 IECC)	중앙 집중식 교통 제어 및 감시	VDU 기반 시스템 인터페이스	독점 또는 표준 프로토콜
운영자 HMI (예 NX 패널)	수동 진로 설정 및 상태 표시	패널 멀티플렉서(PMUX)	기존 패널 인터페이스
ERTMS RBC	ETCS 레벨 2/3 이동 허가 생성 지원	안전 통신 링크	Euroradio+, CENELEC 표준
레거시 선로변 (TFM)	현장 설비 제어 및 상태 감시	SMGW, SSI 데이터 링크	SSI 통신 프로토콜
차세대 선로변 (Smart I/O)	고속, 고용량 I/O, 향상된 진단	IP 기반 네트워크	IP/이더넷
여객 안내 시스템	자동화된 여객 정보 제공	직접 링크	데이터 통신 프로토콜

(7) 현대 신호 시스템의 사이버 보안

① 증가하는 위협

신호 시스템이 표준 IP 네트워크에 더 많이 연결되고 의존하게 되면서, 사이버 위협에 더 취약해지고 있다. 이제 위험은 단순한 데이터 유출이 아니라 승객의 안전과 국가 핵심 인프라에 대한 위협으로 확대되었다.

② 설계 기반 보안(Security by Design)

Onvia Lock과 같은 현대 시스템은 사이버 보안을 추가 기능이 아닌 설계 과정 초기부터 프레임워크에 '내장'한다. 이는 필수적인 '설계 기반 보안' 철학이다.

③ 새로운 표준 준수
- CENELEC TS 5001 / IEC 634 : 이는 철도 애플리케이션의 사이버 보안을 위한 최초의 국제 표준이다. 이 표준은 광범위한 산업 제어 시스템 표준(IEC 62443)의 원칙을 철도의 특정 맥락(통신, 신호, 차량)에 맞게 조정했다. Alstom은 이 표준 개발에 핵심적인 공헌을 하였다.
- 핵심 개념 : 이 표준은 위험 평가에 대한 통일된 접근 방식을 도입하고, 보안 등급(SL0-SL4)을 정의하며, 전통적인 안전성 분석 보고서(Safety Case)와 유사한 '사이버 보안 분석 보고서(Cybersecurity Case)'를 의무화한다.

④ Smartlock의 사이버 보안 접근 방식
- 계층적 방어 : Smartlock은 열차에서부터 백오피스 IT에 이르기까지 시스템 전체의 취약점을 해결하는 전체론적이고 계층적인 방어 접근 방식을 채택하고 있다.
- 키 관리 : ETCS와 같은 통신 보안을 위해, 암호화 키 관리를 자동화하는 Cybels 키 관리 센터와 같은 솔루션을 제공한다.
- 위협 탐지 및 대응 : Smartlock은 고객에게 연중무휴 24시간 위협 탐지 및 대응을 제공하기 위해 보안 운영 센터(SOC) 네트워크를 운영한다.

IP 네트워킹의 채택은 양날의 검과 같다. 이는 원격 접근, 중앙 집중화, 케이블 감소 등 인터로킹 4.0의 모든 이점을 가능하게 하는 핵심 요소이지만, 동시에 폐쇄적인 독점 직렬 링크에서는 존재하지 않았던 거대한 새로운 공격 표면을 만들어낸다. 따라서 강력한 사이버 보안은 선택 사항이 아니라 신호 시스템의 디지털 전환 전체를 위한 근본적인 전제 조건이다.

IP로의 전환은 CIXL이 Smart I/O 객체 컨트롤러와 직접 통신하고, 운영자가 원격으로 진단에 접근하며, 연동장치가 클라우드에서 실행될 수 있게 한다. 그러나 IP 네트워크는 본질적으로 개방형 연결을 위해 설계되었기 때문에 적절히 보호되지 않으면 침입, 서비스 거부 공격, 데이터 조작에 더 취약하다. 신호 시스템에서 사이버 보안 실패는 직접적으로 안전 실패로 이어질 수 있다. 예를 들어, 악의적인 행위자가 정지 명령이 신호기에 도달하는 것을 막거나 선로가 비어 있다고 거짓으로 보고하면 치명적인 사고를 유발할 수 있다. 이것이 안전과 보안이 이제 불가분하게 연결된 이유이다. 이러한 새로운 위험 환경 때문에 CENELEC TS 5001과 같은 표준이 만들어졌으며, 철도 운영자는 IP 기반 연동장치를 조달할 때 사이버 보안 태세를 철저히 평가해야 한다. TS 5001 준수 여부와 포괄적인 '사이버 보안 분석 보고서' 제공 능력은 이제 모든 입찰 과정에서 중요하고 필수 부분이 될 것이다.

4.1.4 IP 기반 전자연동장치

(1) IP 기반 전자연동장치의 핵심 개념과 기능

IP 기반 전자연동장치는 'IP 기반', '분산형', '표준화', '상호운용성'이라는 네 가지 핵심 키워드로 요약될 수 있다. 이 기술은 성숙하고 비용 효율적인 상용 통신 기술을 철도의 안전 최우선 환경에 접목하여, 오랜 기간 철도 인프라가 직면해 온 자본 집약적 문제를 해결하려는 전략적 접근이다. 전통적인 신호 시스템이 요구했던 방대하고 복잡한 점대점(point-to-point) 구리 케이블 배선을 고속 이더넷과 광케이블 기반의 다중화된 데이터 네트워크로 대체함으로써, 신규 노선 건설 시의 초기 투자 비용(CAPEX)과 운영 중 유지보수 비용(OPEX)을 극적으로 절감할 수 있게 되었다. 따라서 IP 기술로의 전환은 기술적 진보일 뿐만 아니라, 노후화된 철도망의 현대화를 보다 경제적이고 실현 가능하게 만드는 재정적, 전략적 결정이기도 하다.

① 전자연동장치(EIS)의 정의

전자연동장치(Electronic Interlocking System, EIS)란 열차의 안전하고 신속한 운행을 보장하기 위해, 역 구내의 신호기, 선로전환기, 궤도회로와 같은 핵심 신호보안장치들을 컴퓨터 소프트웨어 기반의 논리로 상호 연쇄시키는 안전 최우선(Safety-Critical) 시스템이다. 이 시스템의 최상위 목표는 중앙교통관제센터(CTC)나 역 구내 운전취급자(LCC)로부터의 제어 명령을 수신하여, 사전에 정의된 안전 규칙(연동 로직)에 따라 그 유효성을 검증하고, 만에 하나 위험한 상태를 초래할 수 있는 모든 동작을 거부하는 것이다. 전자연동장치의 가장 중요한 설계 원칙은 'Fail-Safe'이다. 이는 시스템을 구성하는 어떠한 부품에 고장이 발생하거나 전원이 차단되는 등의 예기치 않은 상황이 발생하더라도, 시스템 전체가 반드시 안전한 상태로 귀결되어야 함을 의미한다. 철도신호 시스템에서 '안전한 상태'란 일반적으로 모든 신호기를 정지 신호(적색)로 현시하고, 열차의 추가적인 진입을 막는 상태를 말한다. 이 원칙을 구현하기 위해 전자연동장치는 하드웨어와 소프트웨어 전반에 걸쳐 다중화, 자가 진단, 고장 감지 등 고도의 안전 설계 기법을 적용한다.

② 전자연동장치의 주요 기능

전자연동장치는 열차의 안전을 확보하기 위해 다음과 같은 핵심적인 기능들을 수행한다.

- 진로설정 및 쇄정(Route Setting and Locking) : 운전취급자로부터 특정 진로설정 명령을 받으면, EIS는 해당 진로 상에 다른 열차나 장애물이 없는지(궤도회로 점유 상태 확인), 진로 내 모든 선로전환기가 올바른 방향으로 전환 및 고정되었는지 등을 종합적으로 검증한다. 모든 조건이 충족되면, 선로전환기를 해당 방향으로 고정(쇄정)하고, 진입 신호기에 진행 신호를 현시한다. 한번 설정된 진로는 열차가 해당 구간을 완전히 통과하여 점유가 해제될 때까지 잠긴 상태를 유지하며, 이 기간 동안 해당 진로와 충돌하는 어떠한 다른 진로도 설정될 수 없다.
- 충돌 및 위험 방지(Conflict and Hazard Prevention) : 이는 연동 로직의 핵심으로, 시스템은 두 열차가 동일한 선로 구간으로 동시에 진입하려 하거나, 서로의 진로를 침범하는 등의 '충돌 진로(Conflicting Route)'가 설정되는 것을 원천적으로 차단한다. 또한, 열차가 선로전환기 위를 통과하는 도중에 전환기가 움직여 탈선을 유발하는 일이 없도록 '쇄정' 기능을 통해 완벽하게 방호한다.
- 신호기 제어(Signal Control) : 선로의 점유 상태, 선행 열차와의 간격, 그리고 설정된 진로의 조건에 따라 신호기의 등화(적색, 황색, 녹색 등)를 자동으로 제어한다. 이는 기관사에게 안전한 운행 가능 여부와 허용 속도에 대한 정보를 명확히 전달하는 역할을 한다.
- 선로전환기 제어(Point/Switch Control) : 열차를 하나의 선로에서 다른 선로로 안내하기 위해 선로전환기의 방향을 전환하고, 전환이 완료된 후에는 해당 위치에 단단히 고정되었는지(쇄정) 확인하는 기능을 수행한다.
- 궤도 점유 검지(Track Occupancy Detection) : 궤도회로나 차축검지장치(Axle Counter)와 같은 현장 설비와 연동하여, 선로의 특정 구간(폐색 구간)에 열차가 있는지 없는지를 실시간으로 파악한다. 이 정보는 연동장치가 모든 안전 판단을 내리는 데 있어 가장 기초적이고 중요한 입력 데이터가 된다.

③ IP 기반 패러다임 : 핵심 특징과 장점

전통적인 전자연동장치도 상기된 기능들을 수행하지만, 'IP 기반' 시스템은 이러한 기능들을 구현하고 운영하는 방식에 근본적인 변화를 가져왔다. IP 기술의 접목은 다음과 같은 명확한 특징과 장점을 제공한다.

- 인프라의 간소화 및 비용 절감 : 기존 시스템은 중앙의 연동장치와 현장의 수많은 개별 설비(신호기, 선로전환기 등)를 연결하기 위해 방대한 양의 다심 구리 케이블을 필요로 한다. 이는 막대한 설치 비용과 시간을 유발하며, 유지보수 시 고장점 탐색을 어렵게 만드는 주된 요인이었다. 반면, IP 기반 시스템은 고속 이더넷과 광케이블을 이용한 네

트워크를 통해 모든 데이터를 다중 전송하므로, 물리적인 케이블 포설량을 극적으로 줄일 수 있다. 이는 설치 및 유지보수 비용의 직접적인 절감으로 이어진다.

- **데이터 처리량 및 속도 향상** : IP/이더넷은 과거에 주로 사용되던 직렬 통신(Serial Communication) 방식에 비해 월등히 높은 대역폭을 제공한다. 이는 단순한 제어 신호뿐만 아니라, 장비의 상세 상태 정보, 진단 데이터, 이벤트 로그 등 훨씬 풍부하고 복잡한 정보를 신속하게 주고받을 수 있게 함을 의미한다. 이는 시스템의 전반적인 응답성을 높이고, 보다 정밀한 제어와 감시를 가능하게 한다.
- **유지보수성 및 진단 기능 강화** : IP 네트워크를 통해 모든 현장 설비의 상태를 중앙에서 실시간으로 원격 모니터링하고 제어할 수 있다. 장애 발생 시, 상세한 로그 데이터와 진단 정보를 원격으로 분석하여 신속하게 원인을 파악하고 조치할 수 있어 시스템의 가용성(Availability)을 높이고 복구 시간을 단축한다. 빅데이터 처리 기술과 결합하면, 장비의 고장 징후를 사전에 예측하는 예측 정비(Predictive Maintenance)까지 가능해진다.
- **표준화 및 상호운용성의 기반 제공** : IP기반 통신은 전 세계적으로 검증된 개방형 표준 기술이다. 이는 특정 제조사에 종속되지 않는 표준화된 인터페이스를 개발할 수 있는 기술적 토대를 마련해준다. 유럽의 EULYNX 프로젝트가 대표적인 예로, IP 네트워크를 기반으로 각기 다른 제조사의 신호 설비들이 원활하게 상호 연동될 수 있도록 하는 것을 목표로 한다. 이는 철도 운영사에게 더 넓은 선택의 폭을 제공하고, 건전한 시장 경쟁을 통해 기술 발전과 비용 절감을 유도하는 선순환 구조를 만든다.

이러한 변화는 단순히 기술적인 개선을 넘어, 철도신호 자산의 수명주기 관리 방식 자체를 바꾸고 있다. 과거 하드웨어(계전기, 배선) 중심의 관리에서, 이제는 소프트웨어(연동로직 설정, 버전 관리)와 네트워크(성능 관리, 보안) 중심의 관리로 초점이 이동하고 있다. 예를 들어, 과거에는 선로 배선 변경 시 물리적인 배선 수정과 현장에서의 장시간에 걸친 시험이 필수적이었지만, 이제는 소프트웨어 설정 변경 후 실험실 환경에서 충분한 시뮬레이션과 검증을 거쳐 원격으로 안전하게 배포할 수 있게 되었다. 이는 동시에 소프트웨어 형상 관리, 데이터베이스 무결성, 그리고 외부 위협으로부터 네트워크를 보호하기 위한 사이버 보안이라는 새로운 과제를 제시하며, 신호 기술자에게 전통적인 신호 원리 외에 네트워크 공학, 소프트웨어 공학, 정보 보안에 대한 전문성을 요구하게 만드는 근본적인 변화를 이끌고 있다.

[표 4-5] 연동장치 세대별 비교

특징	계전식 연동장치	IP 기반 전자연동장치
논리 구현 방식	전기 계전기(Relay)의 물리적 회로	컴퓨터 소프트웨어 및 데이터베이스
물리적 점유 공간	큼(계전기실 필요)	작음(고집적 랙 시스템)
통신 방식	점대점(Point-to-Point) 전기 배선	IP/Ethernet 네트워크(광케이블)
유연성/수정 용이성	낮음(복잡한 회로 재배선 필요)	매우 높음(소프트웨어 설정 변경)
데이터/진단 능력	제한적(램프 표시 등)	매우 우수(상세 로그, 원격 모니터링)
핵심 한계	복잡한 배선, 유지보수 비용, 낮은 유연성	사이버 보안, 네트워크 안정성 확보 필요
자기진단장치	없음	워치도그를 이용하여 진단 가능

(2) 아키텍처 및 기술적 특징

IP 기반 전자연동장치의 성능과 신뢰성은 그 내부 구조, 즉 아키텍처와 각 구성 요소의 기술적 사양에 의해 결정된다. 이 장에서는 시스템의 대표적인 아키텍처 모델인 중앙집중형과 분산형을 비교 분석하고, 연동장치를 구성하는 핵심 하드웨어 및 소프트웨어 모듈을 상세히 해부한다. 또한, 시스템의 근간을 이루는 네트워크와 통신 프로토콜의 특징을 심도 있게 다룬다.

① 시스템 아키텍처 모델 : 중앙집중형 vs. 분산형

IP 기반 전자연동장치는 크게 중앙집중형과 분산형 두 가지 아키텍처로 구현될 수 있으며, 각 모델은 비용, 효율성, 확장성 측면에서 뚜렷한 장단점을 가진다.

- 중앙집중형 아키텍처(Centralized Architecture) : 전통적인 전자연동장치에서 흔히 볼 수 있는 구조로, 하나의 대규모 연동장치 유닛이 기계실과 같은 중앙 거점에 설치되어 해당 역 구내의 모든 현장 설비(신호기, 선로전환기 등)를 제어한다. 이 방식에서는 중앙 장치와 각 현장 설비 간에 개별적인 케이블이 직접 연결되어야 하므로, 제어 대상 설비가 많아질수록 케이블 포설량이 기하급수적으로 증가한다. 이는 높은 초기 설치 비용과 긴 공사 기간, 그리고 유지보수의 어려움으로 이어진다.
- 분산형 아키텍처(Distributed Architecture) : IP 네트워크 기술의 발전에 힘입어 등장한 현대적인 구조이다. 이 모델에서는 안전 핵심 로직을 처리하는 중앙 논리부(ILS)는 기계실에 위치하지만, 현장 설비와의 직접적인 인터페이스를 담당하는 입출력(I/O) 모듈들은 현장 설비 인근에 분산 배치된다. 이 분산된 I/O 모듈, 또는 IP제어부(OC: Object Controller)들은 IP 네트워크(주로 광케이블)를 통해 중앙 논리부와 통신한다. 분산형 구조는 현장 설비와 제어기 간의 거리를 최소화하여 케이블 포설량을 획기적으로 줄일 수 있으며, 이는 공사 기간 단축과 비용 절감에 결정적인 기여를 한다. 또한 시스템을 모듈 단위로 구성할 수 있어 증설이나 변경이 용이하고 유지보수가

간편하다는 장점이 있다. 국내외 주요 공급업체들은 프로젝트의 특성과 요구사항에 따라 두 가지 구성을 모두 제공하여 유연성을 확보하고 있다.

② 핵심 구성 요소

IP 기반 전자연동장치는 고도의 안전성과 가용성을 확보하기 위해 여러 전문화된 서브시스템으로 구성된다. 각 구성 요소는 명확한 역할을 수행하며, 이중화 및 Fail-Safe 원칙에 따라 설계된다.

- 연동논리부(ILS, Interlocking Logic Subsystem) : 시스템의 '두뇌'에 해당하는 핵심부로, 운영자의 제어 명령을 분석하고 연동 소프트웨어에 정의된 안전 로직을 실행하여 최종적인 제어 판단을 내린다. ILS는 극도의 신뢰성을 요구받기 때문에, 일반적으로 '2 out of 2' 또는 '2 out of 3'와 같은 다중화 구조로 설계된다. 예를 들어 '2 out of 2' 구조에서는 두 개의 동일한 CPU 모듈이 동일한 입력에 대해 독립적으로 연산을 수행하고, 그 결과가 완벽하게 일치할 때만(Lockstep 동기화) 제어 명령을 출력한다. 만약 두 결과 간에 미세한 불일치라도 발생하면, 시스템은 즉시 안전 상태로 전환된다. 이 부분은 전원 모듈, CPU 모듈, 통신 모듈 등으로 구성된 랙(Rack) 형태로 제공된다.

- 입출력부(IOS, Input/Output Subsystem) : 연동논리부의 제어정보를 전송받아 현장 설비를 직접 제어하는 역할을 한다. 입력 모듈은 궤도회로의 점유 상태나 안전설비의 동작 등 현재 상태의 정보를 읽고, 신호제어모듈은 신호기에 점등 명령을 내리고 동작상태를 감시하여 정보를 전송한다. 선로전환기 제어모듈은 선로전환기 모터를 구동시키고 동작상태를 입력받아 연동제어부로 전송한다. 분산형 아키텍처에서는 이 IOS가 현장제어모듈(OC)의 형태로 선로변에 설치된다. 입출력부는 단순히 신호를 전달하는 것을 넘어, 계전기의 무여자 접점을 이용하여 시스템 고장 시 항상 정지 신호가 현시되도록 하는 등 Fail-Safe 원칙을 물리적으로 구현하는 중요한 역할을 담당한다.

- 통신부(Communication Subsystem) : 시스템 내부의 각 서브시스템과 외부 장치들을 연결하는 신경망이다. 고가용성을 위해 이중화된 L3급 이더넷 스위치를 중심으로 구성되며, 광통신을 통해 노이즈 유입을 방지하고 장거리 전송을 지원한다. 또한, 구형 시스템과의 연동을 위해 직렬 통신(Serial)을 이더넷으로 변환해주는 터미널 서버(Terminal Server)를 포함하기도 한다. 이 통신 네트워크의 안정성은 시스템 전체의 성능과 안전성에 직결된다.

- 표시제어부(LCC/HMI, Local Control Console/Human-Machine Interface) : 역 구내 운전취급자가 시스템과 상호작용하는 창구이다. 일반적으로 이중화된 산업용 컴퓨터와 대형 모니터로 구성되며, 그래픽 기반의 사용자 인터페이스(GUI)를 통해 선로 배선 상태, 열차 위치, 신호기 현시 상태 등을 직관적으로 보여준다. 운전취급자는

이를 통해 수동으로 진로를 설정하거나 개별 설비를 제어할 수 있다.
- **유지보수부(Maintenance and Diagnostics Subsystem)** : 시스템 관리 및 유지보수 인력을 위한 전용 단말기이다. 시스템의 모든 동작 상태와 이벤트 로그를 실시간으로 표시하고 저장하며, 이를 분석하여 장애 원인을 신속하게 파악할 수 있도록 돕는다. 또한, 연동 로직 데이터베이스나 표시 화면을 편집하고 생성하는 등 시스템 설정 및 관리 기능을 제공한다.

③ 네트워크 및 통신 프로토콜

IP 기반 전자연동장치의 네트워크는 단순한 데이터 전송로를 넘어, 시스템의 안전성과 실시간성을 보장하기 위한 핵심 기술 요소이다.
- **네트워크 구성** : 통신망은 IP/이더넷 기술을 기반으로 하며, 높은 성능을 위해 기가비트(Gigabit)급 속도를 지원하는 경우가 일반적이다. 시스템의 가용성을 극대화하기 위해 통신 진로, 스위치, 전원 등 모든 네트워크 요소가 완벽한 이중화 구조로 설계된다. 이를 통해 하나의 네트워크 진로에 장애가 발생하더라도 다른 진로를 통해 통신이 중단 없이 이어지는 'Hot-Standby' 기능을 구현한다.

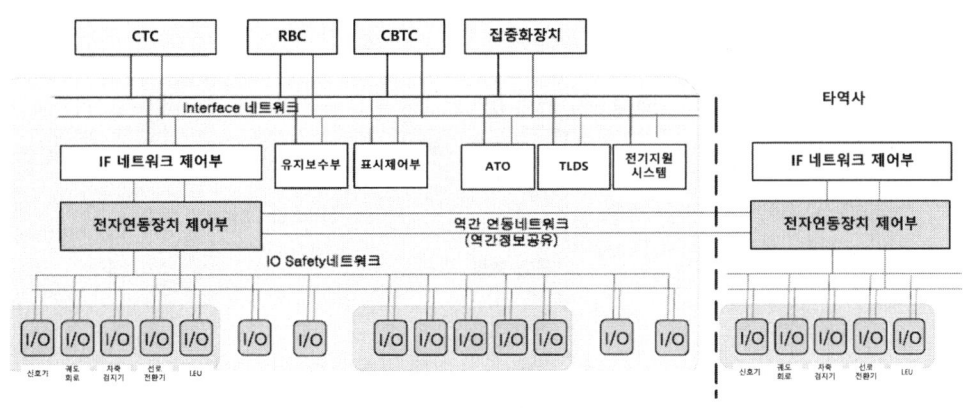

[그림 4-8] IP 네트워크 구성도

- **통신 프로토콜(UDP의 선택)** : 철도환경에 안전성이 검증된 철도신호 안전 프로토콜인 RASTA(Railway Application Safety Protocol)를 사용한다. 흥미로운 점은 연동논리부와 현장 제어기 간의 통신에 TCP(Transmission Control Protocol)가 아닌 UDP(User Datagram Protocol)를 사용하는 경우가 있다는 것이다. TCP는 데이터 전송의 신뢰성을 보장하는 연결 지향형 프로토콜이지만, 연결 설정 및 오류 제어 과정에서 약간의 지연(Latency)이 발생할 수 있다. 반면, UDP는 이러한 부가 기능 없이 데이터를 빠르게 전송하는 비연결형 프로토콜이다. 실시간 제어가 생명인 연동장치에서 낮은 지연 시간을 확보하기 위해 UDP를 선택하는 것은 공학적으로 타당한 결정이

다. 그러나 이는 중요한 책임을 응용 프로그램 계층, 즉 연동 소프트웨어 자체로 전가한다. UDP는 데이터 패킷의 순서나 도착 여부를 보장하지 않으므로, 연동 소프트웨어는 수신된 데이터의 순서가 올바른지, 누락된 패킷은 없는지를 스스로 확인하고 처리하는 정교한 로직을 포함해야만 한다.

- 네트워크 분리 : IP기반 연동장치는 연동논리부와 IP제업부간 가용성을 향상하기 위해 2중계 링 네트워크를 구성하며, 제어를 위한 안전 네트워크망과 운영/유지보수를 위한 네트워크 망으로 분리 구성된다. 안전성과 보안을 위해 네트워크는 물리적 또는 논리적으로 분리되어 운영된다. 제어 명령과 같은 안전 관련(Vital) 데이터가 전송되는 통신망과, 단순 모니터링 정보와 같은 비안전(Non-vital) 데이터가 전송되는 통신망을 분리하여 상호 간섭을 막고 보안을 강화한다.

이처럼 IP 기반 전자연동장치의 아키텍처 설계는 비용 효율성을 위한 분산형 구조 채택, 실시간 성능을 위한 UDP 프로토콜 사용, 그리고 이로 인해 발생하는 안전성 보장의 책임을 소프트웨어 계층에서 완벽하게 처리하는 정교한 설계 간의 유기적인 관계 속에서 이루어진다. 이는 물리적 배치, 네트워크 프로토콜, 소프트웨어 설계가 비용 효율성과 절대적인 안전이라는 궁극적인 목표를 달성하기 위해 어떻게 상호 의존적으로 최적화되는지를 보여주는 대표적인 사례이다.

[표 4-6] 현대 IP-EIS의 주요 구성 요소 및 기능

서브시스템	주요 구성품	주요 기능	통신 인터페이스	안전 원칙
연동논리부 (ILS)	이중화 CPU 모듈, 전원모듈, 통신모듈	연동 로직 연산, 안전성 판단, 제어명령 생성	IP/Ethernet (내/외부 시스템)	'2 out of 2' 구조, Lockstep 동기화, Fail-Safe 로직
입출력부 (IOS/OC)	입력 모듈, 출력 모듈, 선로전환기 모듈	현장 설비 상태 감시 (입력), 현장 설비 구동(출력)	IP/Ethernet (ILS 와 통신), 직접 배선(현장 설비)	'2 out of 2' 구조 Fail-Safe 적용 안전 출력제어 Vital 계전기 출력, 무여자 시 정지 신호 현시
통신부	이중화 L3 스위치, 터미널 서버, 광 모듈	시스템 내/외부 데이터 통신 중계	Gigabit Ethernet, Fiber Optic, Serial	완전 이중화 네트워크, 물리적/논리적 망 분리
표시제어부 (LCC)	이중화 산업용 PC, 모니터, 제어반	진로 설정 명령, 현장 상태 그래픽 표시 및 감시	IP/Ethernet (ILS와 통신)	이중계 구성, 비상 CTC 기능 탑재
유지보수부	산업용 PC, 프린터, 모니터 분배기	동작 상태 기록/분석/재현, 데이터베이스 관리	IP/Ethernet (ILS와 통신)	시스템 상태 로깅, 원격 진단 지원

(3) 시스템 인터페이스 및 상호운용성

IP 기반 전자연동장치는 독립적으로 동작하는 고립된 시스템이 아니라, 철도신호 시스템 생태계의 중심에서 다양한 하위 및 상위 시스템들과 유기적으로 정보를 교환하는 핵심 허브(Hub)이다. 이 장에서는 전자연동장치가 어떻게 다른 시스템들과 연결되고 상호작용하는지, 그리고 이러한 상호운용성을 확보하기 위한 표준화 노력이 어떻게 진행되고 있는지를 집중적으로 조명한다.

① EULYNX 이니셔티브와 인터페이스 표준화

과거 철도신호 시스템의 가장 큰 문제점 중 하나는 각 제조사(예 Thales, Siemens, Nippon Signal 등)가 자신들만의 독자적인(Proprietary) 인터페이스 규격을 사용했다는 점이다. 이는 특정 제조사의 연동장치를 도입하면, 그와 연결되는 다른 시스템들 역시 같은 제조사의 제품을 사용하거나 값비싼 맞춤형 인터페이스를 개발해야 하는 '공급업체 종속(Vendor Lock-in)' 현상을 초래했다. 이로 인해 철도 운영사는 시스템 통합에 막대한 비용을 지불해야 했고, 신기술 도입이나 시스템 확장에 큰 제약을 받았다. 이러한 문제를 해결하기 위해 유럽의 주요 철도 운영사들이 주축이 되어 출범한 것이 바로 'EULYNX(European Initiative Linking Interlocking Subsystems)' 프로젝트이다. EULYNX의 핵심 목표는 IP 네트워크를 기반으로 신호 시스템을 구성하는 각 서브시스템(연동장치, 선로전환기, 신호기, 차축검지장치 등) 간의 인터페이스를 표준화하는 것이다. 이를 통해 철도 운영사는 마치 레고 블록을 조립하듯, 각기 다른 제조사의 최적화된 제품들을 자유롭게 조합하여 시스템을 구성할 수 있게 된다. 이는 시장의 경쟁을 촉진하고, 결과적으로 기술 혁신과 비용 절감을 이끌어 낼 수 있다.

EULYNX와 이를 참조하는 국내 연구에서는 인터페이스를 네트워크의 성격에 따라 두 가지로 분류하여 표준화를 진행하고 있다.

- 개방형 네트워크(Open Network, EN 50159 준수) : 주로 비안전(Non-vital) 정보를 교환하는 시스템 간의 인터페이스에 적용된다. 여기에는 중앙교통관제센터(CTC), 무선폐색센터(RBC), 인접 역의 연동장치, 원격 유지보수 시스템 등이 포함된다. 이 네트워크는 상호운용성을 극대화하여 다양한 시스템 간의 원활한 정보 교환을 목표로 한다.

- 폐쇄형 네트워크(Closed Network, EN 50159 준수) : 제어 명령과 같이 안전성(Vital)이 절대적으로 요구되는 통신에 사용된다. 연동장치와 직접적으로 연결되는 현장 설비, 즉 선로전환기, 신호기, 궤도회로/차축검지장치, 건널목 장치 등이 이 네트워크에 속한다. 이 네트워크는 외부로부터의 접근이 엄격히 통제되며, 데이터의 무결성과 보안을 최우선으로 한다.

② 관제 및 제어 시스템과의 인터페이스
- **중앙교통관제센터(CTC, Centralized Traffic Control)** : CTC는 광범위한 철도 노선 전체의 열차 운행을 중앙 사령실에서 통합 감시하고 원격으로 제어하는 시스템이다. 전자연동장치는 자신이 관할하는 구역의 모든 선로 상태, 신호기 현시, 선로전환기 위치 정보를 실시간으로 CTC에 전송하여 관제 화면에 현시되도록 한다. 반대로, CTC는 사전에 입력된 운행 스케줄에 따라 자동으로 진로를 설정하라는 명령을 연동장치로 보낸다. IP 기반 인터페이스는 기존의 저속 직렬 통신을 대체하여 훨씬 빠르고 안정적인 데이터 교환을 가능하게 한다.
- **지역제어반(LCC, Local Control Console)** : CTC 시스템에 장애가 발생하거나, 역 구내에서 입환 작업 등 수동 제어가 필요할 때 사용되는 현장 제어 인터페이스이다. LCC는 연동장치와 직접 연결되어 운전취급자가 자신의 역 상황을 직접 보면서 열차 진로를 설정하고 개별 설비를 조작할 수 있도록 한다.

③ **차상신호 및 첨단 열차제어 시스템과의 인터페이스**
전자연동장치는 현대적인 열차제어 시스템의 지상 설비로서, 차상 장치와 긴밀하게 연동하여 열차의 안전 운행을 보장한다.
- **ATP/ATO(Automatic Train Protection/Operation)** : ATP는 열차가 허용 속도를 초과하거나 정지 신호를 무시하지 않도록 자동으로 제동을 체결하는 안전 장치이며, ATO는 정해진 운행 패턴에 따라 열차의 출발, 주행, 정지를 자동화하는 장치이다. 전자연동장치는 이들 시스템의 지상부에 핵심 정보를 제공한다. 즉, "전방 진로가 안전하게 확보되었고, 신호가 진행 상태"라는 정보를 제공해야만 ATP/ATO 시스템이 열차를 출발시키거나 운행을 지속할 수 있다.
- **RBC(Radio Block Centre) in KTCS L2/L3** : 이는 한국 열차제어 시스템(KTCS)과 같은 무선 통신 기반 열차제어 시스템(CBTC)과의 연동에서 가장 중요한 인터페이스이다.
- **KTCS Level 2** : 전통적인 궤도회로가 여전히 열차 검지에 사용되지만, 신호 정보는 차상으로 무선을 통해 직접 전송된다. 이 구조에서 연동장치는 진로를 설정하고 쇄정한 후, "해당 진로가 안전하다"는 정보를 RBC에 전달한다. 그러면 RBC는 이 정보를 바탕으로 열차에 무선으로 '이동허가(Movement Authority, MA)'를 전송한다.
- **KTCS Level 3 / 이동폐색(Moving Block)** : 이는 가장 진보된 방식으로, 고정된 물리적 궤도회로 대신 열차가 자신의 위치를 지속적으로 RBC에 보고하고, 이를 기반으로 '가상 폐색(Virtual Block)' 또는 '이동 폐색' 개념을 구현한다. 이 시나리오에서 연동장치의 역할은 더욱 복잡하고 동적으로 변한다. 연동장치는 RBC로부터 열차의 정밀한 위치 정보를 받아, 이를 기반으로 가상 폐색의 점유 정보를 생성하고 연동 논리를

수행한다. 즉, 물리적인 설비가 아닌 논리적인 공간을 기반으로 진로를 제어하게 되며, 이를 통해 열차 간 간격을 최소화하여 선로 용량을 극대화할 수 있다.

④ 현장 설비(Field Equipment)와의 인터페이스

이는 연동장치의 가장 기본적인 인터페이스 계층으로, 다음과 같은 현장의 물리적 장비들을 직접 제어하고 감시한다.

- 신호기(Signals) : 진행(녹색), 주의(황색), 정지(적색) 등 신호등의 점등 상태를 직접 제어한다.
- 선로전환기(Point Machines) : 전환기의 방향을 정위 또는 반위로 전환하라는 명령을 보내고, 전환 완료 후 해당 위치에 정확히 고정(쇄정)되었는지 확인 신호를 받는다.
- 궤도회로/차축검지장치(Track Circuits/Axle Counters) : 선로의 특정 구간에 열차가 들어오거나 나갔다는 '점유' 또는 '해제' 상태 정보를 수신한다. 이는 모든 연동 로직의 가장 기본적인 입력값이다.
- 기타 설비 : 건널목 차단기, 선로 지장물 검지 장치, 선로변전자장치(LEU) 등 다양한 안전 관련 설비와 연동된다.

이러한 복잡하고 다양한 인터페이스 관계는 IP 기반 전자연동장치가 단순한 '역 구내 안전 책임자'에서, 전체 철도망의 운행 정보를 실시간으로 교환하고 동적으로 진로를 제어하는 '라우팅 및 정보 허브'로 진화하고 있음을 명확히 보여준다. 특히 KTCS L2/L3와 같은 첨단 시스템과의 연동은 연동장치와 RBC 간의 의사결정이 상호 의존적으로 이루어짐을 의미한다. 연동장치는 RBC로부터 열차 위치 정보를 받아야 하고, RBC는 연동장치로부터 물리적 인프라의 안전 확보를 확인받아야만 열차를 운행시킬 수 있다. 이는 두 시스템을 연결하는 IP 네트워크 자체의 성능, 가용성, 그리고 보안이 곧 열차 운행의 안전성과 직결됨을 시사한다. 따라서 EULYNX와 같은 표준에 기반한 인터페이스 설계는 이제 선택이 아닌 필수이며, 시스템의 안전 개념은 단순히 Fail-Safe 로직을 넘어, Fail-Safe하고 고가용성을 갖춘 안전한 통신을 포괄하는 방향으로 확장되고 있다.

[표 4-7] IP-EIS 인터페이스 데이터 매트릭스

연동 대상 시스템	통신 유형	대표 프로토콜/표준	EIS → 대상 시스템 데이터	대상 시스템 → EIS 데이터
CTC (중앙교통관제)	비안전 (Non-Vital)	IP/Ethernet, KRS, EULYNX	설비 상태 (신호/선로/궤도), 이벤트, 알람	진로 설정/취소 명령, 원격 제어 명령
LCC (지역제어반)	비안전 (Non-Vital)	IP/Ethernet	설비 상태 (신호/선로/궤도), 이벤트, 알람	진로 설정/취소 명령, 개별 설비 제어
RBC (ETCS L2/3)	안전(Vital)	IP/Ethernet, EULYNX (SCI-ILS)	진로설정/쇄정완료, 진로 상태, 정적 선로 정보	열차 위치 보고, 이동허가(MA) 요청
ATP/ATO 지상장치	안전(Vital)	IP/Ethernet, 독자 규격	진로 확보 상태, 신호 현시 정보	(해당 없음)
선로전환기	안전(Vital)	폐쇄형 네트워크, 직접 배선	전환 및 쇄정 명령	현재 위치(정위/반위), 쇄정 상태
신호기	안전(Vital)	폐쇄형 네트워크, 직접 배선	점등 명령 (진행/주의/정지)	(주로 램프 상태 감시)
차축검지장치	안전(Vital)	폐쇄형 네트워크, 독자 규격	(리셋 명령 등)	구간 점유/해제 정보, 장치 상태

(4) 안전성, 신뢰성 및 인증

철도신호 시스템, 특히 연동장치와 같이 열차의 충돌 및 탈선 방지와 직결되는 설비에 있어 '안전'은 타협할 수 없는 최상의 가치이다. 이 장에서는 IP 기반 전자연동장치의 안전성을 정량적으로 평가하고 보증하는 국제 표준인 안전무결성등급(SIL)의 개념을 설명하고, 왜 최고 등급인 SIL 4가 필수적으로 요구되는지, 그리고 이 등급을 획득하기 위해 어떠한 공학적 기법들이 적용되는지를 심층적으로 분석한다.

① 안전무결성등급(SIL)의 이해

안전무결성등급(SIL, Safety Integrity Level)은 특정 안전 관련 시스템 또는 기능이 요구되는 수준의 위험 감소를 제공할 수 있는 신뢰도를 정량적으로 나타내는 지표이다. 이는 국제 표준 IEC 61508(전기/전자/프로그램 가능한 전자 안전 관련 시스템의 기능 안전)에서 비롯되었으며, 철도 분야에서는 EN 50126(RAMS), EN 50128(소프트웨어), EN 50129(시스템 안전) 등의 표준 시리즈를 통해 구체화된다.

SIL은 1부터 4까지 네 개의 등급으로 나뉘며, 숫자가 높을수록 더 높은 수준의 안전 무결성을 의미한다. 등급은 해당 시스템의 고장으로 인해 위험한 상황이 발생할 수 있는 허용 가능한 빈도, 즉 '목표 위험률(Tolerable Hazard Rate, THR)' 또는 '요구 시 위험 측 고장 확률(Probability of Failure on Demand, PFD)'에 따라 결정된다. SIL 4는 여러 명의 사망자를 유발할 수 있는 파국적인 사고와 같이, 고장의 결과가 가장 심각한 시스템에 요구되는 최고 등급이다.

SIL 등급을 시간 개념으로 쉽게 이해하자면, 각 등급은 시스템의 예측 불가능한 치명적 장애 발생 간격으로 표현될 수 있다.

- SIL 1 : 10년 ~ 100년에 1회 미만의 고장률
- SIL 2 : 100년 ~ 1,000년에 1회 미만의 고장률
- SIL 3 : 1,000년 ~ 10,000년에 1회 미만의 고장률
- SIL 4 : 10,000년 ~ 100,000년에 1회 미만의 고장률

이는 SIL 4 등급의 시스템이 1억 시간 동작 시 위험한 고장이 1회 미만으로 발생해야 한다는 극도로 엄격한 수준의 신뢰성을 요구함을 의미한다.

② **전자연동장치에 대한 SIL 4 의무화**

전자연동장치의 핵심 기능은 열차의 충돌과 탈선을 방지하는 것으로, 이 기능의 실패는 곧바로 다수의 인명 피해를 야기하는 대형 참사로 이어질 수 있다. 따라서 위험 분석(Hazard Analysis) 결과, 연동장치는 가장 높은 수준의 위험을 관리하는 시스템으로 분류되며, 이에 따라 최고 등급인 SIL 4 획득이 필수적으로 요구된다.

이는 단순히 기술적인 권장 사항을 넘어, 법적, 제도적 의무 사항이기도 하다. 대한민국에서는 2018년 개정된 철도안전법에 따라 신호보안장치에 대한 SIL 4 인증이 의무화되었다. 또한, 유럽, 아시아 등 대부분의 해외 철도 프로젝트에서도 발주처가 신호 시스템에 대해 SIL 4 인증을 요구하고 있어, 이는 국내 시장뿐만 아니라 해외 시장 진출을 위한 필수적인 자격 요건이 되었다.

SIL 인증은 독립적인 안전성 평가 기관(ISA, Independent Safety Assessor)에 의해 수행된다. ISA는 제품의 최종 결과물만 시험하는 것이 아니라, 요구사항 분석, 설계, 개발, 시험, 검증, 설치, 운영에 이르는 시스템의 전체 수명주기(Life cycle)에 걸쳐 관련된 모든 과정과 산출물이 국제 표준을 엄격하게 준수했는지를 평가하고 감사한다. 따라서 SIL 4 인증을 획득했다는 것은 해당 제품이 기술적으로 안전할 뿐만 아니라, 그것을 개발한 조직이 체계적인 안전 관리 프로세스와 높은 수준의 품질 경영 시스템을 갖추고 있음을 공인받는 것이다.

③ **SIL 4 달성을 위한 공학적 설계 기법**

10만 년에 한 번꼴의 고장을 허용하는 SIL 4 수준의 신뢰성은 단일 부품이나 소프트웨어의 완벽함만으로는 달성할 수 없다. 이는 시스템 전반에 걸쳐 하드웨어, 소프트웨어, 그리고 시스템 아키텍처가 유기적으로 결합된 다층적인 안전 설계 전략을 통해 구현된다.

- **하드웨어 이중화 및 결함 허용(Hardware Redundancy & Fault Tolerance)** : 시스템의 핵심인 연동논리부는 단일 고장이 시스템 전체의 실패로 이어지지 않도록 다중

화 구조로 설계된다. 가장 일반적인 '2 out of 2' 구조에서는 두 개의 동일한 프로세서가 병렬로 동일한 연산을 수행하며, 그 결과가 마이크로초 단위까지 완벽하게 일치해야만 유효한 명령으로 인정된다. 만약 하나의 프로세서에 오류가 발생하여 결과가 달라지면, 시스템은 즉시 이를 감지하고 안전한 상태로 정지한다. 이를 통해 하드웨어의 임의적 고장(Random Failure)에 대한 내성을 확보한다.

- 안전 인증 하드웨어 사용 : 연동장치에는 내부적으로 자가 진단 기능과 고장 감지 회로가 내장된 특수한 안전 마이크로컨트롤러(Safety MCU)가 사용된다. 이러한 부품들은 개발 단계부터 안전 관련 표준에 따라 설계되고 검증된 것들이다.
- 엄격한 소프트웨어 개발 및 검증(EN 50128/IEC 6229) : 하드웨어 고장만큼이나 위험한 것이 소프트웨어의 잠재적 오류(Systematic Failure, 즉 버그)이다. SIL 4 소프트웨어는 EN 50128 표준에 명시된 극도로 엄격한 개발 프로세스를 따라야 한다. 여기에는 요구사항의 형식적 명세, 구조적 설계, 코드의 정적 및 동적 분석, 철저한 단위 및 통합 테스트, 코드 커버리지 100% 달성 등 상상할 수 있는 모든 품질 보증 활동이 포함된다. 이를 통해 인간의 실수로 인한 설계 및 코딩 오류를 체계적으로 제거한다.
- 물리적 Fail-Safe 출력 : 소프트웨어가 아무리 완벽하더라도, 최종적으로 현장 설비를 구동하는 물리적인 출력단에서 고장이 발생할 수 있다. 이를 방지하기 위해 출력단에는 'Vital Relay'라는 특수 계전기를 사용한다. 이 계전기는 코일에 지속적으로 전원이 공급되어야만 '진행' 상태를 유지할 수 있도록 설계되었다. 만약 제어 시스템의 고장, 전원 차단, 케이블 단선 등 어떤 이유로든 코일의 전원이 끊어지면, 계전기는 중력에 의해 스스로 '정지' 상태로 복귀(무여자)한다. 이는 소프트웨어나 CPU의 상태와 무관하게 물리적으로 안전을 보장하는 최후의 보루 역할을 한다.
- RAMS 프로세스 적용(EN 50126/IEC 6228) : SIL 인증은 단순히 안전성(Safety)만을 평가하는 것이 아니다. 시스템의 신뢰성(Reliability), 가용성(Availability), 유지보수성(Maintainability)을 포함하는 RAMS 전반을 시스템 수명주기 동안 체계적으로 관리했는지를 평가한다. 이는 시스템이 안전할 뿐만 아니라, 정해진 시간 동안 고장 없이 동작하고, 고장이 나더라도 쉽게 수리하여 빠르게 운행을 재개할 수 있어야 함을 의미한다.

결론적으로, SIL 4 인증은 단순히 제품에 대한 하나의 시험 성적서가 아니다. 이는 안전 최우선 시스템을 만드는 제조사의 개발 철학, 조직 문화, 그리고 프로세스 전반의 성숙도를 증명하는 것이다. 시스템 공학, 하드웨어 공학, 소프트웨어 품질 보증, 위험 관리 등 다양한 분야의 전문성이 융합된 총체적인 노력의 결과물이다. 따라서 한 기업이 자사의 전자연동장치에 대해 SIL 4 인증을 획득했다는 사실(예 현대로템의 사례)은 기술적 성취를 넘어, 해당 기업의 조직적 역량과 시장에서의 신뢰도를 대변하는 강력한 증표가 된다.

[표 4-8] 안전무결성등급(SIL) 정의 및 철도 적용 예시

SIL 등급	시간당 허용 위험 발생 빈도 (THR)	의미 (평균 위험 고장 간격)	철도 시스템 적용 예시
SIL 1	$10^{-6} \leq THR < 10^{-5}$	100 ~ 1,000년	열차 무선 장치, 비상 방송 설비
SIL 2	$10^{-7} \leq THR < 10^{-6}$	1,000 ~ 10,000년	승강장안전문(PSD), 터널 환기 시스템
SIL 3	$10^{-7} \leq THR < 10^{-7}$	10,000 ~ 100,000년	제동 장치, 열차 자동 운전(ATO) 시스템
SIL 4	$10^{-9} \leq THR < 10^{-8}$	100,000 ~ 1,000,000년	**전자연동장치(EIS),** 차축검지장치, 차상신호장치(ATP)

4.1.5 KMC(Key Management Center, 키 관리 센터)

한국형 열차제어시스템 KTCS-2(Korean Train Control System)에서 KMC(Key Management Centre, 암호키 관리센터)는 시스템의 **사이버 보안을 총괄하는 핵심 장치**이다.
KTCS-2는 철도전용무선통신망(LTE-R)을 통해 지상의 RBC(무선폐색센터)와 열차의 차상장치가 직접 정보를 주고받는다. 만약 이 통신 내용이 외부에 의해 해킹당하거나 위변조된다면 열차 운행에 치명적인 위험을 초래할 수 있다. KMC는 바로 이러한 위협을 방지하기 위해 존재한다. 쉽게 비유하자면, KMC는 RBC와 열차가 서로를 신뢰하고 안전하게 대화할 수 있도록 **고도로 복잡한 암호키(비밀번호)를 생성하고 관리하며, 나누어주는 '디지털 보안 관제소'**와 같은 역할을 한다.

(1) KMC의 주요 기능

KMC는 KTCS-2 시스템의 통신 보안을 위해 다음과 같은 중요한 기능을 수행한다.
- 암호키 생성 및 관리 : RBC와 각 열차의 차상장치 간 통신에 사용될 암호키를 생성하고 안전하게 보관 및 관리한다. 이 암호키는 주기적으로 갱신되어 보안 수준을 높인다.
- 암호키 분배 : 생성된 암호키를 RBC와 차상장치 등 통신이 필요한 시스템에 안전한 방식으로 분배한다. 이를 통해 허가된 장치만이 암호화된 통신 내용을 해독하고 이해할 수 있게 된다.
- 보안 무결성 보장 : KMC는 암호키 관리를 통해 RBC가 열차에 보내는 이동권한(MA)이나 열차가 RBC에 보고하는 위치 정보 등 모든 데이터가 중간에 위변조되지 않았음을 보장한다. 이를 통해 통신 데이터의 신뢰성과 무결성을 확보한다.

(2) KMC와 다른 장치와의 관계

- KMC → RBC & 차상장치 : KMC는 직접 열차제어에 관여하지는 않는다. 대신, **RBC와 차상장치**가 서로 통신을 시작하기 전, 이들 장치에 **통신에 사용할 암호키를 제공**한다.

- RBC ↔ 차상장치 : 암호키를 전달받은 RBC와 차상장치는 KMC가 제공한 암호키를 이용해 모든 통신 내용을 암호화하고, 수신 측에서는 이를 다시 복호화하여 사용한다. 이 과정을 통해 제3자가 통신 내용을 엿듣거나 조작하는 것을 원천적으로 차단한다.

KMC는 눈에 잘 띄지는 않지만, 무선통신 기반의 KTCS-2 시스템이 외부의 사이버 공격으로부터 안전하게 운영될 수 있도록 하는 필수적인 보안 시스템이다. 이를 통해 열차제어 정보의 신뢰도를 최고 수준으로 유지하며 전체 시스템의 안정성을 담보하는 중요한 역할을 수행한다.

4.1.6 유로발리스(Eurobalise)

유로발리스는 선로에 설치되어 열차에 **정확한 위치 정보를 제공**하고, **주요 지상 정보를 전달**하는 지상 장치이다.

열차는 바퀴의 회전수로 주행 거리를 계산하며 자신의 위치를 파악하지만, 시간이 지나면서 미세한 오차가 누적될 수 있다. 유로발리스는 이러한 오차를 주기적으로 보정해 주는 '**디지털 이정표**' 역할을 한다. 열차가 유로발리스 위를 지나갈 때, 열차 하부에 장착된 안테나(BTM, Balise Transmission Module)와 순간적으로 통신하여 정확한 위치 정보를 전송한다.

[그림 4-9] 철도 궤도에 설치된 유로발리스

(1) 유로발리스의 주요 기능

- 정확한 위치 보정 : 열차가 자신의 위치를 재조정하고 누적된 오차를 바로잡을 수 있도록 절대적인 위치 기준점을 제공한다. 이는 시스템의 신뢰성을 높이는 데 매우 중요하다.
- 고정 정보 전송 : 발리스는 단순히 위치 정보만 제공하는 것이 아니라, 해당 지점의 **고정된 선로 데이터**를 열차에 전달한다. 여기에는 구간 제한속도, 선로 구배, 터널 또는 교량 진입

/진출과 같은 정보가 포함된다.
- **RBC 핸드오버 지점 알림** : 열차가 하나의 RBC(무선폐색센터) 관할 구역에서 다음 RBC 관할 구역으로 넘어가는 지점을 알려주어, 제어권이 원활하게 이관되도록 돕는다.
- **KTCS-2 시스템 진입/진출 알림** : KTCS-2가 설치되지 않은 구간에서 운행하던 열차가 KTCS-2 구간으로 진입할 때, 시스템 전환을 위한 기준 정보를 제공한다.

(2) 유로발리스의 작동 방식

유로발리스는 별도의 전원 공급 없이 작동하는 **패시브(Passive)** 장치이다. 열차가 접근하면 열차의 안테나에서 방사하는 전자기장을 이용해 활성화되고, 미리 저장된 데이터를 열차로 전송한다.

KTCS-2는 무선통신(LTE-R)을 기반으로 RBC가 열차를 연속적으로 제어하는 시스템이지만, 이처럼 유로발리스를 통해 간헐적으로 정확한 위치를 보정하고 중요한 고정 정보를 전달받음으로써 더욱 안정적이고 정밀한 운행이 가능해진다.

4.1.7 BITU(Block Information Transmission Unit, 폐색정보전송장치)

(1) BITU의 개요 및 역장치-현장장치 구성

BITU(Block Information Transmission Unit), 즉 폐색정보전송장치는 열차의 안전하고 효율적인 운행을 위해 선로의 폐색(Block) 상태 정보를 열차에 전달하는 핵심 장치이다. 폐색은 충돌을 방지하기 위해 선로를 나눈 구간을 의미하며, BITU는 이 구간의 점유 상태(열차 유무)를 실시간으로 감지하고 전송하는 역할을 한다.

BITU는 기능적 위치에 따라 크게 역장치(Station Unit)와 현장장치(Field Unit)로 나뉘어 구성된다. 이 분리된 구조는 시스템의 신뢰성과 효율성을 극대화하기 위한 설계이다.

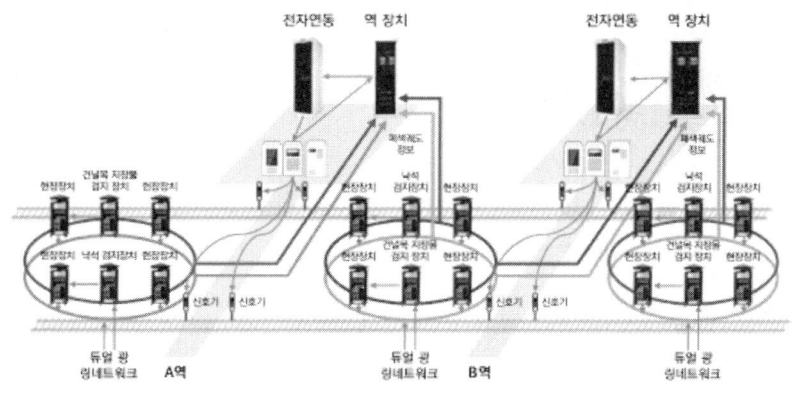

[그림 4-10] BITU 구성도

- **역장치** : 역 건물이나 신호소 내에 설치된다. 철도 신호 시스템의 중앙 제어 장치(연동장치 등)와 통신하며, 폐색 정보를 처리하고 현장장치로 전달하는 역할을 한다. 또한 연동장치와의 정보 인터페이스는 상호간 전기적 간섭을 배제하기 위하여 계전기를 동작시켜 접점정보로 정보를 전송하여 전기적 절연을 하고 있다.
- **현장장치** : 선로변에 설치되어 있으며, 열차와 직접적으로 통신하는 장치이다. 역장치로부터 받은 정보를 열차로 전송하거나, 열차의 위치 정보를 감지하여 역장치로 전송한다.

(2) BITU의 주요 구성요소 및 기능

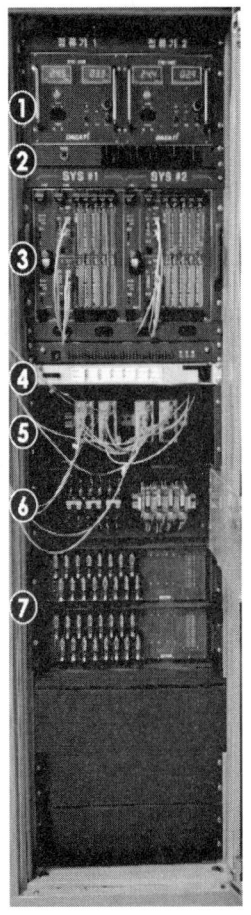

[그림 4-11] BITU 역장치와 현장장치

BITU의 역장치와 현장장치는 각각 다음과 같은 주요 구성요소를 포함한다.

① **역장치(Station Unit)**

역장치는 2oo2로 구성되며 다음과 같은 기능을 담당한다.
- **전원공급장치** : 시스템에 안정적인 전원을 공급하여 장치 오작동을 방지한다.

- **CPU(중앙처리장치)** : 중앙 신호 시스템(연동장치 등)으로부터 폐색 정보를 수신하고, 이를 현장장치로 전송하기 위한 데이터 처리 및 제어를 담당한다.
- **광분배함** : 광케이블을 통해 역장치와 여러 현장장치 간의 통신 신호를 분배하고 통합한다.
- **네트워크 스위치** : 역장치와 다른 철도 신호 시스템 장치들 간의 네트워크 연결을 관리하여 원활한 데이터 통신을 보장한다.

② **현장장치(Field Unit)**

현장장치는 2oo2로 구성되어 선로에 설치되어 있으며, 열차와 직접적인 정보를 주고받는다.
- **전원공급장치** : 현장장치에 필요한 전원을 공급한다.
- **CPU(중앙처리장치)** : 역장치로부터 받은 명령을 처리하고, 궤도 회로를 통해 열차에 신호를 전송하거나 열차의 상태를 감지하는 역할을 수행한다.
- **광분배함** : 역장치로부터 들어오는 광 신호를 처리하고 현장장치의 각 모듈에 분배한다.
- **네트워크 스위치** : 현장장치 내부의 각 모듈과 역장치 간의 네트워크 연결을 담당한다.

(3) 동작 원리

BITU의 동작은 역장치와 현장장치가 긴밀하게 협력하여 이루어진다. 주요 동작 원리는 다음과 같다.
- **역장치는 연동장치로 정보송신** : 역장치는 연동장치로 해당 폐색구간의 궤도회로정보, 낙석 검지정보, 지장물검지정보 등을 Ethernet 통신 인터페이스를 통하여 데이터를 전송한다.
- **현장장치는 역장치로 정보전송** : 현장장치는 역장치로 해당 폐색구간의 궤도회로정보, 낙석 검지정보, 지장물검지정보 등을 Ethernet 통신 인터페이스를 통하여 데이터를 전송한다.
- **열차 위치 감지 및 정보 회신** : 열차가 폐색 구간에 진입하면, 열차의 바퀴와 차축이 레일을 전기적으로 단락시켜 궤도 신호가 수신되지 않게 한다. 현장장치는 이를 감지하여 해당 폐색 구간에 열차가 존재한다는 정보를 역장치를 통해 중앙 시스템에 회신한다.

(4) BITU의 중요성

BITU는 단순히 정보 전달을 넘어, 철도 시스템의 안전성과 효율성을 극대화하는 데 결정적인 역할을 수행한다.
- **안전성 증진** : 역장치와 현장장치의 이중화된 구조는 시스템 고장 시에도 정보 전송의 신뢰성을 확보한다. 이를 통해 열차 간의 안전거리를 유지하고, 사고를 예방하는 데 필수적인 기능을 제공한다.
- **운영 효율 향상** : BITU는 열차의 위치를 실시간으로 정확하게 파악하여 운행 간격을 최소

화할 수 있게 한다. 이는 열차 운행의 정시성을 높이고, 선로의 수송 용량을 극대화하여 철도 시스템 전체의 효율성을 향상시킨다.
- **자동화 및 유지보수 용이성** : BITU의 자동화된 감지 및 전송 시스템은 사람이 직접 선로를 점검하는 수고를 줄여 유지보수 비용과 시간을 절감하게 한다. 역장치와 현장장치로 분리된 구조 덕분에 문제가 발생한 장치만 집중적으로 관리할 수 있어 유지보수가 더욱 용이하다.

결론적으로, BITU는 현대 철도 시스템에서 안전하고 효율적인 열차 운행을 위한 핵심적인 인프라 장비이다. 특히 역장치와 현장장치로 나눈 구성은 시스템의 안정성과 유연성을 동시에 확보하여 철도 안전의 초석이 되고 있다.

4.1.8 STU(Security Transmission Unit, 보안전송장치)

KTCS-2 시스템에서 STU(Security Transmission Unit, 안전전송장치)는 통신 데이터를 암호화하고 복호화하여 해킹과 위변조를 방지하는 **전용 보안 모듈**이다.

KTCS-2는 무선통신망(LTE-R)을 통해 지상의 RBC(무선폐색센터)와 열차의 차상장치가 운행에 필요한 핵심 정보를 주고받는다. STU는 이 중요한 정보가 오가는 길목을 지키는 '암호화 전문 게이트키퍼'와 같다.

(1) STU의 주요 기능

STU의 핵심 기능은 **암호화**와 **복호화**이다.
- **송신 시(암호화)** : RBC나 차상장치가 데이터를 보내기 전, STU는 KMC(암호키 관리센터)로부터 받은 암호키를 이용해 원본 데이터를 아무나 알아볼 수 없는 암호문으로 바꾼다.
- **수신 시(복호화)** : 암호화된 데이터를 수신한 쪽의 STU는 동일한 암호키를 이용해 이를 다시 원본 데이터로 풀어낸다.

이 과정은 지상 RBC와 열차의 차상장치 양쪽에 설치된 STU에서 각각 이루어진다. 덕분에 데이터가 무선 구간을 통해 전송되는 동안 제3자가 가로채더라도 그 내용을 알 수 없으며, 데이터가 변조되는 것을 막아 통신의 **기밀성**과 **무결성**을 보장한다.

(2) 다른 장치와의 관계

STU는 독립적으로 작동하지 않고 다른 장치들 사이에서 중요한 다리 역할을 한다.
- **KMC(암호키 관리센터)** : STU는 암호화와 복호화에 사용할 핵심 재료인 **암호키**를 KMC로부터 안전하게 전달받는다.
- **RBC 및 차상장치** : STU는 이들 장치에 바로 연결되어, 이들이 생성한 제어 데이터나 위치 보고 데이터를 실시간으로 암호화하거나 수신된 암호문을 복호화하여 전달한다.

결론적으로, **KMC**가 암호키를 만들어 분배하는 두뇌라면, **STU**는 그 암호키를 가지고 현장에서 직접 암호화/복호화 작업을 수행하는 **실행 유닛**이다. 이들의 유기적인 작동을 통해 KTCS-2 시스템은 사이버 위협으로부터 안전하게 보호될 수 있다.

이러한 안전 처리 과정을 통해 LTE-R과 같은 개방된 통신망 자체의 신뢰도나 외부 간섭과 관계없이, 철도신호 시스템에 요구되는 최고 수준인 SIL 4 등급의 극도로 안전하고 신뢰성 있는 데이터 교환이 가능해진다.

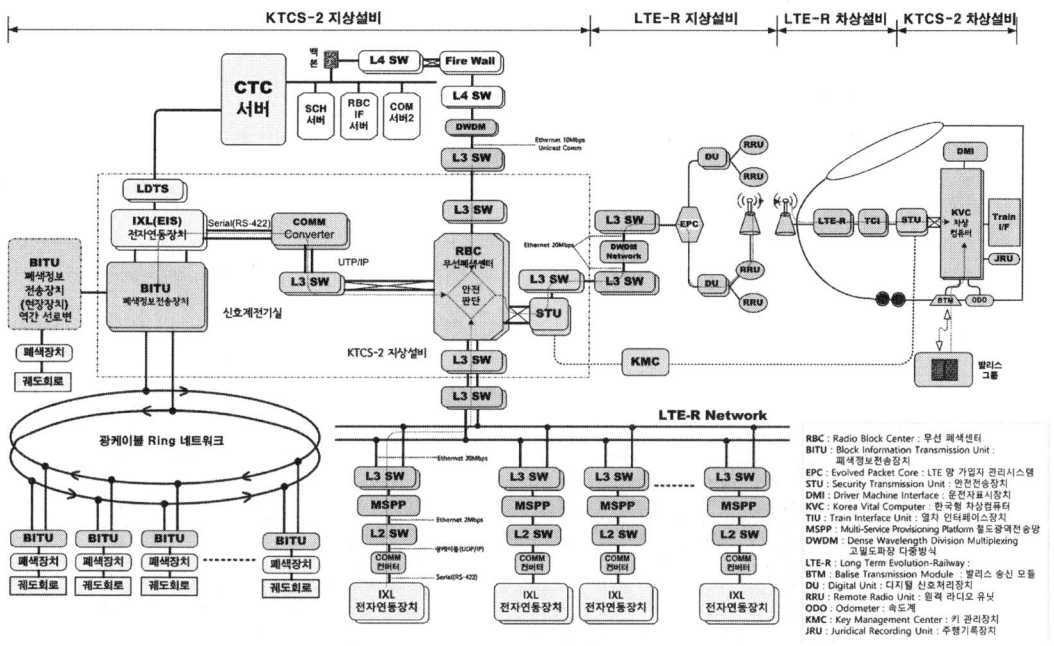

[그림 4-12] KTCS-2 열차제어시스템 지-차상 설비 구성도

4.1.9 ATS(Automatic Train Supervision, 자동 열차 감시)

한국형 열차제어시스템 KTCS-2의 맥락에서 ATS(Automatic Train Supervision, 자동 열차 감시)는 중앙관제실에서 열차의 운행을 감시하고, 계획된 운행 시각표(다이아)에 따라 **열차의 진로를 자동으로 제어**해 주는 상위 레벨의 자동화 시스템을 의미한다.

쉽게 말해, 관제사가 모든 열차의 진로를 일일이 수동으로 설정하는 대신, ATS가 미리 입력된 계획에 따라 자동으로 교통정리를 해주는 **'지능형 운행 관리 총괄'** 시스템이라고 할 수 있다.

(1) ATS의 주요 기능

ATS는 전체 노선의 운행 효율성과 정시성을 극대화하기 위해 다음과 같은 핵심 기능을 수행한다.

- **열차 운행 감시** : 중앙관제실의 대형표시반(Display Panel)에 모든 열차의 위치, 번호, 상태 등을 실시간으로 표시하여 관제사가 전체 상황을 한눈에 파악할 수 있도록 한다.
- **자동 진로 설정(ARC : Automatic Route Control)** : 시스템에 저장된 열차 운행 시각표를 기반으로, 열차가 역에 접근하면 시스템이 알아서 선로전환기를 제어하고 진입할 진로를 자동으로 설정해 준다. 이는 관제사의 업무 부담을 크게 줄여준다.
- **운행 조정 및 관리** : 특정 열차가 지연될 경우, 후속 열차나 다른 노선에 미치는 영향을 최소화하도록 운행 순서를 조정하거나 대피 계획을 제안하는 등 최적의 운행 방안을 찾아낸다.
- **운행 기록 및 분석** : 모든 열차의 운행 실적(출발/도착 시각, 지연 정보 등)을 자동으로 기록하고 데이터를 분석하여, 향후 운행 계획 수립을 위한 기초 자료를 제공한다.

[그림 4-13] 관제센터 전경

(2) 열차제어시스템(KTCS-2) 내 다른 시스템과의 관계

ATS는 단독으로 움직이지 않고 여러 시스템과 유기적으로 연동하여 작동한다.

- **CTC(열차집중제어장치)** : ATS는 CTC 시스템의 상위 자동화 기능으로 볼 수 있다. CTC가 관제사가 원격으로 신호와 선로를 '수동' 제어할 수 있는 기반 플랫폼이라면, ATS는 이 플랫폼 위에서 운행 시각표에 따라 '자동'으로 제어 명령을 내리는 역할을 한다.
- **RBC(무선폐색센터) & IXL(전자연동장치)** : ATS가 "A 열차를 1번 선으로 보내라"는 결정을 내리면, 이 명령은 CTC를 통해 해당 역의 **IXL**에 전달된다. IXL은 이 명령에 따라 선로전환기를 움직여 실제 진로를 구성하고, **RBC**는 구성된 안전한 진로 정보를 바탕으로 열차

에 무선으로 이동권한(MA)을 전송한다.

즉, ATS가 운행 계획을 총괄하는 '지휘관'이라면, CTC는 명령을 전달하는 '통신 시스템', 그리고 IXL과 RBC는 현장에서 명령을 실행하는 '실행 부대'라고 비유할 수 있다.

4.2 차상 설비(Onboard Equipment)

[표 4-9] 차상 설비의 주요 기능

장비명	주요 기능
KVC (Korean Vital Computer)	- 차상 설비의 핵심으로, 선로변 정보, 운전사 입력, 차상 센서 데이터를 기반으로 안전한 열차 운행을 처리하는 컴퓨터 - 제동 곡선을 계산하고 진로 및 속도를 감시하는 등 핵심 안전 기능 수행
DMI (Driver Machine Interface)	- 운전사와 시스템 간의 주요 상호작용 수단 - 속도, 목표 지점까지의 거리 등 모든 운행 정보를 운전실 콘솔에 표시
주행기록계 (Odometry)	- 차축 센서, 레이더 등의 정보를 종합하여 열차의 현재 위치와 속도를 추정하는 기술 - KVC에 이동 거리 및 속도 계산에 필요한 정보를 제공
BTM (Balise Transmission Module)	- 발리스 안테나를 통해 지상자의 정보를 수신하여 KVC(ETCS 차상장치)에 전달하는 장치
STU (Security Transmission Unit)	- RBC와 KVC 간 주고받는 무선 데이터의 안전성과 무결성을 보장하는 장치
LTE-R 안테나 및 모뎀	- 지상의 통신망과 데이터를 주고받기 위한 차상 무선통신 장비

(1) 주요 차상 설비 상세 설명

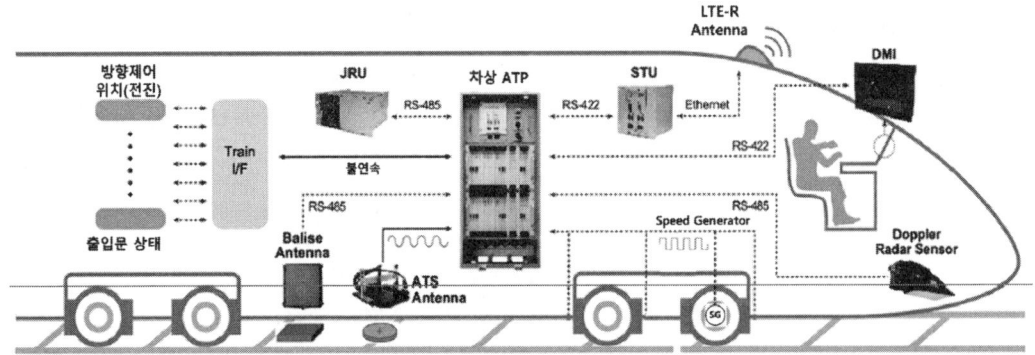

[그림 4-14] 차상장치 신호시스템

KTCS 열차제어시스템 기술해설

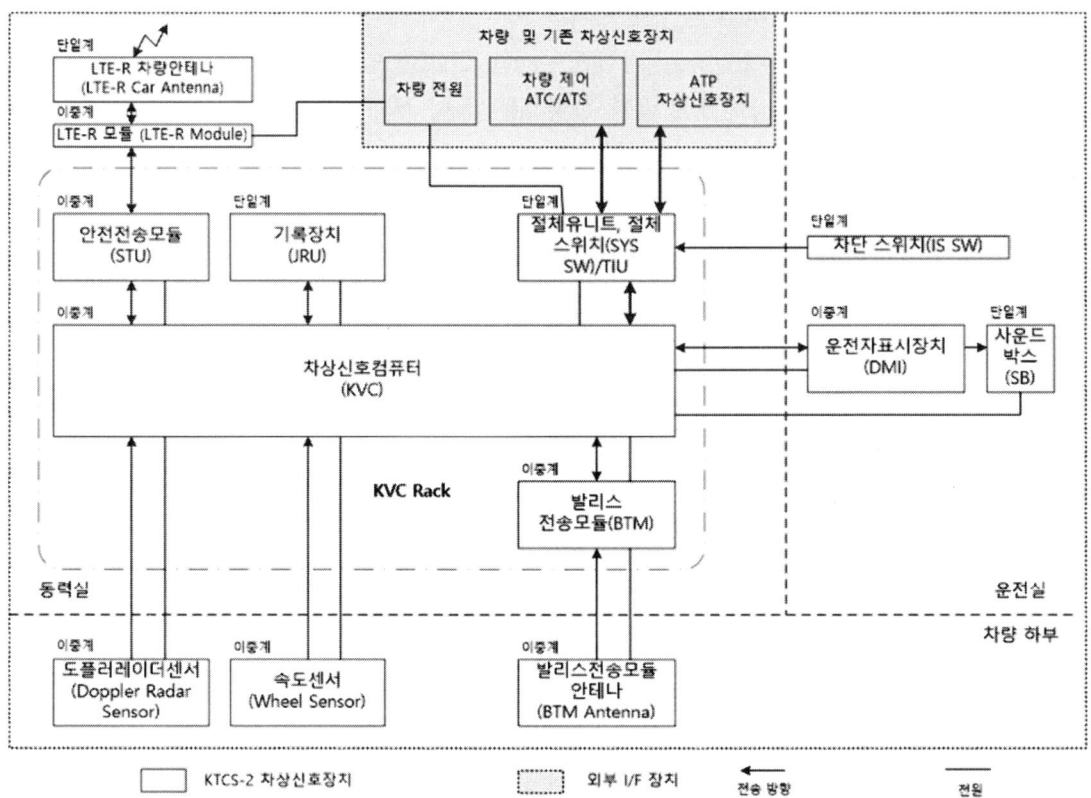

[그림 4-15] KTCS-2 차상장치 구성도

4.2.1 KVC(Korean Vital Computer, 차상컴퓨터)

KTCS-2 시스템에서 KVC(Korean Vital Computer)는 열차에 탑재되어 운행 안전과 관련된 모든 핵심 기능을 책임지는 **차상(車上) 컴퓨터 장치**이다. 즉, 열차제어의 '두뇌' 역할을 하는 가장 중요한 안전 설비이다.

KVC는 유럽 열차제어시스템(ETCS)의 차상 컴퓨터인 EVC(European Vital Computer)를 국내 기술로 국산화한 것으로, **안전무결성 최고 등급인 SIL 4(Safety Integrity Level 4)** 요구사항에 맞춰 개발되었다. 이는 KVC(ETCS의 EVC와 동등 개념)의 기능 오류 발생확률이 극히 낮아 매우 높은 수준의 안전성을 신뢰할 수 있다는 의미이다.

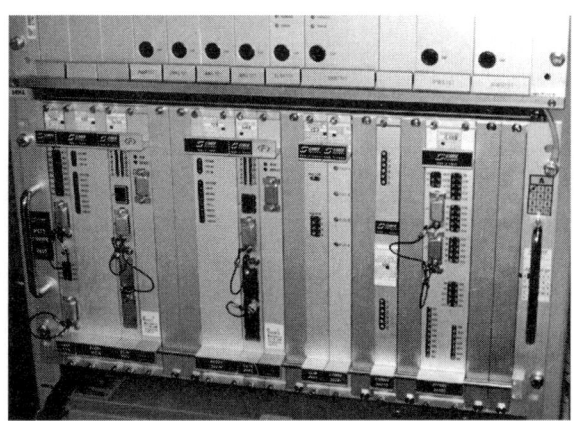

[그림 4-16] KVC(Korean Vital Computer)

(1) KVC의 주요 기능

KVC는 열차의 안전 운행을 위해 다음과 같은 핵심적인 임무를 수행한다.

- **이동권한(MA) 해석 및 제동제어** : 지상의 RBC(무선폐색센터)로부터 무선망(LTE-R)을 통해 전달받은 이동권한(안전하게 주행 가능한 거리 및 속도) 정보를 해석한다. 이를 바탕으로 현재 열차 속도와 비교하여, 허용된 속도를 초과하지 않도록 자동으로 상용제동 또는 비상제동을 제어한다.
- **열차 위치 및 속도 감시** : 차륜(바퀴)에 부착된 속도계와 유로발리스(Eurobalise) 등으로부터 수신한 정보를 종합하여 열차의 현재 위치와 속도를 매우 정밀하게 계산하고 지속해서 감시한다.
- **운전자 정보 제공** : 계산된 열차의 속도, 목표 속도, 남은 이동 가능 거리 등 운행에 필요한 모든 핵심 정보를 운전실의 화면표시장치(DMI)에 표시하여 기관사가 열차 상태를 직관적으로 파악할 수 있도록 한다.
- **지상 장치와 통신** : 안전전송장치(STU)를 통해 암호화된 안전한 통신으로 RBC에 열차의 상태 및 위치를 주기적으로 보고하고, 새로운 이동권한을 수신한다.

(2) 안전을 위한 'Vital' 설계

KVC가 'Vital(고유 안전)' 컴퓨터로 불리는 이유는 안전과 직결된 기능을 수행하기 때문에 어떠한 오류도 허용하지 않는 특별한 설계가 적용되었기 때문이다. 대표적으로 '2-out-of-2' **이중화 구조**를 사용한다.

이는 같은 연산을 수행하는 두 개의 독립된 컴퓨터(CPU)를 내장하여, 두 컴퓨터의 연산 결과가 **완벽하게 일치할 때만** 제어 명령을 출력하는 방식이다. 만약 두 결과가 하나라도 다르면 시스템에 오류가 발생한 것으로 간주하고, 즉시 열차를 안전하게 정지시키는 등 가장 안전한 상태로 전환한다.

KVC는 KTCS-2 시스템의 성공적인 운영을 위한 차상측 핵심 장치로서, 정밀한 연산과 다중 안전장치를 통해 열차 운행의 안전을 최종적으로 책임지는 임무를 수행한다.

[그림 4-17] ERTMS/ETCS운전석 콘솔

4.2.2 DMI(Driver Machine Interface, 운전실 표시기)

KTCS-2(한국형 열차제어시스템)에서 DMI(Driver Machine Interface)는 기관사가 열차 운행에 필요한 모든 핵심 정보를 실시간으로 확인하고 시스템과 상호작용할 수 있도록 운전실에 설치된 '디지털 계기판'이자 '통합 정보 디스플레이'이다.

과거 기관사가 선로 옆 신호등을 직접 눈으로 보며 운전했다면, KTCS-2 환경에서는 DMI 화면을 통해 모든 운행 정보를 전달받는다. 이는 기관사와 열차제어 시스템 간의 가장 중요한 소통 창구역할을 한다.

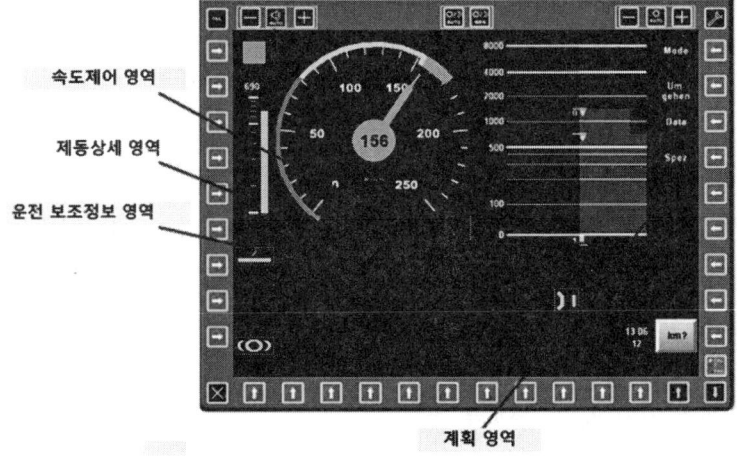

[그림 4-18] ETCS DMI 모니터

(1) DMI의 주요 기능

DMI는 차상컴퓨터(OBC)가 RBC(무선폐색센터) 및 지상 장치로부터 받은 정보를 종합하여, 기관사가 직관적으로 이해하기 쉽게 시각적으로 표시해 준다.

① 속도 정보 표시
- **현재 속도** : 열차의 현재 주행 속도를 가장 눈에 띄게 표시한다.
- **허용 속도** : 현재 위치에서 낼 수 있는 최대 속도를 보여준다.
- **목표 속도** : 다음 지점까지 변경해야 할 목표 속도를 미리 알려준다. 속도계의 색깔(흰색, 노란색, 주황색, 빨간색) 변화와 경고음으로 속도 변화에 대한 주의를 시킨다.

② 이동권한(MA) 정보 표시

RBC로부터 받은 안전 운행 허가 거리(이동권한)를 막대그래프 형태로 보여주어, 기관사가 앞으로 얼마만큼 더 안전하게 주행할 수 있는지 쉽게 파악하도록 돕는다.

③ 선로 정보 및 운행 모드 표시

전방의 구배, 곡선, 터널, 교량 등 선로 정보와 제한속도(TSR) 구역을 미리 알려준다. 현재 열차제어 시스템의 운행 모드(Full Supervision, Shunting, On Sight 등)를 명확하게 표시한다.

④ 데이터 입력 및 확인

운행 시작 전, 기관사는 DMI 화면을 통해 열차 번호, 열차 길이 등 운행에 필요한 데이터를 직접 입력한다.

시스템에서 오는 각종 경고나 알림 메시지를 확인하고 인지(Acknowledge)하는 입력 기능도 수행한다.

DMI는 복잡한 열차제어 정보를 기관사에게 명확하고 간결하게 전달하여 **기관사의 운전 부담을 줄이고, 운행 상황에 대한 신속하고 정확한 판단을 도와** KTCS-2 시스템의 안전성과 효율성을 극대화하는 핵심적인 차상 장치이다.

4.2.3 주행기록계(JRU, Juridical Recording Unit)

KTCS-2에 사용되는 주행기록계(JRU, Juridical Recording Unit)는 사고 발생 시 원인 규명과 시스템 분석을 위해 열차의 모든 운행 및 시스템 데이터를 기록하는 장치이다. 항공기의 '블랙박스'와 같은 임무를 수행하는 핵심적인 안전 설비이다.

주행기록계는 열차의 차상컴퓨터(OBC)에서 처리되는 모든 중요 정보를 수신하여 자체적으로 보호된 메모리에 저장한다.

(1) 주요 역할

주행기록계의 가장 중요한 임무는 사고나 장애가 발생했을 때, 그 **전후 상황을 객관적으로 분석할 수 있는 데이터를 제공**하는 것이다. 기록된 데이터는 법적(Juridical) 증거자료로 활용될 수 있으며, 시스템 개선 및 철도안전 강화의 기초 자료가 된다.

(2) 기록되는 주요 데이터

주행기록계는 열차 운행과 관련된 거의 모든 정보를 초 단위로 기록한다.
- 운행 정보 : 실시간 열차 속도, 위치, 누적 이동 거리, 제동 압력 등
- 기관사 조작 : 기관사의 제동 및 가속 핸들 조작 상태, 운전 방향 전환 등
① 시스템 데이터
  - RBC(무선폐색센터)로부터 수신한 이동권한(MA) 및 각종 제어 정보
  - 유로발리스(Eurobalise)로부터 수신한 텔레그램 내용
  - KTCS-2 차상장치의 내부 상태, 모드(Mode) 전환, 시스템 오류 기록
  - 통신 상태 : 지상 시스템과의 무선통신(LTE-R) 연결 및 데이터 교환 상태

(3) 주요 특징

- 높은 내구성 : 사고 시 발생할 수 있는 강한 충격, 고열, 침수 등 극한의 환경에서도 데이터가 손상되지 않도록 특수 설계되었다.
- 위변조 방지 : 기록된 데이터는 무결성을 보장하기 위해 임의로 수정하거나 삭제할 수 없도록 봉인된다. 데이터 분석은 전용 장비를 통해서만 가능하다.
- 독립성 : 주행기록계는 차상컴퓨터와는 별개의 독립된 장치로 작동하여, 주 제어 시스템에 문제가 발생해도 안정적으로 데이터를 기록할 수 있다.

4.2.4 BTM (Balise Transmission Module, 발리스 전송 모듈)

KTCS-2 시스템에서 BTM(Balise Transmission Module, 발리스 전송 모듈)은 열차 하부에 장착되어 선로에 설치된 유로발리스(Eurobalise)의 정보를 읽어 들이는 안테나 장치이다. 쉽게 말해, 유로발리스가 선로에 심어놓은 '디지털 이정표'라면, BTM은 그 이정표에 적힌 글씨를 읽어내는 열차의 '눈' 또는 '스캐너'라고 할 수 있다.

(1) BTM의 주요 기능

BTM의 핵심 기능은 지상의 발리스와 열차의 차상 컴퓨터를 연결하는 것이다.

- **발리스 활성화** : 유로발리스는 별도의 전원이 없는 수동(Passive) 장치이다. 열차가 발리스 위를 지나갈 때 BTM이 먼저 전자기장을 방출하여 발리스를 순간적으로 활성화시킨다.
- **데이터 수신** : 전원이 켜진 발리스는 저장하고 있던 데이터 패킷(텔레그램)을 전송하고, BTM은 이 데이터를 수신한다. 이 데이터에는 정확한 위치 정보, 선로 제한 속도, 구배 등 중요한 정보가 담겨있다.
- **정보 전달** : BTM은 발리스로부터 수신한 데이터를 열차의 주 컴퓨터 장치인 차상컴퓨터(OBC, On-Board Computer)로 전달한다. 그러면 차상컴퓨터는 이 정보를 이용해 누적된 위치 오차를 보정하고 운행 속도를 조절하는 등 안전 운행에 필요한 판단을 내리게 된다.

BTM은 지상의 고정된 정보를 열차 시스템 내부로 가져오는 필수적인 입력 장치이다. 무선통신(LTE-R)이 연속적인 정보를 제공한다면, BTM과 발리스는 특정 지점을 지날 때마다 정확한 기준점을 제공하여 KTCS-2 시스템 전체의 정밀성과 신뢰도를 높이는 중요한 역할을 담당한다.

4.2.5 STU(Security Transmission Unit, 보안 전송 장치)

KTCS-2의 차상 STU(안전전송장치)는 열차에 탑재되어 지상(RBC)과의 무선통신 보안을 책임지는 핵심 장비이다. 지상의 RBC에서 보낸 암호화된 메시지를 해독하고, 열차가 보내는 메시지를 암호화하는 역할을 전담한다.

쉽게 말해, 지상의 RBC에서 보낸 '안전 운행 지시서'가 담긴 암호 봉투를 열차의 두뇌(차상컴퓨터)가 읽을 수 있도록 안전하게 풀어주는 '열차 전용 암호 해독기' Decoding이라고 할 수 있다.

(1) 차상 STU의 역할과 작동 방식

- **위치 및 연결** : 차상 STU는 열차의 제어 장비가 모여있는 랙(Rack) 내부에 설치된다. 열차의 운행을 총괄하는 핵심 컴퓨터인 차상컴퓨터(KVC, Korean Vital Computer)와 직접 연결된다.
- **주요 기능(복호화)** : 지상의 RBC는 이동권한(MA), 제한속도 등의 제어 정보를 암호화하여 무선망(LTE-R)으로 열차에 보낸다. 열차의 무선통신장치가 이 신호를 수신하면, 차상 STU가 KMC(암호키 관리센터)로부터 미리 받아둔 키를 이용해 암호문을 복호화한다. 해독된 안전한 원본 데이터만이 차상컴퓨터로 전달된다.
- **주요 기능(암호화)** : 반대로, 열차의 현재 위치, 속도 등의 정보를 지상 RBC로 보고할 때는 차상컴퓨터가 생성한 데이터를 STU가 암호화하여 무선통신장치를 통해 전송한다.

(2) 차상 STU의 중요성

차상 STU의 가장 중요한 역할은 **열차제어 명령의 최종 보안 관문을 책임진다**는 점이다. 만약 암호화된 통신이 차상 STU에서 정확히 복호화되지 않으면, 차상컴퓨터는 지상의 제어 명령을 신뢰할 수 없으므로 안전을 위해 열차를 정지시킨다.

이처럼 차상 STU는 지상-열차 간 통신 데이터의 **기밀성**과 **무결성**을 보장하여, 외부의 해킹이나 전파 교란으로부터 열차 운행 시스템을 보호하는 필수적인 보안 장치이다.

4.2.6 LTE-R 안테나 및 모뎀

KTCS-2 시스템에서 **LTE-R 안테나 및 모뎀**은 지상의 관제센터(RBC)와 열차가 데이터를 주고받는 '무선 통로' 역할을 하는 핵심 부품이다. 이 둘의 조합을 통해 열차의 위치, 속도, 운행허가(MA) 등 중요 정보가 실시간으로 오고 간다.

(1) LTE-R 안테나

열차의 지붕에 설치되어 지상의 LTE-R 기지국과 직접 신호를 주고받는 장치이다. 고속으로 달리는 열차가 안정적으로 통신을 유지해야 하므로, 일반 스마트폰 안테나와는 다른 특수한 요구사항을 만족해야 한다.

- 주요 기능 : 열차 외부에 설치되어 LTE-R 무선 신호를 송수신하는 물리적인 접점 역할을 한다.

① 핵심 요구사항
- 내구성 : 시속 350km 이상의 고속 주행에도 견딜 수 있는 공기역학적 설계와 진동, 충격, 급격한 온도 변화에 대한 높은 내구성이 필요하다.
- 안정적인 통신 : 고속 이동 중에도 통신이 끊기지 않도록(핸드오버) 기지국 신호를 빠르고 정확하게 잡아내야 한다.
- 주파수 : 국가재난안전통신망과 통합된 700MHz 대역(718~783MHz)의 주파수를 사용한다.
- 종류 : 열차 옥상에 설치되는 상어 지느러미(Shark-fin) 형태의 안테나가 대표적이며, 무지향성(Omni-directional) 특성을 가져 모든 방향의 기지국 신호를 수신할 수 있다.

(2) LTE-R 모뎀

안테나를 통해 수신된 무선 신호를 열차제어 컴퓨터가 이해할 수 있는 디지털 데이터로 변환하거나, 컴퓨터의 데이터를 무선 신호로 변환하여 안테나를 통해 송출하는 장치이다. 열차 내 통신 장비함에 설치된다.

① 주요 기능
- **데이터 변환** : 열차제어 시스템의 디지털 명령어를 LTE-R 무선망을 통해 전송할 수 있는 데이터 패킷(TCP/IP)으로 변환하고, 그 반대의 역할도 수행한다.
- **망 연결** : 열차제어 시스템을 LTE-R 네트워크에 연결하는 역할을 한다.

② 성능 요구사항
- **열차제어데이터 서비스** : 열차제어정보 전송지연시간은 폐색센터와 열차이동국 간 무선구간에서 300msec이내 전달
- **음성통화서비스** : 음성통화 호 접속시간은 1초 이내, 호 접속 성공률은 평균 99% 이상
- **데이터 서비스** : 데이터 수신 성공률은 평균 99% 이상
- **영상 서비스** : 영상정보 성공률은 평균 99% 이상
- **공통사항** : 핸드오버 성공률은 끊김없이 전달, 평균 99% 이상

③ 핵심 요구사항
- **높은 신뢰성** : 열차제어라는 안전 최우선 임무에 사용되므로, 데이터 전송 지연이 적고 오류 발생률이 극히 낮아야 한다.
- **이중화** : 통신 두절을 방지하기 위해 2개의 모뎀이 하나의 세트로 구성되는 등 이중화(Redundancy) 설계가 적용되는 경우가 많다.
- **인터페이스** : 열차 내 컴퓨터(차상장치)와 연결될 수 있도록 이더넷(Ethernet)이나 시리얼(RS-232/485) 등 다양한 통신 인터페이스를 제공한다.

안테나가 무선 신호를 잡는 '귀'와 소리를 내는 '입'이라면, **모뎀**은 그 내용을 해석하고 전달하는 '두뇌'의 일부라고 할 수 있다. 이 둘의 안정적인 성능이 KTCS-2 시스템의 실시간 양방향 통신을 보장하는 기반이 된다.

4.2.7 기타

(1) 휠 센서

움직이는 차량의 주행 속도는 바퀴의 회전 속도를 알고 계산할 수 있다. 이 계산은 주행거리 측정 기법을 기반으로 하며 결과적으로 적용되는 거리는 바퀴가 지면에 대해 선형으로 회전한다는 가정에 기초한다.

회전축과 휠의 속도 측정은 휠에 배치된 증가하는 회전 인코더를 통해 실행할 수 있다. 이 장치와 관련하여 다음과 같은 특성이 있다.

- 회전식(축 인코더라고도 함), 축 또는 차축의 각 위치 또는 움직임을 아날로그 또는 디지털 코드로 변환하는 전기 기계 장치이다.

- 초기 위치에 대해 아무것도 알지 못하더라도 이동 거리를 점진적으로, 계산할 수 있다. 인코더를 한 바퀴 회전할 때 지정된 양의 펄스를 제공한다. 출력은 속도 회전을 결정하기 위해 오프셋 되는 단일 펄스 라인('A' 채널) 또는 두 펄스 라인('A' 및 'B' 채널)일 수 있다.

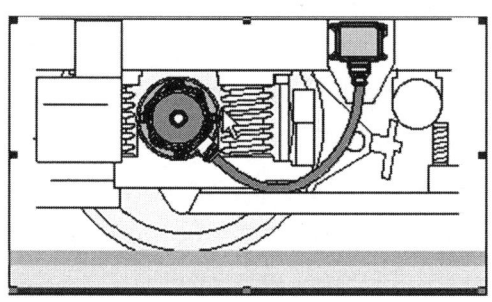

[그림 4-19] 휠 센서(Wheel Sensor)

(2) 레이더

도플러 원리에 기초하여, 레이더 센서는 열차의 속도와 관련된 거리에 대한 정보를 제공하기 위해 지상 변위 이미지를 제공한다.

공중에서 전송된 마이크로파는 지상에 반사된다. 열차속도에 비례하는 방사선과 수신 방사선 간의 주파수 차이는 처리 장치로 계산된다. 레이더 센서에는 소프트웨어가 내장되어 있으며 열차 배터리로 구동된다.

[그림 4-20] Radar Sensor

(3) 가속도계

표준 열차 기반 구성에서 가속도계가 사용되며 열차 가속/감속을 ETCS 열차 기반 하위 시스템에 제공한다.

가속도계는 힘의 균형 원리에 기초한다. 가속에 굴복하면 지진 질량은 움직이는 경향이 있다. 광학 위치 검출기가 새 위치를 감지하여 전류로 변환한다. 이 전류는 가속도에 비례한다.

가속도계는 정확한 부하 저항을 통과하여 열차 가속도에 비례하는 출력 전압을 제공한다.

[그림 4-21] 가속계

제5장 핵심 기술요소 분석

KTCS-2의 안정적인 기능은 여러 핵심 기술요소들의 정밀한 조합으로 구현된다. 이번 장에서는 시스템을 구성하는 가장 중요한 기술적 원리들을 하나씩 심층적으로 분석해 보자.

5.1 위치 검지 기술

KTCS-2는 열차의 위치를 정확하게 파악하기 위해 여러 기술을 복합적으로 사용한다.

- 궤도회로 / 차축카운터(Trackside Detection) : KTCS-2(ETCS Level 2)는 열차의 점유 여부를 확인하고 열차 간의 안전거리를 확보하기 위한 기본 수단으로 여전히 궤도회로나 차축카운터와 같은 전통적인 지상 설비를 사용한다. 이 정보는 연동장치를 통해 RBC로 전송되어 이동권한을 발부하는 데 기초 자료로 활용된다.
- 주행기록계(Odometry) : 열차 자체적으로 위치와 속도를 추정하는 기술이다. 차축에 설치된 휠 센서(회전 인코더)가 바퀴의 회전수를 측정하고, 도플러 레이더가 지면과의 상대 속도를 측정하는 등 다양한 센서 정보를 종합하여 발리스와 발리스 사이의 구간에서 자신의 위치를 실시간으로 계산한다.
- 발리스(Balise) : 주행기록계의 측정 오차가 누적되는 것을 방지하기 위해, 선로에 설치된 발리스가 절대적인 위치 기준점 역할을 한다. 열차가 발리스를 통과할 때마다 정확한 위치 정보를 수신하여 주행기록계의 오차를 보정함으로써, 시스템은 항상 열차의 위치를 높은 신뢰도로 유지할 수 있다.

5.2 이동권한(MA) 방식

이동권한(MA)은 인프라의 제약조건 내에서 열차가 특정 위치까지 운행할 수 있도록 RBC가 부여하는 허가이다. 이는 단순한 '진행' 신호가 아니라, 다음과 같은 상세한 정보를 포함하는 디지털 데이터 패키지이다.

- 권한의 끝(EoA, End of Authority) : 열차가 더 이상 전진해서는 안 되는 절대적인 위치

- **속도 프로파일 (Speed Profile)** : 선로의 제한 속도, 곡선, 경사 등의 정보를 반영하여 각 구간에서 지켜야 할 속도 정보
- **선로 데이터** : 전방의 선로 구배(경사) 정보 등

차상장치(KVC)는 이 MA를 수신하여, 열차의 제동 성능을 고려한 제동 곡선을 계산하고 운행 전반을 감독한다.

5.3 KTCS 제동 특성 요약

KTCS의 제동 특성은 **동적 속도 감시(Dynamic Speed Monitoring)** 기능을 통해 구현된다. 이 기능의 핵심 목표는 열차가 주어진 **이동 권한(Movement Authority, MA)** 및 가장 제한적인 속도 프로파일(Most Restrictive Speed Profile, MRSP)을 절대적으로 준수하도록 보장하는 것이다. 시스템은 열차의 속도와 위치를 지속적으로 감시하며, 안전한계를 초과할 경우 운전자에게 경고하거나 자동으로 제동을 체결한다.

5.3.1 동적 속도 감시의 원리

동적 속도 감시는 열차의 현재 속도가 안전한계를 넘지 않도록 관리하는 기능으로, 크게 4가지 요소로 구성된다.
- **최고 속도 감시(Ceiling Speed Monitoring)** : 선로 조건에 따라 정해진 최고 제한 속도를 넘지 않도록 감시한다.
- **목표 속도 감시(Target Speed Monitoring)** : 속도 제한이 낮아지는 지점이나 이동 권한 종료점(EOA)에 안전하게 정지하거나 속도를 줄일 수 있도록 감속 과정을 감시한다.
- **해제 속도 감시(Release Speed Monitoring)** : EOA에 매우 근접했을 때, 낮은 특정 속도(해제 속도) 이하로 접근하도록 감시한다.
- **열차 트립(Train Trip)** : EOA를 통과하는 즉시 비상 제동을 체결하여 열차를 강제 정지시킨다.

(1) 속도 감시의 핵심 입력 데이터

정확한 제동제어를 위해 시스템은 다양한 데이터를 입력받아 실시간으로 계산에 활용한다.
- **견인/제동 모델** : 각 열차의 고유한 제동 성능(최대 제동력 도달 시간, 속도별 감속도 등)과 견인력 차단 지연 시간 등의 데이터가 포함된다. 이는 열차 데이터의 일부로 관리된다.
- **궤도 조건** : 선로의 **구배(Gradient)** 와 **점착력(Adhesion)** 은 제동 거리에 큰 영향을 미치므로 감시 곡선 계산에 필수적으로 반영된다.

- **가장 제한적인 속도 프로파일(MRSP)** : 선로의 기본 제한 속도, 곡선, 분기기, 임시 속도 제한 등 모든 속도 제한 요소를 종합하여 해당 구간에서 열차가 준수해야 할 가장 낮은 속도 프로파일을 생성한다.
- **이동 권한(MA) 데이터** : 이동이 허가된 최종 지점인 EOA(End of Authority), 위험 지점(Danger Point), 중첩 구간(Overlap) 등을 포함하는 **감독 위치(Supervised Location, SvL)** 정보가 제동 목표 지점 설정에 사용된다.

5.3.2 다단계 감시 한계(Supervision Limits)

ERTMS/ETCS는 안전을 확보하고 불필요한 급제동을 최소화하기 위해 여러 단계의 속도 감시 한계를 설정하여 운영한다.

[표 5-1] 열차 속도의 다단계 감시 한계

감시 한계	약어	설명
허용 속도 (Permitted Speed)	P	운전자가 준수해야 할 기준 속도로, DMI(운전실 표시 장치)에 표시된다.
경고 한계 (Warning Limit)	W	허용 속도를 약간 초과했을 때 운전자에게 경고음과 시각적 신호를 보내 자발적인 감속을 유도한다.
서비스 제동 개입 한계 (Service Brake Intervention)	SBI	경고에도 불구하고 속도가 계속 증가하면 시스템이 자동으로 상용 제동(Service Brake)을 체결한다. 이는 1차적인 자동 개입이다.
비상 제동 개입 한계 (Emergency Brake Intervention)	EBI	상용 제동으로도 속도가 제어되지 않거나, 즉각적인 정지가 필요한 위험 상황에서 시스템이 비상 제동(Emergency Brake)을 체결한다. 이는 최후의 안전장치이다.
표시 한계 (Indication Limit)	-	감속이 필요한 지점에 도달하기 전, 운전자에게 미리 제동 준비를 알리는 정보이다.

이러한 감시 한계들은 열차의 실시간 속도, 위치, 제동 성능, 선로 조건 등을 종합하여 동적으로 계산된 제동 곡선(Braking Curve)을 기반으로 설정된다.

5.3.3 주요 제동 시나리오별 특성

(1) 최고 속도 감시(Ceiling Speed Monitoring)

선로의 제한 속도가 일정한 구간에서 적용된다. 허용 속도(P)는 MRSP 값과 동일하며, 속도가 증가함에 따라 경고(W), 서비스 제동(SBI), 비상 제동(EBI) 한계가 순차적으로 적용된다. EBI 한계는 허용 속도에 따라 정해진 공식에 의해 계산되어 과속 시 비상 정지를 보장한다.

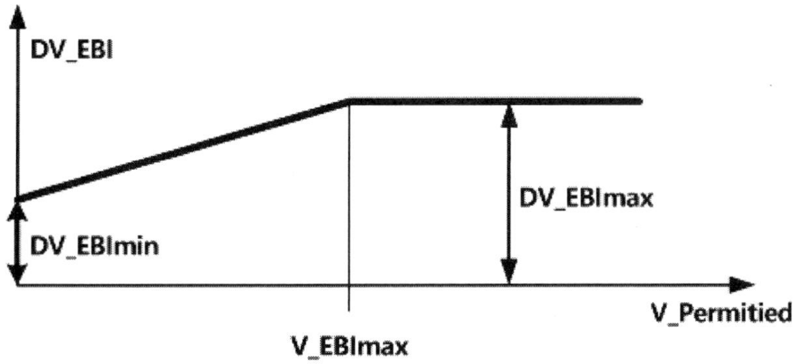

[그림 5-1] 허용속도(P)와 EBI와의 관계

(2) 목표 속도 감시(Target Speed Monitoring)

속도를 낮춰야 하는 목표 지점(낮은 속도 제한 구간의 시작점 또는 EOA)에 접근할 때 적용된다.

- **목표 속도로 제동(Braking to a Target Speed)** : 시스템은 목표 지점의 속도에 맞춰 안전하게 감속할 수 있도록 제동 곡선을 계산한다. 비상제동 곡선(EBD)은 목표 위치에서 해당 속도 제한 구간의 EBI 한계와 만나도록 설정되어, 어떤 상황에서도 목표 속도를 초과하지 않도록 보장한다.

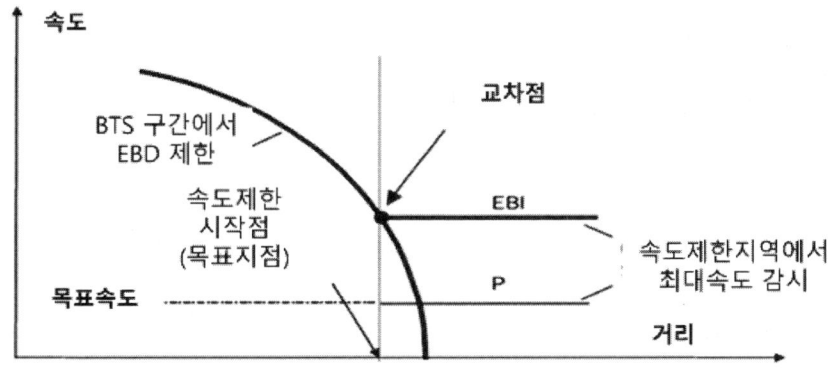

[그림 5-2] 목표 위치에 따른 EBD 곡선 계산

- **EOA 구간으로 제동** : 열차를 정지시켜야 하는 시나리오로, 가장 엄격한 제동 감시가 이루어진다.
    - 비상 제동 곡선(EBD)은 최악의 경우에도 열차가 감독 위치(SvL)를 넘지 않도록 계산된다.
    - **서비스 제동 곡선(SBD)** 및 기타 하위 곡선들은 EOA에 정확히 정지하는 것을 목표로 계산된다.

(3) 해제 속도 감시(Release Speed Monitoring)

EOA에 거의 도달했을 때, 매우 낮은 속도(해제 속도)로만 접근을 허용하는 기능이다. 이는 운전자가 정밀하게 정차 위치를 조절할 수 있도록 하면서도, EOA를 지나칠 위험을 최소화한다. 목표 속도 감시에서 해제 속도 감시로의 전환은 제동 곡선이 해제 속도 값과 같아지는 지점에서 자동으로 이루어지며, 해제 속도를 초과하면 즉시 비상 제동이 체결된다.

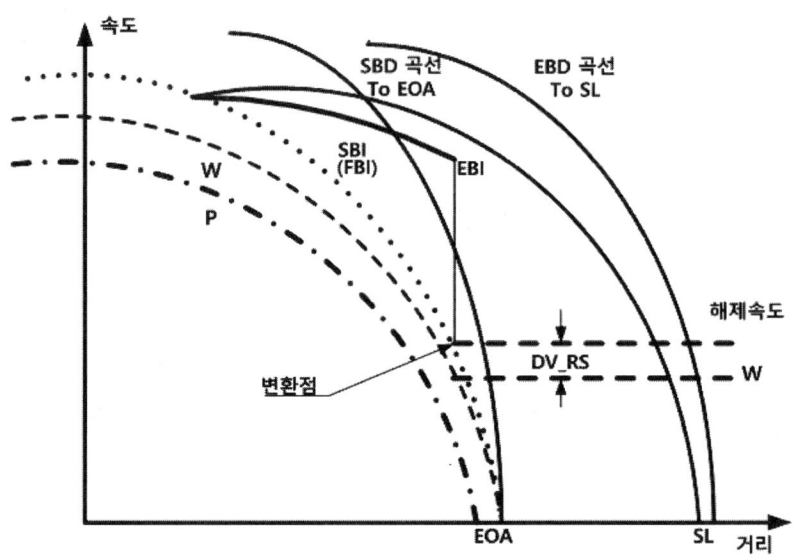

P : 허용 속도제한 곡선
W : 경고 제한 곡선
SBI : 서비스 브레이크 개입 제한
FBI : 완전 제동 개입,
SL : 감독 위치
DV_RS : 경고와 해제 속도제한 사이의 고정 속도 차이

EBI : 비상 브레이크 개입 한계
SBB : 서비스 브레이크 감속 곡선,
EOA : 권한 종료
EBD : 비상 브레이크 감속 곡선,

[그림 5-3] 서로 다른 제동 곡선 간의 관계(대상으로 제동)

(4) EOA/LOA 통과 시 열차 트립

어떤 이유로든 열차가 이동 권한의 끝(EOA) 또는 한계(LOA)를 지나치게 되면, 이는 심각한 안전 위반으로 간주된다. 시스템은 열차의 **최소 안전 선두부**(min safe front end) 또는 최소 안전 안테나 위치(min safe antenna position)가 EOA/LOA를 통과하는 즉시 **트립(Trip)** 상태로 전환하여 비상제동을 체결하고 열차를 강제 정지시킨다. 이는 ERTMS/ETCS가 제공하는 최종적인 물리적 보호 장치이다.

5.4 DMI(Driver Machine Interface) 설계 및 운전 패턴

DMI는 외부 신호에 대한 의존을 대체하는 운전자의 주요 정보원이다. 이는 열차가 이동할 수 있는 권한이 부여된 거리, 초과해서는 안 되는 최대 허용 속도, 그리고 제동이 필요한 시점을 결정하는 데 필요한 모든 데이터를 제공한다.

5.4.1 주요 정보 구역

- 속도 구역(Speed Zone) : 현재 속도, 최대 허용 속도, 그리고 다가오는 제한에 대한 목표 속도를 보여주는 속도계와 유사한 디스플레이이다. 시각적인 제동 곡선을 포함하여 운전자가 열차를 효율적으로 관리할 수 있도록 한다.
- 계획 구역(Planning Area) : 구배, 속도 제한, 건널목 및 기타 특징들을 보여주는 수 킬로미터 앞의 진로에 대한 개략적인 보기이다. 이는 예측 운전을 위한 강력한 도구로, 에너지 효율성과 승차감을 향상시킨다.
- 상태 구역(Status Zone) : 현재 ETCS 레벨(예 L2, LNTC)과 결정적으로 중요한 활성 운전 모드(예 FS, SR, OS)를 명확하게 표시한다.
- 데이터 입력 및 메시지 : 운전자가 데이터('임무 시작' 등)를 입력하고 신호원으로부터 문자 메시지를 수신하고 확인하는 것을 허용한다.

기술 전문가는 시스템의 작동 및 잠재적 고장 지점을 이해하기 위해 인간-기계 인터페이스를 이해하는 것이 중요하다. DMI의 기능은 설명되어 있지만, 그 구체적인 언어는 그렇지 않다. 다음에 나오는 표는 이 간극을 메우기 위해 체계적으로 기호를 해독하여 규칙서의 추상적인 설명을 실용적이고 시각적인 가이드로 변환하는 가장 효과적인 교육 도구이다.

[표 5-2] DMI 기호/표시 및 그 의미

구분	기호/표시	의미	비고
속도 관련 표시	원형 속도계 (Speedometer)	현재 열차 속도를 표시	중심부에 디지털 속도 병행 표시
운행 허가/ 진로관련	녹색 속도 프로파일 (Target Speed)	허용 속도의 상한 표시	경계 초과 시 경고
	빨간 속도 제한선 (Overspeed Indicator)	허용 속도 초과 시 표시	긴급 제동 개입 가능
	MA 표시 (Movement Authority)	RBC/지상장치로부터 허가된 운행 한계 거리 표시	운행 제한 위치까지 남은 거리 표시
	EOA(End of Authority)	운행 허가 종료 지점	운전자가 반드시 정지해야 하는 위치
	LOA(Limit of Authority)	제한된 이동 한계 지점	진로 설정에 따라 표시
신호/운행 모드 표시	신호등 기호 (Signal Aspect)	현 신호 상태(진행, 경계, 정지) 표시	전통적 신호 개념을 보완
	운행 모드 (Mode Indicator)	FS(Full Supervision), OS(On Sight), SR(Staff Responsible) 등 운행 모드 표시	모드별 안전 규제 다름
	Level 표시 (Level Indicator)	현재 운행 레벨(Level 0, 1, 2, NTC 등)	KTCS-2는 Level 2 중심
제동/출력 상태	Brake Status	운전자가 제동 중인지, 자동 제동 개입 여부 표시	Service Brake, Emergency Brake 구분
	Power Status	추진 출력 상태 표시	토크/출력 제한 여부 포함
경고 및 안내 메시지	경고 아이콘 (삼각형, 노란색)	과속, 신호 위반 위험 등 경고	청각 경보 병행
	알림 메시지 창 (Text Message)	RBC/관제 지시, 시스템 메시지 표시	운전자 확인 필요
기타 정보	시간 표시	시스템 시간	운행 기록과 연계
	열차 ID	현재 운행 열차 번호	RBC와 통신 동기화
	배터리/통신 상태	RBC, GSM-R/통신 상태 아이콘	통신 불량 시 운행 제한

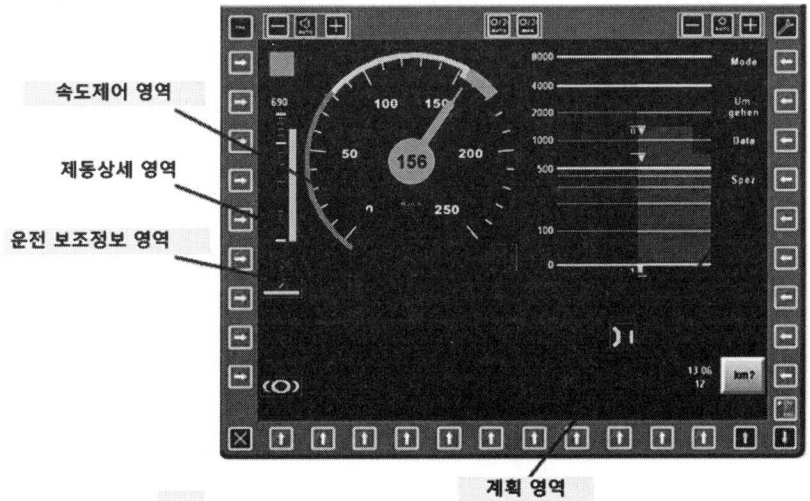

[그림 5-4] ETCS DMI 모니터

5.4.2 인간 중심 설계로 휴먼 에러 방지

한국형 차세대 열차제어시스템(KTCS-2)의 운전자 인터페이스(DMI, Driver Machine Interface)는 직관성, 명확성, 그리고 일관성이라는 핵심 설계 철학을 바탕으로 기관사의 휴먼 에러(Human Error)를 최소화하는 데 중점을 두고 있다. 이는 유럽 표준 열차제어시스템(ETCS) Level 2의 인간공학적 설계 원칙을 기반으로, 국내 운행 환경의 특수성을 반영하여 개발되었다.

핵심적인 목표는 기관사가 복잡하고 긴박한 상황에서도 열차의 운행 정보를 빠르고 정확하게 인지하고, 필요한 조치를 신속하게 수행할 수 있도록 지원하는 것이다. 이를 통해 운행 안전성을 극대화하고 사고 발생 가능성을 원천적으로 차단하고자 한다.

(1) 휴먼 에러 방지를 위한 핵심 설계 원칙

① 정보의 명확성 및 가독성 확보
- 표준화된 시각 정보 : 화면에 표시되는 모든 정보는 국제 철도 연맹(UIC)과 유럽 철도 표준(TSI)에서 규정한 표준화된 아이콘, 기호, 색상을 사용한다. 예를 들어, 녹색은 '진행', 황색은 '주의', 적색은 '정지'와 같이 직관적으로 이해할 수 있는 색상 체계를 적용하여 기관사의 즉각적인 판단을 돕는다.
- 간결한 정보 제공 : 운전에 필수적인 정보를 중심으로 화면을 구성하고, 불필요한 정보는 과감히 제거하거나 필요시에만 호출할 수 있도록 설계되었다. 속도, 목표 지점까지

의 거리, 제한 속도 등 핵심 정보를 화면 중앙에 크게 표시하여 가독성을 높였다.
- **상황인지(Situation Awareness) 강화** : 열차의 현재 위치, 다음 신호 정보, 선로 상태 등을 그래픽 기반으로 명확하게 표시하여 기관사가 전방의 상황을 쉽게 예측하고 대비할 수 있도록 지원한다.

② 직관적이고 일관된 조작 환경
- **단순하고 일관된 메뉴 구조** : 메뉴 구조를 단순화하고, 기능별로 일관된 조작 방식을 적용하여 기관사가 별도의 복잡한 학습 없이도 시스템을 쉽게 사용할 수 있도록 설계했다.
- **물리적 버튼과 터치스크린의 조화** : 운전 중 자주 사용하는 필수 기능(예 비상정지, 확인 버튼 등)은 물리적 버튼으로 배치하여 위급 상황에서도 신속하고 정확하게 조작할 수 있도록 했다. 반면, 부가적인 정보 확인이나 설정 등은 터치스크린을 활용하여 편의성을 높였다.

③ 과업 부하 감소 및 경고 시스템 최적화
- **자동화 및 정보 필터링** : 불필요한 조작을 최소화하고, 시스템이 상황에 맞는 정보를 자동으로 선별하여 제공함으로써 기관사의 인지적 부담(Cognitive Load)을 줄여준다.
- **청각적 및 시각적 경고의 조화** : 위험 상황이나 시스템의 중요 상태 변화는 시각적 경고(화면 깜박임, 경고 아이콘 등)와 함께 명확한 청각적 경고음으로 알려준다. 경고의 중요도에 따라 소리의 종류와 크기를 달리하여 기관사가 상황의 심각성을 즉각적으로 인지할 수 있도록 한다.
- **확인(Acknowledge) 절차 도입** : 시스템의 중요한 상태 변경이나 경고 발생 시, 기관사가 이를 인지하고 확인 버튼을 누르도록 하는 절차를 포함한다. 이는 기관사의 부주의나 정보 누락을 방지하는 중요한 안전장치 역할을 한다.

이러한 인간 중심의 설계 철학을 통해 KTCS-2 DMI는 기관사가 운전이라는 본연의 임무에 집중할 수 있는 최적의 환경을 제공한다. 결국, 시스템이 기관사의 실수를 유발하는 것이 아니라, 실수를 방지하고 안전한 운행을 지원하는 든든한 파트너로서의 역할을 수행하는 것이 KTCS-2 DMI 설계의 궁극적인 목표라 할 수 있다.

5.5 ETCS-2 LEVEL 전환 : 원리와 절차

열차제어 시스템(KTCS) Level 2에서 레벨 전환(Level Transition)은 서로 다른 KTCS 레벨 또는 다른 열차 제어 시스템(예 기존 ATP 시스템)으로 관제권이 넘어가는 핵심 절차이다. 이는 열차의 연속적인 운행과 안전을 보장하기 위해 정밀하게 설계되었다. 레벨 전환은 지상 장치와 차상 장치 간의 명확한 정보 교환을 통해 이루어지며, 관련 기술 규격은 UNISIG(Union of Signalling Industry)에서 제정한 Subset 문서에 상세히 명시되어 있다.

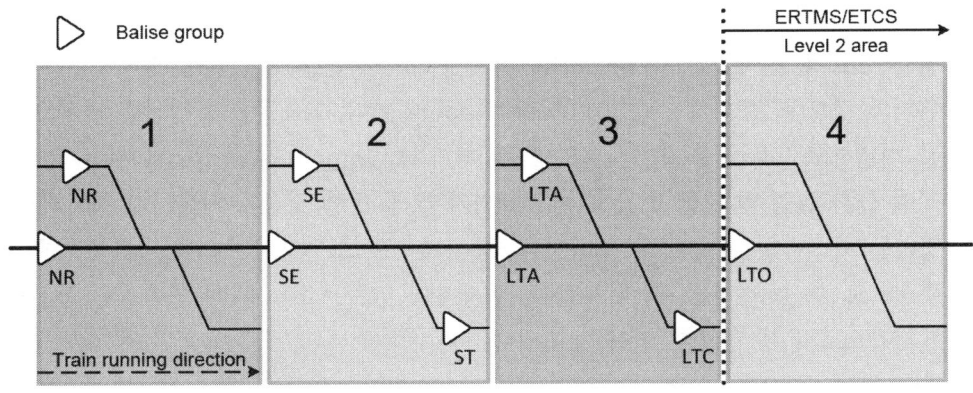

[그림 5-5], [표 5-3] ETCS-2 LEVEL 전환의 원리와 절차

BG	BG 설명	BG 정보 (ETCS Packets)
NR	Radio 네트워크 등록	Packet 45 : Radio Network LTE-R 네트워크의 ID에 대한 등록
SE	세션 설정	Packet 42 : 세션 관리(RBC와의 통신 세션 설정 순서 포함)(KTCS ID + 전화번호 포함)
ST	세션 종료	Packet 42 : 지정된 RBC를 사용하여 세션을 종료하는 순서의 세션 관리
LTA	Level 전환 선언	Packet 41 : ETCS 경계에서 레벨 2로의 전환을 알리는 레벨 전환 순서 RBC에 의해 발표되는 경우, 발리스 그룹은 패킷 41을 포함하지 않고, LTA 발리스 그룹은 RBC(REF)에 대한 모호하지 않은 위치 참조로만 사용된다.
LTC	Level 전환 취소	Packet 41 : 해당 영역에 적용되는 레벨로 즉시 전환되는 레벨 전환 순서, 이렇게 하면 레벨 2로의 전환이 취소됨
LTO	Level 전환 명령	Packet 41 : 레벨 전환 순서(레벨 2로 즉시 전환)

5.5.1 레벨 전환의 주요 방식

KTCS-2 환경에서 레벨 전환은 크게 두 가지 방식으로 이루어진다. 전환 방식의 선택은 지상 설비의 구성과 운행 환경에 따라 결정된다.

(1) Level 1 ➡ Level 2 전환 과정

Level 1 구간에서 운행하던 열차가 연속적인 감시가 가능한 Level 2 구간으로 진입할 때의 과정은 통신 연결 설정이 핵심이며, 그 절차는 다음과 같다.

① **전환 예고 및 RBC 정보 수신** : 열차가 Level 2 구간에 접근하면서 특정 지상자 그룹을 통과한다. 이때 차상 장치는 '레벨 전환 예고' 정보와 함께 접속해야 할 RBC의 네트워크 정보(ID, 전화번호 등)를 수신한다.

② **RBC와 무선 통신 연결 시도** : 수신한 정보를 바탕으로, 차상 장치는 LTE-R 네트워크를 통해 해당 RBC와 무선 통신 세션 연결을 시도한다. 이 과정은 레벨 전환 지점에 도달하기 전에 미리 이루어진다.

③ **위치 보고 및 운행 허가 요청** : RBC와 성공적으로 연결되면, 차상 장치는 열차의 현재 위치와 정보를 RBC에 전송(Position Report)한다. RBC는 이 정보를 바탕으로 열차를 식별하고 Level 2 구간에서의 운행 허가(Movement Authority)를 준비한다.

④ **레벨 전환 실행 및 운행 허가 수신** : 열차가 레벨 전환 지점의 지상자를 통과하면, 차상 장치는 시스템을 Level 2로 전환한다. 동시에 RBC로부터 최초의 Level 2 운행 허가를 무선으로 수신하여 DMI에 현시한다. 이제부터 열차는 RBC와의 연속적인 통신을 통해 실시간으로 운행 정보를 받아 제어된다.

(2) Level 2 ➡ Level 1 전환 과정

Level 2는 무선통신(GSM-R)을 통해 차상 장치와 지상의 무선폐색센터(RBC)가 연속적으로 데이터를 주고받는 방식이다. 반면, Level 1은 선로에 설치된 지상자(Balise)를 통해 필요한 정보를 불연속적으로 전송받는 방식이다. Level 2 구간에서 Level 1 구간으로 진입할 때의 전환 과정은 다음과 같다.

① **전환 예고** : 열차가 Level 1 구간에 접근하면, 선로에 설치된 지상자 그룹(Balise Group)을 통과하며 '레벨 전환 예고' 정보를 수신한다. 차상 장치(EVC)는 이 정보를 바탕으로 곧 레벨 전환이 이루어질 것을 인지하고 준비한다.

② **RBC로부터 전환 명령 수신** : 전환 지점 직전에, 열차는 현재 통신 중인 RBC로부터 "Level 1으로 전환하라"는 명령(Movement Authority)을 무선으로 수신한다. 이 명령에는 Level 1 구간에서 사용할 운행 허가 정보가 포함될 수 있다.

③ **RBC 통신 종료 및 레벨 전환** : 열차가 레벨 전환 지점의 특정 지상자를 통과하는 순간, 차상 장치는 RBC와의 무선 통신 세션을 종료한다. 동시에 시스템의 운영 레벨을 Level 2에서 Level 1으로 공식적으로 변경한다.

④ **기관사 확인** : 운전실의 표시장치(DMI)에 레벨이 Level 1으로 변경되었음이 표시되며, 기관사는 이를 확인하고 Level 1 운행 규칙에 따라 운전을 계속한다. 이제부터 열차는 지상자를 통과할 때마다 운행에 필요한 정보를 갱신하게 된다.

제6장 KTCS-2의 신경망, LTE-R

지금까지 우리는 KTCS-2를 구성하는 두뇌(KVC), 사령부(RBC), 그리고 각종 감각기관(센서)을 만났다. 하지만 이들이 제 역할을 하려면, 각자의 정보를 0.1초의 오차도 없이 실시간으로 주고받을 수 있는 강력한 '신경망'이 필요하다. KTCS-2의 모든 잠재력을 폭발시키는 이 신경망이 바로 LTE-R(LTE for Railway)이다.

6.1 철도 전용 통신 기술, LTE-R

"우리가 매일 쓰는 스마트폰 LTE와 무엇이 다른가?"라는 질문이 나올 수 있다. 우리가 쓰는 일반 LTE는 많은 사람이 동시에 접속하면 속도가 느려지기도 하고, KTX를 타고 빠르게 달리면 종종 끊김 현상을 경험한다. 만약 열차제어 신호가 이런 상황에 놓인다면 상상만 해도 아찔하다. LTE-R은 바로 이러한 철도의 특수 환경을 극복하기 위해 탄생한 '철도 전용 맞춤 통신 기술'이다. KTCS-2(ETCS Level 2)는 지상과 차상 간 연속적인 양방향 데이터 통신을 위해 LTE-R과 같은 무선통신시스템을 사용한다.

- **고속 이동성 보장** : 시속 400km로 달리는 고속열차 안에서도 끊김 없는 안정적인 통신을 보장한다.
- **높은 신뢰성과 초저지연** : 제어 신호처럼 아주 작은 데이터라도 절대 지연되거나 유실되지 않도록 최고 수준의 전송 품질을 보장한다.
- **철도 전용 기능** : 기관사와 관제사, 유지보수 요원 간의 다자간 동시 통화(Group Call, PTT) 등 철도 운영에 필수적인 기능들을 탑재하고 있다.

이처럼 LTE-R은 일반 통신망과 격이 다른 안정성과 신뢰성을 바탕으로 KTCS-2의 핏줄이자 신경망 역할을 완벽하게 수행한다.

6.2 음성, 영상, 데이터가 함께 전송되는 통신

LTE-R의 진정한 힘은 단순히 제어 신호만 보내는 데 그치지 않는다는 점이다. 이는 **왕복 8차선의 거대한 데이터 고속도로**와 같다. 각 차선에는 다른 종류의 데이터가 달릴 수 있다.

- 1~2차선(추월차선) : 가장 중요한 **KTCS-2 제어 신호**가 달린다. 다른 어떤 데이터도 이 차선을 침범할 수 없도록 절대적인 우선순위가 보장된다.
- 3~4차선(상위차선) : 기관사와 관제사 간의 **음성 통화**처럼, 안전에 중요한 통신 데이터가 달린다.
- 5~8차선(일반차선) : 열차 내 **CCTV 영상** 실시간 전송, 선로 상태 모니터링, 승객들을 위한 **와이파이(Wi-Fi)** 서비스 등 다양한 부가 데이터들이 이 차선을 이용한다.

이처럼 LTE-R 하나로 열차제어는 물론, 운영 효율화와 승객 서비스까지 모두 향상시킬 수 있는 '통합 플랫폼'의 역할을 하는 것이다.

6.3 3단계 검증 안전 확보

자동차나 가전제품에 안전 등급이 있듯이, 철도나 원자력, 항공 우주 분야처럼 인간의 생명과 직결되는 시스템에는 '안전무결성등급(SIL, Safety Integrity Level)'이라는 국제 표준이 적용된다. KTCS-2는 신호 시스템 중 유로발리스, LEU 등 일부 핵심 안전 설비가 SIL 4 등급을 준수해야 하며, 시스템 전체가 이 높은 안전성 기준을 만족하도록 개발되었다.

열차제어 신호정보의 전달은 암호화된 무선통신(LTE-R)+안전 프로토콜(RASTA기반)+수신 후 검증의 3단계 과정을 통하여 RBC의 정보가 차상장치에 안전하게 전달된다.

6.4 철도종합무선망(LTE-R)의 중앙센터설비

전라선 및 호남선 등 철도통합무선망(LTE-R)의 센터 설비는 경강선(원주~강릉) 사업에서 구축한 센터설비를 활용하며 철도교통관제센터/철도교통예비관제실 LTE-R 센터설비와의 연결이 되어 있다.

• 센터설비와의 연결은 기 구축되어 있는 철도 광전송망(DWDM)을 활용하여 연결되어 있다.

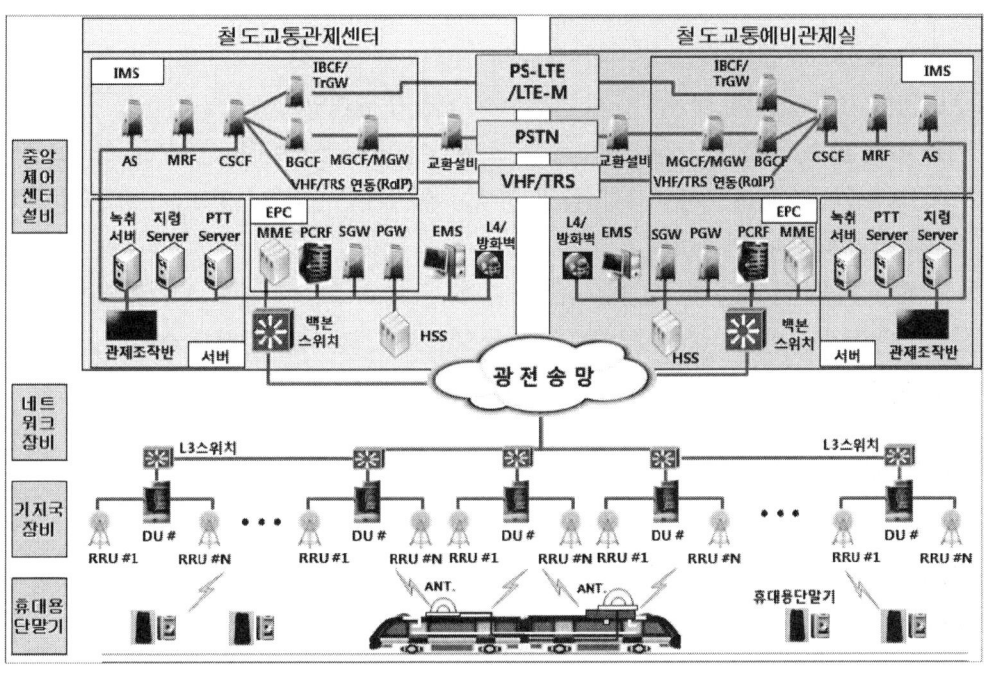

[그림 6-1] 철도종합무선망(LTE-R)의 중앙센터설비

6.5 LTE-R 특징 및 주파수 내역

LTE-R은 열차 운행의 안전성 향상, 수송 용량 증대, 유지보수 비용 절감 등 대한민국 철도 시스템의 전반적인 혁신을 이끌고 있다.

(1) 기술적 특징

① **고속 이동성 보장** : 시속 400km에 이르는 고속철도에서도 끊김 없는 안정적인 통신을 지원한다. 이는 고속으로 이동하는 열차와 지상 관제센터 간의 실시간 정보 교환을 가능하게 하여 정확한 열차 제어를 보장한다.

② **대용량 데이터 양방향 전송** : 기존 기술과 가장 차별화되는 특징으로, 음성, 데이터, 영상 등 다양한 정보를 단일 통신망으로 전송할 수 있다. 이를 통해 한국형 열차제어시스템(KRTCS)과 같은 무선통신 기반 열차제어(CBTC)가 가능해졌다. 열차의 위치, 속도, 상태 등의 정보가 실시간으로 관제센터와 공유되어 열차 간 간격을 최적화하고 운행 효율을 극대화할 수 있다.

③ **높은 신뢰성과 안정성** : 철도망은 국가 핵심 기반 시설인 만큼, LTE-R은 99.99% 이상의 높은 가용성을 목표로 설계되었다. 통신망 이중화, 예비 경로 확보 등을 통해 어떠한 상황에서도 통신 두절을 방지하여 열차 운행의 안전성을 담보한다.

④ **다양한 서비스 통합 제공** : 관제사와 기관사 간의 일대일, 그룹 통화는 물론, 비상 통화, 열차 내 방송, CCTV 영상 전송 등 철도 운영에 필요한 모든 통신 서비스를 하나의 네트워크에서 제공한다. 재난 상황 발생 시에는 국가재난안전통신망(PS-LTE)과 연동하여 유기적인 대응이 가능하다.

⑤ **상호 운용성 및 표준화** : LTE-R은 3GPP 국제 표준을 기반으로 개발되어 다른 통신 시스템과의 호환성이 높다. 이는 국내 철도신호시스템의 표준화를 이끌고, 향후 5G 기반의 차세대 철도통신(FRMCS)으로의 전환을 용이하게 한다.

(2) 주파수 대역

- **주파수 대역** : 700MHz 대역 사용 (철도 전용)
- **업링크**(UL, 열차 → 기지국) : 718 ~ 728MHz(10MHz)
- **다운링크**(DL, 기지국 → 열차) : 773 ~ 783MHz(10MHz)

제 7 장 KTCS-2의 운영 논리

7.1 KTCS-2 RBC의 역할과 논리 알고리즘

7.1.1 KTCS-2와 무선폐색센터(RBC)의 역할

국내 철도망에서 상호 운용성을 보장하기 위한 핵심적인 구성 요소인 한국 열차 제어 시스템(Korean Train Control System, KTCS)은 다양한 레벨로 구성되며, 특히 KTCS Level 2는 철도신호 시스템의 패러다임을 근본적으로 바꾸는 중요한 기술적 진보를 대표한다. Level 2는 기존의 지상 신호기에 의존하는 간헐적인 신호 방식(Level 1)에서 벗어나, 무선통신을 기반으로 하는 연속적인 차상 신호(In-cab Signalling) 방식으로 전환된다. 이러한 전환을 통해 지상 신호기는 선택 사항이 되며, 이는 선로용량 증대와 열차 운행 속도 향상을 가능하게 하는 기반이 된다. 이러한 KTCS-2 시스템의 중추적인 임무를 하는 것이 바로 무선폐색센터(Radio Block Centre, RBC)이다. RBC는 이 연속적인 감시 시스템을 구현하는 핵심 지상 장치로, 중앙 집중형 안전 컴퓨터 시스템 임무를 수행한다. RBC는 관할 구역 내의 열차로부터 위치 보고를 수신하고, 연동장치(Interlocking)와의 통신을 통해 선로 상태 정보를 확보한 후, 이를 기반으로 각 열차에 대한 이동 권한(Movement Authority, MA)을 생성하여 무선망을 통해 직접 전송한다. 이로써 RBC는 Level 2 환경에서 열차 간의 안전거리를 유지하고 운행을 제어하는 일차적인 안전 필수(Safety-Critical) 설비로 자리매김한다.

기존의 신호 시스템에서는 안전에 대한 책임이 상당 부분 기관사의 물리적 신호기 관찰과 판단에 의존했다. 그러나 KTCS-2에서는 이동 권한의 주된 원천이 RBC로부터 차내 DMI(Driver Machine Interface)로 전송되는 MA로 변경된다. 이는 열차 분리를 위한 안전 로직과 제어 지능이 선로를 따라 분산된 신호기 형태가 아닌, RBC의 소프트웨어와 하드웨어 내에 집중됨을 의미한다. 이러한 중앙 집중화는 RBC의 신뢰성과 보안성을 극도로 중요하게 만들며, RBC의 장애나 시스템 침해가 단일 신호기 고장과는 비교할 수 없을 정도로 광범위한 철도망에 영향을 미칠 수 있음을 시사한다. 따라서 RBC의 설계, 개발, 시험 및 인증 과정은 철도 안전의 핵심 과제가 된다.

이 장에서는 KTCS-2의 핵심 설비인 RBC에 대한 포괄적이고 심층적인 기술 분석을 제공하는 것을 목표로 한다. RBC의 시스템 아키텍처와 주요 구성기기, 핵심 기능인 이동 권한 생성 메커니즘, LTE-R 기반 무선통신 방식, 그리고 열차의 안전 운행을 보장하기 위한 고신뢰성 안전설계를 상세히 다룬다. 또한, 연동장치(IXL), 중앙교통관제(CTC) 등 관련 설비와의 인터페이스 항목과 제작 후 시험 방법에 대해서도 구체적으로 분석하며, 특히 KTCS-2(한국형 열차제어시스템) 적용 사례를 통해 실제 구현 환경에서의 특징을 살펴보고자 한다.

7.1.2 RBC 시스템 아키텍처 및 주요 구성기기

(1) 하드웨어 아키텍처 : 무중단 가용성을 위한 설계

RBC는 최고 안전 무결성 등급인 SIL 4(Safety Integrity Level 4)를 충족해야 하는 안전 필수 시스템이다. 이는 하드웨어 설계 단계에서부터 고장 감내(Fault Tolerance) 능력이 핵심 원칙으로 적용되어야 함을 의미한다. 이를 위해 일반적으로 '2-out-of-2'(2oo2) 또는 '2-out-of-3'(2oo3)와 같은 이중화(Redundancy) 모델이 채택된다. 이 구조는 시스템의 일부 하드웨어 구성 요소에 장애가 발생하더라도 시스템이 계속 정상적으로 작동하거나, 최소한 안전한 상태(Fail-Safe)로 전환되도록 보장한다. 예를 들어, 2oo2 구조에서는 두 개의 독립적인 처리 장치가 동일한 연산을 수행하고 그 결과를 지속적으로 비교한다. 만약 결과가 불일치하면 시스템은 내부 오류를 감지하고 안전한 상태로 전환하여 위험한 출력을 방지한다.

RBC의 핵심 하드웨어 모듈은 다음과 같이 구성된다.

① 안전 핵심 연산 장치(Safety Core / Central Processing Unit)

RBC의 심장부로, 열차로부터 받은 위치 보고와 연동장치(Interlocking)의 선로 정보를 종합하여 이동 권한(Movement Authority, MA)을 생성하는 가장 중요한 임무를 수행한다.

- **고도의 안전 무결성** : 모든 연산은 철도 안전 규격 중 최고 등급인 SIL 4(Safety Integrity Level 4)를 충족하도록 설계된다. 이는 아주 작은 오류라도 치명적인 사고로 이어질 수 있기 때문이다.
- **이중화 아키텍처** : 단일 하드웨어의 고장이 전체 시스템의 마비로 이어지는 것을 막기 위해, 동일한 연산을 수행하는 두 개 이상의 독립된 컴퓨터 시스템으로 구성된다. 가장 일반적인 방식은 '2 out of 2'(2oo2) 구조로, 두 시스템의 연산 결과가 일치할 때만 명령을 출력한다. 만약 결과가 다르면 시스템을 안전한 상태로 정지시킨다. 제조사에 따라 '2x2oo2'와 같은 더 복잡한 다중화 구조를 적용하기도 한다.
- **고신뢰성 프로세서** : 장기간 안정적인 운영이 검증된 고신뢰성 CPU와 실시간 운영체제(RTOS)를 기반으로 한다.

② 통신 인터페이스 모듈(Communication Interface Module)
RBC가 외부 시스템과 데이터를 주고받는 통로 임무를 하는 장치들이다.
- K무선 인터페이스(Kradio Interface) : LTE-R(철도전용 이동통신망)을 통해 열차의 차상장치(EVC)와 무선으로 통신하는 데 사용된다. 열차로부터 주기적인 위치 보고를 수신하고, 생성된 이동 권한(MA)을 열차로 전송하는 핵심 통로이다.
- 연동장치 인터페이스(Interlocking Interface) : 선로의 방향(선로전환기), 신호 현시 상태, 선로 점유 상태 등 철도 인프라의 실시간 정보를 받기 위해 전자연동장치(IXL, Interlocking System)와 연결된다. 일반적으로 이더넷(Ethernet) 기반의 안전 통신 프로토콜을 사용한다.
- 인접 RBC 인터페이스 : 열차가 하나의 RBC 관할 구역에서 다른 RBC 관할 구역으로 이동할 때, 열차 정보를 안전하게 넘겨주는 핸드오버(Handover) 절차를 위해 인접 RBC와 연결된다.

③ 데이터 기록 및 진단 장치(Data Logging and Diagnostic Unit)
시스템의 모든 활동을 기록하고 상태를 감시하여 유지보수와 사고 분석에 활용하는 장비이다.
- 법적 기록 장치(JRU, Juridical Recording Unit) : 열차와의 모든 통신 내용, 시스템 내부의 주요 이벤트, 운영자의 조작 기록 등을 사고 발생 시 원인 규명을 위한 법적 증거로 활용할 수 있도록 위변조가 불가능한 형태로 저장한다.
- 유지보수 및 진단 시스템 : RBC 하드웨어의 상태(온도, 전원, 팬 속도 등)와 소프트웨어의 동작 상태를 실시간으로 모니터링한다. 장애 발생 시 관리자에게 경보를 보내고, 원격으로 시스템을 진단하고 관리할 수 있는 기능을 제공한다.

④ 전원 공급 장치 및 물리적 인프라(Power Supply & Physical Infrastructure)
핵심 연산 및 통신 장치들이 안정적으로 동작할 수 있도록 지원하는 기반 시설이다.
- 이중화 전원 공급 장치 : 주 전원과 예비 전원을 모두 갖추어, 한쪽 전원에 문제가 생겨도 중단 없이 시스템이 운영될 수 있도록 한다. 무정전 전원 장치(UPS)가 포함되는 경우가 많다.
- 랙 및 캐비닛 : 이러한 모든 하드웨어 모듈들은 표준 랙(Rack) 형태의 견고한 캐비닛에 설치되어 외부 충격, 먼지, 전자파 등으로부터 보호받는다. 또한, 내부 온도를 일정하게 유지하기 위한 냉각 시스템도 포함된다.

[표 7-1] 주요 RBC 제조사별 하드웨어 플랫폼 비교

제조사	제품명	이중화 아키텍처	핵심 플랫폼 기반	주요 특징
Siemens Mobility	Trainguard 200	2oo3	독자 플랫폼	중앙 집중식 연동장치/RBC 구성 가능, 높은 가용성
Alstom	Smartlock/ Atlas	2oo2 또는 2oo3	독자 플랫폼	디지털 신호 프로젝트를 위한 KTCS L2 호환성
Thales	LockTrac/ AlTrac	2oo3 (TAS Platform)	독자 플랫폼	동적 MA 계산, 다양한 안전 관련 제품에 사용되는 TAS 플랫폼
Progress Rail (ECM)	RBC9	2oo2	독자 플랫폼 (ECM CBI)	UNISIG 사양 준수, C 언어 기반 애플리케이션, 모듈성
대아티아이		2oo2	독자 플랫폼	Master/Slave 구조, ISDN/이더넷 인터페이스 카드

(2) 소프트웨어 아키텍처 : 모듈화 및 검증 가능성

RBC 소프트웨어는 안전 필수 기능과 비필수 기능을 분리하고, 검증, 확인, 유지보수를 용이하게 하기 위해 모듈식으로 구조화된다. 이러한 모듈화는 복잡한 시스템을 관리 가능한 단위로 나누어 각 부분의 정확성을 독립적으로 검증할 수 있게 해준다.

① 핵심 소프트웨어 모듈
- MA 생성 및 감시 : 안전한 이동 한계를 계산하고 강제하는 RBC의 핵심 커널이다.
- 인터페이스 관리 : 열차(LTE-R radio), 연동장치, 인접 RBC와의 통신 프로토콜을 처리하는 모듈이다.
- 선로 위상 및 지리 데이터 관리 : 선로의 정적 레이아웃(구배, 속도 제한, 지상자 위치 등)을 포함하는 데이터베이스 모듈로, 각 설치 구간에 맞게 구성된다.
- 시스템 진단 및 로깅 : 시스템 상태를 모니터링하고 RCE/JRU에 이벤트를 기록하는 소프트웨어이다.

RBC 소프트웨어 개발 프로세스는 CENELEC EN 50128과 같은 표준에 의해 엄격하게 관리된다. 특히, 이처럼 복잡하고 안전이 중요한 소프트웨어 개발에서 인간의 실수를 줄이고 정확성을 보장하기 위해 정형 기법(Formal Methods)과 모델 기반 설계(Model-Based Design, MBD)가 적극적으로 활용된다. 정형 기법은 시스템의 동작을 수학적으로 분명하고 자세하게 분석하여 설계 단계에서 오류를 발견할 수 있게 하며, MBD는 시스템 모델로부터 코드를 자동으로 생성하고 검증을 자동화하는 데 도움을 준다.

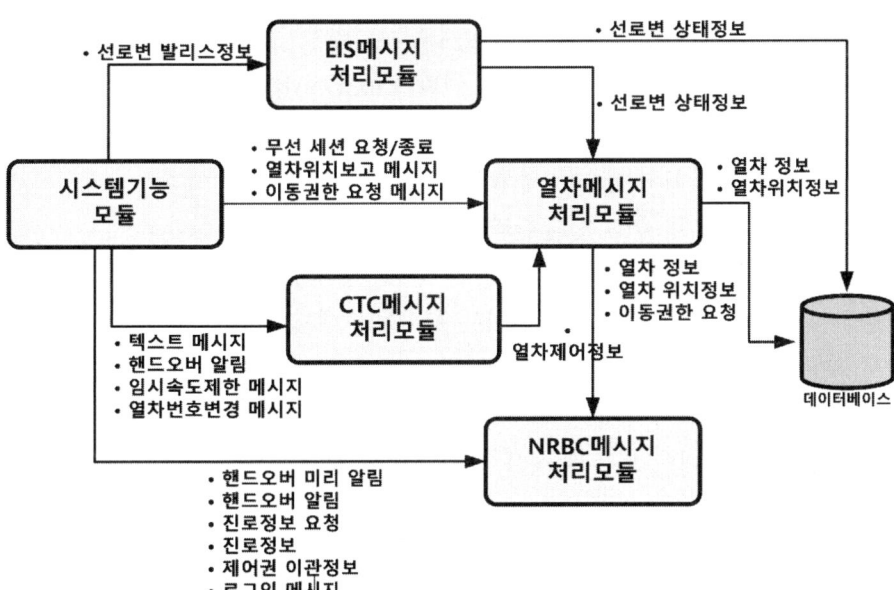

[그림 7-1] RBC 모듈 구성과 데이터의 흐름

7.1.3 이동 권한(MA) 생성 및 관리 메커니즘

(1) 이동 권한(MA)의 정의

이동 권한(MA)은 단순히 '진행' 신호가 아니다. 이는 RBC가 열차에 전송하는 포괄적인 데이터 패키지로, 특정 위치(권한의 끝, End of Authority)까지 정해진 조건(속도 프로파일, 구배 프로파일 등) 하에 운행할 수 있도록 허가하는 것이다. MA는 열차의 안전한 운행을 보장하는 가장 기본적인 정보 단위이다.

(2) MA 생성 프로세스 : 데이터 융합 작업

MA 생성은 여러 독립적인 데이터 소스로부터 정보를 융합하여 안전을 보장하는 복잡한 과정이다.

① **열차 위치 보고** : 프로세스는 열차가 정확한 위치 기준점 임무를 하는 유로발리스(Eurobalise)를 통과한 후, 검증된 위치 보고를 RBC에 전송하는 것으로 시작된다.
② **연동장치 데이터 요청** : RBC는 열차 전방 진로의 상태를 파악하기 위해 연동장치에 질의한다. 여기에는 어떤 궤도 구간이 비어 있는지, 어떤 진로가 쇄정되었는지, 선로전환기의 상태 등과 같은 동적 데이터가 포함된다.
③ **계산 및 편집** : RBC의 핵심 컴퓨터는 열차의 위치 정보와 자체 지리 데이터베이스에 저

장된 정적 선로 데이터, 그리고 연동장치로부터 받은 동적 데이터를 융합한다. 이를 바탕으로 안전한 제동 곡선을 계산하고 권한의 끝(EoA)을 결정한다.

④ **전송** : 완성된 MA 패키지는 무선망을 통해 해당 열차에 개별적으로 전송된다.

이 과정에서 RBC는 중요한 데이터 통합 허브 임무를 수행한다. 시스템 전체의 안전은 열차와 연동장치라는 두 개의 독립적인 하위 시스템으로부터 시기적절하고 정확한 데이터를 수신하는 것에 달려있다. 만약 연동장치의 데이터가 지연되거나 오래된 정보일 경우, RBC는 더 안전하지 않은 선로 구간으로 진입하는 MA를 발행할 위험이 있다. 마찬가지로 열차의 위치 보고가 부정확하다면, MA 자체가 잘못된 전제 위에서 생성된다. 이는 RBC의 인터페이스 설계와 내부 데이터 유효성 검증 로직이 얼마나 중요한지를 보여준다. 시스템은 모든 입력 데이터의 손상, 지연 또는 손실을 감지하고 안전하게 처리할 수 있어야 하며, RBC의 안전성 평가(Safety Case)는 자체 내부 처리뿐만 아니라 데이터 소스의 장애 모드까지 철저하게 분석해야 한다.

(3) RBC의 논리 알고리즘 핵심 원리

RBC의 논리 알고리즘은 '안전성 확보'와 '운행 효율성 증대'라는 두 가지 목표를 동시에 달성하기 위해 작동한다. 복잡한 알고리즘을 핵심 과정 위주로 설명하면 다음과 같다.

① **열차 정보 수집(입력)**
- 열차에 설치된 차상장치(On-Board Unit)로부터 **열차의 현재 위치, 속도, 가속도, 제동 성능, 열차 길이** 등 실시간 운행 정보를 **LTE-R 무선통신**을 통해 수신한다.
- 지상에 설치된 Balise(발리스) 등으로부터 열차의 정확한 **위치 보정 정보**와 선로의 정적 정보(선로 길이, 경사, 곡선 등)를 수신한다.
- 연동장치(Interlocking System)로부터 **진로 설정 정보, 분기기 전환 상태, 선로 점유 상태** 등 지상 설비 정보를 수신한다.
- **관제 시스템**으로부터 **열차 시각표, 지연 정보, 임시 속도 제한** 등 운행 관련 정보를 수신한다.

② **안전성 판단 및 이동 권한 계산(처리)**
- RBC는 수집된 모든 정보를 바탕으로 **가장 중요한 안전 논리**를 수행한다. 바로 '열차가 어디까지 안전하게 갈 수 있는가?'를 판단하는 것이다.
- 선행 열차와의 간격 확인 : 후행 열차가 선행 열차에 너무 가까이 다가가지 않도록 **최소한의 안전 제동 거리를 확보**한다. 이 거리는 열차의 속도와 제동 성능, 선로 조건 등을 고려하여 실시간으로 계산된다.
- 선로 상태 확인 : 열차가 진입할 진로에 다른 열차가 없는지, 분기기가 올바르게 전환되어 잠겼는지, 선로 작업 구간은 없는지 등을 확인한다.

- 비상 제동 곡선 계산 : 열차가 현재 속도에서 **비상제동을 걸었을 때 안전하게 정지할 수 있는 거리**를 미리 계산한다. 이 계산 결과가 이동 권한 종점(EoMA)을 결정하는 가장 핵심적인 요소가 된다. 예를 들어, 선행 열차와의 거리가 1km 남았더라도, 비상 제동 거리가 1.2km라면 이동 권한 종점은 1km 이내가 된다.
- 속도 프로파일 생성 : 이동 권한 종점까지의 구간에서 열차가 지켜야 할 **최고 속도 및 구간별 제한 속도를 계산**한다.

③ 정보 전송 및 피드백(출력 및 순환)
- RBC는 계산된 이동 권한(MA) 정보(이동 권한 종점, 속도 프로파일)를 해당 열차의 차상장치로 다시 전송한다.
- 열차는 수신된 MA를 바탕으로 **스스로 속도를 제어**하고, 만약 MA를 위반하려 하면 경고를 보내거나 자동으로 비상제동을 체결한다.
- 이러한 과정은 **초 단위로 반복**되며, 열차의 위치가 변할 때마다 새로운 이동 권한이 부여되므로, 열차는 고정된 블록에 갇히지 않고 끊임없이 안전하게 이동할 수 있다.

(4) 동적 및 연속적 감시

KTCS Level 2는 간헐적인 정보 전송이 아닌 연속적인 시스템이다. 열차가 이동하고 연동장치가 새로운 진로를 설정함에 따라, RBC는 지속적으로 업데이트된 정보를 수신하고 열차에 새로운, 연장된 MA를 발행할 수 있다. 이를 통해 열차는 신호 대기를 위해 정지할 필요 없이 보다 효율적으로 운행할 수 있다.

(5) 비상 및 장애 상황에서의 MA 관리

RBC는 CTC로부터의 비상 정지 명령이나 연동장치로부터 진로 무결성 상실 정보가 수신되는 등 위험 상황이 감지되면, 이미 발행된 MA를 철회하거나 단축할 책임이 있다. 이는 RBC의 핵심적인 Fail-Safe 기능 중 하나이다.

7.1.4 LTE-R 기반 차상-지상 무선통신

(1) 기술의 발전

유럽은 초기 ETCS 사양은 2G 기술인 GSM-R(Global System for Mobile Communications - Railway)을 기반으로 구축되었지만, 한국은 현대적인 시스템 구축기술인 4G LTE-R(Long Term Evolution-Railway)이 사용되었다. 이러한 전환의 주된 동기는 신호 데이터 전송을 넘어 영상 감시와 같은 고대역폭 서비스에 대한 요구, 더 낮은 지연 시간, 그리고 유지보수와 확장이 쉬운 All-IP 네트워크 아키텍처에 대한 필요성 때문이다.

(2) LTE-R 시스템 아키텍처

RBC와 열차 간의 통신 링크에 관여하는 핵심 네트워크 요소는 다음과 같다.
- 사용자 장비(UE, User Equipment) : 열차의 차상장치(OBU)에 탑재된 무선 모뎀
- E-UTRAN(Evolved UMTS Terrestrial Radio Access Network) : 선로를 따라 설치된 기지국(DB)으로 구성된 무선 접속망
- EPC(Evolved Packet Core) : MME(Mobility Management Entity), S-GW(Serving Gateway), P-GW(PDN Gateway) 등을 포함하는 코어 네트워크로, 연결성 관리와 데이터 라우팅을 담당한다.

[표 7-2] GSM-R 대 LTE-R 기술 비교

특징	GSM-R	LTE-R	철도 운영에 미치는 영향
기술 세대	2G (Circuit-Switched)	4G (Packet-Switched, All-IP)	All-IP 기반으로 망 구조 단순화 및 유지보수 용이성 증대
최대 데이터 전송률	~ 수십 kbps	~ 수십 Mbps	신호 정보 외 영상 등 대용량 데이터 전송 가능, 미래 서비스 확장성 확보
지연 시간	수백 ms	수십 ms	더 빠른 응답성으로 실시간 제어 성능 향상, ATO 등 미래 기술 적용에 유리
주요 서비스	음성, 저속 데이터 (KTCS)	고속 데이터, 음성(VoLTE), 영상	열차 제어, 관제 통화, CCTV, 승객 정보 서비스 등 통합 제공 가능

(3) OBU-RBC 통신 프로토콜 스택

한국형 열차제어시스템 레벨 2(KTCS-2)는 철도의 안전성과 효율성을 획기적으로 향상시킨 신호 시스템이다. 이 시스템의 핵심은 지상 장치인 무선폐색센터(RBC, Radio Block Center)와 차상 장치인 **차상장치(OBU, On-Board Unit)** 간의 실시간 양방향 통신에 있다. 이 둘 사이의 정보 교환은 철도 전용 무선통신망(LTE-R)을 통해 이루어지며, 유럽표준 열차제어시스템(ETCS) Level 2를 기반으로 한 정교한 통신 프로토콜 스택을 사용한다. 이 프로토콜 스택은 국제 표준을 준수하여 상호 호환성과 높은 수준의 안전 무결성을 보장하며, 크게 애플리케이션 계층, 안전 계층, 전송 계층, 그리고 무선 통신 계층으로 나눌 수 있다.

① 통신 프로토콜 스택의 구조

RBC와 OBU 간의 통신은 여러 계층의 프로토콜이 겹겹이 쌓인 구조(스택)를 통해 이루어진다. 각 계층은 특정 임무를 수행하며, 상위 계층의 데이터를 하위 계층으로 전달하고, 최종적으로 물리적인 무선 신호로 변환하여 전송한다.

[표 7-3] OBU-RBC 통신 프로토콜 스택의 구조

계층 (Layer)	주요 프로토콜/기능	설명
애플리케이션 (Application)	KTCS Application Messages (Subset-026)	열차의 실제 운행에 필요한 **핵심 정보**를 생성하고 해석한다. OBU는 열차의 위치, 속도 등을 담은 '위치 보고(Position Report)'를 RBC에 보내고, RBC는 이를 기반으로 산출한 '이동 허가(Movement Authority, MA)'와 선로 정보 등을 OBU로 전송한다.
안전(Safety)	유럽 표준 안전 프로토콜 (e.g., Subset-098)	비-안전 통신망인 LTE-R을 통해 교환되는 데이터의 무**결성과 보안**을 보장하는 핵심 계층이다. 메시지의 순서 보장, 오류 검출, 암호화 및 인증 기능을 수행하여 데이터의 위변조를 방지하고 신뢰성을 확보한다. 이는 STU(Security Transmission Unit)라는 장치를 통해 구현된다.
전송(Transport)	UDP (User Datagram Protocol)	데이터를 패킷 단위로 분할하여 전송하는 임무를 한다. TCP와 달리 연결 설정 과정이 없어 **전송 지연이 적은** UDP를 사용하여, 실시간성이 매우 중요한 열차제어 데이터(이동 허가, 위치 보고 등)를 빠르고 효율적으로 전달한다. 데이터 신뢰성은 상위의 안전 계층에서 보장한다.
네트워크 (Network)	IP(Internet Protocol)	데이터 패킷에 출발지(OBU)와 목적지(RBC)의 논리적 주소를 부여하고, 전체 네트워크 내에서 올바른 진로를 찾아주는 **라우팅** 기능을 담당한다.
데이터링크/물리 (LTE-R)	PDCP, RLC, MAC, PHY	최종적으로 데이터 패킷을 LTE-R 무선망을 통해 전송할 수 있는 **전기적 신호로 변환**하고, 공중으로 송수신하는 임무를 한다. LTE-R의 프로토콜 스택(PDCP, RLC, MAC, PHY 등)이 이 계층에서 동작하여 안정적인 무선 연결을 제공한다.

② 각 계층의 역할과 흐름

㉠ 정보의 생성(애플리케이션 계층)

OBU의 핵심 컴퓨터(KVC, Korean Vital Computer)는 각종 센서 정보를 종합해 '열차 A, 현재 XX 지점을 시속 OO km/h로 통과 중'이라는 내용의 KTCS 메시지를 생성한다.

㉡ 안전 포장(안전 계층)

이 메시지는 STU로 전달되어, 메시지 순서 번호, 오류 검출 코드(CRC), 암호화 등이 적용된 안전한 봉투(Secure Envelope)에 담긴다. 이는 마치 중요한 서류를 위변조 방지 봉투에 넣어 봉인하는 것과 같다.

㉢ 주소 부여 및 발송 준비(전송 및 네트워크 계층)

안전하게 포장된 데이터는 UDP/IP 프로토콜에 의해 작은 소포(패킷)로 나뉘고, 각각에 보내는 주소(OBU의 IP)와 받는 주소(RBC의 IP)가 적힌 운송장이 붙는다.

ⓓ 무선 배송(LTE-R 계층)

마지막으로 이 소포들은 LTE-R 기지국을 통해 RBC로 무선 전송된다. RBC는 이 과정을 역순으로 거쳐 OBU가 보낸 원본 메시지를 안전하게 수신하고, 이에 대한 응답으로 이동 허가(MA) 메시지를 동일한 과정을 통해 OBU로 보낸다.

이러한 다중 계층 구조는 각 기능의 독립성을 보장하여 시스템의 안정성과 확장성을 높인다. 특히, 안전 계층의 존재 덕분에 범용 통신 기술인 LTE를 사용하면서도 최고 수준의 안전성(SIL 4, Safety Integrity Level 4)을 만족시킬 수 있는 것이다. 이는 KTCS-2가 단순한 통신 시스템을 넘어 고도로 신뢰성 있는 안전 시스템으로 기능하게 하는 핵심 기술이라 할 수 있다.

(4) 통신 관리

시스템은 열차의 이동에 따라 통신 세션 설정, 다른 DU 셀 간의 핸드오버, 그리고 더 복잡한 절차인 서로 다른 RBC 간의 핸드오버까지 관리하여 끊김 없는 통신을 보장한다.

(5) LTE-R 전송지연시간 검토

① 열차제어정보 전송지연시간

열차 제어 데이터 서비스의 열차의 제어권 정보는 열차가 최대 350km/h 고속으로 이동하는 전파 환경에서 폐색 센터와 차량 이동국 간 무선구간에서 **300msec 이내에 전달**되어야 한다.

② 음성 통화 호 접속 시간

음성 통화 서비스는 열차가 최대 350km/h의 고속으로 이동하는 전파 환경에서 **통화 시도 시 접속 시간은 1초 이내 이어야 하고 호 접속 성공률은 평균 99% 이상**이 되어야 한다.

③ 열차제어 정보 전송 지연

무선 통신망은 열차 제어에 관련된 **제어권 정보를 차량 이동국으로 300msec 이내에 전송**할 수 있어야 한다.

④ 핸드오버 절체 시간

무선 통신망의 핸드오버의 **절체 시간은 300msec 이내** 이어야 한다.

7.1.5 고신뢰성 안전설계를 통한 열차 안전 운행 보장

(1) SIL 4 등급의 의무화

RBC는 일차적인 안전 보호 시스템으로서, 일반 산업 분야의 IEC 61508 및 철도 분야의 CENELEC EN 50128/50129 표준에 정의된 안전 무결성 등급(SIL) 중 가장 높은 등급인

SIL 4를 획득해야 한다. SIL 4는 위험한 고장이 발생할 확률이 시간당 10^{-8}에서 10^{-9} 사이로 극히 낮아야 함을 의미한다. 이 등급을 달성하기 위해서는 설계부터 폐기에 이르는 전 과정에 걸쳐 엄격하고 문서화된 안전 수명 주기를 따라야 한다.

(2) Fail-Safe 및 이중화 설계

- **하드웨어 이중화** : 앞서 아키텍처 섹션에서 설명한 2oo2 또는 2oo3 구조는 Fail-Safe 원칙의 직접적인 구현이다. 시스템은 내부 고장을 스스로 감지하고, 철도에서 이는 통상적으로 제동을 체결하거나 안전하지 않은 MA 발행을 중단하는 안전한 상태로 전환하는 것을 의미한다.
- **소프트웨어 및 데이터 이중화** : 안전은 하드웨어에만 국한되지 않는다. 데이터 손상을 방지하기 위해 이중화된 데이터 저장소와 체크섬(Checksum) 같은 기술이 사용된다. 통신 프로토콜 자체에도 CRC 검사와 메시지 카운터와 같은 안전 계층이 포함되어 개방된 무선 인터페이스를 통한 데이터 전송 오류로부터 시스템을 보호한다.

(3) 장애 시나리오 분석 및 대응

RBC는 다양한 장애 모드를 안전하게 처리하도록 설계되었다.

- **통신 두절** : 열차와 RBC 간의 무선 링크가 사전에 정의된 시간(T_NVCONTACT) 이상 두절되면, 차상장치는 자동으로 제동을 체결한다.
- **RBC 내부 장애** : 이중화된 하드웨어 아키텍처는 단일 구성 요소의 고장이 감지되고, 이것이 위험한 출력으로 이어지지 않도록 보장한다.
- **연동장치 인터페이스 장애** : 연동장치와의 데이터 링크가 끊어지면, RBC는 더 이상 진로의 안전을 확인할 수 없으므로 새로운 MA 발행을 중단한다.

이러한 안전 설계는 단일 계층이 아닌, 하드웨어 이중화, 소프트웨어 검증, 프로토콜 수준의 검사, 운영 절차 등이 함께 작동하는 다층적 방어(Defense-in-depth) 전략을 기반으로 한다. 한 계층에서의 실패는 다른 계층에서 포착되어야 한다.

(4) 사례 연구 : 영국 캠브리안 노선 RBC 재시작 사고

이 실제 사고는 RBC 안전설계의 중요성을 극명하게 보여주는 사례이다.

- **사고 내용** : RBC 소프트웨어가 재시작(Rollover)되면서 임시 속도 제한(TSR) 정보가 소실되었다. 이는 해당 데이터가 휘발성 메모리에 저장되었기 때문이다.
- **결과** : TSR이 반영되지 않은 MA를 수신한 열차가 해당 구간을 과속으로 운행하는 심각한 사건이 발생했다.

- **해결책** : 기술적인 해결책은 TSR 데이터를 비휘발성 메모리에 저장하여 시스템 재시작 후에도 정보가 유지되도록 하는 것이었다.
- **교훈** : 이 사고는 SIL 4 달성이 시스템의 복구 및 재시작 시나리오를 포함한 모든 상태와 데이터 관리에 대한 세심한 주의를 요구함을 보여준다. 또한, 아무리 광범위한 테스트를 수행하더라도 모든 가능한 장애 모드를 예측할 수는 없으며, 중요 정보의 영속성 보장과 같은 견고한 설계 원칙이 무엇보다 중요하다는 교훈을 남겼다.

7.1.6 외부 시스템과의 인터페이스

KTCS L2 아키텍처는 명확한 제어 및 안전 계층을 형성하지만, 이 계층들 사이의 '연결 지점'인 인터페이스는 기술적, 상업적으로 상당한 복잡성을 내포한다.

(1) RBC-연동장치(IXL) 인터페이스 : 핵심적인 연결 고리

- **기능적 경계** : 연동장치(IXL)는 선로의 물리적 상태를 책임진다. 즉, 진로(선로전환기)를 설정 및 쇄정하고, 궤도회로나 차축검지장치를 통해 열차의 점유를 감지한다. RBC는 이 정보를 입력받아 MA를 발행하는 기능을 수행한다. 즉, IXL은 진로가 안전함을 보장하고, RBC는 열차에게 그 진로를 사용해도 안전하다고 알려주는 임무를 한다.
- **주요 교환 데이터** : RBC는 IXL로부터 진로 상태(설정, 쇄정), 궤도 점유 상태(점유/비점유), 선로전환기 상태(정위/반위, 쇄정), 신호기 현시 정보(해당 시) 등 동적 데이터 스트림을 수신한다.
- **표준화의 공백** : UNISIG 사양이 다른 인터페이스에 대해서는 존재하지만, RBC-IXL 인터페이스는 종종 독자적인 규격이나 국가별 표준에 기반한다는 점은 매우 중요한 부분이다. SUBSET-098이 종종 언급되지만, 이는 RBC-RBC 간의 안전 통신 프로토콜을 명시하는 것으로, RBC-IXL 인터페이스를 다루지는 않는다. 이러한 보편적 표준의 부재는 인프라 수준에서 상호 운용성을 확보하는 데 있어 주요한 도전 과제이다. 이는 특정 공급업체에 대한 종속(Vendor Lock-in)을 유발하여 경쟁을 저해하고 수명 주기 비용을 증가시킬 수 있다.

[표 7-4] RBC와 IXL 간의 주요 인터페이스 데이터 항목

데이터 항목	방향	설명	중요도
진로 쇄정 상태	IXL → RBC	특정 열차를 위해 설정된 진로가 안전하게 쇄정되었는지 여부	최상
궤도 점유 상태	IXL → RBC	각 궤도 구간의 점유 또는 비점유 상태 정보	최상
선로전환기 위치 및 쇄정	IXL → RBC	선로전환기의 방향(정위/반위) 및 쇄정 상태	최상
신호기 현시 정보	IXL → RBC	(선택사항) 지상 신호기의 현시 상태 (예 진행, 정지)	상
건널목 상태	IXL → RBC	건널목 차단기의 작동 및 쇄정 상태	상
임시 속도 제한(TSR) 활성화	IXL → RBC	특정 구간에 TSR이 적용되었는지 여부	상

(2) 인접 RBC 인터페이스 : 원활한 핸드오버

- **목적** : 열차가 한 RBC의 관할 구역에서 다른 RBC의 관할 구역으로 이동할 때, 연속적이고 안전한 감시를 보장하기 위해 '핸드오버'가 이루어져야 한다.
- **표준화된 프로토콜(SUBSET-039)** : 이 인터페이스는 UNISIG 사양 SUBSET-039에 의해 표준화되어 있으며, 핸드오버 절차와 메시지를 정의한다. 이는 RBC 경계를 넘나드는 노선에서의 상호 운용성에 필수적이다.
- **절차** : '인계 RBC(Handing Over RBC)'는 접근하는 열차에 대한 정보를 '인수 RBC (Accepting RBC)'에 미리 통보(pre-announcement)하여, 인수 RBC가 제어권을 원활하게 넘겨받을 수 있도록 모든 관련 열차 데이터를 전송한다.

(3) 중앙교통관제(CTC) / 교통관리시스템(TMS) 인터페이스 : 감시 및 제어

- **역할** : CTC 또는 TMS는 운영자가 철도의 전반적인 상태를 모니터링하고 상위 수준의 명령(예 진로 설정, 스케줄 관리)을 내리기 위해 사용하는 최상위 시스템이다.
- **데이터 교환** : 이 인터페이스는 실시간 안전 필수 제어보다는 감시 및 운영 관리를 위한 것이다. CTC는 RBC로부터 상태 정보(예 열차 위치, RBC 상태)를 수신하며, RBC에 특정 구역의 모든 열차에 대한 비상 정지 또는 TSR 설정과 같은 명령을 전송할 수 있다. 인터페이스는 종종 표준 네트워크 프로토콜을 기반으로 하지만, 애플리케이션 계층은 독자적일 수 있다.

7.1.7 RBC Handover

KTCS 레벨 2는 LTE-R(철도이동통신망)을 통해 **RBC(Radio Block Centre)**와 지속적으로 통신하며 이동 권한을 수신한다. 하나의 RBC의 관제 구역에서 다른 RBC의 관제 구역으로 넘어갈 때 'RBC 핸드오버' 절차를 통해 레벨 전환이 이루어질 수 있다.

- 핸드오버 절차 : 현재 통신 중인 RBC(Serving RBC)가 다음 관제 구역을 담당할 RBC (Handing-over RBC)의 정보를 차상 장치에 전달한다.
- 새로운 RBC와 연결 : 차상 장치는 이 정보를 바탕으로 새로운 RBC와 통신 세션을 설정하고 연결한다.
- 관제권 이양 : 연결이 성공적으로 완료되면, 관제권이 새로운 RBC로 이양되며 열차는 새로운 관제 구역의 레벨 및 이동 권한에 따라 운행을 계속한다. 이 방식은 주로 ETCS 레벨 2 구간이 연속적으로 이어지는 경우에 사용된다.

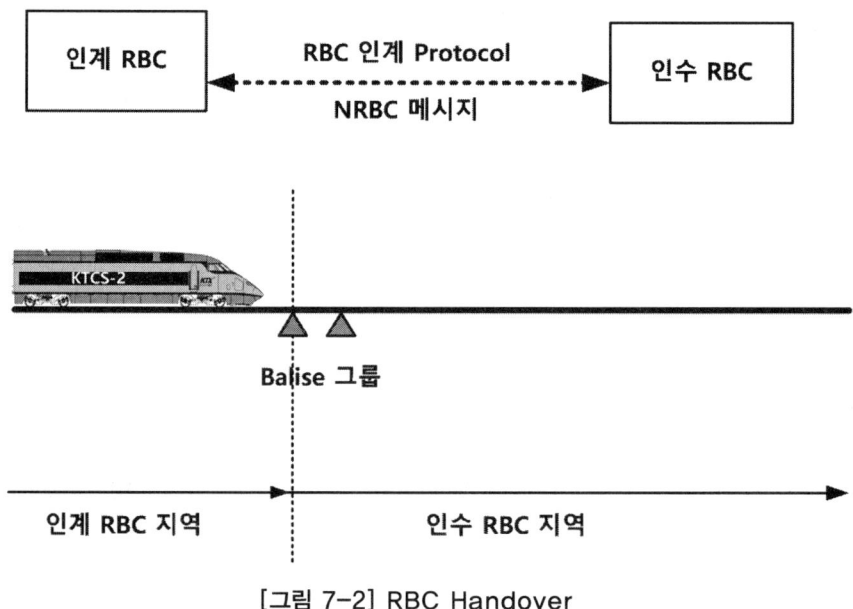

[그림 7-2] RBC Handover

7.1.8 제작 후 및 설치 후 시험 방법

RBC와 같은 안전 필수 시스템의 시험은 개발 단계와 병행하여 계획되는 V-모델을 따른다. 이는 구성 요소 시험부터 전체 시스템 검증에 이르기까지 체계적인 시험 철학을 반영한다.

(1) 공장인수시험(FAT, Factory Acceptance Test) : 실험실에서의 기능 검증

① **목표** : 제작된 RBC 하드웨어와 소프트웨어가 출하 전 통제된 공장 환경에서 모든 기능적, 기술적 사양을 충족하는지 검증하는 것이다.

② **절차** : RBC는 열차, 연동장치 및 기타 외부 시스템의 동작을 모의하는 시뮬레이터에 연결된다. 사전에 정의된 합격/불합격 기준이 포함된 상세한 시험 계획서에 따라 시험을 수행한다.

③ **FAT의 주요 시험 영역**
- **문서 및 외관 검사** : 모든 도면, 매뉴얼, 물리적 구성 요소가 정확한지 확인한다.
- **기능 시험** : 정상 조건 하에서 모든 핵심 기능(MA 생성, 핸드오버 등)에 대한 시험 케이스를 실행한다.
- **장애 모드 시험** : 통신 두절, 인터페이스 오류 등의 장애를 시뮬레이션하여 정확한 Fail-Safe 동작을 검증한다.
- **성능 및 부하 시험** : 명시된 수의 열차를 처리하고 요구되는 시간 내에 메시지를 처리하는 RBC의 성능을 시험한다.

(2) 현장인수시험(SAT, Site Acceptance Test) : 실제 환경에서의 통합 검증

① **목표** : 현장에 설치된 RBC가 올바르게 작동하고 실제 연동장치, 무선 네트워크 및 기타 운영 시스템과 원활하게 통합되는지 검증한다.

② **절차** : SAT는 설치 및 시운전 후에 수행된다. 이는 FAT 시험의 일부를 재실행하고, 현장 환경과 실제 인터페이스에 특화된 새로운 시험을 추가하는 것을 포함한다.

③ **SAT의 주요 시험 영역**
- **인터페이스 검증** : 실제 연동장치, CTC, LTE-R 네트워크와의 물리적, 논리적 인터페이스를 종단 간(end-to-end)으로 시험한다.
- **시스템 통합 시험** : 실제(또는 시험) 열차를 포함하는 운영 시나리오를 실행하여 전체 시스템이 하나의 통합된 단위로 작동하는지 확인한다.
- **환경 검증** : 시스템이 현장의 특정 환경 조건 하에서 올바르게 작동하는지 확인한다.

[표 7-5] RBC를 위한 FAT/SAT 시험 항목 예시

시험 분류	시험 항목 설명	적용 시험	예상 결과
MA 기능	단순 진로에 대한 MA 생성 검증	FAT/SAT	열차는 유효한 MA를 수신하고, DMI에 정확한 정보가 표시됨.
	열차 진행에 따른 MA 연장 기능 검증	FAT/SAT	열차는 정지 없이 연속적으로 연장된 MA를 수신함.
인터페이스 (IXL)	IXL의 '진로 취소' 신호 시뮬레이션 후 RBC의 MA 철회 기능 검증	FAT	RBC는 즉시 해당 MA를 철회하고 열차는 제동함.
	현장 IXL로부터 실제 궤도 점유 데이터를 정확히 수신 및 처리하는지 검증	SAT	RBC는 실제 선로 상태를 정확하게 반영함.
인터페이스 (무선)	OBU 등록 및 세션 설정 시뮬레이션	FAT/SAT	통신 세션이 성공적으로 설정됨.
	실제 무선 셀 간 핸드오버 성공 여부 검증	SAT	열차 이동 중 통신 두절 없이 핸드오버가 완료됨.
안전/Fail-Safe	IXL 인터페이스 시뮬레이션 단절 후 RBC의 MA 발행 중단 여부 검증	FAT	RBC는 새로운 MA를 발행하지 않고 안전 상태를 유지함.
	RBC 하드웨어 강제 장애 조치 후 대기 장비가 규정 시간 내에 인수하는지 검증	FAT/SAT	서비스 중단 없이 또는 최소한의 중단으로 제어권이 이전됨.

7.1.9 KTCS-2 시스템의 개발 및 성능 검증

KTCS(Korean Train Control System) 프로젝트는 단순한 기술 업그레이드를 넘어, 첨단 안전 필수 분야에서 국내 역량을 구축하고 소수의 외국 공급업체에 대한 의존도를 탈피한 전략적인 산업 정책의 성공 사례로 평가된다.

(1) 개발 및 구축 배경

KTCS는 철도신호 기술을 국산화하여 외국 공급업체에 대한 의존도를 줄이고 국내 네트워크에 최적화된 시스템을 구축하기 위한 국가적 이니셔티브이다. KTCS-2는 고속선용으로 개발된 특정 버전으로, KTCS Level 2와 완벽하게 호환되도록 설계되었다. 이는 단순히 국내 사용을 넘어, 한국 시스템을 글로벌 수출 시장에 포지셔닝하기 위한 전략적 결정이었다. 과거 KTX 도입 시 프랑스 신호 시스템에 의존했던 경험은 유지보수, 업그레이드 및 향후 프로젝트에서 장기적인 종속성을 야기했다. KTCS 개발은 이러한 구조를 근본적으로 바꾸는 것을 목표로 했다.

(2) 사례 연구 : 전라선 및 원주-강릉선

KTCS-2가 전라선(익산-여수엑스포)에 성공적으로 구축된 것은 세계 최초로 LTE-R 기반 열차제어시스템이 상용 운전에 적용된 중요한 이정표이다. 이는 GSM-R을 뛰어넘어 더 진보된 LTE-R 기술을 기반으로 시스템을 구축하는 또 다른 전략적 결정의 결과였다. 이 성공적인 상용 운전은 KTCS-2 시스템이 실제 운영 환경에서 생존 가능성과 안전성을 입증하는 결정적인 '레퍼런스 프로젝트' 임무를 한다. 또한, 평창 동계 올림픽을 위해 원주-강릉선에 LTE-R이 적용된 사례도 초기 성공 사례로 기록된다.

(3) KTCS-2의 주요 특징

- KTCS L2 호환성 : 유럽 표준과의 호환성을 확보하여 수출 시장 진출의 기반을 마련했다.
- LTE-R 통신 기반 : KTCS-2를 세계 신호 기술의 최전선에 서게 한 결정적인 특징이다.
- 국내 기술 개발 : 현대 로템과 대아이티아이 같은 국내 기업에 의해 개발되어 국가 기술 역량을 입증했다.
- 검증된 성능 : 시스템은 시속 350km까지의 고속 시험을 통과했으며, 기존 시스템 대비 안전성과 선로용량에서 상당한 개선을 보였다.

(4) 향후 확장 계획

대한민국정부는 경부고속선, 호남고속선 등 국가 주요 간선 철도에 KTCS-2를 순차적으로 확대 적용할 계획이다. 이는 현대적인 국산 신호 시스템으로의 전면적인 전환을 의미하며, 국내 프로젝트 비용 절감과 함께 한국 기업들이 첨단 철도신호 시장에서 신뢰할 수 있는 글로벌 플레이어로 자리매김하게 하는 중요한 발판이 될 것이다. 이는 기술 수입 의존국에서 기술 수출국으로의 전환을 상징한다.

7.2 KTCS-2의 열차 간 간격 유지 기술

KTCS-2의 열차 간 간격 유지 기술은 철도 안전과 수송 효율을 동시에 극대화하는 핵심 기술이다. 기존의 신호 시스템에 비해 **열차 수송력을 1.2배 이상 증가시키고, 선행 열차와의 운행 간격을 최대 23% 이상 감소시킬 수 있는** 것이 바로 이 기술 덕분이다.
KTCS-2(Korean Train Control System-2)는 **무선통신(LTE-R) 기반의 이동폐색(Moving Block) 개념을 적용**하여 열차 간의 안전한 간격을 실시간으로 정밀하게 제어하는 시스템이다. 기존의 고정 폐색(Fixed Block) 방식이 선로를 일정한 구간(폐색 구간)으로 나누고, 한 폐색 구간에는 하나의 열차만 진입하도록 하여 간격을 유지했던 것과 달리, KTCS-2는 열차의 실제 위치와 속도를 바탕으로 **'열차의 제동 성능을 고려한 안전거리'만을 확보**하여 운행한다.

7.2.1 최소 안전거리 유지 논리

(1) 제동거리 기반 안전 확보

열차가 비상정지 시 필요한 제동거리(Dbr)에 여유거리(Margin)를 더하여
허용간격 = 제동거리+여유거리로 설정

(2) 실시간 속도·위치 연산

차상장치에서 속도·위치 정보를 수집하고, 선로 조건과 결합하여 허용속도를 지속적으로 재산출

(3) 연속 신호 시스템

운전실표시장치(DMI)를 통해 운전자에게 허용속도·거리를 지속적으로 제공하며, 초과 시 차상 ATP가 개입

7.2.2 고정폐색의 원리

전통적인 고정 폐색 시스템은 선로를 물리적으로 분할된 여러 개의 정적인 구간, 즉 '폐색 구간'으로 나누고, 각 구간에는 한 번에 단 하나의 열차만 진입하도록 허용하는 방식으로 안전을 확보한다. 이 방식은 '최악의 시나리오'를 가정하여 설계되었다.

이 방법은 후속 열차의 제동 방식을 비효율적으로 만든다. 열차는 지상의 궤도회로로부터 수신하는 고정된 속도 코드에 따라 단계적으로 감속하는 '계단형 제동 프로파일(Stepped Braking Profile)'을 따를 수 밖에 없다. 이는 불필요하게 긴 안전거리를 확보하게 만들어 승차감을 저해하고 에너지 효율을 떨어뜨리며, 결과적으로 선로가 수용할 수 있는 열차의 수를 제한하는 근본적인 원인이 된다.

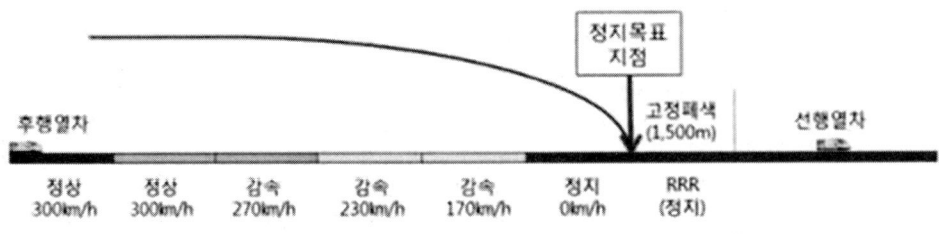

[그림 7-3] 고정폐색

7.2.3 이동폐색 원리 : 동적 안전 영역

KTCS-2에서는 고정폐색을 기반으로하는 폐색을 사용하여 Distance To Go 방식으로 운용되고 있으나 이 장에서는 이동폐색의 기본 적인 원리에 대하여 설명하고자 한다. 이동 폐색 원리는 이러한 고정된 물리적 구간 개념을 폐기한다. 대신, 각 열차를 중심으로 하는 가상의 '안전 영역' 또는 안전 영역을 실시간으로 계산하여 열차 간격을 제어한다. 이 안전 영역의 크기는 선행 열차의 정확한 후미 위치와 속도, 그리고 후속 열차의 제동 성능이라는 두 가지 핵심 변수에 의해 동적으로 결정된다.

결과적으로 후속 열차는 선행 열차의 실제 위치까지 안전하게 접근할 수 있게 되며, 제동 역시 고정된 단계가 아닌 연속적이고 부드러운 곡선 형태로 이루어진다. 이는 고정 폐색 시스템의 불필요한 공주시간과 과도한 안전거리를 제거하여 열차 운행의 효율성과 유연성을 극대화한다. 일반적으로 Level 2에서는 고정폐색(궤도회로, 액슬카운터)을 기반으로 MA를 운용한다.

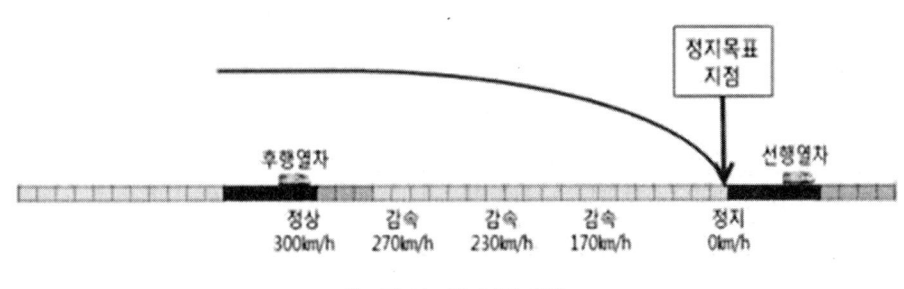

[그림 7-4] 이동폐색

7.2.4 선로용량에 대한 정량적 효과

이러한 패러다임의 전환은 선로용량 증대라는 가시적인 성과로 이어진다. KTCS-2는 열차 간 운행 간격을 23% 이상 단축시킬 수 있으며, 이는 곧 수송력을 약 1.2배 향상시키는 효과를 가져온다. 평택-오송 2복선화 사업과 같은 대규모 국가 철도 인프라 프로젝트에 KTCS-2가 적용될 경우, 하루에 운행 가능한 고속열차 횟수를 기존 190회에서 최대 380회까지 2배로 늘릴 수 있는 잠재력을 가진다. 이는 이동 폐색 기술이 단순한 기술적 개선을 넘어, 국가 철도망의 수송 능력을 근본적으로 확장하는 핵심 동력임을 명확히 보여준다.

이동 폐색 패러다임의 채택은 KTCS-2 시스템 전체의 기술적 요구사항을 규정하는 출발점이다. 정적인 구간 대신 동적인 안전 버블을 계산하기 위해서는 필연적으로 모든 열차의 위치를 지속적이고 정밀하게 파악하는 기술, 이 정보를 지상과 차상 간에 신속하고 신뢰성 있게 교환하는 통신 기술, 그리고 수신된 정보를 바탕으로 자율적인 안전 판단을 내리는 차상 지능 기술이 요구된다. 따라서 이동 폐색 원리는 KTCS-2의 복잡한 아키텍처를 구성하는 필연적인 이유가 되며, 선로 용량 증대는 그 직접적인 결과물이다.

7.2.5 핵심 운영 논리

KTCS-2의 핵심 운영 로직은 '위치 보고 ➡ 권한 부여 ➡ 감시 및 실행'이라는 끊임없이 반복되는 폐쇄 루프 제어(Closed-loop control)를 통해 이루어진다. 이 시스템은 '허가 기반(Permission-based)' 원칙에 따라 작동하며, 열차는 명시적이고 유효한 이동 권한 없이는 움직일 수 없다.

(1) 1단계 : 연속적인 고정밀 위치 인식

운행 루프의 시작은 열차가 자신의 위치를 정확하게 파악하는 것이다. 차상컴퓨터(KVC)는 차축의 홀 센서 등에서 오는 주행거리 측정 데이터를 기반으로 자신의 위치와 속도를 실시간으로 추정한다. 이 방식은 연속적인 위치 추적을 가능하게 하지만, 바퀴의 미세한 미끄러짐이나 직경 변화 등으로 인해 시간이 지남에 따라 오차가 누적될 수 있다.

이 누적 오차를 보정하기 위해 발리스가 사용된다. 열차가 발리스 위를 통과하는 순간, 발리스 전송 모듈(BTM)은 발리스가 전송하는 텔레그램에서 절대적으로 정확한 위치 정보를 읽어 들인다. KVC는 이 절대 위치 정보를 이용해 주행거리계 기반의 위치 추정치를 즉시 보정한다. 이 센서 융합 과정을 통해 열차는 오차가 거의 없는, 신뢰도 높은 현재 위치를 확보하게 된다. 이렇게 검증된 위치 정보는 LTE-R 통신망을 통해 즉시 지상의 RBC로 보고된다.

(2) 2단계 : 중앙 집중식 이동 권한(MA) 계산

RBC는 관할 구역 내 모든 열차로부터 지속적으로 위치 보고를 수신하여 각 열차의 위치를 실시간으로 파악한다. 동시에, 연동장치로부터 선로전환기의 방향, 특정 진로의 설정 및 잠금 상태 등 물리적인 선로 인프라 정보를 받는다.

RBC는 이 모든 정보를 종합하여 각 열차에 대한 안전한 이동 권한(MA)을 계산한다. 이동 권한은 단순히 '가도 좋다'는 신호가 아니라, 특정 지점(이동 권한 종료 지점, EOA: End of Authority)까지 진행하는 것을 허가하며, 해당 진로상의 상세한 정보(제한 속도 프로파일, 선로 구배 등)를 포함하는 데이터 패킷이다. 계산이 완료된 MA는 LTE-R을 통해 해당 열차로 전송된다.

(3) 3단계 : 차상에서의 감시와 ATP를 통한 강제 집행

열차의 KVC는 RBC로부터 MA를 수신한다. 이 순간부터 자동열차방호(ATP) 기능이 핵심적인 임무를 수행한다. KVC는 수신한 MA를 기반으로 열차 주위에 일종의 '안전 봉투(Safety Envelope)'를 생성한다. 그리고 열차의 현재 속도가 MA에 명시된 허용 속도를 준수하는지 지속적으로 감시한다.

중요한 점은, ATP가 단순히 현재 속도만 확인하는 것이 아니라는 것이다. KVC는 4장에서 상술할 제동 곡선 계산을 통해, 현재 속도와 위치에서 EOA 이전에 안전하게 정지할 수 있는지를 예측한다. 이 모든 정보는 DMI를 통해 기관사에게 명확하게 표시되어, 목표 속도와 EOA까지의 남은 거리를 직관적으로 인지할 수 있게 한다. 만약 기관사가 허용된 속도 프로파일을 초과하면, 시스템은 먼저 경고음과 시각적 경고를 보낸다. 기관사가 이에 반응하지 않아 안전 한계에 근접하면, KVC의 ATP 기능이 자율적으로 판단하여 상용 제동 또는 비상 제동을 자동으로 체결하여 열차를 안전 봉투 내로 복귀시킨다.

이러한 허가 기반 제어 철학은 기존 시스템과 근본적인 차이를 만든다. 기존 시스템이 '금지' 신호(적색 신호)가 없는 한 진행을 허용하는 방식이라면, KTCS-2의 기본 상태는 '정지'이다. 열차는 계속해서 이동 허가를 요청하고 수신해야만 움직일 수 있다. MA는 유한한 거리(EOA)까지만 유효하며, 그 지점을 넘어서기 위해서는 반드시 RBC로부터 새로운 MA를 받아야 한다. 이 폐쇄 루프가 깨지면(예 통신 두절), 허가는 만료되고 차상 시스템의 기본 안전 조치는 마지막으로 허가받은 EOA 이전에 정지하는 것이다. 이는 훨씬 더 견고하고 본질적으로 안전한 제어 철학이다.

7.2.6 안전한 감속 동적 제동곡선 계산

KTCS-2의 ATP 기능의 핵심은 단순한 속도 감시가 아닌, '예측 기반의 속도 감시'에 있다. 차상 컴퓨터(KVC)는 "현재 위치와 속도에서, 이동 권한 종료 지점(EOA) 이전에 열차를 안전하게 정지시킬 수 있는가?"라는 질문에 실시간으로 답해야 한다. 이 질문에 대한 수학적 해답이 바로 '제동 곡선(Braking Curve)'이다. 제동 곡선은 특정 열차가 특정 선로 구간에서 제동 시 거리에 따른 속도 변화를 예측하는 물리 모델이다.

(1) 고도의 계산을 위한 다변수 입력

KVC가 실시간으로 수행하는 제동 곡선 계산은 복잡한 다차원 물리 문제 해결 과정과 같다. 계산의 정확도를 높이기 위해 다음과 같은 다양한 변수들이 입력된다.

[표 7-6] 차상장치 제동 곡선 계산을 위한 입력 변수

구분	매개변수	역할 및 설명
열차 데이터	제동 모델	속도별 제동 감속도, 제동 반응 시간 등 열차 고유의 제동 성능 특성
	열차 중량 및 길이	관성 및 제동력 계산에 필요한 핵심 물리량
	기타 열차 파라미터	회전 질량, 공기 저항 계수 등
선로 데이터 (MA)	이동 권한 종료 지점(EOA)	제동의 최종 목표 지점
	정적 속도 제한(SSP)	선로 구조물(분기기, 곡선 등)에 따른 고정된 최고 속도
	선로 구배 프로파일	중력 가속도의 영향을 계산하여 필요한 제동력을 보정
실시간 데이터	현재 속도	제동 시작 시점의 초기 운동 에너지 계산
	현재 위치	EOA까지의 남은 거리를 실시간으로 계산

(2) 안전 곡선의 계층 구조(EBD, SBD)

KVC는 안전성과 승차감을 모두 고려하기 위해 여러 단계의 제동 곡선을 동시에 계산하고 관리한다.

- 비상 제동 감속도 곡선(EBD : Emergency Brake Deceleration) : 가장 핵심적인 안전 곡선으로, 비상 제동이 체결되었을 때 열차가 정지하게 될 물리적 한계 궤적을 나타낸다. ATP는 열차의 속도가 이 EBD 곡선을 침범하기 직전에 비상 제동을 발령하여, 어떠한 경우에도 열차가 EOA를 넘지 않도록 보장한다.
- 상용 제동 개입 곡선(SBI : Service Brake Intervention) : EBD보다 더 보수적으로 설정된 곡선으로, 일종의 안전 버퍼 임무를 한다. 기관사가 이 곡선을 초과하면 시스템이 상용 제동을 자동으로 체결할 수 있다.
- 경고 및 허용 속도 곡선 : DMI에 표시되어 기관사가 시스템의 자동 개입 없이 부드럽고 효율적으로 제동할 수 있도록 안내하는 임무를 한다. 속도계의 색상이 백색에서 황색, 주황색으로 변하며 시각적 경고를 제공한다.

(3) MRSP(Most Restrictive Speed Profile) 생성

① 정적속도 프로파일은 운행구간에 맞는 정적속도 프로파일을 제공하는 기능이다.
② MRSP는 열차위치에 따른 해당구간의 선로 제한속도, 임시 제한속도와 열차 최대속도, 축하중 제한속도, ETCS모드 제한속도 중에 가장 최소값을 선택하여 결정되며 이때 MRSP는 열차 길이 정보를 반영하여 결정된다.
③ 전반적인 프로파일 생성 및 ATP 방호 절차
  ㉠ MMI에서 열차 최대속도, 열차 종류를 입력한다.
  ㉡ 정적속도 프로파일은 열차 최대속도, 구간별 구배 및 커브, 터널 여부 등 지리적인

제한속도, 모드 별 제한속도, 열차 축중에 따른 제한속도로 구성된다.
ⓒ 열차 운행구간에서 이동 권한까지 중 정적속도 프로파일에서 가장 제한적인 값이 MRSP로 선택된다.
ⓔ 제동 시 안전거리 마진이 확보될 수 있도록 프로파일 계산식에 의해 속도 프로파일이 결정된다.
ⓜ 속도 감시는 열차의 현재 속도가 제동 체결 허용치를 초과할 때 I/O를 통해 제동명령이 가해진다. 상태정보가 DMI에 현시된다.

④ MRSP 생성 알고리즘
㉠ 가장 제한적인 값 선택열차 위치 기준으로 선로 제한속도, 열차 최대속도, 임시 제한속도 값 중 최소값으로 설정한다.
㉡ 열차 길이 반영 열차 후두부가 MRSP 증가지점에 완전히 진입하기 전까지 열차가 제한속도를 초과하지 않도록 MRSP의 속도변곡점을 열차 진행방향으로 열차 길이만큼 이동시켜 MRSP를 생성한다.
㉢ MRSP 전체 구간에 대해 현재 구간과 다음 구간을 비교하여 다음 구간의 제한속도 값이 클 경우, 현재 구간에서 열차 후두부가 통과할 때까지 제한속도를 유지하기 위해 MSRP 내의 속도 상승 지점을 열차 길이만큼 뒤로 미룬다.

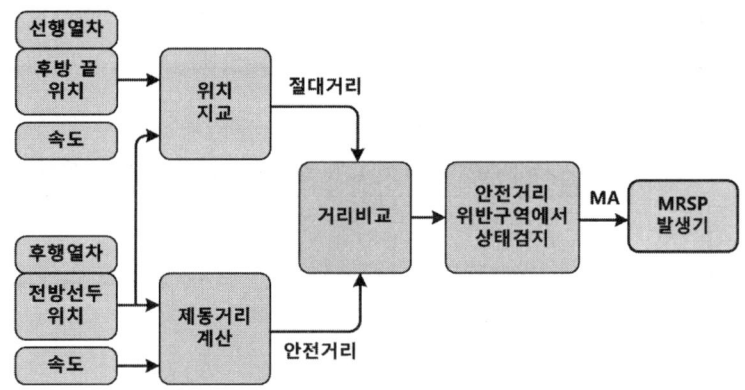

[그림 7-5] MRSP 생성 과정

⑤ MRSP를 생성 할 시에 고려하여야 할 사항
㉠ 안전 열차 길이(Safety Train Length)
차량 무결성 정보, Under Reading 및 Over Reading이 고려된 열차 길이
㉡ 선로의 제한속도
㉢ 관제 감시제어설비에서 설정한 임시 제한속도
㉣ 차량의 성능저하(제동시스템)에 따른 속도제한
앞에서 기술한 고려사항을 기준으로 MRSP는 다음과 같은 단계로 생성될 수 있다.

Step 1. 선로의 제한 속도와 임시 제한속도 생성

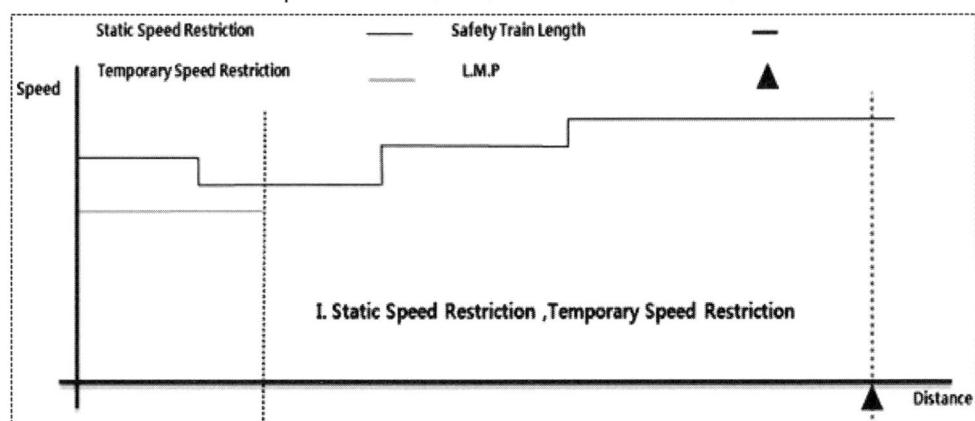

Step 2. 예비 MRSP 정보 생성

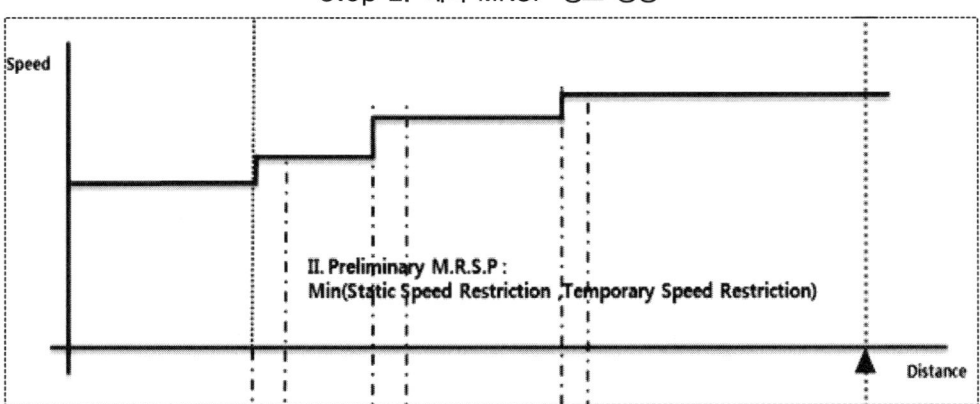

Step 3. 안전열차 길이를 고려한 MRSP 생성

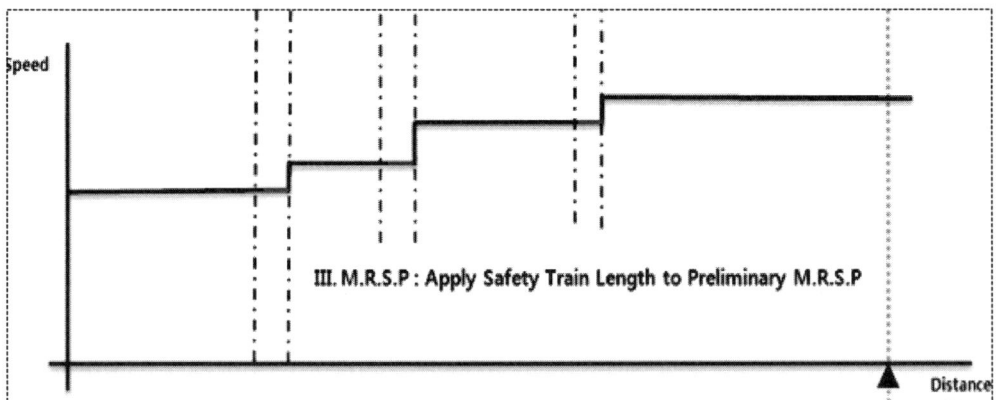

최종적으로 속도가 증가하는 변곡점에서만 안전열차 길이를 반영하여 최종 MRSP를 생성한다. 추가로 차량 성능저하(제동력 상실 등)에 따른 속도 정보를 동적으로 반영하여야 한다.

(4) 신뢰성 확보 : 확률론적 안전 마진

시스템은 이상적인 제동 성능에만 의존할 수 없다. 실제 운행 환경에서 발생할 수 있는 성능 변화와 부품 고장 가능성까지 고려해야 한다.

- **보장된 비상 제동률(GEBR : Guaranteed Emergency Brake Rate)** : 이는 제동 시스템의 일부 구성 요소에 고장이 발생하더라도 보장되어야 하는 최소한의 비상 제동 성능 기준으로, 안전 마진의 핵심 요소다.
- **몬테카를로 분석(Monte Carlo Analysis)** : 시스템 설계 단계에서 사용되는 고급 통계 기법이다. 제륜자 마찰 계수, 제동 실린더 압력 등 제동 성능에 영향을 미치는 수많은 변수들의 확률적 분포를 모델링하여, 통계적으로 신뢰할 수 있는 안전 마진(보정 계수 K_{dryrst})을 계산하고 시스템에 반영한다.

이처럼 KTCS-2의 안전성은 단순히 결정론적인 물리 법칙에만 기반하는 것이 아니라, 통계적 신뢰도를 포함하는 확률론적 개념까지 확장된다. 시스템은 모든 것이 완벽하게 작동할 때뿐만 아니라, 예측 가능한 범위 내의 부품 고장이나 성능 저하가 발생하더라도 정의된 확률 내에서 안전을 유지하도록 설계된다. ATP가 사용하는 제동 곡선은 열차의 이론적인 최상의 성능보다 의도적으로 더 보수적으로 설정되며, 이는 실제 운행에서 발생할 수 있는 다양한 불확실성을 포괄하는 안전 버퍼를 제공한다. 이러한 확률론적 접근 방식은 현대의 안전 최우선 시스템 공학의 근간을 이룬다.

7.2.7 Fail-Safe 설계 및 비상운영 절차

KTCS-2와 같은 안전 최우선 시스템의 핵심은 어떠한 고장이 발생하더라도 시스템이 항상 안전한 상태로 전환되도록 보장하는 'Fail-Safe' 설계 원칙이다. 이 원칙은 하드웨어, 소프트웨어, 그리고 운영 절차 전반에 걸쳐 구현된다.

(1) Fail-Safe 설계 원칙

- **하드웨어 이중화** : 핵심 안전 장치인 차상컴퓨터(KVC)는 '2 out of 2' 아키텍처로, 지상의 RBC와 전원공급장치는 '이중계'로 설계된다. '2 out of 2' 구조에서는 두 개의 독립적인 프로세서가 동일한 연산을 병렬로 수행하고, 그 결과가 정확히 일치해야만 유효한 명령으로 간주 된다. 만약 두 결과 간에 아주 작은 불일치라도 발생하면, 시스템은 즉시 안전 상태(예 제동 체결)로 전환된다.
- **소프트웨어 및 로직** : 소프트웨어는 EN 50128, EN 50129와 같은 국제 안전 표준에 따라 개발되어 최고 안전무결성등급(SIL 4)을 만족시킨다. 모든 로직은 고장이 발생했을 때의 결과가 예측 가능하고 안전하도록 설계된다.

(2) 비상 운영 절차 : 통신 두절 관리

무선 기반 시스템에서 가장 중요한 비상 상황은 통신 두절이다. KTCS-2는 이 상황에 대해 다음과 같은 지능적이고 안전한 절차를 따른다.

- **감지** : 차상 시스템과 RBC는 모두 '링크 감시 기능(Link Supervision Function)'을 가지고 있다. 정해진 시간(예 STU 간 3초) 내에 상대방으로부터 메시지를 수신하지 못하면 통신 두절 상태로 판단한다. 이 경우, DMI에는 '통신 에러'와 같은 메시지가 표시된다.
- **차상 조치** : 통신이 두절되었다고 해서 열차가 즉시 비상 제동을 체결하지는 않는다. 차상 컴퓨터(KVC)의 ATP 기능은 **마지막으로 수신한 유효한 이동 권한(MA)을 계속해서 이행한다**. 열차는 해당 MA에 명시된 속도 프로파일과 거리 한계 내에서는 정상적으로 운행을 계속할 수 있다.
- **보장된 안전 정지** : 열차가 마지막으로 수신한 MA의 종료 지점(EOA)에 접근하면, 차상 ATP는 제동 곡선을 계산하고 강제하여 열차가 EOA를 넘기 전에 완전히 정지하도록 한다. 이러한 '점진적 기능 저하(Graceful Degradation)' 방식은 일시적인 전파 음영으로 인한 불필요하고 급작스러운 정지를 방지하면서도, 열차가 허가받지 않은 구간으로 절대 진입하지 않도록 보장한다. 이는 앞에서 설명한 '허가 기반' 제어 철학이 실제 비상 상황에서 어떻게 안전을 보장하는지를 보여주는 구체적인 사례이다. 이 절차는 차상 시스템의 자율성이 KTCS-2의 최종적인 안전 보증 장치임을 명확히 드러낸다. RBC는 효율적인 운행을 위한 최신 정보를 제공하지만, 최종적인 안전망은 외부와의 연결이 끊어진 상태에서도 스스로 안전을 확보할 수 있는 KVC의 자율적인 판단 능력에 있다.

7.2.8 RBC의 이동 권한(Movement Authority) 계산

- RBC는 모든 열차의 실시간 위치와 속도 정보, 선로의 기울기, 곡선 반경, 분기기 위치 등 **정적 선로 정보**는 물론, 선행 열차의 위치와 속도, 선로 상의 장애물 유무 등 **동적 선로 정보**를 종합하여 분석한다.
- 이를 바탕으로 후행 열차가 안전하게 이동할 수 있는 최대 거리, 즉 이동 권한 종점(End of Movement Authority, EoMA)을 계산한다. 이 이동 권한은 단순히 선행 열차와의 물리적 거리가 아니라, 후행 열차가 선행 열차 또는 다른 위험 지점 앞에 안전하게 정지할 수 있는 **제동 성능을 고려한 안전거리**이다.
- 특히, 비상제동 곡선(Emergency Braking Curve)을 기반으로 제동 거리를 계산하여, 어떤 상황에서도 열차가 충돌하지 않도록 안전 마진을 충분히 확보한다.

7.2.9 이동 권한 전송 및 열차의 자율 제어

- 계산된 이동 권한 정보(이동 권한 종점, 제한 속도 프로파일 등)는 다시 LTE-R을 통해 해당 열차의 차상장치로 전송된다.
- 열차의 차상장치는 이 이동 권한을 바탕으로 **스스로 속도를 제어**한다. 즉, 열차는 언제, 어디서, 얼마의 속도로 운행해야 하는지 실시간으로 지시받고, 그에 맞춰 가속하거나 감속한다.
- 만약 기관사가 주어진 이동 권한을 초과하여 운전하려고 하거나, 제한 속도를 위반할 경우, 시스템은 자동으로 **경고를 발생시키고, 필요한 경우 비상제동을 체결하여 열차를 안전하게 정지**시킨다.

7.2.10 KTCS-2 열차 간격 유지의 장점

KTCS-2의 열차 간 간격 유지 기술은 기존 시스템 대비 다음과 같은 장점이 있다.
- **수송력 증대** : 이동폐색 방식은 고정된 폐색 구간의 제약을 받지 않으므로, 열차 간의 최소 안전 간격을 줄일 수 있다. 이는 동일한 선로에서 더 많은 열차를 운행할 수 있게 하여 **선로용량(수송력)을 크게 증대**시킨다.
- **안전성 향상** : 실시간으로 열차의 위치와 속도를 정밀하게 감지하고, 비상제동 성능을 고려한 이동 권한을 부여함으로써 **충돌 위험을 최소화**한다. 또한, 통신 두절 등 비정상 상황 발생 시에도 자동으로 안전하게 정지시키는 **페일-세이프(Fail-Safe) 기능**이 강화되었다.
- **운행 효율 증대** : 불필요한 감속이나 정지 없이 열차가 최적의 속도로 운행할 수 있도록 유도하여 **운행 시간을 단축하고 에너지 효율성을 높인다.**
- **지상 장치 최소화** : 기존 신호 시스템은 선로 주변에 신호기, 궤도회로 등 많은 지상 장치가 필요했지만, KTCS-2는 무선통신을 활용하여 이러한 지상 장치를 대폭 줄일 수 있어 **설치 및 유지보수 비용을 절감**한다.

7.3 KTCS-2 진로설정 및 열차 진로처리

KTCS-2의 진로설정 및 열차진로처리는 열차 운행의 **자동화와 효율성을 결정짓는 핵심 기능**이자, 복잡한 철도 시스템의 **안전성을 보장하는 중요한 요소**이다. KTCS-2는 기존 신호 시스템과 달리 무선통신 기반의 지능형 시스템이므로, 진로설정 및 진로처리 방식에서도 큰 발전을 이루었다.

KTCS-2(Korean Train Control System-2)에서 **진로설정**은 열차가 특정 지점에서 다른 지점으로 이동하기 위해 선로의 분기기(스위치)와 신호기를 제어하여 안전한 진로를 미리 확보하는 과정을 의미한다. **열차 진로처리**는 설정된 진로를 따라 열차가 안전하게 운행할 수 있도록 실시간으로 열차의 이동 권한을 부여하고 감시하는 전반적인 관리 과정을 포함한다. 이 모든 과정은 **중앙 집중 제어(CTC : Centralized Traffic Control)** 시스템과 RBC(Radio Block Centre)의 유기적인 연동을 통해 이루어진다.

7.3.1 진로설정(Route Setting)의 원리 및 과정

KTCS-2의 진로설정은 **자동화된 논리 기반**으로 이루어지며, 주로 **CTC(중앙집중제어장치)** 또는 연동장치(Interlocking System)가 담당한다.

(1) 운행 계획 입력

- **열차 시각표(Timetable)** : 미리 정해진 열차 운행 시각표가 CTC에 입력된다.
- **운행 요청** : 긴급 상황이나 특별 운행 시 관제사(사람)가 직접 진로설정을 요청할 수도 있다.

(2) 진로 요구 및 안전 확인

- CTC는 열차 시각표나 관제사의 요청에 따라 특정 열차에 대한 **진로설정 요구**를 연동장치로 보낸다.
- 연동장치는 요청된 진로가 **안전하게 설정될 수 있는지**를 확인한다. 이는 다음과 같은 복잡한 안전 논리를 기반으로 한다.
- **진로의 무결성** : 설정하려는 진로 상에 다른 열차가 있는지, 장애물이 없는지, 선로가 비어 있는지 확인한다. (Track Ahead Free, TAF 정보 활용)
- **충돌 방지** : 교차점이나 합류점에서 다른 열차의 진로와 충돌하지 않는지 확인한다.
- **분기기 쇄정** : 설정하려는 진로에 포함된 모든 분기기(선로를 바꾸는 장치)가 올바른 방향으로 전환되어 잠겼는지 확인한다.

- **신호기 연동** : 진로가 설정되면 해당 진입 신호기가 진행 신호를 현시할 수 있도록 연동된다. (KTCS-2는 지상 신호기가 최소화되지만, 비상시나 구형 시스템과의 연동을 위해 일부 존재할 수 있다.)

(3) 진로설정 및 쇄정

- 연동장치가 모든 안전 조건을 만족한다고 판단하면, 해당 진로에 포함된 분기기를 제어하여 **진로를 설정**하고, 다른 열차가 이 진로를 침범하지 못하도록 **진로를 쇄정(Locked)** 상태로 만든다.
- 진로가 성공적으로 설정되면 CTC로 확인 응답을 보낸다.

KTCS-2에서는 이러한 진로설정 과정이 무선통신을 통해 RBC와 유기적으로 연동되어, 열차가 진입하기 훨씬 전부터 진로를 미리 확보하고 그 정보를 열차에 전송한다.

7.3.2 열차 진로처리(Train Path Management)의 원리 및 과정

열차 진로처리는 설정된 진로를 따라 열차가 안전하고 효율적으로 운행할 수 있도록 RBC가 주도적으로 수행하는 실시간 제어 및 관리 과정이다.

(1) RBC-열차 간 통신 및 이동 권한(MA) 부여

- 열차는 자신의 현재 위치, 속도, 방향 등의 정보를 LTE-R 통신을 통해 RBC에 지속적으로 전송한다.
- RBC는 열차가 전송한 정보와 연동장치로부터 받은 **설정된 진로 정보**, 그리고 **선행 열차의 위치** 등을 종합하여 해당 열차가 안전하게 이동할 수 있는 이동 권한(Movement Authority, MA)을 계산한다. 이 MA는 다음 정거장까지의 전체 진로가 될 수도 있고, 특정 안전 지점까지의 짧은 구간이 될 수도 있다.
- RBC는 이 MA(이동 권한 종점, 제한 속도 프로파일 등)를 다시 열차로 전송한다.

(2) 열차의 자율 운행 및 감시

- 열차의 차상장치(On-Board Unit)는 RBC로부터 수신한 MA를 바탕으로 **자동열차방호**(ATP : Automatic Train Protection) 기능을 수행한다. 이는 열차가 부여받은 이동 권한을 벗어나지 않도록 속도를 제어하고, 필요할 때 자동 제동을 걸어 안전을 확보하는 기능이다.
- 동시에, **자동열차운전**(ATO : Automatic Train Operation) 기능이 적용된 열차의 경우, MA와 시각표를 기반으로 자동으로 가속, 감속, 정차를 수행하여 운전 효율을 극대화한다.

(3) 진로 해정(Route Release)

- 열차가 설정된 진로의 특정 구간을 완전히 통과하면, 연동장치는 해당 구간에 대한 쇄정을 해정(Released)한다.
- 이는 해당 구간이 비어 있음을 의미하며, 다른 열차의 진로설정에 사용될 수 있게 된다. **이동폐색 방식의 KTCS-2는 열차가 지나가는 즉시 지나간 구간이 해제되므로, 후속 열차가 훨씬 더 빠르게 진입할 수 있다.**

7.3.3 KTCS-2 진로설정 및 열차진로처리의 특징과 옵션

KTCS-2의 진로설정 및 열차진로처리는 유럽 ETCS Level 2를 기반으로 하면서 한국형 특성을 반영한 것이 특징이다.

[표 7-7] KTCS-2 진로설정 및 열차진로처리의 특징과 옵션

구분	자동화된 진로설정	관제사 개입 기능
개념	열차 시각표, 운행 규칙, 선로 상태 등을 기반으로 **시스템이 자동으로 최적의 진로를 판단하고 설정**하는 기능	비정상 상황, 긴급 운행, 또는 특별한 운영 판단이 필요한 경우 **관제사가 수동으로 진로를 제어하고 열차 진로에 개입**하는 기능
장점	- **운영 효율성 극대화** : 인간의 개입 없이 신속하고 정확하게 진로설정 및 변경 가능 - **휴먼 에러 감소** : 사람의 실수로 인한 사고 위험 최소화 - **수송력 증대** : 열차 간 간격 유지를 최적화하여 선로용량 극대화	- **유연한 대응** : 예측 불가능한 상황에 대한 신속하고 유연한 대처 가능 - **안전 확보** : 비상시 수동 제동 명령 등 최종 안전장치 역할 - **경험 반영** : 숙련된 관제사의 경험과 판단이 시스템에 반영될 수 있음
단점	- **복잡한 알고리즘** : 다양한 운행 시나리오와 예외 상황을 고려한 정교한 알고리즘 개발 필요 - **초기 구축 비용** : 고도화된 시스템 구축 및 유지보수에 높은 비용 발생 가능성	- **휴먼 에러 가능성** : 관제사의 실수로 인한 문제 발생 가능성 - **대응 시간 지연** : 자동화된 시스템보다 판단 및 명령 전달에 시간이 소요될 수 있음
KTCS-2 적용	- **기본적인 운영 방식** : 대부분의 정기 열차 운행 시 자동 진로설정 및 진로처리로 효율성 확보. 운영 **최적화 알고리즘**이 적용되어 열차 간 간섭 최소화 및 에너지 효율 고려	- **비상 및 예외 상황 대비** : 통신 장애, 장치 고장, 인명 사고 등 비정상 상황 발생 시 관제사가 즉시 개입하여 안전을 확보하고 운행을 재개할 수 있는 기능 제공

KTCS-2는 이러한 자동화된 진로설정 및 진로처리 기능을 통해 **열차 운행의 정시성을 높이고, 안전성을 강화하며, 선로의 효율적인 활용을 가능하게 한다.** 또한, 관제사의 개입 기능을 통해 시스템이 예측하지 못하는 비상 상황에도 유연하게 대처할 수 있도록 설계되어 있다. 이는 궁극적으로 승객들에게 더 안전하고 편리한 철도 서비스를 제공하는 기반이 된다.

7.4 KTCS-2 비정상 상황 대처 로직

KTCS-2는 열차의 안전하고 효율적인 운행을 목표로 하지만, 통신 장애, 장치 고장, 외부 요인 등으로 인해 예상치 못한 비정상 상황이 발생할 수 있다. 이러한 상황에서 열차 충돌이나 탈선과 같은 중대 사고를 예방하기 위해, KTCS-2는 **다중화, 페일-세이프(Fail-Safe) 원리, 비상제동 등 다양한 비정상 상황 대처 로직**을 적용하고 있다.

7.4.1 비정상 상황 대처 로직의 핵심 원칙

KTCS-2의 비정상 상황 대처 로직은 다음과 같은 핵심 원칙을 기반으로 한다.

- 페일-세이프(Fail-Safe) 원리 : 시스템에 고장이나 오류가 발생하더라도 **항상 안전한 방향으로 동작하도록** 설계되어 있다. 예를 들어, 통신이 끊기면 열차가 자동으로 정지하거나 최저 속도로 운행하는 식이다.
- 다중화(Redundancy) : 핵심 장치(RBC 등)나 통신망을 **여러 개로 구성하여 하나의 장치나 통신망에 문제가 생겨도 다른 장치가 즉시 기능을 인계**받아 시스템이 중단 없이 작동하도록 한다.
- 감시 및 진단 : 시스템의 모든 구성 요소는 실시간으로 상태를 감시하고 진단하여, **이상이 발생하면 즉시 감지하고 경고**를 발생시킨다.
- 단계별 대응 : 비정상 상황의 심각성에 따라 **단계별로 다른 대응 전략**을 적용하여, 불필요한 열차 운행 중단을 최소화하면서도 안전을 확보한다.

7.4.2 주요 비정상 상황별 대처 로직

KTCS-2는 다양한 비정상 상황에 대해 특화된 대처 로직을 가지고 있다. 주요 상황별 로직은 다음과 같다.

(1) 통신 장애 발생 시

KTCS-2는 LTE-R(철도 전용 무선통신망)을 기반으로 열차와 RBC 간의 실시간 통신을 수행한다. 통신 장애는 가장 빈번하게 발생할 수 있는 비정상 상황 중 하나이다.

- 단기 통신 두절 : 일정 시간(예 수 초) 동안 통신이 두절될 경우, **열차는 현재 받은 이동 권한을 유지하고**, RBC는 통신 복구를 시도한다. 이 동안 열차는 통신이 끊어지기 전 마지막으로 수신한 이동 권한 종점까지 안전하게 운행한다.

- **장기 통신 두절** : 통신 두절이 일정 시간 이상 지속될 경우, **RBC는 해당 열차의 이동 권한을 취소하거나 최소한의 이동 권한(예: 선로제한 구간 진입 금지)만 부여**한다. 열차는 더 이상 이동 권한을 갱신받지 못하므로, **자동으로 감속하여 안전하게 정지**한다. 기관사는 수동으로 열차를 운행하거나, 통신 복구 후 정상 운행을 재개할 수 있다.
- **통신 장비 고장** : LTE-R 기지국, 차상 통신 장치 등에 고장이 발생하면, **예비 장치로 자동 전환**되거나, 고장 구간을 우회하는 방식으로 통신 연결을 유지한다.

(2) RBC 고장 발생 시

RBC는 시스템의 핵심 두뇌이므로, 고장에 대한 대처가 매우 중요하다.

- **RBC 이중화/다중화** : KTCS-2의 RBC는 **이중화 또는 삼중화로 구성**되어 있다. 즉, 주 RBC가 고장 나면 **예비 RBC가 즉시 기능을 인계**받아 시스템이 중단 없이 작동한다. 이 과정은 매우 빠르게 진행되어 열차 운행에 미치는 영향을 최소화한다.
- **고장 진단 및 복구** : RBC는 자체 진단 기능을 통해 고장을 감지하고, 유지보수 담당자에게 알린다. 고장 발생 시, 예비 시스템으로 전환된 후 **장애 복구팀이 즉시 투입되어 수리**한다.

(3) 열차 위치 오차 발생 시

열차의 실제 위치와 시스템이 인지하는 위치 간에 오차가 발생할 수 있다.

- **위치 오차 감지** : 열차의 위치는 GPS, 차축 센서 등 여러 센서의 정보를 종합하여 파악한다. 이들 정보 간에 불일치가 발생하면 **위치 오차로 판단**한다.
- **안전 측 재계산** : 위치 오차가 감지되면, 시스템은 **가장 보수적이고 안전한 위치를 기준으로 이동 권한을 재계산**하여 열차에 전송한다. 예를 들어, 열차가 실제보다 더 앞쪽에 있다고 판단되면 이동 권한을 축소하여 안전거리를 확보한다.
- **수동 운전 전환** : 오차가 너무 커서 시스템이 열차의 정확한 위치를 파악하기 어렵다고 판단하면, **기관사에게 수동 운전을 지시하거나 열차를 정지**시킨다.

(4) 선로 상 장애물 또는 위험 상황 발생 시

낙석, 차량 구름, 선로 이탈 등 물리적인 장애물이나 위험 상황이 발생할 수 있다.

- **정보 입력 및 전파** : 관제 시스템이나 현장 인력이 장애물을 감지하면 즉시 KTCS-2 시스템에 정보를 입력한다.
- **이동 권한 변경** : RBC는 해당 구간을 지나는 열차들에게 **새로운 이동 권한(장애물 전 정지 등)을 즉시 전송**한다.
- **자동 제동** : 열차가 변경된 이동 권한을 인지하지 못하거나 초과하여 운행할 경우, **자동으로 비상제동이 체결**되어 열차를 정지시킨다.

7.4.3 비정상 상황 대처 로직의 옵션(예시)

KTCS-2의 비정상 상황 대처 로직은 다양한 시나리오와 안전 등급을 고려하여 설계된다. 여기서는 두 가지 대표적인 접근 방식을 예시로 들어 설명하고자 한다.

[표 7-8] 비정상 상황 대처 로직

구분	보수적(Conservative) 대처 로직	유연성(Flexible) 확보 대처 로직
개념	비정상 상황 발생 시, **안전을 최우선**으로 하여 열차 운행을 즉시 중단하거나 최소한의 속도로 제한	안전을 확보하면서도 **운행 중단을 최소화**하고 복구를 위한 유연성을 확보
장점	- **최고 수준의 안전성 확보** : 사고 위험을 극도로 낮춤 - **알고리즘 구현 용이** : 복잡한 판단 로직이 적음	- **운행 효율성 유지** : 불필요한 열차 지연 최소화 - **신속한 복구** : 상황에 따라 운전 모드 전환이 용이
단점	- **운행 효율 저하** : 사소한 문제에도 열차 지연이나 운행 중단 발생 가능성 - **승객 불편 증가** : 잦은 정지 또는 지연으로 인한 불만 발생 가능성	- **복잡한 알고리즘** : 다양한 조건과 시나리오에 대한 판단 로직 필요 - **정교한 설계 및 검증 요구** : 안전성 확보를 위한 세밀한 검증 필수
KTCS-2 적용	**기본 원칙으로 적용**. 특히 생명 안전과 직결되는 상황에서 최우선적으로 적용	**보수적 원칙 내에서 유연성 추구**. 통신 복구 시나리오, 단계별 경보 등

KTCS-2는 기본적으로 **보수적인 대처 로직**을 따르면서도, 시스템의 지능화와 LTE-R 통신망의 안정성을 바탕으로 **일정 부분의 유연성을 확보**하는 방향으로 발전하고 있다. 이는 열차의 안전을 훼손하지 않으면서도 수송 효율을 극대화하기 위함이다.

KTCS-2의 비정상 상황 대처 로직은 단순한 고장 방지를 넘어, 예측 불가능한 상황에서도 승객과 운행 요원의 안전을 지키기 위한 철도신호 기술의 정수라고 할 수 있다.

7.5 KTCS - 동작 모드

주로 KTCS 열차의 운영 방식에는 여러 가지의 모드가 있다.
완전한 감독, 부분적인 감독 및 입환 등 열차의 특성 및 열차 노선에 대한 모든 필요한 데이터가 열차 운행을 감독할 수 있을 때 완전한 감독이 이루어진다.
입환은 열차 데이터가 시간이 지남에 따라 변화하는 것으로 인정될 때 발생한다.
부분적인 감시는 열차 데이터가 알려져 있고 안정적이지만 열차 노선 데이터는 부분적으로 알려져 있을 때 이루어진다. 부분 감독은 다른 운영 상황에 적합한 운영 모드로 세분된다. SRS Subset-026, 4장에 각각의 작동 모드와 전환 모드가 설명되어 있다.

- 완전 감시 모드(FS : Full Supervision)
- 기관사 시정 모드(OS : On Sight)
- 기관사 책임 모드(SR : Staff Responsible)
- 입환 모드(SH : Shunting)
- 비장착 모드(UN : Unfitted)
- 휴지 모드(SL : Sleeping)
- 대기 모드(SB : Stand By)
- 트립 모드(TR : Trip)
- 포스트 트립 모드(PT : Post Trip)
- 시스템 고장 모드(SF : System Failure)
- 격리 모드(IS : Isolation)
- 제한 감시 모드(Limited Supervision)
- 비선도 모드(NL : Non Leading)
- STM(국내) 모드(SE : STM National)
- 역방향 모드(RV : Reversing)

7.5.1 완전 감시 모드(FS : Full Supervision)

FS 모드인 ETCS 차상장치에서 트립 수행 시 요구되는 모든 정보를 사용할 수 있다. 기관사가 FS 모드를 수동으로 선택할 수 없다.

ETCS 차상장치(예 레벨의 주신호기 발리스 그룹)가 이동 권한 및 이와 관련된 일관성 있는 프로파일 데이터(정적속도 프로파일 및 구배 프로파일) 전체를 수신하여 평가한 경우, FS 모드로 자동 전환된다.

동적 속도 프로파일에 대해 KVC(Korean Vital Computer)가 계산한 제동곡선에 따라, ETCS 차상장치가 트립(trip)을 감시한다. 이것은 최대 허용속도, 허용 운행 거리가 얼마나 오래 전에 종료되는지 여부, DMI의 목표속도를 보여준다. 트립에 대한 안전성은 전적으로 ETCS 시스템이 책임을 진다. 기관사는 단순히 이동 권한의 끝에서 권한의 종단(EOA)과 FS 모드로 변환 시 속도제한을 준수하는지에 관한 책임을 진다.

이 모드는 ETCS 레벨 1, 레벨 2 및 레벨 3에서 사용할 수 있다.

7.5.2 기관사 시정 모드(OS : On Sight)

예컨대 진입할 궤도 선택 시 궤도점유 검지(track vacancy detection) 정보를 알지 못하거나 구간이 이미 점유된 경우, ETCS 시스템에서 '기관사 시각(OS)' 모드를 제공한다. OS 모드에서는 ETCS 선로변 장치의 예상에 따라 미리 정해진 최대 허용속도를 초과해서는 안 된다.

이 모드의 사용 권한은 기관사가 아닌 ETCS 선로변 장치를 통해서만 부여될 수 있다. OS 모드는 높은 등급의 기관사 책임을 수반하기 때문에 기관사는 OS 모드로의 변환을 확인 응답해야 한다. 5초 이내에 이를 확인하지 못하면, ETCS 차상장치가 상용 제동을 체결할 것이다. 'OS 모드'는 기관사에게 궤도의 지장물을 확인할 책임을 부여한다. 트립 실행을 위한 기타 모든 행동의 책임은 전적으로 ETCS 차상장치의 책임이다. ETCS 차상장치는 (부분적으로) 모든 행동을 감시한다. 예를 들어, 이 행동들은 동적 속도 프로파일. 목표거리(Target Distance). 최대 속도와 관련이 있을 수 있다. 완전 감시(FS) 모드의 경우, 신호 기술에 따라 진로가 감시(전환)된다고 가정한다.

이 모드는 ETCS 레벨 1, 레벨 2, 레벨 3에서 사용할 수 있다.

7.5.3 기관사 책임 모드(SR : State Responsible)

이 모드는 기관사 책임하에 열차를 ETCS 설치 지역으로 이동할 수 있도록 허가하는 모드이다. 예를 들어, 진로 불명(Route not known). 선로변 장치와의 연결 손실, '정지' 신호 과주(Overrun of Stop Signal) 등이 포함된다.

차상장치는 부분 감시(Partial Supervision)를 수행할 수 있다(예 최대한계 속도(Ceiling Speed). 지정 거리, 'SR 모드인 경우, 열차 정지(Stop if in SR)' 명령을 내리는 예상 발리스 및 발리스 그룹 목록 등을 감시). 'SR 모드'는 기관사에게 궤도점유 같은 선로를 확인할 책임을 부여한다. 기관사는 올바른 선로전환기 위치, 진로상의 신호기 감시 등을 수행해야 한다. 기관사는 SR 모드에서 최고속도 및 허용 거리에 대한 값을 변경할 수 있으며, 적절한 값의 입력은 전적으로 기관사의 책임 소관이다.

이 모드는 ETCS 레벨 1, 레벨 2, 레벨 3에서 사용할 수 있다.

7.5.4 입환 모드(SH : Shunting)

입환 모드는 입환 영역의 경계(Limits)에서 기술적으로 입환을 보호하고, 최대 허용 입환 속도의 준수를 보장한다. ETCS 차상장치는 선로변 장치 또는 기관사의 명령에 따라 이 모드로 변경할 수 있다. 기관사가 기관사 책임이 증대된 것을 알고 있는지 보장하기 위해서, 기관사는 선로변의 SH 모드로의 변경 명령을 확인 응답해야 한다. 5초 이내에 확인응답을 수신하지 못한 경우, ETCS 차상장치는 상용 제동 체결을 시작할 것이다. 기관사가 SH 모드를 요청하면 확인응답이 불필요하지만, 레벨 2와 레벨 3에서는 무선폐색센터(RBC)가 요청을 거절할 수 있다. 이 모드에서는 역방향(Reversing) 운행이 허용된다. 이 모드는 운영자 제어 활동으로 종료할 수 있다. 기관사는 입환 이동 및 입환 영역의 제한을 준수할 책임을 진다. 차상장치는 부분 감시만 수행할 수 있다.

이 모드는 ETCS 레벨 0, 레벨 1, 레벨 2, 레벨 3에서 사용할 수 있다.

7.5.5 비장착 모드(UN : Unfitted)

이 모드에서 ETCS 장착 열차는 다음의 진로 구간으로 이동할 수 있다.
- ETCS 선로변 장치가 설치되지 않은 지역
- ETCS 선로변 장치가 아직 공사 중인 구간
- 기존의 특정 전송 모듈이 장착되지 않은 국내 열차 방호 시스템

비장착 모드로 열차를 운행하는 것이 기관사의 책임이 아님에도 불구하고, 비장착 모드로 변경 시, 추가로 확인응답이 필요하지 않다. 차상장치는 부분 감시만을 수행하고 최대 한계속도(Ceiling Speed) 및 임시속도제한에 대한 열차 이동을 감시한다.

이 모드는 레벨 0에서 사용할 수 있다.

7.5.6 휴지 모드(SL : Sleeping)

기관사(동력 분산식 기관차)가 운전실을 점유하고 있지 않은 상태를 말한다. 선도 엔진(leading engine)의 원격 제어를 받으면서, 견인력을 제공하는 종속 엔진(Slave engines)이 휴지 모드이다. 이 모드는 ETCS 레벨 0, 레벨 1, 레벨 2, 레벨 3, 레벨 STM에서 사용할 수 있다.

7.5.7 대기 모드(SB : Standby)

대기 모드는 차상장치 모드로서, 운전대를 작동시키고 (Cold Start로) ETCS 차상장치를 부팅한 후 시작된다. 또한 운전대가 종료된 경우에도 대기 모드가 시작된다.
이 모드에서 자가 진단 시험 및 주변기기 시험을 시행한다. 필요한 열차 데이터를 입력할 수 있다. 시험 및 입력 결과를 기관사에게 표시한다. 차량의 정지 상태 감시를 수행한다. 이 모드는 ETCS 레벨 0, 레벨 1, 레벨 2, 레벨 3, STM에서 사용할 수 있다.

7.5.8 트립 모드(TR : Trip)

특정 중요 보안 사건이 발생하면, ETCS 차상장치가 트립 모드로 전환된다. (예 불법적인 정지신호의 과주) TR 모드는 비상제동을 시작하고, 열차가 정지 상태가 될 때까지 열차를 감시한다. 기관사는 이에 대해 확인응답 요청받고, 기관사가 확인응답을 한 경우, ETCS 차상장치가 포스트 트립 모드로 전환된다.
이 모드는 ETCS 레벨 1, 레벨 2, 레벨 3, 레벨 STM에서 사용할 수 있다.

7.5.9 포스트 트립모드(PT : Post Trip)

이 모드는 트립(TR) 모드 확인 후에 시작되며, 열차가 계속 진행하지 않으리라는 것을 보장한다. 국가 값에 정의된 거리 내에서 열차의 역방향 이동은 가능하다.
SOM(Start of Mission) 절차, 또는 입환모드 또는 기관사 책임 모드가 발동될 때는 열차를 계속하여 진행만 시킬 수 있다. 또한 ETCS 레벨 2에서는 RBC가 이동 권한을 전송함으로써, 열차가 계속하여 진행할 수도 있다.
이 모드에서는 ETCS 차상장치가 부분 감시만을 수행할 수 있다. 이 모드는 ETCS 레벨 1, 레벨 2, 레벨 3에서 사용할 수 있다.

7.5.10 시스템 고장 모드(SF : System Failure)

안전 관련 오류가 발생할 경우, ETCS 차상장치가 시스템 고장 모드를 시작한다. 이 경우, 비상제동이 활성화된다. 이 모드는 ETCS 레벨 0, 레벨 1, 레벨 2, 레벨 3, STM에서 사용할 수 있다.

7.5.11 격리 모드(IS : Isolation)

이 모드에서는 ETCS 차상장치가 제동을 포함하는 모든 인터페이스와 완전히 분리되어 있으며, 차량 또는 선로변 장치로부터 어떠한 정보도 수신하지 않는다.
활용 : ETCS 차상장치가 복구 불가능한 결함을 판별하고, 영구 비상제동이 시작되면, 기관사가 격리 모드를 활성화한다. 이 모드에서 열차는 전적으로 기관사의 책임 소관이다. 이 모드를 종료하기 위해서는 KVC 기능이 완벽하게 보장된 특수 운영 조치가 요구된다. 이 모드는 ETCS 레벨 0, 1, 2, 3, STM에서 사용할 수 있다.

7.5.12 제한감시 모드(LS : Limited Supervision)

제한감시 모드는 차상장치가 전체적인 열차 운행 보호를 담당하지 않고, 일부 중요한 제한 조건만 감시하는 모드이다. 기본적으로 기존 신호 시스템(전통적 선로 신호기, 궤도회로, 지상설비)이 주 운행 안전을 보장하고, KTCS-2는 추가적인 속도·거리 제한 감시 기능만 수행한다.
즉, ETCS/KTCS가 완전한 FS(Full Supervision)처럼 '전체 열차 운행 보호'를 하는 게 아니라, '지상에서 지정한 특정 감시 조건(예)특정 구간 속도제한, 정지 신호 보호)'만 차상에서 감시한다.

7.5.13 비선도 모드(NL : Non leading)

비선도 모드란, 기관사가 종속 엔진의 운전실을 점유하고는 있지만, 선도 엔진(leading engine)과 전기적으로 결합하여 있지 않은 상태를 말한다. 견인력을 제공하고 있지만, 선도 엔진의 원격 제어를 받는 종속 기관차는 원격으로 통제되지 않는다. UNISIG 사양서 Subset-026 버전 2.3.0에서는 기관사가 이 모드를 선택하고, 버전 3.0.0에서는 전기적 신호에 따라 비선도 모드를 발동하도록 하고 있다. 이 모드에는 실질적으로 감시기능이 없음에도 불구하고, 다양한 표시장치가 구현되어 있다.
이 모드는 ETCS 레벨 0, 1, 2, 3, STM에서 사용할 수 있다.

7.5.14 STM(국내) 모드

이 모드에서는 STM(국내)이 정보 교환을 목적으로, ETCS 차상장치의 개별 구성요소와 이전 열차방호시스템(Class B systems)의 선로변 장치를 사용한다. 국내형 STM(SN)을 통해 ETCS 차상장치와 국내 시스템이 결합한다. STM 인터페이스에 오류가 발생하면 ETCS 차상장치가 이에 대해 안전하게 대응한다. STM은 제동제어, 국내 시스템 견지에서의 열차제어에 대한 유지보수, 국내 선로변 장치와 기관사 간의 상호작용 등에 대한 책임을 진다. 기관사의 책임은 특정 전송 모듈 (STM) 및 국내 선로변 장치의 사용에 따라 결정된다.

이 모드는 ETCS 레벨 STM에서 사용할 수 있다.

7.5.15 역방향 모드(RV : Reversing)

역방향 모드에서는 기관사가 운전실을 변경하지 않고도 열차의 이동 방향을 변경할 수 있다. 이 모드는 선로변에서 표시하는 특정 지역에서만 가능하며, ETCS 선로변 장치는 이를 미리 통보해야 한다.

ETCS 차상장치는 부분 감시만을 수행할 수 있으며, RV 모드에서는 열차를 역방향으로 이동시킬 수 있는 최대 허용속도 및 거리를 감시한다. 이동 거리를 초과할 경우, ETCS 차상 장치가 비상제동을 체결한다. 이 모드는 ETCS 레벨 1, 2, 3에서 사용할 수 있다.

제8장 KTCS-2 도입 효과 및 과제

대한민국 철도 현장에 뿌리내린 KTCS-2는 구체적으로 어떤 긍정적인 변화를 가져왔을까? 막연히 '좋아졌다'는 말 대신, 눈에 보이는 숫자와 보이지 않는 가치를 나누어 그 효과를 명확하게 분석해 보자.

8.1 수송용량 증대 및 유지보수 비용 절감 분석[정량적 효과]

기술의 가치는 종종 숫자로 증명된다. KTCS-2는 '효율'과 '경제성'이라는 두 마리 토끼를 모두 잡았다.

- **수송용량 증대 : 선로를 새로 깔지 않고 더 많은 열차를 운행** : 가장 극적인 효과는 선로 수송용량의 증대이다. 기존의 '고정 폐색' 방식에서는 앞 열차가 하나의 긴 구간을 완전히 통과해야만 뒷 열차가 출발할 수 있었다. 하지만 KTCS-2는 RBC의 중앙 집중 제어와 연속적인 속도 감시를 통해 고밀도 폐색 운용이 가능해져 기존 시스템보다 열차 운행 간격을 단축시킬 수 있다. 이는 새로운 선로를 건설하는 데 드는 수조 원의 비용 없이, 기존 인프라의 효율을 극대화하는 혁신적인 결과이다.
- **비용 절감 : 짓는 비용도, 고치는 비용도 줄인다!** : KTCS-2는 무선통신을 기반으로 하기에, 선로변에 빽빽하게 설치해야 했던 신호기, 케이블, 궤도회로 등 수많은 지상 설비가 대폭 감소한다. KTCS 시스템은 상위 레벨로 개량할수록 선로변 설비가 축소되어 설비의 운영 및 유지보수 비용이 감소하게 된다. 이는 초기 건설비 절감은 물론, 장기적인 유지보수 비용까지 획기적으로 줄여준다. 또한, 더 이상 값비싼 외산 부품과 기술에 의존할 필요가 없어지면서, **외화 유출을 막고 국부를 지키는 효과**까지 가져온다.

8.2 기술 종속 탈피와 K-철도 브랜드 강화[정성적 효과]

숫자로 환산할 수는 없지만, 그보다 더 중요할 수 있는 가치들이 있다.
- 기술 종속 탈피 : 우리 철도의 운전대를 우리가 잡다 : 과거에는 외산 시스템에 문제가 생기면 그들의 기술 지원에 의존할 수밖에 없었으며, 시스템을 개선하거나 변경하는 것 역시 자유롭지 못했다. KTCS-2의 도입은 이러한 '기술 종속'의 사슬을 끊어냈다는 점에서 역사적인 의미가 있다. 이제 우리는 우리 철도 환경에 맞춰 자유롭게 시스템을 개선하고, 신속하게 문제를 해결하며, 완벽하게 우리 철도를 통제할 수 있는 '기술 주권'을 확보하게 된 것이다.
- K-철도 브랜드 강화 : 기술 수입국에서 기술 수출국으로 : K-팝, K-드라마가 세계를 휩쓸듯, 이제 'K-철도'가 세계 시장을 노크할 차례이다. 세계 표준(ETCS)과 완벽히 호환되는 KTCS-2는 K-철도 기술 패키지의 핵심 경쟁력이다. 우리가 만든 고속열차에 우리의 제어시스템을 얹어 '완성품'으로 수출할 수 있게 된 것이다. 이는 대한민국이 단순한 기술 이용자를 넘어, 세계 철도 시장을 선도하는 기술 강국으로 발돋움했음을 알리는 선언과도 같다.

8.3 기관사와 관제사의 업무 변화[인적 효과]

KTCS-2(한국형 차세대 열차제어시스템)의 도입은 단순히 신호 시스템의 개선을 넘어, 기관사와 관제사의 업무방식을 근본적으로 변화시켜 **안전성, 효율성, 그리고 정확성**을 획기적으로 향상시키는 **업무 혁신**을 가져온다. 실시간 양방향 통신을 기반으로 하는 이 시스템은 '정보의 비대칭성'을 해소하고, 예측 가능하며 유기적인 협업 환경을 구축한다. 기관사와 관제사의 업무가 구체적으로 어떻게 효과적으로 변화하는지 상세히 정리하면 다음과 같다.

8.3.1 기관사 : '예측 운전'과 '상황 집중'의 전문가로 진화

KTCS-2는 기관사를 단순 운전 업무에서 해방시켜, 전방 상황 예측과 비상 상황 대처에 더욱 집중할 수 있는 **'상황 관리자'**로서의 임무를 강화한다.

(1) 지상 신호기 의존에서 '차내 신호' 중심으로 전환
- 현행 : 기관사는 지상에 설치된 신호기의 색상과 표지를 눈으로 확인하며 운전해야 하므로, 안개, 폭우 등 악천후 시야 확보에 어려움을 겪고, 신호기 현시 거리에 따른 반응 시간 제약이 있다.

- **변화** : 모든 운행 정보(허용 속도, 선행 열차와의 거리, 선로 분기 상태 등)가 DMI(운전자 인터페이스) 화면에 **실시간으로 명확하게 표시된다**. 기관사는 더 이상 지상 신호기를 찾아 두리번거릴 필요 없이, 계기판에 집중하여 **예측 기반의 안정적인 운전**을 할 수 있다. 이는 기관사의 피로도를 크게 줄여준다.

(2) 완벽한 안전판(Safety Net) 확보로 운전 부담 감소
- **현행** : 기관사의 경험과 판단에 의존하는 부분이 많아, 순간적인 실수나 착각이 사고로 이어질 위험이 상존한다.
- **변화** : 시스템이 열차의 위치와 속도를 **초 단위로 감시**하며, 기관사가 제한 속도를 초과하거나 정지 신호를 무시하려 하면 **자동으로 경고하고 비상 제동을 체결**한다. 이 강력한 안전장치는 기관사가 심리적 안정감을 갖고 운전 업무에만 집중할 수 있는 환경을 제공한다.

(3) 운행 정보의 실시간 획득 및 최적 운전 유도
- **현행** : 관제실의 지시나 선로변의 정보를 통해서만 간헐적으로 운행 조정 정보를 받을 수 있다.
- **변화** : DMI를 통해 전방의 임시 속도 제한, 지연 정보 등을 미리 전달받아 **에너지 효율을 최적화하는 운전(Eco-Driving)**이 가능해진다. 예를 들어, 앞 열차와의 간격이 충분하다면 불필요한 급가감속을 줄여 승차감을 향상시키고 전력 소모를 줄일 수 있다.

8.3.2 관제사 : '사후 대응'에서 '사전 예방 및 최적 제어' 전문가로 진화

관제사는 열차의 위치를 실시간으로 정밀하게 파악하고 직접 제어할 수 있게 되어, 마치 전략 게임처럼 전체 철도망의 운행 흐름을 최적으로 관리하는 **'교통 지휘자'**로서의 역량이 극대화된다.

(1) 열차 위치 파악의 정밀도 향상
- **현행** : 특정 지점(궤도회로)을 통과할 때만 열차 위치를 파악하는 '점' 기반의 불연속적인 감시 방식이었다. 두 지점 사이에서 열차가 멈추면 정확한 위치 파악에 시간이 걸렸다.
- **변화** : 무선 통신을 통해 모든 열차의 **위치, 속도, 방향을 실시간으로 연속적으로** 파악한다. 관제사는 종합사령실의 대형 화면에서 모든 열차의 움직임을 한눈에, 정확하게 볼 수 있어 **완벽한 상황 인지**가 가능해진다.

(2) 선로용량 증대 및 유연한 열차 운용

- **현행** : 안전을 위해 열차와 열차 사이에 매우 긴 안전거리(폐색)를 확보해야 하므로, 선로를 비효율적으로 사용할 수밖에 없다.
- **변화** : 열차 간격을 **이동 폐색(Moving Block)** 방식으로 획기적으로 줄일 수 있다. 이는 마치 자율주행 자동차처럼 앞차와의 거리에 맞춰 후속 열차가 안전거리를 유지하며 따라가는 개념으로, **선로용량을 20~30% 이상 증대**시켜 동일한 시간 동안 더 많은 열차를 운행시킬 수 있게 된다. 지연 발생 시, 융통성 있는 대기 및 출발 지시로 회복 시간을 단축할 수 있다.

(3) 신속하고 정확한 비상 상황 대처

- **현행** : 사고나 고장 발생 시, 기관사의 무선 보고에 의존하여 상황을 파악하고 후속 조치를 해야 했다.
- **변화** : 관제사가 시스템을 통해 특정 열차에 즉시 **정지 신호를 보내거나, 해당 구간에 있는 모든 열차에 비상 정지 명령을 일괄적으로 전송**할 수 있다. 사고 발생 위치를 정확히 파악하여 구원 열차나 긴급 복구 인력을 신속하게 투입하는 등, 골든타임을 확보하여 피해를 최소화할 수 있다.

결론적으로 KTCS-2는 기관사와 관제사에게 각각 **'정밀한 정보'** 와 **'강력한 제어 수단'**을 제공한다. 이 둘의 유기적인 정보 공유와 협업은 열차 운행의 패러다임을 바꾸어, 승객에게는 더 안전하고 정시성 높은 철도 서비스를, 운영사에게는 더 효율적이고 경제적인 철도 시스템을 제공하는 핵심 기반이 될 것이다.

8.4 신호장치 간소화, 설비 유지보수 비용 절감

KTCS-2의 가장 큰 장점 중 하나는 바로 **지상 신호 설비의 획기적인 간소화**이다.

8.4.1 장점

- **지상 신호 설비 최소화** : 기존 신호 시스템은 궤도회로, 차축계수기, 지상 신호기 등 선로변에 많은 지상 신호 설비가 설치되어야 했다. 하지만 KTCS-2는 LTE-R 기반의 무선통신과 이동 폐색(Moving Block) 방식을 채택함으로써 이러한 지상 설비를 Balise(발리스)를 제외하고는 대부분 제거하거나 최소화할 수 있다.

- **설치 비용 절감** : 지상 설비가 줄어들면서 설치에 필요한 자재비와 공사비가 크게 절감된다. 특히 신규 노선 건설 시 초기 투자 비용을 줄이는 데 기여한다.
- **유지보수 비용 절감** : 지상에 설치된 장비의 수가 줄어들면 고장 발생률이 낮아지고, 유지보수를 위한 인력 및 시간, 자재 비용이 대폭 절감된다. 유지보수 인력이 선로를 직접 점검하는 위험을 줄이는 효과도 있다.
- **운영 효율성 증대** : 설비 간소화는 시스템의 복잡도를 낮춰 전반적인 운영 효율성을 향상시키고, 장애 발생 시 원인 파악 및 복구를 쉽게 한다.

8.4.2 기술적 한계 및 대응 방안

- **기존 궤도회로 시스템과의 호환성 문제** : 기존의 궤도회로 기반 시스템과 KTCS-2를 동시에 운영해야 하는 구간(예 기존선과의 접속 구간)에서는 신호 시스템 간의 인터페이스 및 호환성 확보가 중요하다. 현재는 이를 위한 전환 구간 설계 및 연동 기술이 개발되어 적용되고 있다.
- **Balise의 물리적 손상 가능성** : 유일하게 지상에 남아있는 필수 설비인 Balise는 열차의 충격이나 외부 요인에 의해 물리적으로 손상될 가능성이 있다. 이를 위해 내구성이 강화된 Balise를 설치하고 주기적인 점검을 통해 관리한다. 또한, Balise 고장 시에도 운행에 지장이 없도록 이중화된 위치 검지 시스템을 운영한다.

8.5 운전 자동화 수준 향상

KTCS-2는 **LTE-R 기반의 양방향 실시간 통신**을 통해 고수준의 운전 자동화 구현을 위한 핵심 기반을 제공한다.

8.5.1 장점

- **자동열차방호(ATP) 강화** : 열차의 실시간 위치 및 속도 정보를 바탕으로 정밀한 이동 권한(MA)을 부여하고, 이를 벗어날 경우 자동으로 제동을 체결하여 안전을 확보한다. 이는 기관사의 휴먼 에러를 최소화하고 안전 운행을 보장한다.
- **자동열차운전(ATO) 구현 용이** : KTCS-2 시스템은 ATO와 연동될 수 있도록 설계되었다. ATO가 적용되면 열차가 시각표에 따라 자동으로 출발, 가감속, 정차하며, 기관사는 감시 역할만 수행하게 된다. 이는 정시 운행률을 높이고 운전 피로도를 경감시킨다.

- 선로용량 및 수송 효율 증대 : ATO가 최적화된 운행 패턴을 구현하고 이동폐색 방식이 적용되면 열차 간 간격이 더욱 짧아져 선로의 수송용량이 획기적으로 증가한다.
- 에너지 효율성 향상 : 최적화된 자동 운전은 불필요한 가감속을 줄여 에너지 소비를 절감하는 효과를 가져온다.

8.4.2 기술적 한계 및 대응 방안

- 인적 요소의 역할 변화 및 교육 : 운전 자동화 수준이 높아질수록 기관사의 역할이 '운전'에서 '감시 및 비상 대처'로 변화한다. 이에 따라 기관사들의 새로운 역할에 대한 충분한 교육과 훈련이 필요하다.
- 시스템 신뢰성 요구 증대 : 운전 자동화는 시스템에 대한 의존도를 높이므로, 시스템의 안정성과 신뢰성이 극대화되어야 한다. KTCS-2는 SIL 4 등급 획득을 통해 높은 안전성을 확보했지만, 지속적인 감시 및 유지보수가 필수적이다.
- 비상 상황 시 수동 개입의 복잡성 : 완전 자동화된 환경에서 비상 상황 발생 시 기관사가 수동으로 전환하여 열차를 제어하는 과정이 복잡해질 수 있다. 이를 위해 직관적인 DMI(Driver Machine Interface) 설계와 비상 상황 대응 훈련을 강화해야 한다.

8.6 통신 장애/EMI 문제 및 대응 방안

KTCS-2의 핵심인 LTE-R 기반 무선통신은 기존 시스템의 한계를 극복하는 동시에 새로운 기술적 한계점을 내포하고 있다.

8.6.1 기술적 한계

- 통신 두절/지연 : LTE-R은 무선통신이므로, 통신망 혼잡, 기지국 장애, 전파 음영 지역, 전파 간섭(EMI) 등으로 인해 통신이 두절되거나 지연될 수 있다. 특히 터널 구간이나 건물 밀집 지역에서 신호 감쇠가 발생할 수 있다.
- 데이터 무결성 및 보안 : 무선통신을 통해 중요한 열차제어 정보가 오가기 때문에, 데이터의 무결성(손상되지 않음)과 보안(해킹 방지)이 매우 중요하다.
- 전자기 간섭(EMI : Electro-Magnetic Interference) : 외부 전자기기나 철도 차량 자체에서 발생하는 전자기파가 LTE-R 통신에 간섭을 일으켜 오작동을 유발할 수 있다. 특히 전력선, 변전소, 다른 무선통신 장비 등과의 간섭 가능성이 있다.

8.6.2 대응 방안

- **통신망 다중화 및 이중화** : LTE-R 기지국과 백홀 네트워크를 **이중화 또는 다중화**하여 한 지점에 장애가 발생해도 다른 진로를 통해 통신이 유지되도록 한다. **셀 분할 및 핸드오버 기술**을 적용하여 열차 이동 중에도 끊김없는 통신을 제공한다.
- **페일-세이프(Fail-Safe) 로직 적용** : 통신 두절 시 열차가 자동으로 안전한 상태(감속 또는 정지)로 전환되도록 설계되어 있다. 이는 시스템의 최우선 가치인 안전을 확보하기 위함이다. 일정 시간 이상 통신 두절 시 열차가 정지하는 'Stop or Go' 원칙이 적용된다.
- **강력한 암호화 및 보안 프로토콜** : 전송되는 모든 제어 데이터는 **강력한 암호화 기술을 적용**하여 외부의 해킹이나 데이터 변조를 원천적으로 방지한다. 표준화된 철도 통신 프로토콜을 사용하여 데이터 무결성을 보장한다.
- **EMI/EMC(Electro-Magnetic Compatibility) 설계 및 시험** : KTCS-2 시스템과 구성 장비는 철저한 EMI/EMC 설계 및 시험을 거친다. 이는 외부 전자기파 간섭에 강하고, 시스템 자체에서 발생하는 전자기파가 다른 장비에 영향을 주지 않도록 하는 것이다. 차폐 기술, 필터링 기술 등을 적용하여 간섭 문제를 최소화한다.
- **지속적인 통신망 감시 및 최적화** : LTE-R 통신망의 품질을 실시간으로 감시하고, 전파 측정 및 최적화 작업을 주기적으로 수행하여 통신 환경을 최상으로 유지한다.

KTCS-2는 이러한 기술적 한계들을 인지하고, 앞서 설명한 다양한 대응 방안들을 시스템 설계 단계부터 반영하고 있다. 이를 통해 KTCS-2는 현재 전라선 등 일부 구간에서 성공적으로 상용 운행되고 있으며, 앞으로 더 많은 노선에 적용되어 국내 철도안전 및 효율성 향상에 크게 기여할 것이다.

제 9 장 KTCS-2 안전성 증명 및 인증

9.1 Fail-Safe 원칙과 다층적 구현

KTCS-2 시스템의 모든 설계와 운영을 관통하는 핵심 철학은 'Fail-Safe' 원칙이다. 이는 시스템의 어떠한 구성 요소나 기능에 고장이 발생하더라도, 그 결과가 반드시 안전한 상태로 귀결되어야 함을 의미한다. 이 섹션에서는 Fail-Safe라는 추상적 개념이 KTCS-2의 하드웨어 및 소프트웨어 아키텍처에서 어떻게 구체적으로 구현되었는지를 다층적으로 분석한다.

9.1.1 철도신호 안전의 핵심 원리 : Fail-Safe, Fail-Active, Fail-Operational 패러다임

철도신호 시스템에서 안전은 타협할 수 없는 최우선 가치이며, 이를 보장하기 위한 설계 원칙이 바로 Fail-Safe, 즉 '절대안전성 확보의 원칙'이다. 이는 신호 장치에 고장이 발생할 경우, 어떠한 상황에서도 열차 운행에 위험을 초래하지 않는 안전측으로 동작하도록 시스템을 설계, 제작, 시공하는 것을 의미한다. 현대적인 시스템은 안전성과 가용성의 균형을 맞추기 위해 이 원칙을 더욱 세분화하여 적용한다.

- Fail-Passive(수동적 안전) : 가장 전통적인 Fail-Safe 개념으로, 시스템에 고장이 발생하면 즉시 작동을 멈추고 가장 안전한 상태(예 정지 신호 현시, 비상 제동 체결)로 전환된다. 전원 차단 시 자기력 브레이크가 작동하여 승강기를 멈추는 것이 대표적인 예다.
- Fail-Active(능동적 안전) : 고장 발생 시 경보를 울리면서 제한된 시간 동안 안전한 상태에서 작동을 지속할 수 있도록 설계된 방식이다. 즉각적인 시스템 중단을 피하면서 운영자에게 대응 시간을 제공한다.
- Fail-Operational(운영 지속형 안전) : 핵심 부품에 고장이 발생하더라도, 예비 시스템을 통해 다음 정비 주기까지 완전한 기능을 안전하게 유지하는 방식이다. 이는 주로 이중화 설계를 통해 구현되며, 시스템의 가용성을 극대화한다.

KTCS-2는 이러한 원칙들을 복합적으로 적용한다. 핵심 안전 기능은 Fail-Passive 원칙에 따라 어떠한 오류도 즉시 안전 상태로 귀결되도록 보장하는 한편, 시스템의 연속적인 운영과 가용성을 확보하기 위해 Fail-Operational 개념의 이중화 구조를 채택하고 있다.

9.1.2 아키텍처적 구현 : '2 out of 2' 이중계 하드웨어의 역할

Fail-Safe 철학을 물리적으로 구현하는 핵심 기술은 '2 out of 2 이중계 구조 하드웨어 플랫폼 (2 out of 2 dual-redundant hardware platform)'이다. 이는 KTCS-2가 국제 철도 안전 표준(IEC)을 충족하고 최고 등급인 SIL 4를 획득할 수 있었던 근본적인 설계 특징이다.

2oo2 아키텍처는 동일한 기능을 수행하는 두 개의 독립적인 처리 채널을 병렬로 구성한다. 두 채널은 동일한 입력 데이터를 받아 독립적으로 연산을 수행하며, 이동 권한 부여와 같은 핵심적인 안전 명령을 출력하기 전에 두 채널의 결과값을 비교한다. 만약 두 결과값이 완벽하게 일치할 경우에만 명령이 실행된다. 하드웨어 고장, 소프트웨어 오류, 또는 외부 노이즈로 인해 하나의 채널에서라도 비정상적인 결과가 도출되면, 두 채널의 출력은 불일치하게 된다. 시스템은 이 불일치를 치명적인 오류로 감지하고 즉시 출력을 차단하거나 비상 제동 명령을 내리는 등 사전에 정의된 안전 상태로 전환된다. 이 구조는 단일 지점의 고장(Single Point of Failure)이 결코 위험한 상황으로 이어질 수 없도록 원천적으로 차단하는 강력한 안전 메커니즘이다.

9.1.3 소프트웨어 및 시스템 레벨의 Fail-Safe 메커니즘

KTCS-2의 안전성은 하드웨어 이중화에만 의존하지 않는다. 소프트웨어와 시스템 전반에 걸쳐 다층적인 안전 장치가 내장되어 있다.

첫째, 시스템은 열차의 속도, 선로 조건 등을 기반으로 '상용 및 비상 제동 프로파일'을 지속적으로 계산한다. 이는 열차가 어떠한 상황에서도 다음 정지 목표 지점 이전에 안전하게 정차할 수 있는 거리를 실시간으로 확보하는 핵심 기능이다.

둘째, 시스템은 외부 위험 요인에 능동적으로 대응한다. 선로 상에 낙석이나 차량 구름과 같은 장애물이 감지되면, 이 정보가 LTE-R 통신망을 통해 실시간으로 운행 중인 열차에 전송되어 안전하게 정차하도록 유도한다.

셋째, 열차 위치 정보의 무결성을 지속적으로 감시한다. 만약 특정 열차가 주기적으로 자신의 위치를 보고하지 않으면, 지상 장치는 해당 열차의 마지막 확인 위치를 기준으로 '열차방호구역'을 설정한다. 이 보호 구역으로 다른 열차의 진입을 원천적으로 차단하여 잠재적인 충돌 위험을 예방한다.

9.1.4 인적 요인 및 상호운용성 : Fool-Proof 및 Tamper-Proof 설계

시스템의 안전성은 기술적 완결성뿐만 아니라 인간의 실수를 고려한 설계에서도 비롯된다. KTCS-2는 이러한 인적 요인을 최소화하기 위한 원칙들을 채택하고 있다.

- Fool-Proof(오조작 방지) : 사용자가 실수를 하거나 비정상적인 조작을 하더라도 시스템이 안전을 유지하도록 설계하는 원칙이다. KTCS-2의 열차자동운전(ATO, Grade of Automation 2)

기능은 운전 조작의 상당 부분을 자동화하여 기관사의 인적 오류(Human Error) 발생 가능성을 근본적으로 줄인다.
- Tamper-Proof(임의 조작 방지) : 안전장치를 의도적으로 무력화하거나 우회할 수 없도록 설계하는 원칙이다. 2oo2 이중계 하드웨어 구조 자체가 하나의 채널을 임의로 조작하더라도 다른 채널과의 비교를 통해 즉시 감지되므로 강력한 Tamper-Proof 특성을 지닌다.

이처럼 KTCS-2의 안전 철학은 추상적인 원칙에 머무르지 않고, 이중계 하드웨어, 예측형 소프트웨어 알고리즘, 절차적 안전장치, 그리고 인적 요인 방지 설계가 결합된 다층적 방어(Defense-in-Depth) 전략을 통해 구체화 된다.

[표 9-1] Fail-Safe 설계 원칙 비교

원칙	정의	고장 시 시스템 동작	KTCS-2 적용 맥락
Fail-Passive	고장 발생 시 즉시 가장 안전한 정지 상태로 전환	즉각적인 기능 정지 및 안전 상태 돌입	오류 감지 시 이동 권한(MA) 미부여 또는 비상 제동 체결
Fail-Active	고장 발생 시 경보와 함께 제한된 기능으로 안전하게 작동 유지	경보 발생 및 제한적 운영 가능	시스템 일부 장애 시, 관제실에 경보를 보내고 안전 모드로 운행
Fail-Operational	고장 발생 시에도 이중화된 시스템을 통해 정상 기능 완전 유지	이중화 시스템으로 전환하여 중단 없이 정상 운영	2oo2 이중계 구조를 통해 한 채널 고장 시에도 시스템 가용성 확보

9.1.5 EN 50129 B.3.1의 고장안전(Fail-safe) 방법 요약

유럽 철도신호 시스템 표준인 EN 50129의 부속서 B.3.1에서 설명하는 고장안전(Fail-safe)은 시스템에 결함이 발생하더라도 위험한 상태로 전환되지 않고 안전한 상태를 유지하도록 설계하는 핵심 원칙이다. 단일 무작위 하드웨어 결함이 발생했을 때 위험한 상황을 초래하지 않아야 한다는 것을 기본 전제로 하며, 이를 달성하기 위한 세 가지 주요 방법론을 제시되었다.

(1) 복합적 고장안전(Composite Fail-safety)

이 방식은 안전 관련 기능을 최소 두 개 이상의 독립된 항목(item)이 수행하도록 설계하는 것이다. 각 항목은 공통원인고장(Common-cause failures)을 피하기 위해 서로 독립적으로 작동해야 한다. 시스템이 덜 제한적인(더 위험한) 상태로 나아가기 위해서는 정해진 수의 항목들이 모두 동의해야만 한다. 만약 하나의 항목에서 위험한 결함이 발생하면, 다른 항목의 동시 결함이 발생하기 전에 이를 신속하게 감지하고 무효화하여 시스템의 안전을 확보한다. 이는 주로 고장 안전성을 향상시키기 위하여 병렬 아키텍쳐(2oo2 또는 2oo3, TMR)를 사용 다중화 및 비교를 통해 구현된다.

(2) 반응적 고장안전(Reactive Fail-safety)

단일 항목이 안전 관련 기능을 수행하도록 허용하되, 위험한 결함이 발생할 경우 이를 매우 신속하게 감지하고 무효화하여 안전을 보장하는 방식이다. 예를 들어, 인코딩, 다중 계산 및 비교, 지속적인 자가 진단 등의 기술을 사용한다. 기능 자체는 단일 항목이 수행하지만, 이를 감시하고 검사하는 기능이 제2의 독립된 항목으로 간주되어 공통원인고장을 방지한다. 중요 출력회로에는 내재적 장애 안전성을 강화하기 위하여 Watch Dog를 설치한다.

(3) 내재적 고장안전(Inherent Fail-safety)

이 기술은 단일 항목으로 안전 기능을 수행하되, 해당 항목에서 발생할 수 있는 모든 신뢰성 있는 고장 모드가 비-위험(non-hazardous) 상태로 귀결되도록 설계하는 것이다. 즉, 부품이나 시스템의 고유한 물리적 특성으로 인해 고장이 나더라도 본질적으로 위험을 초래하지 않는 방식이다. 예를 들어, 중력에 의해 자동으로 차단되는 밸브나, 코일의 전원이 끊기면 자동으로 '정지' 신호를 보내는 계전기(Relay)가 이에 해당한다. 이는 복합적 또는 반응적 고장안전 시스템 내에서도 독립성을 보장하거나, 고장 감지 시 시스템을 안전하게 종료시키는 데 사용될 수 있다. I/O 인터페이스는 위험고장으로부터 기기를 보호하기 위하여 비활성화를 원칙으로 하는 방법이 있다.

9.2 개발 생명주기와 안전성 활동(V&V)

KTCS-2의 안전성은 최종 단계에서 검증되는 것이 아니라, 개발 초기 개념 단계부터 체계적으로 구축된다. 이를 위해 국제 표준에 부합하는 엄격한 개발 프로세스와 검증 및 확인(Verification & Validation, V&V) 활동이 전 생명주기에 걸쳐 통합적으로 수행된다. 이 절차적 프레임워크는 안전이 시스템에 내재화되도록 보장하는 핵심적인 임무를 한다.

9.2.1 V-모델 프레임워크 : 검증 및 확인(V&V)의 통합

KTCS-2와 같은 안전 최우선 시스템(Safety-Critical System) 개발에는 V-모델이 적용된다. V-모델은 폭포수 모델의 확장된 형태로, 개발 단계와 테스트 단계가 'V'자 형태로 대칭을 이루는 것이 특징이다.

V-모델의 핵심은 개발 생명주기의 각 단계(요구사항 분석, 시스템 설계, 아키텍처 설계, 모듈 설계 등)마다 그에 상응하는 테스트 단계(인수 테스트, 시스템 테스트, 통합 테스트, 단위 테스트

등)가 존재한다는 점이다. 이는 테스트 활동이 코딩이 완료된 후에 시작되는 것이 아니라, 프로젝트 초기 요구사항 분석 단계부터 계획되고 설계됨을 의미한다. 이러한 구조는 각 개발 단계의 산출물이 다음 단계로 넘어가기 전에 철저히 검증되도록 보장하며, 모든 요구사항이 설계에 반영되고, 코드로 구현되며, 최종적으로 테스트를 통해 입증되었는지를 추적할 수 있는 강력한 기반을 제공한다. 이처럼 체계적인 문서화와 추적성은 다음에 설명할 안전성 증명(Safety Case)을 위한 객관적인 증거를 생성하는 데 필수적이다.

9.2.2 선제적 위험 식별 및 리스크 평가

KTCS-2 개발 생명주기 전반에 걸쳐 IEC 6228과 같은 국제 철도 표준에서 요구하는 체계적인 안전성 분석 활동이 수행된다. 이러한 활동은 잠재적 위험을 설계 초기 단계에서부터 식별하고 제거하거나 통제하기 위해 수행된다.

- HAZOP(Hazard and Operability Study, 위험 및 운전성 분석) : 설계 초기 단계에서 다분야 전문가로 구성된 팀이 시스템의 정상적인 운용 파라미터(예 데이터 전송 속도, 압력, 온도)에서 벗어나는 '이탈(Deviation)' 상황을 체계적으로 도출하고, 그로 인해 발생할 수 있는 잠재적 위험과 운전상의 문제점을 식별하는 선제적 위험 분석 기법이다.
- FMEA(Failure Mode and Effects Analysis, 고장 모드 및 영향 분석) : 시스템을 구성하는 각 부품이나 서브시스템이 어떤 형태로 고장(고장 모드)날 수 있으며, 그 고장이 시스템 전체에 미치는 영향을 분석하는 상향식(Bottom-up) 분석 기법이다. 이를 통해 위험도가 높은 고장 모드를 식별하고 우선적으로 개선 대책을 수립할 수 있다.
- FTA(Fault Tree Analysis, 결함수 분석) : '열차가 정지신호를 위반함'과 같은 치명적인 상위 이벤트(Top Event)를 먼저 정의하고, 이러한 최상위 위험을 유발할 수 있는 하위 시스템의 고장이나 인적 오류의 모든 조합을 논리적으로 추적해 나가는 하향식(Top-down) 분석 기법이다.

이러한 분석 활동의 결과는 '위험원 관리대장(Hazard Log)'이라는 문서에 체계적으로 기록 및 관리된다. 위험원 관리대장은 식별된 모든 위험, 그에 대한 완화 조치, 그리고 해당 조치가 검증되었는지 여부를 프로젝트 전 생명주기에 걸쳐 추적하는 살아있는 문서(Living Document)이다.

9.2.3 위험원 분석에 대한 설명

(1) 시기 : PDR(Preliminary Design Review) 단계

PDR(Preliminary Design Review, 예비 설계 검토)은 시스템 개발 초기, 기본 설계(Preliminary Design)가 완료된 시점에 수행하는 공식적인 기술 검토 회의이다.

본격적인 상세 설계에 들어가기 전에 "우리가 설정한 큰 그림(기본 설계)이 요구사항을 잘 만족시키고, 기술적으로 실현 가능하며, 예산과 일정 내에 개발할 수 있는가?"를 점검하고 승인하는 과정이다. 주요 분석사항은 다음과 같다.

- **시스템 아키텍처** : 시스템 전체의 구조와 구성 요소들이 어떻게 나뉘고 연결되는지 검토한다.
- **주요 설계 결정사항** : 여러 기술적 대안 중 왜 현재의 설계를 선택했는지에 대한 근거(Trade-off Study 결과)를 검토한다.
- **인터페이스 정의** : 시스템 내부 구성 요소 간 또는 외부 시스템과의 연동 방식이 명확하게 정의되었는지 확인한다.
- **소프트웨어/하드웨어 설계** : 각 부분의 예비 설계 내용과 규격을 검토한다.
- **위험 분석 결과** : 식별된 위험 요소와 그에 대한 완화 계획을 평가한다.
- **시험 및 검증 계획** : 앞으로 만들어질 시스템을 어떻게 테스트하고 검증할지에 대한 초기 계획을 검토한다.

(2) PHA

시스템 예비 위험 분석(System Preliminary Hazard Analysis : PHA)에는 시스템의 설계, 설치 및 운영에서 다루어야하는 모든 주요 잠재 위험을 포함하며 주요 분석은 다음과 같다.
① 사고로 이어질 수 있는 모든 잠재적 위험 및 위험한 사건 식별
② 식별된 위험한 사건의 심각도에 따라 순위를 정한다.
③ 필수 유해 요인 통제 및 후속 조치 식별

(3) SHA

시스템 위험 분석(System Hazard Analysis : SHA)은 다음 사항을 분석한다.
① 시스템이 시스템 사양 및 기타 관련 문서에 포함 된 안전 요구 사항을 준수하는지 확인한다.
② 서브시스템 인터페이스 및 시스템 기능 결함과 관련된 위험을 식별한다.
③ 소프트웨어 및 특히 서브시스템 인터페이스의 전체 시스템 설계와 관련된 위험을 평가한다.
④ 확인된 위험 요소를 제거하고 관련 위험을 수용 가능한 수준으로 통제하기 위해 필요한 조치를 권고한다.

(4) SSHA

서브시스템 유해 요인 분석(Sub-System Hazard Analysis : SSHA)의 목적은 설계 초기에 가능한 오류를 식별하고 분석하여 라인 교체 가능 장치(LRU)에서 확인된 중요한 오류를 제거, 최소화 또는 제어 할 수 있는 적절한 조치를 취하는 것이다.

(5) O&SHA

운영 및 지원위험분석(Operating and Support Hazard Analysis : O&SHA)은 다음 사항을 분석한다.
① 운영 및 운영 작업 관점에서 안전 초점을 제공한다.
② 설계, 하드웨어 오류, 소프트웨어 오류, 사람의 실수, 타이밍 등으로 인해 발생하는 작업 또는 운영상의 위험을 식별한다.
③ 사고의 위험을 평가한다.
④ 운영 작업 위험을 줄이기 위해 설계 시스템 안전 요구사항(SSR)을 식별한다.
⑤ 모든 작동 절차가 안전한지 확인한다.

9.2.4 지속적인 검증 : 소프트웨어 및 하드웨어 무결성 확보

V-모델의 오른쪽 단계에서는 개발 산출물에 대한 지속적인 검증이 이루어진다. 특히 소프트웨어의 의존도가 높은 최신 열차제어시스템의 특성상, 소프트웨어의 분석, 시험 및 검증은 철도안전법에 의해 법적으로 의무화되어 있다. 정적 코드 분석, 형식 기법(Formal Methods)을 통한 수학적 증명, 시뮬레이션 기반 테스트, 그리고 실제 하드웨어에서 소프트웨어를 시험하는 HIL(Hardware-in-the-Loop) 테스트 등 다양한 기법이 동원되어 소프트웨어의 무결성을 확보한다.

9.2.5 시스템 레벨 확인 : 통합, 현장 시험 및 RAMS

개발의 최종 단계에서는 완성된 시스템 전체를 대상으로 실제 운영 환경에서의 성능과 안전성을 확인(Validation)한다. KTCS-2의 경우, 전라선(익산~여수엑스포) 180km 구간에서 수행된 시범사업이 바로 이 시스템 레벨의 확인 단계에 해당한다. 이 현장 시험을 통해 시스템이 실험실 환경을 넘어 실제 철도 환경의 다양한 변수 속에서도 안정적으로 작동하는지를 최종적으로 입증하였다.

이 과정에서 시스템은 RAMS(신뢰성, 가용성, 정비성, 안전성) 목표 달성 여부를 평가받는다. 특히 안전성(Safety)과 가용성(Availability)은 때로 상충 관계에 있을 수 있다. 예를 들어, 아주 사소한 이상에도 시스템을 정지시킨다면 안전성은 극대화되지만 열차 운행이 불가능해져 가용성은 현저히 떨어진다. 따라서 개발 과정의 목표는 이러한 RAMS 요소들을 시스템 요구사항에 맞게 최적화하여 균형을 맞추는 것이다.

[표 9-2] KTCS-2 V-모델 단계와 검증 및 확인(V&V) 활동 매핑

개발 단계 (V-Model Left Side)	주요 활동	주요 산출물	검증 및 확인 단계 (V-Model Right Side)	주요 활동	생성 증거
요구사항 분석	시스템 안전 요구사항 정의	시스템 안전 계획서	인수 확인	운영자 요구사항 만족도 검증	인수 시험 보고서
시스템 설계	예비 위험 분석 (PHA), HAZOP	시스템 설계 명세서, 위험원 관리대장	시스템 확인	전라선 시범사업 현장 시험	현장 시험 보고서
아키텍처 설계	FMEA, FTA	아키텍처 설계서	통합 검증	차상/지상 장치 연동 시험	통합 시험 보고서
모듈 설계 및 코딩	단위 기능 구현, 코드 리뷰	소스 코드, 상세 설계서	단위 검증	소프트웨어 모듈 단위 시험	단위 시험 보고서

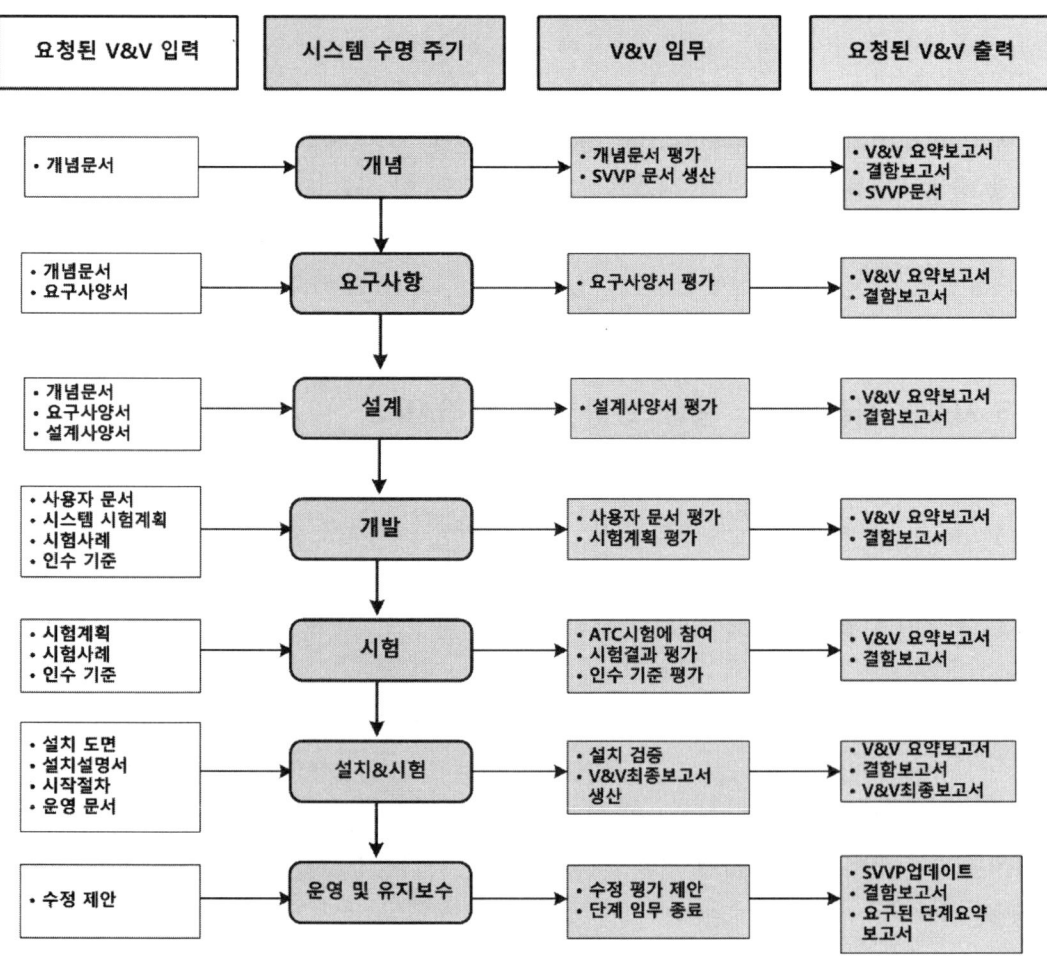

[그림 9-1] V&V 계획 개요

9.3 안전무결성등급(SIL)의 이해와 적용

KTCS-2의 안전성은 철학적 원칙과 절차적 엄격함뿐만 아니라, 국제적으로 공인된 정량적 목표를 통해 입증된다. 그 목표가 바로 안전무결성등급(Safety Integrity Level, SIL)이며, KTCS-2는 철도 분야에서 요구되는 가장 높은 등급인 SIL 4를 획득하였다. 이는 KTCS-2의 안전성을 객관적으로 증명하는 핵심 지표이다.

9.3.1 CENELEC/IEC 표준의 안전무결성등급(SIL) 이해

SIL은 IEC 61508(산업 전반의 기능 안전) 및 CENELEC EN 5012x 시리즈(철도 분야 특화)와 같은 국제 표준에서 정의하는 안전성능의 척도이다. 이는 특정 안전 관련 시스템이 위험을 얼마나 효과적으로 감소시키는지를 4개의 등급(SIL 1 ~ SIL 4)으로 나타낸다. SIL 4가 가장 높은 등급이며, 등급이 한 단계 올라갈수록 위험한 고장 발생 확률이 약 10배씩 낮아지는 것을 의미한다. 즉, SIL 4는 시스템에 극도로 높은 수준의 신뢰성과 안전성이 요구됨을 뜻한다.

9.3.2 SIL 4 요구의 당위성 : 최고 등급 무결성 목표의 정당화

고속으로 운행하는 열차의 간격을 제어하는 KTCS-2와 같은 핵심적인 열차보호시스템의 고장은 대규모 충돌이나 탈선과 같은 파국적인 사고로 이어질 수 있다. 이러한 잠재적 위험의 심각성을 고려할 때, 시스템에는 가장 높은 수준의 위험 감소 능력이 요구되며, 이는 곧 SIL 4 등급의 목표 설정을 정당화한다. 다수의 자료를 통해 KTCS-2의 차상장치와 지상장치 모두가 SIL 4 인증을 획득했음이 확인된다.

9.3.3 SIL 4 인증 진로 : 독립 안전성 평가 기관(ISA)의 역할

SIL 4 인증은 개발사의 자체적인 선언으로 획득할 수 없다. 이는 공인된 독립 안전성 평가 기관(ISA, Independent Safety Assessor)에 의한 엄격하고 독립적인 평가 과정을 거쳐야만 한다. ISA는 개발 생명주기 전반에 걸쳐 생성된 모든 안전 관련 증거들을 검토한다. 여기에는 안전 계획, 요구사항 명세서, 2oo2와 같은 하드웨어 설계 자료, FMEA 및 HAZOP과 같은 위험 분석 보고서, V-모델에 따른 모든 검증 및 확인 시험 결과가 포함된다. ISA는 제출된 증거들이 SIL 4에 요구되는 정량적, 정성적 요구사항을 모두 만족시킨다는 확신이 있을 때에만 인증서를 발급한다. 따라서 SIL 4 인증은 KTCS-2의 안전 철학과 개발 프로세스가 국제 표준에 따라 올바르고 효과적으로 이행되었음을 제3자가 객관적으로 증명하는 것이다.

9.3.4 SIL 4 획득의 파급 효과 : 기술 주권 확보와 글로벌 경쟁력

국내 독자 기술로 개발된 KTCS-2가 SIL 4 인증을 획득한 것은 단순한 기술적 성과를 넘어선 전략적 의미를 지닌다.

첫째, 이는 한국의 철도신호 기술이 가장 엄격한 유럽 표준(EN) 및 국제 표준(IEC)을 완벽하게 준수함을 증명하는 것이다. 이를 통해 그동안 해외 기술에 의존해왔던 고속철도신호 시스템 분야에서 기술 주권을 확보하게 되었다. 이는 경부고속선 사업 등에 적용 시 외산 시스템 대비 약 1.2조 원 이상의 예산 절감 효과를 가져올 것으로 기대된다.

둘째, SIL 4 인증은 세계 시장으로 나아갈 수 있는 '기술 여권'과 같다. 국제적으로 통용되는 최고 안전 등급을 확보함으로써, KTCS-2는 해외 철도 시장에 진출할 수 있는 강력한 경쟁력과 신뢰성을 갖추게 되었다. 이는 국내 철도 산업의 수출 증대와 위상 강화에 기여할 중대한 이정표이다.

[표 9-3] 안전무결성등급(SIL) 정의 및 요구사항(IEC 61508/EN 50129 기반)

SIL 등급	시간당 허용 가능한 위험측 고장률 (THR) - 연속모드	위험 감소 계수 (RRF)	정성적 요구사항 예시
SIL 4	$\geq 10^{-9}$ to $< 10^{-8}$	100,000 to 1,000,000	완전한 독립성을 갖춘 평가, 형식 기법 사용 권고
SIL 3	$\geq 10^{-8}$ to $< 10^{-7}$	10,000 to 100,000	독립적인 부서에 의한 평가, 엄격한 문서화
SIL 2	$\geq 10^{-7}$ to $< 10^{-6}$	1,000 to 10,000	체계적인 설계 및 테스트, 동료 검토
SIL 1	$\geq 10^{-6}$ to $< 10^{-5}$	100 to 1,000	기본적인 안전 생명주기 준수

9.4 안전기능평가(GA & SA)

안전기능평가에서 중요한 개념인 일반적용(Generic Application, GA)과 특별적용(Specific Application, SA)은 다음과 같이 설명이 가능하다. 이 두 개념은 안전 관련 시스템, 특히 철도 신호 시스템의 안전성을 입증하는 과정인 '안전성 사례(Safety Case)'의 핵심 요소이다. 자동차를 예로 들면 다음과 같다.

(1) 일반적용(Generic Application, GA) : 잘 만들어진 '엔진' 그 자체

일반적용(GA)은 특정 설치 환경이나 조건에 구애받지 않고, 제품이나 시스템 자체가 안전 요구사항을 만족하는지를 입증하는 단계이다. 즉, "이 제품은 어떤 환경에 갖다 놔도 명시된 안전 기능만큼은 확실하게 수행한다"는 것을 보증하는 것이다.

[그림 9-2] KTCS-2 GA 기능평가보고서

- **비유** : 자동차 제조사가 새로 개발한 '신형 엔진'에 대해 자체적으로 수많은 테스트를 거쳐 "이 엔진은 어떤 차종에 장착되더라도 명시된 출력과 안정성, 안전 기준을 충족한다"고 성능 인증을 받는 것과 같다. 이 엔진은 아직 특정 자동차 모델에 장착되기 전의 '순수한 엔진' 그 자체이다.
- **신호시스템 예시** : 새로운 전자연동장치(IXL)나 차상신호장치(ATP)를 개발했다고 가정해 보자. 이 장치가 특정한 노선(예 서울 지하철 2호선)에 설치되는 것을 고려하지 않고, 장비 자체의 하드웨어와 소프트웨어가 안전무결성수준(SIL 4) 요구사항을 만족하는지, 내부 로직이 안전 원칙에 따라 설계되었는지 등을 평가하고 입증하는 과정이 바로 GA이다.
- **핵심** : '제품 자체'의 안전성을 증명하는 단계이다.
- **산출물** : GA 안전성 사례(Generic Application Safety Case, GASC)가 나온다. 이 문서는 이 제품이 안전하게 설계되고 제작되었음을 증명하는 '성적표'와 같다.

(2) 특별적용(Specific Application, SA) : '엔진'을 '자동차'에 장착하여 검증하기

특별적용(SA)은 GA에서 안전성을 입증받은 제품이나 시스템을 실제 특정 환경(노선, 역사 등)에 설치할 때의 안전성을 입증하는 단계이다. 즉, "안전한 제품을 가져와서 우리가 원하는 특정 환경에 맞게 적용했는데, 이 전체 시스템이 안전하다"는 것을 보증하는 것이다.

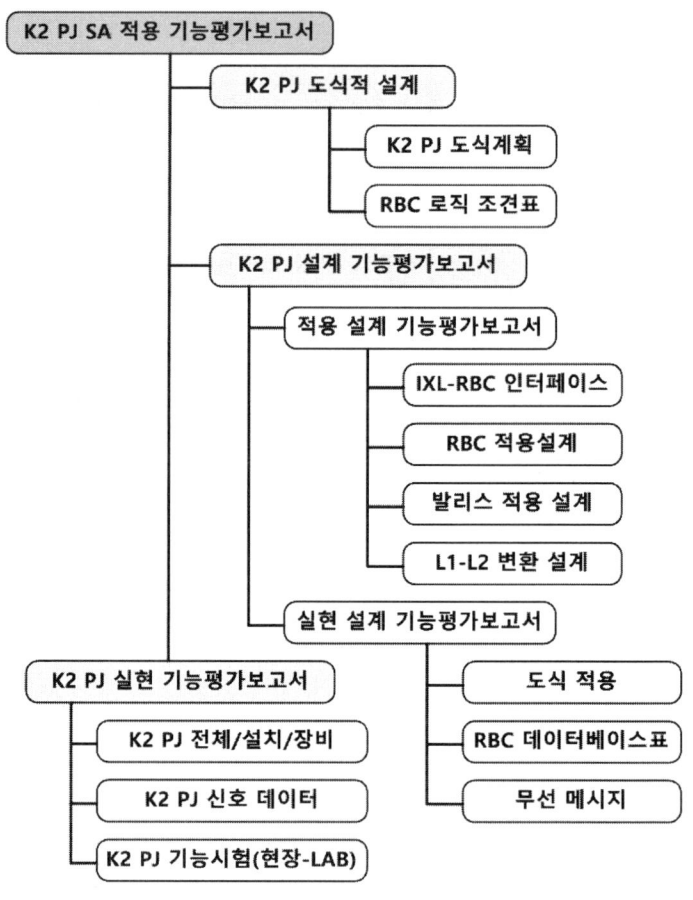

[그림 9-3] KTCS-2 SA 기능평가보고서

- 비유 : GA 인증을 받은 '신형 엔진'을 '소나타'라는 특정 자동차 모델에 장착하는 과정이다. 엔진 자체는 안전하지만, 이 엔진이 소나타의 변속기, 차체, 전자장비와 잘 맞물려 돌아가는지, 소음이나 진동 문제는 없는지, 최종적으로 '소나타'라는 완성된 자동차가 도로를 안전하게 달릴 수 있는지를 검증해야 한다.
- 신호 시스템 예시 : GA 안전성 사례가 확보된 전자연동장치(IXL)를 '수도권 광역급행철도 (GTX-A) 노선'에 실제 설치하는 경우를 생각하면, IXL이 GTX-A 노선의 특정 선로 배치, 신호기 위치, 다른 시스템(관제, 통신 등)과의 인터페이스와 연동될 때 아무런 문제 없이 안전 목표를 달성하는지를 평가하는 것이 SA이다. 기존 시스템과의 연동, 노선 데이터의 정확성, 운영 규칙 적용 등이 모두 평가 대상이 된다.
- 핵심 : '제품 + 적용 환경'의 결합된 안전성을 증명하는 단계이다.
- 산출물 : SA 안전성 사례(Specific Application Safety Case, SASC)가 나온다. 이는 GA 안전성 사례를 바탕으로, 특정 적용 환경의 위험 분석과 안전 대책을 추가하여 최종적으로 "이 노선에 이 시스템을 적용하는 것은 안전하다."고 선언하는 '최종 합격 증명서'이다.

신호 엔지니어는 보통 GA가 완료된 신뢰성 있는 제품을 가지고 와서, 우리가 담당하는 특정 노선이나 프로젝트라는 '특별한(Specific)' 환경에 맞게 안전하게 설치하고 연동하는 SA 단계의 업무를 주로 수행하게 된다. 따라서 GA 안전성 사례를 올바르게 이해하고, 이를 바탕으로 실제 현장의 특수성을 반영한 SA 안전성 사례를 구축하는 능력이 매우 중요하다.

9.5 시스템 승인 및 인증절차

KS-2의 안전성은 개발사의 내부적인 노력과 독립 평가 기관의 인증을 넘어, 국가의 법적, 행정적 승인 절차를 통해 최종적으로 공인된다. 대한민국에서는 '철도안전법'이 이 절차의 근간을 이루며, 국토교통부의 감독 하에 여러 단계에 걸친 체계적인 검증이 이루어진다. 이 과정은 기술 개발 프로세스와 병행되는 법적 강제성을 지닌 독립적인 V&V 활동으로, 안전 보증 체계의 마지막 방어선 임무를 한다.

9.5.1 규제 환경 : 철도안전법

KTCS-2와 같은 열차제어시스템은 철도안전법상 '철도용품'으로 분류되어, 시장에 출시하고 실제 노선에 설치하기 전에 반드시 국토교통부 장관의 승인을 받아야 한다. 실제 검사 업무는 국토교통부로부터 위탁받은 한국교통안전공단(TS)과 같은 '검사기관'이 수행한다. 이 승인 절차는 크게 형식승인, 제작자승인, 완성검사의 세 단계로 구성된다.

9.5.2 1단계 : 형식승인 – 설계의 타당성 검증

형식승인은 제품의 '설계' 자체가 관련 기술 기준과 안전 요구사항을 만족하는지를 검증하는 가장 핵심적인 첫 단계이다. 신청자는 시스템의 설계 명세서, 안전성 분석 자료, 시험 절차서 등 방대한 기술 자료를 검사기관에 제출해야 한다.

- **사전기술검토** : 본 심사 전 신청자의 요청에 따라 검사 범위 및 일정 등을 협의하는 단계로, 원활한 승인 절차 진행을 돕는다.
- **설계적합성검사** : 검사기관이 제출된 설계 관련 문서를 면밀히 검토하여, 설계가 법적 기술 기준에 부합하는지를 평가한다.
- **합치성검사** : 제작된 시제품이 승인된 설계와 정확히 일치하게 제작되었는지를 확인하는 과정이다.

- **용품형식시험** : 시제품을 대상으로 성능 및 안전 시험을 수행하여 설계 목표를 만족하는지 실증적으로 검증한다.

이 모든 과정을 통과하면 '형식승인 증명서'가 발급되며, 이는 KTCS-2의 설계 자체가 국가로부터 안전성과 성능을 공인받았음을 의미한다.

9.5.3 2단계 : 제작자 승인 – 생산 공정의 신뢰성 검증

형식승인이 제품 설계를 검증하는 것이라면, 제작자승인은 해당 제품을 '지속적으로 동일한 품질로 생산할 수 있는 능력'을 갖추었는지, 즉 제조사의 품질관리체계를 검증하는 단계이다. 검사기관은 제조사의 생산 시설, 품질 관리 절차, 협력업체 관리 시스템 등을 현장 실사를 통해 평가한다. 이는 승인된 설계가 양산 과정에서 변질되지 않고 일관된 품질로 구현될 수 있음을 보장하는 중요한 절차이다.

9.5.4 3단계 : 완성검사 – 최종 설치 상태 검증

완성검사는 형식승인과 제작자 승인을 모두 통과한 제품이 특정 철도 노선에 최종적으로 설치된 후, 상업 운행에 들어가기 직전에 받는 마지막 검사이다. 이 단계에서는 시스템이 설계된 대로 정확하게 설치되었는지, 주변 설비와 정상적으로 연동되는지, 그리고 실제 운행 환경에서 안전하게 작동하는지를 현장에서 확인한다. 시운전 입회 등을 통해 최종적인 운영 적합성을 판정받아야 비로소 KTCS-2는 실제 승객을 태우고 운행할 수 있게 된다.

이처럼 대한민국의 철도용품 승인 제도는 설계(형식승인), 생산(제작자승인), 설치(완성검사)라는 제품의 전 과정에 걸쳐 국가가 안전성을 다층적으로 확인하는 체계적인 프레임워크이다. 개발 과정에서 V-모델을 통해 생성된 각종 설계 문서와 시험 보고서는 바로 이 법적 승인 절차를 통과하기 위한 핵심 증거 자료로 활용되며, 이는 기술적 안전 확보 노력과 법적 규제가 긴밀하게 연동되어 있음을 보여준다.

[표 9-4] KTCS-2 대한민국 규제 승인 절차 개요

단계	한국어 용어	주요 목표	핵심 활동	주관 기관 (신청자, 국토부, 검사기관)	최종 산출물
1. 설계 검증	형식승인	제품 설계의 기술 기준 및 안전성 적합성 검증	설계적합성검사, 합치성검사, 형식시험	신청자, 국토부, 검사기관	형식승인 증명서
2. 생산 검증	제작자승인	승인된 설계를 일관된 품질로 생산할 능력 검증	품질관리체계 및 생산공정 심사	신청자, 국토부, 검사기관	제작자승인 증명서
3. 설치 검증	완성검사	실제 노선에 설치된 시스템의 최종 안전성 및 성능 확인	현장 설치 상태 검사, 시운전 입회	신청자, 국토부, 검사기관	완성검사 증명서

9.6 안전성 증명(Safety Case) 사례

지금까지 논의된 안전 철학, 개발 프로세스, 정량적 목표 달성, 법적 승인 등 모든 안전 활동의 결과물은 최종적으로 '안전성 증명(Safety Case)'이라는 하나의 문서로 집대성된다. Safety Case는 단순히 문서들을 모아놓은 것이 아니라, "왜 이 시스템이 주어진 환경과 용도에 대해 충분히 안전한가"라는 질문에 대해 논리적이고 설득력 있는 주장을 증거를 통해 입증하는 체계적인 논증 그 자체이다.

9.6.1 Safety Case의 목적과 구조

Safety Case는 '주어진 적용 분야와 환경에 대해 시스템이 충분히 안전하다는 것을 설득력 있고 타당한 논거로 제시하는 증거들의 집합체'로 정의된다. 이는 운영 승인을 정당화하는 최종 결과물로서, 시스템의 안전성을 주장(Claim)하고, 그 주장을 뒷받침하는 논거(Argument)를 제시하며, 각 논거를 입증하는 증거(Evidence)로 연결되는 명확한 구조를 가져야 한다.

9.6.2 목표 구조화 표기법(GSN) 소개

이러한 안전 논증을 명확하고 체계적으로 시각화하기 위해 사용되는 대표적인 표기법이 바로 GSN(Goal Structuring Notation)이다. GSN은 안전 주장을 그래픽 기호로 표현하여 복잡한 논증 구조를 쉽게 이해하고 검토할 수 있도록 돕는다. 주요 구성 요소는 다음과 같다.

- Goal(목표) : 입증하고자 하는 주장 (예 "시스템은 안전하다"). 직사각형으로 표현.
- Strategy(전략) : 상위 목표를 여러 하위 목표로 분해하는 논증의 접근 방식(예 '설계, 프로세스, 검증을 통해 안전성 입증'). 평행사변형으로 표현.
- Solution(해결책/증거) : 목표를 직접적으로 뒷받침하는 증거 자료(예 시험 성적서, 인증서). 원으로 표현.
- Context(맥락), Assumption(가정), Justification(정당화) : 논증을 보충 설명하는 요소들.

GSN의 가장 큰 장점은 최상위 안전 목표로부터 개별 증거 자료에 이르기까지 모든 논리적 연결 고리를 시각적으로 추적할 수 있다는 점이다.

9.6.3 KTCS-2에 대한 최상위 GSN 논증 구성

이 장의 내용을 종합하여 KTCS-2의 Safety Case를 위한 최상위 GSN 논증을 다음과 같이 간략하게 구성할 수 있다. 이는 전체 안전 보증 프레임워크가 어떻게 하나의 일관된 주장으로 통합되는지를 명확히 보여준다.

- **최상위 목표(G1)** : "KTCS-2 시스템은 대한민국 고속선 운영 환경에서 허용 가능한 수준으로 안전하다."
- **맥락(C1)** : "최고속도 320km/h 환경에서의 운영 및 대한민국 철도안전법 규제 준수를 전제로 한다."
- **전략(S1)** : "견고한 안전 철학, 엄격하고 인증된 개발 프로세스, 최고 국제 표준에 따른 독립적 검증, 그리고 국내 규제 요건의 완전한 준수를 입증함으로써 논증한다."
- **전략 S1에 따른 하위 목표**
  - 목표(G1.1) : "KTCS-2 시스템 아키텍처는 근본적으로 Fail-Safe 원칙에 기반한다."
    - ▶ 증거(Sn1.1.1) : '2 out of 2' 이중계 아키텍처를 명시한 설계 명세서(I 섹션 참조)
  - 목표(G1.2) : "시스템은 구조화된 안전 지향 생명주기 프로세스를 통해 개발 및 확인되었다."
    - ▶ 증거(Sn1.2.1) : V-모델 개발 프로세스 정의서
    - ▶ 증거(Sn1.2.2) : 위험원 관리대장 및 FMEA/HAZOP 분석 보고서
    - ▶ 증거(Sn1.2.3) : 전라선 시범사업 현장 확인 보고서
  - 목표(G1.3) : "시스템은 최고 정량적 안전 목표인 SIL 4를 충족함을 독립적으로 인증받았다."
    - ▶ 증거(Sn1.3.1) : 공인된 독립 안전성 평가 기관(ISA)이 발급한 차상/지상 장치 SIL 4 인증서
  - 목표(G1.4) : "시스템은 국내 규제 당국으로부터 운영에 필요한 모든 법적 승인을 획득하였다."
    - ▶ 증거(Sn1.4.1) : 국토교통부/한국교통안전공단 발행 형식승인 증명서
    - ▶ 증거(Sn1.4.2) : 제작자승인 증명서

이 GSN 구조는 "KTCS-2는 안전하다"는 최상위 주장이 공허한 선언이 아님을 보여준다. 이 주장은 명확한 전략에 의해 뒷받침되며, 각 전략은 구체적인 하위 목표들로 나뉜다. 그리고 이

하위 목표들은 결국 V&V 프로세스를 통해 생성된 실제 인증서, 보고서, 설계 문서라는 구체적인 증거(Solution)에 의해 입증된다. 이처럼 Safety Case는 전체 안전 생명주기 활동을 하나의 논리적이고 방어 가능한 주장으로 엮어내는 최종적인 종합체이다.

제10장 성능 검증 및 적용 사례

아무리 뛰어난 기술이라도 실제 현장에서 그 성능과 안정성이 입증되지 않으면 의미가 없다. 이번 장에서는 KTCS-2가 대한민국 철도 현장에 적용되어 성공적으로 성능을 검증받은 대표적인 사례들을 살펴보도록 하자.

10.1 KTCS-2 RAMS 요구사항

10.1.1 신뢰성

가. 계약상대자는 한국형 열차제어시스템(KTCS-2)의 고장을 정의하고, 정의된 각각의 고장에 대하여 발생확률을 정량적으로 제시하고 본 제안요청서에서 요구하는 신뢰도 정량목표 이상임을 입증하여야 한다.

나. 계약상대자는 한국형 열차제어시스템(KTCS-2) 전체의 신뢰도 목표를 제시해야 하며, IEC 6228의 수명주기 단계별로 KTCS-2의 신뢰성을 관리해야 한다.

다. 신뢰성관리의 최소단위는 현장교체 최소단위(LRU)로 하며, 독립안전평가기관(ISA)의 평가를 받아 제출해야 한다.

단, 이미 적합성 평가를 받은 장비를 제외할 수 있으나 현행 기준(관련 법규 포함) 및 전라선의 노선환경에 따라 변경이 필요한 설비는 독립안전평가기관(ISA)의 평가를 받아야 한다.

라. 무선폐색센터(RBC)의 고장유형별 목표는 다음 사항을 만족하여야 한다.

① 이동불능고장 MTBF-ITKR 3.5×10^8 hours 이상
② 이동불능고장률 2.86×10^{-9}/hour
③ 서비스고장 MTBF-STKR $4.0 \times$ hours 이상
④ 서비스고장률 2.50×10^{-8}/hour
⑤ 경미한고장 MTBF-MTKR 1.0×105hours 이상
⑥ 경미한고장률 1.00×10^{-5}/hour

마. 고장유형별 정의는 아래와 같다.
① 이동불능고장(Immobilizing Failure)

가장 심각한 수준의 고장으로 이동불능고장은 시스템의 문제로 인해 둘 이상의 열차가 정상적인 시스템 감독 하에 운행할 수 없게 되어, 기관사가 주변을 직접 살피며 운전해야 하는 'On-Sight' 모드로 전환되는 상황을 야기한다.
- **핵심 기준** : 2대 이상의 열차에 운행 지장을 초래
- **영향** : 광범위한 운행 지연 및 관제 부담 가중
- **예시**
  ㉠ 무선폐색센터(RBC)의 주요 기능 상실로 관할 구역 내 다수 열차의 운행허가(MA, Movement Authority) 정보 전송이 중단되는 경우
  ㉡ 여러 선로전환기 또는 신호기를 제어하는 연동장치의 심각한 오류

② 서비스고장(Service Failure)

중간 수준의 고장으로, 시스템 문제로 인해 최대 한 대의 열차만 'On-Sight' 모드로 전환되는 경우를 말한다. 즉, 고장의 영향이 단일 열차에 국한된다.
- **핵심 기준** : 1대의 열차에만 운행 지장을 초래
- **영향** : 해당 열차 및 후속 열차의 부분적인 운행 지연 발생
- **예시**
  ㉠ 특정 열차와 RBC 간의 무선 통신(GSM-R)이 일시적으로 두절되는 경우
  ㉡ 단일 열차의 차상장치(On-board Unit)에 문제가 발생하여 운행 정보를 정상적으로 수신하지 못하는 경우
  ㉢ 선로변에 설치된 특정 지상자(Balise)가 고장나 해당 지점을 통과하는 열차 하나에만 영향을 미치는 경우

③ 경미한고장(Minor Failure)

가장 낮은 수준의 고장이다. 이 고장은 열차 운행에 직접적인 지장을 주지는 않지만, 예상치 못한 유지보수를 필요로 하는 경우를 의미한다. 이동불능고장이나 서비스고장으로 분류되지 않는 모든 고장이 여기에 해당한다.
- **핵심 기준** : 즉각적인 운행 지장은 없으나, 예정에 없던 유지보수 필요
- **영향** : 시스템의 신뢰도 저하 가능성, 유지보수 비용 발생
- **예시**
  ㉠ 시스템의 이중화된 구성 요소 중 하나에 장애가 발생했지만, 나머지 하나가 정상 작동하여 운행에는 문제가 없는 경우(예 전원 공급 장치, 데이터 처리 장치)
  ㉡ 시스템 진단 프로그램에서 비정상적인 로그나 경고가 감지되었으나, 기능 수행에는 영향이 없는 경우

10.1.2 가용성

무선폐색센터(RBC)의 고장유형별 가용도 목표는 다음 사항을 만족하여야 한다.
가. **이동불능 고장 관련 가용도 99.999% 이상**
나. **서비스고장 관련 가용도 99.99% 이상**
다. **경미한 고장 관련 가용도 99.5% 이상**

본 사업의 한국형 열차제어시스템(KTCS-2)이 연간 서비스를 제공하지 못할 평균시간을 예측하여야 하며, 예측에 적용된 가정과 중간과정을 제시해야 한다.

10.1.3 안전성

가. 계약상대자가 구축하는 전체시스템의 안전성을 입증하기 위하여 IEC 6228 및 IEC 62425를 적용하여 수명주기 단계별로 수행하기 위한 계획을 사업 착수 시 제시해야 하며, 독립안전평가(ISA)기관의 평가결과를 공단에 제출해야 한다. 또한 사고를 정의하고 한국형 열차제어시스템(KTCS-2) 전체의 위험도 허용수준을 정의한 후 모든 위험원의 위험도가 허용수준으로 제어됨을 입증해야 한다.
나. 독립안전평가(ISA)기관의 평가는 계약상대자가 구축한 시험 범위 전체에 대한 안전성 인증 활동(SA)으로 한다.
다. 한국형 열차제어시스템(KTCS-2)의 안전관리는 최소한 아래의 위험원에 대하여 관리되어야 하며, 독립안전평가(ISA)기관의 평가에 따라 수명주기별 위험원을 추가하고 위험도를 관리하여야 한다.
　① 시스템 안전성 목표와 기준 정의 및 실행
　② 설계단계에서 사전평가 및 위험 확인
　③ 중요 안전회로와 기능의 조기 확인
　④ 비용 및 시간 측면에서 효과적인 방법으로 모든 위험을 관리 또는 제거
　⑤ 확인된 시정활동이 규정된 안전성 요구사항 달성에 적정함을 보증
　⑥ 시범사업의 위험도 허용수준은 다음의 매트릭스를 적용하여야 한다.

10.1.4 유지보수성

가. 계약상대자는 한국형 열차제어시스템(KTCS-2)의 예방유지보수와 교정유지보수 활동을 정의하고, 특히 교정유지보수에 대해서는 고장 발생 후 서비스 복구까지의 평균시간을 정량적으로 제시하여야 한다.

나. 계약상대자는 한국형 열차제어시스템(KTCS-2) 전체의 고장발생 후 서비스 불능에 소요되는 평균시간 목표를 제시해야 하며, IEC 6228의 수명주기 단계별로 유지보수도를 관리하여야 한다.

다. 한국형 열차제어시스템(KTCS-2)의 평균 MTTR은 1시간 이내(부품 이동시간 포함 최대 3시간 이내)로 되어야 한다.

10.1.5 고장분석

고장분석 자료의 작성과 관리는 관련규격 IEC 6228과 IEC 62425의 위험원목록(Hazard Log)의 요건을 만족해야 하며, 계약상대자는 독립안전성평가(ISA) 기관의 평가를 받아 준공 10일 전에 제출해야 한다. 단, 이미 적합성 평가를 받은 장비를 제외할 수 있으나 현행 기준(관련법규 포함) 및 전라선 노선환경에 따라 변경이 필요한 설비는 적합성을 평가받아야 한다.

가. 고장분석 자료는 국가의 철도안전 목표를 조사 분석하여 동등 이상임을 입증하도록 정량적 목표를 포함한 계획을 수립·시행하여야 한다.

나. 계약상대자는 신뢰성, 가용성, 유지보수성 및 안전성 목표입증에 사용된 고장률 및 수리율 등 정량적 수치에 대하여 준공 후 6개월 동안의 고장정보 수집과 분석을 통해 목표 수치를 입증하여야 한다.

10.1.6 독립안전평가(ISA)기관의 적합성 평가

가. 독립안전평가(ISA)는 국가표준기본법에 의한 IEC 6228, 6229, 62425, 62280에 대한 ISO/IEC 1020 또는 1065기관이 수행하여야 한다.

나. 계약상대자는 본 사업에 구축되는 한국형 열차제어시스템(KTCS-2)의 사업전반에 대한 RAMS를 IEC 6228, 6229, 62425, 62280에 따라 수행하고 독립안전성평가(ISA)기관으로부터 인증서를 획득하여야 한다.

다. 독립안전성평가(ISA)는 시험실(LAB)시험 및 종합시험운행이 평가범위에 포함되고, 그 결과가 인증서에 포함하여야 한다.

10.1.7. 최종 보고서 발행

설계부터 종합시험운행까지 단계별로 검증을 거쳐 모든 요구조건이 충족되었음이 준공 단계에서 성능 및 안전성이 최종 확인되어야 하며 준공 후 6개월간 신뢰성, 가용성, 유지보수성을 검증하여 준공 후 8개월 이내에 최종 보고서를 제출하여야 한다. 시스템 보증 및 안전성 프로그램은 신뢰성, 가용성, 유지보수성 및 안전성을 보증하여야 한다. 이 프로그램은 설계, 제작, 시험 및 영업운행을 포함한 사업의 모든 단계에서 적용되어야 한다.

시스템 보증 및 안전성 프로그램 계획을 수립하여 관리하여야 하며, 다음 사항을 포함하여야 한다.

- **가용성**
- **신뢰성**
- **유지보수성**
- **안전성**
- **고장분석**

10.2 최초의 시험대, 전라선 시범사업의 성공

모든 위대한 여정에는 첫걸음이 있듯이, KTCS-2의 역사적인 첫걸음은 전라선(익산~여수엑스포 구간)에서 시작되었다. 이곳은 KTCS-2가 실제 운행 노선에서 그 성능과 안전성을 증명해야 하는 '최초의 시험대'이자 핵심적인 '성능 검증'의 무대였다.

수많은 연구원의 땀과 노력이 담긴 시스템이 과연 시속 250km/h 이상으로 달리는 실제 열차 안에서, 그리고 시시각각 변하는 현장의 변수 속에서 완벽하게 작동할 것인가? 전라선 시범사업은 이 질문에 대한 답을 찾는 과정이었다. 결과는 대성공이었다. 시범운행을 통해 KTCS-2는 국제 표준(ETCS)과의 완벽한 호환성은 물론, 핵심 기능들의 안정적인 성능을 전 세계에 입증했다. 이 성공은 **'우리 기술로 만든 열차제어시스템도 충분히 세계적 수준에 도달했다'는 자신감과 확신**을 안겨주었고, 전국적인 확대 적용의 기폭제가 되었다.

10.3 비수도권 최초 광역철도, 대경선 적용 사례

KTCS-2가 고속선만을 위한 기술은 아니다. 그 범용성과 효율성을 입증하는 대표적인 사례가 바로 대구·경북 지역을 잇는 **대경선 광역철도**이다. 대경선은 **비수도권 지역에 건설되는 최초의 광역철도에 KTCS-2가 전면 적용**되는 사례라는 점에서 큰 의미가 있다.

기존의 일반철도 노선을 개량하여 전동차를 투입하는 대경선에 KTCS-2를 적용함으로써, 보다 촘촘하고 정시성 높은 열차 운행이 가능해진다. 이는 수도권에 집중되었던 고밀도 철도 서비스를 지역으로 확산시켜 **국가 균형 발전에 기여하는 기술**로서 KTCS-2의 임무를 보여준다. 대경선은 앞으로 건설될 수많은 지방 광역철도의 표준 모델이 될 것이다.

10.4 전국 고속철도망으로의 확대 : 경부고속선, 호남고속선 적용 계획

만약 전라선이 '시험대'였다면, **경부고속선과 호남고속선**은 KTCS-2가 우리 철도의 명실상부한 '주인'이 되는 **'대관식'의 무대**이다. 대한민국 교통의 대동맥인 이 두 노선에 KTCS-2를 적용하는 것은, 기존에 사용하던 프랑스(TVM-430), 스페인(ATP) 등 외산 시스템을 우리 기술로 완전히 대체하는 '기술 독립의 완성'을 의미하기 때문이다.

이 사업이 완료되면, 우리는 더 이상 비싼 외산 부품이나 유지보수 기술에 의존할 필요가 없어진다. 또한, 연속적인 감시를 통해 현재보다 **더 많은 KTX 열차를 운행**할 수 있게 되어 선로용량이 크게 증가한다. 이는 국민들이 더욱 편리하게 고속철도를 이용할 수 있게 됨을 의미한다. 전국 고속철도망에 KTCS-2가 완전히 적용되는 날, 대한민국은 명실상부한 철도 기술 강국으로 우뚝 서게 될 것이다.

제 11 장 ETCS-2 시스템 시험 인증 절차 종합 분석(Multitel 사례 중심)

이 장에서는 유럽 열차제어시스템(ETCS) Level 2의 시험 인증 절차에 대한 종합적인 분석을 제공하는 것을 목적으로 한다. 특히, 벨기에의 공인 시험기관인 Multitel의 사례를 중심으로 지상 및 차상 신호 시스템 간의 인터페이스, 핵심 두뇌인 차상신호컴퓨터(EVC)의 성능, 그리고 복잡한 운영 시나리오에 따른 주행 선로에서의 통합 성능 검증 절차를 심층적으로 다룬다. ETCS와 같은 안전필수(Safety-Critical) 시스템의 인증은 UNISIG, 유럽철도청(ERA), CENELEC 등에서 제정한 엄격한 국제 표준에 기반한다. 시험 절차는 개별 구성 요소의 기능 적합성 검증에서 시작하여, 복합 시나리오, 고장 모의 및 성능 부하 시험, 시스템 전체를 연동한 통합 테스트, 최종적으로 실제 환경에서의 현장 검증까지 이어지는 체계적인 흐름을 가진다. 이 장에서는 이러한 다단계 검증 절차의 각 단계를 상세히 기술함으로써, ETCS-2 시스템이 어떻게 최고의 안전성(Safety), 상호운용성(Interoperability), 신뢰성(Reliability)을 확보하는지에 대한 이해를 돕고자 한다.

11.1 실험실 검증의 필요성과 목적

• **전략 : 'Zero On-Site Testing'**

전통적으로 철도신호 시스템의 최종 검증은 실제 노선에서 이루어지는 현장 시험에 크게 의존했다. 그러나 고속철도 시스템에서 현장 시험은 막대한 비용과 시간을 수반하며, 운영 중인 노선을 시험 목적으로 차단해야 하는 등 물류적으로 매우 복잡하다. 더욱이, 시스템의 고장 시나리오나 한계 상황을 시험하는 것은 실제 열차와 인프라에 심각한 안전 위험을 초래할 수 있다.

이러한 문제점을 해결하기 위해 철도신호 업계는 '현장 시험 최소화(Zero On-Site Testing)'를 목표로 실험실 기반 검증으로 전략적 전환을 이루고 있다. 이 접근법은 기능 시험, 통합 시험, 시스템 시험 등 대부분의 검증 활동을 통제된 실험실 환경에서 수행하고, 현장에서는 최종 시운전 및 현장 특화 항목 점검만을 남겨두는 것을 목표로 한다. 실험실 검증, 특히 HIL 시뮬레이션은 실제 세계에서 재현하기 위험하거나 불가능한 수많은 고장 시나리오를 안전하고 반복적으로 시험할 수 있게 함으로써 시스템의 안전성을 비약적으로 향상시킨다. 이는 개발 비용과 기간을 획기적으로 단축시키는 동시에, 시스템의 신뢰도를 극대화하는 핵심 전략이다.

11.2 ETCS Level 2 시스템의 이해

11.2.1 ETCS Level 2 개요

ETCS Level 2는 지상의 선로변 신호기 없이, 차상 신호방식으로 열차를 제어하는 시스템이다. 핵심은 지상과 차상 간의 GSM-R(철도용 이동통신)을 이용한 연속적인 양방향 통신이다. 지상의 RBC(Radio Block Centre)가 열차의 위치를 실시간으로 파악하고, 해당 열차에 대한 이동권한(Movement Authority, MA)과 선로 정보를 무선으로 차상장치에 직접 전송한다. 운전자는 차내의 DMI(Driver Machine Interface)에 표시되는 정보에 따라 운전하게 되며, 시스템이 지속적으로 열차속도를 감시하여 안전을 보장한다.

11.2.2 주요 구성 요소

ETCS Level 2 시스템은 크게 지상 설비와 차상 설비로 구성된다.

(1) 지상 설비(Trackside Equipment)

- RBC(Radio Block Centre) : 관제 구역 내 모든 열차의 위치와 상태를 관리하며, 연동장치(IXL)로부터 선로 정보를 받아 이동 권한(MA)을 생성하고 GSM-R을 통해 열차로 전송하는 핵심 지상 장치
- 유로발리스(Eurobalise) : 선로상에 설치된 비콘(Beacon)으로, 열차 통과 시 고정된 위치 정보나 선로 정보(구배, 속도 제한 등)를 차상으로 전송하여 열차의 위치를 바로잡는 임무를 수행
- 연동장치(IXL – Interlocking System) : 신호, 선로전환기, 궤도회로 등 전통적인 신호 설비를 제어하고 그 상태 정보를 RBC로 제공
- 궤도회로(Track Circuit) : 열차 등의 궤도점유 유무를 감지하기 위하여 레일을 전기적으로 구성한 회로

(2) 차상 설비(Onboard Equipment)

- EVC(European Vital Computer) : ETCS의 두뇌에 해당하는 차상 핵심 컴퓨터. 지상(RBC, 발리스)으로부터 수신한 정보를 종합하고, 열차의 현재 속도와 위치를 기반으로 제동 곡선을 계산하며, DMI에 정보를 표시하고 필요한 경우 자동으로 열차를 제어(제동)하는 안전필수(SIL 4) 장치
- DMI(Driver Machine Interface) : 운전자가 시스템과 상호작용하는 터치스크린 기반

의 표시 장치. 목표 속도, 현재 속도, 제동 정보, 각종 경고 등 운전에 필요한 모든 정보를 시각적, 청각적으로 제공
- **TIU(Train Interface Unit)** : EVC의 명령을 열차의 실제 구동부(제동장치, 견인장치 등)로 전달하고, 열차의 상태 정보를 EVC로 보고하는 인터페이스 장치
- **기타** : 유로발리스 데이터를 읽는 **BTM(Balise Transmission Module)**, GSM-R 통신을 위한 **무선통신 장치**, 법적 효력을 갖는 모든 데이터를 기록하는 **JRU(Juridical Recording Unit)** 등으로 구성

11.3 시험 인증기관의 역할 및 절차

11.3.1 인증기관의 역할(Multitel 사례)

Multitel과 같은 시험기관은 ETCS 구성 요소 및 시스템 전체가 기술규격(TSI, Technical Specifications for Interoperability)을 만족하는지 독립적으로 검증하고 평가하는 임무를 수행한다. 이들은 일반적으로 국제표준화기구(ISO)로부터 **ISO/IEC 1125** 인정을 받은 공인 시험소 자격을 갖는다.

Multitel은 ETCS 분야에서 다음과 같은 핵심적인 임무를 수행한다.
- **NoBo(Notified Body) 평가 지원** : 유럽 내 상호운용성을 위한 TSI 적합성 평가를 수행하는 지정 기관(NoBo)과 협력하거나 직접 평가 역량을 제공한다.
- **적합성 및 상호운용성 시험** : EVC, RBC, 유로발리스 등 개별 구성 요소가 UNISIG에서 제정한 기술 규격(예 Subset-06, Subset-026)에 부합하는지 검증한다.
- **시스템 통합 및 운영 시험** : 실험실 환경에서 실제와 같은 시뮬레이션을 통해 시스템 전체의 통합 성능을 검증하고, 실제 선로에서의 운영 시나리오 기반 최종 검증을 수행한다.

11.3.2 시험 인증 절차의 흐름

ETCS-2 시스템의 시험 인증은 아래와 같은 단계적 절차에 따라 진행된다.
① **구성 요소별 적합성 시험(Conformance Testing)** : 개발된 EVC, RBC 등 개별 장치가 각각의 기능 및 성능 요구사항 명세(UNISIG Subset)를 만족하는지 개별적으로 시험한다.
② **인터페이스 시험(Interface Testing)** : 각 구성 요소 간의 통신이 표준 프로토콜과 규격(FFFIS : Form Fit Functional Interface Specification)에 따라 정확하게 이루어지는지 검증한다.

③ **실험실 기반 통합 시험(Lab Integration Testing)** : 실제 하드웨어와 시뮬레이터를 결합한 환경(HIL : Hardware-in-the-Loop)에서 다양한 운영 시나리오를 통해 시스템 전체의 통합 기능과 성능을 사전에 검증한다.
④ **시험 선로 기반 현장 검증(On-site / Track Validation)** : 실험실에서 검증된 시스템을 시험 열차와 시험 선로에 설치하여 실제 환경의 동적인 요소(무선통신 품질, 기계적 진동 등)까지 고려한 최종 성능을 검증한다.
⑤ **TSI 적합성 평가 및 인증** : 모든 시험 결과를 바탕으로 시스템이 유럽 철도 상호운용성을 위한 기술규격(TSI)을 만족함을 공식적으로 평가하고 인증서를 발급받는다.

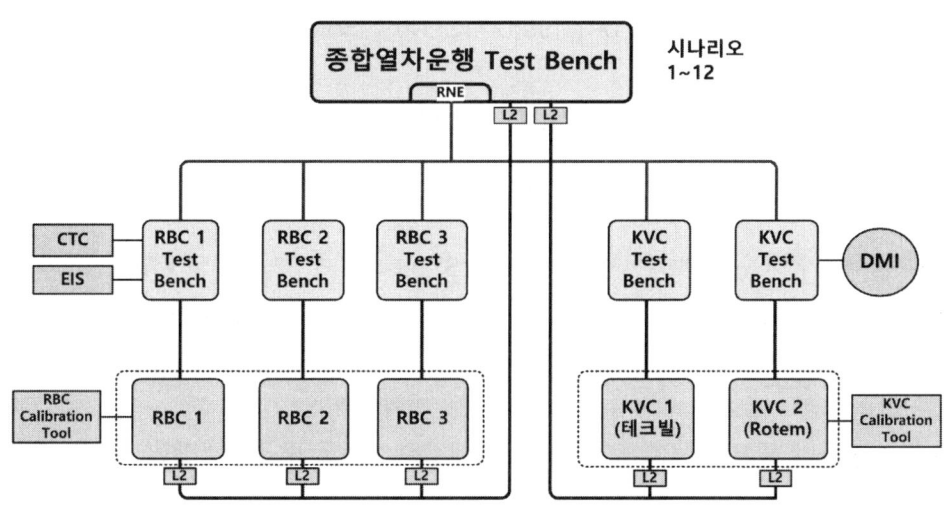

[그림 11-1] KTCS-2 시스템 LAB 시험장치

11.4 시뮬레이션 시험 시나리오의 유형

실험실 시험은 시스템의 모든 측면을 철저히 검증하기 위해 여러 계층으로 구성된 시나리오들을 포함한다. 이 시험들은 단순 기능 확인을 넘어 시스템의 안전성, 신뢰성, 성능을 극한 상황까지 평가하는 것을 목표로 한다.

11.4.1 적합성 및 상호운용성 시험

모든 시험의 기초는 DUT(Device Under Test)가 공식 기술 사양을 정확히 준수하는지 확인하는 것이다. ETCS에 기반한 시스템의 차상장치에 대해서는 UNISIG SUBSET-06 시험 사양이 사실상의 국제 표준으로 통용된다. 이 사양은 시스템 요구사양서(SRS, 예 SUBSET-026)의 모든 요구사항을 검증하기 위해 설계된 방대한 양의 **시험 사례(Test Case)** 라이브러리로 구성된다. 개별 시험 사례들은 서로 연결되어, 열차 운행의 시작부터 종료까지를 모사하는 하나의 완전한 시험 시퀀스(Test Sequence)를 형성하며, 이를 통해 자동화된 시험이 수행된다.

11.4.2 정상 운영 기능 시험

이 시험들은 예상되는 정상 조건 하에서 시스템의 핵심 기능이 올바르게 동작하는지를 검증한다.
- 대표 시나리오 : 임무 시작(Start of Mission, SoM) : 'SoM1' 시험 사례를 기반으로 한 일반적인 SoM 절차는 다음과 같다.
① 초기 상태 : 열차는 정지해 있고, EVC는 대기(Stand-By, SB) 모드이다.
② 운전자 조작 : 운전자는 DMI를 통해 운전자 ID와 열차 데이터를 입력하고 'Start'를 선택한다.
③ 시스템 동작 : EVC는 RBC와 무선 세션을 설정하고 위치 보고를 전송한다.
④ RBC 응답 : RBC는 확인 후, 선행감시(On Sight, OS) 모드 프로파일을 포함한 MA를 회신한다.
⑤ EVC 모드 전환 : EVC는 SB에서 OS 모드로 전환한다.
⑥ 열차가 이동하며 위치를 보고하면, RBC는 새로운 MA를 발급하고 EVC는 완전감시(Full Supervision, FS) 모드로 최종 전환한다.

11.4.3 복합 및 핸드오버 시나리오 기능 시험

네트워크 효율성과 상호운용성에 필수적인 더 복잡한 운영 절차들을 검증한다.
- RBC 간 핸드오버 : 열차가 한 RBC의 관제 구역에서 다른 RBC의 관제 구역으로 이동할 때의 절차를 시험한다. 현재 RBC가 다음 RBC의 접속 정보를 열차에 제공하고, EVC는 운행 감시의 중단없이 새로운 RBC와 통신 세션을 원활하게 설정해야 한다.
- 레벨 전환(ETCS-2 ↔ ETCS-1) : 주 시스템(ETCS-2)과 예비 시스템(ETCS-1) 간의 전환 과정을 시험한다. 이는 매우 중요한 호환성 시험으로, EVC가 무선 기반 명령 수신 모드에서 궤도회로 기반 정보 수신 모드로 운영 방식을 전환하는 과정을 포함한다. 시험 시나리오는 안전한 전환을 위해 요구되는 특정 지상자 배열 및 시간 조건을 정확히 만족하는지 검증해야 한다.

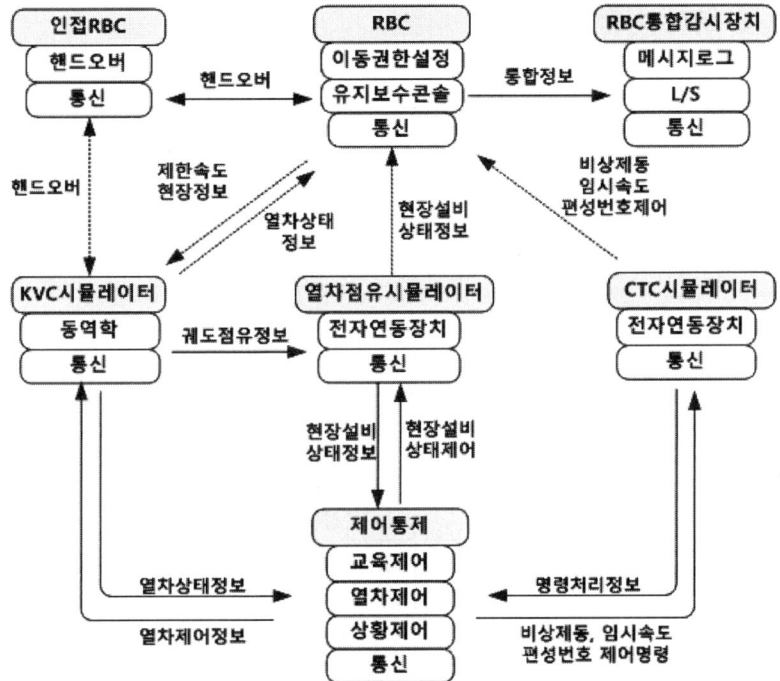

[그림 11-2] LAB 시험 Software 기능별 인터페이스

11.4.4 강건성 및 고장 모드 분석(고장 주입)

이는 안전성 시험의 핵심이다. 고장 주입(Fault Injection)은 시스템이 고장 발생 시 사전에 정의된 안전 상태(예 비상 제동 체결)로 확실하게 진입하는지를 검증하기 위해 의도적으로 시스템에 오류를 주입하는 시험 기법이다.
- 고장 주입 시나리오(사보타주 시험)
- 통신 실패 : GSM-R 무선 링크의 손실을 모의한다. EVC는 마지막으로 수신한 MA를 기반으로 안전하게 운행을 지속하다가, 연결이 복구되지 않으면 결국 제동을 체결해야 한다.
- 구성요소 고장 : 차상 센서(예 속도계) 또는 지상 설비(예 지상자 인식 실패)의 고장을 모의한다.
- 데이터 변조 : RBC나 지상자로부터 수신하는 메시지에 의도적으로 오류 데이터를 주입하여 EVC의 데이터 유효성 검증 및 오류 처리 능력을 시험한다.
- DMI/운전자 오류 : 운전자의 비정상적이거나 예상치 못한 입력을 모의하여 시스템이 이를 안전하게 처리하는지 확인한다.

11.4.5 성능 및 부하 시험

단일 열차 운행 시나리오를 넘어 시스템의 한계를 시험하기 위해 설계된 시험이다.

- **고밀도 교통량 시뮬레이션** : HIL 환경을 이용하여 하나의 RBC 관제 구역 내에서 수십, 수백 대의 열차가 동시에 운행하는 상황을 모의한다. 이를 통해 RBC의 연산 처리 용량, 모든 열차에 대한 MA를 성능 저하 없이 관리하는 능력, GSM-R 네트워크에 가해지는 부하 등을 시험한다. 이 시험의 목적은 시스템의 성능 병목 현상을 파악하고, 첨두 시간대의 교통량을 원활하게 처리할 수 있는지 확인하는 것이다.

[표 11-1] ETCS-3 시험 시나리오 유형 및 목표 매트릭스

시험 범주	특정 시나리오	주요 DUT	핵심 목표	관련 표준
적합성	SUBSET-06 시퀀스 실행	EVC	SRS 요구사항 준수 및 상호운용성 확보	UNISIG SUBSET-06
정상 운영	임무 시작 (Start of Mission)	EVC, RBC	기본 운영 절차의 기능적 정확성 검증	CTCS-3 SRS
복합 운영	RBC 간 핸드오버	EVC, RBC	다중 제어 구역 간 원활한 운행 연속성 보장	CTCS-3 SRS
강건성	GSM-R 통신 두절	EVC	고장 시 Fail-Safe 동작 및 안전 상태 진입 검증	CENELEC EN 50118
성능	고밀도 교통량 시뮬레이션	RBC	최대 부하 조건에서의 시스템 안정성 및 처리 용량 평가	프로젝트 요구사양

UNISIG SUBSET-06과 같이 고도로 구조화되고 포괄적이며 의무적인 시험 사양의 존재는 V&V 활동의 패러다임을 근본적으로 변화시켰다. 과거에는 각 프로젝트별로 맞춤형으로 정의되던 시험이 이제는 표준화되고 반복할 수 있으며 비교할 수 있는 프로세스로 전환되었다. 공인된 시험소에서 모든 공급업체의 EVC가 동일한 시험 절차를 거치게 되므로, 결과는 객관적이고 상호 비교가 가능하다. 이는 진정한 의미의 상호운용성을 실현하는 초석이다. 그러나 이러한 표준화는 동시에 기술 혁신의 속도가 표준 제정 기구(ERA/UNISIG)의 공식 시험 사양 업데이트 속도에 종속되는 결과를 낳는다. 새로운 시스템 기능은 해당 기능을 검증할 시험 사례가 정의, 합의, 그리고 공표된 후에야 비로소 배치될 수 있으며, 이는 때로 더딘 행정 절차를 수반할 수 있다. 이로 인해 상호운용성을 위한 표준화와 혁신을 위한 민첩성 사이에 본질적인 긴장 관계가 형성된다.

11.5 인터페이스 및 성능 검증 시험 절차

11.5.1 지상기기 신호시스템 간 인터페이스 검증(RBC ↔ IXL)

(1) 목표

연동장치(IXL)가 제어하는 선로 상태(신호 현시, 선로전환기 방향, 궤도회로 점유 여부 등)가 RBC로 정확히 전달되고, 이를 기반으로 생성된 RBC의 이동 권한(MA)이 실제 선로 상태와 모순되지 않음을 보장하는 것이다.

(2) 절차

RBC와 IXL 간의 인터페이스는 표준화되어 있지 않아, 주로 각 철도 시스템 공급업체(Siemens, Alstom 등)의 고유 사양에 따라 시험이 진행된다.

① 테스트 벤치 구성 : IXL 시뮬레이터와 실제 RBC 하드웨어를 연동한다. 시뮬레이터는 특정 진로설정/취소, 열차 이동에 따른 궤도회로 상태 변화 등 다양한 선로 상황을 가상으로 생성한다.

② 시나리오 실행 : 예를 들어, 'A 지점에서 B 지점까지 진로를 설정'하는 시나리오에서 IXL 시뮬레이터는 관련 선로전환기 및 신호 상태정보를 RBC로 전송한다.

③ 검증 : RBC가 이 정보를 정확히 수신하여 유효한 이동 권한을 생성하는지 확인한다. 또한, 통신 두절, 데이터 불일치 등 예외 상황에서 RBC가 안전 측으로 동작하는지(예 MA 발급 중단)를 중점적으로 검증한다.

(3) 주요 검증 항목

데이터의 일관성 및 무결성, 통신 프로토콜 준수 여부, 오류 상황 대응 능력

(4) 전체 시나리오 : 24개

① 시험항목 및 기간

[표 11-2] KTCS-2 RBC LAB 지상 단독시험 일정표

No	항 목		1월(주)				2월(주)				3월(주)				비고
			1	2	3	4	1	2	3	4	1	2	3	4	
1	시험 시퀀스 분석														
2	Data Preparation	RBC 텔레그램 생성													
		연동 DB 생성													
		Emulator DB 생성													
		MRL DB 생성													
3	기본 인터페이스 시험														
4	지상 단독 시험														
5	시험결과 확인 및 보완														

11.5.2 차상기기 신호시스템 간 인터페이스 검증(EVC ↔ DMI, TIU)

(1) 목표

EVC와 주변 장치(DMI, TIU) 간의 정보 교환이 FFFIS 규격(예 DMI는 ERA_ERTMS_015560, TIU는 Subset-119)에 명시된 대로 정확하고 신뢰성 있게 이루어지는지 검증한다.

(2) 절차(EVC ↔ DMI)

① EVC 시뮬레이터가 특정 상황(예 과속 경고, 레벨 전환 요청)에 해당하는 데이터를 DMI로 전송한다.
② DMI 화면에 해당 정보가 규격에 정의된 정확한 심볼, 색상, 텍스트, 경고음으로 표시되는지 육안 및 장비로 확인한다.
③ 테스터가 DMI 화면을 터치하여 모드 변경, 데이터 입력(예 열차 번호) 등을 수행하고, 해당 입력 정보가 EVC로 정확히 전달되는지 로그 데이터를 통해 검증한다.

(3) 절차(EVC ↔ TIU)

① EVC 시뮬레이터가 제동 명령(서비스 제동/비상 제동)을 TIU로 전송한다.
② TIU가 이 명령을 수신하여 해당 제동 장치를 구동시키는 전기적 신호를 정확한 타이밍에 생성하는지 계측 장비로 확인한다.

③ 반대로 열차 상태(예 판토그래프 상승/하강, 견인력 차단)를 시뮬레이션하여 TIU에 입력하고, EVC가 이 상태 정보를 올바르게 인식하는지 검증한다.

(4) 주요 검증 항목

데이터 필드의 정확성, 메시지 순서 및 타이밍, 결함 주입(Fault Injection)을 통한 예외 상황(데이터 손실, 값 오류) 처리 기능

11.5.3 차상신호컴퓨터(EVC) 성능 검증

(1) 목표

EVC가 최고 안전 등급인 SIL 4(Safety Integrity Level 4) 요구사항과 상호운용성을 위한 성능 요구사항을 모두 만족하는지 검증하는 과정이다.

(2) 절차 및 기준

성능 요구사항(UNISIG Subset-041 기반) : EVC의 실시간 처리 성능을 중점적으로 평가한다.
① **반응 시간**: 특정 이벤트 발생 후 EVC가 규정된 동작을 수행하기까지의 시간을 측정한다. 예를 들어, '비상 정지(Unconditional Emergency Stop)' 메시지를 수신한 후 1초 이내에 비상제동 명령을 TIU로 출력해야 한다.
② **데이터 처리 용량** : EVC가 동시에 처리할 수 있는 발리스 그룹의 최대 개수, 이동 권한(MA) 내에 포함될 수 있는 정보(속도 제한, 구배 등)의 최대량 등 한계 조건 하에서도 성능저하 없이 안정적으로 동작하는지 시험한다.

(3) 안전성 요구사항(CENELEC EN 50118 기반)

SIL 4 등급의 소프트웨어 개발 및 검증 표준에 따라 수행된다.
① **정적 분석(Static Analysis)** : 코드를 실행하지 않고 소스 코드 자체의 결함을 분석한다. 코딩 규칙(예 MISRA C) 위반 여부, 잠재적 런타임 오류(예 0으로 나누기), 데이터 및 제어 흐름의 복잡도 등을 분석하여 코드의 품질과 잠재적 위험을 사전에 식별한다.
② **동적 분석(Dynamic Analysis)** : 소프트웨어를 실제로 실행하며 기능의 정확성을 검증한다. 단위 테스트, 통합 테스트, 시스템 테스트를 포함하며, 이때 테스트 케이스가 코드의 얼마나 많은 부분을 검증했는지를 나타내는 코드 커버리지(Code Coverage)를 측정한다. SIL 4 시스템의 경우, 가장 엄격한 기준인 MC/DC(Modified Condition/Decision Coverage)를 만족해야 한다.

11.6 운영 시나리오 기반 통합 성능 검증

개별 인터페이스와 EVC 성능이 검증된 후, 시스템 전체를 연동하여 실제 운행 상황을 모사한 종합적인 시험을 수행한다. 이 과정은 실험실 환경에서의 사전 검증과 실제 시험 선로에서의 최종 검증으로 나뉜다.

11.6.1 운영 시나리오 구성

시험은 실제 발생할 수 있는 모든 운행 상황을 포괄하도록 체계적으로 설계된 시나리오를 기반으로 한다. ERTMS Users Group의 가이드라인 등을 참조하여 다음과 같은 시나리오를 구성한다.

(1) 기본 시나리오

① Start of Mission(SoM) : 열차 운행 시작 절차
② Level Transition : ETCS 레벨 간(예 Level 1 ↔ 2) 또는 타 신호 시스템(예 ATP)으로의 전환
③ RBC Handover : 열차가 하나의 RBC 관제 구역에서 다른 RBC 구역으로 넘어갈 때 관제권을 이양하는 절차
④ 특수 운전 모드 : 구내 운전(Shunting), 퇴행 운전(Reversing), 열차 연결/분리(Joining/Splitting) 등

(2) 복합/예외 시나리오

기본 시나리오들을 조합하고, GSM-R 통신 일시 장애, 유로발리스 인식 실패, 운전자 실수, 비상 제동 발령 등 예외적인 상황을 추가하여 시스템의 강건성과 안전성을 평가한다.

11.6.2 실험실(Lab) 환경 통합 검증

(1) 목표

실제 선로 시험에 앞서 통제된 환경에서 시스템의 기능적 완전성과 상호운용성을 비용 효율적으로 검증한다.

(2) 절차

① 시험 환경 구축 : Multitel의 실험실과 같이, 실제 EVC와 RBC 하드웨어를 중심으로 연동장치(IXL), GSM-R 네트워크, 열차 동역학 등 나머지 부분은 정교한 시뮬레이터로

구현하는 HIL(Hardware-in-the-Loop) 환경을 구축한다.
② **시나리오 실행** : 구성된 운영 시나리오를 실행한다. 이때 실제 특정 노선의 선형, 구배, 속도 제한, 신호 위치 데이터를 시뮬레이터에 입력하여 시험의 현실성을 극대화한다.
③ **데이터 분석 및 평가** : 시험 중 JRU에 기록된 방대한 양의 데이터를 분석 도구로 검토한다. EVC와 RBC 간의 모든 메시지 교환, EVC의 내부 상태 변화, 운전자 입력 등이 규격에 따라 정확한 순서와 타이밍으로 이루어졌는지 검증한다. ERA의 평가 규칙에 따라 각 테스트 스텝의 결과를 '성공(passed)', '실패(non-passed)' 등으로 판정하고, 실패 원인을 분석하여 시스템을 수정·보완한다.

11.6.3 시험 선로(On-site) 주행 성능 검증

(1) 목표

실험실에서 검증된 시스템을 실제 열차에 탑재하고 시험 선로를 주행하며, 실제 물리적 환경 요소까지 포함된 최종 성능과 안정성을 종합적으로 검증한다.

(2) 절차

① **시스템 탑재 및 준비** : 시험 선로 및 시험 열차에 ETCS 지상/차상 설비를 설치하고 모든 기능이 정상적으로 동작하는지 확인한다.
② **주행 시험** : 실험실에서 사용했던 핵심 운영 시나리오들을 기반으로 실제 주행 시험을 반복적으로 수행한다.
③ **종합 평가** : 실험실 검증 항목을 재확인하는 것 외에, 실제 환경에서만 평가 가능한 동적 요소들을 중점적으로 평가한다.
- **무선통신 성능** : 터널, 산악 지역 등 무선통신 품질이 저하되는 구간에서 시스템이 안정적으로 동작하는지 평가
- **제동 성능의 정확성** : EVC가 계산한 제동 곡선과 실제 열차의 제동 거리가 일치하는지 검증
- **환경 내구성** : 기계적 진동, 온도 변화, 전자기 간섭(EMI) 등 외부 환경 요인에 대한 시스템의 강건성 확인
- **상호운용성 최종 검증** : 타 공급업체의 장비가 혼재된 환경에서의 호환성을 최종적으로 검증
- **운행 안정성 및 신뢰성** : 장시간, 장거리 운행 동안 시스템의 예기치 않은 다운이나 오작동이 발생하지 않는지 평가

11.7 검증과 안전성 보장

ETCS-2 시스템의 시험 인증은 개별 부품의 기능 시험에서부터 시작하여, 여러 장치가 연결된 인터페이스 시험, 핵심 두뇌인 EVC의 성능 및 안전성 시험, 그리고 최종적으로 실험실과 실제 선로를 아우르는 복합적인 운영 시나리오 기반의 통합 성능 검증에 이르기까지, 매우 체계적이고 엄격한 절차를 통해 이루어진다.

Multitel과 같은 전문 시험 인증기관은 UNISIG, ERA, CENELEC 등 국제 표준화 기구가 정립한 규격과 절차를 기반으로, 정교한 시뮬레이션 기술과 실제 현장 시험을 병행하여 시스템의 모든 측면을 검증한다. 이러한 다단계의 철저한 검증 과정은 ETCS-2 시스템이 요구하는 최고 수준의 **안전성**, 서로 다른 국가와 제작사의 시스템이 원활히 호환되는 **상호운용성**, 그리고 어떠한 상황에서도 주어진 기능을 완수하는 **신뢰성**을 보장하는 핵심적인 활동이다. 궁극적으로 이 모든 과정은 더욱 안전하고 효율적인 미래 철도 교통을 실현하는 데 필수적인 기반이 된다.

제12장 KTCS-2 도입에 따른 유지보수자, 기관사, 관제사 교육

12.1 유지보수자

유지보수자는 전통적인 기계/전기 기술을 넘어 전자, 소프트웨어, 정보통신 기술에 대한 전문성을 확보해야 한다. 특히, 개별 부품의 고장을 넘어 시스템 전체의 데이터 흐름을 분석하여 장애의 근본 원인을 찾아내는 통합적 진단 능력은 KTCS-2 시스템의 안정성을 유지하는 핵심 역량이 될 것이다. 모든 유지보수 활동은 SIL 4 시스템의 엄격한 안전 요구사항을 준수하는 절차적 정당성 위에서 이루어져야 한다.

KTCS-2 시스템의 유지보수는 기존의 기계 및 전기 중심의 철도신호 시스템과는 차원이 다른 접근 방식을 요구한다. 궤도회로, 기계식 계전기 등 전통적인 전자기계(Electromechanical) 부품의 비중이 줄어드는 대신, 고도로 집적된 전자회로, 복잡한 소프트웨어, 그리고 무선 통신 네트워크가 시스템의 핵심을 이룬다. 따라서 유지보수 인력 교육의 최우선 목표는 이러한 기술 변화에 대응할 수 있는 새로운 역량을 배양하는 것이다.

교육 프로그램은 KTCS-2를 구성하는 다양한 자산들, 즉 무선폐색센터(RBC), 전자연동장치(IXL), 관제설비 그리고 선로변에 분산된 지상 장치(발리스, LTE-R 기지국)의 특성을 모두 포괄해야 한다. 또한, 이들이 하나의 통합된 시스템으로 작동한다는 점을 인지시키고, 특정 구성요소의 문제가 다른 부분에 미치는 영향을 종합적으로 분석할 수 있는 시스템적 사고방식을 함양하는 데 중점을 두어야 한다.

12.1.1 구성요소별 기술 교육

(1) 무선폐색센터(RBC) 및 연동장치 인터페이스

RBC는 KTCS-2의 중앙 처리 장치로서, 유지보수의 핵심 대상이다. RBC는 높은 가용성을 확보하기 위해 일반적으로 2중계(2 out of 2) 또는 3중계(Triple Modular Redundancy) 구조로 설계된다.

① 교육 내용
- 하드웨어 아키텍처 : 2중계 시스템의 구조, 각 모듈의 기능, 전원 공급 장치의 요구사

항(과전류 보호 등), 그리고 시스템 동작 중 안전하게 특정 모듈을 교체(Hot-swap)하는 절차를 학습한다.
- 네트워크 및 인터페이스 : RBC와 연동장치 간의 인터페이스를 담당하는 폐색정보전송장치(BITU, Block Interface Train Unit)의 역할과 설정 방법을 교육한다. 또한, 인접 RBC와의 안전한 데이터 교환을 위한 통신 프로토콜(Subset-098, Subset-03 기반)과 네트워크 이중화 구성에 대해 학습한다.
- 진단 및 감시 : RBC 통합감시장치를 사용하여 시스템의 상태를 실시간으로 모니터링하고, 저장된 로그 파일을 분석하여 장애의 원인을 추적하는 방법을 훈련한다.

(2) 지상장치(발리스, LTE-R)

선로변에 설치되는 지상장치는 시스템의 정확성과 신뢰성을 유지하는 데 중요한 임무를 한다.
① 교육 내용
- 발리스 설치 및 관리 : 국가철도공단 표준(KR S-0060)에 명시된 발리스의 정밀한 설치 기준을 숙지한다. 여기에는 발리스 그룹 간 이격거리, 레일 이음매와의 거리, 인접 선로 발리스와의 거리 등 매우 구체적인 규정들이 포함된다. 또한, 전용 프로그래밍 도구를 사용하여 각 발리스에 고유한 위치 정보(Telegram)를 입력하고, 그 정보가 정확한지 검증하는 절차를 훈련한다.
- LTE-R 네트워크 기초 : 유지보수 인력은 LTE-R 네트워크의 기본 원리를 이해해야 한다. 선로변 기지국 안테나의 방향 점검, RF 신호 강도 및 품질 측정 도구 사용법, 그리고 통신 음영 지역 발생 시 대처 방안 등에 대한 기초 교육을 실시한다.

12.1.2 시스템 레벨 유지보수 절차

(1) 통합 시스템 진단 및 장애 분리

KTCS-2와 같은 네트워크 기반 시스템에서는 장애의 원인과 증상이 물리적으로 다른 위치에서 나타나는 경우가 많다. 따라서 단일 부품 중심의 사고방식에서 벗어나 시스템 전체를 조망하는 통합적 진단 능력이 필수적이다.

예를 들어, 기관사가 '이동 권한 상실'을 보고했을 때, 기존 시스템에서는 해당 열차 주변의 궤도회로나 신호기 고장을 먼저 의심했을 것이다. 하지만 KTCS-2 환경에서는 그 원인이 매우 다양할 수 있다. 열차 자체의 KVC나 안테나 문제일 수도 있고, LTE-R 네트워크의 일시적인 통신 불량일 수도 있으며, 수십 킬로미터 떨어진 관제센터의 RBC 하드웨어 고장이나 소프트웨어 오류일 수도 있다. 심지어 RBC에 데이터를 제공하는 연동장치의 문제일 가능성도 배제할 수 없다.

이러한 복잡성 때문에 유지보수 인력의 첫 번째 조치는 현장 출동이 아니라, 중앙 감시 시스템에 접속하여 엔드-투-엔드(end-to-end) 데이터 흐름을 분석하는 것이 되어야 한다. 교육 과정에서는 KVC의 이벤트 로그, RBC의 시스템 로그, LTE-R 네트워크 관리 시스템(NMS)의 통계 등 여러 출처의 데이터를 상호 연관시켜 분석함으로써 장애의 근본 원인을 정확히 찾아내는 훈련 시나리오를 집중적으로 다루어야 한다. 이러한 통합 진단 방법론은 불필요한 현장 출동을 줄이고, 장애 복구 시간(MTTR, Mean Time To Repair)을 획기적으로 단축시키는 데 기여한다.

(2) 예방 정비 계획 및 절차

고장 발생 후 수리하는 사후 정비(Corrective Maintenance)도 중요하지만, 시스템의 안정성과 가용성을 높이기 위해서는 예방 정비(Preventive Maintenance)가 더욱 중요하다. 이 모듈에서는 각 구성 요소의 특성에 맞는 정기 점검 계획을 수립하고 실행하는 방법을 교육한다. 여기에는 RBC 및 KVC 랙의 냉각 팬 필터 청소, 전원 공급 장치의 출력 전압 측정, 케이블 연결 상태 점검, 정기적인 시스템 재부팅 및 자체 진단 수행 등이 포함된다.

(3) 소프트웨어/펌웨어 업데이트 및 형상 관리

KTCS-2는 소프트웨어에 의해 제어되는 시스템이므로, 소프트웨어 관리는 유지보수 업무의 핵심 중 하나이다. 특히 안전 관련 소프트웨어의 업데이트는 극도의 주의를 요하는 작업이다. 이 모듈에서는 SIL 4 시스템의 요구사항에 부합하는 엄격한 형상 관리(Configuration Management) 절차를 교육한다. 모든 소프트웨어 및 펌웨어 업데이트는 충분한 테스트를 거쳐야 하며, 실제 운영 시스템에 적용할 때는 명확한 작업 계획과 함께 실패 시 원래 버전으로 복귀할 수 있는 롤백(Rollback) 절차를 반드시 확보해야 한다. 또한, 어떤 장비에 어떤 버전의 소프트웨어가 설치되었는지에 대한 모든 기록을 정확하게 유지하고 관리하는 방법론을 학습한다.

[표 12-1] 각 장치별 장애증상 및 조치방안

구성 요소	장애 증상 / 경고 코드	예상 원인	진단 절차	조치 방안 / 참조
RBC	- 특정 구간 열차 MA 미생성 - CTC와 연동 실패 알람	- RBC 프로세서 모듈 장애 - 연동장치(BITU) 통신 오류 - 소프트웨어 논리 오류	1. RBC 통합감시장치에서 활성/대기 모듈 상태 확인 2. 관련 시스템 로그에서 에러 메시지 검색 3. BITU와의 네트워크 연결 상태(Ping 등) 점검	- 장애 모듈 리셋 또는 교체(2중계 절차 준수) - BITU 설정 및 케이블 점검 - 소프트웨어 패치 또는 롤백(형상관리 절차 준수)
KVC	- DMI 화면 꺼짐 또는 멈춤 - 'Start of Mission' 실패 - 속도/위치 정보 오류	- KVC 하드웨어 고장 - 전원 공급 불량 - 속도계 센서(홀 센서) 고장	1. KVC 전원 및 케이블 연결 상태 육안 검사 2. 진단용 노트북 연결하여 KVC 자체 진단 로그 확인 3. 홀 센서 출력 신호 파형 측정	- KVC 모듈 교체 - 전원 공급 회로 점검 - 홀 센서 또는 관련 케이블 교체
발리스	- 열차 위치 보정 실패 - DMI에 'Balise Read Error' 표시	- 발리스 내부 회로 고장 - 발리스 데이터(Telegram) 손상 - 차상 안테나와 발리스 간격 불량	1. 발리스 테스터기로 발리스의 정상 작동 여부 확인 2. 발리스 프로그래머로 저장된 데이터 재확인 3. 설치 규격(KR S-0060) 준수 여부 실측	- 불량 발리스 교체 - 정확한 데이터 재 프로그래밍 - 설치 위치 재조정
LTE-R 통신	- DMI에 'Radio Connection Lost' 빈번 발생 - RBC-KVC 간 통신 두절	- 해당 지역 LTE-R 신호 미약 - 차상 LTE-R 모뎀/안테나 고장 - 지상 기지국 장애	1. RF 측정 장비로 해당 구간 신호 강도(RSRP 등) 측정 2. 차상 모뎀의 상태 LED 및 진단 정보 확인 3. 네트워크 관리 시스템(NMS)에서 기지국 상태 확인	- 지상 기지국 파라미터 조정 또는 안테나 방향 조정 요청 - 차상 모뎀 또는 안테나 교체 - 통신사에 기지국 장애 신고

12.2 기관사

기관사는 더 이상 단순한 운전자가 아닌, 고도의 자동화 시스템과 협력하는 '시스템 관리자'로서의 역량을 갖추어야 한다. DMI에 현시되는 복합적인 정보를 정확히 해석하고, 다양한 운전 모드의 의미와 그에 따른 책임 범위를 명확히 인지하며, 특히 시스템의 보호 기능이 저하되는 이례 상황에서 절차에 따라 안전을 확보하는 능력이 무엇보다 중요하다.

교육의 핵심 목표는 기관사가 '지상 설비를 보고 운전(Driving by sight)'하는 관행에서 벗어나, DMI에 표시되는 '데이터를 기반으로 운전(Driving by data)'하는 방식으로 사고의 틀을 전환하도록 돕는 것이다. 기관사는 더 이상 선로변의 신호기를 찾아 두리번거릴 필요가 없으며, 대신 운전실 내의 DMI에 집중하여 시스템이 제공하는 실시간 정보를 정확히 해석하고 그에 따라 열차를 제어해야 한다.

12.2.1 이론 교육 내용

(1) KTCS-2 및 ETCS Level 2 원리 기초

KTCS-2의 기본 개념을 기관사의 관점에서 심화 학습하는 과정이다. 시스템의 작동 원리, 즉 RBC가 이동 권한을 생성하고 LTE-R을 통해 KVC로 전달하며, KVC가 이를 바탕으로 열차를 감시하는 전체 정보 흐름을 명확히 이해하도록 한다. 또한, KTCS-2가 유럽 표준인 ETCS Level 2와 호환된다는 점을 강조하며, 국제 표준 시스템의 기본 운용 철학을 습득시킨다. 한국의 독자적인 LTE-R 통신망이 이 시스템에서 어떤 핵심적인 임무를 수행하는지에 대한 교육도 포함된다.

(2) 운전자표시장치(DMI) 심층 분석

DMI는 기관사가 KTCS-2 시스템과 소통하는 가장 중요한 인터페이스이므로, 화면에 표시되는 모든 정보의 의미를 완벽하게 숙지해야 한다. 이 모듈은 DMI의 각 영역과 심볼, 색상 변화의 의미를 체계적으로 교육한다.

① DMI 화면 구성
- 계획 영역(Planning Area) : 전방의 선로 정보, 즉 거리별 속도 제한, 구배, 터널, 중성 구간 등의 정보를 사전에 그래픽으로 표시하는 영역이다. 기관사는 이를 통해 전방 상황을 예측하고 효율적인 운전을 계획할 수 있다.
- 속도계 영역(Speedometer Area) : 열차의 현재 속도, 시스템이 허용한 최고 속도(Permitted Speed), 목표 지점까지의 목표 속도(Target Speed), 정차 후 재출발 시 허용되는 해제 속도(Release Speed) 등을 표시한다.
- 상태 영역(Status Area) : 현재의 운전 모드(예 FS, OS), 관제실로부터 수신된 텍스트 메시지, 통신 상태, 시스템 경고 등을 표시하는 영역이다.

② 정보 해석
- 속도계 색상 변화 : 속도계의 색상 변화는 시스템의 개입 수준을 나타내는 중요한 정보다. 정상 상태에서는 흰색, 감속이 필요할 경우 노란색, 허용 속도를 초과했을 경우 주

황색으로 변하며 경고음이 울린다. 기관사가 조치하지 않아 시스템이 자동으로 제동을 체결하면 빨간색으로 변한다. 각 색상 변화에 따른 의미와 기관사의 대응 요령을 숙달시킨다.
- **심볼 및 아이콘** : DMI에 표시되는 수많은 아이콘의 의미를 학습한다. 운전 모드, 선로 상태, 통신 상태, 시스템 확인 요구 등 다양한 정보를 나타내는 심볼을 정확히 인지하고 해석하는 훈련을 반복한다.

(3) KTCS-2 운전 모드

KTCS-2 시스템은 운행 상황과 시스템 상태에 따라 다양한 운전 모드(Operational Mode)로 전환된다. 각 모드의 진입 조건, 해당 모드에서의 시스템 보호 수준, 그리고 기관사의 책임 범위를 명확히 이해하는 것은 안전 운행의 핵심이다.

① **완전 감시(Full Supervision, FS)** : 정상적인 운행 상태에서 사용되는 기본 모드이다. 시스템이 이동 권한에 따라 열차의 속도와 위치를 완벽하게 보호한다. 교육에서는 '임무 시작(Start of Mission)' 절차를 통해 열차 정보를 시스템에 등록하고 FS 모드로 진입하는 방법과, FS 모드 하에서 효율적으로 운전하는 기법을 다룬다.

② **구내 운전(Shunting, SH)** : 차량기지나 역 구내에서 입환 작업을 할 때 사용하는 모드이다. 관제사의 허가를 받아 기관사가 수동으로 진입하며, 시스템은 사전에 설정된 낮은 속도(예 40km/h)를 초과하지 않도록 감시한다. SH 모드 진입 절차와 운전 규칙을 교육한다.

③ **안전 확인 운전(On Sight, OS)** : 전방 선로에 장애물(예 선행 열차)이 있을 가능성이 있는 구간으로 진입할 때 사용되는 모드이다. 시스템은 낮은 상한 속도를 설정하여 감시하지만, 전방의 장애물을 확인하고 그 앞에서 정차할 일차적인 책임은 기관사에게 있다. OS 모드가 발령되는 조건과 해당 모드에서의 주의 운전 요령을 강조한다.

④ **직원 책임(Staff Responsible, SR)** : 시스템에 장애가 발생하여 정상적인 이동 권한을 받을 수 없을 때 사용하는 매우 중요한 기능 저하 모드이다. 이 모드에서는 관제사의 무선 지시에 따라 기관사의 책임 하에 열차를 운행한다. 시스템의 자동 보호 기능이 전혀 없으므로, SR 모드로 진입하는 절차, 관제사와의 통신 규약, 그리고 기관사에게 부여되는 막중한 안전 책임을 집중적으로 교육한다.

⑤ **시스템 강제 진입 모드**
- **트립(Trip, TR)** : 기관사가 이동 권한의 종점(EOA)을 통과하거나 중대한 안전 규정을 위반했을 때 시스템이 비상 제동을 체결하며 강제로 진입하는 모드이다. TR 모드의 발생 원인과 해제 절차를 교육한다.

- 트립 후(Post Trip, PT) : TR 모드에서 열차가 완전히 정차한 후, 기관사가 상황을 인지하고 확인(Acknowledge) 조작을 하면 진입하는 모드이다. 이 상태에서 관제사의 지시를 받아 다음 조치를 준비한다.

(4) 시스템 전환 및 인터페이스 처리

열차는 KTCS-2가 설치된 구간과 기존 ATS 등 다른 신호 시스템이 설치된 구간을 넘나들며 운행하게 된다. KTCS-2 차상장치는 이러한 이종 시스템 간의 호환을 위해 특정전송모듈(STM, Specific Transmission Module)을 탑재하고 있다. 이 모듈은 시스템 경계 구간에서 원활한 전환 절차를 숙지하는 데 중점을 둔다. DMI에 표시되는 시스템 전환 예고 정보를 인지하고, 정해진 절차에 따라 시스템 모드를 변경하며, 각 시스템의 보호 수준이 어떻게 달라지는지를 명확히 이해하도록 교육한다. 또한, 한 RBC의 관할 구역에서 다른 RBC의 관할 구역으로 넘어갈 때 발생하는 RBC 간 핸드오버 절차에 대해서도 학습한다. 이 과정은 기관사에게는 거의 인지되지 않고 자동으로 처리되지만, 그 배경 원리를 이해하는 것은 시스템에 대한 신뢰를 높이는 데 도움이 된다.

12.2.2 시뮬레이션 기반 실습 교육

이론 교육으로 습득한 지식을 체화하고 실전 대응 능력을 배양하기 위해 고성능 운전 시뮬레이터를 활용한 실습 교육이 필수적이다. 시뮬레이터는 실제 운전실과 동일한 환경에서 DMI 조작, 다양한 운행 시나리오, 그리고 비상 상황 대처 능력을 반복적으로 훈련할 수 있는 최적의 도구이다.

- 시나리오 1 : 표준 임무 수행 : '임무 시작' 절차부터 시작하여, 다양한 속도 프로파일과 선로 조건을 포함하는 구간을 FS 모드로 운행하고, 목적지에 도착하여 '임무 종료' 절차를 수행하는 전 과정을 훈련한다.
- 시나리오 2 : 시스템 감시 및 개입 대응 : 의도적으로 허용 속도를 초과하도록 유도하여, DMI의 경고 단계(노란색 → 주황색)와 자동 제동 체결(빨간색)을 직접 경험하게 한다. 이를 통해 시스템의 보호 기능을 신뢰하고, 시스템의 경고에 즉각적으로 반응하는 습관을 기른다.
- 시나리오 3 : 기능 저하 상황 관리 : RBC와의 통신 두절, 속도계 센서 고장, 발리스 정보 수신 실패 등 다양한 시스템 장애 상황을 시뮬레이션한다. 기관사는 DMI에 표시되는 고장 메시지를 통해 상황을 진단하고, 매뉴얼에 따라 초기 조치를 수행하며, 관제사에게 정확한 상황을 보고하고 지시에 따라 SR 모드로 전환하여 운행하는 절차를 숙달한다.
- 시나리오 4 : 비상 절차 대응 : RBC로부터 전방 선로 장애(예 낙석)와 같은 긴급 메시지를 수신하는 상황을 부여한다. 기관사는 즉시 비상 정지 절차를 수행하고, 관제사와 소통하며 후속 조치를 취하는 훈련을 통해 위기 대응 능력을 강화한다.

[표 12-2] KTCS-2 DMI 심볼 및 표시 정보 해설

구분	심볼/아이콘	명칭 (영문/국문)	DMI 위치	의미 및 시스템 상태	기관사 조치사항
운전 모드	◯	Full Supervision / 완전 감시	상태 영역	정상 운행 모드. 시스템이 이동 권한에 따라 속도/거리를 완벽하게 감시 및 보호함	DMI에 표시된 속도 및 거리 정보에 따라 운전
	△	On Sight / 안전 확인 운전	상태 영역	전방 선로 점유 가능성이 있어 주의 운전이 요구됨. 시스템은 상한 속도만 감시	전방을 주시하며 장애물 앞에서 정차 가능한 속도로 운전
	Shunting 아이콘	Shunting / 구내 운전	상태 영역	입환 작업 모드. 시스템은 설정된 낮은 제한 속도를 감시함	관제 허가 하에 입환 규칙에 따라 운전
	⊠	Staff Responsible / 직원 책임	상태 영역	시스템 장애로 자동 보호 기능이 없음. 관제사의 지시에 따라 운전	관제사의 무선 지시에 따라 전적으로 책임지고 운전
	신호등	Trip / 트립	상태 영역	이동 권한 초과 등 안전 위반으로 시스템이 비상 제동을 체결한 상태	정차 후 원인 확인 및 관제사 보고. 확인(Ack) 버튼 조작
통신 상태		Radio Connection Up / 무선 연결 정상	상태 영역	RBC와 무선 통신(LTE-R)이 정상적으로 연결됨	상태 확인
		Radio Connection Lost / 무선 연결 두절	상태 영역	RBC와 무선 통신이 두절됨. 이동 권한 갱신 불가	제동 곡선에 따라 감속 준비 및 관제사에게 통신 두절 보고
속도 정보	원형 속도계	Speedometer / 속도계	속도계 영역	흰색 : 정상, 노란색 : 감속 필요, 주황색 : 과속 경고, 빨간색 : 제동 체결	색상 변화에 따라 즉시 감속 또는 정차 조치
선로 정보	터널 아이콘	Tunnel / 터널	계획 영역	전방에 터널이 있음을 예고	터널 진입 대비
	절연구간 아이콘	Neutral Section / 절연구간	계획 영역	전방에 전차선 절연구간이 있음을 예고	절연구간 통과 절차(타력 운전) 준비
확인 요구	Ack	Acknowledgement / 확인 요구	상태 영역	시스템이 기관사의 인지 확인을 요구함(예 모드 전환, 경고 등)	해당 아이콘을 터치하거나 확인 버튼을 눌러 인지했음을 시스템에 알림

12.3 관제사

관제사는 신호 취급자의 임무를 넘어, 실시간 데이터를 기반으로 전체 교통망의 효율성과 안전성을 최적화하는 '교통 흐름 관리자'로 거듭나야 한다. 강화된 관제 시스템의 기능을 활용하여 선로용량을 극대화하고, 이례 상황 발생 시에는 기관사 및 관련 부서와 유기적으로 소통하며 위기를 관리하는 전략적 의사결정 능력이 요구된다.

KTCS-2의 혁신성을 제대로 이해하기 위해서는, 이전에 우리가 사용해왔던 열차제어시스템들과 어떤 근본적인 차이가 있는지 살펴보는 것이 중요하다. 이번 장에서는 기존 시스템들과 KTCS-2를 개념적, 시스템적으로 비교 분석해 보자.

(1) 신호 취급자에서 교통 흐름 관리자로의 진화

KTCS-2 환경에서 철도교통관제사의 역할은 전통적인 '신호 취급자'에서 전체 노선의 교통 흐름을 최적화하는 '교통 흐름 관리자'로 진화한다. 기존의 중앙집중제어장치(CTC)가 단순히 선로의 점유 상태(점유/비점유)만을 표시했다면, KTCS-2와 연동된 새로운 CTC 시스템은 각 열차의 실시간 위치, 정확한 속도, 그리고 시스템이 부여한 이동 권한의 범위까지 풍부한 정보를 시각적으로 제공한다.

관제사 교육 프로그램의 핵심은 새로운 CTC 인터페이스의 기능을 숙달하는 것을 넘어, 풍부해진 실시간 데이터를 활용하여 철도 네트워크의 안전성과 효율성을 동시에 향상시키는 운영 전략을 수립하고 실행하는 능력을 배양하는 데 있다. 또한, 시스템 장애와 같은 이례적인 상황 발생 시, 강화된 통신 기능을 바탕으로 기관사와 긴밀하게 협력하며 상황을 수습하는 위기관리 능력 또한 중요한 교육 목표가 된다.

12.3.1 이론 교육 내용

(1) 관제센터 관점에서의 KTCS-2 아키텍처

관제사가 효과적인 의사결정을 내리기 위해서는 자신이 내리는 명령이 시스템 내에서 어떻게 처리되는지 이해해야 한다. 이 모듈은 CTC, 연동장치(EIS), 그리고 RBC 간의 상호작용에 초점을 맞춘다. 관제사가 CTC 화면에서 진로를 설정하는 간단한 조작이 연동장치를 통해 RBC로 전달되고, RBC가 복잡한 안전 계산을 거쳐 최종적으로 열차에 이동 권한을 부여하는 일련의 과정을 학습한다. 이를 통해 관제사는 자신의 조작이 시스템 전체에 미치는 영향을 이해하고, 문제 발생 시 원인을 추론하는 능력을 기를 수 있다.

(2) 향상된 CTC 인터페이스 : 신규 표시 및 기능

KTCS-2와 연동된 CTC는 기존과 다른 새로운 정보들을 제공한다. 이 모듈은 새로운 사용자 인터페이스(UI)에 대한 완벽한 숙지를 목표로 한다.

① 교육 내용
- **실시간 열차 정보 표시** : CTC 화면의 선로 지도 위에 각 열차가 아이콘 형태로 표시되며, 아이콘에는 열차 번호, 현재 속도, 운행 방향 등의 정보가 실시간으로 나타난다.
- **이동 권한 시각화** : 각 열차 아이콘 전방으로 시스템이 허가한 이동 권한의 범위(EOA까지)가 특정 색상이나 음영으로 명확하게 표시된다. 이를 통해 관제사는 각 열차의 운행 가능 범위를 한눈에 파악할 수 있다.
- **신규 경보 및 알림** : RBC 통신 장애, 열차의 이동 권한 무시(Trip 발생), 시스템 기능 저하 등 KTCS-2 시스템과 관련된 새로운 유형의 경보 및 알림 메시지를 인지하고 그 의미를 해석하는 방법을 교육한다.

(3) 무선폐색센터(RBC)를 통한 열차 진로 관리

관제사의 핵심 업무는 RBC를 통해 열차의 이동을 통제하는 것이다. 이 모듈은 이동 권한의 생애주기(Lifecycle)를 관리하는 방법을 다룬다.

① 이동 권한의 생애주기
- **요청 및 발급** : 관제사가 CTC를 통해 진로를 설정하면, 이는 RBC에 대한 이동 권한 발급 요청으로 이어진다. RBC는 안전성을 검토한 후 MA를 발급한다.
- **갱신** : 열차가 주행함에 따라, RBC는 지속적으로 새로운 정보를 반영하여 MA를 갱신하고 연장해준다.
- **단축 및 취소** : 운행 계획 변경이나 전방의 긴급 상황 발생 시, 관제사는 이미 발급된 MA를 강제로 단축하거나 취소하여 열차를 정지시킬 수 있다. 이러한 조작 절차를 숙달시킨다.

② RBC 간 핸드오버 관리

열차가 한 RBC의 관할 구역을 벗어나 다른 RBC의 관할로 진입할 때 제어권 이양이 발생한다. 이 과정은 대부분 자동으로 이루어지지만, 관제사는 CTC 화면을 통해 핸드오버 과정을 모니터링하고, 만약의 실패 상황에 대비할 수 있어야 한다.

12.3.2 시뮬레이션 기반 실습 교육 내용

관제사의 복합적인 의사결정 능력과 위기관리 능력은 실제와 유사한 환경에서의 반복적인 훈련을 통해서만 효과적으로 향상될 수 있다. 이를 위해 철도교통관제사 교육용 모의 관제시스템(Simulator)을 활용한 시나리오 기반 실습 교육이 필수적이다.

- 시나리오 1 : 표준 교통 관리 : 다수의 열차가 운행하는 상황에서 정상적으로 진로를 설정하고, 시스템이 자동으로 이동 권한을 생성 및 갱신하는 과정을 모니터링한다. 이를 통해 기본적인 시스템 운영 절차를 체득한다.
- 시나리오 2 : 고밀도 운행 및 시격 단축 : 출퇴근 시간대와 같이 열차가 집중되는 상황을 가정한다. 관제사는 CTC에 표시되는 실시간 열차 위치와 속도 정보를 활용하여, 선행 열차가 역에 진입하고 승하차를 완료하는 시점에 맞춰 후행 열차의 이동 권한을 정밀하게 부여함으로써, 안전을 확보하면서도 열차 간 간격(시격)을 최소화하는 훈련을 한다. 이는 KTCS-2의 선로용량 증대 효과를 극대화하는 핵심적인 관제 기술이다.
- 시나리오 3 : 이례 상황 관리 : RBC 시스템 다운, 선로 장애물 자동 검지 경보 수신, 특정 열차의 통신 두절 등 다양한 이례 상황을 시뮬레이션한다. 관제사는 CTC의 경보를 통해 상황을 신속히 인지하고, 매뉴얼에 따라 주변 열차를 통제하며, 관련 부서(유지보수 등)에 상황을 전파하는 등 종합적인 대응 절차를 훈련한다.
- 시나리오 4 : 기능 저하 운행 승인 및 관리 : 관제사 훈련의 핵심 시나리오 중 하나로, 특정 열차가 시스템 장애로 인해 정상적인 이동 권한을 받을 수 없는 상황을 가정한다. 관제사는 해당 열차의 기관사와 무선으로 교신하며 상황을 파악하고, 기관사에게 직원 책임(Staff Responsible, SR) 모드로의 전환을 지시한다. 이후, 관제사는 해당 열차가 이동할 진로에 대해 다른 열차의 진입을 막는 등 수동으로 안전 조치를 취한 뒤, 기관사에게 "다음 역까지 40km/h 이하로 주의 운전"과 같이 구체적인 운행 지시를 구두로 내린다. 이 과정은 명확하고 간결한 통신 능력과 절차에 대한 완벽한 이해를 요구하는 고도의 훈련이다.

KTCS 열차제어시스템 기술해설

도시철도 표준 - KTCS-M

제 **3** 부

제13장 KTCS-M의 이해

13.1 KTCS-M(CBTC 기반) - 도시철도 표준

13.1.1 개발 배경과 필요성 : 기술 종속 탈피와 수송 효율 극대화

(1) 외산 기술 의존의 한계와 표준화의 필요성

과거 대한민국의 도시철도 시스템은 '해외 신호 기술 전시장'이라 불릴 만큼 다양한 국가의, 서로 다른 규격의 시스템이 혼재되어 있었다. 서울 1~9호선을 비롯한 대부분의 노선이 건설 시기마다 각기 다른 외산 시스템을 도입하면서, 노선 간 호환성 부재는 물론 유지보수와 부품 수급에 있어 심각한 비효율을 겪어야 했다. 특정 제작사에 종속된 기술은 높은 유지보수 비용과 기술 지원의 어려움으로 직결되었고, 이는 장기적으로 국가 철도 운영의 경제성과 안정성을 저해하는 고질적인 문제였다.

이러한 배경 속에서, 해외 기술 의존에서 벗어나 국내 환경에 최적화된 단일 표준 시스템을 확보하는 것은 국가적 과제로 부상했다. 정부는 국가 연구개발(R&D) 과제를 통해 한국형 표준 신호 시스템 개발에 착수했으며, 이를 통해 건설 및 유지보수 비용을 획기적으로 절감하고, 국내 기술 자립을 통한 안정적인 시스템 운영 기반을 마련하고자 했다.

(2) 도시철도의 숙명 : 수송 용량 극대화

도시철도의 가장 큰 숙명은 제한된 선로 위에서 최대한 많은 승객을 안전하고 신속하게 수송하는 것이다. 출퇴근 시간대에 집중되는 수요를 감당하기 위해서는 열차 간의 운행 간격, 즉 '시격(Headway)'을 수십 초 단위로 단축해야 한다. 그러나 기존의 고정폐색(Fixed Block) 방식은 선로를 물리적인 구간으로 나누고 한 구간에 한 대의 열차만 진입시키는 원리상, 시격 단축에 명백한 한계를 가진다.

이 문제를 해결하기 위한 최적의 기술이 바로 통신기반 열차제어(CBTC, Communication-Based Train Control)이며, KTCS-M은 이 CBTC 기술을 기반으로 개발되었다. KTCS-M은 궤도회로 없이 무선통신을 통해 열차의 위치를 실시간으로 정밀하게 파악하고, 이를 바탕으로 열차 간격을 최소한의 안전거리까지 줄이는 이동폐색(Moving Block)을 구현한다. 이는 선로 용량을 극대화하여 도시철도의 수송 효율을 최고 수준으로 끌어올리기 위한 필연적인 기술적 선택이었다.

13.1.2 KTCS-2와의 차별성 및 보완 관계

KTCS-M과 KTCS-2는 동일한 '한국형 열차제어시스템(KTCS)' 포트폴리오에 속하지만, 그 기반 기술과 운영 철학은 명확히 구분된다. 이 둘은 경쟁 관계가 아닌, 각자의 운영 환경에 최적화된 솔루션을 제공하는 상호 보완적인 관계이다.

(1) 근본적인 차이 : 이동폐색 vs 고정폐색

두 시스템의 가장 핵심적인 차이는 폐색(Block)을 제어하는 방식에 있다.

- **KTCS-2(고정폐색 기반)** : 유럽 고속철도 표준인 ETCS Level 2를 기반으로 하며, 전통적인 고정폐색 원리를 따른다. 선로에 설치된 궤도회로가 열차의 존재를 1차적으로 감지하며, 무선통신(LTE-R)은 이 정보를 신속하게 열차에 전달하여 운행 효율을 높이는 임무를 한다. 이는 광활한 구간을 고속으로 운행하며 절대적인 안전 확보가 최우선인 간선/고속철도 환경에 적합하다.
- **KTCS-M(이동폐색 기반)** : 도시철도 표준인 CBTC를 기반으로 하며, 이동폐색이라는 혁신적인 패러다임을 채택한다. 궤도회로를 완전히 배제하고, 열차 스스로 자신의 위치를 정밀하게 계산하여 무선통신으로 지상에 보고한다. 지상 시스템은 이 정보를 바탕으로 각 열차를 중심으로 하는 동적인 안전 영역(Moving Block)을 실시간으로 설정하여, 열차들이 최소 제동 거리만큼의 간격을 유지하며 촘촘하게 운행할 수 있도록 한다.

[표 13-1] KTCS-M과 KTCS-2의 비교

구분	KTCS-M (도시철도용)	KTCS-2 (고속/간선용)
기반 표준	CBTC(통신기반 열차제어)	ETCS Level 2(유럽 열차제어시스템)
폐색 원리	이동폐색(Moving Block)	고정폐색(Fixed Block)
열차 검지	차상 자율 측위(무궤도회로)	지상 궤도회로
핵심 목표	수송 용량 극대화, 시격 단축	노선 간 상호운용성, 고속 주행 안전
자동화 수준	완전 무인운전(GoA 4) 지원	기관사 탑승 자동운전(GoA 2) 목표
지상 설비	단순(궤도회로 불필요)	복잡(궤도회로, 다수의 발리스)

(2) 국가 철도망의 이원화 전략 : 상호 보완적 생태계

KTCS-M과 KTCS-2는 대한민국 철도망을 '도시철도'와 '간선/고속철도'라는 두 개의 전문 영역으로 나누어 각각에 최적화된 솔루션을 제공하는 국가 차원의 이원화 전략의 산물이다. KTCS-2가 국가의 대동맥 임무를 하는 광역 철도망 간의 연결성과 표준화를 책임진다면, KTCS-M은 대도시 내부의 모세혈관 임무를 하는 도시철도망의 수송 효율을 책임진다. 두 시스템 모두 차세대 철도 전용 무선통신망인 LTE-R을 공통 기반으로 사용하여, 국가 철도 통신 인프라의 일관성을 유지한다.

13.1.3 도시철도·광역철도 적용 사례

(1) 상용화의 초석 : 일산선 시범 사업

KTCS-M 기술의 상용화를 위한 결정적인 시험대는 서울 지하철 3호선 일산선(대화역~백석역) 구간에서 진행된 시범 사업이었다. 이 사업은 국가 R&D로 개발된 KTCS-M 시스템의 안정성과 성능, 그리고 기존 시스템과의 호환성을 실제 영업 노선에서 검증하는 것을 목표로 했다. 3호선 전동차에 KTCS-M 차상 장치를 설치하고 시험 구간에 지상 설비를 구축하여, 열차의 출발부터 정차, 무인 운전 시나리오까지 모든 기능과 안전성을 철저히 테스트했다. 이 시범사업의 성공은 한국 독자 기술로 개발된 CBTC 시스템이 세계에서 가장 복잡한 도시철도망 중 하나인 수도권 전철 환경에 성공적으로 적용될 수 있음을 입증한 중요한 이정표가 되었다.

(2) 미래를 향한 확장 : 신규 노선 도입 및 표준화 계획

일산선 시범 사업을 통해 상용화 실적과 기술적 신뢰를 확보한 KTCS-M은 향후 국내 도시철도의 표준 신호 시스템으로 자리매김할 계획이다.

- 신규 노선 적용 : 건설 단계부터 KTCS-M을 표준으로 채택하는 노선이 늘어나고 있다. 대표적으로 서울 동북선과 부산 5호선 등이 KTCS-M 도입을 계획하고 있다. 최근에는 대장-홍대선 광역철도에도 KTCS-M 공급 계약이 체결되어, 안정적인 무인운전의 기반을 마련했다.
- 기존 노선 개량 및 표준화 : 정부와 각 지자체는 장기적으로 노후화된 외산 신호 시스템을 KTCS-M으로 교체해 나갈 방침이다. 과천선, 분당선 등이 우선적인 확대 적용 대상으로 검토되고 있으며, 이를 통해 전국 도시철도 신호 시스템을 국산 기술로 표준화하여 운영 효율성을 높이고 비용을 절감하는 것을 목표로 하고 있다. 2024년까지 관련 시장 규모는 약 5,500억 원에 이를 것으로 전망된다.

13.2 도시철도신호시스템(KTCS-M) 적용

13.2.1 KTCS-M 시스템의 기술적 기반과 아키텍처

(1) RF-CBTC와 이동폐색(Moving Block) 원리의 이해

한국형 도시철도신호시스템(KTCS-M, Korea Train Control System-Metro)은 무선통신 기반 열차제어(RF-CBTC, Radio Frequency-Communication Based Train

Control) 기술을 근간으로 하는 차세대 신호 시스템이다. 이 시스템의 핵심은 전통적인 궤도회로 기반의 고정폐색(Fixed Block) 방식에서 벗어나 이동폐색(Moving Block) 제어 방식을 채택한 데 있다.

고정폐색 시스템에서는 선로를 일정한 길이의 구간(폐색)으로 분할하고, 각 구간에 열차의 점유 여부를 감지하기 위한 궤도회로를 설치한다. 이 방식에서는 하나의 폐색 구간에는 단 한 대의 열차만 진입할 수 있도록 제어되므로, 열차의 실제 위치나 속도와 무관하게 항상 폐색 구간 전체가 안전거리로 확보된다. 이는 안전성을 보장하지만, 선로용량을 최적으로 활용하지 못하고 운전 시격을 단축하는 데 한계가 있다.

반면, KTCS-M이 채택한 이동폐색 방식은 궤도회로를 사용하지 않는다. 대신, 차상 장치가 열차의 위치와 속도를 실시간으로 연속 측정하여 지상 장치로 전송한다. 지상 장치는 각 열차로부터 수신한 정보를 바탕으로 선행 열차의 위치와 후행 열차의 제동 성능을 정밀하게 계산하여, 후행 열차가 선행 열차를 추돌하지 않는 최소한의 안전거리를 확보하며 이동 권한(Movement Authority, MA)을 부여한다. 이 안전거리는 열차의 이동에 따라 함께 움직이는 '가상의 벽'과 같으므로 '이동폐색'이라 불린다.

이러한 원리를 통해 열차들은 고정된 폐색 경계 없이 훨씬 더 조밀하게 운행될 수 있으며, 결과적으로 운전 시격이 획기적으로 단축되고 선로용량이 증대된다. 이는 승객 수요가 집중되는 도시철도 환경에서 운영 효율성을 극대화하는 핵심적인 기술적 진보라 할 수 있다.

(2) 핵심 구성요소 및 시스템 아키텍처

KTCS-M은 크게 차상(Carborne), 지상(Wayside), 그리고 관제(Control Center)의 세 가지 주요 서브시스템으로 구성된다. 각 시스템은 유기적으로 연동하여 열차의 안전하고 효율적인 운행을 보장한다.

① **차상 시스템(Carborne System)**

열차에 탑재되는 장비로, 핵심은 차량 탑재 제어장치(VOBC, Vehicle On-Board Controller)이다. VOBC는 열차의 속도와 위치를 정밀하게 파악하고, 지상으로부터 수신한 이동 권한에 따라 자동열차방호(ATP, Automatic Train Protection) 및 자동열차운전(ATO, Automatic Train Operation) 기능을 수행한다. 한국철도표준규격(KRS)은 차상설비의 높은 신뢰성과 안전성을 위해 편성 2중계(Dual Redundancy) 구성을 의무화하고 있다. 이는 주 제어기와 예비 제어기가 동일한 연산을 수행하며 상호 감시하다가, 주 제어기 장애 발생 시 예비 제어기로 즉시 절체되어 운행 중단을 방지하는 구조이다.

② **지상 시스템(Wayside System)**

선로변에 설치되는 장비로, 특정 제어 구역(Zone) 내의 모든 열차를 관장하는 존 컨트롤러(Zone Controller)와 전자연동장치(Electronic Interlocking System)가 핵심이다. 존 컨트롤러는 각 열차로부터 위치 정보를 수신하여 이동 권한을 생성하고 무선 통신망을 통해 열차로 전송하는 임무를 한다. 시스템의 고가용성(High Availability)을 확보하기 위해, 지상 주요 장비는 주 시스템과 대기 시스템이 동일하게 구성되어 실시간으로 데이터를 동기화하는 Hot-Standby 2중계 구조로 설계된다. 이를 통해 주 시스템에 장애가 발생하더라도 서비스 중단 없이 대기 시스템으로 즉시 전환이 가능하다.

③ 관제 시스템(Control Center System)

중앙 관제실에 위치하며, 자동열차감시(ATS, Automatic Train Supervision) 장치가 노선 전체의 열차 운행을 총괄적으로 감시하고 제어한다. ATS는 운행 계획에 따라 열차의 출발, 정차, 운행 간격 등을 자동으로 조절하며, 이례 상황 발생 시 관제사가 신속하게 개입하여 조치할 수 있는 사용자 인터페이스를 제공한다.

(3) 통신 프로토콜 : LTE-R과 Wi-Fi 적용의 기술적 특성 비교

KTCS-M의 설계상 가장 주목할 만한 특징 중 하나는 특정 통신 기술에 종속되지 않는 유연한 아키텍처를 가졌다는 점이다. 이는 KTCS-M 표준이 신호 애플리케이션 계층과 안전 프로토콜을 물리적 통신 계층과 분리하여 정의했기에 가능한 구조이다. 현재까지 상용화 및 시범사업에서는 철도통합무선망(LTE-R, LTE-Railway)과 Wi-Fi가 성공적으로 적용되었다.

① LTE-R(Long-Term Evolution – Railway)

LTE-R은 철도 환경에 특화된 4세대(4G) 이동통신 기술로, 국가재난안전통신망과 연계된 전국 단일 통신망이다. 넓은 커버리지, 이동성 보장, 그리고 서비스 품질(QoS) 보장 기능이 뛰어나 대장홍대선과 같은 광역철도나 장거리 노선에 적합하다. 일산선 시범사업에서 KTCS-M의 통신 백본으로 사용되어 그 성능과 안정성을 성공적으로 검증받았으며, 이를 통해 국가 철도망의 표준 통신 방식으로 자리매김했다.

② Wi-Fi(Wireless Fidelity)

신림선에서는 세계 최초로 Wi-Fi 기반의 KTCS-M이 상용화되었다. 신림선과 같이 운행 거리가 비교적 짧고 터널 구간이 대부분인 자급자족형(Self-contained) 노선 환경에서는 Wi-Fi가 비용 효율적인 대안이 될 수 있다. 특히 신림선에 적용된 기술은 단순한 Wi-Fi가 아닌, 완전 무인운전(GoA 4)의 엄격한 요구사항을 충족시키기 위해 고안된 설비이다.

③ 다중접속(Multi-Access) 열차제어방식

이 방식은 열차가 단일 액세스포인트(AP)가 아닌, 복수의 AP와 동시에 통신 연결을 유지하는 혁신적인 구조이다. 이를 통해 AP 간 핸드오버(Handover) 시 발생할 수 있는 순간적인 통신 두절을 원천적으로 방지하며, 2.4GHz와 5GHz 주파수 대역을 동시에 사용하여 전파 간섭에 대한 강인성을 극대화했다.

이처럼 KTCS-M은 노선의 특성과 운영 환경에 따라 최적의 통신 기술을 선택적으로 적용할 수 있는 높은 수준의 아키텍처 유연성을 보여준다. 이는 향후 5G-R과 같은 차세대 통신 기술의 등장에도 능동적으로 대응할 수 있는 미래 확장성을 담보하는 중요한 설계 철학이다.

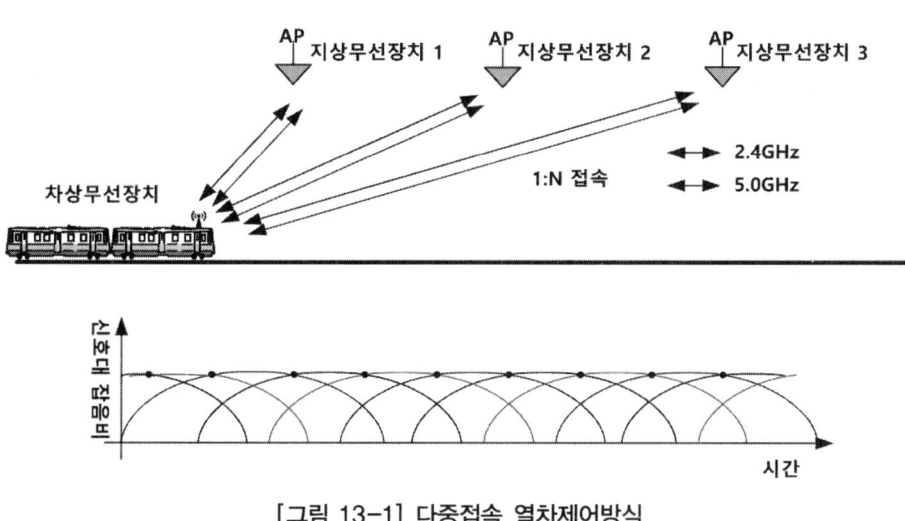

[그림 13-1] 다중접속 열차제어방식

(4) 안전무결성 : SIL 4 인증의 의미와 Fail-Safe 설계 구조

철도신호 시스템에서 안전은 그 어떤 가치보다 우선시 된다. KTCS-M은 국제 표준(IEC 61508, EN 50126/8/9)에 따라 최고 등급의 안전무결성 수준인 SIL 4(Safety Integrity Level 4) 인증을 획득했다. SIL 4는 1년 동안 시스템 장애로 인해 치명적인 사고가 발생할 확률이 극히 낮음($10^{-8} \sim 10^{-9}$회/시간)을 의미하며, 이는 시스템이 거의 모든 예측 가능한 고장 상황에서도 안전한 상태를 유지할 수 있도록 설계되었음을 공인하는 것이다.

이러한 최고 수준의 안전성을 달성하기 위해 KTCS-M의 핵심 제어장치는 **2 out of 2 Composite Fail-Safe** 구조로 설계된다. 이는 동일한 기능을 수행하는 두 개의 독립적인 마이크로프로세서 채널로 구성된 아키텍처를 의미한다. 두 프로세서는 동일한 입력 데이터를 받아 독립적으로 연산을 수행한 후, 그 결과를 지속적으로 비교한다. 만약 두 결과값이 일치하지 않을 경우, 시스템은 내부 고장이 발생한 것으로 판단하고 즉시 열차를 정지시키는 등 미리 정의된 가장 안전한 상태(Fail-Safe State)로 천이한다. 이 구조는 하드웨어의 임의 고장(Random Failure)이나 소프트웨어의 논리적 오류가 치명적인 위험으로 이어지는 것을 방지하는 핵심적인 안전설계 원리이다.

13.3 CBTC 기반의 이동폐색과 완전 무인운전(GoA 4)

(1) CBTC 기반의 이동폐색

KTCS-M의 가장 큰 기술적 특징은 이동폐색(Moving Block)의 구현이다. 이는 고정된 선로 구간을 단위로 열차 간격을 제어하던 고정폐색과 달리, 각 열차를 중심으로 하는 동적인 안전 영역(가상의 폐색)을 설정하는 방식이다.

이동폐색의 작동 원리는 다음과 같다.

① **차상 중심의 자율 위치 인식** : 열차에 탑재된 제어 장치(VOBC)가 속도계, 가속도계 등의 센서 정보를 종합하여 자신의 정확한 위치(열차의 맨 앞과 뒤)를 실시간으로 정밀하게 계산한다.

② **실시간 위치 보고** : 모든 열차는 자신의 위치 정보를 LTE-R 통신망을 통해 지상의 존 컨트롤러(ZC, Zone Controller)로 지속해서 전송한다.

③ **동적 이동권한 계산 및 전송** : ZC는 선행 열차의 실제 후미 위치를 기준으로, 후속 열차의 제동 성능을 고려한 최소 안전거리를 확보한 지점을 이동권한 한계(LMA, Limit of Movement Authority)로 계산하여 후속 열차에 즉시 전송한다.

이러한 메커니즘을 통해 선행 열차가 전진하는 만큼 후속 열차의 이동권한이 실시간으로 연장되므로, 고정폐색 구간의 길이로 인해 낭비되던 불필요한 공간 없이 열차들이 최소한의 안전거리만을 유지하며 촘촘하게 운행할 수 있다. 이는 운전시격을 획기적으로 단축시켜 선로용량을 극대화하는 핵심 원리이다.

(2) 완전 무인운전(GoA 4) 지향 시스템

KTCS-M은 시스템 설계 초기부터 최고 수준의 자동화 등급인 GoA(Grade of Automation) 4, 즉 완전 무인운전(Unattended Train Operation)을 지향한다. 이동폐색을 통한 정밀하고 신뢰성 높은 열차 제어는 완전 무인운전의 필수적인 전제 조건이다. 시스템이 기관사의 개입 없이 열차의 출발, 정위치 정차, 출입문 제어 등 정상적인 운행은 물론, 예측하지 못한 비상 상황 발생 시 대처까지 자동으로 수행하는 것을 목표로 한다. 이는 인적 오류를 원천적으로 배제하여 안전성을 높이고, 운영 효율성을 극대화한다.

(3) 국내 표준(KRS) 및 국제 규격 만족

KTCS-M은 2015년 12월 한국철도표준규격(KRS)으로 제정되어 국가 표준으로서의 지위를 확보했다. 동시에, 기반 기술인 CBTC는 IEEE 1474.1 국제 표준을 준용하며, 시스템의 안전성은 국제전기기술위원회(IEC)의 안전무결성 최고등급(SIL 4)을 만족하도록 설계되었다. 이는 시스템의 신뢰성을 보증하고, 국내 도시철도 신호 시스템의 통일된 표준을 제시하며, 나아가 해외 시장에서도 통용될 수 있는 기술적 기반을 마련했다는 의미를 가진다.

(4) LTE-R 통신망 활용

KTCS-M이 KTCS-2와 마찬가지로 LTE-R을 표준 통신망으로 채택한 것은 단순한 기술 선택을 넘어선 전략적 결정이다. 도시철도 환경에서 초 단위로 수많은 열차와 지상 시스템이 주고받는 방대한 양의 데이터를 지연 없이 처리하기 위해서는 고속, 대용량, 고신뢰성 통신망이 필수적이다. LTE-R은 이러한 CBTC 시스템의 엄격한 통신 요구사항을 충족시키는 최적의 솔루션이다. 또한, 국가 철도망 전체(간선/고속철도 및 도시철도)에 걸쳐 단일화된 통신 인프라를 구축함으로써, 시스템의 유지보수 효율성을 높이고 향후 5G 기반의 차세대 철도통신시스템(FRMCS)으로의 전환까지 고려한 미래지향적 포석이라 할 수 있다.

13.4 KTCS-M 시스템 아키텍처 및 특징

KTCS-M(Metro)은 수송 용량 극대화가 최우선 과제인 도시철도 환경에 맞춰 통신기반 열차제어(CBTC, Communication-Based Train Control) 기술을 기반으로 개발된 한국형 표준 시스템이다. 이 시스템의 핵심은 궤도회로라는 물리적 제약에서 벗어나 통신 기술을 통해 선로 효율을 극한까지 끌어올리는 '혁명적' 패러다임 전환에 있다.

13.4.1 KTCS-M의 아키텍처

KTCS-M 시스템은 열차의 안전하고 효율적인 운행을 위해 유기적으로 연동하는 여러 하위 시스템으로 구성된다. 이 아키텍처는 크게 **차상(On-Board)**, **지상(Wayside)**, 그리고 **중앙(Central Control)**의 세 가지 영역으로 나눌 수 있다. 각 영역의 구성 요소와 그들 간의 상호작용을 이해하는 것은 시스템 전체의 동작 원리를 파악하는 데 있어 핵심적이다.

(1) 시스템 개요 및 데이터 흐름

KTCS-M의 가장 기본적인 데이터 순환 루프는 다음과 같은 과정으로 이루어진다.

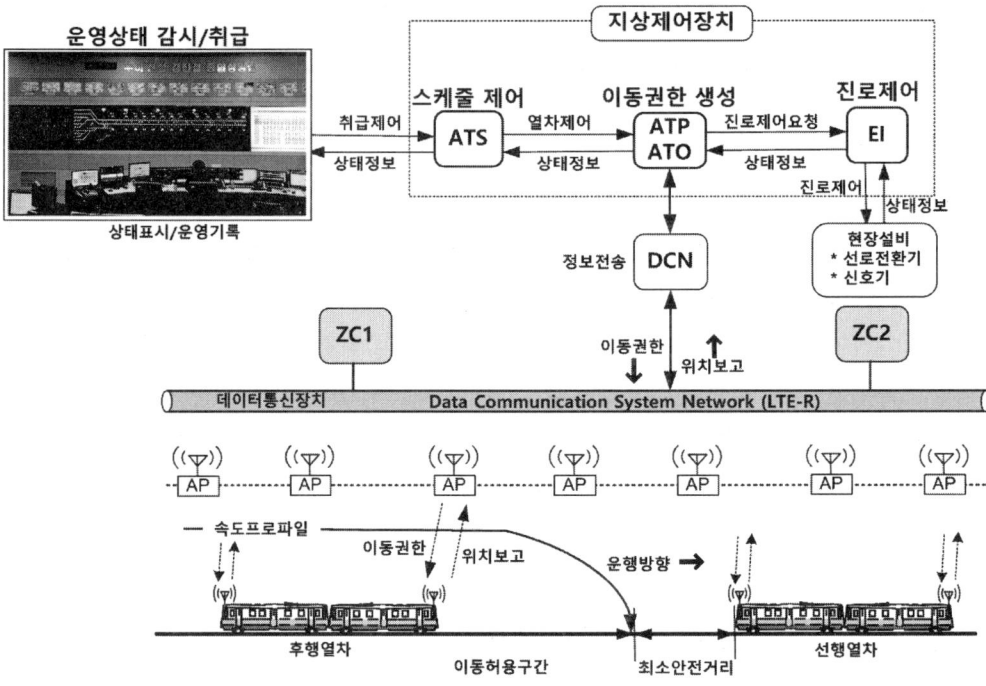

[그림 13-2] KTCS-M 지상제어장치 개략도

① **위치 보고** : 열차의 차상 시스템이 스스로의 위치와 속도를 정밀하게 계산하여 무선 통신을 통해 지상 시스템으로 전송한다.
② **이동권한(MA) 계산 및 전송** : 지상 컨트롤러는 관할 구역 내 모든 열차의 위치 정보와 연동장치(Interlocking)로부터 받은 선로 상태(분기기 방향, 잠김 상태 등)를 종합하여, 각 열차에게 안전하게 나아갈 수 있는 한계 지점, 즉 이동권한(MA)을 계산하여 다시 열차로 전송한다.
③ **MA 준수 및 운행** : 열차의 차상 시스템은 수신한 MA를 바탕으로 안전 제동 곡선을 생성하고, 이 곡선을 절대 넘지 않는 범위 내에서 열차의 속도를 제어하며 운행한다.
④ **반복** : 이 과정은 1초에도 수 차례씩 지속적으로 반복되며, 실시간으로 변화하는 운행 환경에 동적으로 대응한다.

이러한 구조는 과거의 중앙집중식 제어시스템과 달리, 안전에 대한 핵심적인 판단과 실행이 분산되어 있다는 특징을 가진다. 차상 장치는 자기 자신의 안전을 책임지고, 지상 장치는 구역 내의 교통을 관리하는 임무를 분담한다. 이러한 분산 지능형 아키텍처는 시스템의 확장성과 복원력을 향상시키는 중요한 요소이다. 예를 들어, 특정 구간을 담당하는 지상 컨트롤러 하나에 장애가 발생하더라도, 그 영향이 해당 구간에 국한될 뿐 전체 노선으로 확산되지 않는다.

(2) 차상 서브시스템 : 열차의 두뇌

차상 서브시스템은 열차에 탑재되어 실질적인 운행 제어를 담당하는 핵심 요소들로 구성된다.

① **차상연산장치(VOBC, Vehicle On-Board Controller)** : VOBC는 말 그대로 '열차의 두뇌' 임무를 하는 안전필수(Safety-Critical) 컴퓨터이다. VOBC의 주요 기능은 다음과 같다.
- **ATP 기능** : 지속적으로 열차의 위치와 속도를 계산하고, 지상으로부터 수신한 MA와 비교하여 안전 제동 곡선을 생성 및 감시한다. 만약 열차 속도가 이 곡선을 침범할 위험이 감지되면 자동으로 제동을 체결하여 열차를 보호한다.
- **ATO 기능** : 자동운전(ATO, Automatic Train Operation) 기능이 탑재된 경우, 최적의 에너지 효율로 목표 속도까지 가속 및 순항하고, 역 승강장의 정해진 위치에 오차 없이 정차하며, 출입문 개폐를 제어하는 등 모든 자동 운행을 담당한다.
- **위치 결정** : 차륜의 회전수를 측정하는 속도계(Tachometer)로부터 얻는 주행거리 측정(Odometry) 데이터를 기반으로 자신의 위치를 지속적으로 추정(Dead Reckoning)한다.
- **통신 관리** : 지상 시스템과의 무선 데이터 링크를 관리하고, 정보 송수신을 담당한다.

② **운전자표시장치(DMI, Driver Machine Interface)** : 운전실에 설치된 화면으로, 기관사(또는 무인운전 시스템의 경우 열차 승무원)에게 이동권한, 목표 속도, 현재 속도, 다음 정차역 정보 등 운행에 필요한 모든 핵심 정보를 시각적으로 제공한다.

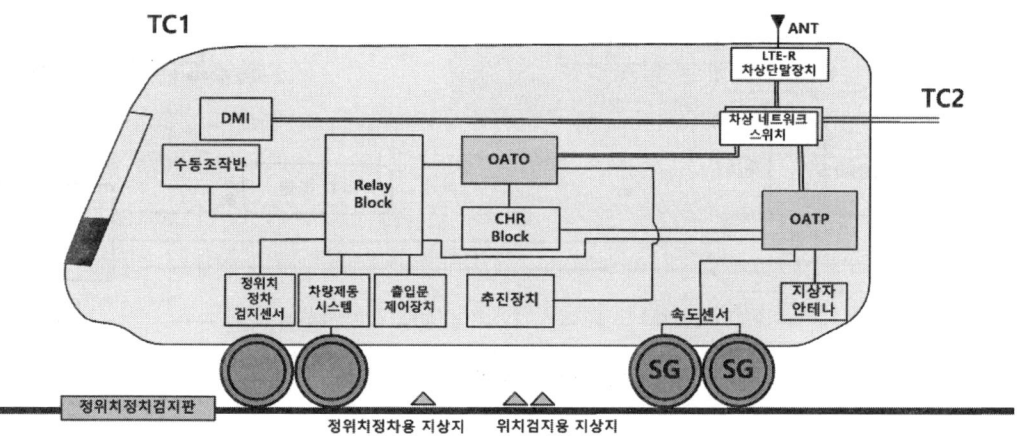

[그림 13-3] KTCS-M 차상제어장치 개략도

(3) 지상 및 중앙 서브시스템 : 지상 인프라

지상 및 중앙 서브시스템은 선로변과 관제실에 설치되어 전체 노선의 열차 운행을 조율하고 감독한다.

① **지상장치(Wayside Controller / Zone Controller / RBC)** : 특정 관할 구역(Zone)의 열차 제어를 총괄하는 지상 컴퓨터이다. KTCS-2에서는 RBC(Radio Block Centre)라는 용어를 사용하며, 약 60km 구간을 관할할 수 있다. 주요 역할은 다음과 같다.

- **열차 추적** : 관할 구역 내 모든 열차의 위치와 상태 정보를 실시간으로 수집하고 데이터베이스를 유지한다.
- **MA 생성** : 각 열차의 위치, 선로 조건, 연동장치 상태, 그리고 다른 열차들의 위치를 종합하여 안전한 이동권한(MA)을 계산하고 각 열차에 전송한다.
- **연동장치 인터페이스** : 열차의 경로를 설정하기 위해 전통적인 연동장치(Interlocking System)와 통신한다. 연동장치에 경로 설정을 요청하고, 분기기가 정확한 방향으로 전환되고 잠겼음을 확인한 후에야 해당 경로를 포함하는 MA를 열차에 발행한다.

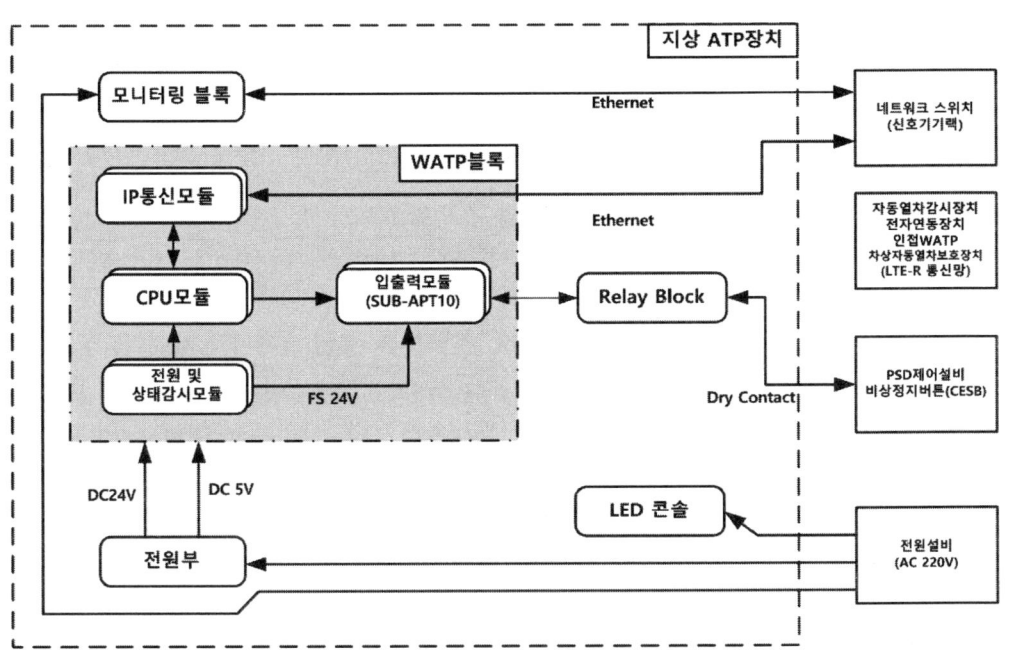

[그림 13-4] 지상 ATP 구성도

② **발리스(Balise)** : 선로의 레일 사이에 설치되는 수동형 데이터 전송 장치이다. 궤도회로가 없는 CBTC 시스템에서 발리스의 역할은 절대적이다. 발리스는 **절대 위치 보정 기준점**의 임무를 수행한다. 열차가 발리스 위를 통과할 때, 차상 안테나는 발리스에 저장된 고유 ID와 정확한 위치 좌표 정보를 읽어들이다. VOBC는 이 정보를 이용해 주행거리

측정(Odometry) 과정에서 누적된 위치 오차를 즉시 보정한다. 이로써 시스템은 지속적으로 높은 정밀도의 위치 정보를 유지할 수 있다.

③ **중앙관제장치(ATS, Automatic Train Supervision)** : 중앙관제실에 위치한 최상위 시스템이다. ATS는 직접적인 안전필수 제어는 수행하지 않지만, 전체 노선의 운행을 관리하고 감독하는 임무를 한다.
- 운행 스케줄을 설정하고 이에 맞춰 각 열차의 경로를 계획한다.
- 지상장치(Wayside Controller)에 "X열차를 Y승강장으로 진입시켜라"와 같은 상위 레벨의 운행 명령을 전달한다.
- 관제사에게 전체 노선의 열차 운행 상황을 실시간으로 시각화하여 제공한다.

CBTC가 '궤도회로가 없는(Track-circuit-less)' 시스템으로 불리기도 하지만, 실제 현장에서는 종종 '하이브리드(Hybrid)' 형태로 구축된다는 점을 이해하는 것이 중요하다. CBTC는 열차와 열차 사이의 간격을 제어하기 위한 궤도회로를 제거하지만, 분기기와 같이 물리적인 전환이 일어나는 구간의 안전을 확보하기 위한 연동장치는 여전히 필요하다. 전통적으로 연동장치는 궤도회로를 통해 분기기 구간 내의 열차 점유 여부를 확인하고, 열차 아래에서 분기기가 전환되는 것을 방지한다. 따라서 CBTC 시스템의 지상장치는 새로운 통신기반 열차 위치 정보 세계와, 기존의 물리적 연동 로직 세계를 연결하는 중요한 가교 임무를 수행해야 한다. 실무 엔지니어는 개활지에서는 CBTC의 이동폐색 원리가, 연동 지역에서는 궤도회로나 액슬카운터(Axle Counter)와 같은 전통적인 점유 검지 장치가 함께 사용되는 하이브리드 시스템을 마주하게 될 가능성이 높다.

[표 13-1] 지상, 차상, 중앙서브시스템

서브시스템	구성 요소	핵심 기능
차상 (On-Board)	VOBC(차상연산장치)	ATP/ATO 기능 수행, 위치 계산, MA 기반 운행 제어
	DMI(운전자표시장치)	운행 정보 시각화
지상 (Wayside)	Wayside Controller(지상장치)	관할 구역 열차 추적, MA 생성 및 전송, 연동장치 연계
	Balise(발리스)	절대 위치 정보 제공, 차상장치의 위치 오차 보정
	Interlocking(연동장치)	분기기 등 선로 설비의 물리적 제어 및 잠금
중앙 (Central)	ATS(중앙관제장치)	전체 노선 운행 스케줄 관리, 운행 감독 및 상위 명령 전달

제14장 KTCS-M 도입 효과 및 전망

14.1 KTCS-M 도입에 따른 도시철도 운영 효율 극대화 및 비용 절감 효과

KTCS-M(Korea Train Control System-Metro)은 LTE-R 무선통신 기반의 열차제어시스템으로, 도시철도 운영의 효율성과 경제성을 획기적으로 개선할 수 있는 차세대 신호 시스템이다. 중급 신호 엔지니어의 눈높이에 맞춰 KTCS-M이 어떻게 운영 효율을 극대화하고 비용을 절감하는지 핵심적인 내용을 중심으로 정리하면 다음과 같다.

(1) 운영 효율 극대화 : 더 많은 열차를 더 안전하게

KTCS-M은 기존의 지상 신호설비에 의존하던 방식에서 벗어나, LTE-R을 이용한 양방향 통신으로 열차와 관제센터가 실시간으로 정보를 교환한다. 이로 인해 얻을 수 있는 운영 효율성의 핵심은 바로 '이동폐색(Moving Block)' 시스템의 구현이다.

- **운전 시격(Headway) 단축** : 기존의 고정폐색(Fixed Block) 시스템은 선행 열차가 특정 구간(폐색)을 완전히 벗어나야만 후행 열차가 진입할 수 있었다. 이는 열차의 실제 위치와 상관없이 시스템적으로 안전거리를 확보하는 방식이라 비효율적인 공간이 발생했다. 하지만 KTCS-M의 이동폐색은 열차의 위치와 속도를 실시간으로 파악하여 열차 간의 최소 안전거리만 유지하며 운행한다. 이는 불필요한 대기 시간을 없애고 열차 운행 간격을 획기적으로 단축시켜 선로 용량을 30% 이상 증대시키는 효과를 가져온다. 출퇴근 시간과 같이 혼잡도가 높은 시간대에 더 많은 열차를 투입하여 승객의 대기 시간을 줄이고 편의성을 높일 수 있다.

- **운행 유연성 및 정시성 향상** : 열차의 위치와 상태를 중앙 관제에서 실시간으로 정밀하게 파악할 수 있으므로, 돌발 상황 발생 시 신속하고 유연한 대처가 가능하다. 예를 들어, 특정 구간에 지연이 발생하면 후행 열차들의 속도를 능동적으로 조절하여 연쇄 지연을 최소화하고, 전체 노선의 운행 스케줄을 최적화할 수 있다. 이를 통해 열차 운행의 정시성을 크게 향상시킬 수 있다.

(2) 비용 절감 : 설비는 줄이고, 수명은 늘리고

KTCS-M은 지상의 복잡한 신호 설비를 상당 부분 제거하고, 이를 무선통신과 차상장치로 대체함으로써 직간접적인 비용 절감 효과를 창출한다.

① **지상 설비 최소화 및 유지보수 비용 절감** : 기존 시스템에서 필수적이었던 궤도회로(Track Circuit), 신호기, 지상자(Balise) 등의 지상 신호 설비를 대폭 축소하거나 제거할 수 있다. 이는 다음과 같은 비용 절감으로 이어진다.
   - **초기 투자비 감소** : 신규 노선 건설 시 값비싼 지상 설비의 구매 및 설치 비용을 절약할 수 있다.
   - **유지보수 비용 감소** : 지상 설비가 줄어듦에 따라 정기적인 점검, 보수, 교체에 필요한 인력과 예산이 자연스럽게 감소한다. 특히, 궤도회로와 같은 설비는 외부 환경에 취약하고 고장이 잦아 유지보수에 많은 비용이 소요되었으나, KTCS-M은 이러한 부담을 크게 덜어준다.

② **에너지 효율 증대** : 관제 센터에서 모든 열차의 운행 정보를 통합하여 최적의 운행 패턴을 생성하고 각 열차에 전송할 수 있다. 이를 통해 급가속 및 급감속을 최소화하는 에너지 최적화 운전(Eco-driving)이 가능해져 전력 소비를 줄일 수 있다.

③ **시스템 수명 증대 및 호환성 확보** : KTCS-M은 국제 표준(ERTMS/ETCS)을 기반으로 개발되어 다른 신호 시스템과의 상호 호환성이 높다. 이는 향후 시스템 개량이나 증설 시 특정 제조사에 종속되지 않고 유연하게 대처할 수 있게 하여 장기적인 관점에서 비용을 절감하는 효과를 가져온다. 또한, 하드웨어보다는 소프트웨어 중심의 시스템이므로 기술 발전에 따른 성능 개선 및 업그레이드가 용이하여 시스템의 생명 주기를 연장할 수 있다.

결론적으로, KTCS-M은 이동폐색 기반의 **운행 시격 단축으로 선로 용량을 극대화**하고, **지상 설비의 간소화를 통해 유지보수 비용과 초기 투자비를 획기적으로 절감**하는 **고효율, 저비용 시스템**이다. 이는 도시철도 운영 기관의 재정 건전성을 높이고, 승객에게는 더 빠르고 안전한 서비스를 제공하는 핵심 기술이라고 할 수 있다.

14.2 기관사 및 관제사 업무 변화

KTCS-M(한국형 도시철도 신호시스템)의 도입은 기관사와 관제사의 업무를 단순 제어/감시에서 시스템 기반의 관리/감독으로 근본적으로 변화시킨다. 핵심은 지상 중심의 정보 전달에서 열차 중심의 연속적인 실시간 정보 공유로 전환되는 것이다.

14.2.1 기관사 업무의 변화 : '운전'에서 '관리'로

전통적인 ATS/ATP 구간에서 기관사는 지상의 신호기를 눈으로 확인하고 그에 맞춰 수동으로 열차를 조작하는 '운전자'의 역할이 강했다. 하지만 KTCS-M 환경에서는 다음과 같이 역할이 변화한다.

(1) 운전 패러다임의 전환 : 지상 신호 의존 → 차내 신호 운전

- **(기존)** 지상에 설치된 신호기의 현시(R, Y, G 등)를 육안으로 확인하고 다음 신호기까지의 운전 패턴을 스스로 결정해야 했다. 이는 날씨나 전방 시야에 영향을 많이 받는다.
- **(변화)** 모든 운전 정보가 운전실 내 DMI(Driver-Machine Interface) 화면에 나타난다. 기관사는 더 이상 바깥의 신호기를 찾아볼 필요가 없다. DMI에는 허용 속도, 목표 정차 위치, 제동 곡선 등 최적의 운행 정보가 실시간으로 표시되므로, 기관사는 이 정보를 기반으로 열차를 운행하거나 시스템(ATO 자동 운전)의 작동 상태를 감독한다.

(2) 정보의 질적 변화 : 제한된 정보 → 풍부한 실시간 정보

- **(기존)** 신호기 현시라는 단편적인 정보에 의존했다. 앞 열차와의 정확한 거리나 선로 상태에 대한 정보는 알기 어려웠다.
- **(변화)** 무선통신(LTE-R)을 통해 관제실, 다른 열차와 실시간으로 데이터를 주고받는다. 이로 인해 앞 열차와의 정확한 거리, 선로의 임시 속도제한, 돌발상황 등 종합적인 정보를 DMI를 통해 즉시 파악할 수 있다. 이는 기관사가 훨씬 더 예측 가능하고 안정적인 운전을 하도록 돕는다.

(3) 역할의 재정의 : 능동적 조작자 → 시스템 관리자

- **(기존)** 속도를 높이고 줄이는 모든 과정을 기관사가 직접 책임지고 조작했다.
- **(변화)** 대부분의 운행은 ATO(자동열차운전장치)가 최적의 에너지 효율로 자동 수행한다. 기관사의 주된 역할은 출입문 개폐, 승객 안전 확인, 그리고 시스템이 정상적으로 작동하는지 감독(Supervise)하고 비상 상황 발생 시 신속하게 개입하는 것이다. 즉, '운전 기술'보다 '시스템 이해도와 비상대응 능력'이 더 중요해진다.

14.2.2 관제사 업무의 변화 : '개입'에서 '최적화'로

기존 관제사는 관제 화면에 표시되는 열차의 대략적인 위치(폐색 단위)를 보며 수동으로 진로를 설정하고 지시를 내리는 '교통경찰'과 같은 역할이었다. KTCS-M은 관제사의 임무를 '시스템 운영 전략가'로 격상시킨다.

(1) 열차 위치 파악의 정밀도 향상 : 구간 단위 → 연속적인 고정밀 위치

- (기존) 열차가 특정 궤도회로(폐색)에 들어왔는지 나갔는지만 알 수 있었다. 한 폐색 구간 내에서 열차가 어디에 있는지 정확히 알 수 없었다.
- (변화) 열차가 자신의 위치를 cm 단위로 계산하여 관제실로 실시간 전송한다. 관제사는 모든 열차의 정확한 위치, 속도, 방향을 마치 GPS 지도를 보듯 한눈에 파악할 수 있다. 이는 사고나 장애 발생 시 상황 파악 및 후속 조치를 매우 신속하고 정확하게 만든다.

(2) 운행 관리 방식의 자동화 : 수동 제어 → 자동 관리 및 최적화

- (기존) 열차 지연 발생 시, 관제사가 직접 다른 열차의 운행을 조정하고 진로를 수동으로 설정하는 등 개입이 잦았다.
- (변화) ATR(자동열차조정장치) 시스템이 도입된다. ATR은 전체 열차의 운행 스케줄을 기반으로 특정 열차의 지연이 발생하면 다른 열차의 속도, 역 정차 시간 등을 자동으로 미세 조정하여 전체 운행 스케줄의 영향을 최소화하고 정시성을 회복시킨다. 관제사는 이 자동 조정 과정을 감독하고, 시스템이 해결할 수 없는 큰 이례사항 발생 시 전략적인 결정을 내리는 데 집중한다.

(3) 업무 중심의 변화 : 진로 설정 → 시스템 감시 및 예측

- (기존) 주된 업무는 열차가 다가올 때마다 경로를 확인하고 신호를 제어하여 진로를 열어주는 것이었다.
- (변화) 진로 설정은 대부분 자동으로 이루어진다. 관제사의 핵심 업무는 시스템 전반의 상태를 모니터링하고, 데이터를 분석하여 잠재적인 충돌이나 지연 위험을 사전에 예측하고 예방하는 것으로 바뀐다. 즉, 사후 조치에서 사전 예방으로 업무의 무게중심이 이동한다.

14.2.3 결과

KTCS-M은 기관사와 관제사를 반복적이고 육안에 의존하던 업무에서 해방시켜, 더 고도화된 시스템을 이해하고 관리하며, 예측 불가능한 이례 상황에 전문적으로 대처하는 핵심 인력으로 임무를 격상시킨다. 이는 결국 도시철도 운영의 안전성, 정시성, 수송 효율을 극대화하는 결과로 이어진다.

14.3 KTCS-M과 국가 철도망 통합 신호체계 연계 과제

14.3.1 대한민국 철도신호의 기반 기술

성공적인 시스템 통합을 위해서는 먼저 통합의 대상이 되는 각 시스템의 기술적 본질과 철학을 명확히 이해해야 한다. 본 장에서는 KTCS 프레임워크의 수립 배경부터 시작하여, 도시철도용 KTCS-M과 간선철도용 KTCS-2의 기반 기술인 CBTC와 ETCS의 핵심 원리와 아키텍처를 분석하고, 두 시스템 간의 근본적인 차이점을 명확히 한다.

(1) 한국형 열차제어시스템(KTCS) 프레임워크 개요

대한민국 철도망은 오랫동안 해외의 다양한 신호시스템에 의존해왔다. 이는 높은 도입 및 유지보수 비용, 기술 종속으로 인한 운영 주권의 제약, 그리고 시스템 간 상이한 규격으로 인한 비효율성을 야기하는 원인이었다. 이러한 문제를 해결하고 국가 철도망의 기술적 독립성과 운영 효율성을 확보하기 위해, 국가 연구개발(R&D) 과제를 통해 국내 표준 신호시스템인 KTCS 개발이 추진되었다.

KTCS 프레임워크는 단순히 단일 시스템을 개발하는 것을 넘어, 대한민국 철도 환경의 다양한 요구사항을 충족시키기 위한 체계적인 접근법을 채택했다. 이는 크게 세 가지 축으로 구성된다.

① KTCS-M(Metro) : 서울 지하철과 같은 고밀도 도시철도 노선을 위해 설계되었다. 통신 기반 열차제어(CBTC) 기술을 채택하여 열차 운행 간격을 최소화하고 선로 용량을 극대화하는 것을 최우선 목표로 한다.

② KTCS-2(Level 2) : 고속철도 및 주요 간선철도망을 위해 설계되었다. 유럽의 ETCS Level 1 및 Level 2 표준을 기반으로 하여, 국가 철도망 전반에 걸친 열차와 노선 간의 상호운용성(Interoperability)을 보장하는 것을 핵심 목표로 한다.

③ KTCS-1(Level 1) : 기존 일반철도 노선에 적용하기 위한 시스템으로, 기존 신호시스템과의 호환성을 고려한 ATP(Automatic Train Protection) 시스템이다.

이러한 다층적 프레임워크는 각 철도 환경의 고유한 운영 목표(도시철도의 '용량'과 간선철도의 '상호운용성')에 최적화된 솔루션을 제공하는 동시에, 장기적으로는 국가 철도망 전체를 아우르는 표준화된 시스템으로의 전환을 가능하게 한다. 그러나 이러한 전략적 선택은 필연적으로 각기 다른 기술 철학을 가진 시스템들이 만나는 경계 지점에서 복잡한 통합 과제를 만들어냈으며, 이것이 바로 본 매뉴얼의 핵심 주제가 된다.

(2) KTCS-M : 통신 기반 열차제어(CBTC)를 통한 도시철도 용량 최적화

KTCS-M은 대한민국 도시철도 환경에 최적화된 CBTC 시스템 구현체이다. CBTC의 가장 핵심적인 설계 목표는 제한된 선로 인프라 내에서 최대한 많은 열차를 안전하게 운행시키는 것, 즉 선로 용량의 극대화이다. 이를 위해 KTCS-M은 '이동폐색(Moving Block)'이라는 혁신적인 제어 방식을 채택한다.

① 이동폐색의 원리

전통적인 '고정폐색(Fixed Block)' 방식은 선로를 일정한 길이의 구간(폐색)으로 나누고, 하나의 폐색에는 단 하나의 열차만 진입하도록 허용한다. 이 방식은 안전하지만, 열차의 실제 위치나 속도와 관계없이 폐색 전체가 점유되므로 열차 간 간격이 불필요하게 길어지는 비효율이 발생한다.

반면, 이동폐색 방식은 고정된 폐색 구간의 개념을 없앤다. 각 열차는 자신의 정확한 위치, 속도, 방향을 차상 장치에서 지속적으로 계산하고, 이를 무선 통신을 통해 지상의 제어 시스템(Zone Controller)으로 전송한다. 지상 시스템은 모든 열차의 실시간 위치 정보를 바탕으로 각 후행 열차에게 선행 열차의 꽁무니까지 안전하게 주행할 수 있는 지점, 즉 '이동권한한계(Limit of Movement Authority, LMA)'를 계산하여 부여한다. 이 LMA는 선행 열차의 제동거리를 포함한 안전거리를 확보한 지점으로, 선행 열차가 움직임에 따라 실시간으로 갱신된다. 이론적으로 열차들은 서로의 제동거리만큼만 간격을 유지하며 따라갈 수 있어, 고정폐색 대비 운행 간격을 획기적으로 단축시킬 수 있다.

② KTCS-M 아키텍처

KTCS-M의 아키텍처는 이러한 이동폐색 원리를 구현하기 위해 다음과 같은 핵심 요소들로 구성된다.

- **차량 탑재 제어장치(Vehicle On-Board Controller, VOBC)** : 열차의 '두뇌'에 해당한다. 속도계(Tachometer)와 같은 센서로부터 정보를 받아 주행거리를 계산(Odometry)하고, 선로에 설치된 발리스(Balise, 위치 보정용 지상 장치)를 지날 때마다 위치 오차를 보정하여 열차의 정확한 위치와 속도를 파악한다. 또한 지상 시스템과 지속적으로 양방향 무선 통신을 수행하며 위치를 보고하고 이동권한(MA)을 수신하여 ATP(Automatic Train Protection) 및 ATO(Automatic Train Operation) 기능을 수행한다.

- **지상 제어장치(Zone Controller, ZC)** : 특정 제어 구역(Zone) 내의 모든 열차를 관장한다. 각 열차의 VOBC로부터 수신한 실시간 위치 보고를 바탕으로 안전한 이동권한한계(LMA)를 계산하여 각 열차에 전송한다. 또한 연동장치(Interlocking)와 연계하여 열차의 진로를 설정하고 제어한다.

- **무선 통신 시스템** : VOBC와 ZC 간의 지속적이고 신뢰성 높은 데이터 교환을 위한 통신망이다. 주로 Wi-Fi나 LTE-R과 같은 IP 기반의 무선 기술이 사용된다.
- **위치 결정 시스템** : 차상의 주행거리 계산과 지상의 발리스를 조합하여 열차의 위치를 정밀하게 결정한다.

이처럼 KTCS-M은 열차 스스로 위치를 파악하고 지상 시스템과 긴밀하게 통신하며 운행 간격을 동적으로 조절하는, 고도로 지능화된 분산 제어 시스템이라 할 수 있다.

(3) KTCS-2 : ETCS 표준 기반의 국가 철도망 상호운용성 확보

KTCS-2는 고속철도 및 주요 간선철도에 적용되는 대한민국 국가 표준 신호시스템으로, 유럽의 ETCS Level 1 및 Level 2 기술 규격을 기반으로 개발되었다. ETCS의 탄생 배경 자체가 유럽 내 20개가 넘는 각기 다른 국가별 신호시스템으로 인해 발생하는 열차 운행의 비효율과 장벽을 허물기 위함이었던 것처럼, KTCS-2의 핵심 설계 목표 역시 '상호운용성'이다. 즉, KTCS-2 규격에 맞춰 제작된 모든 열차는 KTCS-2가 설치된 어떤 노선에서든 별도의 개조 없이 안전하게 운행할 수 있어야 한다.

① ETCS Level 2 운영 개념

KTCS-2는 주로 ETCS Level 2의 운영 개념을 따른다. 이는 기존의 지상 신호기(Wayside Signal)를 차내 신호(Cab Signalling)로 대체하여 운전 효율성과 안전성을 높이는 방식이다.

- **중앙 집중형 제어** : ETCS Level 2의 핵심은 무선폐색센터(Radio Block Centre, RBC)라는 중앙 집중식 지상 장치에 있다. RBC는 관할 구역 내의 모든 열차의 위치와 진로 정보를 연동장치(IXL) 및 궤도회로(Track Circuit)나 축계수기(Axle Counter)와 같은 지상 열차 검지 장치로부터 수신한다.
- **이동권한(MA) 전송** : RBC는 이 정보를 바탕으로 각 열차가 안전하게 주행할 수 있는 거리와 속도 프로파일을 담은 '이동권한(Movement Authority, MA)'을 생성한다. 이 MA는 철도 전용 무선 통신망(KTCS-2의 경우 LTE-R)을 통해 해당 열차의 차상 장치로 실시간 전송된다.
- **차상에서의 속도 감시** : 열차의 차상장치(EVC, European Vital Computer)는 수신된 MA를 바탕으로 허용된 속도 및 거리를 지속적으로 감시하며, 만약 기관사가 이를 초과하려 할 경우 자동으로 제동을 체결하여 안전을 확보한다.

이 방식은 지상 신호기를 볼 필요가 없어 고속 주행에 유리하며, 선로 조건 변화에 따른 이동권한 갱신이 즉각적으로 이루어져 운행 효율을 높일 수 있다. 하지만 전통적인 ETCS Level 2는 열차의 위치와 완전성(분리되지 않았음)을 확인하기 위해 여전히 궤도회로나 축계수기 같은 지상 설비에 의존한다는 점에서, 차상 중심의 위치 파악을 하는 CBTC와 근본적인 차이를 보인다.

② LTE-R : KTCS-2의 혁신적인 통신 백본

KTCS-2가 세계적으로 주목받는 이유 중 하나는 세계 최초로 4세대 이동통신 기술인 LTE-R(LTE for Railway)을 열차제어용 통신망으로 상용화했다는 점이다. 기존 유럽의 ETCS가 2세대 기술인 GSM-R을 사용하는 것에 비해, LTE-R은 다음과 같은 월등한 장점을 제공한다.

- 광대역 데이터 전송 : 대용량 데이터 전송이 가능하여, 단순한 열차제어 신호뿐만 아니라 열차 내 CCTV 영상, 상태 모니터링 데이터 등 다양한 정보를 실시간으로 교환할 수 있다.
- 저지연 통신 : 데이터 전송 지연 시간이 짧아 더욱 정밀하고 신속한 열차제어가 가능하다.
- IP기반 네트워크 : 모든 데이터가 IP 패킷 형태로 전송되므로 향후 5G 기반의 FRMCS (Future Railway Mobile Communication System)로의 전환이 용이하며, 다양한 ICT 기술과의 융합에 유리하다.

이처럼 KTCS-2는 ETCS라는 검증된 표준을 기반으로 하면서도, LTE-R이라는 한 세대 앞선 통신 기술을 채택함으로써 안정성과 미래 확장성을 동시에 확보한 선진적인 시스템이다. 이러한 기술적 우위는 향후 'K-철도신호' 기술의 해외 수출에 있어서도 중요한 경쟁력으로 작용할 것이다.

(4) 비교 분석 : 핵심 아키텍처 및 운영 방식의 차이

KTCS-M과 KTCS-2는 모두 무선 통신을 사용하는 현대적인 신호시스템이지만, 그 기반 철학과 아키텍처에는 명확한 차이가 존재한다. 이 차이점을 이해하는 것이 두 시스템 통합의 기술적 과제를 파악하는 첫걸음이다.

두 시스템의 가장 근본적인 차이는 '어디서 이동권한을 생성하고, 어떻게 열차의 위치와 안전을 보장하는가'에 있다. KTCS-M(CBTC)은 각 열차가 스스로 위치를 파악하여 보고하면, 분산된 지상 장치(ZC)가 이를 종합하여 이동권한을 부여하는 '분산형·차상 중심' 아키텍처에 가깝다. 반면, KTCS-2(ETCS)는 중앙의 RBC가 지상의 열차 검지 장치를 통해 확인된 정보를 바탕으로 이동권한을 생성하여 각 열차에 하달하는 '중앙 집중형·지상 중심' 아키텍처의 특징을 가진다.

이러한 철학의 차이는 시스템의 모든 측면에 영향을 미친다. 예를 들어, 열차의 완전성을 보장하는 '열차 무결성(Train Integrity)' 감시 방식의 차이는 통합 시 가장 큰 기술적 난제 중 하나로 작용한다. KTCS-2는 차축계수기와 같은 지상 설비가 특정 구간에 들어온 열차의 축 수와 나간 축 수가 동일한지를 확인하여 열차의 분리 여부를 판단한다. 하지만 순수한 이동폐색 시스템인 KTCS-M은 이러한 지상 설비가 없으므로, 열차 스스로 맨 뒤 차량까지 온전하게 연결되어 있음을 확인하는 차상 무결성 감시(On-Board Train Integrity, OTI) 기능이 필수적이다.

이러한 핵심적인 차이점들을 종합하면 아래의 표와 같이 정리할 수 있다.

[표 14-1] KTCS-M과 KTCS-2의 비교 분석

기능	KTCS-M(도시철도)	KTCS-2(간선/고속철도)
기반 표준	통신 기반 열차제어(CBTC)	유럽 열차제어시스템(ETCS) L1/L2
주요 목표	선로 용량 극대화 / 운행 간격 최소화	네트워크 전반의 상호운용성 및 안전성 확보
폐색 원리	이동폐색(Moving Block)	고정폐색(Fixed Block)
열차 간격 제어	실시간 제동거리에 기반한 연속적 제어	폐색 점유 여부에 기반한 불연속적 제어
통신 방식	연속적인 양방향 무선 통신(LTE-R 등)	간헐적(L1) 또는 연속적(L2) 무선 통신(LTE-R)
지상 제어 주체	분산된 존 컨트롤러(Zone Controller)	중앙 집중형 무선폐색센터(RBC)
열차 위치 검지	**차상 중심**(주행거리계 + 발리스 보정)	**지상 중심**(궤도회로 / 축계수기)
열차 무결성 감시	**차상 감시(OTI) 필수**	지상 설비에 의한 감시
주요 적용 대상	고밀도 운행이 필요한 도시철도 노선	국가 기간망인 고속철도 및 일반철도 노선

이 표에서 명확히 드러나듯이, 두 시스템은 단순히 적용 노선만 다른 것이 아니라, 열차의 위치를 파악하고 안전을 담보하는 근본적인 방식에서부터 차이를 보인다. 따라서 한 시스템에서 다른 시스템으로 열차가 넘어가는 것은 단순히 통신 채널을 바꾸는 수준의 문제가 아니라, 안전 철학의 패러다임을 전환하는 복잡하고 정밀한 엔지니어링 과정임을 알 수 있다.

14.3.2 신호시스템 통합의 전략적 필요성

KTCS-M과 KTCS-2의 기술적 통합은 단순히 엔지니어링의 숙제를 푸는 것을 넘어, 국가 철도망의 효율성과 경쟁력을 한 단계 끌어올리기 위한 전략적 과제이다. 복잡하고 비용이 많이 드는 이 과제를 추진해야만 하는 이유는 철도 네트워크의 운영 효율성, 승객 서비스의 질, 그리고 국가 경제 및 기술력 측면에서 막대한 가치를 창출하기 때문이다.

(1) 네트워크 용량 및 운영 유연성 극대화

전통적인 철도망은 각 노선이 도심의 주요 역에서 종착하는 형태로 운영되었다. 이러한 '종착역(Terminal Station)' 구조는 철도 네트워크 전체의 효율성을 저해하는 고질적인 문제점을 안고 있다.

① 종착역의 비효율성 문제

열차가 종착역에 도착하면 승객을 모두 하차시킨 후, 다시 반대 방향으로 출발하기 위해

복잡한 회차(Turnaround) 과정을 거쳐야 한다. 이 과정에는 기관사가 운전실을 바꾸고, 선로전환기를 여러 번 조작하여 회차선이나 유치선으로 이동했다가 다시 승강장으로 진입하는 작업이 포함된다. 이 모든 과정은 상당한 시간을 소요하며, 그 시간 동안 해당 열차는 승강장과 주변 선로를 점유하게 된다. 특히 출퇴근 시간과 같이 열차 운행이 집중되는 시간에는 이러한 회차 작업이 병목 현상을 유발하여 전체 노선의 운행 시격을 단축하는 데 큰 제약으로 작용한다. 결국, **선로 자체의 물리적 용량보다 종착역의 회차 용량이 전체 수송력을 결정짓는 비효율적인 상황이 발생**하는 것이다.

② 직결운행을 통한 효율성 혁명

신호시스템 통합을 통해 가능해지는 '직결운행(Through-Running)'은 이러한 종착역의 비효율을 근본적으로 해결하는 방안이다. 직결운행은 A노선에서 온 열차가 종착역에서 회차하지 않고, 그대로 도심을 관통하여 B노선으로 직접 운행을 계속하는 방식이다. 이 경우, 기존의 종착역은 단순한 '통과역(Through-Station)'으로 기능이 전환된다. 열차는 승강장에서 잠시 정차하여 승객을 태우고 내린 뒤 즉시 출발하므로, 회차에 소요되던 시간이 완전히 제거된다. 이는 역 구내의 선로 점유 시간을 극적으로 줄여, 동일한 시간 동안 더 많은 열차를 처리할 수 있게 해준다. 결과적으로 선로 용량이 대폭 증대되고, 운행 간격을 단축하여 더욱 촘촘한 열차 운행 계획을 수립할 수 있게 된다. 이는 한정된 철도 인프라의 활용 가치를 극대화하는 가장 효과적인 방법 중 하나이다.

(2) 끊김 없는 이동 서비스(Seamless Through-Running)를 통한 승객 서비스 혁신

신호시스템 통합이 가져오는 가장 직접적이고 강력한 효과는 승객이 체감하는 이동 경로의 혁신이다.

① 환승 없는 이동의 가치

수도권과 같은 대도시권에서 장거리 통근자들이 겪는 가장 큰 불편은 바로 '환승'이다. 예를 들어, 경기도 외곽에서 출발하여 서울 도심을 거쳐 반대편 경기도 지역으로 이동하기 위해서는 최소 한두 번의 환승이 필수적이었다. 환승 과정은 단순히 열차를 갈아타는 것을 넘어, 혼잡한 승강장을 걷고 계단을 오르내리는 물리적 노력과 시간을 수반하며, 이는 교통 약자에게는 더욱 큰 장벽으로 작용한다.

직결운행은 이러한 환승의 불편을 원천적으로 제거한다. 승객은 출발지에서 목적지까지 동일한 열차, 동일한 좌석에 앉아 한 번에 이동할 수 있다. 이는 총 이동 시간을 단축시킬 뿐만 아니라, 이동 과정의 피로도와 스트레스를 크게 줄여준다. 이러한 서비스 품질의 향상은 철도 이용객의 만족도를 높이고, 자가용 대신 대중교통을 선택하게 만드는 강력한 유인이 된다. 이는 결국 고속열차 좌석 예매 전쟁과 같은 수송력 부족 문제를 완화하는 데에도 기여할 수 있다.

② 통합 네트워크 효과 창출

직결운행은 개별 노선들을 유기적으로 연결하여 하나의 거대한 통합 교통망으로 재편하는 효과를 가져온다. 이전에는 별개의 노선으로 인식되던 구간들이 하나의 노선처럼 연결됨으로써, 승객들은 이전에는 생각하지 못했던 새로운 이동 경로를 선택할 수 있게 된다. 이는 수도권 전체의 공간 구조를 '생활권 중심'으로 재편하고, 주요 거점 간의 이동성을 획기적으로 개선하는 기반이 된다. 프랑스 파리의 광역급행철도 RER(Réseau Express Régional)이 여러 철도 노선을 직결운행하여 파리 도심과 광역권을 효과적으로 연결한 것처럼, KTCS-M과 KTCS-2의 통합은 수도권 광역급행철도(GTX)와 같은 혁신적인 교통망을 현실로 만드는 핵심 기술이다.

(3) 통합 국가 표준을 통한 경제적·기술적 이익

신호시스템 통합은 단기적인 운영 효율성 증대를 넘어, 장기적으로 국가 철도 산업 전반에 긍정적인 파급 효과를 가져온다.

① 경제적 효과

국산화된 표준 신호시스템(KTCS)의 확대 적용은 막대한 경제적 이익을 창출한다. 우선, 지멘스(Siemens), 알스톰(Alstom) 등 소수의 글로벌 기업이 과점하고 있는 고가의 외산 시스템 도입에 따른 비용을 절감할 수 있다. 실제로 경부고속선 열차제어시스템을 기존 외산 시스템에서 KTCS-2로 교체할 경우, 약 1조 2천억 원 이상의 예산 절감이 가능한 것으로 분석된다. 또한, 시스템이 국산화됨에 따라 유지보수 부품의 안정적인 수급이 가능해지고, 관련 기술 인력 양성을 통해 장기적인 유지보수 비용을 절감하고 신속한 장애 대응 능력을 확보할 수 있다.

② 기술 리더십 확보

KTCS-M(CBTC)과 KTCS-2(ETCS)라는, 세계 철도 신호 시장을 양분하는 두 가지 핵심 기술 패러다임을 모두 국산화하고, 나아가 이 둘을 성공적으로 통합하는 것은 대한민국이 세계적인 철도신호 기술 강국으로 도약하는 중요한 이정표가 된다. 이는 단순히 해외 기술을 모방하는 수준을 넘어, 각기 다른 시스템의 장점을 이해하고 이들을 융합하여 새로운 가치를 창출하는 고도의 시스템 통합(System Integration) 역량을 입증하는 것이다.

이러한 기술적 성취는 국내 철도 산업의 위상을 높일 뿐만 아니라, 'K-철도' 기술의 해외 수출 가능성을 열어준다. 특히 KTCS-2는 유럽 표준인 ETCS와 완벽히 호환되면서도 LTE-R이라는 차세대 통신 기술을 적용했기 때문에, 유럽을 포함한 전 세계 철도 시장에서 충분한 경쟁력을 가질 수 있다. 성공적인 통합 운영 실적(Track Record)은 우리 기술의 신뢰성을 증명하는 가장 확실한 보증서가 될 것이다.

결론적으로, 신호시스템 통합은 단순한 기술적 과제가 아니다. 그것은 수도권 광역급행철도(GTX)와 같은 수십조 원 규모의 국가 기간 교통망 프로젝트의 성패를 좌우하는 핵심 전제 조건이다. 신호시스템이 통합되지 않으면, 아무리 많은 터널을 뚫고 선로를 건설하더라도 열차는 도시의 경계에서 멈춰 설 수밖에 없다. 따라서 신호시스템 통합 엔지니어링은 국가 교통 정책의 비전을 현실로 구현하는 가장 중요한 기술적 실천이라 할 수 있다.

제15장 KTCS-M 적용 사례 분석

15.1 기술 검증의 초석 – 일산선 시범사업 상세 분석

KTCS-M의 성공적인 상용화와 전국적 확산의 기저에는 일산선에서 수행된 철저하고 체계적인 시범사업이 자리 잡고 있다. 이 사업은 단순한 기술 테스트를 넘어, 국산 신호 시스템의 신뢰성을 입증하고 상용화를 위한 결정적인 교두보를 마련한 전략적 프로젝트였다.

[표 15-1] 도시철도 및 경전철의 주요 노선 유형 및 자동화 등급

항목(Item)	일산선(시범)	신림선	대장홍대선	부산-양산선
사업 목적	기술 검증, SA 인증, 실적 확보	최초 상용화, GoA 4 구현	광역철도 표준 적용	비수도권 표준 확산
자동운전등급	시험(GoA 4 기능 검증)	GoA 4(상용)	GoA 4(예정)	GoA 4(예정)
주요 통신방식	LTE-R	Wi-Fi(다중접속)	LTE-R	LTE-R
노선 유형	도시철도(기존 운영선)	경전철(신설)	광역철도(신설)	광역철도(신설)
핵심 의의	국산 기술 실증, 신뢰성 입증	기술 자립, 무인운전 상용화	표준의 광역망 확장	전국 표준화 선도

(1) 사업의 목표 : 국산 신호시스템의 실증 및 신뢰성 확보 전략

일산선 시범사업의 최우선 목표는 국토교통부 주관 국책과제로 개발된 KTCS-M 기술을 실제 운영 환경에서 실증하고, 국제적 수준의 안전성과 신뢰성을 공식적으로 입증하는 것이었다. 당시 국내 철도신호 시장은 외산 시스템에 대한 의존도가 높았으며, 국산 시스템이 시장에 진입하기 위해서는 무엇보다 '운영 실적(Track Record)' 확보가 절실했다. 어떤 철도 운영기관도 안전과 직결되는 신호 시스템에 검증되지 않은 기술을 선뜻 도입하려 하지 않기 때문이다. 따라서 이 시범사업은 KTCS-M의 기술적 성능을 검증하는 동시에, 향후 국내외 사업 진출의 기반이 될 공식적인 '영업 실적'을 확보하는 것을 핵심 전략으로 삼았다. 이는 기술 개발과 시장 진입 사이의 간극을 메우기 위한 필수적인 과정이었으며, 국산 기술의 상용화를 위한 체계적인 위험 감소(De-risking) 전략의 일환이었다.

(2) 시험 구간의 기술적 환경 및 시스템 구성

일산선 시범사업은 기존에 상업 운행 중인 서울 지하철 3호선 일산선 구간에서 진행되었다.

이는 신규 노선을 건설하여 시험하는 '그린필드(Greenfield)' 방식이 아닌, 기존 운영 환경에 새로운 시스템을 설치하는 '브라운필드(Brownfield)' 방식으로, 기술적으로 훨씬 더 높은 난이도를 요구한다. 기존 신호 시스템과의 연계, 운영 중인 열차와의 전파 간섭 문제 등 복잡한 변수들을 모두 고려하고 해결해야 했기 때문이다.

시험 구간은 백석-정발산 간 1공구와 정발산-대화 간 2공구로 나뉘어 진행되었으며, 각 공구는 대아티아이와 현대로템 컨소시엄이 각각 담당했다. 복수의 공급사가 참여한 것은 KTCS-M 표준 규격이 특정 업체에 종속되지 않고, 여러 제작사의 장비 간 상호운용성을 보장할 수 있는지를 검증하는 중요한 시험대 임무를 했다.

(3) LTE-R 기반 통신망의 성능 검증

일산선 시범사업은 KTCS-M의 통신 백본으로 LTE-R을 채택하여, 차상과 지상 설비 간 정보를 무선으로 교환하는 방식으로 진행되었다. 이는 국내에서 LTE-R을 CBTC와 같은 안전필수(Safety-Critical) 시스템에 본격적으로 적용한 최초의 사례 중 하나였다.

시험의 핵심은 LTE-R 통신망이 열차제어에 필요한 엄격한 성능 요구사항을 만족시키는지를 검증하는 것이었다. 주요 검증 항목(KPI)은 데이터 전송 지연 시간(Latency), 패킷 손실률(Packet Loss Rate), 기지국 간 끊김 없는 통신 연결을 보장하는 핸드오버 성공률(Handover Success Rate), 그리고 전체 네트워크의 가용성(Availability) 등이었다. 이 시험의 성공은 LTE-R이 도시철도 및 광역철도의 표준 통신망으로서 충분한 신뢰성과 성능을 갖추었음을 입증했으며, 이후 대장홍대선과 같은 대규모 프로젝트에 LTE-R 기반 KTCS-M을 자신 있게 적용할 수 있는 기술적 근거가 되었다.

(4) 시범사업의 성과 : SA(Specific Application) 인증 획득과 상용화를 위한 기술적 교량 역할

시범사업의 최종 목표는 범용 제품의 안전성을 증명하는 일반 적용(GA, Generic Application) 인증을 넘어, 특정 노선환경에 시스템을 적용했을 때의 안전성을 입증하는 특정 적용(SA, Specific Application) 인증을 취득하는 것이었다. SA 인증은 시스템이 이론적으로 안전할 뿐만 아니라, 일산선이라는 실제 철도 환경의 모든 특수성을 고려했을 때도 안전함을 공식적으로 인정받았음을 의미한다.

일산선 시범사업의 성공적인 완수와 SA 인증 획득은 KTCS-M 상용화를 위한 모든 기술적, 행정적 장벽을 허무는 결정적인 성과였다. 이 검증된 실적은 철도 운영기관과 정부 당국에 국산 시스템에 대한 확고한 신뢰를 심어주었다. 실제로, 이후 부산-양산선과 같은 비수도권 노선에서 KTCS-M 도입을 결정할 때 일산선 시범사업의 성공적인 마무리가 중요한 근거로 작용했다. 결국 일산선 시범사업은 신림선의 최초 상용화와 전국적 표준 확산을 가능하게 한 필수적인 기술적 교량 임무를 성공적으로 수행했다고 평가할 수 있다.

15.2 최초 상용화의 이정표 - 신림선 완전 무인운전(GoA 4) 구현

일산선 시범사업을 통해 기술적 신뢰성을 확보한 KTCS-M은 서울 경전철 신림선에서 세계 최초로 상용화되는 역사적인 이정표를 세웠다. 신림선 프로젝트는 단순히 국산 시스템을 처음으로 적용한 것을 넘어, 가장 높은 자동화 등급인 완전 무인운전(GoA 4)을 구현함으로써 KTCS-M의 기술적 우수성을 전 세계에 입증한 사례이다.

(1) 상용화의 의의 : 외산 시스템 대체를 통한 기술 자립과 경제적 효과

신림선 이전까지 국내 도시철도에 도입된 CBTC 시스템은 모두 해외 제작사의 제품에 의존해왔다. 이는 높은 도입 및 유지보수 비용, 시스템 간 호환성 부재, 그리고 장애 발생 시 신속한 기술 지원의 어려움 등 여러 문제를 야기했다.

신림선에 KTCS-M(신림선 사업에서는 KRTCS라는 명칭 사용)을 적용한 것은 이러한 외산 시스템 종속 구조에서 벗어나 기술 자립을 이루었다는 점에서 중대한 의미를 갖는다. 국산 표준 시스템을 적용함으로써 초기 도입 비용 절감은 물론, 유지보수 부품의 원활한 수급과 국내 엔지니어에 의한 신속한 장애 대응이 가능해졌다. 서울시는 신림선을 시작으로 향후 건설될 동북선, 위례신사선 등에 국산 시스템을 확대 적용함으로써 약 2,282억 원에 달하는 수입 대체 효과를 거둘 것으로 전망하고 있다. 이는 국내 철도 산업 생태계를 강화하고 양질의 일자리를 창출하는 경제적 파급 효과로 이어진다.

(2) GoA 4 달성을 위한 핵심 기술 : 다중접속(Multi-Access) Wi-Fi 통신망

신림선은 기관사는 물론 안전요원조차 탑승하지 않는 최고 수준의 자동화 등급, GoA(Grade of Automation) Level 4로 운영된다. 이러한 완전 무인운전을 안전하게 구현하기 위해서는 어떠한 상황에서도 차상과 지상 간의 통신이 단 한 순간도 끊어져서는 안 된다.

이러한 절대적인 통신 신뢰성을 확보하기 위해 신림선은 독자적으로 개발된 **다중접속(Multi-Access) Wi-Fi 통신망**을 채택했다. 기존의 무선 통신 시스템이 열차와 하나의 안테나(AP)가 1:1로 접속하는 방식이었던 것과 달리, 이 시스템은 열차가 항상 복수의 AP와 동시에 통신 채널을 설정하고 유지한다. 이를 통해 열차가 이동하면서 통신 영역이 바뀌는 핸드오버 구간에서 '연결 후 절체(Make-before-break)' 방식의 완벽한 통신 연속성을 보장한다. 만약 하나의 AP와의 연결 상태가 불안정해지더라도, 이미 연결된 다른 AP를 통해 데이터 교환이 중단 없이 이루어지므로 통신 두절의 위험을 원천적으로 제거한다. 또한, 2.4GHz와 5GHz의 이중 주파수 대역을 동시에 활용하여 특정 주파수 대역의 혼잡이나 간섭 발생 시에도 안정적인 통신 성능을 유지할 수 있도록 설계되었다. 이처럼 GoA 4라는 높은 운영 목표가 역으로 통신 기술의 혁신을 이끌어 낸 것이다.

(3) 궤도회로 배제를 통한 운영 효율성 증대

KTCS-M은 무선통신을 통해 열차의 위치를 실시간으로 파악하므로, 전통적인 열차 검지 장치인 궤도회로가 필요 없다. 궤도회로의 배제는 여러 측면에서 운영 효율성을 크게 향상시킨다.

첫째, 설비의 단순화로 초기 건설 비용과 장기적인 유지보수 비용이 절감된다. 궤도회로 및 관련 절연, 본딩 설비가 불필요해지므로 설치 및 관리 대상이 줄어들어 시스템의 전체 수명 주기비용(Life Cycle Cost)이 감소한다. 둘째, 시스템의 신뢰성이 향상된다. 궤도회로는 레일의 오염, 파손, 침수 등 외부 환경 요인에 취약하여 종종 오작동의 원인이 되는데, 이를 제거함으로써 고장 요소를 줄일 수 있다.

가장 중요한 효과는 이동폐색 방식의 완전한 구현을 통해 선로용량을 극대화할 수 있다는 점이다. 고정된 블록 경계가 사라지고 열차 간 간격을 실시간으로 최적화함으로써, 동일한 선로 인프라에서 더 많은 열차를 더 촘촘하게 운행할 수 있게 되어 도시철도의 수송 능력이 크게 향상된다.

(4) 완전 무인운전 시스템 아키텍처

신림선의 GoA 4 시스템은 KTCS-M 신호 시스템, 한국형 고무차륜 경전철(K-AGT) 차량, 그리고 종합관제실의 ATS가 하나의 통합된 시스템으로 긴밀하게 연동되는 구조이다. 열차에는 운전실이 없으며, 출발부터 정차, 출입문 개폐에 이르는 모든 운행 과정이 자동으로 이루어진다.

특히 주목할 점은 이례 상황에 대한 원격 대응 능력이다. 열차 운행과 관련된 비상 상황은 물론, 차량의 조명, 공조, 냉난방 제어와 같은 승객 서비스 관련 기능 대부분을 종합관제실에서 원격으로 조치할 수 있도록 시스템이 구축되었다. 이는 신호 시스템이 단순히 열차의 이동을 제어하는 것을 넘어, 차량의 상태를 종합적으로 감시하고 관리하는 통합 플랫폼으로 기능함을 보여준다. 이러한 고도의 통합 아키텍처는 GoA 4 운영의 안정성과 효율성을 보장하는 핵심 요소이다.

15.3 표준의 확산 – 광역철도로의 확장과 미래 전망

일산선 시범사업을 통한 기술 검증과 신림선에서의 성공적인 상용화를 발판으로, KTCS-M은 이제 대한민국의 도시철도 및 광역철도 신호 시스템의 표준으로 확고히 자리매김하고 있다. 이는 수도권의 대규모 광역철도망과 비수도권 핵심 노선으로의 적용이 확대되면서 가속화되고 있다.

(1) 대장홍대선 적용 사례 : 광역철도 환경에서의 KTCS-M 시스템 설계 특성

경기도 부천 대장지구와 서울 홍대입구역을 잇는 약 20km 구간의 대장홍대선은 KTCS-M이 도시철도를 넘어 광역철도(Metropolitan Railway)로 적용 범위를 확장하는 중요한 사례이다. 광역철도는 도심 내를 운행하는 도시철도와 비교하여 역간거리가 길고, 운행 속도가 높으며, 더 넓은 지역을 포괄하는 특성을 가진다.

이러한 광역철도 환경에 대응하기 위해 대장홍대선은 통신 방식으로 LTE-R을 채택했다. LTE-R은 광범위한 커버리지와 안정적인 이동성 지원, 높은 전송 속도를 제공하여 고속으로 장거리를 이동하는 열차의 위치 정보를 실시간으로 끊김 없이 주고받는 데 최적화되어 있다. 대장홍대선 역시 기관사 없는 무인운전으로 계획되어 있으며, KTCS-M은 종합관제센터가 모든 열차의 운행을 안전하고 효율적으로 제어하는 핵심적인 임무를 수행하게 된다. 이 프로젝트는 KTCS-M이 다양한 유형의 철도 노선에 유연하게 적용될 수 있는 확장성과 scalability를 갖춘 표준 시스템임을 증명한다.

(2) 부산-양산선 적용 사례 : 수도권 외 지역으로의 표준 확산과 그 중요성

부산 1호선 노포역과 경남 양산시를 잇는 총연장 11.43km의 부산-양산선에 KTCS-M이 도입되는 것은 국가 표준의 전국적 확산이라는 측면에서 매우 중요한 의미를 가진다. 이는 KTCS-M이 더 이상 수도권에 국한된 시스템이 아니라, 전국의 모든 신규 도시철도 및 광역철도 사업에 적용되는 명실상부한 '대한민국 표준'으로 인정받았음을 의미한다.

부산-양산선 사업 결정 과정에서는 일산선 시범사업의 성공적인 결과가 중요한 참고 자료가 되었다. 이는 잘 설계된 기술 검증 프로젝트가 후속 사업의 불확실성을 제거하고 기술 채택을 촉진하는 선순환 구조를 만들었음을 보여준다. 수도권 외 지역으로의 표준 확산은 여러 긍정적 효과를 가져온다. 첫째, 전국적인 시스템 통일로 운영기관 간 기술 교류가 용이해지고 유지보수 체계가 단순화된다. 둘째, 국내 공급사들에게 더 넓고 안정적인 시장을 제공하여 지속적인 기술 개발과 가격 경쟁력 확보를 유도한다. 셋째, 부울경 메가시티와 같은 초광역 경제권 구축의 핵심 인프라인 광역교통망을 국산 기술로 안정적이고 효율적으로 운영할 수 있는 기반을 마련한다.

(3) KTCS-M의 표준화가 국내 철도신호 시장에 미치는 영향

KTCS-M으로의 표준화는 국내 철도신호 시장의 패러다임을 근본적으로 바꾸고 있다. 과거 여러 외산 시스템이 혼재하며 발생했던 호환성 문제, 높은 유지보수 비용, 기술 종속 등의 문제가 해소되고 있다. 서울시가 향후 노선에도 국산 시스템 도입을 계획하고 있듯이, 표준화는 예측 가능하고 안정적인 내수 시장을 창출한다.

이러한 안정적인 시장 환경은 현대로템, LS ELECTRIC과 같은 국내 기업들이 안심하고

R&D에 투자하여 기술을 고도화할 수 있는 토대가 된다. 또한, 국내 기업 간의 건전한 경쟁을 촉진하여 기술 발전과 가격 합리화를 유도하고, 이는 궁극적으로 철도 운영기관의 비용 부담을 줄여준다. 이처럼 KTCS-M 표준화는 외산 시스템을 대체하는 것을 넘어, 국내 철도 산업의 기술 자립도를 높이고 전반적인 산업 생태계의 경쟁력을 강화하는 선순환 구조를 구축하고 있다.

(4) 향후 기술 발전 방향 및 해외 시장 진출 가능성 고찰

KTCS-M은 현재의 성공에 안주하지 않고 지속적인 기술 발전을 모색하고 있다. 향후에는 5G 기술을 철도 환경에 적용한 5G-R(5G-Railway) 통신망과의 연계를 통해 더 빠른 속도와 초저지연 통신을 기반으로 한 고도화된 기능 구현이 기대된다. 또한, 인공지능(AI) 및 머신러닝 기술을 접목하여 열차 운행 데이터를 분석하고, 고장을 사전에 예측하는 예지 정비(Predictive Maintenance)나 실시간 수요에 맞춰 운행 패턴을 최적화하는 지능형 관제 시스템으로의 발전도 가능하다.

국내에서 축적된 성공적인 운영 실적과 최고 수준의 안전 인증은 해외 시장 진출을 위한 강력한 자산이다. 특히 완전 무인운전(GoA 4)을 상용화한 실적은 기술적 우수성을 입증하는 가장 확실한 증거이다. 가격 경쟁력과 최신 기술을 동시에 요구하는 동남아시아, 중동, 남미 등의 신흥 철도 시장에서 KTCS-M은 기존의 유럽 중심의 글로벌 공급사들과 대등하게 경쟁할 수 있는 충분한 잠재력을 갖추고 있다. 국내 표준화를 넘어 세계 시장으로 나아가는 'K-철도신호'의 미래가 기대되는 시점이다.

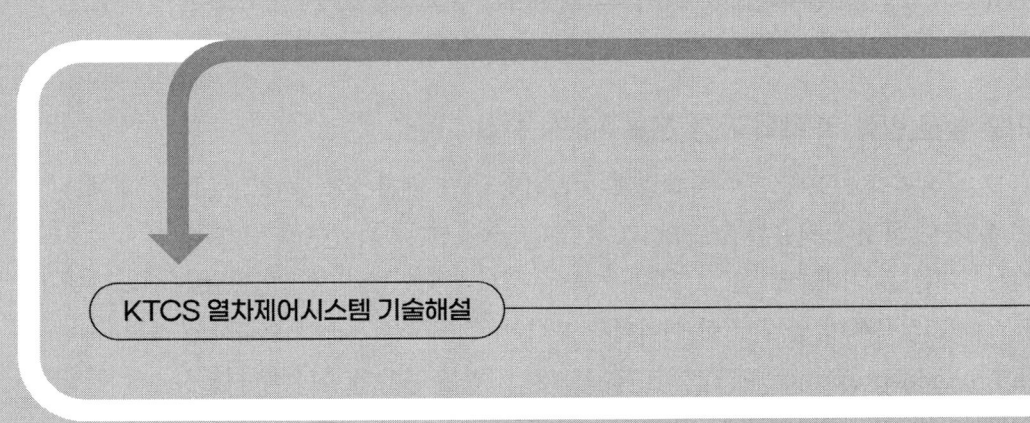

KTCS 열차제어시스템 기술해설

제4부 차세대 기술과 미래 발전 방향 및 기술 표준

제16장 다음 세대의 기술 : KTCS-3와 가상결합

우리는 지금까지 KTCS-2라는 훌륭한 성과물을 살펴보았다. 하지만 기술의 세계에서 '완성'은 곧 '정체'를 의미한다. 진정한 기술 강국은 끊임없이 다음 단계를 상상하고 도전한다. KTCS-2의 성공적인 안착은 끝이 아니라, 더 담대한 미래로 나아가기 위한 견고한 발판이다. 이제 우리의 시선을 지평선 너머, 차세대 철도 기술로 옮겨보자.

16.1 궤도회로가 필요 없는 진정한 무선통신 기반 제어

KTCS-2가 지상의 신호 설비를 '최소화'했다면, **KTCS-3**는 이를 '완전한 제거(Zero)'에 가깝게 만드는 것을 목표로 한다. KTCS-3는 열차 무결성, 즉 열차의 완전성에 대한 차상 기반 검사를 시스템에 추가한 것이다. 따라서 궤도점유 검지를 위한 고정 폐색구간이 필요하지 않다.

그렇다면 어떻게 열차의 위치를 알 수 있을까? 답은 '열차가 스스로 자신의 위치와 상태를 시스템에 보고하고, 시스템이 이를 100% 신뢰하는 것'에 있다. KTCS-3 환경에서 열차는 단순한 피제어 대상이 아니라, 자신의 위치, 길이, 그리고 열차가 나뉘지 않고 온전한 상태(Integrity)라는 것을 스스로 증명하여 RBC에 보고하는 능동적인 주체가 된다. 선로가 열차를 감지하는 것이 아니라, 열차가 선로에게 자신의 존재를 알리는, 패러다임의 대전환이다. 이를 통해 선로 주변은 극도로 단순해져 거의 모든 지상 설비가 사라지게 되며, 이는 곧 상상 이상의 유지보수 비용 절감과 운영 유연성 확대로 이어진다.

16.2 KTCS-3 시스템 특징

KTCS-3는 유럽의 표준 열차제어 시스템인 ETCS(European Train Control System)의 최상위 레벨인 Level 3와 동등한 기술 수준을 목표로 개발된 무선통신 기반의 이동폐색(Moving Block) 열차제어 시스템이다. 이 시스템의 핵심 혁신은 다음 세 가지 기술적 기반에 근거한다.

- **이동폐색 제어(Moving Block Control)** : 기존의 궤도회로를 기반으로 한 고정된 폐색 구간 개념을 완전히 폐기했다. 대신 열차 스스로 실시간 위치와 제동 성능 데이터를 전송하여, 후속

열차와의 안전거리를 동적으로 계산하고 최소화한다. 이는 선로용량을 극대화하는 핵심 기술이다.
- **LTE-R 통신망 활용** : 세계 최고 수준의 국내 통신 기술인 철도 전용 무선통신망(LTE-R)을 통신 기반으로 채택했다. 이는 유럽 표준인 GSM-R 방식 대비 월등히 넓은 대역폭과 빠른 속도를 제공하여, 방대한 양의 열차제어 정보를 지연 없이 안정적으로 교환할 수 있게 한다.
- **열차자동운전(ATO, Automatic Train Operation) 통합** : 자동화 등급 GoA(Grade of Automation) Level 2 수준의 열차자동운전 기능이 시스템에 내재되어 있다. 기관사가 출발 명령을 내리면 시스템이 자동으로 최적의 속도 프로파일에 따라 가감속 및 정위치 정차를 수행하여 운행 효율성과 안전성을 극대화한다.

이러한 혁신 기술의 융합을 통해 KTCS-3는 다음과 같은 구체적이고 정량적인 성능 향상을 기대할 수 있다.

- **선로용량 증대** : 기존 고속철도 ATC(Automatic Train Control) 시스템 대비 운행 시격을 약 26% 단축하여, 동일한 시간 동안 더 많은 열차를 투입할 수 있는 고밀도 운행을 실현한다.
- **경제성 확보** : 열차 위치 검지를 위한 궤도회로와 같은 지상 신호 설비를 대폭 축소하거나 제거할 수 있어, 철도 건설 비용과 장기적인 유지보수 비용을 획기적으로 절감한다.
- **에너지 효율 향상** : ATO 시스템이 최적의 운행 패턴을 자동으로 구현함으로써, 기관사의 수동 운전 대비 약 12%의 에너지를 절감하는 효과를 가져온다.
- **최고 수준의 안전성** : 무정차 통과와 같은 인적 오류(Human Error)를 원천적으로 방지하며, 시스템 전체가 국제 최고 안전 등급인 SIL 4(Safety Integrity Level 4)를 목표로 설계되어 철도 안전을 최고 수준으로 보장한다.

결론적으로 KTCS-3는 대한민국이 외산 기술에 의존하던 철도신호 분야에서 완전한 기술 자립을 달성했음을 의미하는 동시에, 글로벌 시장에 자신 있게 선보일 수 있는 경쟁력 있는 기술 자산을 확보했음을 상징한다. 본 시스템의 성공적인 상용화는 국내 철도망의 첨단화는 물론, 'K-철도' 브랜드의 위상을 높여 해외 시장 진출의 교두보가 될 것이다.

16.2.1 기존 고정폐색 시스템의 한계

전통적인 열차제어 시스템은 '고정폐색(Fixed Block)'이라는 개념에 기반한다. 이는 선로를 일정한 길이의 구간, 즉 '폐색'으로 나누고, 각 폐색에는 단 한 대의 열차만 진입할 수 있도록 물리적인 신호 장치와 궤도회로를 통해 제어하는 방식이다. 궤도회로는 레일에 미세한 전류를 흘려보내 열차의 바퀴가 이를 단락시키는 원리로 열차의 점유 여부를 감지한다. 이 방식은 지난 한 세기 동안 철도 안전의 근간을 이루어 왔으나, 근본적인 한계를 내포하고 있다.

가장 큰 문제는 선로용량의 제약이다. 고정폐색 시스템에서는 열차의 실제 속도나 제동 성능과 무관하게, 미리 설정된 물리적 폐색 구간의 길이에 따라 열차 간격이 결정된다. 예를 들어, 국내 고속선에 적용된 시스템의 경우, 하나의 폐색 길이가 약 1.5km이며, 안전을 위해 통상 개 폐색(약 10.5km)의 간격을 유지해야 한다. 이는 고속으로 주행하는 열차나 저속으로 접근하는 열차 모두에게 동일하게 적용되어, 선로를 비효율적으로 사용할 수밖에 없는 구조적 병목 현상을 야기한다. 철도 수송 수요가 지속적으로 증가하는 상황에서 이러한 비효율성은 국가 교통망 전체의 경쟁력을 저해하는 요인으로 작용한다.

16.2.2 국가 전략 과제로서의 KTCS-3

이러한 배경 속에서 KTCS-3 개발은 단순한 기술 개선 프로젝트가 아닌, 국가 철도 인프라의 미래를 좌우하는 전략적 R&D 과제로 추진되었다. 국가철도공단 주관으로 2016년부터 2020년까지 1단계 핵심기술 개발이 이루어졌으며, 2021년부터 2024년 말까지 2단계 성능 검증 및 실용화 기반 마련이 진행되고 있다. 이는 외산 시스템에 대한 기술 종속에서 벗어나 핵심 인프라 기술을 국산화하고, 나아가 4차 산업혁명 기술을 철도에 접목시켜 새로운 성장 동력을 창출하려는 국가적 의지의 표명이다.

16.2.3 핵심 개발 목표

KTCS-3 R&D 과제의 최종 목표는 명확하고 도전적이다. 최고 속도 400km/h급 고속철도 환경에서 운영 가능한 ETCS Level 3급 이동폐색 열차제어 시스템과 열차자동운전 기술의 실차 성능을 검증하고, 국제 표준에 부합하는 적합성 평가 기술을 개발하는 것이다. 이를 통해 달성하고자 하는 핵심 목표는 다음과 같다.

- **선로용량의 획기적 증대** : 이동폐색 기술을 통해 열차 운행 시격을 최소화하여 수송 능력을 극대화한다.
- **운영 효율성 및 안전성 향상** : 열차자동운전(ATO) 기술을 통합하여 에너지 효율을 높이고 인적 오류를 근절한다.
- **건설 및 유지보수 비용 절감** : 궤도회로 등 지상 설비를 최소화하여 철도 인프라의 생애주기비용(Life Cycle Cost)을 절감한다.
- **기술 자립 및 해외 시장 진출** : 국제 표준과의 호환성을 확보한 독자 기술로 국내 시장을 보호하고, 글로벌 시장을 공략할 수 있는 기반을 마련한다.

16.2.4 이동폐색 패러다임 : 선로용량의 재정의

KTCS-3의 가장 근본적인 혁신은 '이동폐색(Moving Block)' 패러다임의 도입에 있다. 이는 선로를 물리적으로 분할하던 기존의 고정폐색 개념을 완전히 탈피하는 것이다. 이동폐색 시스템에서 '폐색'은 더 이상 선로 위의 고정된 구간이 아니라, 각 열차를 따라 움직이는 가상의 안전 영역(Virtual Block)이다.

작동 원리는 다음과 같다. 선행 열차는 자신의 위치, 속도, 방향 등 운행 정보를 차상 장치를 통해 실시간으로 지상의 무선폐색센터(RBC, Radio Block Center)로 전송한다. RBC는 이 정보를 바탕으로 후행 열차가 안전하게 진입할 수 있는 한계 지점, 즉 '이동 정지 한계(Limit of Movement Authority)'를 지속적으로 계산하여 후행 열차에 무선으로 전송한다. 후행 열차는 수신한 정보에 따라 선행 열차의 꽁무니까지 안전거리를 유지하며 자동으로 속도를 제어한다. 이러한 동적 제어 방식은 엄청난 효율성 증대를 가져온다. 기존 고정폐색 방식에서 약 10.5km에 달했던 안전 이격거리가 **KTCS-3에서는 26% 감소된 약 7.8km로 단축될 수 있다.** 이는 약 2.9km의 운행시격 단축을 의미하며, 선로용량을 직접적으로 증대시키는 결정적인 요인으로 작용한다.

16.2.5 LTE-R : 고대역폭 통신 백본

이동폐색 시스템이 안정적으로 기능하기 위해서는 열차와 지상 간에 대용량 데이터를 지연 없이, 그리고 끊김 없이 주고받을 수 있는 강력한 통신 인프라가 필수적이다. KTCS-3는 이 임무를 수행하기 위해 대한민국이 세계 최초로 상용화한 철도 전용 무선통신망인 LTE-R을 채택했다. LTE-R은 500ms마다 열차의 위치 정보를 실시간으로 전송할 수 있을 정도의 빠른 속도와 높은 신뢰성을 제공한다. 이는 유럽 ETCS 표준에서 사용하는 구세대 통신 방식인 GSM-R과 비교할 때 기술적으로 한 세대 앞선 선택이다. GSM-R이 음성 통화와 저속 데이터 전송에 초점을 맞춘 반면, LTE-R은 고속, 대용량 데이터 전송에 최적화되어 있어 향후 영상 전송, 원격 제어 등 다양한 스마트 철도 서비스로 확장할 수 있는 잠재력까지 갖추고 있다. 이처럼 KTCS-3가 LTE-R을 통신 백본으로 채택한 것은 단순히 기술적 우위를 넘어, 미래 철도 환경 변화에 유연하게 대응할 수 있는 확장성을 확보했다는 전략적 의미를 지닌다.

16.2.6 궤도회로의 종언 : 열차 검지의 혁신

KTCS-3는 궤도회로를 사용하지 않는 것을 전제로 설계되었다. 이는 지상 설비의 대폭적인 간소화를 통해 건설 및 유지보수 비용을 획기적으로 절감하는 주요 이점의 원천이다. 그러나 동시에 이는 중대한 기술적 과제를 야기한다. 궤도회로는 단순히 열차의 점유 여부를 감지하는 것을 넘어, 열차의 편성이 중간에 분리되지 않았음을 확인하는 '열차 무결성(Train Integrity)' 검지와 레일이 파손되었는지를 감지하는 '레일 절손(Rail Breakage)' 검지라는 핵심적인 안전 기능을 부수적으로 수행해왔기 때문이다.

따라서 궤도회로를 제거한다는 것은 이러한 안전 기능들을 대체할 새로운 고신뢰성 기술의 개발이 반드시 전제되어야 함을 의미한다. 이 문제를 해결하기 위해 KTCS-3 R&D 과제에는 '열차무결성 검지 기술'과 '레일절손 검지 기술' 개발이 핵심 연구 내용으로 포함되었다. 이는 KTCS-3가 단순히 해외 표준을 도입하는 수준을 넘어, 철도 안전의 근본적인 문제를 해결하기 위한 독자적인 기술 개발 노력이 결합된 종합적인 시스템 엔지니어링의 결과물임을 보여준다. 즉, 비용 절감이라는 목표를 달성하기 위해 새로운 차원의 안전 기술 확보라는 과제를 성공적으로 수행한 것이다.

16.2.7 열차자동운전(ATO) : 성능과 안전의 최적화(GoA Level 2)

KTCS-3 시스템에는 자동화 등급 2단계(GoA Level 2)에 해당하는 열차자동운전(ATO) 기능이 유기적으로 통합되어 있다. GoA 2단계는 기관사가 운전실에 탑승하여 출입문 제어와 비상시 개입을 책임지지만, 열차 출발부터 정차까지의 모든 가감속 제어는 시스템이 자동으로 수행하는 반자동 운전 방식을 의미한다.

기관사가 운전 화면의 버튼을 한 번 터치하여 출발을 지시하면, ATO 시스템은 RBC로부터 수신한 운행 허가 정보와 선로 데이터를 기반으로 가장 효율적인 속도 프로파일을 생성하고, 이에 맞춰 열차를 정밀하게 제어한다. 이를 통해 정해진 목적지까지 최적의 에너지 소비로 운행하고, 지정된 위치에 정확하게 정차시킨다. 이 기능은 무정차 통과와 같은 인적 오류를 원천적으로 방지하여 안전성을 높이는 동시에, 항상 최적의 운행 패턴을 유지함으로써 운행 정시성을 확보하고 에너지 효율을 극대화하는 임무를 수행한다.

더 나아가, ATO와 이동폐색 기술은 서로의 성능을 극대화하는 공생 관계에 있다. 이동폐색 시스템이 허용하는 매우 조밀하고 동적으로 변화하는 열차 간격을 인간 기관사가 수동으로 완벽하게 추종하며 운전하는 것은 극도의 집중력을 요구하며 사실상 불가능에 가깝다. ATO 시스템은 컴퓨터의 정밀한 계산 능력을 통해 이동폐색이 제공하는 이론적인 선로용량을 실제 운행에서 안전하고 일관되게 구현할 수 있도록 만드는 필수적인 조력자이다. 즉, ATO는 이동폐색 기술의 잠재력을 현실로 바꾸는 핵심적인 실행 도구인 셈이다.

16.2.8 운영 효율성의 정량적 향상

KTCS-3 도입으로 인한 가장 직접적이고 중요한 성과는 운영 효율성의 비약적인 향상이다. 핵심 지표는 '운전 시격(headway)'의 단축이다. 분석에 따르면, KTCS-3의 이동폐색 방식은 기존 고속철도에 적용된 궤도회로 기반 ATC 시스템 대비 운전 시격을 약 26% 단축시킬 수 있다. 이는 앞서 언급했듯이, 열차 간 안전 이격거리를 기존의 약 10.5km에서 8.1km까지 줄일 수 있기 때문에 가능한 수치다. 이렇게 확보된 시간적, 공간적 여유는 동일한 선로 인프라 위에서 더 많은 열차를 운행할 수 있게 하여, 철도의 수송 능력을 직접적으로 증대시킨다.

16.2.9 경제성 분석

KTCS-3는 철도 인프라의 생애주기비용 관점에서 상당한 경제적 이점을 제공한다. 가장 큰 비용 절감 요인은 궤도회로, 선로변 신호기 등 고가의 지상 설비를 최소화할 수 있다는 점이다. 이는 초기 건설 단계에서의 투자 비용을 절감할 뿐만 아니라, 장기적으로는 이들 설비의 유지보수, 수리, 교체에 들어가는 막대한 비용을 줄여준다. 또한, 국산 기술로 시스템을 구축함으로써 외산 시스템 도입에 따른 높은 비용과 유지보수 종속 문제에서 벗어나 기술 자립을 통한 경제적 효과도 기대할 수 있다.

16.2.10 에너지 효율성

에너지 효율성은 KTCS-3의 또 다른 중요한 강점이다. 이는 전적으로 열차자동운전(ATO) 시스템의 최적화된 운행 제어 덕분이다. ATO는 불필요한 급가속이나 급제동을 피하고, 관성 주행을 최대한 활용하는 등 가장 에너지 효율적인 운전 패턴을 일관되게 수행한다. 실제 시험 결과, ATO를 활용한 자동운전은 숙련된 기관사의 수동 운전 방식과 비교하여 약 12%의 에너지 절감 효과를 보이는 것으로 나타났다. 이는 개별 열차의 운영 비용 절감을 넘어, 국가 전체의 에너지 소비량 감축과 탄소중립 목표 달성에도 기여하는 중요한 성과다.

16.2.11 SIL 4 달성 : 안전에 대한 비타협적 접근

철도신호 시스템과 같이 인간의 생명과 직결되는 안전 최우선 시스템(Safety-Critical System)의 신뢰성은 안전 무결성 등급(SIL, Safety Integrity Level)이라는 국제 표준으로 평가된다. SIL은 1부터 4까지 네 단계로 나뉘며, SIL 4는 시스템 고장 확률이 극도로 낮아야 하는, 가장 엄격하고 높은 수준의 안전 등급을 의미한다. KTCS-3는 개발 초기부터 이 최고 등급인 SIL 4 획득을 목표로 설계 및 개발이 진행되었다.

KTCS-3의 SIL 4 달성은 일반적인 안전 시스템 개발보다 훨씬 더 높은 기술적 난이도를 가진다. 그 이유는 지난 100년간 철도 안전의 물리적 근간이었던 궤도회로의 '본질적 안전(Fail-safe)' 특성을 포기했기 때문이다. 궤도회로는 고장이 나면 열차 점유 상태로 인식되어 운행을 멈추게 하는, 고장 시 안전한 쪽으로 작동하는 특성을 갖고 있다. 이러한 물리적 안전장치 없이 SIL 4를 달성하기 위해서는, 열차의 자체 위치 보고 시스템, 열차 무결성 감시 시스템, 레일 절손 감지 시스템, 그리고 이들 간의 통신 및 데이터 처리 시스템 등 복잡하게 얽힌 다수의 소프트웨어 기반 하위 시스템들이 결합하여 전체적으로 궤도회로 이상의 신뢰성을 제공한다는 것을 입증해야 한다.

따라서 독립적인 안전성 평가 기관(ISA, Independent Safety Assessor)을 통해 KTCS-3가 SIL 4 인증을 획득하는 과정은, 단순히 하나의 제품이 안전 기준을 통과했다는 의미를 넘어선다. 이는 궤도회로 없는 새로운 철도 안전 패러다임이 국제적으로 공인된 최고 수준의 안전성을 확보했음을 증명하는 기념비적인 사건이다. 이 성공적인 인증은 국내 상용화의 필수 전제조건일 뿐만 아니라, 해외 시장에 KTCS-3의 기술적 우수성과 신뢰성을 각인시키는 가장 강력한 증거가 될 것이다.

16.2.12 국내 기술의 진화 : KTCS-1, KTCS-2와의 비교

KTCS-3는 이전 세대의 한국형 열차제어 시스템인 KTCS-1, KTCS-2의 기술적 토대 위에서 이루어진 혁신적인 도약이다. 각 시스템의 기술적 특징을 비교하면 KTCS-3가 가지는 변혁적 의미를 명확히 이해할 수 있다.

[표 16-1] KTCS-1, KTCS-2, KTCS-3 기술 비교

특징	KTCS-1	KTCS-2	KTCS-3
폐색 시스템	고정폐색 (Fixed Block)	고정폐색 (Fixed Block)	이동폐색(Moving Block)
열차 검지	궤도회로 (Track Circuit)	궤도회로 (Track Circuit)	차상 자체 검지 (궤도회로 미사용)
통신 방식	발리스 (지상자 기반, 단속적)	무선 (LTE-R, 연속적)	무선(LTE-R, 연속적)
ETCS 등급	Level 1	Level 2	Level 3
ATO 지원	불가	추가 기능으로 개발 중	기본 통합 (GoA 2)
핵심 특징	기본 ATP 시스템	무선통신 기반 연속적 감시	동적 간격 제어, 자동 운전, 지상 설비 최소화

앞의 표에서 명확히 드러나듯이, KTCS-1에서 KTCS-2로의 발전이 통신 방식을 유선에서 무선으로 바꾸어 '연속적인 감시'를 가능하게 한 '개선'이었다면, KTCS-2에서 KTCS-3로의 발전은 궤도회로와 고정폐색이라는 기존의 운영 철학 자체를 폐기한 '혁명'에 가깝다. 이는 단순한 성능 향상이 아닌, 철도신호 시스템의 근본적인 패러다임 전환을 의미한다.

16.2.13 ETCS Level 3와의 상호운용성 및 차별점

KTCS-3는 글로벌 시장 진출을 염두에 두고 개발 초기부터 유럽 표준 ETCS와의 상호운용성 확보를 최우선 과제로 삼았다. 이를 위해 유럽 철도 표준 규격(Subset-026)을 준수하여 설계되었으며, 이는 KTCS-3가 ETCS 기반의 철도망과 기술적으로 호환될 수 있음을 의미한다. 이러한 호환성은 해외 사업 수주 시 매우 중요한 경쟁력으로 작용한다.

그러나 KTCS-3는 ETCS Level 3를 단순히 모방하는 데 그치지 않고, 핵심적인 부분에서 기술적 차별화를 이루었다. 가장 큰 차별점은 통신 시스템에서 비롯된다. 유럽의 ETCS가 여전히 2G 기반의 GSM-R 통신망을 표준으로 사용하고 있는 반면, KTCS-3는 4G 기반의 LTE-R을 채택했다.

이 선택은 단순한 기술 사양의 차이를 넘어선 전략적인 '립프로그(Leapfrog, 개구리 뜀뛰기)' 접근법으로 해석될 수 있다. 유럽은 광대한 철도망 전체에 이미 구축된 GSM-R 인프라 때문에 차세대 철도통신 시스템(FRMCS)으로의 전환이 매우 더디고 막대한 비용이 소요되는 장기 과제이다. 반면, 한국은 세계 최초로 4세대(4G) 통신을 바탕으로 국가철도망에 LTE-R을 선제적으로 구축 완료했다.

KTCS-3를 LTE-R에 최적화하여 개발함으로써, 한국은 GSM-R의 낮은 데이터 전송 속도와 제한된 대역폭이라는 기술적 한계를 건너뛰고 곧바로 차세대 통신 환경에서 열차제어 시스템을 구현할 수 있게 되었다. 이는 특히 기존 인프라가 없는 신규 고속철도 건설을 계획하는 국가들, 즉 '그린필드(Greenfield)' 프로젝트 시장에서 매우 매력적인 장점으로 작용한다. 이들 국가는 굳이 구세대 기술인 GSM-R을 도입할 필요 없이, 처음부터 더 우수하고 미래지향적인 LTE-R 기반의 KTCS-3를 선택할 수 있다. 이로써 KTCS-3는 'ETCS의 한국형 버전'이 아닌, 'ETCS를 뛰어넘는 차세대 솔루션'으로 포지셔닝되며 강력한 수출 경쟁력을 확보하게 된다.

16.2.14 기술 성능

KTCS-3 시스템은 여러 측면에서 기존 시스템 대비 월등한 기술적 성능을 자랑한다. 주요 성능은 다음과 같다.

- **이동폐색 기반 제어** : KTCS-3의 핵심은 **이동폐색** 기술이다. 열차에 탑재된 차상장치(KVC, KTCS Vehicle Computer)가 스스로 속도와 위치를 파악하고, 이를 지상의 무선폐색센터(RBC, Radio Block Centre)로 전송한다. RBC는 각 열차의 정보를 종합하여 실시간으로 최적의 이동 권한(MA, Movement Authority)을 부여한다. 이를 통해 열차는 앞선 열차의 꽁무니를 안전거리만 확보한 채 바짝 뒤따라가는 '가상적인 폐색' 구간을 형성하며 운행할 수 있다.
- **운행 간격 단축 및 선로용량 증대** : 이동폐색 기술 적용으로 기존 고속철도에 적용된 ATC(Automatic Train Control) 시스템 대비 **운전 시격이 약 26% 단축**될 것으로 예상된다. 이는 동일한 시간 동안 더 많은 열차를 투입할 수 있음을 의미하며, 선로용량을 획기적으로 증대시켜 혼잡 구간의 병목 현상을 해소하고 수송력을 극대화할 수 있다.
- **열차자동운전(ATO) GoA 2단계 구현** : 기관사의 버튼 클릭 한 번으로 열차가 자동으로 출발하고, 선로의 조건(최고속도, 임시속도제한 등)에 맞춰 최적의 속도 프로파일에 따라 가·감속을 자동으로 수행한다. 목적지에는 정밀한 제어를 통해 정위치에 자동 정차한다. 이는 기관사의 운전 부담을 경감시키고, 무정차 통과와 같은 인적 오류를 원천적으로 방지한다.
- **고속 운행 환경 지원** : KTCS-3는 최고 **시속 400km/h**의 고속 환경에서도 안정적인 성능을 발휘하도록 설계되었다. 이는 향후 도입될 차세대 고속열차 운영을 위한 필수적인 기술 기반을 마련한 것이다.
- **에너지 효율 최적화** : ATO 시스템은 최적의 운전 패턴에 따라 자동으로 가·감속을 제어함으로써 불필요한 에너지 소비를 줄이다. 수동 운전 대비 **약 12%의 에너지 절감 효과**가 입증되어, 철도 운영의 경제성과 친환경성을 동시에 높일 수 있다.
- **궤도회로 대체 기술 적용** : 기존 궤도회로가 수행하던 기능인 열차 위치 검지, 레일 절손 검지, 열차 분리(무결성) 검지 등을 위한 별도의 기술을 개발하여 적용했다. 차상장치가 열차의 무결성을 스스로 감시하고, 레일의 상태를 검지하는 새로운 기술을 통해 궤도회로 없이도 높은 수준의 안전성을 확보한다.

16.2.15 특징 및 장점

KTCS-3 시스템은 혁신적인 기술을 바탕으로 다양한 특징과 장점을 가지고 있으며, 이는 철도 교통 시스템 전반에 긍정적인 변화를 가져올 것으로 기대된다.

(1) 특징

① **무궤도회로 시스템(Track Circuit-less System)** : 가장 두드러지는 특징은 선로에 궤도회로를 설치할 필요가 없다는 점이다. 이는 지상 설비를 대폭 간소화하여 신호 시스템의 구조를 근본적으로 변화시킨다.

② **LTE-R 기반 양방향 무선통신** : 철도 전용 무선통신망인 LTE-R을 사용하여 열차와 지상 간에 대용량의 데이터를 안정적으로, 그리고 실시간으로 주고받는다. 이를 통해 정밀하고 연속적인 열차제어가 가능해진다.
③ **높은 수준의 자동화(GoA 2)** : 단순히 열차의 속도를 감시하고 제어하는 수준을 넘어, 출발부터 정차까지 운행의 상당 부분을 자동화하여 시스템 중심의 운영을 가능하게 한다.
④ **국제 표준(ETCS)과의 호환성 및 상호운용성** : 유럽 표준인 ETCS 규격을 기반으로 개발되어 국제적인 정합성을 갖추고 있다. 이는 향후 해외 철도 시장 진출 시 높은 경쟁력으로 작용할 수 있다.
⑤ **SIL 4(Safety Integrity Level 4) 안전 무결성 확보** : 철도 시스템에서 요구하는 최고 안전 등급인 SIL 4 인증을 획득하여, 시스템의 오작동이나 고장 발생 확률을 극소화하고 최상의 안전성을 공인받았다.

(2) 장점

- **건설 및 유지보수 비용 절감** : 궤도회로, 지상 신호기 등 복잡한 지상 설비가 대폭 축소되므로 초기 건설 비용을 크게 줄일 수 있다. 또한, 유지보수 대상 설비가 줄어들어 장기적인 운영 비용 절감 효과도 매우 크다.
- **수송 효율 극대화** : 운행 간격 단축을 통해 고밀도 운행이 가능해져, 승객과 화물의 수송 효율을 극대화할 수 있다. 이는 국가 물류 경쟁력 강화에도 기여할 수 있다.
- **안전성 및 정시성 향상** : ATO 기능을 통해 인적 오류의 개입을 최소화함으로써 철도 사고의 위험을 획기적으로 줄일 수 있다. 또한, 컴퓨터 기반의 정밀한 운행 제어로 열차의 정시성을 높은 수준으로 확보할 수 있다.
- **경제적 및 환경적 이점** : 최적화된 자동운전 패턴을 통해 에너지 사용을 줄여 운영 비용을 절감하고, 탄소 배출을 감소시키는 친환경적인 효과를 가져온다.
- **국내 기술 자립 및 해외 시장 진출 기반 마련** : 외산 기술에 의존해왔던 고속철도신호 시스템 분야에서 완전한 기술 자립을 이루었다는 점에서 큰 의미가 있다. 이는 국내 철도 산업의 경쟁력을 강화하고, 'K-철도' 기술이 세계 시장으로 뻗어나갈 수 있는 중요한 발판이 될 것이다.

제17장 미래 철도 기술 : 가상결합(Virtual Coupling) 및 Hybrid Level 3

17.1 열차가 스스로 소통하는 '가상결합(Virtual Coupling)' 기술

KTCS-3가 열어줄 궁극의 미래 기술은 바로 '가상결합(Virtual Coupling)'이다. 이는 선로변 열차 검지 장치가 사라지고, 열차 간 간격 제어가 선행 열차의 위치에 따라 결정되는 **이동폐색(Moving Block)** 개념을 통해 구현된다. 이동폐색은 여러 대의 열차를 물리적인 연결기 없이, 오직 **무선통신만으로 연결하여 마치 한 대의 열차처럼 운행**하는 기술의 기반이 된다.

마치 자율주행 트럭 여러 대가 선두 트럭을 따라 일사불란하게 대열을 맞춰 달리는 '군집 주행(Platooning)'을 생각하면 쉽다. 선두 열차가 앞으로 이동하면, 다음 열차는 안전거리를 유지하면서 뒤따르며, 선두 열차의 후방까지 이동 권한이 계산된다. 맨 앞 열차의 운행 정보(가속, 감속, 제동 등)가 실시간으로 바로 뒷 열차들에 직접 전달(Train-to-Train)되어, 수 밀리초(ms)의 오차도 없이 모든 열차가 함께 움직인다.

가상결합 기술이 상용화되면 다음과 같은 혁신이 가능해진다.

- **수송용량의 극대화** : 출퇴근 시간 등 수요가 폭증할 때, 여러 대의 열차를 가상으로 묶어 운행함으로써 수송 능력을 2배 가까이 늘릴 수 있다.
- **운영 효율의 혁신** : 서울역에서 출발한 3개의 가상결합 KTX가 대전역에서 통신 연결만 해제한 뒤, 각각 부산, 목포, 진주행으로 나뉘어 갈 수 있다. 더 이상 중간 역에서 열차를 분리하고 연결하는 데 시간을 허비할 필요가 없어진다.

이는 단순한 효율 개선을 넘어, 철도 운영의 모든 공식을 새로 쓰는 게임 체인저가 될 것이다.

17.2 Hybrid Level 3

Hybrid 레벨 3은 기존 기술 솔루션을 사용하여 위에서 설명한 레벨 3의 과제를 완화하는 레벨 3의 한 유형으로 개발되었다. 이는 제한된 양의 선로 측 열차 탐지를 사용하여 열차 정보가 불충분할 수 있는 잠재적 문제를 처리함으로써 이루어진다. 이러한 방식으로 이 개념은 새롭고 복잡한 운영 절차의 필요성을 방지하고 도입 시 성능을 보장해야 한다. 이는 확인된 무결성을 보고할 수 없는 열차가 비록 더 길지만, 여전히 허용 가능한 운전 시격으로 운행할 수 있다는 것을 의미한다.

RBC에서 분리된 열차는 더 이상 손실되지 않는다. 그것들은 여전히 분리된 열차의 운영 이동, 허가되지 않은 분리된 열차에 대한 보호, 그리고 RBC 다운 후 복구를 쉽게 하는 선로 측면 열차 탐지를 통해 볼 수 있다. 또한 특정 주요 위치에서 선로 측면 열차 감지는 열차 위치 보고서(예) 위치 보고가 지연되거나 보고된 열차 길이에 여백이 있는 경우)를 기반으로 하는 것보다 중요한 인프라(예) 지점)의 빠른 해제를 제공하여 우수한 성능을 가능하게 해야 한다.

기존 철도 노선에서 Hybrid 레벨 3으로의 업그레이드를 고려할 때, 이 개념은 기존 선로 측 열차 감지 장비를 사용할 수 있도록 하며, 이미 설치된 장비를 재사용할 수 있도록 한다. 이는 노선에서 선로용량 증가를 위해 커미셔닝 작업이 수행될 때 이점을 제공한다. 이는 다른 ERTMS를 사용하여 용량을 늘리는 데 필요한 작업과 비교할 때 선로 측에 필요한 최소한의 엔지니어링 작업이 있음을 의미한다.

따라서 비용 효율적인 방식으로 선로용량을 늘릴 수 있다.

Hybrid 레벨 3 개념은 정수 열차와 비정수 열차를 모두 지원하는데, 이는 열차 무결성이 있는 열차와 없는 열차이다. 이는 모든 유형의 열차가 아직 장착되지 않았거나 TIM을 장착할 수 없을 때 모든 열차의 전체 운행이 가능하도록 노선에 있는 열차의 이동 진로를 제공한다. TIM을 탑재한 열차의 수준이 높아짐에 따라 노선의 용량은 증가할 것이다. 따라서 주로 TIM 장착 열차가 예약된 경우(예) 피크 시간대에 추가 용량을 생성하기 위해) 대용량 노선을 만들 수 있다. 또한 TIM이 없는 열차(예) 화물 열차)를 운행할 수 있지만 피크 시 최대 용량 편익을 유지하기 위해서는 비피크 시간표 슬롯에서 이를 예약해야 한다.

또한 이 해법은 비 ERTMS 장착 열차가 (예) 엔지니어링 열차를 작업 영역으로 이동할 수 있도록) 절차적으로 운행할 수 있어야 할 경우보다 간단한 운행을 지원한다. 이러한 상황에서는 이러한 열차 통과 후 청소와 같은 운영 절차 없이 정상 운행이 자동으로 복구된다. 열차가 RBC에 위치를 보고하지 않는 입환 이동에도 같은 고려 사항이 적용된다.

마지막으로 Hybrid 레벨 3은 CCS TSI에 정의된 ERTMS 사양을 완전히 준수한다. 탑재된 ERTMS에 대해 도입이 필요한 추가 요건은 없다.

17.2.1 Hybrid Level 3 이동 또는 고정 폐색

현재 정의된 Hybrid 레벨 3 개념은 가상 폐색을 사용한다. 이것은 개념의 근본적인 요건이 아니라 실용적인 이유에서이다. 이동 폐색에 비해 고정 가상 폐색은 RBC 및 트래픽 제어 센터와 같은 관련 시스템뿐만 아니라 운영 절차에도 영향을 덜 준다. 이것들은 [그림 17-1, 2]에 예시되어 있다.

레벨 3 이동 폐색 시스템에서 열차 분리는 선두 정수열차의 마지막 보고된 안전 후단 위치를 기반으로 하며, 최적의 레벨 3 용량을 제공한다. '이동폐색'은 열차의 후방 끝 위치를 주기적으로 보고하는 것을 기반으로 하므로 주기적으로 점프한다. 예를 들어 160km/h의 속도에서 이동 폐색은 200m 이상의 거리로 점프한다. RBC로만 알려진 가상 폐색의 길이를 줄임으로써 Hybrid 레벨 3 개념에서도 이동 폐색 성능이 달성된다.

17.2.2 Hybrid Level 3 가상 폐색 주요 원칙

Hybrid 레벨 3의 경우, 선로 측 열차 감지 섹션은 여러 가상 하위 섹션(VSS)으로 나눌 수 있다. 이는 이동 가능한 요소를 포함하는 선로 측 열차 감지 섹션을 여러 VSS 섹션으로 나눠서는 안 된다는 제약조건을 수반한다.

VSS의 '점유' 및 '미점유' 상태는 열차 위치정보와 선로 측 열차 감지 정보를 모두 기반으로 한다. 기본 선로 측 열차 탐지가 미점유라고 보고되면 VSS는 '미점유'로 보고된다. 열차가 이 섹션 내에서 보고하는 경우(프런트 엔드 위치와 보고된 열차 길이를 기준으로) '사용 중'으로 보고된다. [그림 17-3]과 같이 ERTMS 선로측에서는 열차가 위치하는 관련 VSS만 점유한다고 간주하고 TIMS는 열차 후면의 위치에 대한 확신을 제공한다. 그러나 TIMS가 장착되지 않은 열차는 RBC의 경우 열차 후방을 안전하게 알 수 없으므로 후방 부분을 차지한다. RBC의 경우 열차 위치를 알 수 없으므로 ERTMS가 장착되지 않은 열차는 열차 감지 섹션 전체를 차지한다. TIMS가 없는 ERTMS 열차는 VSS 구간에서 정수 열차를 따라갈 수 있지만, 다른 열차는 별도의 열차 감지 구간에서만 따라갈 수 있다. 그 결과 ERTMS 열차에 대해서만 용량 편익이 달성되고 TIMS가 장착된 ERTMS 열차 주변에서는 최대 이득이 달성된다.

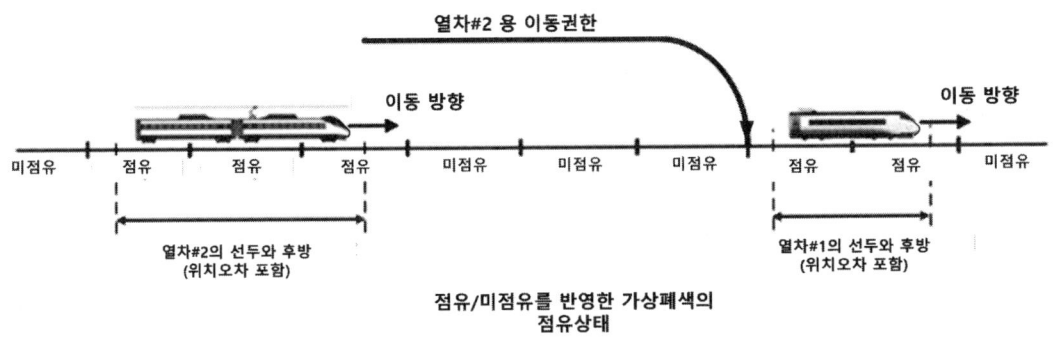

[그림 17-1] 가상 폐색 시스템

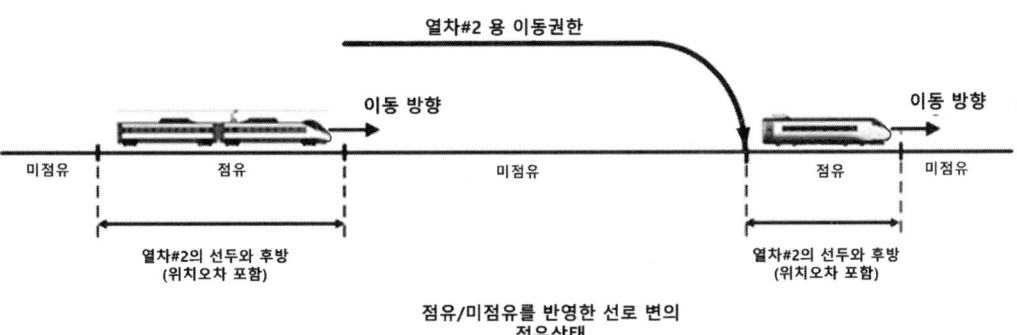

[그림 17-2] 완전 이동 폐색 시스템

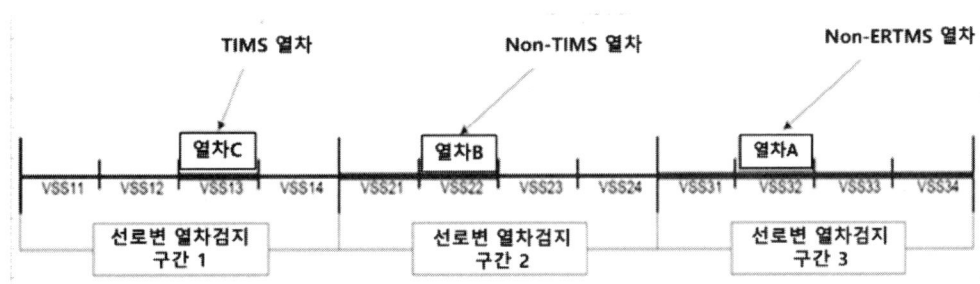

[그림 17-3] ERTMS 차상 및 TIMS의 유무에 따른 다양한 용량 활용

17.2.3 Hybrid Level 3 사용의 장점

Hybrid 레벨 3 개념의 기존 선로 측 열차 감지 기능을 재사용할 가능성은 여러 가지 이점을 제공한다.

Hybrid 레벨 3은 열차 정보(예 열차 분리 및 열차 무결성 고장)를 사용할 수 없는 시나리오를 관리할 수 있도록 한다. 또한 열차가 주차되어 있거나, 방향을 바꾸거나, 입환 등을 하는 장소에서의 시나리오도 관리한다. 이러한 시나리오는 열차 또는 열차 일부가 RBC에 연결되지 않고 이동할 수 있다는 점을 고려해야 한다. Hybrid 레벨 3은 문제를 완화하기 위해 선로 측 열차 감지 시스템을 사용하여 이러한 문제를 다룬다.

열차 위치와 선로 측 열차 감지 정보의 조합은 특히 레벨 3 구역의 입구와 출구 지점에서 요구되는 유령 및 그림자 열차 위험으로부터 보호를 제공한다.

또한 선로 측 열차 감지 및 열차 위치정보의 조합은 이러한 시스템의 성능과 신뢰성에 상호 이점을 제공한다.

레벨 3에서 열차는 일반적으로 무결성(즉, 열차의 완전성)을 올바르게 감시해야 한다. 그러나 문제는 이러한 무결성 정보의 안전한 관리이다. 즉, 화물 및 승객을 포함한 모든 유형의 열차에 대한 솔루션을 찾는 것이다. Hybrid 레벨 3은 혼합 열차의 운행이 허용된다. 즉, 무결성 모니터링이 있는 열차와 없는 열차가 지원된다. 따라서 TIM을 사용하여 기존 차량을 즉시 업그레이드 할 필요가 없다. 그러나 이 솔루션은 TIM 기능이 장착된 열차 주변에서만 용량 이점을 제공한다는 점을 인식해야 한다. 따라서 ERTMS 장착의 일부로서 TIM 시스템을 가능한 한 빨리 구현할 수 있도록 열차에 대비해야 한다. 초기 설계의 하나로 ERTMS 및 TIM과 함께 새 열차가 자동으로 장착되는 것이 좋다.

ERTMS 레벨 2 트랙사이드에서 Hybrid 레벨 3으로의 업그레이드는 주로 RBC의 소프트웨어 업데이트로 구성된다. 기존 연동 및 선로측 하드웨어(예 궤도회로 또는 액슬카운터)가 재사용된다. 마지막으로 Hybrid 레벨 3은 최소한의 변경으로 레벨 2 배치를 위해 개발된 운영 규칙을 사용하여 작동할 수 있어야 한다. 이는 TIM 장치가 아직 장착되지 않은 열차의 경우, 레벨 2에서처럼 레벨 3에서 운행될 것으로 예상되기 때문에 매우 중요하다. 즉, 그러한 구현에 대한 직원 교육 요건은 최소가 될 것으로 예상된다. (운전사, 신호기 및 기타 사용자가 레벨 2를 작동하도록 이미 교육되었다고 가정한다)

이 해법을 통해 열차, 운영 규칙 및 선로 측을 쉽게 업그레이드할 수 있다.

17.2.4 Level 3 가상 폐색

ERTMS Level 3 가상 폐색 관리는 궤도점유 및 열차 분리를 관리하기 위한 가상 객체(소프트웨어 및 데이터베이스 관련 객체)에 의존한다. '가상 폐색'이라는 용어는 ERTMS RBC에 정의된 운전시격 구간을 지정하는 데 사용된다. 이러한 가상 물체의 점유는 열차의 보고를 통해 정의된다. RBC는 열차가 제공한 위치 메시지를 기반으로 이 구간에 열차를 지정하고, 한 번에 하나 이상의 구간이 하나 이상의 열차 이동의 대상이 되지 않도록 한다. 가상 폐색에 미리 정의된 고정 제한이 있는 경우에도 (이 경우 기존 고정 폐색 시스템에서와 같이)이 구성은 선로에 적용할 수 있는 폐색의 길이와 수에 유연성을 제공한다. 이 접근 방식의 이점은 운영자의 요구에 따라 가상 폐색의 크기를 조정할 수 있다는 것이다. (예 운전시격 축소) 폐색 크기를 조정하기 위한 이러한 미세 조정은 해당 데이터베이스의 업데이트를 통해 쉽게 달성할 수 있다. 이론상으로, 선로는 무한히 짧은 길이의 가상 폐색의 거의 무한한 수로 나눌 수 있다. 실제로 선로전환기와 분기기를 보호해야 하는 필요성 때문에 연속되는 열차 사이의 안전한 거리와 일부 지역의 폐색 길이가 제한된다. [그림 17-3]은 두 번째 열차의 이동 권한이 첫 번째 점유된 가상 폐색에 의해 하류로 정의되는 가상 폐색 시스템의 예를 보여준다. 선로변 열차 검지 시스템은 ETCS Level 3의 이 유형에서 제거된다. 이렇게 하려면 가상 폐색 영역 내에서 작동하는 모든 열차는 TIMS가 장착되어야 하고 열악한 상황에서는 Level 3 작동 절차가 필요하다.

17.2.5 Level 3 및 Hybrid Level 3의 형태와 장점

성숙도가 다른 Level 3의 유형은 다음과 같이 분류할 수 있다.
- Level 3 오버레이
- Level 3 Hybrid
- Level 3 가상 폐색
- Level 3 이동 폐색

[표 17-1] 레벨 3의 다양한 유형과 주요 특징에 대한 장점 및 과제 요약

Level 3 형태	차량 장착	기반	장점 및 과제
Overlay (on Class B)	ERTMS는 필수적이지는 않으나 권장되어 ERTMS의 차량 적합성을 허용한다. TIMS는 의무적인 것은 아니며 단계적으로 차량을 장착할 수 있다.	신호(클래스 B 시스템) 및 선로변 열차 검지가 유지된다. 가상 폐색 기술의 사용	ERTMS + TIMS가 있는 열차의 용량은 클래스 B 시스템을 사용할 때 비해 약간 증가한다.(혜택 전달을 돕기 위해 시간표를 업데이트해야 할 수도 있음) ERTMS L3 열차가 Stop 측면을 보여주는 선로변 신호를 전달할 수 있도록 해법을 찾아야 한다.
Hybrid (가상 폐색)	ERTMS가 필요하다. TIMS는 권장 사항이나 의무 사항은 아니며 단계별 차량 설비 (특히 화물과 관련이 있음)를 허용한다.	신호가 없다. 선로변 열차 검지가 유지된다. 가상 폐색 기술의 사용	선로변 열차 검지기능을 추가하지 않고 TIMS로 열차의 용량을 늘린다. 열차 로컬리제이션의 중복으로 인해 안정성이 향상되었다.
Hybrid (이동폐색)	ERTMS + TIMS권장됨(필수 사항은 아님)으로, 단계적으로 차량을 설치할 수 있다. (화물과 관련이 있음)	신호가 없다. 제한된 궤도 열차 검지. 움직이는 폐색 기술사용	소프트웨어 데이터베이스의 가상 폐색 크기를 조정하여 용량을 늘린다. 교통 관리 시스템 및 운영 영향(한 폐색에 두 개의 열차)에 대한 영향을 고려해야 한다.
가상 폐색 (열차검지 없는)	ETCS + TIMS 장착 열차만	신호가 없다. 선로변 열차 검지가 필요 없다. 가상 폐색 기술의 사용	소프트웨어 데이터베이스의 가상 폐색 크기를 조정하여 용량을 늘린다. 궤도 기기 제거로 인한 비용 절감 및 신뢰성 향상. 무선 연결 및 열화된 상황이 없는 열차에 대한 해법을 찾아야 한다.
이동폐색 (열차검지 없는)	ETCS + TIMS 장착 열차만	신호기가 없다. 선로변 열차 검지가 필요 없다. 이동 폐색 기술의 사용	사용 가능한 인프라의 용량을 극대화한다. 비용 절감 및 궤도 기기 제거로 인한 비용 절감. 무선 연결 및 낮은 단계로 된 상황이 없는 열차에 대한 해법을 찾아야 한다.

제18장 K-열차제어시스템의 과제와 발전 방향

우리는 우리 손으로 세계 최고 수준의 열차제어시스템을 만들었고, 더 높은 수준의 미래(KTCS-3)까지 개발을 완료하였다. 이제 남은 과제는 우리의 무대를 대한민국에서 전 세계로 넓히고, 끊임없는 기술혁신을 통해 미래 철도 환경을 선도하는 것이다.

18.1 세계시장으로의 도전과 경쟁력 강화

18.1.1 KTCS의 국제 표준 부합성 및 기술적 경쟁력

KTCS는 국제 철도 시장에서 경쟁력을 확보하기 위한 핵심적인 기술적 토대를 마련했다. 가장 중요한 요소는 유럽연합의 열차 제어 시스템인 ETCS(European Train Control System)의 표준화 규격을 충족하고 있다는 점이다. 특히 KTCS-2의 경우 ETCS 레벨-1과 레벨-2 모두와 호환되어, 전 세계적으로 ETCS를 도입하고 있는 신규 노선 및 기존 노선 개량 사업에 기술적으로 진출할 수 있는 자격을 확보했다. 이러한 국제 표준 부합성은 'K-철도'가 특정 지역에 국한되지 않고 글로벌 시장에서 보편적인 기술로 인정받는 기반이 된다.

안전성 측면에서도 KTCS의 경쟁력은 확고하다. 한국형 도시철도용 시스템인 KTCS-M은 IEC(국제전기기술위원회) 및 EN(유럽표준) 기준을 충족하는 최고 등급의 안전 무결성 등급(Safety Integrity Level, SIL) 4를 획득했다. SIL 4는 열차 충돌과 같은 치명적인 사고를 방지하기 위해 요구되는 최고 수준의 안전 등급으로, 이를 획득했다는 것은 KTCS-M이 해외 도시철도 시장에서 요구하는 엄격한 안전 기준을 만족한다는 것을 의미한다.

또한, 국산화 노력은 해외 의존도를 낮추는 것을 넘어, 국제 시장에서의 경쟁력을 직접적으로 강화하고 있다. 선로변 제어장치(LEU)나 발리스전송모듈(BTM)과 같은 핵심 부품의 독자적인 개발과 국제 인증(SIL 4) 획득은 국내 기업이 해외 입찰에 참여할 수 있는 필수적인 자격을 부여한다. 이는 외산 기술에 대한 종속성을 탈피하고, 국제적 신뢰도를 확보함으로써 향후 해외 철도 시장에서의 수주 기회를 확대하는 결정적인 발판이 될 것이다.

18.1.2 해외 시장 진출 현황 및 성공 사례 분석

'K-철도'의 해외 시장 진출은 KTCS 기술이 적용된 차량 및 시스템의 수출을 통해 가시화되고 있다. 특히, 철도 시스템과 차량이 유기적으로 결합된 '패키지형 수출'의 형태로 발전하고 있다는 점은 주목할 만한 현상이다.

대표적인 성공 사례는 현대로템의 KTX-이음 차량이 우즈베키스탄에 수출된 것이다. 이는 한국 고속철도 역사상 18년 만에 이루어진 첫 해외 수출로, 2,700억 원 규모의 계약 성과는 대한민국 철도 기술의 우수성을 국제적으로 입증하는 계기가 되었다. 이 성공은 단순히 차량 자체의 경쟁력을 보여주는 것을 넘어, 그 안에 적용된 KTCS와 같은 국산화 기술의 신뢰성을 함께 증명하는 효과를 낳았다.

차량과 신호 시스템은 본질적으로 분리될 수 없는 일체형 솔루션이다. KTX-이음 수출을 통해 우즈베키스탄에 한국형 고속철도 차량이 도입됨에 따라, 해당 국가의 철도 인프라 운영사들은 자연스럽게 해당 차량에 최적화된 신호 시스템에 대한 수요를 갖게 될 것이다. 이는 기존 외산 시스템을 한국형 기술로 교체하거나 신규 노선에 도입하는 기회로 이어질 수 있다. 즉, 차량 수출이 선행 지표가 되어 시스템 수출을 견인하는 구조적인 시너지 효과가 나타나고 있는 것이다.

18.2 우리가 풀어야 할 과제

18.2.1 KTCS 국내 도입 현황 및 로드맵

KTCS는 국내 철도망에 단계적으로 도입되며 상용화를 위한 실증을 거치고 있다. 고속선용 KTCS-2는 2022년 전라선에서 상용 운전에 성공하며 기술적 안정성을 입증했고, 2024년에는 대경선 광역전철에 적용되어 첫 정규 영업 운행을 시작했다.

가장 큰 프로젝트는 경부고속선에 기존 외산 열차제어시스템(ATC)을 대체하는 KTCS-2 제조 및 설치 사업이다. 총 531억 원 규모의 이 사업은 광명-부산 구간을 대상으로 하며, 2027년 말까지 완료를 목표로 하고 있다. 경부고속선 외에도 호남고속선과 수서고속선(SRT)에도 KTCS가 순차적으로 구축될 예정이다. 이러한 대규모 도입은 KTCS의 기술적 완성도를 높이고, 안정적인 운영 실적을 확보하여 향후 해외 시장 진출에 중요한 레퍼런스가 될 것이다.

18.2.2 기술적 · 운영적 안정성 확보 과제

KTCS의 성공적인 국내 정착을 위해서는 기술적, 운영적 측면에서 해결해야 할 과제들이 존재한다. 그중 하나는 무선통신(LTE-R) 기반 시스템의 안정성 확보다. KTCS-2는 LTE-R 무선망을 통해 차상-지상 간 정보를 전송하며 열차를 제어한다. 철도 시스템은 고도의 신뢰성과 가용성을 요구하는 만큼, 무선 통신망의 중단 없는 서비스가 필수적이다.

이를 위해 LTE-R 네트워크는 기지국 설비(DU)의 이중화 구성과 가상셀(Copy Cell) 적용을 통해 무선 커버리지 이중화를 구현해야 한다. 또한, 셀 간 핸드오버 시 통신 끊김이 발생하지 않도록 스위칭 시간을 최소화하는 기술적 최적화가 요구된다. 이러한 무선 통신망의 고도화는 시스템의 안정성과 회복탄력성(Resilience)을 직접적으로 결정짓는 핵심 과제이다.

18.2.3 기존 시스템과의 호환성 및 통합 관리 방안

KTCS 국내 도입 과정의 가장 복합적인 도전 과제는 기존 외산 시스템과의 호환성 확보다. 국내 철도망은 현재 다양한 종류의 외산 신호 시스템(ATP, ATC 등)이 혼재되어 있으며, KTCS는 이를 점진적으로 대체하는 방식으로 도입될 예정이다. 이 과정에서 신구 시스템이 공존하는 과도기적 상황은 불가피하다.

따라서 안정적인 열차 운행을 위해서는 KTCS와 기존 외산 시스템 간의 완벽한 기술적 호환성과 통합 관리가 필수적이다. 기존 시스템에 익숙한 운영 인력의 숙련도와 새로운 시스템에 대한 이해도 차이를 해소하고, 시스템 전환 과정에서 발생할 수 있는 잠재적인 오류를 최소화해야 한다. KTCS 도입은 단순히 기술을 교체하는 것을 넘어, 기존 운영 주체 간의 긴밀한 협력과 단계적인 전환 로드맵을 요구하는 복합적인 도전 과제이다. 이러한 노력을 통해 외산 시스템에 대한 의존도를 낮추고 유지보수 효율성을 높이는 KTCS의 궁극적인 가치를 실현할 수 있을 것이다.

18.3 인공지능(AI) 기반 예지정비 시스템 연계 방안

18.3.1 인공지능 기반 예지정비 시스템의 필요성 및 기대효과

철도 시스템은 복잡하고 광범위한 인프라를 포함하고 있어, 기존의 인력 중심 점검 방식으로는 모든 안전 요소를 실시간으로 관리하기 어렵다. 이에 따라 데이터를 기반으로 고장을 사전에 예측하고 최적의 정비 시기를 결정하는 '예측 기반 정비(Predictive Maintenance)' 체계로의 전환이 필수적이다.

인공지능(AI) 기반 예지정비 시스템은 설비에서 발생하는 미세한 이상 징후를 실시간으로 분석하여 고장이나 오류의 원인을 사전에 감지하고 알려준다. 이러한 시스템은 돌발적인 설비 정지를 방지하고, 정기 점검에 소요되는 시간과 비용을 획기적으로 절감할 수 있다. 철강, 화학, 반도체 등 타 산업에서 이미 설비 돌발 정지 대응 시간을 절반 이상 단축하는 효과를 입증한 바 있어, 철도 분야에 대한 적용 시 그 파급 효과는 매우 클 것으로 기대된다.

18.3.2 국내 철도 및 타 산업의 AI 예지정비 기술 동향

국내에서는 이미 데이터 기반 유지보수 체계를 구축하기 위한 노력이 활발히 진행 중이다. 한국철도공사(코레일)는 운행 중인 열차에 자동 검측 시스템을 설치하여 전차선, 궤도, 신호, 통신 등 5개 분야 18개 항목의 안전 상태를 실시간으로 점검하고 있다. 이렇게 수집된 데이터는 상태기반 유지보수(CBM)에 활용되며, 이를 AI로 통합 분석하여 예측 정비 체계로 발전시킨다는 계획이다.

특히, 2세대 KTX-이음 차량에는 상태기반 유지보수(CBM) 장치가 적용되어 실시간 모니터링을 통해 최적의 정비 시기를 판단할 수 있게 되었다. 이는 시스템 자체에 센서와 데이터 수집 기능을 내장하여 AI 기반 유지보수 시스템과의 연계를 용이하게 만드는 중요한 기술적 진전이다.

18.3.3 KTCS 데이터와 AI 기반 예지정비 시스템 연계 방안

KTCS는 단순한 열차 제어 시스템을 넘어, AI 기반 예지정비 시스템의 '핵심 데이터 파이프라인'으로서 전략적 역할을 수행할 수 있다. KTCS는 열차의 위치, 속도, 가속도, 제동 정보 등 운행에 관한 가장 중요하고 신뢰성 있는 데이터를 실시간으로 생성한다. 이 데이터는 AI 모델이 열차의 상태 변화, 선로의 미세한 이상 징후, 신호 장치의 성능 저하 등을 예측하는 데 필수적인 기초 정보가 된다.

예를 들어, KTCS가 제공하는 열차의 정밀한 위치 및 속도 데이터는 선로에 설치된 센서에서 수집된 진동 및 소음 데이터와 결합되어, 특정 구간의 궤도 변형을 사전에 감지하는 데 활용될 수 있다. 또한, 열차의 가감속 패턴 변화를 분석하여 제동장치의 이상을 예측하는 것도 가능하다. 이처럼 KTCS 운행 정보와 다른 센서 데이터를 융합 분석함으로써, 고장 발생을 예측하고 최적의 유지보수 일정을 수립하는 예측 기반 정비 체계의 효용성을 극대화할 수 있다. 결국, KTCS의 진정한 가치는 열차 운행 제어라는 본연의 기능을 넘어, 미래 철도 시스템의 효율성과 안전성을 담보하는 '데이터 플랫폼'으로 확장될 것이다.

[표 18-1] 데이터 수집, 처리, 이용

단계	기술 요소	데이터 및 역할
1. 데이터 수집	KTCS 차상/지상 장치, LTE-R, IoT 센서	(KTCS 데이터) 열차 위치, 속도, 제동 정보 등 실시간 운행 데이터. (센서 데이터) 진동, 온도, 소음, 전압, 전류 등 설비 상태 데이터
2. 데이터 전송	LTE-R 무선망, 유선 네트워크	신뢰성 높은 무선망을 통해 방대한 데이터를 클라우드 기반 AI 플랫폼으로 전송
3. 데이터 분석	AI 플랫폼, 빅데이터 분석 시스템	실시간으로 수집된 데이터를 통합하여 AI 모델 학습 및 분석을 수행
4. 예측 및 진단	예측 정비(PPdM), 고장 감지(FDC) 서비스	학습된 AI가 고장 발생 가능성, 이상 징후를 예측하고 분류하여 유지보수팀에 알림
5. 운영 및 조치	철도 관제센터, 유지보수팀	AI 진단 결과를 바탕으로 최적의 정비 계획을 수립하고, 긴급 상황에 신속하게 대응

18.4 사이버보안, 레질리언스 강화 및 디지털 트윈 적용

18.4.1 철도 시스템의 사이버보안 위협과 대응 중요성

KTCS와 같은 무선통신 기반의 최신 철도 시스템은 기존의 폐쇄적인 운영 기술(OT, Operational Technology) 환경과 개방적인 정보 기술(IT) 네트워크가 융합되면서 새로운 사이버보안 위협에 직면하게 되었다. 열차 제어 시스템에 대한 사이버 공격은 단순히 운영 장애를 넘어, 열차 탈선이나 충돌과 같은 대형 사고로 이어질 수 있어 그 위협의 심각성이 매우 높다. 주요 위협 유형으로는 열차 운행 데이터 변조, 관제 시스템에 대한 DDoS 공격, 운영 시스템을 마비시키는 랜섬웨어 공격 등이 있다.

18.4.2 KTCS의 사이버보안 및 레질리언스 강화 방안

철도 시스템의 안전성을 보장하기 위해서는 기술적 방어벽을 넘어선 종합적이고 다층적인 접근이 필요하다. 첫째, '제로 트러스트(Zero Trust)' 기반의 보안 아키텍처를 도입해야 한다. 철도 시스템에 대한 사이버 위협은 내부와 외부의 경계 없이 존재할 수 있으므로, '어떠한 것도 신뢰하지 않는다'는 원칙에 기반하여 모든 접근을 엄격하게 인증하고 통제해야 한다. 이는 강력한 인증, 데이터 암호화, 실시간 침입 탐지 및 차단 메커니즘을 포함하는 총체적인 방어 체계 구축을 의미한다. 둘째, 시스템의 회복탄력성(Resilience)을 강화해야 한다. 레질리언스는 사이버 공격뿐만 아니라 자연재해, 테러 등 모든 위협으로부터 시스템이 정상적인 기능을 유지하고 신속하게 복구하는 능력을 포괄하는 개념이다. 한국철도공사(코레일)가 공공기관 최초로 사이버안전센터를 서울과 대전으로 이중화한 것은 이러한 레질리언스 강화의 모범적인 사례이다. 또한, KTCS의 통신망인 LTE-R 시스템은 기지국(RRU) 설비에 IP65 이상의 방수/방진 기능을 적용하고, 화재 대비 난연 재질을 사용하는 등 물리적 안정성을 확보해야 한다. 이는 시스템의 하드웨어적 안정성과 사이버보안이 유기적으로 결합될 때 비로소 완벽한 레질리언스가 확보될 수 있음을 보여준다.

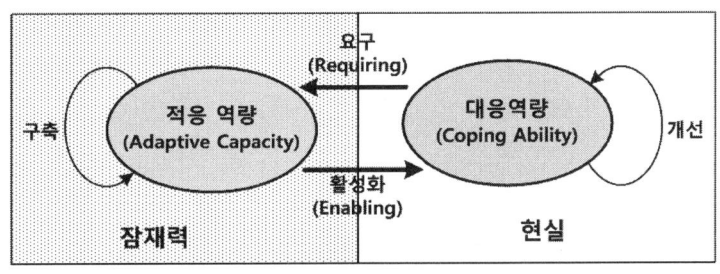

[그림 18-1] 사이버 복원력에 대한 동태적 관점

18.4.3 디지털 트윈 기술의 KTCS 적용 및 활용 방안

디지털 트윈은 현실 세계의 철도 시스템을 가상 환경에 완벽하게 복제하고 실시간으로 동기화하는 기술이다. KTCS는 열차의 위치, 속도, 신호 상태 등 실시간 운행 데이터를 제공함으로써 디지털 트윈 구축의 핵심 정보원이 된다. 이러한 디지털 트윈은 철도 운영 및 유지보수에 혁신적인 변화를 가져올 수 있다.

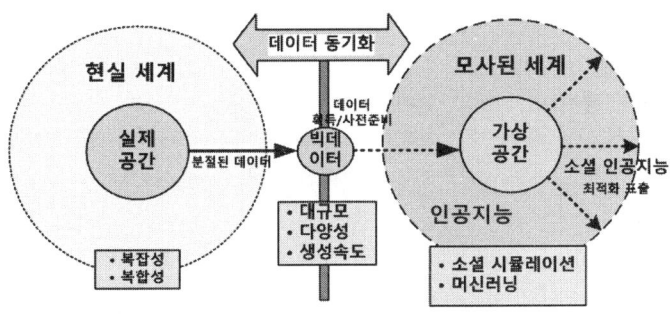

[그림 18-2] 디지털 트윈의 일반적인 개념

- **관제 효율성 향상** : 디지털 트윈을 통해 관제사는 열차 운행 상황과 선로 상태를 3D 가상 환경에서 직관적으로 파악할 수 있다. 이는 복잡한 관제 결정을 지원하고, 사고 발생 시 최적의 대응 방안을 신속하게 모색하는 데 기여한다.
- **사고 시뮬레이션 및 훈련** : 가상 환경에서 다양한 사고 시나리오(열차 고장, 시설물 파손 등)를

시뮬레이션하고, 시스템의 취약점을 분석하거나 비상 대응 훈련을 반복적으로 수행할 수 있다.
- **정비 효율 증대** : 열차 및 선로 장치의 상태를 디지털 트윈에 반영하여 예지정비 계획을 수립하고, 유지보수 작업의 우선순위를 최적화함으로써 효율적인 자원 배분이 가능해진다.

18.4.4 KTCS 보안 기술의 전략적 제언

KTCS의 성공적인 확산을 위해서는 사이버보안과 물리적 레질리언스를 통합하는 총체적인 접근이 필수적이다. 이는 시스템을 구성하는 통신망과 장비의 하드웨어적 안전성부터, 데이터와 운영 시스템을 보호하는 소프트웨어적 방어 체계까지 아우르는 개념이다. KC 인증 획득, 방수/방진(IP65), 난연 재질 사용과 같은 하드웨어적 안정성 기준은 사이버 위협에 대비한 시스템의 물리적 회복탄력성을 직접적으로 강화하는 필수적인 축을 이룬다. 따라서 KTCS의 경쟁력은 기술적 성능뿐만 아니라 이러한 총체적인 안정성 요소를 모두 충족할 때 완성될 수 있으며, 이는 특히 높은 수준의 안전 규제를 요구하는 해외 시장에서 중요한 경쟁 우위가 될 것이다.

[표 18-2] 보안위협 유형 및 대응전략

보안 위협 유형	대응 전략	기술 요소 및 적용 방안		
사이버 위협 (해킹, DDoS, 랜섬웨어 등)	**제로 트러스트 아키텍처** 경계 없는 위협에 대한 총체적 방어	• 강력한 인증 및 암호화 : 통신 및 데이터 저장 과정에서 모든 정보 보호 • 침입 탐지 및 차단 : 비정상 트래픽 및 행위 실시간 분석 및 차단	• 운영 시스템 보호 : 엔드포인트 및 클라우드 보안 솔루션 적용	
물리적 위협 (자연재해, 물리적 훼손 등)	**시스템 이중화 및 복구 체계** 장애 발생 시 중단 없는 서비스 제공	• 설비 이중화 : 기지국 설비(DU) 이중화 및 가상셀 적용을 통한 무선 커버리지 확보.	• 물리적 내구성 : RRU의 방수·방진(IP65) 및 난연 재질 사용	• 재해 복구 시스템 : 사이버안전센터 이중화 등 재난 대비 복구 시스템 구축

18.5 종합 발전 방향

18.5.1 핵심 과제 요약

K-열차제어시스템(KTCS)은 대한민국 철도 기술의 자립과 미래를 담보하는 핵심적인 기술 자산으로 자리매김했다. KTCS-2의 성공적인 상용화와 경부고속선으로의 확대 적용은 국내 철도 운

영의 효율성과 안전성을 획기적으로 향상시킬 것으로 기대된다. 그러나 KTCS가 진정한 의미에서 글로벌 경쟁력을 갖추고 미래 철도 시장을 선도하기 위해서는 몇 가지 핵심 과제를 해결해야 한다.
첫째, **해외 시장 진출 전략의 고도화**이다. KTCS 자체의 직접 수출을 넘어, KTX-이음과 같은 '차량 수출'과의 시너지를 극대화하는 패키지형 해외 사업 전략을 수립해야 한다. 차량 수출로 구축된 브랜드 신뢰도를 기반으로 KTCS 기술의 해외 진출을 견인하는 것이 중요하다.
둘째, **국내 도입 과정의 안정성 확보**이다. 경부고속선 도입을 성공적으로 완수하여 KTCS의 신뢰성을 입증하는 것은 물론, 기존 외산 시스템과의 단계적이고 안정적인 전환 로드맵을 구축하여 운영 혼란을 최소화해야 한다. 무선 통신망인 LTE-R의 기술적 안정성 확보 또한 핵심 과제이다.
셋째, **미래 기술과의 유기적인 연계**이다. KTCS를 단순히 열차 제어 시스템이 아닌, AI 기반 예지정비와 디지털 트윈의 핵심 데이터 플랫폼으로 활용하여 그 기술적 가치를 확장해야 한다. KTCS가 제공하는 실시간 데이터는 미래 철도 시스템의 효율성과 안전성을 극대화하는 가장 중요한 원동력이 될 것이다.
넷째, **시스템의 총체적 안정성 강화**이다. 사이버보안과 물리적 레질리언스를 통합하는 종합적인 접근을 통해 시스템의 안정성과 회복탄력성을 확보해야 한다. 제로 트러스트 아키텍처와 같은 소프트웨어적 방어 체계는 물론, 방수/방진 기능 등 하드웨어적 내구성을 확보하는 노력도 병행되어야 한다.

18.5.2 세계시장 선도 및 미래 철도 기술 선점

KTCS의 성공적인 미래를 위해서는 다음의 종합적인 전략은 다음과 같다.
- **글로벌 브랜드화 전략 추진** : KTCS의 국제 표준 호환성(ETCS)과 국내 상용화 실적을 기반으로 'K-철도 신호'의 기술적 우수성을 전 세계에 알리는 전략적 마케팅이 필요하다. 해외 철도 전시회 참가, 기술 시연, 그리고 우즈베키스탄 사례와 같은 차량 수출과 연계된 홍보 활동을 강화하여 KTCS를 글로벌 시장의 신뢰받는 브랜드로 포지셔닝해야 한다.
- **지속적인 기술 고도화 투자** : 인공지능, 빅데이터, 클라우드 기술을 접목하여 관제 시스템을 고도화하고(예 제2철도교통관제센터), 열차 운행 데이터 기반의 새로운 안전 및 효율성 기술 개발에 집중해야 한다. 특히, 유지보수 분야의 AI 기술을 상용화하여 운영 비용을 절감하고, 이를 다시 기술 연구개발에 재투자하는 선순환 구조를 구축해야 한다.
- **정부-기업-연구기관의 유기적 협력 체계 강화** : 국토교통부 R&D 과제를 통해 개발된 KTCS의 성공적인 확산을 위해서는 정부의 정책적 지원과 기업의 적극적인 기술 투자, 그리고 철도기술연구원 등 연구기관의 선도적인 역할이 유기적으로 결합되어야 한다. 이러한 협력은 기술 개발뿐만 아니라, 해외 시장 공동 진출을 위한 컨소시엄 구성 등 다양한 분야로 확대되어 'K-철도'의 경쟁력을 극대화해야 할 것이다.

제19장 기술 기준 및 표준 : KRS와 국제표준

KTCS-2(Korean Train Control System-2)는 한국형 열차제어시스템으로, 개발 단계부터 국내외 다양한 기술 기준 및 표준을 준수하고 참조하여 설계되었다. 이는 시스템의 **안전성, 신뢰성, 상호운용성**을 확보하고, 향후 국제 시장 진출의 기반을 마련하는 데 필수적인 과정이다.

19.1 국가 철도신호 규격 (KRS)

KTCS-2는 대한민국 철도의 특성과 안전 요구사항을 반영한 국가 철도신호 규격(KRS, Korean Railway Standard)을 최우선적으로 준수한다. KRS는 국토교통부 고시로 제정되며, 국내 철도신호 시스템의 설계, 제작, 설치, 시험 및 유지보수에 대한 기술적 기준을 제시한다.

(1) 주요 역할

- 국내 철도 환경 최적화 : 국내의 선로 조건, 운행 환경, 기후 특성 등을 고려하여 KTCS-2가 **국내 철도망에서 최적의 성능을 발휘**할 수 있도록 기술적 가이드라인을 제공한다.
- 안전성 확보 : **KRS는 철도 안전법 및 관련 규정과 연계**되어, KTCS-2가 최고 수준의 안전성을 확보하도록 하는 법적, 기술적 기준을 제시한다. 특히 시스템의 **안전 무결성 수준(SIL) 요구사항** 등 안전 관련 핵심 요소를 정의한다.
- 상호운용성 증진 : 국내에서 운용되는 다양한 철도 차량 및 기존 신호 시스템과의 **상호운용성**을 확보하기 위한 기술적 요구사항을 포함한다. 이는 노선 연장이나 시스템 교체 시 발생할 수 있는 호환성 문제를 최소화한다.
- 시험 및 검증 기준 : KTCS-2의 설계 적합성 및 성능 유효성을 검증하기 위한 상세한 시험 절차와 합격 기준을 제시하여 시스템의 신뢰성을 보장한다.
- KTCS-2 적용 : KTCS-2는 개발 초기부터 KRS의 모든 관련 규정을 철저히 반영하여 설계되었으며, 상용화 전 KRS 기반의 형식 승인 및 성능 시험을 통과하여 국내 철도 환경에 대한 적합성을 공식적으로 인정받았다.

19.2 ERTMS/ETCS Level 2 기술문서 참조

KTCS-2는 유럽 연합의 철도 제어 시스템 표준인 ERTMS/ETCS(European Rail Traffic Management System / European Train Control System) Level 2 기술문서를 적극적으로 참조하여 개발되었다. 이는 KTCS-2가 국제적인 기술 동향을 반영하고, 미래 글로벌 시장 진출의 가능성을 염두에 두었음을 의미한다.

19.2.1 ERTMS/ETCS Level 2의 특징

- 무선 통신 기반 : GSM-R(또는 LTE-R)을 이용한 열차 – 지상 간 양방향 통신을 통해 열차의 위치, 속도, 이동권한 등을 실시간으로 교환한다.
- 이동폐색(Moving Block) 개념 : 열차 간의 최소 안전거리를 실시간으로 확보하여 **선로 용량을 극대화**하는 방식이다. (KTCS-2는 완전한 이동폐색은 아니지만, 이에 준하는 간격 제어 방식을 적용한다.)
- 지상 신호 설비 최소화 : 지상 신호기 대신 차상 장치(DMI)를 통해 운전 정보가 제공된다.
- 높은 안전 무결성 수준 (SIL 4) : 최고 수준의 안전성을 요구한다.

19.2.2 KTCS-2의 참조 내용

- 시스템 아키텍처 : RBC(Radio Block Centre), 차상장치(On-Board Unit), DMI(Driver Machine Interface) 등의 **기능적 분할 및 인터페이스 정의**에 ERTMS/ETCS의 아키텍처를 참조했다.
- 통신 프로토콜 : 열차 – 지상 간 데이터 통신에 사용되는 **메시지 구조 및 프로토콜**의 핵심 부분을 ERTMS/ETCS 사양을 기반으로 개발했다.
- 안전 논리 : 이동권한(Movement Authority) 계산, 비상 제동 곡선, 보호구간 설정 등 열차 제어의 핵심 안전 논리를 ERTMS/ETCS의 엄격한 안전 요구사항을 준수하여 설계했다.
- 시험 및 검증 방법 : ERTMS/ETCS 시스템의 **시험 및 인증 절차**를 참고하여 KTCS-2의 신뢰성 검증에 활용했다.
- 의의 : ERTMS/ETCS Level 2 참조는 KTCS-2가 세계적인 수준의 열차제어기술을 습득하고 발전시켰음을 보여준다. 이는 향후 국내 철도 시스템의 국제 표준 부합성을 높여 해외 철도 시장 진출의 교두보가 될 수 있다.

19.3 ISO/IEC/ITU 관련 표준 적용

KTCS-2는 철도 신호 시스템뿐만 아니라, 일반 산업계의 품질, 통신, 안전 분야에 대한 국제 표준인 ISO(국제표준화기구), IEC(국제전기기술위원회), ITU(국제전기통신연합) 등의 관련 표준을 광범위하게 적용하여 시스템의 신뢰성과 호환성을 높였다.

19.3.1 ISO(International Organization for Standardization)

- **품질 경영 시스템** : ISO 9001(품질 경영 시스템)과 같은 표준을 적용하여 KTCS-2의 개발, 생산, 설치, 서비스 전 과정에 걸쳐 **일관된 품질 관리 시스템**을 구축한다.
- **안전/위험 관리** : ISO 45001(**안전보건경영시스템**) 등과 연계하여 시스템 개발 및 운영 과정에서의 위험을 식별하고 관리하는 데 필요한 절차를 따른다.

19.3.2 IEC(International Electrotechnical Commission)

- **전기/전자 안전** : IEC 61508(전기/전자/프로그래밍 가능한 전자 안전 관련 시스템의 기능 안전)은 KTCS-2와 같은 안전 필수 시스템의 기능 안전(Functional Safety)을 위한 기본 표준이다. KTCS-2의 SIL 4 등급 획득은 이 표준을 준수했음을 의미한다.
- **철도 응용 분야** : IEC 62278(철도 응용 - 신뢰성, 가용성, 유지보수성, 안전성(RAMS) 사양 및 시연), IEC 62279(철도 응용 - 통신, 신호 및 처리 시스템 - 철도 제어 및 보호 시스템용 소프트웨어) 등 철도 특정 IEC 표준을 적용하여 시스템의 RAMS 특성 및 소프트웨어 개발 절차의 신뢰성을 확보한다.
- **전자기 적합성(EMC)** : IEC 61000 시리즈(전자기 호환성)와 같은 표준을 적용하여 KTCS-2 시스템이 외부 전자기파 간섭에 강하고, 동시에 다른 시스템에 전자기 간섭을 주지 않도록 EMC 성능을 확보한다.

19.3.3 ITU(International Telecommunication Union)

- **무선 통신 표준** : KTCS-2의 핵심 통신 기술인 LTE-R은 ITU에서 정의하는 무선 통신 표준(IMT-2020 등)을 기반으로 한다. LTE-R 주파수 사용 및 무선 통신 프로토콜은 ITU의 권고 사항을 따른다.

- **통신망 신뢰성** : 통신망의 안정성, 보안, 데이터 전송 품질 등 ITU의 통신망 관련 표준을 참조하여 **LTE-R 통신 시스템의 신뢰성**을 높인다.
- **KTCS-2 적용 의의** : 이러한 국제 표준 적용은 KTCS-2가 단순히 국내용 시스템이 아니라, 국제적인 기술 수준과 요구사항을 충족하는 범용적인 시스템임을 입증한다. 이는 향후 국내외 철도 시스템과의 연동 및 글로벌 시장 진출에 있어 강력한 경쟁력이 된다.

KTCS-2는 국내 철도 환경에 최적화된 KRS를 기반으로, 국제 표준인 ERTMS/ETCS Level 2의 선진 기술을 적극적으로 참조하고, ISO/IEC/ITU 등 범용 국제 표준을 폭넓게 적용하여 개발되었다. 이러한 다각적인 표준 준수와 기술 기준 적용은 KTCS-2가 **안전하고 신뢰성 높으며, 미래 확장성이 뛰어난 시스템**으로 자리매김하는 데 결정적인 역할을 하고 있다.

19.3.4 기능적 청사진 : IEEE 1474.1 표준

(1) IEEE 1474.1 소개 : 글로벌 CBTC의 표준 규약

IEEE 1474.1은 전 세계적으로 통용되는 CBTC 시스템의 성능 및 기능 요구사항을 정의하는 핵심적인 국제 표준이다. 이 표준은 특정 공급업체의 기술 사양에 얽매이지 않고, 'CBTC'라는 명칭을 사용하는 시스템이라면 반드시 갖추어야 할 보편적인 기능과 성능 기준을 제시한다. 이는 마치 전 세계 자동차 제조사들이 '자동 긴급 제동 장치'라는 기능에 대해 공통된 이해를 갖는 것과 같다. KTCS-M이 국제적으로 인정받고 수출 시장에서 경쟁력을 갖기 위해서는 이 표준을 준수하는 것이 필수적이다.

IEEE 1474.1이 정의하는 **CBTC 시스템의 세 가지 핵심 특징**은 다음과 같다.
① **궤도회로로부터 독립적인 고정밀 열차 위치 결정 능력**
② **지속적이고 대용량이며 양방향인 차상-지상 간 데이터 통신**
③ **핵심 안전 기능(Vital functions)을 수행할 수 있는 차상 및 지상 프로세서**

KTCS-M은 이 세 가지 핵심 요건을 모두 충족하도록 설계되었다. 이는 KTCS-M이 독자적인 국내 기술이면서도, 동시에 글로벌 표준의 틀 안에서 개발된 시스템임을 의미한다.

(2) IEEE 1474.1이 정의하는 핵심 CBTC 하위 시스템

IEEE 1474.1 표준은 CBTC 시스템의 기능을 크게 세 가지 하위 시스템으로 구분하여 정의한다. 이 구조는 시스템의 역할을 명확히 하고, 특히 안전과 관련된 기능과 운영 효율성을 위한 기능을 분리하여 체계적인 설계를 가능하게 한다.
- **자동열차방호장치(Automatic Train Protection, ATP)** : 시스템의 가장 핵심적인 안전 계층이다. ATP의 유일한 목표는 '안전'이며, 어떠한 경우에도 열차의 충돌이나 과속으로 인한 탈선을 방지하는 기능을 수행한다. 이는 절대로 실패해서는 안 되는 'Vital' 기능으로

분류된다. KTCS-M 개발 과정에서 가장 중요하게 다루어진 부분 역시 ATP 기능의 안전성 확보였으며, 이를 위해 국제적으로 가장 높은 안전 무결성 등급인 SIL 4(Safety Integrity Level 4) 인증을 획득했다.

- **자동열차운전장치(Automatic Train Operation, ATO)** : ATP라는 안전한 토대 위에서 열차의 자동 운전을 담당하는 계층이다. ATO는 역과 역 사이를 자동으로 주행하고, 정해진 위치에 정확하게 정차하며, 출입문 개폐를 제어하고, 에너지 효율을 최적화하는 등 운행 성능과 승객 편의성을 향상시키는 역할을 한다. ATO는 안전을 직접 책임지지는 않지만, 모든 운행은 ATP의 지속적인 감시와 보호 하에서만 이루어진다. KTCS-M은 수동운전부터 기관사가 없는 완전 무인운전(Unattended Train Operation, GoA4)까지 다양한 자동화 등급을 지원하도록 설계되었으며, 신림선과 대장홍대선 등이 대표적인 무인운전 적용 사례이다.
- **자동열차감시장치(Automatic Train Supervision, ATS)** : 중앙 관제 센터에서 전체 노선의 열차 운행을 종합적으로 감시하고 관리하는 시스템이다. ATS는 모든 열차의 위치를 실시간으로 모니터링하고, 운행 계획(스케줄)에 따라 열차를 자동으로 출발시키거나 운행 간격을 조정하는 등 전반적인 교통관제 기능을 수행한다. 관제사는 ATS를 통해 비상 상황 발생 시 신속하게 대응하고 전체 노선의 운행 효율을 최적화할 수 있다.

이러한 기능적 분리는 KTCS-M의 설계 철학을 이해하는 데 매우 중요하다. 대한민국의 국가적 목표 중 하나는 철도 기술의 수출이다. 해외 철도 운영기관이 한국의 신호 시스템을 도입하기 위해서는 해당 시스템이 자신들이 이해하고 신뢰하는 보편적인 기준에 따라 만들어졌다는 확신이 필요하다. IEEE 1474.1은 바로 그 보편적인 기준, 즉 CBTC의 '세계 공용어' 역할을 한다. 따라서 KTCS-M이 이 표준의 기능적 요구사항을 충족한다는 것은, 단순히 기술적 우수성을 넘어 글로벌 시장 진출을 위한 필수적인 자격을 갖추었음을 의미한다. 신호 엔지니어에게 IEEE 1474.1을 이해하는 것은 KTCS-M의 기능적 구조와 설계 의도를 파악하고, 나아가 이 시스템이 세계 시장에서 어떻게 평가받을지를 가늠하는 척도가 된다.

[표 19-1] IEEE 1474.1에 따른 CBTC 핵심 기능 요구사항

하위 시스템	주요 목표	핵심 기능	중요도
ATP	안전 (Safety)	지속적인 과속 방지, 충돌 회피, 비상제동 강제, 후진 방지	Vital (안전 필수)
ATO	성능/자동화 (Performance)	역간 자동 주행, 정위치 정차, 출입문 제어, 에너지 최적화	Non-Vital (ATP에 의존)
ATS	교통 관리 (Traffic Management)	실시간 열차 추적, 운행 계획 준수 감시, 열차 출발 제어, 장애 관리	Non-Vital

19.3.5 안전 프레임워크 : CENELEC EN 5012x 표준

(1) 철도 기능안전을 위한 CENELEC 3대 표준

IEEE 1474.1 표준이 CBTC 시스템이 '무엇을 해야 하는가(기능)'를 정의한다면, 유럽 전기기술 표준화 위원회(CENELEC)에서 제정한 EN 5012x 시리즈 표준은 그 기능을 '얼마나 안전하게 구현해야 하는가(안전성)'에 대한 방법론을 제시한다. 이 표준들은 전 세계 철도 산업에서 기능안전(Functional Safety)을 입증하는 최고의 기준으로 인정받고 있으며, 시스템의 오작동이 인명 피해나 심각한 재산 손실로 이어지지 않도록 보장하기 위한 체계적인 프로세스를 규정한다.

EN 5012x 시리즈는 세 개의 표준이 상호 보완적으로 작용하여 하나의 통합된 안전 프레임워크를 구성한다.
- EN 50126 : 전체 시스템의 생명주기(Life Cycle)에 걸친 안전 관리 '프로세스'를 다룬다.
- EN 50129 : 안전 관련 전자 '시스템' 자체의 하드웨어 및 아키텍처 요구사항을 다룬다.
- EN 50128 : 시스템을 제어하는 '소프트웨어'의 개발 및 검증 요구사항을 다룬다.

이 세 표준의 유기적인 관계를 이해하는 것은 KTCS-M과 같은 현대 신호 시스템의 안전성을 공학적으로 어떻게 보증하는지를 파악하는 핵심이다.

[표 19-2] CENELEC EN 5012x 안전 표준 개요

표준	주된 범위	핵심 산출물/개념
EN 50126 (IEC 62278)	프로세스 - RAMS 생명주기 관리	RAMS 계획, 위험원 기록부 (Hazard Log), V-모델
EN 50129 (IEC 62425)	시스템 - 전자 시스템의 안전성 (H/W, 아키텍처)	안전성 입증 보고서(Safety Case)
EN 50128 (IEC 62279)	소프트웨어 - 제어 및 보호 소프트웨어의 안전성	SSILs, 도구 인증 (Tool Qualification)

(2) 생명주기 프로세스 : EN 50126(RAMS)

EN 50126은 신뢰성(Reliability), 가용성(Availability), 유지보수성(Maintainability), 안전성(Safety)을 통칭하는 RAMS를 철도 시스템의 전체 생명주기에 걸쳐 체계적으로 관리하기 위한 프로세스를 정의한다. 이 표준의 핵심 철학은 안전이 개발 마지막 단계에서 검증되는 것이 아니라, 개념 설계부터 개발, 설치, 운영, 폐기에 이르는 모든 과정에 걸쳐 관리되고 입증되어야 한다는 것이다.

이 표준에서 가장 중요한 개념 중 하나는 **V-모델 개발 생명주기**이다. V-모델은 시스템 요구사항 정의, 설계, 구현으로 이어지는 개발의 왼쪽(하향) 단계와, 각 단계에 대응하는 단위 시험, 통합 시험, 시스템 검증 및 인증으로 이어지는 오른쪽(상향) 단계를 V자 형태로 표현

한다. 이는 개발 초기 단계부터 각 설계 산출물에 대한 검증 및 확인 계획을 수립하도록 강제함으로써, 최종 단계에서 요구사항이 누락되거나 잘못 구현될 위험을 최소화하고 모든 요구사항이 테스트까지 완벽하게 추적되도록 보장한다.

EN 50126 준수를 위해 프로젝트는 반드시 **RAMS 계획서**를 작성해야 하며, 식별된 모든 위험 요소와 그에 대한 분석, 완화 조치, 해결 상태를 지속적으로 추적 관리하는 위험원 기록부(Hazard Log)를 유지해야 한다.

(3) 시스템 무결성 요구사항 : EN 50129

EN 50129는 안전과 관련된 전자 시스템, 특히 하드웨어와 전체 시스템 아키텍처의 안전성 요구사항을 구체적으로 명시한다. 이 표준은 시스템이 고장 나더라도 항상 안전한 상태(Fail-safe)를 유지하도록 설계되었음을 보증하는 데 초점을 맞춘다.

EN 50129가 요구하는 최종적인 산출물은 안전성 입증 보고서(Safety Case)이다. Safety Case는 "해당 시스템이 주어진 운영 환경에서 허용 가능한 수준으로 안전하다"는 주장을 뒷받침하는 모든 증거 자료들을 체계적으로 정리한 문서이다. 여기에는 시스템의 아키텍처, 위험 분석 결과, 설계 명세, 검증 및 확인 보고서, 운영 및 유지보수 절차 등 안전성을 입증할 수 있는 모든 정보가 포함된다. KTCS-M이 획득한 국제 SIL 4 인증은 바로 이 Safety Case가 독립적인 안전성 평가 기관에 의해 성공적으로 심사받았음을 의미한다.

(4) 소프트웨어 보증 프로토콜 : EN 50128

현대의 신호 시스템에서 대부분의 복잡한 제어 로직은 소프트웨어에 의해 구현되므로, 소프트웨어의 안전성 확보는 전체 시스템 안전의 성패를 좌우한다. EN 50128은 철도 제어 및 보호 시스템에 사용되는 소프트웨어의 개발, 시험, 배포, 유지보수 전 과정에 걸친 안전 요구사항을 정의한다.

이 표준은 소프트웨어의 기능이 안전에 미치는 영향의 심각도에 따라 소프트웨어 안전 무결성 등급(Software Safety Integrity Level, SSIL)을 SSIL 0부터 SSIL 4까지 5단계로 정의한다. 등급이 높을수록(SSIL 4가 가장 높음) 소프트웨어 개발 과정에 더 엄격한 기술, 측정, 그리고 프로세스가 요구된다. 예를 들어, SSIL 3 및 4 수준의 소프트웨어를 개발할 때는 MISRA C와 같은 코딩 표준을 의무적으로 준수하고, 정적 분석(Static Analysis)과 같은 고급 검증 기법을 사용하는 것이 강력히 권고된다.

신호 엔지니어에게 특히 중요한 개념은 도구 인증(Tool Qualification)이다. EN 50128은 소프트웨어 개발에 사용되는 도구(컴파일러, 정적 분석기, 시험 도구 등)가 최종 실행 코드에 오류를 유입시킬 가능성에 따라 T1, T2, T3 등급으로 분류한다. 예를 들어, 소스 코드를 실행 코드로 변환하는 컴파일러는 T3 등급으로, 만약 컴파일러 자체에 결함이 있다면 안전한 소스 코드를 불안전한 실행 코드로 만들 수 있다. 따라서 SSIL이 높은 소프트웨어 개발에 사용되는 T2, T3 등급의 도구는 그 자체의 신뢰성이 사전에 입증(인증)되어야만 한다. 결론적으로, CENELEC 표준들은 개별적으로 존재하는 것이 아니라 하나의 통합된 안전 보증 체계를 이룬다. 최상위의 EN 50126 프로세스에 따라 프로젝트가 관리되고, 그 과정에서 EN 50129의 요구사항을 만족하는 안전한 시스템 아키텍처가 설계되며, 그 시스템 내에서 동작하는 소프트웨어는 EN 50128의 엄격한 규율에 따라 개발되고 검증된다. 이 세 가지 표준의 요구사항을 모두 충족했을 때 비로소 시스템의 기능안전이 종합적으로 입증되었다고 할 수 있다.

KTCS 열차제어시스템 기술해설

제 5 부

신호 엔지니어를 위한 기술 강의

제20장 KTCS-2 열차제어시스템의 이해

20.1 KTCS-2의 등장과 기술적 배경

(1) 개발 동기 및 전략적 배경

KTCS-2(Korean Train Control System 2)의 개발은 단순히 기존 시스템의 성능을 개선하기 위한 노력을 넘어, 국내 철도 산업의 오랜 숙원이었던 기술 자립을 실현하기 위한 전략적 과제로 추진되었다. 1899년 경인선 개통 이후 120년이라는 긴 철도 역사를 갖고 있음에도 불구하고, 한국의 열차제어시스템은 외산 기술에 대한 높은 의존도를 지속적으로 보여왔다. 이러한 기술 종속은 국내 철도 운영에 심각한 문제들을 야기했다.

첫째, 과도한 유지보수 비용과 시간이 발생했다. 외산 시스템은 기술 지원과 부품 공급이 외국 기업에 종속되어 있어, 장애 발생 시 신속한 대응이 어렵고 막대한 비용을 지불해야 했다.

둘째, 시스템을 변경하거나 개량할 때에도 외국 기업의 일정과 기술 정책에 따라야 하는 문제가 뒤따랐다. 이는 운영의 유연성과 자율성을 크게 저해하는 요인이었다.

셋째, 노선별로 각기 다른 해외 시스템이 설치되면서 전국 철도망의 상호운용성(Interoperability)이 부족해졌고, 이는 효율적인 통합 관리를 어렵게 만들었다. 마지막으로, 자체적인 기술력이 부재하여 해외 시장 진출에 번번이 한계에 직면했다.

이러한 문제점을 해결하기 위해 2010년부터 정부 주도하에 국가연구개발(R&D) 프로젝트인 '한국형 열차제어시스템(KRTCS)' 개발이 시작되었다. 그 결과물인 KTCS-2는 2014년부터 2020년까지 진행된 연구를 통해 성공적으로 개발되었다. KTCS-2의 개발은 단순한 기술적 업그레이드를 넘어, 국가 기간산업의 기술적 주권(Sovereignty)을 확보하고 '외산 철도 신호 전시장'이라는 오명을 벗기 위한 근본적인 해결책이었다. 이 프로젝트는 국내 철도 산업의 자생력을 강화하고, 향후 해외 시장에서 독자적인 경쟁력을 갖출 수 있는 토대를 마련했다는 점에서 매우 큰 의미를 지닌다. 실제로, KTCS-2의 개발 및 적용을 통해 경부고속선에 외산 시스템을 구축하는 것보다 1조 2049억 원 이상의 건설비 절감 효과가 예상되며, 이는 기술 자립의 경제적 가치를 명확히 보여준다.

(2) KTCS-2의 주요 특징 및 시스템 개요

KTCS-2는 유럽 표준 열차제어시스템인 ETCS(European Train Control System)의 기술 사양을 기반으로 국내 환경에 맞게 국산화된 차세대 열차제어시스템이다. 이 시스템은 기존의 지상 설비에 의존하는 방식에서 벗어나, 무선통신을 기반으로 열차를 실시간으로 제어하는 데 중점을 둔다.

KTCS-2가 갖는 핵심적인 특징은 다음과 같다.

- **최고 수준의 안전성** : 국제 안전 표준인 IEC(International Electrotechnical Commission)를 준수하며, 철도 안전 시스템의 최고 등급인 SIL 4(Safety Integrity Level 4) 인증을 획득했다. 이는 시스템의 안전성과 신뢰성을 국제적으로 공인받았음을 의미한다.
- **혁신적인 무선통신** : 세계 최초로 철도전용무선통신망인 LTE-R(LTE for Railway)을 기반으로 한 열차제어시스템이다. 이를 통해 지상과 열차 간의 실시간 양방향 정보 교환이 가능해졌다.
- **경제성 및 효율성 향상** : 간소화된 지상 장비 구성으로 설치 및 유지보수 비용을 획기적으로 절감할 수 있으며, 실시간 제어를 통해 열차 운행 간격을 단축하여 수송력을 증대시키는 등 운영 효율성을 크게 향상시킨다.
- **유연한 상호운용성** : 국내외 무선통신 방식(LTE-R, GSM-R)에 제한 없이 적용 가능하도록 설계된 유연한 인터페이스를 제공하며, 국내 노선 간의 호환성 문제를 해결하고 표준화된 시스템 구축의 기반을 마련했다.

20.1.2 신호 시스템 관점에서 본 KTCS-2의 핵심 원리

(1) 기존 열차 제어 시스템의 한계 : 고정 폐색(Fixed Block) 방식

KTCS-2의 혁신성을 이해하기 위해서는 기존 열차 제어 시스템의 동작 원리와 한계를 명확히 알아야 한다. 전통적인 철도 신호 기술은 역과 역 사이의 선로를 궤도회로(레일에 약한 전류를 흘려 열차의 바퀴를 검지하는 방식)를 통해 여러 개의 고정된 블록으로 나누는 개념에 기반을 두고 발전해 왔다. 이 방식에서 열차의 위치는 궤도회로의 점유 여부를 통해 '블록 단위'로만 파악할 수 있었다. 기관사는 지상에 설치된 신호기의 현시 정보나 차상 신호 장치를 통해 운행 정보를 수신하고 열차를 제어했다.

이러한 고정 폐색 방식은 본질적인 한계를 내포한다. 열차는 앞선 블록이 비워질 때까지 진입할 수 없으므로, 열차 간의 물리적 간격을 충분히 확보해야만 했다. 이로 인해 동일한 선로에서 운행할 수 있는 열차의 수가 제한되어 수송력에 한계가 발생했다. 또한, 열차는 발리스(Balise)와 같은 특정 지상 장치를 통과할 때에만 정보를 수신하는 '단속적(Intermittent)'

제어 방식이었으므로, 다음 정보 수신 지점까지는 이전에 받은 정보에 의존해야만 했다. 이러한 특성은 돌발 상황 발생 시 신속한 대응을 어렵게 하는 요인이었다.

(2) KTCS-2의 무선통신 기반 이동 폐색(Moving Block)

KTCS-2는 이러한 고정 폐색의 한계를 극복하기 위해 LTE-R 기반의 실시간 양방향 무선통신을 활용한 '이동 폐색(Moving Block)' 개념을 도입했다. 이동 폐색은 지상-차상 간 끊임없는 정보 교환을 통해 열차의 위치를 실시간으로 정확하게 파악하고, 이에 따라 열차가 안전하게 주행할 수 있는 거리인 '이동 권한(Movement Authority)'을 동적으로 생성하고 갱신하는 방식이다.

KTCS-2 시스템의 두뇌 역할을 하는 무선폐색장치(RBC)는 열차로부터 실시간 위치 및 속도 정보를 수신하고, 이 정보를 기반으로 다음 열차와의 안전거리를 계산하여 이동 권한을 생성한다. 이 이동 권한은 LTE-R 통신망을 통해 해당 열차에 즉시 전송된다. 이 과정은 연속적으로 이루어지므로, 열차는 더 이상 고정된 블록이나 특정 지점에서만 정보를 받는 것에 의존하지 않는다.

KTCS-2의 가장 중요한 기술적 패러다임 전환은 **'단속적 제어(Intermittent Control)'에서 '연속적 제어(Continuous Control)'로의 이행**에 있다. 이는 단순히 통신 방식의 변경을 넘어, 열차 운행의 근본적인 안전성과 효율성을 극대화한다. 기존 시스템에서는 다음 발리스를 통과하기 전까지 이전에 받은 정보에 의존했지만, KTCS-2는 실시간으로 이동 권한을 갱신하기 때문에 운행 중에 발생하는 돌발 상황에 훨씬 신속하게 대처할 수 있다. 이러한 연속적인 제어는 열차 간의 안전거리를 정밀하게 조정하여, **기존 10.5km에 달하던 열차 간격을 7.8km까지 줄이는 직접적인 효과를 가져왔다**. 결과적으로, 이는 동일 선로에서 더 많은 열차를 운행할 수 있게 하여 수송력을 1.2배 증대시키는 놀라운 성과로 이어진다.

(3) 안전성 확보 : 최고 등급 SIL 4 인증의 의미와 기술적 근거

철도 시스템, 특히 열차제어시스템에서 안전성은 절대적인 최우선 가치이다. KTCS-2는 이러한 요구 사항을 충족하기 위해 국제적으로 가장 엄격한 안전성 평가 기준인 SIL 4(Safety Integrity Level 4)를 획득했다. SIL 4는 원자력 발전소, 의학용 기기 등 고위험 산업에서 요구되는 최고 수준의 안전 무결성 등급을 의미한다.

KTCS-2가 SIL 4 인증을 받을 수 있었던 기술적 근거는 다음과 같다.

첫째, 이중계(Dual-redundant) 하드웨어 플랫폼이다. KTCS-2의 주요 하드웨어는 '2 out of 2' 구조로 설계되었다. 이는 두 개의 동일한 시스템이 동시에 작동하다가 한 계통에 문제가 발생하더라도 다른 계통으로 무순단(Non-stop)으로 자동 절체되어 시스템이 중단 없이 정상 작동하도록 보장한다. 이러한 설계는 시스템의 고장 발생률을 극도로 낮춘다.

둘째, **보안 전송 유닛(STU)의 역할**이다. 지상-차상 간에 무선으로 송수신되는 정보의 신뢰성과 보안성을 확보하기 위해 보안 전송 유닛(STU)이 사용된다. 이 장치는 암호화 키를 이용하여 안전 접속을 수행함으로써 데이터가 변조되거나 탈취되는 것을 원천적으로 방지한다. 이러한 다중적인 안전 장치는 시스템의 신뢰성을 극한까지 끌어올려 승객의 안전을 책임진다.

20.1.3 통신 시스템 관점에서 본 KTCS-2의 기술적 구조

(1) 핵심 통신 매체 : LTE-R(LTE for Railway)

KTCS-2 시스템의 핵심은 단연코 철도전용 무선통신망인 LTE-R이다. 기존의 열차 제어 시스템은 주로 궤도회로, 지상 루프 코일, 그리고 발리스 등 유선 기반의 단속적 통신에 의존했다. 반면, KTCS-2는 LTE-R이 제공하는 안정적이고 고속의 양방향 통신을 기반으로 완전히 새로운 제어 방식을 구현했다.

LTE-R은 단순한 통신 수단을 넘어, KTCS-2의 운영 효율성과 안전성을 극대화하는 중추적인 역할을 수행한다. LTE-R을 통해 열차는 자신의 정확한 위치, 속도, 제동 상태 등 운행 정보를 실시간으로 RBC에 전송하고, RBC는 이를 바탕으로 생성한 이동 권한과 제어 정보를 다시 열차에 즉시 전송한다. 이러한 실시간 정보 교환은 열차 간의 물리적 간격을 줄여 수송력을 증대시킬 뿐만 아니라, 운행 중 낙석이나 차량 고장과 같은 돌발 상황 발생 시에도 관련 정보를 신속하게 전파하여 열차의 안전한 정지를 유도하는 등 비상 상황 대응 능력을 획기적으로 향상시킨다. 또한, LTE-R은 국내 철도망의 표준 통신 시스템으로서, 전국 어디든 호환되는 단일 신호 시스템을 구축하는 기반이 된다.

(2) 통신 프로토콜 및 데이터 전송 구조 심층 분석

KTCS-2는 전통적인 신호 시스템을 '전기-전자적' 장치에서 'IT-네트워크' 기반의 분산형 시스템으로 전환하는 중요한 변곡점을 보여준다. 이는 신호 엔지니어에게 전통적인 신호 기술뿐만 아니라 네트워크 프로토콜에 대한 이해가 필수적임을 의미한다. KTCS-2는 이미 검증된 IT 기술을 철도 안전 시스템에 접목하여 시스템의 신뢰성과 확장성을 동시에 확보했다. KTCS-2 시스템 내부에서 사용되는 주요 통신 프로토콜과 그 역할은 다음과 같다.

- RBC ↔ CTC 및 이웃 RBC : 신뢰성 있는 데이터 전송이 중요한 구간에는 TCP/IP 프로토콜이 사용된다. RBC는 CTC(열차집중제어장치)와 1:1 유니캐스트 통신을 수행하며, 이웃한 RBC와도 TCP/IP를 기반으로 통신 세션을 설정한다. 이는 핸드오버(Handover) 과정에서 열차의 제어 권한을 안정적으로 넘겨주기 위함이다.
- EIS ↔ RBC : 전자연동장치(EIS)로부터 RBC로 선로 상태 정보를 수신할 때에는

UDP/IP 프로토콜이 사용된다. UDP는 TCP에 비해 데이터 전송의 신뢰성은 낮지만, 연결 설정 과정이 없어 효율성이 높고 실시간 데이터 전송에 유리한 특성을 가진다. 이는 RBC가 진로, 궤도 등 다양한 상태 정보를 EIS로부터 일방적으로 빠르게 수신하는 데 적합하다.

이러한 프로토콜 사용은 KTCS-2가 단순한 통신 장비의 집합체가 아니라, 특정 기능에 최적화된 네트워크 프로토콜을 선택적으로 적용하는 고도화된 시스템임을 보여준다. 이는 유지보수 및 확장성 측면에서 큰 이점을 제공하며, 기존의 폐쇄적인 철도 통신 시스템과는 확연히 다른 접근 방식이다. 따라서 KTCS-2를 이해하기 위해서는 '신호'와 '통신'이 불가분의 관계에 놓여 있음을 인식해야 한다.

(3) 주요 통신 인터페이스

KTCS-2 시스템의 주요 장치들은 각각의 목적에 맞는 통신 인터페이스를 통해 유기적으로 연결된다.

- RBC ↔ CTC/EIS : RBC는 열차 운행의 두뇌 역할을 위해 상위 시스템인 CTC와 연동된다. CTC와는 열차 위치 및 이동 권한과 관련된 정보를 주고받으며, EIS로부터는 선로의 진로, 궤도 점유, 신호기 현시 상태 등 일방향 상태 정보를 수신한다.
- RBC ↔ 이웃 RBC : 열차가 RBC 관할 구간을 벗어나 다음 RBC의 관할 구역으로 진입할 때, 두 RBC 간에는 핸드오버(Handover) 과정이 발생한다. 이 과정에서 이웃 RBC 간 통신 세션이 설정되고, 열차의 제어 권한을 안정적으로 넘겨주는 기능이 수행된다.
- 지상 STU ↔ 차상 STU : 지상에 설치된 STU와 열차에 설치된 STU는 LTE-R 무선통신을 통해 RBC가 생성한 '이동 권한' 정보 등 핵심 안전 데이터를 실시간으로 송수신한다. 이 통신 과정은 데이터의 신뢰성과 보안을 위해 암호화 키를 사용하여 안전 접속을 수행한다.

20.1.4 KTCS-2의 주요 지상 및 차상 장치별 기능 상세

(1) 지상 시스템

① 무선폐색장치(RBC)

무선폐색장치(RBC)는 KTCS-2 시스템의 핵심 두뇌이자 컨트롤 타워 역할을 수행하는 장치이다. RBC는 관할 구간 내 모든 열차의 위치와 운행 정보를 실시간으로 파악하여 안전한 운행을 위한 '이동 권한'을 생성하고, 이를 LTE-R 통신망을 통해 각 열차에 전송한다.

RBC는 높은 신뢰성을 위해 이중계(Dual-redundant) 구조를 가지며, 전용 랙에 설치된다. 내부적으로는 실시간 운영체제(Realtime OS)가 탑재된 제어보드, 외부 시스템과의 통신을 담당하는 통신보드, 그리고 안정적인 전원 공급을 위한 이중화된 전원보드로 구성된다. RBC의 주요 기능은 다음과 같다.

- **정보 수신** : 전자연동장치(EIS)로부터 선로 상태 정보를, 그리고 열차의 차상 장치로부터 위치 및 속도 정보를 실시간으로 수신한다.
- **이동 권한 생성** : 수신된 정보를 기반으로 열차가 안전하게 주행할 수 있는 거리의 한계(이동 권한)를 계산하고 생성한다.
- **열차 제어정보 전송** : 생성된 이동 권한을 LTE-R망을 통해 해당 열차로 전송하여 열차의 속도와 운행을 제어한다.

(2) 선로변 제어 유닛(LEU) 및 발리스(Balise)

KTCS-2는 무선 기반 시스템이지만, 기존의 유선 신호 설비와 완벽히 분리되지 않는다. 발리스와 LEU는 무선 시스템이 기존 유선 시스템과 상호 연동될 수 있도록 하는 중요한 '연결고리' 역할을 수행한다.

- **발리스(Balise)** : 열차가 통과하는 지상 선로에 고정적으로 설치되는 수동형 장치이다. 열차가 지나가면 차상 장치에서 발생하는 에너지로 활성화되어 지상의 각종 정보를 담은 '텔레그램'이라는 데이터 파일을 차상 장치로 전송한다. 발리스는 시스템의 정확한 위치 보정을 위해 필수적인 임무를 수행한다.
- **선로변 제어 유닛(LEU)** : LEU는 발리스에 연결되어, 연동장치나 신호기와 같은 지상 신호 설비의 현시 상태를 검지하여 조건에 맞는 텔레그램을 발리스에 전송하는 역할을 한다. 따라서 KTCS-2는 RBC가 중심이 되어 기존의 유선 기반 신호설비(연동장치, LEU 등)와 실시간 LTE-R 통신을 융합하는 '하이브리드'적인 특징을 가진다. 이는 시스템의 안전성과 신뢰성을 더욱 강화하는 설계로 해석할 수 있다.

(3) 차상 시스템

KTCS-2의 차상 시스템은 열차 내부에 설치되는 장치들의 총칭이다. 이 시스템은 지상 시스템(RBC)으로부터 받은 정보를 분석하고, 열차의 현재 속도, 위치, 제동 상태 등을 고려하여 열차의 운행을 최종적으로 제어하는 역할을 한다. 운행 중 차량의 추돌이나 과속을 방지하는 핵심 안전 설비로서, 높은 신뢰성이 요구된다. 차상 시스템은 지상-차상 간의 무선 인터페이스를 통해 데이터 연동을 수행하며, 기관사에게 운행에 필요한 모든 정보를 운전실 내 디스플레이를 통해 제공한다.

20.1.5. 기술적 차이점 및 운영적 이점 분석

(1) KTCS-2와 기존 ATC, ETCS Level 1/2 기술 비교

KTCS-2는 기존에 운용되던 고속선 ATC(Automatic Train Control) 시스템과 비교할 때 기술적으로 여러 가지 우위를 점하고 있다. 다음 표는 KTCS-2가 기존 시스템과 어떻게 차별화되는지 보여준다.

[표 20-1] KTCS-2와 외산 시스템 기술적 비교

항목	KTCS-2	기존 외산 ATC/ETCS L1
통신 방식	LTE-R 기반 실시간 양방향 무선 통신	지상 루프 코일, 발리스 등 단속적 통신
폐색 방식	이동 폐색(Moving Block)	고정 폐색(Fixed Block)
열차 위치 감지	열차로부터 위치 정보 실시간 수신 및 연속적 제어	궤도회로 점유 여부 확인 및 단속적 제어
이동 권한 갱신	실시간 연속 갱신	특정 지상 장치 통과 시점에만 갱신
수송력 증대율	약 1.2배 증대 (열차 간격 10.5km → 8.1km)	제한적
경제성	지상 장비 간소화 및 유지보수 비용 절감	외산 기술 종속으로 고비용 발생
운영적 이점	전국 노선 표준화 및 상호운용성 확보	노선별 상이한 시스템으로 호환성 부재

(2) 경제성 및 효율성 분석

KTCS-2의 가장 큰 장점 중 하나는 뛰어난 경제성이다. 외산 시스템에 대한 높은 의존성은 과도한 비용을 초래했으나, KTCS-2는 기술 자립을 통해 이 문제를 해결했다. 경부고속선에 KTCS-2를 구축할 경우, 외산 시스템 대비 1조 원 이상의 건설비 절감 효과가 예상된다.(공단) 이는 지상 장비의 구성이 간소화되어 설치 및 유지보수 비용을 획기적으로 줄일 수 있기 때문이다.

또한, KTCS-2는 시스템의 안정성을 5.8배 향상시켜 빈번한 장애와 오류를 줄일 수 있다. 고장 발생률이 낮아지면 안정적인 좌석 공급이 가능해지고, 유지보수 인력과 시간도 절약할 수 있어 운영 효율성이 크게 증대된다.

(3) 전국 고속선 표준화 및 상호운용성 확보

지금까지 우리나라의 고속철도와 광역철도는 노선마다 각기 다른 해외 기업의 신호 시스템을 사용해 왔다. 이로 인해 한 시스템으로 다른 시스템의 노선에 진입할 수 없는 상호 호환성 문제가 발생했다. 예를 들어, KTX가 운행하는 노선에는 3가지 종류의 신호 시스템이 설치되어 있어, 열차에도 3종류의 차상신호시스템을 설치해야 하는 비효율적인 상황이 벌어지기도 했다.

이러한 문제를 해결하기 위해 KTCS-2는 전국 고속철도망에 순차적으로 도입될 계획이다. 2025년부터 경부고속선을 시작으로 2028년까지 호남 및 수서 고속선에도 단계적으로 설치될 예정이다. 표준화된 KTCS-2의 적용은 전국 어디서든 호환되는 단일 신호 시스템을 구축하여 노선 간의 자유로운 운행을 보장하고, 이는 곧 전체 철도망의 운영 효율성을 크게 향상시킬 것이다.

20.1.6 KTCS-2의 유지보수 및 시험/검사 절차

(1) 장치 설계의 유지보수 고려사항

KTCS-2는 높은 안전성만큼이나 유지보수의 용이성을 설계 단계부터 최우선으로 고려했다. 이는 운영비용을 절감하고 장애 발생 시 신속한 대응을 가능하게 한다.

- 이중화(Redundancy) 구조 : 무선폐색장치(RBC)를 비롯한 주요 구성품은 이중계로 구성되어, 한 계통에 고장이 발생하더라도 다른 계통으로 무순단 절체되어 시스템이 중단 없이 정상 작동한다. 전원보드와 통신회선 또한 이중계로 구성되어 전원 및 통신 장애에 대한 안정성을 확보한다.
- 모듈화 및 접근성 : 내부 장치는 모듈 단위로 쉽게 분리할 수 있도록 설계되었으며, 보드의 동작 상태를 전면에서 육안으로 식별할 수 있는 표시등(녹색 : 동작, 적색 : 고장)이 설치되어 있다. 이는 현장 작업자가 신속하게 고장 부위를 파악하고 교체할 수 있도록 돕는다.
- 자가 진단 및 핫스왑 기능 : 시스템은 자체적으로 고장을 진단하는 기능을 갖추고 있으며, 전원이 켜진 상태에서 보드를 분리해도 시스템에 손상을 주지 않는 핫스왑(Hot- Swapping) 기능이 제공된다. 이는 시스템 운영을 중단하지 않고도 유지보수 작업을 수행할 수 있도록 한다.
- 보호 기능 : 모든 장치는 낙뢰나 전차선 이상 전압과 같은 외부 이상 전압으로부터 보호되는 설비를 갖추어야 한다.

(2) 설치 및 사용 개시 전 필수 검사 및 시험 항목 상세

KTCS-2 시스템의 안전하고 안정적인 운용을 위해서는 설치 공사 완료 후 사용 개시 전에 필수적인 검사 및 시험을 거쳐야 한다. 이 시험들은 시스템의 각 장치가 설계된 기능을 정상적으로 수행하는지 확인하는 중요한 절차이다.

[표 20-2] KTCS-2 설치 및 사용 개시 전 필수 검사 및 시험 항목

시험 항목	세부 내용	검사 목적
RBC 인터페이스 시험	연동장치로부터 제어 정보(열차 전방 궤도 점유) 메시지를 정상적으로 수신하는지 확인	지상 시스템 간의 유기적 연동 기능 검증
STU 판독 시험	RBC에서 생성된 이동 권한 정보가 LTE-R 통신망을 통해 정상적으로 전송되는지 확인	지상-차상 간 핵심 데이터 전송의 신뢰성 검증
발리스 판독 시험	시험 열차를 운행하여 레벨 전환 또는 RBC 핸드오버 구간에서 이상 없이 운행되는지 확인	시스템 전환 구간에서의 연속성 및 안전성 검증
절연저항 시험	시스템 각부의 전기적 절연 상태가 기준치 이상인지 측정	전기적 안전성 확보
접지저항 측정 시험	시스템 접지 상태가 기준치 이하인지 측정	외부 이상 전압 및 안전 확보

이러한 모든 검사와 시험은 시스템이 최고 수준의 안전성과 신뢰성을 유지하며 운용될 수 있도록 보장한다.

20.1.7 향후 계획

(1) KTCS-2의 현재 적용 현황 및 향후 확대 계획

KTCS-2는 현재 전라선(익산~여수EXPO) 구간에서 성공적으로 시범사업을 완료하고 상용 운행을 통해 그 기술력을 검증받았다. 이 성공을 발판으로, KTCS-2는 전국 고속철도망에 본격적으로 도입될 준비를 마쳤다. 국가철도공단은 올해부터 경부고속선을 시작으로, 2028년까지 호남 및 수서 고속선에 KTCS-2를 순차적으로 구축할 계획이다. 이로써 대한민국은 철도 선진국으로서 독자적인 기술력을 확보하고, 전국 철도망의 운영 효율성을 획기적으로 향상시킬 수 있을 것으로 기대된다.

(2) 기술 발전 방향 및 심화 학습

KTCS-2의 성공적인 개발은 한국형 열차제어시스템의 기술적 자립을 완성한 기념비적인 성과이다. 이는 KTCS-3 개발의 중요한 토대가 되었으며, 현재 연구 개발이 진행 중인 KTCS-3는 ETCS Level 3 기반 기술로, 더욱 높은 수송력 증대 효과를 목표로 하고 있다. KTCS-2를 이미 이해하고 있는 신호 엔지니어에게는 앞으로의 기술 발전에 대한 지속적인 관심과 학습이 필수적이다. 특히 LTE-R에서 더 나아가 5G 등 최신 무선통신 기술이 철도 시스템에 어떻게 적용될 수 있는지, 그리고 이러한 통신 기술을 기반으로 한 완전자동화된 무인 운전(AD) 및 교통 관리 시스템(TMS)의 발전 방향에 대한 심층적인 이해가 필요하다. 나아가, 단순히 개별 장치의 기능뿐만 아니라 시스템 통합(System Integration) 관점에서 전체 철도망을 이해하는 시야를 넓힐 것을 제언한다. 이러한 지속적인 전문성 강화는 미래 철도 기술의 변화를 주도하고, 시스템의 안전성과 효율성을 극대화하는 데 중요한 역할을 할 것이다.

20.2 KTCS-2 고정폐색 시스템 운용 분석

20.2.1 고정폐색 운용

(1) KTCS-2 시스템 개요 및 고정폐색 운용의 기본 원리

KTCS-2(Korean Train Control System-2)는 유럽의 ETCS(European Train Control System) 기술 사양을 기반으로 국산화 개발된 한국형 일반·고속철도용 열차제어시스템이다. 이 시스템의 가장 혁신적인 특징은 기존의 궤도회로 기반 열차 제어 기술에 세계 최초로 철도 전용 무선통신망인 LTE-R(Long Term Evolution-Railway)을 적용했다는 점이다. 이를 통해 열차와 지상장치(무선폐색센터, RBC) 간에 실시간으로 운행 정보를 송수신하며, 끊김 없는 '연속성'을 확보하여 안전성과 효율성을 동시에 향상시킬 수 있게 되었다.

이 장의 핵심 주제인 고정폐색(Fixed Block)은 역과 역 사이의 선로를 물리적으로 분리된 여러 구간으로 나누어 운용하는 전통적인 방식이다. 이 방식은 열차의 위치를 궤도회로를 통해 검지하고, 폐색 구간의 점유 상태에 따라 속도 코드를 전송하여 열차의 운행을 제어한다. KTCS-2는 기존의 고정폐색 방식을 유지하면서도 LTE-R 통신을 활용하여 열차 간의 운행 정보를 실시간으로 교환하며, 이는 완전한 이동폐색(Moving Block) 방식인 KTCS-3로 나아가기 위한 중간 단계의 핵심 기술적 기반이 된다.

(2) KTCS-2 고정폐색 운용의 기술적 의의 및 목적

KTCS-2의 도입은 단순한 기술 교체를 넘어, 대한민국 철도 신호 기술의 자립과 운용 효율 증대라는 두 가지 큰 의미를 갖는다. 기존의 외국 기술 의존도를 낮추고 유지보수 비용을 절감하는 경제적 효과와 더불어, 운행 간격을 단축하고 수송력을 증대함으로써 선로용량을 획기적으로 향상시키는 기술적 성과를 달성했다.

이 장에서는 KTCS-2 고정폐색 시스템의 최소 운전시격, 선로용량, 그리고 운행 패턴에 대한 심층적인 분석을 제공한다. 특히, 신호 엔지니어가 시스템의 이론적 배경과 실제 운용 데이터를 연결하여 실무에 적용할 수 있도록, 각 개념의 정의부터 구체적인 산출 수식 및 정량적 운행 사례를 상세히 다룬다. 이를 통해 KTCS-2 시스템이 어떻게 기존의 물리적 제약을 극복하고 효율성을 극대화했는지에 대한 깊이 있는 이해를 제공하고자 한다.

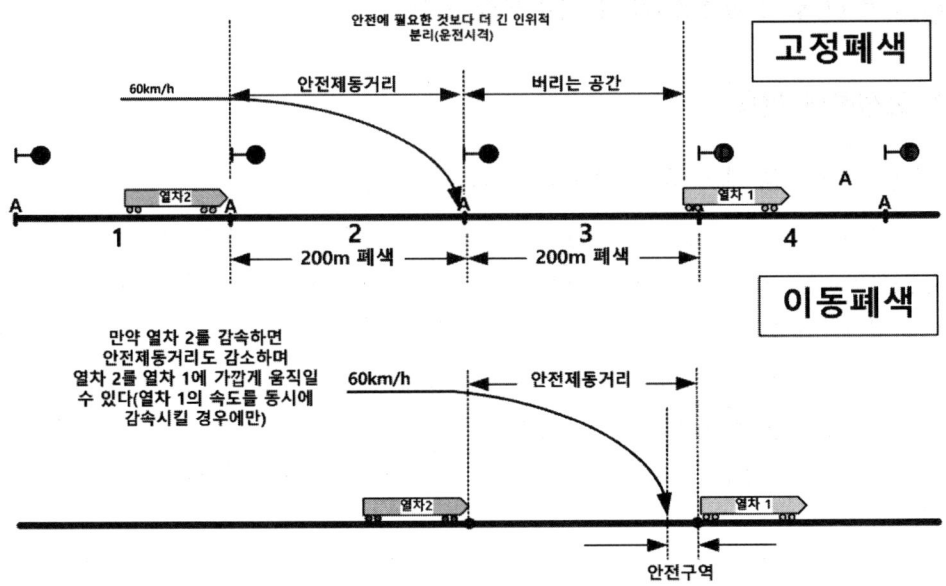

[그림 20-1] 고정폐색과 이동폐색

20.2.2 최소 운전 시격(Minimum Headway)의 이론과 산출

(1) 최소 운전시격의 정의 및 결정 요인

최소 운전시격(Minimum Headway)은 철도 운행 계획에서 선행열차와 후속열차 간의 안전한 운행을 보장하기 위해 요구되는 최소 시간 간격을 의미한다. 이는 운전시격 중 가장 짧은 값으로, 한 노선의 특정 구간을 통과하는 열차의 모든 운전 상황을 고려하여 계산된 값 중에서 최댓값으로 결정된다. 이는 후속열차가 앞선 열차의 운전 상황에 따라 감속 제동 없이도 항상 안전한 간격을 유지하며 운행할 수 있는 조건을 전제로 한다.

최소 운전시격을 결정하는 주요 요소는 열차간격 제어 방식, 폐색 구간 길이, 열차 편성 길이, 열차의 가속도 및 감속도, 그리고 역 구내 배선 등 매우 다양하다. KTCS-2와 같은 고도화된 열차 제어 시스템은 이러한 요소들을 정밀하게 관리하고 제어함으로써, 운전시격을 이론적 최소 값에 가깝게 구현하는 데 주력한다.

(2) 최소 운전시격 산출을 위한 수학적 모델 및 분석

운전시격 산출 방식은 크게 물리적 제동 성능에 기반한 '거리-기반 시격' 모델과 운영상의 시간 요소를 합산하는 '시간-기반 시격' 모델로 구분할 수 있다. 두 모델은 상호 보완적이며, KTCS-2와 같은 시스템은 이 두 가지 접근법을 유기적으로 통합하여 최적의 운행 간격을 산출한다.

① 거리-기반 시격(Performance-Based Headway) 공식

이 모델은 후속열차가 선행열차의 비상 제동 상황에서도 충돌 없이 안전하게 정지할 수 있는 최소 거리를 기반으로 운전시격을 산출한다. 이 최소 거리는 열차의 제동 성능에 의해 결정되며, 운전자의 반응 시간, 열차 속도, 그리고 제동 감속도 등이 핵심 변수로 작용한다.

$$D_{\min} = L_{Braking} + L_{Overlap} + L_{Train} + L_{Signal}$$

$D_{\min}$: (Minimum Headway Distance) : 최소운전시격 거리

　두 열차의 맨 앞부분(전두부) 사이의 최소 이격 거리를 의미한다.

$L_{Braking}$: (Braking Distance) : 제동 거리

　후행 열차가 주행 속도에서 완전히 정지하는 데 필요한 거리이다. 이는 열차의 속도, 제동 성능, 선로의 경사 등 다양한 요인에 따라 결정되며, 시격 계산에서 가장 큰 비중을 차지하는 핵심 요소이다.

$L_{Overlap}$: (Overlap Distance) : 안전 여유 거리(오버랩)

　기관사의 반응 지연이나 제동 성능의 미미한 오차 등 예측 불가능한 상황에 대비하여 제동 거리 외에 추가로 확보하는 안전 완충 거리이다. 신호기가 고장을 일으켰을 때를 대비한 안전장치이기도 하다.

L_{Train} : (Train Length) : 열차 길이

　선행 열차의 길이를 의미한다. 선행 열차가 특정 신호 구간을 완전히 벗어나야 후행 열차에 안전한 신호가 나타나기 때문에 반드시 포함되어야 한다.

L_{Signal} : (Signal Sighting Distance) : 신호 인지 거리

　기관사가 전방의 신호를 명확하게 인지하고 대응하기 시작하는 지점까지의 거리이다. 선로의 곡선이나 터널 등 시야 확보가 어려운 구간에서는 이 거리가 더 길어질 수 있다.

이 공식의 의미는 "후행 열차는 (1)선행 열차가 차지하고 있는 길이와 (2)만약의 사태를 대비한 안전 여유 거리를 지난 후, (3)신호를 보고 반응하는 거리와 (4)완전히 멈추는 데 필요한 제동 거리를 모두 합친 만큼의 간격을 항상 유지해야 한다."는 의미이다.

② 시간-기반 시격(Operational-Based Headway) 공식

이 모델은 열차 운행 중 발생하는 일련의 시간 요소를 합산하여 운전시격을 산출한다. 이는 역 구내 진입 및 출발, 신호 변화 등 복잡한 운영 상황을 반영하는 데 유리하다. 현대 로템이 제시하는 최소 운전시격 산출식의 예시는 다음과 같다.

$$T = t_s + t_b + t_r + t_o$$

T : (Total Headway) : 최소운전시격(초)

　후행 열차가 선행 열차를 안전하게 따라갈 수 있는 최소 시간 간격이다.

t_s : (Signal Block Time) : 신호/폐색 구간 점유 시간(초)

선행 열차의 맨 뒷부분이 특정 폐색 구간을 완전히 빠져나가는 데 걸리는 시간이다. 이는 열차의 길이와 속도에 따라 결정된다.

t_b : (Braking Time) : 제동 시간(초)

후행 열차가 진입하려는 구간에 정지 신호가 현시되었을 경우, 해당 신호기 앞에서 안전하게 정지하는 데 필요한 시간이다. 열차의 제동 성능, 속도, 선로 구배 등에 영향을 받는다.

t_r : (Reaction Time) : 기관사 반응 및 제동장치 작동 시간(초)

기관사가 신호를 인지하고(공주 시간), 제동 장치가 실제로 작동하여 감속이 시작되기까지 걸리는 시간이다.

t_o : (Overlap/Safety Margin Time) : 안전 여유 시간(초)

예상치 못한 상황에 대비하기 위한 추가적인 시간이다. 신호 시스템의 오버랩(Overlap) 구간을 주행하는 데 필요한 시간을 포함하며, 안전을 위한 완충 역할을 한다.

여기서 각 변수는 신호 현시 변화 시간(t_1), 선행 열차가 출발 신호기를 통과하는 시간(t_2), 정차 시간(t_3) 등 구체적인 운영상의 시간 지연을 의미한다. 이 방식은 열차 운행 다이아그램을 작성하는 기초가 되며, 실제 운영 환경에서의 시격을 정밀하게 예측하는 데 사용된다.

KTCS-2는 LTE-R 기반의 실시간 통신을 통해 기존 시스템 대비 t1(신호 현시 변화 시간)과 tr(시스템 반응 시간)을 획기적으로 단축한다. 특히, 기존 시스템이 발리스(Balise)와 같은 지상 설비에 의존하여 특정 지점에서만 정보를 갱신하는 방식에서 벗어나, 연속적인 정보 송수신이 가능해진다. 이는 안전에 필요한 여유 시분(breathing space)을 최소화하고, 결과적으로 운전시격의 단축으로 이어진다. 즉, KTCS-2는 기존 고정폐색 시스템의 물리적 한계를 유지하면서도, 디지털 제어 시스템의 정밀도를 통해 열차 간의 실질적인 운행 거리를 줄여 시격 단축을 달성하는 것이다.

(3) KTCS-2 고정폐색 시스템에서의 운전시격 단축 효과

KTCS-2의 운전시격 단축 효과는 전라선 시범사업을 통해 명확히 입증되었다. 국가철도공단은 KTCS-2 시스템이 기존 ATC(Automatic Train Control) 시스템의 열차 간 간격 10.5km를 8.1km로 단축하는 성과를 발표했다. 이는 열차 간 간격이 최대 20% 감소했다는 의미이며, 시스템의 정밀한 위치 검지와 연속적인 속도 프로파일 제공의 직접적인 결과이다. 이러한 기술적 진보는 단순한 하드웨어의 개선을 넘어, LTE-R 통신망을 통한 실시간 정보 공유가 운행의 안정성과 효율성에 얼마나 큰 영향을 미치는지를 보여준다. 다음 표는 전라선 시범사업의 정량적 데이터를 비교하여 KTCS-2의 효과를 한눈에 보여준다.

[표 20-3] KTCS-2 vs 기존 ATC 시스템 운전 간격 및 수송력 비교(전라선 시범사업)

구분	기존 ATC 시스템	KTCS-2 시스템
운행 간격	10.5km	8.1km
수송력 증대율	-	1.2배
기술적 특징	궤도회로 기반	LTE-R 무선통신 기반

이 표는 KTCS-2의 기술적 우위가 어떻게 구체적인 수송력 증대로 이어지는지 명확히 보여준다.

20.2.3 선로용량(Track Capacity) 산출 및 증대 효과

(1) 선로용량의 정의 및 운전시격과의 관계

선로용량(Track Capacity)은 특정 노선 또는 구간에서 하루(24시간) 또는 단위 시간당 운행 가능한 편도 기준 최대 열차 횟수를 의미한다. 이는 철도 운영의 효율성과 직결되는 핵심 지표이며, 열차운행 계획 수립과 투자 우선순위를 결정하는 중요한 기준이 된다.

선로용량과 최소 운전시격은 본질적으로 반비례 관계에 있다. 운전시격이 짧아질수록 동일한 시간 내에 더 많은 열차를 운행시킬 수 있게 되어 선로용량은 증가하게 된다. KTCS-2 시스템이 운전시격 단축을 통해 선로용량 증대를 목표로 하는 이유가 바로 여기에 있다.

(2) 복선철도 선로용량 산출 공식

철도 선로용량은 다음의 기본 공식을 사용하여 산출할 수 있다.

$$N = \frac{1440}{T} \times 2 \times f$$

N : 선로용량(편도 기준, 열차수/일)

f : 선로 이용률. 일반적으로 60% 또는 0.6을 적용하여 시설 보수 시간, 열차 지연 여유 시간 등을 반영한다.

T : 열차 최소 운전시격(분)

* 1일 총 시간(24시간 = 1,440분)

이 공식은 선로용량이 단 하나의 핵심 변수인 '최소 운전시격(h)'에 의해 결정된다는 점을 명확히 보여준다. 따라서 운전시격을 줄이는 기술은 곧 선로용량의 직접적인 증대를 의미한다. 야마기시(山岸)식과 같은 복잡한 산출 방식도 존재하지만, 이는 추월 및 교행 지연 등 실제 운영의 복잡성을 반영하는 심화된 방법론으로, 기본적으로는 운전시격 단축이 용량 증대의 핵심이라는 원리에 기반하고 있다.

(3) KTCS-2 도입에 따른 선로용량 증대 효과

전라선 시범사업을 통해 KTCS-2가 수송력을 1.2배 증대시킨 것으로 입증되었다. 이 수치는 단순히 열차 운행 횟수가 늘어났다는 통계적 의미를 넘어, KTCS-2가 LTE-R 통신을 기반으로 열차 간 '거리 제어'와 '속도 제어'의 정밀도를 향상시켰음을 증명한다.

기존 ATC 시스템이 열차 위치 검지 기능만을 수행하여 제한적인 운행 간격을 허용했던 반면, KTCS-2는 열차의 실시간 위치와 속도 정보를 기반으로 최적의 속도 프로파일을 생성하고, 안전 운행 범위를 연속적으로 제어한다. 이러한 시스템의 효율성 증대는 건설 비용 증가 없이도 기존 선로의 수송 효율을 극대화하는 중요한 경제적 효과를 창출한다.

20.2.4. 운행 시나리오별 정량적 분석

(1) 열차 운행의 핵심 매개변수 심층 분석

① 정지거리(Stopping Distance)

정지거리는 운전자가 위험을 인지하고 제동을 시작하는 시점부터 열차가 완전히 정지할 때까지의 총 이동 거리를 의미한다. 이는 두 가지 요소로 구성된다.

- 공주거리(Free-run Distance) : 운전자가 위험을 인지하고 제동을 시작하기까지 열차가 이동한 거리. 이는 열차 속도와 반응 시간의 곱으로 계산된다.
- 제동거리(Braking Distance) : 제동이 시작된 시점부터 열차가 완전히 정지할 때까지의 거리. 제동거리는 열차 속도의 제곱에 비례한다.

정지거리의 총합은 다음과 같은 수식으로 표현된다.

정지거리=공주거리+제동거리

$$S = (\frac{V}{3.6} \times t) + (\frac{V^2}{25.92 \times \beta})$$

V : 제동이 시작될 때 열차의 속도(km/h)

t : 공주 시간(s)

β : 평균 감속도(km/h/s)

** 25.92 : 속도 및 가속도 단위를 맞추기 위한 계수이다.(3.6²×2)

제동거리가 속도의 제곱에 비례한다는 물리적 특성은 고속철도 운행에서 안전성 확보가 얼마나 중요한지를 보여준다. 속도가 두 배 빨라지면 제동거리는 네 배로 증가하기 때문에, KTCS-2는 LTE-R 기반의 실시간 정보 전송을 통해 V를 정밀하게 관리하고, tr을 최소화하여 이러한 물리적 위험을 체계적으로 관리한다.

② 반응시간(Reaction Time)

반응시간은 위험을 인지한 시점부터 제동 명령이 실제로 열차 전체에 적용되기까지 걸리는 시간을 포함한다. 열차의 경우 차량 길이가 길어 전두부의 제동 명령이 후부 차량에 도달하는 데 지연 시간(약 83m)이 발생할 수 있다. 이는 단순히 한 지점에서의 제동 성능을 넘어, 편성 전체의 동역학적 특성을 고려하여 운전시격을 산정해야 함을 시사한다. KTCS-2는 시스템 응답 지연을 최소화함으로써 이러한 문제를 해결한다.

(2) 역간 운전 패턴 시뮬레이션

KTCS-2와 같은 최첨단 열차 제어 시스템의 운용 계획 수립에는 TPS(Train Performance Simulation)가 필수적인 도구로 활용된다. TPS는 열차의 주행 성능을 컴퓨터 모델링 및 시뮬레이션으로 분석하여 운전 시간, 에너지 소비량, 속도 및 주행 특성을 예측하는 시스템이다. KTCS-2는 실제 노선에 적용되기 전, 가상의 선로를 시뮬레이션화하여 무선폐색센터(RBC) 기능 및 차상장치 간의 상호 연동성을 철저히 검증했다. 이러한 시뮬레이션은 단순히 이론적 계산을 넘어, 실제 운용 환경에서 발생할 수 있는 다양한 변수들을 반영하여 정량적이고 신뢰성 높은 데이터를 확보하는 데 중요한 역할을 한다.

(3) 열차 추종 시나리오별 정량 예시

다음은 KTCS-2 고정폐색 시스템에서 발생할 수 있는 두 가지 운행 시나리오를 가상의 TPS 분석 결과를 바탕으로 정량적으로 분석한 예시이다.

[표 20-4] 열차 추종 시나리오별 운전 데이터(가상 시뮬레이션 결과)

구분	시나리오 A : 정상 운행 시	시나리오 B : 비상 제동 시
최고 속도(V)	250km/h(69.4m/s)	250km/h(69.4m/s)
시스템 반응 시간(tr)	0.5초 (실시간 통신)	0.5초(실시간 통신)
제동 감속도(a)	$-0.8m/s^2$ (상용 제동)	$-1.0m/s^2$(비상 제동)
공주거리	69.4×0.5=34.7m	69.4×0.5=34.7m
제동거리	2×0.869.42=3,003.5m	2×1,069.42=2,408.8m
총 정지거리	3,038.2m	2,443.5m
안전 간격	운행 간격 8.1km(8,100m) 확보	정지거리 내 안전 정지 확보

① 시나리오 A : 정상 운행 시

후속열차가 선행열차의 운행 간격(8.1km)을 유지하며 추종하는 상황이다. KTCS-2는 LTE-R을 통해 선행열차의 위치 정보를 실시간으로 수신하고, 후속열차에 운행 권한(Movement Authority)과 최적의 속도 프로파일을 연속적으로 제공한다. 이를 통해 후속열차는 감속 제동을 불필요하게 사용하지 않고도 안전 간격을 유지하며 역간 운행 패턴(가속, 등속, 감속, 정차)을 효율적으로 수행한다.

② 시나리오 B : 비상 제동 시

선행열차가 운행 중 예상치 못한 상황으로 비상 제동을 걸었을 때, KTCS-2는 이를 실시간으로 감지하고 후속열차에 즉시 비상 제동 명령을 전달한다. 후속열차는 시스템의 빠른 응답 시간을 통해 최소한의 공주거리(34.7m)를 이동한 후 비상 제동을 개시한다. 비상 제동 감속도($-1.0m/s^2$)를 적용했을 때, 열차의 총 정지거리는 2,443.5m로 계산된다. 이 수치는 기존 운행 간격인 8.1km(8,100m)에 비해 현저히 짧으므로, 열차 간의 안전 간격이 충분히 확보되었음을 입증한다.

20.2.5 고정폐색의 기술적 의의

(1) KTCS-2 고정폐색 시스템의 핵심 성과 및 기술적 의의

KTCS-2는 기존의 고정폐색 운용 원리에 세계 최초의 LTE-R 통신 기술을 접목함으로써 운전시격 단축과 선로용량 증대라는 두 가지 핵심 목표를 성공적으로 달성한 혁신적인 시스템이다. 전라선 시범사업의 성공은 KTCS-2의 기술적, 경제적 효과를 명확하게 증명하는 사례이다. 열차 간 간격을 10.5km에서 8.1km로 줄임으로써 수송력을 1.2배 증대시킨 성과는, 단순한 기술 개선을 넘어 철도 운영의 근본적인 효율성을 향상시킨 결과이다. 이는 기존 물리적 폐색 구간의 한계를 유지하면서도, 디지털화된 제어 시스템의 정밀도를 통해 열차의 운행을 최적화한 결과이다.

(2) 신호 엔지니어를 위한 KTCS-2 운용 시 고려사항

KTCS-2의 진정한 가치는 단순히 높은 하드웨어 스펙에만 있지 않다. 이 시스템의 핵심은 제동거리, 반응시간, 운전 패턴 등 복잡한 운행 요소를 LTE-R 통신을 통해 통합적으로 관리하고 최적화하는 소프트웨어 및 제어 능력에 있다. 따라서 신호 엔지니어는 단순히 계산식을 이해하는 것을 넘어, 열차의 제동력 전파 지연과 같은 동역학적 특성, 그리고 운행 시뮬레이션(TPS)을 통한 정량적 분석의 중요성을 인식해야 한다. 이러한 복합적인 요소를 종합적으로 고려하는 능력이 KTCS-2의 잠재력을 최대한 활용하는 데 필수적이다.

(3) 향후 KTCS-3(이동폐색) 시스템으로의 발전 방향과 기대 효과

KTCS-2의 고정폐색 운용 경험은 열차 위치 검지 및 제어 정보를 무선으로만 주고받는 완전한 이동폐색 방식(KTCS-3)으로 발전하는 중요한 디딤돌이 될 것이다. KTCS-3 시스템은 물리적 폐색 구간의 제약에서 완전히 벗어나, 열차 간의 안전거리를 실시간으로 계산하여 최소한의 간격만을 유지하며 운행함으로써 궁극의 선로용량 증대 효과를 가져올 것으로 전망된다. 이처럼 KTCS-2는 대한민국 철도 기술의 자립을 넘어, 미래 철도 시스템의 발전을 선도하는 중요한 역할을 수행할 것이다.

20.3 KTCS(ETCS) 제동 모델 기술 해설

20.3.1. 제동 기술 개요

(1) 목적 및 범위

이 문서는 일반적인 시스템 엔지니어를 대상으로 유럽 열차 제어 시스템(ETCS, European Train Control System)의 표준 제동 모델에 대한 상세 기술 해설을 제공하기 위해 작성되었다. 이 장은 ETCS 제동 모델의 이론적 기반, 안전 여유(Safety Margin)의 실제적 적용 방법, 그리고 차상장치가 안전한 열차 운행을 보장하기 위해 사용하는 동적 로직에 대해 심층적으로 다룬다.

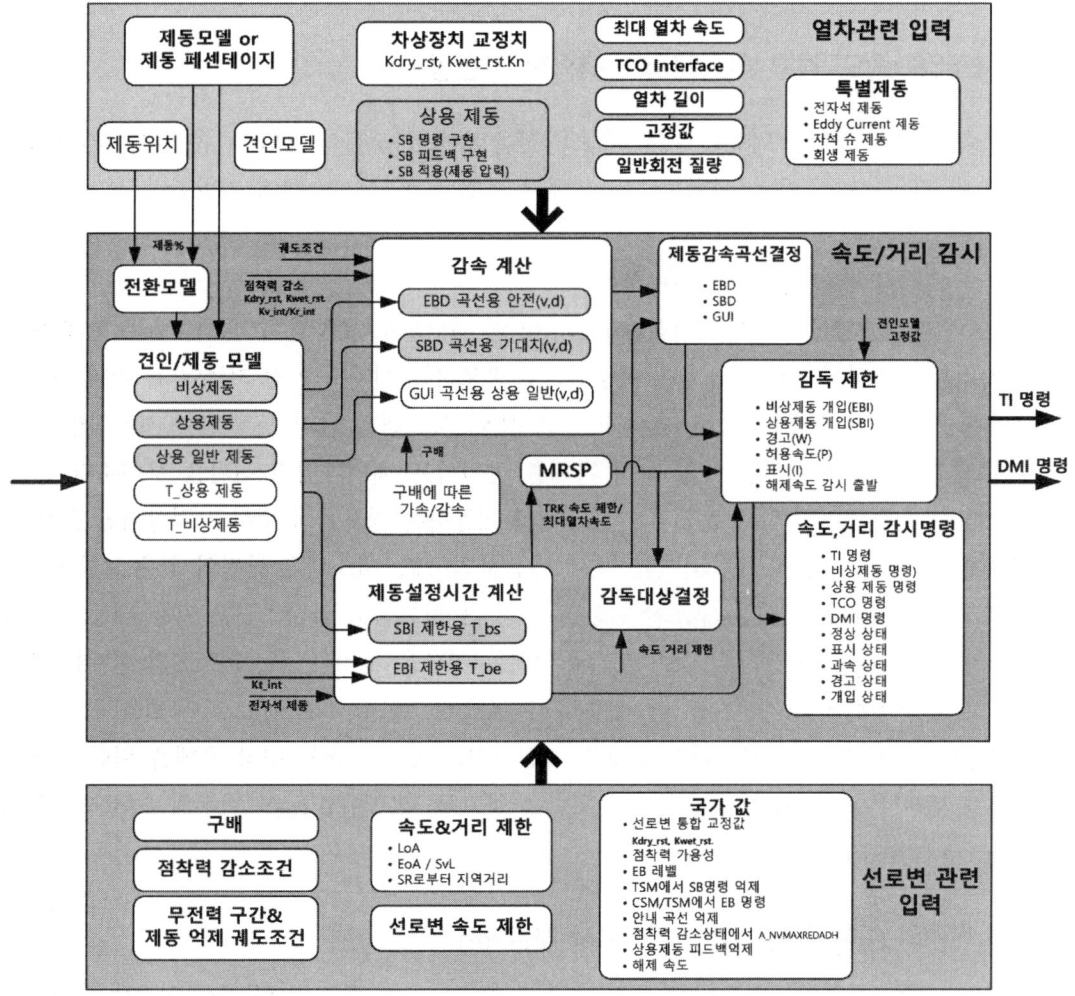

[그림 20-2] 속도 & 거리감시 개략도

(2) 표준화의 필요성

유럽의 철도 네트워크는 각기 다른 신호 및 열차 제어 시스템을 사용하는 국가별 네트워크의 집합체로 발전해 왔다. 이러한 비호환성은 국가 간 열차 운행의 효율성과 안전성을 저해하는 주요 요인이었다. ETCS는 이러한 문제를 해결하고 유럽 철도망 전반에 걸쳐 상호운용성, 안전성, 그리고 수송 용량을 증대시키기 위한 목적으로 개발되었다. 이 노력의 핵심적인 초석 중 하나가 바로 표준화된 제동 곡선 모델이다. ETCS Baseline 2 사양에서는 제동 곡선 계산 알고리즘이 표준화되지 않아 공급사별로 동일한 열차에 대해 다른 제동 거리를 산출하는 문제가 있었다. 이러한 불확실성을 해소하고 예측 가능한 시스템 동작을 보장하기 위해, ETCS Baseline 3 사양에서는 안정적이고 통일된 제동 곡선 계산 기능이 도입되었다. 본 문서는 이 Baseline 3 표준을 기반으로 한 제동 모델의 복잡성과 정교함을 분석한다.

20.3.2 ETCS 속도 감시 아키텍처 : 다층적 안전망

ETCS의 속도 감시 철학은 단순히 단일 제동 곡선을 강제하는 것이 아니라, 운전자와 자동화된 안전 시스템 간의 상호작용을 관리하도록 설계된 중첩된 곡선 시스템에 기반한다.

(1) 'ETCS 패러슈트' : 선제적 개입 철학

ETCS의 핵심 안전 철학은 '낙하산(Parachute)' 개념으로 요약될 수 있다. 이는 한계 속도나 거리를 초과하기 전에 시스템이 예방적으로 반응하는 선제적 안전 기능이다. 위험 신호를 통과한 후에야 반응할 수 있는 기존의 '경고/정지' 시스템과 달리, ETCS는 지속적인 속도 및 거리 감시를 통해 위험 상황 발생 자체를 방지하는 패러다임의 전환을 보여준다.

이러한 선제적 개입 철학은 운전자가 시스템이 제공하는 정보를 신뢰하고 정상적인 운전 조건하에서 열차를 효율적으로 제어할 수 있도록 하면서도, 시스템은 안전의 최종 보증인으로서의 역할을 포기하지 않는 구조를 만든다. 이는 불필요하고 급작스러운 자동 제동 체결을 최소화하여 승객의 편안함과 선로 용량에 미치는 영향을 줄인다. 즉, ETCS의 설계는 운전자와 기계간의 협업을 기반으로 한 '점증적 대응(Escalating response)' 모델을 구현한 것이다. 시스템은 먼저 운전자에게 정보를 제공하고(Indication), 정상 운행을 위한 명확한 한계를 제시하며(Permitted), 임박한 위반을 경고한 후(Warning), 최후의 수단으로만 개입(Intervention)한다.

(2) 감시 한계의 계층 구조 : 정보 제공에서 개입까지

ETCS는 단일 곡선이 아닌, 각각 특정 목적을 가진 다층적 속도/거리 곡선 시스템을 사용한다. 이 계층 구조는 다음과 같이 구성된다.

- **외부 계층(운전자 안내용)** : 표시(Indication, I) 및 허용 속도(Permitted Speed, P) 곡선이 여기에 해당한다. 이 곡선들은 운전자에게 편안하고 효율적인 운전을 위한 지침을 제공하는 역할을 한다.
- **내부 계층(시스템 개입용)** : 경고(Warning, W), 상용 제동 개입(Service Brake Intervention, SBI), 비상 제동 개입(Emergency Brake Intervention, EBI) 곡선이 여기에 해당한다. 이 곡선들은 운전자가 적절히 대응하지 않을 경우 시스템이 자동으로 개입하는 강력한 안전선이다.

(3) 핵심 곡선의 정의와 목적

각 곡선은 명확한 역할과 계산 근거를 가진다.

- **EBD (Emergency Brake Deceleration, 비상 제동 감속)** : 이 곡선 자체는 감시용이 아닌, 물리적 계산의 기초가 되는 곡선이다. 보증된 비상 감속도(A_{brake_safe})를 사용하여 비상 제동이 체결되었을 때 열차가 따를 물리적 궤적을 나타낸다. 이 곡선은 감독 위치(Supervised Location, SvL)로부터 역산하여 계산된다.

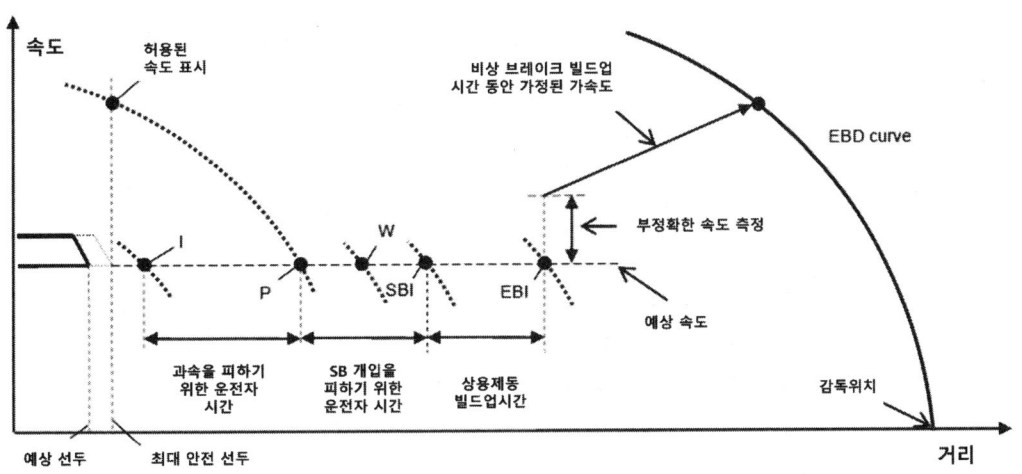

[그림 20-3] EBD 제동 곡선 및 관련 감독 한계 개요

- **EBI(Emergency Brake Intervention, 비상 제동 개입)** : ETCS의 최종 안전 한계선이다. EBD 곡선을 제동력 증강 시간과 같은 모든 시스템 지연 시간을 고려하여 수평 이동시킨 곡선이다. 열차의 맨 앞부분이 이 곡선을 넘어서면, 차상 컴퓨터(European Vital Computer, EVC[1])는 즉시 비상 제동을 명령한다.

---

1) 유럽에서 사용되는 차상컴퓨터 EVC는 KTCS-2에서는 KVC로 부른다.

- SBD(Supervised Braking Deceleration, 감시 제동 감속) : EBD와 유사하게 계산의 기초가 되는 곡선으로, 정상적인 상용 제동 성능(Abrake_service)을 기반으로 한다. 이 곡선은 운행 허가 종료 지점(End of Authority, EOA)으로부터 역산하여 계산된다.
- SBI(Service Brake Intervention, 상용 제동 개입) : 시스템이 완전 상용 제동을 명령하는 지점이다. EBI보다 덜 강력한 개입으로, 비상 정차 상황까지 가지 않고 열차를 안전 한계 내로 유지하기 위해 설계되었다.
- W(Warning, 경고) : SBI 곡선으로부터 일정 시간을 이동시켜 계산된 감시 한계이다. 이 한계를 넘으면 운전자에게 시청각적 경고를 보내, 즉시 조치하지 않으면 시스템이 개입할 것임을 알린다.
- P(Permitted Speed, 허용 속도) : 운전자에게 지속적으로 표시되는 최대 허용 속도이다. 경고(W) 곡선을 운전자 반응 시간(T_{driver})만큼 이동시켜 계산된다. 이는 운전자가 경고에 반응할 수 있는 시간적 여유를 제공하여, 시스템이 열차를 과속 상태로 판단하기 전에 대응할 수 있게 한다.
- I(Indication, 표시) : 가장 바깥쪽에 위치한 감시 한계이다. 허용 속도(P) 곡선을 견인력에서 제동으로 전환하는 데 필요한 시간($T_{indication}$)만큼 이동시켜 계산된다. 이 한계를 넘으면 운전자는 다가오는 속도 제한에 대비해 제동을 준비해야 한다는 최초의 시각적 신호(예 DMI 화면이 노란색으로 변함)를 받게 된다.

[표 20-5] ETCS 감시 곡선 요약

곡선 약어	전체 명칭	주요 목적	트리거	주요 계산 입력
I	Indication(표시)	운전자에게 제동 준비를 권고	열차가 한계점 통과	P 곡선에서 $T_{indication}$ 만큼 이동
P	Permitted Speed (허용 속도)	운전자에게 현재 최대 허용 속도를 제시	열차가 한계점 통과	W 곡선에서 T_{driver}만큼 이동
W	Warning(경고)	시스템 개입이 임박했음을 운전자에게 경고	열차가 한계점 통과	SBI 곡선에서 $T_{warning}$ 만큼 이동
SBI	Service Brake Intervention (상용제동개입)	시스템이 완전 상용 제동을 체결	열차가 한계점 통과	SBD 곡선에서 제동 증강 시간 등을 고려하여 이동
EBI	Emergency Brake Intervention (비상 제동 개입)	시스템이 비상 제동을 체결(최종 안전선)	열차가 한계점 통과	EBD 곡선에서 제동 증강 시간 등을 고려하여 이동

20.3.3 제동 모델의 수학적 기초

이 장에서는 제동 곡선 계산의 기반이 되는 핵심 입력값과 계산 모델을 상세히 설명한다.

(1) 필수 입력값 : 계산의 3차원적 요소

ETCS 제동 곡선 계산은 본질적으로 3차원 문제이다. 속도 제한 테이블, 구배 구간 테이블, 그리고 속도에 따른 열차의 감속 성능 테이블

- **열차 데이터** : 임무 시작(Start of Mission) 시 입력된다. 열차 길이, 최고 속도, 제동 모델 유형(감마/람다), 그리고 특정 제동 성능 파라미터와 같은 정적 데이터를 포함한다.
- **지상 데이터** : 지상 설비(발리스 또는 무선)로부터 전송된다. 운행 허가 종료 지점(EOA)을 정의하는 운행 허가(Movement Authority, MA), 정적 속도 프로파일(Static Speed Profiles, SSPs), 구배 프로파일, 그리고 국가별 설정값(National Values)을 포함한다.
- **실시간 물리적 파라미터** : 차상장치에 의해 지속적으로 측정된다. 순간 속도, 위치(주행기록계 및 발리스 기반), 그리고 가속도를 포함한다.

(2) 두 가지 제동 모델 : 감마(Gamma) 대 람다(Lambda)

ETCS는 유럽 철도 네트워크의 다양한 열차 유형에 대응하기 위해 두 가지 제동 모델을 채택했다. 이는 상호운용성이라는 핵심 목표를 달성하기 위한 현실적인 공학적 해법이다. 고성능 여객 열차와 가변적인 화물 열차라는 이질적인 운영 환경을 단일 모델로 처리하는 것은 비효율적이거나 안전하지 않을 수 있다. 감마 모델은 정밀한 성능을 보장하고, 람다 모델은 널리 사용되는 기존의 척도를 현대적인 ETCS 컴퓨터가 요구하는 데이터 구조로 변환하는 '보편적 번역기' 역할을 한다. 이 이원적 접근 방식 덕분에, 제동 특성이 단 하나의 숫자로만 기술된 화물 열차도 다른 국가의 선로를 안전하게 운행할 수 있다.

- **감마(γ) 모델** : 고정 편성으로 운행되어 제동 성능 예측이 용이한 열차(예 고속열차, EMU)에 사용된다. 속도에 따라 단계별로 정의된 상세한 감속도 프로파일($A_{brake\_emergency}$ 및 $A_{brake\_service}$을 단계 함수 형태로 사용)을 입력값으로 받는다. 이 모델은 매우 정밀하고 최적화된 제동 곡선 계산을 가능하게 한다.

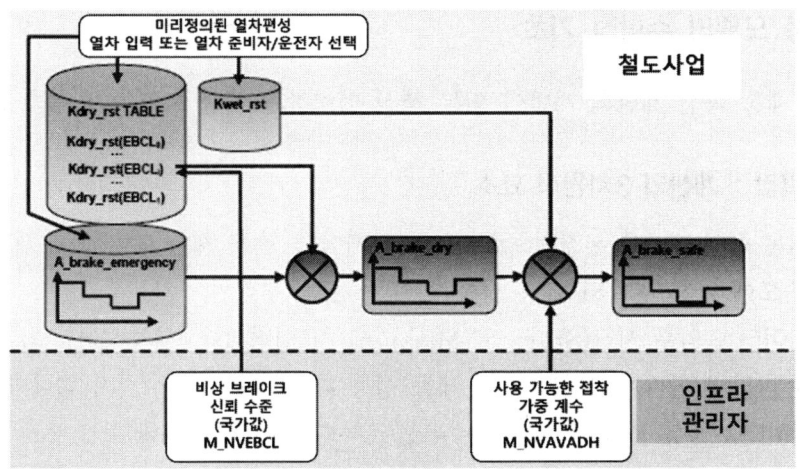

[그림 20-4] 감마 열차에 대한 차량 보정계수

- 람다(λ) 모델 : 편성이 자주 바뀌는 열차(예 기관차 견인 화물 열차)에 사용된다. 이러한 열차에서 일관되게 얻을 수 있는 유일한 성능 지표는 "제동 중량 백분율(λ)"이다. EVC는 표준화된 변환 모델을 사용하여 이 단일 λ값을 완전한 감속도 프로파일(Abrake_emergency, Abrake_service, 제동 증강 시간 등)로 변환한다.

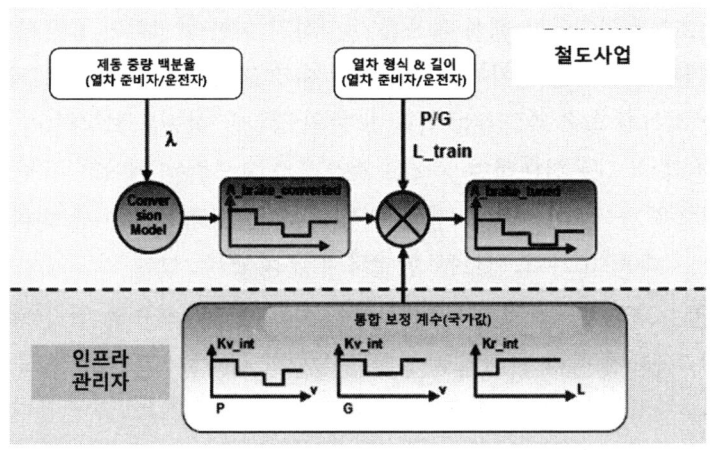

[그림 20-5] 람다 열차에 대한 통합 보정계수

(3) 기초 곡선 계산 : 모든 계산의 시작점

모든 감시 곡선은 두 개의 기초적인 물리적 궤적 계산에서 파생된다.
- EBD 계산 : EBD는 '낙하산'의 핵심이다. 가장 위험한 지점인 감시 위치(SvL)로부터 보증된 안전 비상 감속도 Abrake_safe를 사용하여 역산된다. SvL은 열차가 절대로 넘어서는

안 되는 지점(예 정지 신호기 또는 선행 열차의 위치)이다.
- **SBD 계산** : SBD는 정상 운행을 위한 곡선이다. 운행 허가 종료 지점(EOA)으로부터 공칭 상용 제동 감속도 $A_{brake\_service}$를 사용하여 역산된다. EOA는 열차가 운행하도록 허가된 지점이다.

20.3.4 불확실성 정량화 : 실제 세계 변수 관리

ETCS가 높은 수준의 안전성을 달성하는 비결은 모든 잠재적 오차와 불확실성 요인을 체계적으로 식별하고, 이를 안전 여유로 계산에 통합하는 데 있다. ETCS의 안전 모델은 '결정론적 최악 상황(deterministic worst-case)' 원칙에 기반한다. 이는 제동 성능을 저하시킬 수 있는 모든 요인(속도 오차, 위치 오차, 제동 반응 지연, 접착력 저하 등)을 식별하고, 이 모든 요인이 동시에 가장 불리한 방식으로 발생한다고 가정하는 것이다. 이러한 보수적인 접근 방식은 '완벽한 폭풍'과 같은 극히 드문 시나리오에서도 'ETCS 낙하산'이 확실하게 작동하도록 보장한다. 이는 안전을 위해 선로 용량을 일부 희생하는 명시적인 공학적 절충의 결과이기도 하다.

(1) 물리적 및 시스템 지연 시간 고려

- **견인력 차단 시간($T_{traction\_cutoff}$)** : EVC가 견인력 차단을 명령한 순간부터 실제 견인력이 0이 될 때까지의 지연 시간이다. 이 시간은 EBI 곡선 계산에 반영된다.
- **제동력 증강 시간** : 제동 명령 후 완전한 제동력이 발휘될 때까지 걸리는 시간이다. 이는 EBD 곡선에서 EBI 곡선으로 수평 이동하는 가장 큰 요인 중 하나이다. 람다 모델은 열차 길이를 기반으로 이 시간을 계산하며, 감마 모델은 특정 열차 데이터를 사용한다.
- **운전자 반응 시간(T_{driver}, $T_{indication}$)** : 이는 불확실성이 아니라, 운전자에게 반응 시간을 제공하기 위해 시스템에 내장된 고정된 인체공학적 버퍼이다. 이 시간들은 I, P, W 곡선 간의 간격을 정의한다.

(2) 측정 부정확도 보상

- **속도 측정 부정확도** : 열차의 속도는 완벽한 정확도로 측정되지 않는다. 시스템은 계산 시 실제 측정된 속도에 오차 한계(예 현재 속도의 일정 비율)를 더하여, 실제보다 약간 더 빠른 속도에 대해 감시를 수행한다. 이는 EBI 감시 한계에 수직 이동을 발생시킨다.
- **위치(주행기록계) 부정확도** : 열차의 보고된 위치는 시간이 지남에 따라 오차가 누적된다. 이 불확실성은 절대 거리와 마지막 위치 보정 지점(발리스) 통과 후 주행한 거리의 일정 비율을 더한 값으로 모델링된다. 이는 감시 한계의 수평 이동을 유발하여, 열차가 실제 위치보다 위험 지점에 더 가깝다고 가정하게 만든다.

(3) 저접착 상황 모델링 : 가장 중요한 변수

차륜과 레일 간의 접착력은 특히 습하거나 오염된 조건에서 제동 성능에 가장 큰 불확실성을 야기하는 요인이다. ETCS는 이 불확실성을 보수 계수(correction factor)를 통해 공식화한다.

- Kdry_rst(건조 레일 보수 계수) : 이 계수는 건조한 레일 조건에서도 발생하는 제동 성능의 통계적 분포(브레이크 패드, 실린더 압력 등의 편차로 인해 발생)를 고려한다. 일반적으로 몬테카를로 시뮬레이션을 통해 오프라인으로 계산되며, 특정 신뢰 수준(예 99.9%)에서 보증된 제동 성능이 달성될 확률을 나타내는 값을 결정한다.
- Kwet_rst(습윤 레일 보수 계수) : 이 계수는 기준이 되는 습윤 레일 조건에서 발생하는 제동 성능의 손실을 정량화한다. 이는 주로 차륜활주방지장치(WSP, Wheel Slide Protection) 시스템의 효율성과 관련이 있으며, EN15595 표준에 명시된 실제 테스트를 통해 결정된다.

(4) 책임 분담 : 국가별 설정값과 신뢰 수준

최종적인 보증 감속도 A_{brake_safe}는 철도 인프라 관리자(IM, Infrastructure Manager)가 제공하는 국가별 설정값(National Values)을 통해 조정된다. 이는 해당 노선에서 허용되는 위험 수준을 반영한다.

- MNVEBCL(비상 제동 신뢰 구간) : IM이 선택하는 값으로, Kdry_rst 계수에 적용할 특정 신뢰 수준에 해당한다. 안전이 더욱 중요한 노선일수록 더 높은 신뢰 수준을 요구하게 된다.
- MNVAVADH(접착력 가중 계수) : IM이 최악의 경우보다 나은 접착력 조건을 고려할 수 있도록 하는 계수이다. 만약 특정 인프라가 일반적으로 양호한 접착력을 제공한다고 알려져 있다면, 이 계수를 사용하여 K_{wet_rst}로 인한 성능 저하 패널티를 완화할 수 있다.
- Abrake_safe 계산식(감마 모델) : 이 모든 계수들은 보증된 안전 감속도를 계산하는 다음 공식으로 통합된다.

$$Abrake\_safe = Abrake\_emergency \times Kdry\_rst(MNVEBCL) \times \{Kwet\_rst + MNVAVADH \times (1 - Kwet\_rst)\}$$

20.3.5 운행 상태와 운전자 인터페이스

이 장에서는 제동 곡선이 다양한 운행 단계에서 어떻게 사용되며, 시스템이 운전자-기계 인터페이스(DMI, Driver Machine Interface)를 통해 운전자와 어떻게 소통하는지 설명한다.

(1) 최고 속도 감시(CSM)에서 목표 속도 감시(TSM)로의 전환

- **CSM(Ceiling Speed Monitoring)** : 정상적인 주행 상태이다. 시스템은 열차가 현재 허용된 최고 속도(예 선로 최고 속도)를 초과하지 않는지만 감시한다. 이때 DMI는 일반적으로 '회색' 상태를 유지하며, 속도 감속을 위한 즉각적인 제동이 필요 없음을 나타낸다.
- **TSM(Target Speed Monitoring)** : 열차가 속도를 줄여야 하는 지점('목표 지점')에 접근할 때 활성화되는 상태이다. 시스템은 해당 목표 지점과 관련된 전체 제동 곡선 세트(I, P, W 등)를 활성화한다. CSM에서 TSM으로의 전환은 열차가 '표시(I)' 감시 한계를 통과할 때 발생한다.

CSM에서 TSM으로의 전환은 시스템의 '초점'이 근본적으로 바뀌는 것을 의미한다. DMI의 색상이 회색에서 노란색으로 바뀌는 것은 운전자의 인지적 부담을 전환시키는 중요한 신호이다. 이는 단순한 속도 모니터링 임무에서 능동적인 감속 관리 임무로의 전환을 의미한다. 시스템은 "운행 환경이 변경되었으니, 이제 현재 선로 속도가 아닌 미래의 목표 지점을 기준으로 속도를 관리해야 한다"라고 효과적으로 전달하는 것이다. 이 전환 과정은 운전자가 안전 한계에 접근하기 훨씬 전에 운전 과업의 변경된 요구사항을 인지하도록 하는, 인간공학적으로 세심하게 설계된 이벤트이다.

(2) TSM 중 DMI : 색상으로 표현되는 대화

TSM 중 DMI는 명확한 색상 철학을 사용하여 운전자에게 감시 상태를 전달한다.

- **회색(Grey)** : TSM 내에서의 정상 상태이다. 열차가 목표 지점에 접근하고 있지만, 현재 속도가 충분히 낮아 즉각적인 제동이 필요하지 않은 경우이다.
- **노란색(Yellow)** : 표시(Indication) 상태이다. 열차가 표시(I) 한계를 통과했다. 속도계의 포인터나 원형 속도계의 일부가 노란색으로 변하며, 운전자에게 허용 속도 프로파일을 따라 상용 제동을 시작하라고 권고한다. 'S_info' 경고음이 재생될 수 있다.
- **주황색(Orange)** : 과속/경고(Overspeed/Warning) 상태이다. 열차의 속도가 허용 속도(P) 곡선을 초과했다. 이는 시스템 개입을 피하기 위해 운전자가 더 강하게 제동해야 한다는 더 긴급한 경고이다. 'S1_toofast' 경고음이 재생된다.
- **빨간색(Red)** : 개입(Intervention) 상태이다. 열차가 SBI 또는 EBI 한계를 통과했다. 시스템이 제어를 인계받아 자동으로 제동을 체결하고 있음을 나타낸다. 이는 운전자가 더 이상 제동을 제어하고 있지 않음을 명확히 알리기 위해 눈에 띄게 표시된다.

(3) 운전자 버퍼로서의 허용(P) 및 경고(W) 곡선

이 두 곡선은 열차의 물리적 한계가 아닌 인체공학적 원칙에 기반한다. W와 SBI 곡선 사이의 시간(Twarning)과 P와 W 곡선 사이의 시간(Tdriver)은 시스템 개입 전에 운전자에게 표준화되고 예측 가능한 반응시간을 제공하기 위해 미리 정의된 시스템 값이다. 이러한 설계는 순간적인 부주의가 즉시 제동 개입으로 이어지는 '칼날 같은' 상황을 방지하여 운전 편의성을 향상시키고 불필요한 운행 중단을 줄인다.

20.3.6 동적 시나리오 분석 : MA 갱신과 상태 전환

이 마지막 장에서는 사용자의 질문 중 가장 복잡한 부분인, EVC가 핵심 운행 지령인 운행 허가(MA)의 변경을 어떻게 처리하는지와 가속에서 제동으로의 중대한 전환 과정을 분석한다.

(1) 동적 계약으로서의 운행 허가(MA)

MA는 열차가 주어진 속도 프로파일 내에서 특정 위치(EOA)까지 진행하도록 하는 근본적인 허가이다. 이는 SBD 관련 곡선 계산의 모든 기준이 된다. EVC는 지상으로부터 언제든지 전송되는 신규 또는 갱신된 MA를 수신, 처리 및 실행하도록 설계되었다. MA는 연장(정상적인 경우)될 수도 있고, 단축(경로 취소나 전방 신호의 정지 현시와 같은 제한적인 경우)될 수도 있다.

(2) 신규 MA 수신 시 EVC 로직 : 재계산 캐스케이드(Cascade)

새로운 MA 데이터를 수신하는 즉시, EVC는 기존 MA와 관련된 모든 제동 곡선을 즉시 폐기한다.

그런 다음 새로운 EOA와 관련 속도 프로파일을 기반으로 전체 감시 곡선 계층(SBD, SBI, W, P, I)을 실시간으로 완전히 재계산한다.

DMI 디스플레이는 새로운 감시 한계를 반영하여 즉시 갱신된다. 만약 새로운 MA가 더 제한적이고 열차가 이미 새로운 표시 또는 허용 속도 곡선 내에 위치하게 되면, DMI는 즉시 노란색 또는 주황색으로 변경된다.

(3) 중대한 전환 : 가속-제동 시퀀스 분석

열차가 가속하는 중에 더 제한적인 MA를 수신하면 어떻게 되는가? 시스템의 반응은 실시간 폐쇄 루프 제어 시스템으로서의 본질을 보여준다. 안전 계산에 순간 가속도를 입력값으로 사용하는 것은 시스템이 디지털 계산 상태와 열차의 물리적 동적 현실 사이의 간극을 메우는 핵심 메커니즘이다. 만약 시스템이 현재 속도와 위치만으로 제동 곡선을 계산한다면, 가속 중인 열차에는 안전하지 않을 것이다. 시스템이 반응하고 제동이 체결될 때쯤이면 열차의 속도와 운동 에너지는 계산 시점보다 훨씬 더 높아져 있을 것이기 때문이다. ETCS 사양은 속도의 변화율(가속도)을 예측적 안전 알고리즘에 통합함으로써 이러한 치명적인 결함을 방지한다. 시스템은 본질적으로 "열차의 현재 에너지와 에너지가 증가하는 비율을 고려할 때, 안전을 보장하기 위해 개입하기 전까지 기다릴 수 있는 절대적인 마지막 순간은 언제인가?"를 묻는 것이다. 실시간 동적 측정을 기반으로 한 이 예측 능력 덕분에, ETCS '낙하산'은 구배를 오르며 가속 중인 열차에 대해 신호가 갑자기 진행에서 정지로 바뀌는 것과 같은 가장 까다로운 운행 시나리오에서도 견고하게 작동한다.

① 1단계 : MA 수신 및 재계산 : EVC는 단축된 MA를 수신하고, 위에서 설명한 대로 새로운 EOA를 기준으로 모든 감시 곡선을 즉시 재계산한다.
② 2단계 : 현재 동역학 통합 : 시스템은 열차가 즉시 가속을 멈출 것이라고 가정하지 않는다. EVC는 열차의 현재 가속도를 지속적으로 감시한다.
③ 3단계 : 개입 곡선을 위한 전방 예측 : 가장 중요한 계산은 EBI 곡선에 대한 것이다. EVC는 시스템 반응 시간(견인력 차단 시간 + 제동력 증강 시간) 동안 현재 가속이 계속된다고 가정하고 열차의 속도와 위치를 미래 시점으로 투영한다. EBI 곡선은 이렇게 예측된 더 높은 에너지 상태에서도 열차가 SvL 전에 정지할 수 있도록 위치가 결정된다. 이것이 바로 '최악 상황 가정'이 실제로 작동하는 방식이다.
④ 4단계 : 운전자 조치 유도 : 동시에, 새로 계산된 I, P, W 곡선이 DMI에 표시된다. 열차가 이제 더 가까워진 목표 지점을 향해 가속하고 있으므로, 이러한 감시 한계들을 훨씬 더 빨리 통과하게 될 것이다. DMI는 즉시 노란색이나 주황색으로 바뀌고 경고음이 울려, 운전자가 견인력을 차단하고 제동을 체결하도록 유도한다.
⑤ 5단계 : 안전장치로서의 개입 : 운전자가 새롭고 더 제한적인 P 및 W 곡선에 제시간에 반응하지 않으면, 열차는 결국 SBI 또는 EBI 한계를 넘게 되고 시스템이 자동으로 개입한다. 현재 가속도를 사용한 전방 예측은 이 개입이 정확하고 안전한 순간에 일어나도록 보장한다. 특정 허가된 상황에서는 운전자가 오버라이드 기능을 사용할 수 있지만, 이는 예외적인 경우에 한한다.

20.3.7 결론

ETCS 제동 모델은 유럽 철도의 안전성과 상호운용성을 한 단계 끌어올린 정교한 공학적 성과이다. **본 설명서에서 분석한 바와 같이, 이 시스템의 핵심은 다음과 같은 원칙에 기반한다.**
다층적이고 선제적인 안전 철학 : 'ETCS 낙하산' 개념은 위험이 발생하기 전에 예방적으로 개입하는 것을 목표로 한다. 운전자에게 정보를 제공하고, 경고하며, 최후의 수단으로만 자동 개입하는 점증적 대응 방식은 운전 효율성과 안전성 사이의 균형을 맞춘다.
- **결정론적 최악 상황 기반의 불확실성 관리** : 시스템은 제동 성능에 영향을 미칠 수 있는 모든 물리적, 측정적, 환경적 불확실성을 정량화하고, 이 모든 요소가 동시에 가장 불리한 조건으로

발생한다고 가정하여 안전 여유를 계산한다. 이는 극히 드문 상황에서도 시스템의 신뢰성을 보장하는 핵심적인 설계 원리이다.
- **실시간 동적 제어** : ETCS는 정적인 규칙 기반 시스템이 아니다. EVC는 열차의 순간 가속도와 같은 실시간 동적 데이터를 지속적으로 입력받아 제동 곡선을 계산한다. 특히 가속 중 운행 허가가 단축되는 시나리오에서, 이 예측적 계산 능력은 시스템이 물리적 현실에 뒤처지지 않고 항상 안전을 보장할 수 있게 하는 결정적인 역할을 한다.

ETCS 제동 모델은 운전자, 열차, 그리고 인프라 간의 복잡한 상호작용을 수학적으로 모델링하고, 예측 불가능한 변수들을 보수적인 안전 계수로 제어하며, 실시간 데이터를 통해 동적으로 반응하는 고도의 안전 시스템이다. 시스템 엔지니어는 이 다층적이고 예측적인 제어 철학을 이해함으로써 ETCS 기반 시스템의 설계, 검증 및 운영 분석 업무를 더욱 효과적으로 수행할 수 있을 것이다.

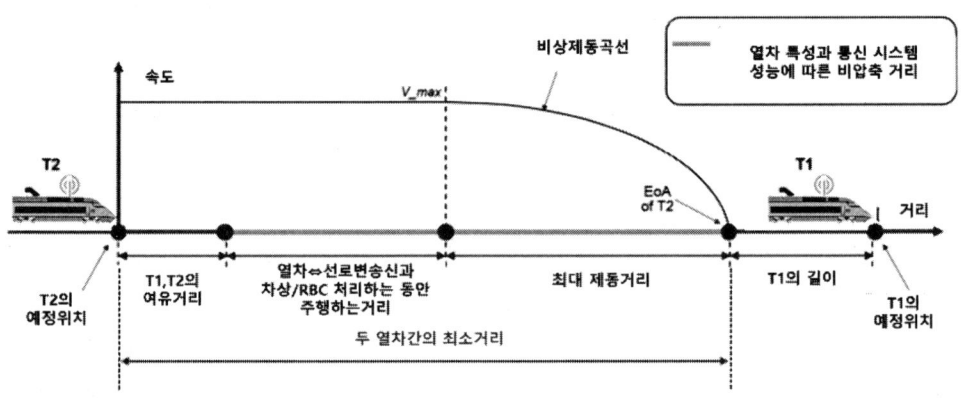

[그림 20-6] 열차의 최소 안전제동거리

20.4 철도 신호 시스템 통신 프로토콜 기술 설명

20.4.1. 철도 신호 통신 프로토콜의 기본 원리

철도 신호 시스템의 통신 프로토콜은 일반적인 데이터 통신 프로토콜과 근본적으로 다른 전제를 갖는다. 그것은 바로 '안전'이라는 절대적인 가치를 최우선으로 고려해야 한다는 점이다. 모든 설계는 어떠한 상황에서도 열차와 승객의 안전을 보장하는 방향으로 이루어지며, 이는 프로토콜의 구조와 동작 방식 전반에 깊이 내재되어 있다.

(1) 안전 최우선 원칙 : 바이탈 시스템과 Fail-Safe

철도 신호 시스템의 진화는 '안전'을 구현하는 방식의 패러다임 전환을 명확히 보여준다. 과거 계전기 연동장치 시대에는 중력과 같은 물리적 법칙에 의해 고장 시 안전한 상태(예: 계전기 접점 낙하)로 복귀하는 하드웨어 자체의 고유한 특성에서 안전성을 찾았다. 그 안전성은 눈으로 보고 만질 수 있는 유형의 것이었다. 그러나 전자연동장치가 도입되면서 물리적 계전기는 마이크로프로세서로 대체되었다. 이는 시스템의 소형화와 유연성이라는 큰 이점을 가져왔지만, 동시에 소프트웨어 버그나 데이터 손상이라는 새로운 위험을 내포하게 되었다. 이러한 디지털 시스템의 잠재적 위험에 대응하기 위해 새로운 안전 개념이 정립되었다. 바로 '바이탈(Vital) 시스템'과 'Fail-Safe' 원칙이다.

- 바이탈(Vital) 시스템의 정의 : 철도 신호 시스템은 열차의 안전 운행과 생명에 직접적인 영향을 미치는 제어장치로, 어떠한 오류나 고장이 발생하더라도 시스템이 위험한 상태로 전이되는 것을 허용하지 않고 반드시 사전에 정의된 안전한 상태(예: 정지 신호 현시, 열차 비상 정지)를 유지해야 하는 '바이탈 제어장치'로 분류된다.
- Fail-Safe 설계 원리 : 이는 바이탈 시스템을 구현하는 핵심 철학으로, 시스템 구성 요소에 고장이 발생했을 때 그 결과가 항상 안전한 쪽으로 나타나도록 설계하는 원리이다. 예를 들어, 통신 두절은 '진행'이 아닌 '정지'로 해석되어야 하며, 데이터 오류는 '수용'이 아닌 '거부'로 처리되어야 한다.

이러한 디지털 Fail-Safe를 구현하기 위해 다중화(Redundancy) 기술이 핵심적으로 사용된다. 단일 지점의 고장이 전체 시스템의 치명적인 실패로 이어지는 것을 방지하기 위해, 핵심 연산 및 제어장치를 여러 개로 구성하여 상호 검증하는 방식이다.

- 2 out of 3 System : 세 개의 독립된 프로세서가 동일한 입력 데이터를 받아 연산을 수행하고, 그중 두 개 이상의 결과가 일치할 경우에만 최종 명령으로 출력하는 방식이다. 하나의 프로세서에서 오류가 발생하더라도 다른 두 프로세서의 정상적인 결과에 의해 시스템의 논리적 무결성이 보장된다. 이 방식은 데이터 처리의 신뢰성을 극대화해야 하는 전자연동장치(SICAS)나 자동열차제어장치(ATC) 등에 널리 적용된다.

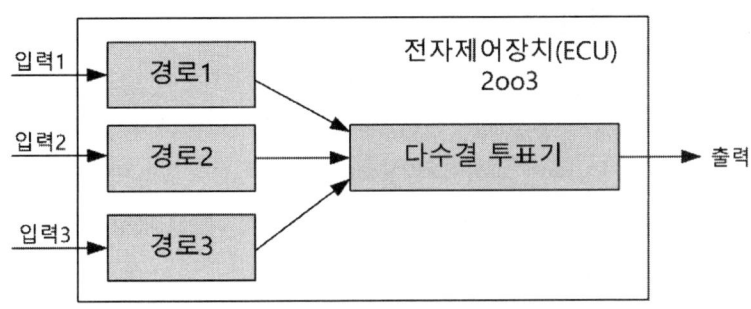

[그림 20-7] 2oo3 다수결 투표기

Voting 배열	PFD		STR
1oo1	3.3E-2	0.033	4.5E-6
1oo2	1.4E-3	0.0014	9.0E-6
2oo2	6.6E-2	0.066	2.9E-9
2oo3	4.3E-3	0.0043	8.7E-9

* STR(Spurious Trip Rate) 주변형 트립율
* PFD(Average Probability of Failure on Demand) 요구되는 평균 고장 확률

- 2 out of 2 System : 두 개의 프로세서가 동일한 연산을 수행하고 그 결과를 지속적으로 비교하며 상호 감시하는 방식이다. 만약 두 결과가 일치하지 않으면 시스템은 즉시 안전 상태로 전환된다. CBTC 차상장치 등에서 주로 사용된다.

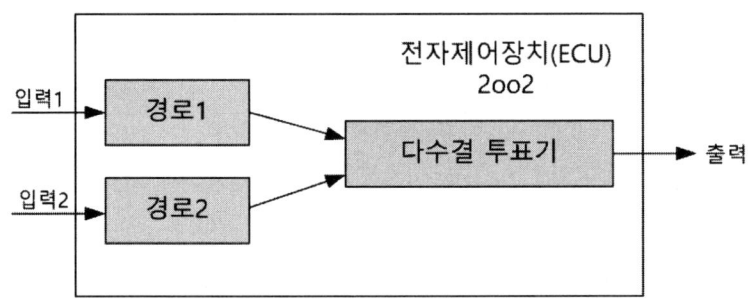

[그림 20-8] 2oo2 다수결 투표기

Voting 배열	PFD	STR
1oo1	3.3E-2	4.5E-6
1oo2	1.4E-3	9.0E-6
2oo2	6.6E-2	2.9E-9

이 외에도 안정적인 운영을 위해 통신회선이나 전원 공급 장치와 같은 핵심 하드웨어를 물리적으로 이중으로 구성하여 한쪽에 장애가 발생해도 다른 쪽이 즉시 기능을 이어받아 무중단 운영을 보장한다.

(2) 데이터 무결성을 위한 통신 프로토콜 구조

전자 장치들이 네트워크를 통해 상호 연결되면서, 이들 간의 통신 링크 자체가 또 다른 잠재적 고장 지점이 되었다. 따라서 통신 과정에서 데이터가 변조되거나 손실되는 것을 방지하고, 메시지의 순서와 흐름을 정확하게 제어하는 것이 디지털 Fail-Safe의 핵심 과제가 되었다. 현대 철도 신호 프로토콜은 단순한 데이터 전송 규약을 넘어, 통신 과정 자체에 안전 메커니즘을 내장한 디지털 요새와 같다. 이는 LDTS(Local Data Transmission System)와 EIS (Electronic Interlocking System Interface) 간 통신 규격에 명확히 정의되어 있다.

- **표준 프로토콜**

  열차집중제어장치의 통신서버와 LDTS 사이 및 LDTS와 전자연동장치 사이에 이루어지는 통신규약은 '한국철도표준규격(KRS SG 0062) 철도신호시스템 점대점 정보전송방식'에 명확히 정의되어 있는데, 통상 이를 표준 프로토콜이라고 한다.

  ① 메시지의 전송

  메시지가 전송되는 절차는 LDTS에 의하여 정기적으로 이루어지는 폴링, 제어 또는 장치정보 메시지에 대하여 EIS가 표시(상태)정보, 명령에 대한 응답, 그리고 EIS의 상태정보 메시지를 송신하는 과정으로 이루어진다.

  ② 메시지 프레임의 구조

STX	Data Length	Sequence No.	Message Type	Data	CRC	ETX
1byte	1byte	1byte	1byte	Nbyte	2byte	1byte

  ㉠ STX(Start of Text)

  메시지 프레임의 시작을 알리는 확정된 값이다(0x02).

  ㉡ Data Length

  Message Type과 Data의 길이를 나타내는 값으로, 1Byte(8bit)로 표현할 수 있는 한계($2^8-1 = 255$). 256 이상일 때에는 Sequence No.의 최상위 비트를 활용하여 총 9bit로 511까지 표현이 가능하나, 규격에서 최대크기를 500byte로 제한하고 있다.

  ㉢ Sequence No.

  메시지의 전송 순서를 나타냄으로써 메시지의 뒤바뀜 또는 누락 등에 대하여 S/W적으로 최종의 상태나 명령을 처리할 수 있도록 하는 수단을 제공한다.

  ㉣ Message Type

  전송되어지는 메시지의 형식을 의미한다. 메시지 형식의 종류는 위의 표와 같다. 각 메시지 형식에 대한 상세한 정보는 '한국철도표준규격(KRS SG 0062) 철도신호시스템 (점대점 정보전송방식 : Point to Point Protocol for Railroad Signal System)' 에 명확하게 기술되어 있으므로 이를 참조하면 될 것이다.

  ㉤ Data

  실제 전송할 데이터를 의미하며 'Data' 필드의 길이는 전송정보에 따라 가변 된다.

  ㉥ CRC-16(Cyclic Redundancy Check 순환중복검사) : 2바이트 크기로, 전송 과정에서 발생할 수 있는 데이터 변조나 오류를 검출하기 위한 필드이다. 송신 측은 'Data Length' 필드부터 'Data' 필드까지의 데이터를 특정 다항식($X16+X15+X2+1$) 으로 계산하여 CRC 값을 생성하고 프레임에 첨부한다. 수신 측은 수신된 데이터로 동일한 계산을 수행하여 첨부된 CRC 값과 일치하는지 검사한다. 만약 값이 다르면 데이터가 변조된 것으로 판단하고 해당 프레임을 폐기한다. 이는 노이즈 등으로 인한 데이

터 손상이 치명적인 오작동으로 이어지는 것을 방지하는 강력한 안전장치이다.

ⓖ ETX(End of Text) : 1바이트(0×03) 크기의 필드로, 메시지 프레임의 끝을 알려 데이터 수신이 완료되었음을 확인시켜 준다.

- 흐름 및 오류 제어 메커니즘 : 데이터의 안정적인 송수신을 보장하기 위해 다음과 같은 제어 방식을 사용한다.

① 정지-대기(Stop-and-Wait) 방식 : 송신 측이 하나의 프레임을 전송한 후, 수신 측으로부터 긍정 응답(ACK) 또는 부정 응답(NAK)을 수신할 때까지 다음 프레임 전송을 대기하는 방식이다. 구현이 단순하고 각 프레임의 전송 성공 여부를 명확하게 확인할 수 있어 신뢰성이 매우 높아 바이탈 시스템에 적합하다.

② 타임아웃 및 재전송 : 송신 측은 프레임을 전송함과 동시에 타이머(ΔS: 1초)를 작동시킨다. 만약 정해진 시간 내에 수신 측으로부터 어떠한 응답도 받지 못하거나, 데이터 오류로 인해 NAK를 수신한 경우, 동일한 시퀀스 번호를 가진 프레임을 다시 전송한다. 이러한 재전송은 최대 3회까지 시도되며, 3회 시도 후에도 성공하지 못하면 통신 회선에 심각한 문제가 발생한 것으로 간주하여 통신 이상 경보를 발생시키고 안전 상태로 전환한다.

③ 폴링(Polling) : 중앙 제어 장치(CTC 또는 LDTS)가 주기적으로(현장 조건에 따라 250~1500ms) 현장 제어 장치(EIS)에 상태 정보를 요청하는 방식이다. 이를 통해 통신 링크가 정상적으로 유지되고 있는지 지속적으로 확인하고, 현장 설비의 상태 변화를 적시에 감지하여 데이터 동기화를 유지한다.

결론적으로, 현대 철도 신호 프로토콜은 단순한 데이터 전송 수단이 아니다. CRC는 데이터의 내용적 무결성을, 시퀀스 번호는 논리적 순서의 무결성을, 그리고 정지-대기 방식은 전송 행위 자체의 무결성을 보장한다. 이 모든 요소가 결합하여 통신 과정에서 발생할 수 있는 거의 모든 오류를 감지하고, 그 결과를 '안전한 상태'로 유도한다. 이는 과거 물리적 계전기가 수행했던 Fail-Safe 역할을 디지털 논리와 프로토콜을 통해 완벽하게 계승하고 발전시킨 것으로, 엔지니어는 물리적 회로의 검증에서 나아가 소프트웨어 로직과 프로토콜의 유효성 검증에 더욱 집중해야 함을 시사한다.

20.4.2. 유선 기반 신호 시스템과 통신 방식

무선 기술이 보편화되기 이전, 철도 신호 시스템은 물리적으로 연결된 유선 매체를 통해 정보를 교환했다. 특히 레일 자체를 통신 매체로 사용하는 궤도회로와, 신호설비 간의 안전 논리를 구현하는 연동장치는 오늘날까지도 많은 철도 노선의 근간을 이루는 핵심 기술이다. 이들 유선 기반 시스템의 동작 원리를 이해하는 것은 최신 무선 시스템의 혁신성을 제대로 파악하기 위한 필수적인 과정이다.

(1) 궤도회로 : 레일을 이용한 통신

궤도회로는 철도 신호 시스템에서 가장 기본적이면서도 중요한 설비로, 열차의 위치를 검지하는 동시에 제한적인 정보를 차상으로 전송하는 통신 매체의 역할을 수행한다.

- **기본 원리** : 선로의 특정 구간 양쪽 레일을 전기적으로 절연하고, 한쪽 끝에서 낮은 전압의 전류를 공급하여 폐회로를 구성한다. 평상시에는 이 전류가 반대편의 수신 계전기로 흘러 회로가 닫힌 상태를 유지한다. 그러나 열차가 해당 구간에 진입하면, 금속 재질의 차축이 양쪽 레일을 연결하여 회로를 단락(short)시킨다. 이로 인해 수신 계전기로 전류가 흐르지 않게 되며, 시스템은 이를 '열차 점유' 상태로 인식한다. 이 단순하고 명료한 원리는 고도의 신뢰성을 제공하여 열차 위치 검지의 표준으로 자리 잡았다.
- **정보 전송 기능** : 궤도회로는 단순한 점유 검지 기능을 넘어, 차상신호장치(On-board Signaling Equipment)에 운행 정보를 전달하는 통신 채널로도 활용된다. 지상의 송신 장치는 연동장치로부터 받은 속도 코드(예 130km/h, 90km/h, 정지 등)에 따라 각기 다른 주파수의 신호 전류를 생성한다. 이 신호는 주파수 편이 변조(FSK, Frequency Shift Keying)와 같은 방식으로 변조되어 레일을 통해 전송된다. 열차 하부에 장착된 차상 수신 안테나는 이 주파수 신호를 감지하고 복조하여 운전실의 표시 장치에 허용 속도를 현시한다. 이를 통해 기관사는 외부의 지상 신호기를 확인하지 않고도 운전실 내에서 전방의 운행 조건을 인지할 수 있다.
- **주파수 분배** : 하나의 선로에는 다수의 궤도회로가 연속적으로 설치되므로, 인접한 궤도회로에서 사용하는 신호 주파수가 서로 간섭을 일으키지 않도록 체계적인 주파수 분배 원칙이 적용된다. 예를 들어, 9.5 kHz부터 16.5 kHz 사이의 주파수 대역을 여러 개의 채널로 나누어 사용하며, 인접한 궤도회로 간에는 최소 1~2 kHz 이상의 주파수 간격을 유지하여 신호의 혼선을 방지한다.

(2) 연동장치 : 안전 연쇄의 구현

연동장치는 신호 시스템의 두뇌에 해당하는 설비로, 신호기, 선로전환기, 궤도회로 등 다양한 현장 설비들의 동작 조건을 상호 연쇄(interlock)시켜 열차의 진로가 논리적으로 안전하게 확보되었을 때만 열차의 진입을 허용하는 '진행' 신호를 현시하도록 제어한다. 연동장치의 구현 방식은 기술 발전에 따라 계전기 방식에서 전자 방식으로 진화해왔다.

① 계전기 연동장치(Relay Interlocking)
- **구조 및 통신** : 수백, 수천 개의 전기계전기(Relay) 코일과 접점들의 물리적인 조합을 통해 연동 논리 회로를 구성한다. 관제실의 조작반에서 내려진 제어 명령은 다심 케이블을 통해 계전기실로 전달되는 물리적인 전기 신호이며, 이 신호가 복잡하게 연결된 계전기 회로를 거쳐 논리 연산이 수행된 후, 다시 현장 설비로 전기 신호를 보내 동작

시키는 완전한 하드와이어드(hard-wired) 방식이다. 거대한 계전기 랙과 복잡한 배선으로 인해 넓은 설치 공간이 필요하며, 유지보수가 까다롭다는 단점이 있다.

② 전자연동장치(Electronic/Solid-State Interlocking)
- 구조 및 통신 : 마이크로프로세서와 소프트웨어 프로그램을 통해 연동 논리를 구현한다. 하드웨어는 모듈화된 소형 인쇄 회로 기판(PCB)으로 구성되어 설치 공간이 대폭 감소하며, 시스템의 모든 상태는 CRT 모니터와 같은 사용자 인터페이스를 통해 시각적으로 표시된다. 통신 방식 또한 근본적으로 다르다. 중앙처리모듈, 현장 설비와의 인터페이스를 담당하는 데이터 링크 모듈(DLM), 선로변에 설치되어 선로전환기 등을 직접 제어하는 선로변기능모듈(TFM)과 같은 구성 요소들이 내부 데이터 링크(LAN과 유사한 네트워크)를 통해 연결된다. 제어 명령과 상태 정보는 표준화된 프로토콜에 따라 디지털 데이터 패킷 형태로 송수신된다. 이러한 구조 덕분에 선로 확장이나 신호 설비 변경 시, 대규모 배선 작업을 하는 대신 데이터베이스와 소프트웨어 로직을 수정하는 것만으로 유연하게 대응할 수 있다. 또한, 시스템 스스로 각 모듈의 상태를 진단하는 자기진단 기능이 탑재되어 고장 발생 시 원인 파악과 유지보수가 용이하다.

이 두 방식의 차이는 철도 신호 기술의 발전 방향을 명확하게 보여준다. 하드웨어 중심의 고정된 논리에서 소프트웨어 중심의 유연한 논리로의 전환은 시스템의 효율성과 확장성을 비약적으로 향상시켰다.

[표 20-6] 계전기 연동장치와 전자연동장치 비교

구분(Category)	계전 연동장치 (Relay Interlocking)	전자연동장치 (Electronic Interlocking)
논리 구현(Logic Implementation)	전기계전기의 물리적 접점 회로	마이크로프로세서 기반 소프트웨어 로직
하드웨어 구성(Hardware)	대형 계전기 랙, 복잡한 배선	소형 PCB, 모듈화된 컴퓨터 시스템
유연성(Flexibility)	선로 변경 시 대규모 배선 변경 필요(낮음)	데이터베이스 및 소프트웨어 수정으로 대응(높음)
유지보수(Maintenance)	접점 불량 등 기계적 고장 발생 가능	자기진단 기능으로 고장 파악 용이
통신 방식(Communication)	하드와이어드 전기 신호	내부 데이터 링크를 통한 디지털 패킷 통신

20.4.3. 무선 기반 열차제어시스템(CBTC)과 통신 프로토콜

도시철도(Metro)의 수송 수요가 폭발적으로 증가함에 따라, 기존 신호 시스템의 물리적 한계를 뛰어넘어 선로 용량을 극대화할 수 있는 새로운 기술이 요구되었다. 그 해답으로 등장한 것이 바로 통신 기반 열차제어시스템(CBTC, Communication-Based Train Control)이다.

CBTC는 무선통신 기술을 철도 신호에 본격적으로 도입하여 열차 운행의 패러다임을 바꾼 혁신적인 시스템이다.

(1) CBTC 개요와 이동폐색의 원리

CBTC의 핵심은 '이동폐색(Moving Block)' 개념을 구현하여 열차 운행 간격을 획기적으로 단축하는 데 있다.

- **고정폐색(Fixed Block)의 한계** : 전통적인 신호 시스템은 선로를 일정한 길이의 구간, 즉 '폐색(Block)'으로 나눈다. 안전을 위해 하나의 폐색에는 단 한 대의 열차만 진입할 수 있으며, 후행 열차는 선행 열차가 다음 폐색으로 완전히 진출해야만 진입이 가능하다. 이 방식에서는 열차의 실제 위치와 무관하게 폐색의 길이가 열차 운행 간격을 결정하는 물리적 제약으로 작용한다. 특히 열차가 없는 빈 공간이 많아 선로 용량을 비효율적으로 사용하게 된다.

- **이동폐색(Moving Block)의 구현** : CBTC는 이러한 고정된 물리적 블록의 개념을 없앤다. 대신, 무선통신을 통해 각 열차가 자신의 정확한 위치, 속도, 제동 성능 등의 정보를 지상 제어 장치로 '연속적으로' 전송한다. 지상 장치는 이 실시간 정보를 바탕으로 각 열차의 바로 뒤쪽에 열차의 제동 거리를 고려한 최소한의 안전 영역을 설정한다. 이 안전 영역이 마치 열차를 따라 움직이는 '가상의 이동하는 블록' 역할을 하는 것이다. 결과적으로 후행 열차는 선행 열차의 꼬리 바로 뒤 안전거리까지만 접근하여 운행할 수 있게 되어, 열차 간 간격(Headway)을 수십 초 단위까지 줄일 수 있다. 이는 출퇴근 시간대와 같이 고밀도 운전이 필요한 도시철도 노선의 수송 용량을 획기적으로 증대시키는 효과를 가져온다.

CBTC의 도입은 단순히 신호 시스템의 업그레이드를 넘어, 철도신호제어를 실시간 데이터 기반의 동적 교통 관리 시스템으로 변모시켰다. 과거의 시스템이 "궤도회로가 점유되었는가/비어있는가?" 또는 "허용 속도가 90km/h인가?"와 같은 단순하고 이산적인 정보를 전달했다면, CBTC는 열차의 고해상도 위치, 속도, 방향, 제동 곡선 등 풍부하고 연속적인 데이터를 기반으로 운영된다. 이 고품질의 데이터 스트림이 바로 이동폐색 개념을 실현하는 근본적인 동력이다. 모든 열차의 현재 상태를 정확히 알지 못한다면 고정폐색의 한계를 넘어 안전하게 운행 간격을 줄이는 것은 불가능하다. 이러한 데이터 중심 접근 방식은 제어 결정이 더 이상 고정된 선로 배치에 의해 미리 결정되는 것이 아니라, 전체 네트워크의 동적인 상태에 따라 실시간으로 계산됨을 의미한다. 이는 수송 용량 증대뿐만 아니라, 운행 중단 상황 발생 시 더 빠른 복구를 가능하게 하고, 에너지 소비를 최적화하는 등 운영의 유연성을 크게 향상시킨다. 따라서 CBTC 시스템의 성공은 그 기반이 되는 데이터 통신 시스템(DCS)의 성능과 신뢰성에 결정적으로 좌우된다.

(2) CBTC 시스템 아키텍처와 데이터 흐름

CBTC 시스템은 크게 차상, 지상, 그리고 이 둘을 연결하는 데이터 통신 시스템으로 구성되며, 각 요소는 유기적으로 상호작용하며 열차를 제어한다.

① 핵심 구성요소

    ㉠ **차상장치(On-Board Controller, OBC)** : 열차의 두뇌 역할을 하는 장치로, 각 열차에 탑재된다. 차륜에 부착된 속도 센서(Tachometer), 도플러 레이더, 그리고 선로에 설치된 위치 확인용 표지인 발리스(Balise) 또는 트랜스폰더로부터 수신한 정보를 종합하여 열차의 정확한 위치와 속도를 실시간으로 계산한다. 이 계산된 정보는 무선통신을 통해 지상 장치로 보고되며, 동시에 지상으로부터 수신한 이동권한(LMA)에 따라 열차의 동력 및 제동 장치를 자동으로 제어하여 지정된 속도 프로파일을 준수하도록 한다.

    ㉡ **지상장치(Wayside Equipment)**

- **Zone Controller(ZC)** : 특정 관할 구역(Zone) 내의 모든 열차를 총괄하는 핵심 제어 장치이다. 각 열차로부터 수신한 위치 보고를 바탕으로 모든 열차의 위치를 실시간으로 추적하고, 열차 간 안전거리를 계산하여 각 열차에 대한 이동권한(Limit of Movement Authority, LMA)을 생성하여 전송한다. LMA는 해당 열차가 안전하게 나아갈 수 있는 한계 지점을 의미한다. 또한, ZC는 연동장치(IXL)와 통신하여 선로전환기나 신호기 등 지상 설비의 상태를 파악하고 제어에 반영한다.
- **자동열차감시장치(ATS, Automatic Train Supervision)** : 전체 노선의 열차 운행을 감시하고 스케줄에 맞춰 운행을 조정하는 상위 시스템이다. ATS는 ZC를 통해 각 열차의 운행을 제어하며, 운행 지연 발생 시 회복 운전 명령을 내리는 등 전반적인 교통 관리 기능을 수행한다.

    ㉢ **데이터 통신 시스템(Data Communication System, DCS)** : 차상의 OBC와 지상의 ZC 간의 지속적이고 양방향적인 데이터 교환을 담당하는 무선 네트워크이다. 이 통신 링크의 안정성이 CBTC 시스템 전체의 성능과 안전을 좌우한다. 주로 IEEE 802.11(Wi-Fi) 기반의 무선 LAN(WLAN) 기술이 널리 사용된다.

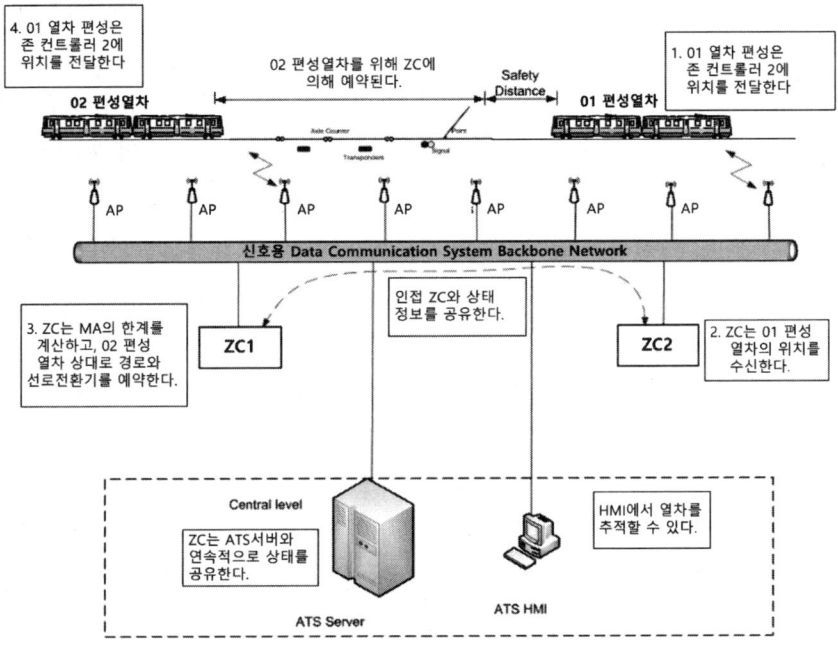

[그림 20-9] CBTC 시스템 시스템 구성도

② 데이터 흐름
  ㉠ Uplink(차상 → 지상) : OBC는 주기적으로(예 150ms마다 약 5kb 크기) 자신의 정밀한 위치, 속도, 운행 방향, 시스템 상태 정보 등을 담은 '위치 보고(Position Update)' 메시지를 생성하여 무선 통신망을 통해 ZC로 전송한다.
  ㉡ Downlink(지상 → 차상) : ZC는 관할 구역 내 모든 열차로부터 수신한 위치 보고와 지상 설비 상태를 종합하여 각 열차에 대한 '이동권한(Movement Authority)' 메시지를 생성하고, 이를 무선 통신망을 통해 해당 OBC로 전송한다. 이 메시지를 받은 OBC는 LMA 지점까지 안전하게 운행할 수 있는 속도 프로파일을 계산하고 열차를 제어한다.

(3) 통신 기술과 주요 과제

CBTC 시스템의 성공적인 운영은 데이터 통신 시스템의 성능에 크게 의존하며, 이와 관련된 몇 가지 기술적 과제가 존재한다.
• 주요 통신 기술 : 초기 CBTC 시스템은 유도 루프 방식을 사용했으나, 현재는 대부분 무선 LAN 기술을 채택하고 있다. 특히, 상용 기성품(COTS, Commercial-Off-The-Shelf) 장비의 활용이 용이하여 비용 효율성이 높은 IEEE 802.11(Wi-Fi) 기술이 사실상의 표준으로 사용되고 있다. 최근에는 이동 중 통신 안정성과 핸드오프 성능이 우수한 LTE 기반 시스템으로의 전환도 활발히 검토되고 있다.

- 핸드오프(Handoff) 관리 : 고속으로 이동하는 열차는 선로변에 설치된 다수의 무선 접속 장치(AP, Access Point) 영역을 연속적으로 지나가게 된다. 이때, 하나의 AP와의 통신을 끊고 다음 AP로 통신을 매끄럽게 전환하는 핸드오프 과정이 매우 중요하다. 핸드오프 과정에서 통신이 지연되거나 데이터 패킷이 손실되면, ZC와의 통신이 일시적으로 두절되어 열차가 안전을 위해 비상 정지할 수 있다. 이는 승차감 저하와 운행 지연을 유발하므로, 핸드오프 지연을 최소화하기 위한 스트림 제어 전송 프로토콜(SCTP)과 같은 상위 계층 프로토콜의 적용이나, 빠른 핸드오프를 지원하는 IEEE 802.11p와 같은 표준의 활용이 연구되고 있다.
- 통신 불안정성 및 보안 취약성 : 무선통신은 터널이나 지하 구간에서의 전파 음영, 외부의 전파 간섭 등 통신 환경 변화에 취약할 수 있다. 통신 불안정은 CBTC 시스템의 가용성을 저해하는 치명적인 단점으로 작용할 수 있다. 또한, 무선 신호는 공기 중으로 전파되므로 악의적인 공격자에 의한 도청, 데이터 위변조, 서비스 거부(DoS) 공격 등에 노출될 위험이 있다. 승객이 소지한 노트북으로도 무선 네트워크 공격 시도가 가능하다는 점은 심각한 보안 위협이다. 따라서 강력한 암호화, 장치 인증, 침입 탐지 시스템 등 다층적인 보안 대책의 적용이 필수적이다.

20.4.4. 표준화된 열차제어시스템과 통신 프로토콜

철도 산업이 발전하면서 각기 다른 제조사와 국가에서 개발한 다양한 신호 시스템이 혼재하게 되었다. 이는 특정 노선을 운행하는 열차가 다른 노선에 진입하지 못하거나, 여러 종류의 차상 신호 장치를 복잡하게 설치해야 하는 비효율과 비용 문제를 야기했다. 이러한 상호운용성(Interoperability) 문제를 해결하고, 기술 자립을 통해 국가 철도망의 경쟁력을 강화하기 위해 표준화된 열차제어시스템의 개발이 전 세계적인 과제로 부상했다.

(1) 유럽 표준 : ERTMS/ETCS

유럽은 수많은 국가가 철도로 연결되어 있어 신호 시스템 비호환성 문제가 특히 심각했다. 이를 해결하기 위해 유럽연합(EU) 주도로 개발된 단일 표준 신호 시스템이 바로 ERTMS(European Rail Traffic Management System)이며, 그 핵심 제어 시스템이 ETCS(European Train Control System)이다.

① 레벨별 아키텍처 및 특징

ETCS는 기존의 다양한 신호 시스템 환경에 유연하게 적용될 수 있도록 여러 '레벨(Level)'로 정의되어 있다.

- **ETCS Level 1** : 기존의 지상 신호기와 궤도회로 시스템을 그대로 유지하면서, 그 위에 ETCS 기능을 덧씌우는(overlay) 방식이다. 지상에는 유로발리스(Eurobalise)라는 정보 전송 장치가 설치된다. 이 발리스는 연동장치와 연결된 LEU(Lineside Electronic Unit)로부터 신호 현시 상태, 선로 제한 속도 등의 정보를 받아 저장하고 있다가, 열차가 발리스 위를 통과하는 순간 차상으로 해당 정보를 '불연속적으로' 전송한다. 차상에 설치된 컴퓨터(EVC)는 이 정보를 바탕으로 열차 속도를 감시하고, 제한 속도를 초과할 경우 자동으로 제동을 체결한다. 기존 인프라를 최대한 활용할 수 있어 비교적 적은 비용으로 안전성을 향상시킬 수 있는 장점이 있다.
- **ETCS Level 2** : 고속철도와 같이 고속 운행과 높은 선로 용량이 요구되는 노선을 위해 설계되었다. 이 레벨에서는 지상의 물리적인 신호기가 더 이상 필요 없으며, 모든 신호 정보가 운전실의 DMI(Driver Machine Interface)에 직접 현시된다. 지상에는 RBC(Radio Block Centre)라는 중앙 제어 장치가 설치되어, 관할 구역 내 모든 열차의 운행을 통제한다. RBC는 연동장치로부터 받은 진로 정보를 바탕으로 각 열차에 대한 이동권한(Movement Authority)을 생성하고, 이를 GSM-R이라는 철도 전용 무선 통신망을 통해 차상의 EVC로 '연속적으로' 전송한다. 열차는 자신의 위치를 발리스와 차상 센서를 통해 파악하여 RBC에 보고하고, RBC는 이를 기반으로 실시간으로 이동권한을 갱신한다. 연속적인 통신을 통해 항상 최신 정보를 바탕으로 운행하므로, 고속 주행 중에도 안전성을 확보하고 운행 간격을 단축할 수 있다.

② **핵심 통신 프로토콜 : GSM-R**

ETCS Level 2의 연속적인 데이터 통신을 가능하게 하는 기반 기술이 바로 GSM-R(Global System for Mobile Communications - Railway)이다.

- **정의 및 특징** : 2세대 이동통신 기술인 GSM을 철도 환경의 특수 요구사항에 맞게 최적화한 국제 표준 철도 전용 이동통신망이다. ETCS Level 2의 핵심인 RBC와 EVC 간의 데이터 통신(회선 교환 방식)을 지원할 뿐만 아니라, 기관사와 관제사 간의 음성 통신 기능도 통합적으로 제공한다. 특히, 여러 명이 동시에 통화하는 그룹 통화(VGCS), 긴급 상황 시 다른 통화를 끊고 우선적으로 연결하는 긴급 통화(eMLPP) 등 철도 운영에 필수적인 특수 기능들을 지원한다. 안정적인 통신 품질을 위해 900MHz 대역의 철도 전용 주파수를 사용하며, 선로를 따라 7~15km 간격으로 기지국을 설치하여 끊김 없는 통신 커버리지를 확보한다. RBC와 EVC 간에 교환되는 이동권한과 같은 안전필수 데이터는 유로라디오(Euroradio)라는 보안 프로토콜에 따라 암호화되어 전송되므로, 통신 과정에서의 데이터 위변조 위험을 방지한다.

(2) 한국형 표준 : KTCS

국내에서도 경부고속철도, 일반선, 도시철도 등 노선별로 각기 다른 외산 신호 시스템이 도입되어 운영상의 비효율과 유지보수의 어려움이 있다. 이러한 문제를 해결하고, 국내 철도 환경에 최적화된 표준 시스템을 구축하여 기술 자립을 이루기 위한 목적으로 한국형 열차제어시스템(KTCS, Korean Train Control System)이 개발되었다.

① KTCS-2의 구조와 특징

KTCS는 단계적으로 개발되고 있으며, 현재 상용화된 핵심 시스템은 KTCS-2이다.

- **기반 기술 및 호환성** : KTCS-2는 세계적인 표준인 ERTMS/ETCS Level 2와 완벽하게 상호 호환되도록 개발되었다. 이는 유럽 표준의 검증된 안전 철학과 아키텍처를 따르면서도, 핵심 기술을 국산화하여 국내 철도 신호 시스템의 표준 모델을 마련했다는 데 큰 의의가 있다. 이를 통해 국내 기술로 외산 장비를 대체하고, 전국 철도망에 단일화된 신호 시스템을 구축하여 어떤 노선이든 호환 운행이 가능한 기반을 마련했다.
- **안전성** : KTCS-2는 개발 과정에서 철도, 원자력, 의료기기 등 안전필수 시스템의 소프트웨어 및 하드웨어 안전성을 평가하는 국제 표준에 따라 안전무결성등급(SIL, Safety Integrity Level) 최고 등급인 SIL 4 인증을 획득했다. 이는 시스템이 고장이나 오류 발생 시에도 치명적인 사고로 이어지지 않도록 설계되었음을 공인받은 것으로, 높은 수준의 신뢰성을 입증한다.
- **적용 현황 및 계획** : KTCS-2는 2020년 개발 완료 후 전라선(익산-여수엑스포) 200km 구간에 시범적으로 구축되어 2022년부터 성공적으로 상용 운행을 시작했다. 이 성공적인 운영 실적을 바탕으로, 향후 경부고속선을 포함한 전국 고속철도 및 일반철도 노선으로 확대 적용될 계획이다.

② 핵심 통신 프로토콜 : LTE-R

KTCS-2가 ERTMS/ETCS Level 2와 차별화되는 가장 큰 특징은 바로 통신 기반 기술로 LTE-R을 채택했다는 점이다.

- **정의 및 장점** : LTE-R(LTE-based Railway)은 4세대 이동통신 기술인 LTE를 철도 환경에 적용한 철도통합무선망이다. 국내에서는 공공안전통신망용으로 할당된 700MHz 주파수 대역을 사용한다. GSM-R이 2G 기술에 기반하여 음성 통신과 저속 데이터 전송에 초점을 맞춘 반면, LTE-R은 350km/h 이상의 고속 이동 환경에서도 안정적인 고속, 대용량, 저지연 데이터 통신을 제공한다.
- **통합 서비스 제공** : LTE-R의 이러한 광대역 통신 성능은 KTCS-2의 열차제어 신호 데이터를 안정적으로 전송하는 것을 넘어, 하나의 통신망에서 다양한 철도 서비스를 통합적으로 제공하는 것을 가능하게 한다. 예를 들어, 기관사와 관제사 간의 음성 통화는 물론, 열차 내 CCTV 영상, 선로변 시설물의 상태를 실시간으로 전송하는 IoT 데이

터, 승객을 위한 정보 서비스 등 방대한 양의 데이터를 동시에 처리할 수 있다. 이는 철도 운영의 효율성과 안전성을 한 단계 더 높이는 기반이 된다.

이러한 표준화 시스템의 개발은 단순한 기술적 상호운용성 확보를 넘어, 중요한 경제적, 전략적 의미를 갖는다. ERTMS는 유럽 대륙의 물리적, 경제적 통합을 위한 철도 인프라의 핵심 요소로 개발되었다. 반면, KTCS는 외산 기술에 대한 의존도를 낮추고 국내 산업 생태계를 육성하려는 '기술 자립'의 목표가 강하게 반영되어 있다. 통신 기술의 선택은 이러한 전략적 차이를 명확히 보여준다. ERTMS는 개발 당시 가장 성숙했던 GSM-R을 표준으로 채택했지만, 수십 년이 지난 지금은 기술적 한계에 직면하고 있다. 반면, 후발주자인 KTCS는 기술적으로 월등히 앞선 LTE-R을 기반으로 설계됨으로써, ERTMS L2와의 호환성을 유지하면서도 미래의 데이터 기반 지능형 철도 서비스로 확장할 수 있는 훨씬 더 강력하고 유연한 통신 인프라를 확보하게 되었다. 이는 현재의 호환성을 만족시키면서 미래의 경쟁 우위를 확보하려는 전략적 선택의 결과로 해석할 수 있다.

[표 20-7] 주요 열차제어시스템 통신 방식 비교

구분(Category)	계전기 연동장치 (Relay Interlocking)	전자연동장치 (Electronic Interlocking)
논리 구현(Logic Implementation)	전기계전기의 물리적 접점 회로	마이크로프로세서 기반 소프트웨어 로직
하드웨어 구성(Hardware)	대형 계전기 랙, 복잡한 배선	소형 PCB, 모듈화된 컴퓨터 시스템
유연성(Flexibility)	선로 변경 시 대규모 배선 변경 필요 (낮음)	데이터베이스 및 소프트웨어 수정으로 대응 (높음)
유지보수(Maintenance)	접점 불량 등 기계적 고장 발생 가능	자기진단 기능으로 고장 파악 용이
통신 방식(Communication)	하드와이어드 전기 신호	내부 데이터 링크를 통한 디지털 패킷 통신

20.4.5. 시스템 신뢰성을 보장하는 핵심 로직

(1) 시간동기(PTP/NTP) 프로토콜의 심층 이해

열차 제어 시스템의 안전성을 위해서는 지상과 차상 시스템 간의 정확한 시간 동기화가 필수적이다.

NTP(Network Time Protocol)는 인터넷 환경에서 주로 사용되는 프로토콜로, 밀리초(ms) 단위의 정확도를 제공한다. 반면, PTP(Precision Time Protocol, IEEE 1588)는 근거리 통신망(LAN)에 적합하며, 서브-마이크로초(μs) 단위의 초고정밀 시간 동기를 제공한다. 열차 제어는 열차의 정확한 위치와 속도 계산에 기반하므로, 시간 동기 오차는 위치 오차로 직결되어 안전에 심각한 위협이 될 수 있다. 고속 열차가 1초에 수십 미터를 이동하는 점을 감안할 때, 밀리초 단위의 오차는 수십 센티미터의 위치 오차를 유발할 수 있다. PTP의 서브-마이크로초 정확도는 이러한 위치 오차를 허용 가능한 수준으로 줄여주어, 시스템의 안전성을 위한 시간 일치성(Temporal Coherence)을 보장한다.

PTP는 마스터-슬레이브 계층 구조를 사용하며, 최상위 시간 기준인 그랜드마스터(Grandmaster)를 중심으로 클럭이 분배된다. 각 클럭은 BMC(Best Master Clock) 알고리즘을 독립적으로 실행하여 네트워크 내에서 최적의 마스터를 선정하며, 이는 복잡한 철도망에서 유연하고 안정적인 시간 동기 환경을 구축할 수 있게 한다. PTP의 이러한 정밀성은 GPS 신호가 끊길 수 있는 터널 등에서도 높은 정확도를 유지하는 데 기여한다.

[표 20-8] PTP vs NTP 비교

항목	PTP(IEEE 1588)	NTP(RFC 5905)
정확도	서브-마이크로초(μs)	밀리초(ms)
적용 환경	근거리 통신망(LAN), 산업 제어 시스템	인터넷, 일반 사무용 네트워크
통신 방식	멀티캐스트, 유니캐스트	유니캐스트, 브로드캐스트
아키텍처	마스터-슬레이브 계층 구조	스트라텀(Stratum) 계층 구조
주요 알고리즘	BMC(Best Master Clock) 알고리즘	클라이언트 중심 소스 선택

(2) 로그/시퀀스 번호 재전송(Retransmission) 로직

지상-차상 통신에서 데이터 유실은 열차 제어에 심각한 문제를 야기할 수 있다. 이를 방지하기 위해 KTCS-2는 메시지 전송 시 수신 측으로부터 NAK(Negative Acknowledgement) 응답을 받거나 응답이 없을 경우, 동일한 메시지를 재전송하도록 설계되었다. 이 재전송 횟수는 최대 3회로 제한된다.

이러한 횟수 제한은 효율성과 신뢰성의 균형을 추구하는 설계 철학을 보여준다. 무조건적인 재전송은 통신 채널에 부하를 주어 지연을 유발할 수 있다. 3회라는 재전송 횟수 제한은 경미한 패킷 유실에 대한 즉각적인 해결책인 동시에, 만약 3회 재전송으로도 통신이 복구되지 않는다면 이는 단순한 유실을 넘어선 심각한 통신 단절(예 기지국 장애, 핸드오버 실패 등)로 판단하고, 세션 복구와 같은 더 강력한 비상 대응 절차로 신속히 전환하도록 하는 다단계 장애 대응 전략의 일환이다.

(3) 세션 복구(Session Recovery) 로직

KTCS-2의 안전전송유닛(STU)은 지상-차상 통신 세션의 연속성을 보장하기 위해 하트비트(Heartbeat) 메시지를 사용한다. 지상 STU와 차상 STU는 매 1초마다 서로에게 장비 동작 상태 확인 메시지를 전송한다. 만약 3초 동안 연속으로 메시지를 수신하지 못할 경우, 시스템은 통신 세션이 단절된 것으로 간주하고 세션을 안전하게 종료한다.

3초라는 타임아웃 규칙은 시스템의 안전과 효율 사이의 치밀한 균형점이다. 너무 짧으면 일시적인 통신 품질 저하에도 불필요하게 세션을 끊어 비효율을 초래하고, 너무 길면 통신 단절 상태를 늦게 감지하여 열차 제어에 위험을 초래할 수 있다. 3초라는 시간은 시스템의 반응 속도, 메시지 지연 시간(지상에서 차상으로 전송 시 0.5초 이하), 그리고 고속 열차의 제동 성능 등을 종합적으로 고려하여 결정된 공학적 수치로 해석될 수 있다. 시스템은 이 3초의 타임아웃이 발생하면 최악의 시나리오를 가정하고 열차에 정지 명령을 내리는 등 안전 조치를 취하게 된다.

[표 20-9] KTCS-2 주요 안전/신뢰성 기준

항목	규격 값	관련 로직
지상 → 차상 메시지 지연	0.5초 이하	전체 시스템 실시간성 보장
메시지 재전송 횟수	3회	NAK 응답 시 재전송 제어
STU 하트비트 주기	매 1초	통신 세션 상태 확인
통신 세션 타임아웃	3초 (3회 연속 미수신)	세션 종료 및 비상 대응
열차 롤백 검지 기준	2m 이하	열차 위치 제어 정밀도

20.4.6 미래 철도 통신 기술 동향 및 전망

철도 신호 통신 기술은 현재의 성과에 머무르지 않고, 더욱 안전하고 효율적이며 지능적인 미래 철도를 구현하기 위해 끊임없이 진화하고 있다. 5G 이동통신 기술의 등장은 철도 통신에 또 한 번의 혁신을 예고하고 있으며, 동시에 시스템의 연결성이 증대됨에 따라 사이버 보안이라는 새로운 과제가 중요하게 부상하고 있다.

(1) 5G 기반 차세대 철도통합무선망 : FRMCS/5G-R

현재 유럽의 표준 통신망인 GSM-R은 2030년경 기술 지원이 종료될 것으로 예상되며, 2G 기반 기술의 한계로 인해 미래 철도가 요구하는 대용량 데이터 전송, 초저지연 통신 등을 지원하기 어렵다. 이에 국제철도연맹(UIC)을 중심으로 5G 기술에 기반한 차세대 철도 이동통신 시스템인 FRMCS(Future Railway Mobile Communication System)의 표준화가 활발히 진행되고 있다. 국내에서도 기존 LTE-R을 5G-R로 고도화하기 위한 연구개발이 추진 중이며, 이는 철도 시스템의 완전한 디지털 전환을 이끌 핵심 인프라가 될 것이다.

① 5G 핵심 기술의 적용 : FRMCS와 5G-R은 5G 이동통신의 혁신적인 기술들을 철도 환경에 접목하여 기존에는 불가능했던 새로운 서비스들을 가능하게 한다.

- **초고신뢰·초저지연 통신(uRLLC, Ultra-Reliable and Low-Latency Communications)** : 1밀리초(1ms) 수준의 매우 낮은 지연 시간과 99.9999%에 달하는 초고도의 신뢰성을 제공하는 통신 방식이다. 이는 열차 간 직접 통신(T2T, Train-to-Train)을 통해 선행 열차의 정보를 후행 열차가 받아 스스로 안전거리를 제어하는 열차 자율주행이나, 원격지에서 열차를 직접 운전하는 원격 제어와 같이 즉각적인 반응과 절대적인 신뢰성이 요구되는 '미션 크리티컬(Mission-Critical)' 서비스의 구현을 위한 필수 기술이다.
- **네트워크 슬라이싱(Network Slicing)** : 하나의 물리적인 5G 네트워크를 논리적으로 다수의 독립된 가상 네트워크로 분리하여 운영하는 기술이다. 이를 통해 철도 운영에 필요한 다양한 서비스들을 각각의 요구사항(QoS, Quality of Service)에 맞게 최적화된 가상망에 할당할 수 있다. 예를 들어, 열차제어 신호와 같이 절대적인 신뢰성과 저지연이 필요한 데이터는 uRLLC 슬라이스에, 선로변 CCTV의 고화질 영상 스트리밍은 초광대역(eMBB) 슬라이스에, 그리고 수많은 IoT 센서로부터 수집되는 소량의 데이터는 대규모 사물 통신(mMTC) 슬라이스에 할당하여 상호 간섭 없이 안정적으로 운영할 수 있다. 이는 미션 크리티컬 서비스와 일반 서비스를 동일한 물리적 네트워크 인프라 위에서 안전하게 분리하여 효율성과 보안성을 동시에 높이는 핵심 기술이다.

(2) 연결성 확대에 따른 사이버 보안의 부상

과거의 철도 신호 시스템은 외부와 물리적으로 분리된 폐쇄망으로 운영되어 사이버 공격의 위협으로부터 비교적 안전했다. 그러나 CBTC, ERTMS, KTCS와 같이 IP 네트워크와 무선 통신 기술을 전면적으로 도입하면서 시스템의 연결성이 크게 확대되었고, 이는 필연적으로 외부 공격에 대한 노출점(Attack Surface)의 증가로 이어졌다. 신호제어 시스템에 악의적으로 침투하여 열차 충돌을 유발하거나, 무선 통신을 탈취하여 제어 명령을 변조하는 행위, 또는 시스템을 마비시키는 랜섬웨어 공격 등은 더 이상 가상의 시나리오가 아닌, 열차 운행에 치명적인 결과를 초래할 수 있는 실질적인 위협이 되었다.

① 대응 기술 및 표준 : 이러한 새로운 위협에 대응하기 위해 다층적인 보안 기술과 국제 표준의 준수가 필수적이다.
- **데이터 암호화 및 무결성 확보** : 차상과 지상, 그리고 시스템 내부의 모든 통신 구간에서 교환되는 데이터는 강력한 알고리즘으로 암호화하여 도청을 방지해야 한다. 또한, 전송되는 모든 메시지에는 인증 코드(MAC, Message Authentication Code)를 첨부하여 데이터가 중간에 위조되거나 변조되지 않았음을 검증해야 한다.
- **장치 인증 및 접근 제어** : 네트워크에 접속하는 모든 차상 및 지상 장치는 사전에 등록되고 허가된 장치임을 증명하는 강력한 상호 인증 절차를 거쳐야 한다. 이를 통해 비인가 장치의 불법적인 접속을 원천적으로 차단한다. 국내에서도 이러한 철도 환경에 최적화

된 보안인증시스템 기술이 개발되어 한국정보통신기술협회(TTA) 표준으로 제정되었다.
- **보안 내재화(Security by Design) 및 표준 준수** : 시스템을 개발하는 초기 설계 단계부터 보안 위협을 식별하고 대응 방안을 반영하는 '보안 내재화' 접근 방식이 중요하다. 또한, 철도 제어 시스템 소프트웨어의 안전성을 규정하는 EN 50128, 산업 자동화 및 제어 시스템의 보안을 다루는 IEC 62443과 같은 국제 표준을 철저히 준수하여 시스템의 보안 신뢰도를 확보해야 한다.
- **지속적인 모니터링 및 방어** : 네트워크 트래픽을 실시간으로 감시하여 비정상적인 접근 시도나 이상 행위를 탐지하고 차단하는 침입 탐지/방지 시스템(IDS/IPS)을 도입하고, 최신 위협 정보에 기반한 취약점 관리와 보안 업데이트를 주기적으로 수행해야 한다.

20.4.7 결론

철도 신호 시스템의 통신 프로토콜은 '안전'이라는 불변의 가치를 기반으로, 시대가 요구하는 '효율성'과 '상호운용성'을 달성하기 위해 끊임없이 진화해왔다. 궤도회로의 물리적 신뢰성에서 시작하여, 전자연동장치를 통해 디지털 논리의 유연성을 확보했고, CBTC를 통해 무선통신 기반의 고밀도 운행을 실현하며 도시의 혈맥을 확장했다. 나아가 ERTMS와 KTCS는 국가와 기술의 경계를 허무는 표준화를 통해 철도망의 통합 운영 기반을 마련했으며, 이제 5G-R 기술을 통해 열차 스스로 판단하고 소통하는 '지능화'와 '자율화'의 시대로 나아가고 있다.

이러한 기술적 진보의 과정 속에서 미래 철도 시스템의 성공을 좌우할 핵심 가치들이 명확해졌다. 미래의 통신 프로토콜은 단순히 더 빠른 속도와 더 넓은 대역폭을 제공하는 것을 넘어, 다음 네 가지 핵심 가치를 조화롭게 구현해야 한다.

- **안전성(Safety)** : 어떠한 기술적 혁신도 안전이라는 기본 전제를 훼손할 수 없다. Fail-Safe 원칙은 디지털 및 무선 환경에서도 더욱 정교한 방식으로 구현되어야 한다.
- **상호운용성(Interoperability)** : 표준화된 프로토콜을 통해 다양한 시스템과 장비가 원활하게 소통하고 협력하여, 단절 없는 철도 네트워크를 구축해야 한다.
- **성능(Performance)** : 대용량 데이터를 초저지연으로 전송하여 열차 자율주행, 실시간 자산 관리 등 고도의 서비스를 안정적으로 지원할 수 있는 성능을 보장해야 한다.
- **보안(Security)** : 초연결 시대의 새로운 위협인 사이버 공격으로부터 시스템을 완벽하게 보호하여, 신호 시스템의 신뢰성을 지켜내야 한다.

이 네 가지 가치는 상호 독립적이면서도 긴밀하게 연결되어 있으며, 어느 하나라도 소홀히 할 수 없는 미래 철도 시스템의 견고한 기둥이 될 것이다. 따라서 앞으로의 기술 개발과 시스템 구축은 이 네 가지 핵심 가치의 균형 있는 발전을 목표로 추진되어야 할 것이다.

KTCS 열차제어시스템 기술해설

[표 20-10] 국내외 주요 노선별 신호시스템 적용 현황

구분	노선명	적용 시스템	통신 방식	주요 특징
국내	신분당선, 부산김해경전철	CBTC (Thales SelTrac)	유도 루프 / 무선 LAN	무인운전, 이동폐색
	서울 경전철 우이신설선	CBTC (Ansaldo STS/Hitachi)	무선 LAN	이동폐색
	전라선 (익산-여수엑스포)	KTCS-2 (시범사업)	LTE-R	ERTMS L2 호환, 한국형 표준
	경부고속선	TVM430 (1단계), ETCS L1 (2단계)	궤도회로, 유로발리스	고속선 전용 차상신호
국외	프랑스 TGV 동선	ERTMS Level 2	GSM-R	고속선, 상호운용
	싱가포르 동북선	CBTC (Alstom Urbalis)	무선 LAN	세계 최초 CBTC 적용
	뉴욕 지하철 L선	CBTC (Siemens Trainguard)	무선 LAN	기존 노선 개량, 용량 증대
	MTR 튄마선 (홍콩)	CBTC (Thales SelTrac)	무선 LAN	복잡한 도심 노선 제어

20.5 열차제어시스템(KTCS-2) 성능지표 표준화 및 RAMS 공학

20.5.1 열차제어시스템(KTCS-2)의 탄생과 성능지표 표준화의 중요성

(1) 한국 철도 열차제어시스템(KTCS-2)의 탄생

한국 철도 신호 시스템은 과거 기관사의 시야와 판단에 크게 의존하는 열차자동정지장치(ATS)와 같은 점(Point) 제어 방식에 기반을 두었다. 이러한 방식은 신호기 현시 속도를 초과하거나 정지 신호를 무시할 경우에만 비상 제동을 체결하는 기초적인 안전 장치였으며, 악천후나 인적 오류에 취약하다는 본질적인 한계를 지니고 있었다. 2013년 대구역에서 발생한 열차 3중 충돌 사고와 같은 사례는 신호 오인과 같은 복합적인 요인이 결합될 경우 대형 사고로 이어질 수 있는 위험성을 여실히 보여준다.

이러한 한계를 극복하기 위해 국토교통부 주도로 '철도 신호통신 국산화 계획'이 추진되었으며, 그 결과물이 바로 차세대 한국형 열차제어시스템인 KTCS-2이다. KTCS-2는 기존의 점 제어 방식에서 벗어나, 세계 최초로 철도 전용 무선통신망인 LTE-R을 활용하여 열차와 지상 시스템이 실시간으로, 그리고 연속적으로 정보를 주고받는 혁신적인 시스템이다. 이 실시간 통신은 열차의 현재 위치와 속도를 정확하게 파악하여 열차 간 간격을 **10.5km에서 7.8km로 줄이는 데 기여**했으며, 이는 수송력을 약 1.2배 증대시키는 효과를 가져왔다.

KTCS-2의 혁신은 단순히 효율성 증대에만 그치지 않는다. 시스템이 열차의 이동 권한을 직접 제어하고, 낙석이나 차량 구름 등 선로의 지장 상황을 실시간으로 파악하여 운행 중인 열차가 안전하게 정지할 수 있도록 정보를 제공하는 기능은 철도 안전의 철학을 '인간 보조'에서 '시스템 주도'로 전환시킨 중대한 패러다임 변화로 평가된다. KTCS-2는 세계 최고 수준의 안전성 평가 기준인 SIL 4(Safety Integrity Level 4)를 만족하며, 유럽 표준인 ETCS-L2와 호환 가능하도록 개발되었다. 이러한 국제 표준 준수는 국내 기술의 신뢰성을 보장하는 동시에, 해외 시장 진출을 위한 중요한 교두보를 마련했다는 점에서 전략적 가치를 지닌다.

(2) 성능지표(KPI) 표준화의 필요성 및 검토의 목적

이처럼 복잡하고 첨단 기술이 집약된 KTCS-2 시스템의 성공적인 운영을 위해서는 각 구성요소의 성능을 객관적으로 측정하고 평가하는 표준화된 지표, 즉 핵심 성능지표(Key Performance Indicators, KPI)가 필수적이다. 이 검토는 신호 엔지니어가 KTCS-2 시스템의 주요 KPI를 명확히 이해하고, 이들이 RAMS(신뢰성, 가용성, 유지보수성, 안전성) 공학이라는 통합된 프레임워크 내에서 어떻게 상호작용하는지 심층적으로 분석하는 것을 목표로 한다. 특히, 안전성과 가용성의 본질적인 상충 관계를 구체적인 사례를 통해 해설함으로써, 단순히 장비의 고장을 넘어 시스템 전체의 관점에서 문제의 원인을 파악하고 해결책을 모색하는 데 필요한 통찰을 제공하고자 한다.

20.5.2 KTCS-2 시스템의 구조 및 핵심 구성요소 분석

KTCS-2는 여러 지상 및 차상(열차 내) 장비들이 유기적으로 연결되어 작동하는 복합 시스템이다. 그중에서도 시스템의 두뇌 역할을 하는 RBC, 안전한 진로 확보를 책임지는 IXL, 그리고 기초 안전 기능을 수행하는 ATS의 기능과 역할은 엔지니어가 반드시 이해해야 할 핵심 구성요소이다.

(1) KTCS-2 시스템의 핵심 두뇌 : RBC(Radio Block Centre)

RBC는 KTCS-2 지상 시스템의 핵심 장치로, 열차의 위치와 속도를 지속적으로 감시하며 안전 운행을 위한 '이동 권한(Movement Authority)'을 생성하고 관리하는 역할을 수행한다. 이 정보는 LTE-R 무선통신망을 통해 실시간으로 열차에 전송되며, 열차는 이 권한 내에서만 운행할 수 있다. 각 RBC는 약 60km 구간의 열차를 관할하며, 열차는 다음 관할 구역으로 이동할 때 RBC 간 '핸드오버(Handover)' 과정을 거쳐 끊김 없이 연속적으로 운행을 지속한다. 또한, RBC는 낙석이나 차량 구름 등과 같이 선로에 발생한 돌발 지장 상황을 실시간으로 파악하여 운행 중인 열차가 안전하게 정지할 수 있도록 정보를 제공하는 중요한 기능도 수행한다.

(2) 안전한 진로 확보의 핵심 : IXL(Electronic Interlocking System)

IXL은 '전자연동장치'로, 역 구내나 분기선에서 열차의 안전한 진로를 확보하는 데 필수적인 시스템이다. IXL은 신호기, 선로전환기, 궤도회로 등의 지상 설비들이 서로 충돌하거나 오작동을 일으키지 않도록 컴퓨터 소프트웨어로 상호 배타적인 논리를 구현한다. 예를 들어, 특정 진로로 열차가 진입하도록 진로가 설정되면, IXL은 자동으로 해당 진로의 모든 관련 설비들을 '쇄정(Locked)' 상태로 만들어 다른 열차가 그 경로를 방해하지 못하도록 한다. 이는 열차 충돌이나 탈선과 같은 중대한 사고를 방지하는 근본적인 안전 기능을 수행한다.

20.5.3 성능지표(KPI)의 핵심 프레임워크 : RAMS 공학

KTCS-2 시스템의 성능을 평가하고 관리하기 위해서는 단순한 개별 지표를 넘어, 시스템의 생애주기 전반에 걸친 종합적인 평가 프레임워크가 필요하다. RAMS는 이러한 역할을 수행하는 핵심 공학 분야이다.

(1) RAMS(신뢰성, 가용성, 유지보수성, 안전성)의 개념과 철학

RAMS는 Reliability(신뢰성), Availability(가용성), Maintainability(유지보수성), Safety(안전성)의 머리글자를 따서 명명된 통합된 개념이다. 이는 시스템이 장기간 운영되는 동안 얼마나 신뢰할 수 있고, 이용 가능하며, 유지보수가 용이하고, 안전한지를 정량적 및 정성적 지표로 나타내는 것을 목표로 한다. RAMS 공학은 국제 표준인 EN 50126과 IEC 62278에 의해 철도 시스템의 설계, 개발, 운영 전반에 걸쳐 체계적으로 적용된다.

- 신뢰성(Reliability) : 시스템이 주어진 조건에서 고장 없이 지정된 기능을 일정 기간 동안 수행할 확률을 의미한다. 이는 주로 평균 고장 간격(MTBF)으로 측정된다.
- 가용성(Availability) : 시스템이 주어진 시점에서 지정된 기능을 수행할 수 있는 상태에 있을 확률을 의미한다.
- 유지보수성(Maintainability) : 시스템에 고장이 발생했을 때, 지정된 시간 내에 수리 및 복구가 가능한 정도를 의미한다. 이는 주로 평균 수리 시간(MTTR)으로 측정된다.
- 안전성(Safety) : 시스템의 고장이나 오작동이 인명이나 재산에 치명적인 사고로 이어지지 않도록 하는 능력이다. 이는 안전무결성수준(SIL)과 같은 정량적 지표로 평가된다.

(2) RAMS 활동의 수명주기 관리

RAMS 활동은 시스템의 개념 설계 단계부터 폐기까지 전 생애주기에 걸쳐 체계적으로 수행된다. 이는 단순히 장비의 성능을 테스트하는 것을 넘어, 예비 위험 분석, 고장 데이터 평가, 안전성 관리 계획 수립 등을 포함하는 종합적인 프로세스이다. 이러한 전 생애주기적 관점은 시스템의 위험을 허용 가능한 수준으로 관리하고, 지속적으로 성능을 최적화하는 데 필수적이다.

[표 20-11] RAMS 구성요소별 정의 및 KTCS-2 적용 사례

RAMS 요소	정의	KTCS-2 관련 KPI 및 적용 사례
신뢰성	고장 없이 기능하는 정도	MTBF(평균 고장 간격) 시스템 구성 장치(RBC, IXL)의 예상 수명 및 고장률
가용성	정상적으로 작동할 수 있는 확률	MTBF / (MTBF + MTTR) 연간 허용 장애 시간
유지보수성	고장 발생 시 복구 용이성	MTTR(평균 수리 시간) 고장 진단 및 부품 교체 시간
안전성	위험한 고장으로 이어지지 않는 능력	SIL 4(안전무결성수준 4) 10^{-9} 수준의 허용 위험 고장률

RAMS의 네 가지 요소 중 특히 중요한 것은 **안전성(Safety)과 가용성(Availability)의 상충 관계**이다. 시스템의 안전성을 최우선으로 설계하면, 사소한 고장 신호에도 운행을 중단시켜 안전한 상태로 전환하게 된다. 이는 안전성을 극대화하지만, 운행 중단 시간을 증가시켜 가용성을 떨어뜨린다. 반대로, 가용성을 높이기 위해 고장에 대한 허용치를 높이면 잠재적인 위험을 내포하게 되어 안전성을 훼손할 수 있다. KTCS-2의 KPI는 바로 이 두 가지 상충하는 목표 사이에서 최적의 균형점을 찾기 위한 기준점 역할을 수행 한다.

20.5.4 KTCS-2 핵심 성능지표(KPI) 심층 분석

(1) 가용도(Availability) 지표의 이해와 측정

가용도는 시스템이 주어진 시점에 정상적으로 기능할 수 있는 상태에 있을 확률을 의미한다. 이는 철도 시스템의 운행 효율성을 나타내는 가장 중요한 지표 중 하나이다. 가용도는 다음의 공식을 통해 산출할 수 있다.

$$가용도 = MTBF + MTTR \cdot MTBF$$

여기서 MTBF(Mean Time Between Failure)는 평균 고장 간격으로 시스템이 고장 난 후 다음 고장이 발생할 때까지의 평균 시간을 나타내며, 신뢰성 지표에 해당한다. MTTR(Mean Time To Repair)은 평균 수리 시간으로 시스템 고장 발생 후 복구에 소요되는 평균 시간을 의미하며, 유지보수성 지표에 해당한다.

철도 시스템의 RAMS 목표는 일반적으로 99% 이상의 가용도를 만족하도록 설정된다. 이 수치는 연간 허용 가능한 장애 시간으로 환산하여 그 의미를 명확히 이해할 수 있다. 예를 들어, 99.9%의 가용도는 연간 약 8시간 45분, 주간 약 10분 5초의 장애 시간만을 허용한다는 것을 의미한다. 이는 현장 엔지니어가 MTTR을 최소화하기 위해 신속한 고장 진단 및 복구 체계를 구축하는 것이 얼마나 중요한지를 보여준다.

(2) 통신 지연(Communication Delay)

KTCS-2의 핵심은 LTE-R 기반의 실시간, 연속 제어에 있다. 따라서 통신망의 성능은 시스템 전체의 안전성과 가용성을 결정하는 가장 근본적인 선행 조건이다. 통신 지연 및 손실 지표는 KTCS-2의 핵심 KPI로 다음과 같은 구체적인 규격을 갖고 있다.

- 메시지 지연 시간 : 지상에서 차상으로, 또는 차상에서 지상으로 메시지를 전송할 때 발생하는 지연 시간은 0.5초 이하를 목표로 한다.
- 연속 패킷 손실 시간 : 통신 연결이 끊김 없이 유지되어야 하며, 연속적인 패킷 손실은 5초 이내여야 한다.
- 핸드오버 성공률 : 열차가 RBC 또는 RRU(기지국) 간 경계를 넘나들 때, 통신이 끊기지 않고 원활하게 전환되어야 하며, 핸드오버 성공률은 99% 이상을 요구한다.

이러한 통신 KPI는 안전성과 가용성에 직접적인 영향을 미친다. 고속 주행 중 0.5초의 메시지 지연은 열차의 제동 거리에 상당한 차이를 유발할 수 있어 안전에 직접적인 위협이 된다. 또한, 연속적인 패킷 손실이 5초를 초과하면 시스템은 안전을 위해 열차를 자동으로 정지시키는 'Fail-Safe(Fail-Safe)' 기능을 작동시킨다. 이 조치는 시스템의 안전성을 극대화하지만, 동시에 운행 중단을 초래하여 가용성을 희생하는 사례이다. 이처럼 통신 지표는 안전과 가용성 사이의 미묘한 균형점을 보여주는 대표적인 예이다.

[표 20-12] KTCS-2 통신 성능지표(KPI) 상세 규격

지표 항목	목표 값	단위	관련 시스템/기능
지상-차상 메시지 지연	0.5 이하	초[s]	열차 제어 및 이동 권한 전송
연속 패킷 손실 시간	5 이내	초[s]	비상 제동 체결 및 안전 상태 전환
핸드오버 성공률	99 이상	퍼센트[%]	RBC 및 RRU 간 통신 연속성
커버리지	98 이상	퍼센트[%]	LTE-R 신호 강도 보장

(3) 안전목표(허용 위험도)와 SIL 4(Safety Integrity Level 4)

철도시스템의 안전성 목표는 위험 분석을 통해 '허용 가능한 위험률(THR, Tolerable Hazard Rate)'을 설정하는 것에서 시작한다. 이 THR은 시스템이 안전을 위협하는 고장을 허용할 수 있는 빈도의 상한선을 정량적으로 정의한다. 이 THR을 기반으로 안전 기능이 달성해야 할 정량적 목표를 등급화한 것이 바로 SIL(Safety Integrity Level, 안전 무결성 수준)이다.

KTCS-2가 달성한 SIL 4는 철도 시스템에서 요구되는 가장 높은 안전성 등급이다. 이는 시스템의 '위험한 고장(Dangerous Failure)'이 극도로 낮은 확률로 발생해야 함을 의미하며, 구체적으로는 1억 시간당 1회 미만의 고장률을 목표로 한다. 이는 항공기나 원자력 발전과 같이 극도의 안전성이 요구되는 산업에서 적용되는 최고 수준의 요구사항과 유사하다.

SIL 4를 달성하기 위한 가장 근본적인 설계 철학은 Fail-Safe이다. 이 원리는 시스템에 고장이 발생했을 때, 더 위험한 상태로 진행되는 것을 막고, 가장 안전한 상태(예 열차 정지)로 자동 전환되도록 설계하는 것이다. 이는 능동적인 제어 메커니즘이 아닌, 고장 자체가 안전 기능을 유발하는 수동적인 방식으로 구현된다. 예를 들어, 열차와 지상 간 통신이 5초 이상 끊길 경우, 시스템은 위험이 발생했다고 판단하고 즉시 비상 제동을 체결하여 열차를 정지시킨다. 이처럼 KTCS-2는 Fail-Safe 원칙을 시스템 전반에 적용함으로써 SIL 4의 엄격한 요구사항을 충족시키고, 인적 오류나 시스템 고장으로 인한 대형 사고를 미연에 방지할 수 있다.

[표 20-13] 안전무결성수준(SIL)과 허용 가능한 위험 고장률

SIL 등급	허용 가능한 위험 고장률(시간당)	관련 산업
SIL 4	$<10^{-9}$(1억 시간당 1회 미만)	철도 제어, 항공, 원자력
SIL 3	$10^{-8} \sim 10^{-7}$	산업 제어 시스템
SIL 2	$10^{-7} \sim 10^{-6}$	공정 자동화, 의료기기
SIL 1	$10^{-6} \sim 10^{-5}$	일반 산업용 기계

20.5.5 RAMS 지표 간의 상호작용 및 실무적 균형 관리

(1) 안전성(Safety)과 가용성(Availability)의 상충 관계 심화

앞서 언급했듯이, 안전성과 가용성은 서로 상충하는 관계이며, 이 두 가지 목표를 동시에 만족하기 위해서는 신뢰성(R)과 유지보수성(M)을 모두 고려하는 종합적인 접근이 필요하다.

- **안전성 우선 시나리오** : 선로전환기나 궤도회로와 같은 핵심 장치에서 미세한 고장 신호가 감지될 경우, 시스템은 안전을 위해 해당 장치를 즉시 차단하고 인근 열차의 운행을 정지시킨다. 이는 SIL 4 기준에 부합하는 Fail-Safe 동작이다. 이로 인해 열차 운행이 중단되고 장애 시간이 발생하여 가용성은 일시적으로 저하되지만, 잠재적인 사고 위험을 완벽히 차단하여 안전성을 보장한다. 철도 시스템에서는 이처럼 안전성을 최우선으로 고려하는 설계가 필수적이다.

- **안전성 훼손 시나리오** : (KTCS-2의 사례는 아니지만) 만약 시스템이 사소한 고장이나 통신 지연을 무시하고 운행을 지속하도록 설계된다면, 단기적으로는 운행 중단이 없어 가용성이 높아질 수 있다. 그러나 이는 시스템의 누적된 잠재적 위험을 간과하는 것이며, 결국 대형 사고로 이어질 수 있는 가능성을 높인다.

(2) 시스템 설계 및 운영 단계에서의 균형 관리 방안

안전성과 가용성의 균형을 관리하기 위해서는 설계 단계부터 운영 및 유지보수 단계까지 체계적인 노력이 필요하다.

- **설계 단계에서의 노력** : Fail-Safe 설계를 기본 원칙으로 적용하되, 장애 내성(Fault-Tolerant) 설계를 통해 시스템의 이중화(Redundancy)를 확보해야 한다. 예를 들어, 핵심 제어 장치를 이중화하여 주 시스템에 장애가 발생하더라도 예비 시스템으로 즉시 자동 전환되어 본래의 기능을 유지할 수 있도록 함으로써 안전성과 가용성을 동시에 확보할 수 있다. 또한, 열차 제어 시스템에서 소프트웨어의 의존도와 중요성이 증가함에 따라, 국제 규격에 따른 소프트웨어 안전성 검증이 필수적이다.
- **운영 및 유지보수 단계에서의 노력** : 고장 발생 이전에 잠재적 위험을 제거하는 '예방 정비' 활동은 MTBF를 증가시켜 시스템의 신뢰성과 가용성을 높이는 가장 효과적인 방법이다. 또한, 고장 발생 시 신속한 원인 진단과 복구를 위한 체계를 구축하여 MTTR을 최소화해야 한다. 고장기록장치와 같은 시스템을 활용하여 전력 품질을 상시 모니터링하고 유사 장애를 예방하는 노력은 가용성을 회복하는 데 중요한 역할을 한다.

20.5.6 신호 엔지니어를 위한 의견

(1) KTCS-2 성능지표에 대한 종합적 이해

KTCS-2의 핵심 성능지표는 단순히 개별 장치의 기술적 성능을 측정하는 수치가 아니다. RBC, IXL, 통신망, 그리고 안전성 목표는 유기적으로 연결되어 있으며, 이 모든 지표는 궁극적으로 RAMS라는 하나의 통합된 프레임워크 안에서 이해되어야 한다. KTCS-2는 SIL 4와 같은 최고 수준의 안전성을 달성하는 것을 목표로 하면서도, 통신 및 시스템 가용성을 극대화하여 효율성까지 확보한 고도로 균형 잡힌 시스템이다. 이 시스템의 성공적인 운영은 안전성과 가용성의 상충 관계를 지속적으로 관리하고 최적화하는 현장 엔지니어의 역량에 달려있다.

(2) 실무 현장에서의 KPI 활용과 시스템 개선 방안

신호 엔지니어는 시스템의 고장 데이터를 분석하는 데 적극적으로 참여해야 한다. 단순한 장비 교체를 넘어, 고장 기록을 통해 MTBF와 MTTR을 계산하고, 이를 기반으로 시스템 취약점을 파악하여 예방 정비 계획을 수립하는 것은 시스템의 신뢰성과 가용성을 근본적으로 향상시킨다. 또한, 고장이 발생했을 때 하드웨어 문제뿐만 아니라 소프트웨어, 통신 네트워크, 심지어 인적 오류까지 아우르는 복합적인 관점에서 원인을 분석하는 능력을 함양해야 한다. 이는 과거 대구역 사고 사례가 보여주듯이, 기술적 결함과 인적 오류가 결합된 복합적인 원인으로 인해 발생하는 사고를 예방하는 데 필수적인 역량이다.

(3) 향후 기술 발전에 대한 전망

KTCS-2의 성공적인 상용화는 한국이 세계 철도 시장에서 기술 리더십을 확보하는 중요한 계기가 될 것이다. 향후에는 KTCS-2를 기반으로 한 완전 무인 자동 열차 운전(ATO) 시스템, 빅데이터와 인공지능을 활용한 예측 정비 기술, 그리고 사이버 보안 강화 등이 주요한 기술 발전 과제가 될 것으로 전망된다. KTCS-2의 KPI를 이해하고 관리하는 역량은 이러한 미래 기술 발전에 기여하는 가장 중요한 초석이 될 것이다.

20.6 KTCS-2 사이버보안 설명

20.6.1. 안전(Safety)과 보안(Security)의 새로운 융합

(1) KTCS-2 시스템의 혁신적 특성 및 사이버보안의 필연성

KTCS-2(한국형 열차제어시스템 레벨 2)는 기존의 열차 제어 시스템이 가진 물리적 및 기술적 한계를 극복하기 위해 국내 기술로 개발된 차세대 철도 시스템이다. 이 시스템은 유럽 철도교통관리시스템(ERTMS)의 핵심 요소인 ETCS 국제표준규격과 상호 운영이 가능하도록 설계되었으며, 국제표준인 IEC 기준을 충족하여 세계 최고 수준의 안전 무결성 등급인 SIL 4(Safety Integrity Level 4) 인증을 획득함으로써 시스템의 높은 신뢰성을 공인받았다. 이는 전통적인 철도 안전 시스템이 추구해 온 엄격한 안전 지향적 원칙이 KTCS-2에도 그대로 계승되었음을 의미한다.

KTCS-2의 가장 혁신적인 특징은 열차제어의 핵심 기능을 철도 전용 무선통신망인 LTE-R을 기반으로 구현했다는 점이다. 기존 열차 제어 시스템은 열차의 위치를 확인하기 위해 선로에 설치된 궤도회로 등의 물리적 장치에 의존했으나, KTCS-2는 LTE-R망을 통해 열차와 지상 시스템 간에 열차의 이동권한, 제한속도 등 운행에 필수적인 정보를 실시간으로 주고받는다. 이러한 무선 기반 실시간 통신 덕분에 선행 열차와의 운행 간격을 최대 20% 이상 감소시켜 수송력을 향상시키고, 지상 신호기 등 물리적 장비를 최소화하여 설치 및 유지보수 비용을 절감하는 등 경제적 효율성 또한 확보했다.

이러한 혁신은 전통적인 철도 안전성(Safety) 패러다임에 근본적인 변화를 가져왔다. 기존 철도 시스템의 안전은 레일 절손, 단전, 전압 강하 등 예측 가능한 물리적 고장(Fault)이 발생하면 자동으로 정지 신호를 보내는 안전측 동작(Fail-safe) 원칙에 기반을 두었다. 그러나 KTCS-2는 열차 제어의 핵심을 물리적 궤도회로에서 가상의 무선통신망으로 전환함으로써, 전통적인 물리적 위협 외에 무선통신망에 대한 새로운 형태의 사이버 위협에 직접적으로 노출되게 되었다. 예를 들어, 악의적인 전파 방해(Jamming) 공격은 열차와 지상 간의 통신을 교란시켜 열차 운행의 안전성에 치명적인 영향을 미칠 수 있다. 따라서, 사이버보안은 더 이상 단순한 정보기술(IT) 시스템의 문제가 아니라, 열차의 물리적 안전을 보장하는 핵심 요소로 격상되었다. 즉, 사이버 공격(Attack)에 대한 보안(Security)은 이제 전통적인 안전(Safety)을 보장하기 위한 새로운 수단이 되었으며, 이는 KTCS-2 시스템이 획득한 SIL 4 인증의 유효성을 지속적으로 유지하기 위한 필수적인 전제 조건이다.

20.6.2. 철도 사이버보안 표준 : IEC 62443과 EN 50701 심층 분석

(1) IEC 62443 : 산업 제어 시스템(ICS) 보안의 종합 프레임워크

IEC 62443은 발전소, 제조 시설, 교통 인프라 등 산업 제어 시스템(ICS) 및 운영 기술(OT) 환경의 사이버보안을 위한 국제적으로 인정받는 종합 표준 체계이다. 이 표준은 단순히 기술적인 요구사항을 나열하는 데 그치지 않고, 자산 소유자, 시스템 통합업체, 제품 공급업체 등 시스템 보안에 관련된 모든 이해관계자에게 보안 수명 주기 전체를 포괄하는 구조화된 지침을 제공한다.

이 표준의 핵심 개념 중 하나는 **영역(Zone)과 도관(Conduit)** 모델이다. 이 모델은 전체 시스템을 보안 수준에 따라 논리적 또는 물리적 구역(Zone)으로 분할하고, 이 구역 간의 통신 경로를 도관(Conduit)으로 정의한다. 이 접근 방식의 목적은 중요한 시스템을 잠재적 위협으로부터 격리하여 공격의 영향을 최소화하는 것이다. 또한, **안전 수준(Security Levels, SL)** 개념을 통해 위험 평가를 기반으로 SL1(기본 보호)부터 SL4(최고 수준의 보호)까지 시스템의 중요도와 잠재적 공격의 영향에 따라 맞춤형 보안 조치를 적용하도록 한다.

KTCS-2 시스템의 구조는 이 영역 및 도관 모델을 적용하기에 매우 적합하다. KTCS-2의 주요 구성 요소는 지상 제어 시스템인 RBC(Radio Block Center), 열차 내부에 설치된 차상 시스템(On-board unit), 그리고 이 둘을 연결하는 무선통신망(LTE-R)으로 구분할 수 있다. 이들은 각각 독립된 보안 영역(Zone)으로 간주될 수 있다. 예를 들어, 열차 운행의 핵심 명령을 내리는 RBC는 최고 수준의 보안이 요구되는 영역(SL4)으로 설정될 수 있으며, 열차의 각 장치들도 그 중요도에 따라 적절한 보안 수준을 할당받아야 한다. 이때, 열차와 지상 시스템을 연결하는 LTE-R 통신망은 도관이 된다. 이 도관을 보호하기 위한 암호화 및 인증 기술은 KTCS-2 시스템의 사이버보안에 있어 가장 중요한 기술적 방어선이 된다. 시스템 엔지니어는 이처럼 시스템의 각 부분을 영역과 도관으로 분리하여 위협을 분석하고 대응책을 설계함으로써 체계적인 보안 프레임워크를 구축할 수 있다.

(2) EN 50701 : 철도 분야 특화 사이버보안 표준

EN 50701은 유럽철도 표준화 위원회(CENELEC)의 워킹그룹이 개발한 철도 전용 사이버보안 표준이다. 이는 IEC 62443을 기반으로 철도 신호, 차량, 고정 설비 등 철도 분야의 특화된 환경에 맞는 사이버보안 지침을 제공하는 기술 사양(TS, Technical Specification)이다. EN 50701은 IEC 62443과 긴밀한 관계를 맺고 있다. 이 표준은 IEC 62443의 핵심 개념인 보안 수준, 위험 평가, 구역 및 도관 접근법 등을 그대로 채택한다. 그러나 단순한 반복을 넘어, 철도 분야의 오랜 안전성(Safety) 프로세스인 RAMS(EN 50126-1)와 통합함으로써 철도 고유의 개념을 도입했다. 예를 들어, **'Cybersecurity Case'**라는 개념은 기존의 철도 안전성 케이스(Safety Case)에서 영감을 받아 만들어진 것이다. 이 문서에는 사이버보안 요구사항과 그에 대한 대응책이 정의되어 있으며, 시스템 통합업체와 시스템 운영자 간에 사이버보안 책임이 명확히 전달되도록 한다.

이러한 접근법은 철도 엔지니어들이 새로운 사이버보안 표준을 도입할 때 겪는 문화적, 기술적 장벽을 크게 낮춰준다. 철도 엔지니어는 이미 익숙한 안전성 케이스의 논리와 절차를 사이버보안 케이스에 그대로 적용하여 문서화하고 검증할 수 있다. 이로써 공급망(Supply Chain) 전반에 걸쳐 통일된 보안 평가 및 규정 준수가 가능해지며, 다양한 기업의 기술이 결합된 KTCS-2와 같은 복잡한 시스템에 특히 중요한 역할을 한다. EN 50701은 산업 제어 시스템 보안의 일반론을 다루는 IEC 62443을 철도라는 특수 분야에 맞춰 실질적인 가이드라인으로 재구성함으로써, 운영기술(OT) 보안과 철도 안전(RAMS) 문화 사이의 가교 역할을 성공적으로 수행하고 있다.

20.6.3. 보이지 않는 위협의 이해 - 사이버보안 기본 원리

(1) 네트워크 통신의 기초 : OSI 7계층 모델과 KTCS 데이터

방화벽이 어떻게 작동하는지 이해하기 위해서는 먼저 네트워크 통신의 기본 원리인 OSI 7계층 모델에 대한 이해가 필요하다. OSI 모델은 국제표준기구(ISO)에서 정의한 네트워크 통신 표준으로, 복잡한 통신 과정을 7개의 논리적인 계층으로 나누어 설명한다. 이는 방화벽이 '어디서(어느 계층에서)', '무엇을(어떤 정보를)' 보고 트래픽을 제어하는지 이해하는 데 필수적인 개념적 틀을 제공한다.

송신 측(예 RBC)에서 생성된 데이터는 최상위 계층인 응용 계층(L7)에서 시작하여 최하위 계층인 물리 계층(L1)으로 내려간다. 이 과정에서 각 계층은 자신의 역할에 필요한 제어 정보(헤더)를 데이터 앞부분에 추가하는데, 이를 캡슐화 (Encapsulation)라고 한다. 예를 들어, 전송 계층(L4)에서는 포트 번호가 담긴 헤더를, 네트워크 계층(L3)에서는 IP 주소가 담긴 헤더를 추가한다. 이렇게 여러 겹으로 포장된 데이터는 물리 계층에서 전기 신호나 전파로 변환되어 전송 매체를 통해 수신 측(예 KVC)으로 전달된다. 수신 측에서는 이 과정을 역으로 수행하며 각 계층의 헤더를 순서대로 제거하고 최종 데이터를 응용 계층으로 전달하는데, 이를 디캡슐화(Decapsulation)라고 한다.

OSI 7계층은 단순한 이론 모델이 아니라, 공격과 방어의 '전장(Battlefield)'을 입체적으로 보여주는 지도와 같다. 공격자는 7개의 층 어디에서든 공격을 시도할 수 있으며, 방어자는 각 계층의 특성에 맞는 방어 전략을 구사해야 한다. 방화벽은 주로 네트워크 계층(L3)과 전송 계층(L4)에서 IP 주소와 포트 번호를 기반으로 1차 방어선 역할을 수행하며, 차세대 방화벽(NGFW)은 응용 계층(L7)의 데이터 내용까지 검사하여 더욱 정교한 방어를 제공한다.

[표 20-14] OSI 7계층 주요방어 수단

계층	명칭	KTCS 데이터 예시	주요 프로토콜	잠재 위협	주요 방어 수단
L7	응용 계층	이동권한(MA) 데이터 생성	(KTCS Application Protocol)	악성 명령 삽입, 데이터 변조	차세대 방화벽(NGFW), WAF, 데이터 무결성 검증
L6	표현 계층	데이터 암호화/복호화	TLS/SSL	암호화 우회 공격	강력한 암호화 알고리즘, KMC를 통한 키 관리
L5	세션 계층	RBC-KVC 간 통신세션 수립	(Session Management)	세션 하이재킹	세션 타임아웃, 인증 강화
L4	전송 계층	세그먼트 생성 (Port 번호 추가)	TCP, UDP	포트 스캐닝, DoS 공격	**방화벽 (상태 기반 검사)**, 접근 제어 목록(ACL)
L3	네트워크 계층	패킷 생성 (IP 주소 추가)	IP, ICMP	IP 스푸핑, 라우팅 공격	**방화벽 (패킷 필터링)**, 라우터 보안
L2	데이터링크 계층	프레임 생성 (MAC 주소 추가)	Ethernet, LTE-R	MAC 스푸핑, ARP 스푸핑	스위치 보안, NAC
L1	물리 계층	전기/전파 신호로 변환	LTE-R	전파 방해 (Jamming)	물리적 보안, 전파 모니터링

(2) 철도 신호 시스템을 향한 사이버 위협 시나리오

이론적인 위협을 넘어, 실제로 철도 및 다른 산업 제어 시스템(ICS)에서 발생했던 공격 사례를 분석하는 것은 KTCS 환경에서 발생 가능한 구체적인 위협을 이해하는 데 매우 중요하다. IT 시스템 공격은 주로 정보 탈취나 서비스 중단을 목적으로 하지만, 철도 신호 시스템과 같은 운영 기술(OT) 시스템에 대한 공격은 물리적인 파괴와 인명 피해로 이어질 수 있다는 점에서 그 심각성이 훨씬 크다.

① 주요 공격 사례 및 시사점
  ㉠ 중국 원저우 고속열차 추돌 사고(2011) : 이 사고의 원인은 사이버 공격으로 인한 전력제어시스템의 소프트웨어 오류로 분석되었다. 시스템에 침투한 웜 바이러스는 단순히 시스템을 파괴한 것이 아니라, 경보 시스템과 관리자가 이상을 감지하지 못하도록 '정상적인' 전력 및 전압 데이터를 지속적으로 전송했다. 공격이 성공한 순간, 시스템의 통제력이 상실되어 대형 추돌 사고로 이어졌다. 이 사례는 OT 시스템 공격의 핵심이 단순한 '파괴'가 아니라, 탐지를 회피하며 시스템의 오작동을 유발하는 '은밀한 조작'에 있음을 보여준다. KTCS 환경에서 공격자는 RBC를 마비시키기보다, 열차에 보내는 '정지' 신호를 '최고 속도 진행' 신호로 교묘하게 변조하는 것을 목표로 할 수 있다.
  ㉡ 기타 철도 공격 사례
    • WannaCry 랜섬웨어 공격(2017) : 독일 철도(Deutsche Bahn)의 역내 정보 안내 시스템 화면에 랜섬웨어 메시지가 표시되어 운행에 차질을 빚었다.
    • DDoS 공격(2017) : 스웨덴 교통청(Transportstyrelsen)의 웹사이트와 열차 위치 모니터링 시스템이 DDoS 공격을 받아 전국적인 열차 지연을 초래했다.
    • 무선 신호 공격(2020) : 폴란드에서는 허가되지 않은 무선 신호로 철도 통신망을 교란하여 다수의 열차를 비상 정지시키는 사건이 발생했다.

② KTCS 대상 주요 위협 시나리오
이러한 사례들을 바탕으로 KTCS 환경에서 예상할 수 있는 주요 위협 시나리오는 다음과 같다.
  • 가용성 저하 공격 : 서비스 거부(DoS/DDoS) 공격을 통해 LTE-R 통신망이나 RBC 서버에 과도한 트래픽을 유발하여 시스템을 마비시키고, 결과적으로 모든 열차의 운행을 중단시키는 시나리오이다.
  • 무결성 훼손 공격 : 중간자 공격(Man-in-the-Middle) 기법으로 RBC와 KVC 간의 통신에 개입하여 이동권한(MA) 데이터를 변조한다. 이를 통해 열차가 허용된 속도나 거리를 초과하여 운행하게 하거나, 급제동을 유발하여 탈선 및 추돌 사고를 일으킬 수 있다.
  • 기밀성 침해 공격 : 무선 통신 구간의 데이터를 도청하여 열차 운행 스케줄, 시스템 구성, 암호화 방식 등 민감 정보를 탈취하고, 이를 바탕으로 더 정교한 2차 공격을 계획하는 시나리오이다.
  • 악성코드 감염 : 시스템 업데이트나 유지보수 시 사용하는 노트북, USB 저장장치 등을 통해 폐쇄된 제어망 내부에 악성코드를 유입시키는 시나리오이다. 감염된 악성코드는 시스템을 파괴하거나, 외부의 공격자에게 시스템 제어권을 넘겨주는 통로(백도어) 역할을 할 수 있다.

20.6.4. 핵심 방어 메커니즘 - 방화벽의 작동 원리와 종류

(1) 방화벽의 작동 원리 : 패킷 필터링에서 애플리케이션 제어까지

방화벽은 미리 설정된 보안 규칙에 따라 신뢰할 수 있는 내부 네트워크와 신뢰할 수 없는 외부 네트워크 간의 트래픽을 감시하고 제어하는 네트워크 보안 시스템의 핵심이다. '네트워크의 문지기'에 비유할 수 있으며, 기술의 발전에 따라 그 기능 또한 지속적으로 진화해왔다.

① **1세대 : 패킷 필터링(Packet Filtering)** : 초기 방화벽의 형태로, OSI 3계층(네트워크 계층)과 4계층(전송 계층)의 헤더 정보, 즉 출발지/목적지 IP 주소와 포트 번호를 기반으로 각 데이터 패킷을 개별적으로 검사하여 허용 또는 차단 여부를 결정한다. 이는 마치 출입자의 신분증(IP)과 방문하려는 사무실 번호(Port)만 확인하고 들여보내는 단순한 방식과 같다.

② **2세대 : 상태 기반 검사(Stateful Inspection)** : 패킷 필터링의 한계를 극복하기 위해 등장했다. 단순히 개별 패킷을 검사하는 것을 넘어, 통신 연결의 전체적인 맥락, 즉 '상태(State)'를 추적하고 기억한다. 예를 들어, 내부에서 외부로 정상적인 TCP 연결 요청(SYN)이 시작되고, 그에 대한 응답(SYN-ACK)이 들어오는 일련의 과정을 하나의 '세션'으로 인지한다. 일단 정상적으로 세션이 수립되면, 해당 세션에 속한 모든 후속 패킷은 별도의 규칙 검사 없이 신속하게 통과시킨다. 이를 통해 외부에서 위조된 응답 패킷이 내부로 들어오는 것을 효과적으로 차단할 수 있다.

③ **3세대 : 차세대 방화벽(NGFW : Next-Generation Firewall)** : 현대의 정교하고 복잡한 공격에 대응하기 위해 등장한 방화벽이다. 기존의 상태 기반 검사 기능에 더해, OSI 7계층(응용 계층)의 데이터 내용까지 깊이 들여다보는 다양한 고급 기능을 통합적으로 제공한다.

- **심층 패킷 검사(DPI : Deep Packet Inspection)** : 패킷의 헤더뿐만 아니라 실제 데이터(Payload) 영역까지 검사하여, 데이터 내에 숨겨진 악성코드, 바이러스, 특정 공격 패턴 등을 탐지한다.
- **침입 방지 시스템(IPS : Intrusion Prevention System)** : 알려진 공격의 고유한 패턴(Signature) 데이터베이스를 기반으로, 네트워크 트래픽에서 해당 패턴과 일치하는 악의적인 행위를 실시간으로 탐지하고 차단한다.
- **애플리케이션 인지 및 제어** : '80번 포트(웹) 허용'과 같은 포트 기반의 포괄적인 정책이 아니라, '사내 업무용 그룹웨어 접속은 허용하되, 개인 이메일이나 SNS 접속은 차단'하는 것과 같이 특정 애플리케이션 단위의 매우 세분화된 제어를 가능하게 한다.
- **통합 위협 관리(UTM : Unified Threat Management)** : 안티바이러스, URL 필터링, 데이터 유출 방지(DLP), 샌드박싱(가상 환경에서 의심 파일 실행 분석) 등 다양한

보안 기능을 하나의 장비에서 제공하여 관리의 효율성을 높인다.

이러한 방화벽 기술의 발전사는 검사 기준이 '무엇이(What)' 오가는지(IP/Port)에서 시작하여, '어떻게(How)' 오가는지(Stateful)를 거쳐, '누가(Who)' 어떤 애플리케이션을 통해 '무엇을(Why) 보내는지'(NGFW)로 심화되는 과정이라고 할 수 있다. KTCS 환경에서도 단순히 'RBC와 KVC 간의 통신'을 허용하는 것을 넘어, 'RBC가 정상적인 범위의 이동권한(MA) 값을 담은 패킷을 KVC에 보낼 때'만 허용하는 식의 심층적인 제어가 필요함을 시사한다.

(2) KTCS 환경을 위한 산업용 방화벽(OT 방화벽)의 특수성

일반적인 사무(IT) 환경과 KTCS와 같은 산업 제어(OT) 환경은 보호 대상, 운영 목표, 통신 방식 등에서 근본적인 차이가 있다. IT 보안의 최우선 순위가 데이터의 '기밀성(Confidentiality)'이라면, OT 보안의 최우선 순위는 시스템의 중단 없는 운영을 보장하는 '가용성(Availability)'과 물리적 안전을 담보하는 '안전성(Safety)'이다. 따라서 OT 환경에는 이러한 특수성을 고려하여 설계된 산업용 방화벽(Industrial Firewall)이 반드시 필요하다.

- **가혹한 환경에서의 신뢰성** : 산업용 방화벽은 일반 사무실과 달리 온도, 습도, 진동, 전자파 등 열악한 물리적 환경에서도 24시간 365일 안정적으로 작동해야 한다. 이를 위해 견고한 하드웨어 설계(Ruggedized)와 전원 및 네트워크 포트의 이중화(Redundancy) 기능이 필수적이다.
- **실시간성 보장을 위한 고성능** : 열차 제어와 같이 ms(밀리초) 단위의 실시간성이 요구되는 환경에서, 방화벽의 데이터 처리로 인한 지연(Latency)은 시스템 오작동이나 안전 문제로 직결될 수 있다. 따라서 산업용 방화벽은 높은 처리량을 지원하면서도 매우 낮은 지연 시간을 보장해야 한다.
- **산업용 프로토콜에 대한 깊은 이해** : OT 환경에서는 IT 환경에서 흔히 쓰이는 HTTP, FTP 등과 다른 고유한 산업용 프로토콜(예 Modbus, DNP3, OPC 등)이 사용된다. 산업용 방화벽은 이러한 프로토콜의 구조를 깊이 이해하고, '읽기', '쓰기', '펌웨어 업데이트'와 같은 명령어 단위까지 분석하여 비정상적이거나 허가되지 않은 제어 명령을 차단하는 '심층 프로토콜 검사' 기능을 제공해야 한다.
- **안전한 자산 식별 및 관리** : IT 환경과 달리 OT 환경의 제어 장비들은 매우 민감하여, 일반적인 네트워크 스캔(Active Scanning)만으로도 오작동하거나 멈출 수 있다. 따라서 산업용 방화벽은 네트워크 트래픽을 수동적으로 감청(Passive Monitoring)하여 시스템에 아무런 영향을 주지 않으면서 네트워크에 연결된 모든 자산을 식별하고, 이들 간의 통신 패턴을 학습하여 정상 범위를 벗어나는 이상 행위를 탐지하는 기능을 갖추어야 한다.

결론적으로, OT 방화벽의 핵심 철학은 외부의 위협을 무조건 '차단'하는 것을 넘어, 사전에 정의된 '안전한 통신'만을 '허용'하는 것이다. OT 네트워크는 정해진 장비 간에 정해진 프로토콜과 명령어로만 통신하는 매우 정적이고 예측 가능한 패턴을 보인다. OT 방화벽은 이러한 정상 통신 패턴을 '화이트리스트(Whitelist)'로 만들어, 이 목록에 없는 모든 통신을 비정상 행위로 간주하고 차단함으로써 제로데이 공격과 같은 알려지지 않은 위협에 대해서도 효과적인 방어 체계를 구축한다. 이는 단순한 '문지기'를 넘어 시스템의 '안전 수칙 감독관' 역할을 수행하는 것이다.

20.6.5 KTCS-2 위협 모델링 : STRIDE를 이용한 위협 분석

(1) STRIDE 위협 모델링 개론

STRIDE는 마이크로소프트에서 개발한 위협 모델링 프레임워크로, 시스템의 잠재적인 보안 위협을 체계적으로 식별하고 분석하는 데 사용된다. 이 모델은 위협을 여섯 가지 범주로 분류하며, 각 위협은 특정 보안 속성을 공격하는 데 초점을 맞춘다.

- Spoofing(위조) : 정당한 사용자나 장치로 가장하여 무단 접근을 시도하는 행위. 이에 대응하는 보안 속성은 인증(Authentication)이다.
- Tampering(변조) : 데이터 또는 메시지를 무단으로 변경하는 행위. 이에 대응하는 보안 속성은 무결성(Integrity)이다.
- Repudiation(부인) : 특정 행위나 트랜잭션을 수행했음을 부인하는 행위. 이에 대응하는 보안 속성은 부인 방지(Non-repudiability)이다.
- Information Disclosure(정보 노출) : 기밀 또는 민감한 정보가 허가되지 않은 당사자에게 노출되는 행위. 이에 대응하는 보안 속성은 비밀성(Confidentiality)이다.
- Denial of Service(서비스 거부, DoS) : 시스템이나 네트워크 자원을 과부하시켜 정당한 사용자의 서비스 이용을 방해하는 행위. 이에 대응하는 보안 속성은 가용성(Availability)이다.
- Elevation of Privilege(권한 상승) : 낮은 권한을 가진 사용자가 시스템 취약점을 악용하여 관리자 수준의 권한을 획득하는 행위. 이에 대응하는 보안 속성은 권한 부여(Authorization)이다.

(2) KTCS-2 시스템에 대한 STRIDE 위협 분석

KTCS-2의 핵심인 LTE-R 무선 통신망은 시스템의 효율성을 극대화하는 동시에, STRIDE의 모든 위협 유형에 대한 잠재적인 공격 표면을 제공한다. 무선통신망의 특성은 단순히 서비스를 방해하는 DoS 공격을 넘어, 시스템의 근본적인 신뢰성을 훼손하는 다양한 공격 시나리오를 가능하게 한다.

특히, DoS 공격은 무선 통신망의 가장 명확한 취약점을 노린다. 공격자가 강력한 전파 방해

장치를 이용하여 LTE-R망의 시스템 정보나 동기화 신호(Synchronization Signals, SS)를 교란할 경우, 열차는 지상 시스템으로부터 이동 권한을 갱신받지 못해 결국 운행을 멈추게 된다. 이는 열차 운행의 가용성을 직접적으로 위협하며, 심각한 교통 혼란을 야기할 수 있다. 더욱 치명적인 위협은 Spoofing과 Tampering 공격이다. 공격자가 지상 제어 시스템(RBC)을 위조하여 열차에 잘못된 이동 권한을 전송하거나, 중간에서 열차 제어 메시지(Vital Message)를 변조하여 열차 간 안전 거리를 위협할 수 있다. 이러한 행위는 시스템의 무결성과 인증을 직접적으로 공격하며, 대형 철도 사고로 이어질 수 있는 가장 심각한 시나리오로 간주된다. 최근 철도 분야에서 진행된 사이버 위협 시나리오 공모전에서도 LTE-R 기반 무인 운행 시스템에 대한 위협 분석 및 대응 방안 시나리오가 주요 수상작으로 선정되어, 이러한 위협에 대한 실제적인 인식이 높아지고 있다.

다음 표는 STRIDE 모델을 KTCS-2 시스템에 구체적으로 적용하여 위협 시나리오와 그에 대한 대응 방안을 체계적으로 정리한 것이다.

[표 20-15] KTCS-2 시스템의 STRIDE 위협 모델링 및 대응 방안

위협 유형	KTCS-2 시스템에 대한 잠재적 위협	잠재적 결과 (안전/운영 측면)	권장 대응 방안 (기술적/관리적)	대응방안1	대응방안2
Spoofing (위조)	- 공격자가 지상 제어 시스템(RBC)을 가장하여 열차에 잘못된 제어 메시지를 전송	- 악성 무선 단말이 열차로 가장하여 네트워크 접근	- 잘못된 제어 명령으로 인한 열차 충돌 또는 탈선 - 시스템에 대한 무단 접근 및 제어권 탈취	- 메시지 및 발신자 전자 서명 검증 - 장치 간 상호 인증(Mutual Authentication) 및 권한 제어	
Tampering (변조)	- 열차와 RBC 간 통신 메시지(Vital Message) 중간에서 내용 변조	- 시스템 업데이트 파일에 악성코드 삽입	- 열차 속도, 이동 거리 등 핵심 운행 정보의 오염으로 인한 대형 사고	- 시스템 제어권 탈취 및 랜섬웨어 감염	- 강력한 암호화 및 메시지 무결성 검증 - 모든 통신 패킷에 대한 전자서명적용
Repudiation (부인)	- 특정 열차 또는 지상 장치가 수행한 명령을 부인	- 사고 발생 시 책임 소재 파악 불가 - 운영 로그의 조작으로 인한 법적 문제	- 모든 운행 및 제어 메시지 로그 기록 - 로그에 대한 강력한 부인 방지(Non-repudiability) 기술 (타임스탬프, 전자서명)적용		

Information Disclosure (정보 노출)	- LTE-R망을 통해 전송되는 기밀 데이터 도청 - 시스템 구성 정보 또는 취약점 정보 유출	- 운행 정보, 유지보수 데이터 등 민감 정보 노출	- 공격자가 시스템 구조를 파악하여 추가 공격에 활용	- 모든 통신 채널에 대한 종단 간(End-to-End) 암호화	- 불필요한 정보의 최소화 및 접근 제어 강화
Denial of Service (서비스 거부)	- 강력한 전파 방해를 통해 LTE-R망 교란	- 네트워크 자원을 과부하시키는 DoS 공격	- 열차와 지상 간 통신 두절로 인한 열차 정지. - 시스템 가용성 저하 및 운행 중단	- 무선 채널의 이중화 및 가상셀(Copy Cell) 구현	- 이상 행위 탐지 및 차단 시스템 구축
Elevation of Privilege (권한 상승)	- 시스템 취약점 또는 내부자 위협을 통해 관리자 권한 획득	- 시스템 구성 변경, 악성코드 설치, 중요 데이터 삭제 등	- 시스템 전반의 통제권 상실	- 최소 권한(Least Privilege) 원칙 적용 - 역할 기반 접근제어(RBAC) 및 다단계 인증(MFA) 구현	

20.6.6 암호화 정책 : 철도 통신의 무결성과 기밀성 보장

(1) KTCS-2에서 암호화의 중요성

KTCS-2는 열차의 안전을 위한 바이탈(Vital) 정보를 무선으로 전송하므로, 데이터의 무결성(Integrity)과 기밀성(Confidentiality) 확보가 무엇보다 중요하다. 무결성은 정보가 망실, 훼손, 변조되지 않고 완전한 상태를 유지하는 것을 의미하며, 기밀성은 인가된 사용자만 정보에 접근할 수 있도록 하는 것을 의미한다. KTCS-2의 무선 통신 환경은 메시지 유출 및 변조에 대한 잠재적인 위협이 매우 크므로, 이를 방어하기 위한 암호화 기술은 선택이 아닌 필수적인 방어선이다.

(2) 키(Key) 관리 정책 : 생명 주기, 수명, 교체 주기

효과적인 암호화는 안전한 키 관리로부터 시작된다. 암호화 키는 생성(Generation), 배포(Distribution), 사용(Use), 보관(Storage), 교체(Rotation), 파기(Destruction)의 일련의 생명 주기를 가지며, 각 단계에서 보안이 보장되어야 한다. 특히, 하드웨어 보안 모듈(HSM)과 같은 전문 기술은 변조 방지 환경에서 키를 생성, 저장, 관리하여 보안 수준을 크게 높일 수 있다.

KTCS-2와 같이 다수의 열차(노드)와 지상 시스템 간의 효율적인 멀티캐스트 통신을 위해서는 **그룹키(Group Encryption Key, GEK)** 방식이 주로 사용된다. 일반적인 IT 환경과 달리, 이동하는 열차는 운행 시작 시 네트워크에 참여하고 운행 종료 시 이탈하는 동적인 그룹 환경을 형성한다. 이 과정에서 키 관리에 대한 특별한 고려가 필요하다.

핵심적인 과제는 바로 키 교체(Rekeying)이다. 새로운 열차가 통신 그룹에 진입하면, 새로운 멤버가 과거에 전송된 메시지를 해독하지 못하도록 그룹키를 즉시 교체해야 한다. 반대로, 운행을 마친 열차가 그룹에서 이탈하면, 이탈한 열차가 앞으로 전송될 메시지를 해독하지 못하도록 그룹키를 즉시 교체해야 한다. 이러한 재키(Rekeying) 과정은 실시간으로 이루어져야 하며, 시스템의 가용성에 영향을 주지 않는 경량화된 솔루션이 필수적이다. 이와 같은 요구사항을 충족하기 위해, 모든 부하가 중앙 서버에 집중되는 중앙 집중식 키 관리 시스템보다는 부하를 분산시키고 동적인 환경에 최적화된 분산형 또는 하이브리드 키 관리 아키텍처를 도입하는 것이 효과적이다.

(3) 권장 암호 강도 및 양자 내성 암호(PQC) 도입

현재 권장되는 암호 강도 및 알고리즘은 ISO 27001과 국내 **개인정보보호 기준** 등을 따른다. 대칭키 암호화 알고리즘의 경우 **AES-256** 이상, 해시 함수의 경우 **SHA-256** 이상 사용이 권장된다. 특히, 동일한 평문 블록이 동일한 암호문 블록으로 변환되어 패턴이 노출될 수 있는 ECB(Electronic Codebook) 모드는 보안에 취약하므로 사용하지 않아야 한다.

키 교체 주기는 보안 강도를 유지하는 데 중요한 요소이다. ISO 27001 및 AWS와 같은 글로벌 가이드라인은 일반적으로 **90일에서 6개월** 사이의 주기적인 키 교체를 권장한다. KTCS-2의 경우, 시스템의 동적인 특성을 고려하여 90일을 기본 주기적인 교체 주기로 설정하되, 열차 진입/이탈 등 그룹 멤버 변동이 발생할 시 즉시 키를 교체하는 정책을 병행하는 것이 효과적이다.

철도 시스템은 수십 년간 운영되므로 미래의 양자 컴퓨터 공격에 대비하는 장기적인 전략이 필요하다. 양자 컴퓨터는 기존 암호화 알고리즘을 무력화할 수 있어, 이에 저항하는 **양자 내성 암호(Post-Quantum Cryptography, PQC)** 기술을 선제적으로 도입하는 것을 검토해야 한다. ML-DSA나 SLH-DSA와 같은 PQC 알고리즘은 양자 컴퓨터의 위협에 대응할 수 있도록 설계된 차세대 암호화 기술이다.

[표 20-16] KTCS-2 권장 암호화 정책 및 기술 요약

항목	권장 정책 및 기술	근거 및 고려사항	비 고
암호화 알고리즘	AES-256(대칭키)	- NIST 및 국내외 표준 준수	- DES, Triple DES 등 구형 알고리즘 대체
해시 함수	SHA-256 이상	- SHA-1, SHA-224 등 취약성 노출 해시 함수 사용 금지	
암호화 모드	CBC, CTR 등 사용	- 패턴 노출에 취약한 ECB 모드 사용 금지	- 철도 메시지 특성 고려하여 적합한 모드 선택
전자서명	ECDSA, EdDSA 기반	- 기존 RSA 대비 짧은 키 길이로 높은 보안성 제공	- 모바일 기기 및 제한적 리소스 환경에 적합
키 교체 주기	90일 주기적 교체 및 멤버 변동 시 즉시 교체	- ISO 27001 등 국제 가이드라인 준수	- 열차의 동적인 진입/이탈 특성 반영
장기적 도입	양자 내성 암호(PQC) 도입 검토	- 미래 양자 컴퓨터 공격에 대비. - ML-DSA, SLH-DSA 등 관련 알고리즘 검토	

20.6.7. 견고한 방어 체계 구축 – KTCS 보안 아키텍처 전략

(1) 심층 방어(Defense-in-Depth)와 퍼듀 모델(Purdue Model)의 적용

하나의 방어선이나 단일 보안 솔루션에만 의존하는 것은 매우 위험하다. 성벽이 뚫리면 성이 함락되는 것처럼, 방화벽 하나가 우회되면 시스템 전체가 무력화될 수 있다. 이러한 단점을 보완하기 위한 전략이 바로 '심층 방어(Defense-in-Depth)'이다. 심층 방어는 성을 보호하기 위해 해자, 성벽, 내성 등 여러 겹의 방어선을 구축하는 것처럼, 다양한 보안 통제 수단을 계층적으로 적용하여 하나의 방어선이 뚫리더라도 다음 방어선이 위협을 막을 수 있도록 하는 다층적 보안 전략이다.

산업 제어 시스템(ICS) 환경에서 이러한 심층 방어 전략을 체계적으로 구현하기 위한 참조 모델이 바로 '**퍼듀 모델(Purdue Model)**'이다. 퍼듀 모델은 기업의 전체 네트워크를 기능과 역할에 따라 여러 레벨(Level)로 계층화하여, 각 계층 간의 통신을 엄격하게 통제하도록 설계되었다.

- Level 5/4 : 기업 비즈니스망(IT 영역)
- Level 3.5 : 산업용 비무장지대(DMZ)
- Level 3 : 운영 및 제어 시스템(중앙 관제)
- Level 2 : 공정 제어 시스템(지역 제어)
- Level 1/0 : 센서 및 액추에이터(현장 장치)

퍼듀 모델의 핵심은 IT 영역(Level 4/5)과 OT 영역(Level 0-3) 사이에 산업용 DMZ

(Level 3.5)를 두어, 두 영역 간의 직접적인 통신을 차단하고 통제된 데이터 교환만을 허용하는 것이다. 이는 OT망의 보안을 침해할 수 있는 가장 큰 위협 경로인 IT망으로부터의 직접적인 공격을 원천적으로 차단하는 효과적인 방법이다. 퍼듀 모델의 진정한 가치는 단순히 네트워크를 '분리'하는 데 있는 것이 아니라, 비즈니스 요구사항을 만족시키기 위해 반드시 필요한 연결을 '통제된 방식'으로 구현하는 데 있다.

국제 산업자동화 및 제어시스템 보안 표준인 IEC 62443에서는 이러한 개념을 **'영역과 경로(Zone & Conduit)'** 라는 모델로 구체화한다. 비슷한 보안 요구사항을 가진 자산들을 하나의 '영역(Zone)'으로 그룹화하고, 서로 다른 영역 간의 모든 통신은 반드시 정의된 '경로(Conduit)'를 통해서만 이루어지도록 네트워크를 분할(Segmentation)한다. 그리고 이 경로에는 방화벽을 설치하여 허가된 통신만을 허용함으로써, 설령 하나의 영역이 침해되더라도 다른 영역으로 위협이 확산되는 것을 방지한다.

(2) KTCS 보안 강화를 위한 방화벽 정책 및 구성

이론적인 아키텍처를 실제 방화벽 설정으로 구현하기 위해서는 '최소 권한의 원칙(Principle of Least Privilege)'을 따라야 한다. 이는 모든 시스템과 사용자는 업무 수행에 필요한 최소한의 통신과 권한만을 가져야 한다는 원칙으로, 방화벽 정책에서는 '기본적으로 모든 것을 차단하고(Default Deny), 반드시 필요한 통신만 명시적으로 허용(Explicit Allow)'하는 방식으로 구현된다.

잘 만들어진 방화벽 정책은 시스템의 '정상 상태'를 정의하는 기술적 문서와 같다. 신호 엔지니어는 시스템의 정상적인 동작 시퀀스와 데이터 흐름을 가장 잘 이해하고 있으며, 방화벽 정책은 이러한 운영 로직을 네트워크 언어로 번역한 결과물이다. 따라서 방화벽 정책 수립 및 검토는 보안팀만의 업무가 아니라, 시스템의 정상 동작을 가장 잘 아는 신호 엔지니어의 적극적인 참여가 필수적인 협업 과정이다.

아래 표는 퍼듀 모델을 기반으로 KTCS 네트워크를 영역별로 분리하고, 각 영역 간 경로에 적용할 수 있는 방화벽 정책의 예시를 보여준다.

[표 20-17] KTCS 보안강화 대응 보안 목표

퍼듀 레벨	영역(Zone) 명칭	포함되는 KTCS 자산	보안 목표	영역 간 경로(Conduit) 및 방화벽 정책 예시
Level 4/5	기업망(IT)	본사 업무망, 인터넷	데이터 분석, 업무 효율성	IT-DMZ 경계 : 외부에서 DMZ로의 접속은 특정 서비스 포트(예 443)만 허용, Default Deny.
Level 3.5	산업용 DMZ	데이터 히스토리안, 프록시 서버	IT-OT 간 안전한 데이터 중계	DMZ-제어망 경계 : 제어망에서 DMZ로의 데이터 전송(OT→IT)만 허용, DMZ에서 제어망으로의 연결 시작은 원칙적으로 차단
Level 3	중앙 관제 영역	중앙관제설비(CTC), 암호키 관리센터(KMC)	전체 노선 운영 및 감시	관제-신호 경계 : CTC와 RBC 간의 통신은 허용된 IP와 TCP 포트만 허용, 다른 모든 통신 차단
Level 2	열차 제어 영역	무선폐색센터(RBC), 차상컴퓨터(KVC)	실시간 열차 제어, 안전성 확보	영역 내 통신 : RBC와 KVC 간의 통신은 허용된 IP와 UDP/TCP 포트만 허용, KVC 간 직접 통신은 차단
Level 1	현장 제어 영역	안전전송유닛(STU), 선로전환기, 신호기	물리적 장치 제어 및 상태 감시	제어-현장 경계 : RBC와 STU 간 통신은 허용된 IP와 UDP 포트만 허용
Level 0	필드 장치	센서, 액추에이터	물리적 프로세스 수행	(물리적 연결)

20.6.8. 운영 중 취약점 관리 및 대응 전략

(1) OT 환경에서의 취약점 관리의 특수성

철도와 같은 운영 기술(OT) 환경에서의 취약점 관리는 일반적인 정보기술(IT) 환경과 근본적인 차이가 있다. IT 시스템은 비교적 유연하게 패치 및 업데이트를 적용할 수 있지만, 철도 시스템은 24시간 무정지 운영과 안정성이 최우선이다. 따라서, IT에서 흔히 사용되는 자동 패치 적용 방식은 시스템 중단이나 오작동과 같은 치명적인 위험을 초래할 수 있다.

또한, 패치는 외부 공급업체로부터 제공되는 경우가 많아, 패치 자체가 악성코드의 새로운 경로가 될 수 있다는 점에서 심각한 공급망 공격 위협에 노출된다. 공격자는 업데이트 파일 소스코드에 악성코드를 삽입한 후, 시스템 담당자가 이를 다운로드하여 적용하는 시점을 기다릴 수 있다. 이는 2010년 이란 원자력 시설을 마비시켰던 '스턱스넷(Stuxnet)' 사건에서 입증된 바와 같이, 산업 제어 시스템에서 현실화될 수 있는 위험이다. 이러한 위험을 방지하기 위해서는 패치 파일의 원본성(Integrity)과 출처를 철저히 검증하는 절차가 필수적이며, 안전한 사설 소프트웨어 저장소를 구축하거나 공급업체의 보안 프로파일을 사전에 평가하는 것이 중요하다.

(2) 운영 중 취약점 관리 프로세스

안전한 운영을 위한 취약점 관리는 지속적이고 반복적인 프로세스로 이루어져야 한다. 다음 표는 OT 환경에 최적화된 취약점 관리의 5단계 워크플로우를 제시하며, 각 단계별로 KTCS-2에 적용할 수 있는 구체적인 방안을 설명한다.

[표 20-18] 운영 중 취약점 관리 프로세스 상세

단계	세부 활동 및 설명	KTCS-2에 대한 적용 방안		
발견 (Discovery)	알려진 취약점(CVE) 및 잠재적 취약점에 대해 시스템을 정기적으로 점검하고 식별한다.	- 정기적인 취약점 스캔을 통해 지상 및 차상 시스템의 소프트웨어 및 펌웨어 취약점 파악 - 공급망에서 제공되는 하드웨어 및 소프트웨어의 취약성 검토	- 무선 통신망에 대한 보안 취약성 분석	
분류 및 우선순위 지정 (Classification & Prioritization)	식별된 취약점의 심각도와 시스템에 미치는 실제 위험 수준에 따라 우선순위를 매긴다.	- 열차 운행의 안전(Safety)에 직결되는 취약점 (e.g., 열차 제어 메시지 변조)에 최고 우선순위 부여 - CVE 점수 및 시스템 중요도를 결합하여 위험 기반 우선순위 결정		
해결 (Remediation)	발견된 취약점을 해결(패치), 완화(악용 방지), 또는 허용하는 조치를 취한다.	- IT와 달리, 패치 적용 전 전용 테스트베드(Sandbox) 환경에서 충분한 사전 테스트 진행	- 테스트가 완료된 패치를 소수 시스템에 먼저 적용하는 단계적(Staged) 배포 방식 도입	- 공급업체와 협력하여 패치 파일의 무결성 및 출처를 검증하는 절차 수립
재평가 (Reassessment)	패치 적용 후, 취약점이 완전히 해결되었는지, 그리고 새로운 문제가 발생하지 않았는지 확인하기 위한 평가를 실시한다.	- 패치 적용 후 시스템 안정성 및 성능 저하 여부 지속적으로 모니터링 - 재평가 결과를 문서화하여 지속적인 개선에 활용		
리포팅 (Reporting)	취약점 관리 활동의 기본 지표를 확립하고, 시간 경과에 따른 성과를 보고한다.	- 취약점 발견 및 해결 현황, 패치 적용 성공률 등 정량적 지표 관리 - 관련 이해관계자 (운영, 유지보수, 경영진)에게 정기적인 보고서 제공		

(3) 실시간 모니터링 및 사고 대응 체계 구축

OT 환경의 취약점 관리는 패치 적용만으로 완성되지 않는다. 시스템에 대한 지속적인 모니터링과 신속한 사고 대응이 필수적이다. 보안 운영 센터(SOC)는 이러한 역할을 수행하는 중앙 집중식 팀 또는 기능이다. SOC는 시스템 활동을 실시간으로 모니터링하여 잠재적인 사이버 공격을 탐지하고, 공격자가 취약점을 악용하기 전에 선제적으로 대응하는 역할을 수행한다. 침해 사고가 발생했을 경우, 효율적인 대응을 위한 구체적인 절차가 사전에 수립되어야 한다. 이는 **사고 대응 계획(IRP)** 수립의 핵심이다. NIST가 제시하는 사고 대응의 4단계 프로세스(준비, 탐지 및 분석, 격리 및 제거, 사후 활동)를 OT 환경에 맞게 적용하면, 사고 발생 시 효과적으로 대응할 수 있다. 특히, 사고 탐지 단계에서는 통합 보안 관리 시스템을 활용하여 다양한 시스템과 장비에서 발생하는 이상 징후를 실시간으로 탐지하고 분석해야 한다.

20.6.9. 사이버 보안 실천 로드맵

KTCS-2의 성공적인 운영은 더 이상 전통적인 물리적 안전 기술만으로는 보장될 수 없다. 무선 통신 기술의 도입으로 인해 시스템의 안전은 사이버보안의 수준에 직접적으로 의존하게 되었다. 이 보고서는 KTCS-2 시스템 엔지니어가 이 복잡한 환경을 이해하고 효과적으로 대응하기 위한 실질적인 지침을 제시했다.

IEC 62443과 EN 50701은 이 복잡한 환경에 대한 체계적인 해결책을 제공하며, 특히 '영역 및 도관' 모델은 실질적인 보안 설계의 기반이 된다. STRIDE 모델링은 단순히 서비스 거부 공격을 넘어, 위조나 변조와 같은 철도 안전에 치명적인 위협을 식별하는 데 필수적인 도구이다. 또한, 암호화 정책은 단순한 기술 적용을 넘어, 동적인 열차 환경의 특성을 고려한 키 관리 및 교체 주기가 핵심이며, 미래의 양자 컴퓨터 위협에 대한 대비도 요구된다. 마지막으로, 운영 중 취약점 관리는 자동화된 IT 방식이 아닌, 공급망 공격의 위험을 인식하고 테스트베드를 활용한 신중한 OT 접근법을 필요로 한다.

다음은 엔지니어가 KTCS-2 사이버보안을 강화하기 위해 즉시 실행할 수 있는 실천 로드맵이다.

- **1단계 : 시스템 분석 및 이해** : 담당 시스템의 구성 요소를 '영역(Zone)'과 '도관(Conduit)'으로 나누어 식별하고, 각 영역의 중요도를 보안 수준(SL)으로 정의한다.
- **2단계 : 위협 모델링 실습** : STRIDE 모델을 사용하여 담당 시스템의 주요 위협 시나리오를 구체화하고, 이를 기반으로 기술적, 관리적 대응책을 수립한다.
- **3단계 : 키 관리 정책 재검토** : 현재 암호화 기술의 강도(AES-256)와 키 교체 주기(90일)가 적절한지 검토하고, 동적 환경에서의 그룹키 관리 방안을 최적화한다.
- **4단계 : OT 특화 패치 관리 프로세스 구축** : 패치 적용 전용 테스트베드를 확보하고, 공급업체

와 협력하여 패치 파일의 안전성을 검증하는 절차를 수립한다. KISA의 IoT 보안 테스트베드와 같은 전문 시설을 활용하는 것도 좋은 방안이 될 수 있다.
- 5단계 : 지속적인 학습 및 협력 : 최신 사이버 위협 동향을 지속적으로 파악하고, IT/OT 보안 전문가들과의 협업을 강화하여 시스템의 회복탄력성을 높인다.

KTCS-2의 성공적인 운영은 기술뿐만 아니라, 엔지니어의 깊이 있는 이해와 지속적인 노력을 통해 완성된다. 이 책자가 여러분의 성공적인 여정에 실질적인 도움이 되기를 바란다.

20.7 열차제어시스템(KTCS-2)의 시험·인증 절차

20.7.1 한국형 열차제어시스템 KTCS-2의 시험·인증 프레임워크

(1) KTCS-2의 기술적 의의 및 국제 표준(ETCS)과의 연관성

한국형 열차제어시스템(KTCS-2)은 기존의 해외 기술 종속에서 벗어나 국내 기술 자립을 목표로 추진된 국가 연구개발 프로젝트의 핵심 결과물이다. 이 시스템은 유럽의 열차제어시스템(ETCS) 표준인 'ETCS Level-2'를 준용하여 개발되었으며, 이를 통해 국제 표준과의 상호운용성을 확보하고 해외 철도 시장 진출을 위한 중요한 교두보를 마련했다. 이와 같은 기술 자립은 1.7조 원의 건설 비용 및 연간 30%의 유지보수 비용 절감 효과를 가져올 것으로 기대된다.

KTCS-2의 가장 큰 기술적 특징은 세계 최초로 4세대 무선통신 기술인 LTE-R(Long Term Evolution for Railway)을 기반으로 열차를 제어한다는 점이다. 기존의 열차제어시스템은 '발리스(balise)'와 같은 지상 장치를 통해 특정 지점에서만 불연속적으로 정보를 교환했다. 이와 달리, KTCS-2는 LTE-R을 통해 열차와 지상 장치(무선폐색센터, RBC) 간에 실시간으로 연속적인 정보 송수신이 가능하다. 이러한 연속적인 정보 교환은 열차 운행의 안전성을 획기적으로 향상시키고, 열차 간격을 단축하여 수송 효율성을 약 16% 증대시키는 기반이 된다.

(2) KTCS-2 개발 과정에서 시험·인증의 역할

철도 시스템은 단일 고장이 대형 재난으로 이어질 수 있는 생명과 직결된 시스템이므로, 최고 수준의 안전성 확보가 최우선 과제이다. 이에 따라 KTCS-2 시스템은 국제적으로 가장 엄격한 안전 무결성 수준(SIL)인 SIL 4(Safety Integrity Level 4)를 만족하도록 설계되었으며, 이를 입증하기 위한 시험 및 인증 절차는 필수 불가결한 과정이다.

과거에는 KTCS와 같은 국내 철도 시스템의 적합성 평가를 수행할 공인기관이 부재하여 해외 기관에 의존할 수밖에 없었다. 이로 인해 막대한 비용이 발생하고 평가 기간이 지연되는 어려움이 있었다. 이러한 문제를 해소하고자, KTCS-2 개발 과정에서는 국내 철도 기술에 대한 적합성 평가를 국내 공인기관에서 수행할 수 있도록 한국인정기구(KOLAS) 공인 시험기관 인정 기반을 마련하는 것이 중요한 목표 중 하나였다. 한국철도기술연구원은 이와 같은 노력을 통해 KTCS 관련 공인 검사기관으로 인정받았으며, 이는 국내 기술이 개발뿐만 아니라 검증 및 인증 체계까지 완성했다는 점에서 매우 큰 의미를 갖는다.

(3) 시스템 수명주기 단계별 시험·인증 활동 개요

KTCS-2의 시험·인증은 단순한 최종 검증이 아니라, 시스템 수명주기의 개념 단계부터 설계, 구현, 현장 적용에 이르기까지 전 과정에 걸쳐 이루어지는 체계적인 활동이다. 각 단계는 상호 보완적인 관계를 갖고, 이전 단계의 검증 결과를 다음 단계의 시험에 활용하는 유기적인 구조를 가진다.

- **가상 환경 검증** : 실제 하드웨어 제어기를 가상의 환경에 연결하여 시험하는 **HIL 시뮬레이션**은 현차 시험의 제약을 극복하고 위험하거나 재현하기 어려운 시나리오를 포괄적으로 검증한다.
- **효율성 확보** : 복잡한 시스템의 효율적이고 반복적인 검증을 위해 **자동시험 시스템과 체계적인 테스트 케이스 관리** 기법이 적용된다.
- **실물 기반 검증** : 시스템이 공장을 떠나기 전 FAT(Factory Acceptance Test)를 거치고, 실제 운행 선로에 설치된 후 SAT(Site Acceptance Test) 및 **현장통합시험**을 통해 최종적인 성능과 안전성을 확인한다.
- **독립적 평가** : 개발 및 제작 과정과 완전히 분리된 ISA(Independent Safety Assessment) 기관은 프로젝트 전반에 걸쳐 시스템이 안전 요건을 충족했음을 제3자의 관점에서 평가하고 승인한다.

이러한 통합적 접근 방식은 KTCS-2가 단순한 기술 개발을 넘어, 안전이 최우선인 철도 시스템에 필요한 시험·인증 패러다임 자체를 혁신했다는 것을 의미한다.

20.7.2 가상 환경에서의 검증 : HIL 시뮬레이션의 구성과 활용

(1) HIL 시뮬레이션의 개념 및 KTCS-2 적용 필요성

HIL(Hardware-in-the-Loop) 시뮬레이션은 실제 하드웨어 제어기(Device Under Test, DUT)를 가상의 물리적 환경(Plant)을 모사하는 시뮬레이터에 연결하여 실시간으로 시험하는 기법이다. 이 방식은 제어기가 실제 시스템에 연결된 것처럼 작동하도록 하여, 소프트웨어 및 하드웨어의 결함을 개발 초기 단계에서 효과적으로 찾아내는 데 목적이 있다. KTCS-2 시스템에 **HIL 시뮬레이션이 필수적인 이유**는 다음과 같다.

첫째, 실제 현차시험은 시험 차량(HEMU-430X)과 시험 선로(호남고속선, 전라선 등)를 확보해야 하므로 시간과 비용이 막대하게 소요된다.

둘째, 낙석이나 차량 분리 같은 위험하고 예측 불가능한 사고 상황(Corner/Edge Case)을 현장에서 재현하는 것은 불가능하거나 매우 위험하다.

셋째, LTE-R 통신 환경의 변화(신호 강도 저하, 지연)나 RBC(무선폐색센터) 간의 핸드오버 실패와 같이 반복적인 시험이 필요한 복잡한 시나리오를 현장에서 매번 재현하기 어렵다. HIL 시뮬레이션은 이러한 한계를 극복하는 유일한 대안으로, 안전한 가상 환경에서 무제한으로 다양한 시나리오를 반복 시험할 수 있는 환경을 제공한다. 특히 국내에는 KTCS-2 지상/차상장치를 통합 시험할 수 있는 공인된 시험 장비가 없었기 때문에 자체적인 HIL 시뮬레이터 개발이 시급한 과제였다.

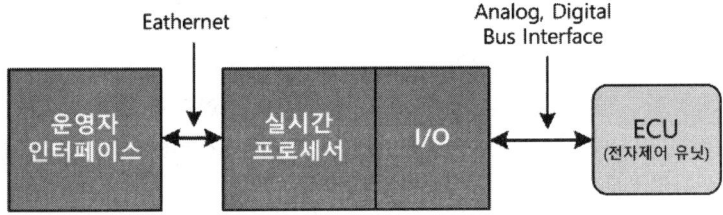

[그림 20-10] HIL 시뮬레이션 개략도

(2) KTCS-2 지상/차상장치 통합 HIL 시스템의 구성요소 및 인터페이스

KTCS-2 HIL 시뮬레이션은 '디지털 트윈' 개념을 활용하여, 실제 시스템의 물리적 요소와 가상의 환경 모델을 결합한다. HIL 시스템은 크게 세 가지 주요 구성요소로 이루어진다.

- **물리적 하드웨어 제어기(DUT)** : 시험 대상이 되는 실제 하드웨어 장치들이다. KTCS-2의 경우, 차상에 설치되는 ATP(자동열차방호) 및 ATO(자동열차운전) 장치와 지상에 설치되는 RBC(무선폐색센터) 등이 포함된다. 이들 장치는 SIL 4 인증을 획득한 실제 제어기들이다.
- **가상 환경 시뮬레이터(Plant Model)** : 실제 열차 운행 환경을 소프트웨어로 정교하게 모사한 모델이다. 이는 열차의 동역학적 움직임, 선로의 지형(경사, 곡선), 터널 내부의 GPS 신호 저하와 같은 외부 환경 요인, 그리고 LTE-R 무선통신 환경의 특성(신호 강도, 지연, 핸드오버) 등을 포함한다. 시뮬레이터는 이러한 가상 환경의 상태를 DUT의 입력 신호로 실시간으로 제공한다.
- **인터페이스 및 데이터 로거** : DUT와 시뮬레이터 간의 실시간 데이터 통신을 위한 I/O 모듈과 프로토콜(CAN, Ethernet 등)이 핵심이다. 또한, 시험 과정에서 발생하는 모든 데

이터를 정확한 타임스탬프와 함께 기록하는 데이터 로거가 포함되어, 시험 결과의 분석 및 재현성을 보장한다.

(3) HIL 시뮬레이션을 통한 시험 시나리오 및 이점

HIL 시뮬레이션은 현장 시험으로는 검증하기 어려운 다양한 시나리오를 효과적으로 수행할 수 있게 한다. 예를 들어, RBC 간의 핸드오버가 실패하는 상황이나, 열차가 통신 단절 구간을 통과할 때의 제어 로직을 검증할 수 있다. 또한, 최고 속도 주행 환경에서 무선통신 성능이 저하될 때 열차의 안전 제어가 정상적으로 이루어지는지 평가할 수 있으며, 실제로는 발생시키기 어려운 열차 무결성 손실이나 레일 절손과 같은 극한의 안전 시나리오에 대한 시스템의 대응 능력을 검증할 수 있다.

HIL 시뮬레이션의 이점은 다음과 같이 요약할 수 있다.

- **안전성 및 비용 효율성** : 위험한 시험을 안전한 가상 환경에서 수행하여 인명 및 장비 손실 위험을 제거한다. 개발 초기에 결함을 발견하여 시스템 통합 이후의 수정 비용을 획기적으로 절감한다.
- **재현성 및 자동화** : 동일한 시험 조건을 반복적으로 재현하여 신뢰성 있는 결과를 얻을 수 있으며, 정교한 스크립트를 통해 24시간 자동시험을 수행하여 시험 효율을 극대화할 수 있다.
- **높은 시험 커버리지** : 실제 운행 환경에서는 발생하기 어려운 극단적인 시나리오를 검증하여 시스템 소프트웨어의 포괄적인 시험 커버리지를 달성할 수 있다.

다음 표는 KTCS-2 HIL 시뮬레이션의 구성과 각 요소의 역할을 구체적으로 보여준다.

[표 20-19] KTCS-2 HIL 시뮬레이션 구성 및 역할

구분	구성요소	주요 역할
물리적 하드웨어 (DUT)	차상 컴퓨터 장치(ATP/ATO)	열차의 위치, 속도, 제어 정보 처리 및 안전 기능 수행
	지상 무선폐색센터(RBC)	약 60km의 구간을 관할하며, 열차의 이동 권한을 갱신하고 지상-차상 통신을 관리
가상 환경 시뮬레이터	선로 및 지형 시뮬레이터	실제 운행 선로의 지리적 토폴로지(경사, 곡선)와 외부 환경(날씨, 터널 내 GPS 신호 저하 등)을 모사하여 열차의 위치를 계산
	열차 동역학 모델	열차의 물리적 특성(가속, 감속, 제동)을 수학적으로 모델링하여 시뮬레이션
	무선통신 모델	LTE-R 무선통신 환경의 특성(신호 강도, 지연, 핸드오버)을 모사하여 지상-차상 정보 교환을 시뮬레이션
인터페이스	I/O 모듈 및 프로토콜	실물 하드웨어와 가상 시뮬레이터 간의 실시간 데이터 입출력을 처리하며, 통신 프로토콜(예 CAN, Ethernet)을 통해 상호작용을 중개

20.7.3. 효율성과 신뢰성 확보 : 자동시험 시스템 및 테스트 케이스 관리

(1) 수동 시험의 한계와 자동시험 시스템 도입의 배경

KTCS-2와 같이 복잡하고 대규모의 철도 시스템은 수많은 기능과 인터페이스를 포함하며, 이를 검증하기 위해서는 복잡한 구조를 가진 수천 개의 테스트 케이스를 수행해야 한다. 이러한 테스트 케이스를 수동으로 반복 수행하는 방식은 시험 시간과 투입 인력이 과도하게 소요되어 비효율적일 뿐만 아니라, 시험자의 숙련도에 따라 결과가 달라지거나 인적 오류가 발생할 위험이 크다.

따라서 시험 효율성을 증대하고 시스템의 신뢰성을 확보하기 위해 자동시험 시스템 도입이 필수적이었다. 자동시험 시스템은 시험 수행 시간을 단축하고, 투입 인력을 절감하며, 시험 과정에서 발생할 수 있는 인적 오류를 방지하는 효과를 제공한다. 또한, 동일한 시험 시나리오를 완벽하게 재현할 수 있어 시스템의 품질 보증 수준을 획기적으로 높인다.

(2) 테스트 케이스의 체계적 관리 및 데이터베이스화 방안

자동시험 시스템의 핵심은 체계적으로 관리되는 테스트 케이스 데이터베이스(DB)이다. 복잡한 시스템의 시험 사양을 DB로 구축하고 관리하는 것은 단순히 데이터를 저장하는 행위를 넘어, 시험의 표준화와 재사용성을 확보하는 전략적 활동이다.

데이터베이스화된 테스트 케이스는 다음과 같은 이점을 제공한다.

- **버전 관리** : 시스템 사양 변경에 따라 테스트 케이스를 손쉽게 업데이트하고 이력을 관리할 수 있다.
- **재사용성** : DB에 구축된 시험 사양을 활용하여 KTCS-3과 같은 후속 프로젝트에도 동일한 시험 방법론을 준용하여 적용할 수 있다. 이는 새로운 시스템 개발 시 검증에 필요한 시간과 자원을 크게 절감한다.
- **자동화 연계** : DB에 저장된 시험 사양에 따라 시험 설비를 자동으로 제어하여 시험을 수행할 수 있다. 이를 통해 시험자의 개입을 최소화하고, 수동 시험 시 발생할 수 있는 인적 오류를 근본적으로 차단할 수 있다.

(3) 높은 시험 커버리지를 위한 테스트 케이스 도출 기법

시스템의 기능적 요구사항을 얼마나 충실히 시험했는지를 나타내는 척도인 시험 커버리지(Test Coverage)는 시스템의 품질과 안전성을 판단하는 중요한 지표이다. 높은 시험 커버리지를 달성하기 위해 다음과 같은 테스트 케이스 도출 기법이 주로 사용된다.

- **동등 분할(Equivalence Partitioning)** : 입력값을 유사한 동작을 보이는 그룹(등가 집합)으로 나누고, 각 그룹에서 하나의 대표값을 선정하여 테스트 케이스를 도출하는 방법이다. 예를 들어, 속도 제한 값이 0에서 200km/h일 때, 100km/h를 대표 값으로 시험하는

방식이다.
- **경계값 분석(Boundary Value Analysis)** : 동등 분할의 경계 지점에서 오류가 자주 발생한다는 점에 착안하여, 등가 집합의 경계 값(최솟값, 최댓값)과 그 주변 값을 중심으로 테스트 케이스를 도출하는 방법이다. 위 예시에서는 0, 1, 199, 200km/h와 같은 값을 시험한다.
- **결정 테이블(Decision Table)** : 입력값들의 논리적인 관계를 원인과 결과로 나누어 정의하고, 모든 가능한 조건 조합에 대해 테스트 케이스를 도출하는 기법이다. 이는 여러 조건이 복합적으로 작용하는 복잡한 시스템의 기능 검증에 효과적이다.

이러한 기법들은 HIL 시뮬레이션 환경에서 자동화 시스템과 결합하여, 현차시험으로는 불가능한 수많은 시나리오를 체계적으로 검증함으로써 시스템에 대한 포괄적인 시험 커버리지를 달성하는 데 기여한다.

20.7.4. 실물 기반의 FAT, SAT 및 현장통합시험 절차

(1) 공장인수시험(FAT)의 목적 및 주요 항목

FAT(Factory Acceptance Test)는 시스템이 실제 현장에 설치되기 전, 제조 공장에서 설계 사양 및 계약 요건에 맞게 제작되었는지 최종적으로 확인하는 절차이다. 이 단계는 HIL 시뮬레이션과 같은 가상 환경에서 충분히 검증된 기능들이 실제 하드웨어에서 문제없이 작동하는지 확인하는 데 목적이 있다.

FAT의 주요 시험 항목은 다음과 같다.
- **개별 장치 기능/성능 검증** : 차상컴퓨터장치, RBC 등 개별 장치의 핵심 기능과 성능이 사양을 만족하는지 확인한다.
- **시스템 간 인터페이스 확인** : 지상 장치와 차상 장치 간의 물리적 및 논리적 인터페이스가 정상적으로 동작하는지 확인한다.
- **환경 시험** : IEC 60068-2(환경시험), IEC 61373(진동/충격시험) 등 국제 표준에 따라 시스템이 극한의 환경(고온, 저온, 습도, 진동)에서도 정상적으로 동작하는지 검증한다.

(2) 현장인수시험(SAT) 및 현장통합시험의 범위

FAT를 통과한 시스템은 실제 운행 선로에 설치되며, 이후 SAT(Site Acceptance Test) 및 현장통합시험을 거쳐 최종 검증된다. SAT는 설치가 완료된 개별 시스템이 현장에서 정상적으로 작동하는지 확인하는 단계인 반면, 현장통합시험은 지상 및 차상 시스템이 실제 운행 환경에서 유기적으로 연계되어 최종적인 기능과 성능을 발휘하는지 종합적으로 검증하는 단계이다.

KTCS-2 현장통합시험의 주요 항목은 다음과 같다.
- LTE-R 기반 무선통신 성능 : 350km/h의 고속 주행 환경에서 LTE-R 통신이 끊김이나 지연 없이 안정적으로 유지되는지 검증한다.
- RBC 간 핸드오버 : 약 60km마다 위치한 RBC 간에 열차의 제어 권한이 끊김 없이 인계되는지 확인한다.
- 실시간 지장물 감지 및 대응 : 낙석이나 레일 절손 등 실시간으로 발생하는 선로 지장물 정보를 열차가 수신하여 안전하게 정지하는지 검증한다.

KTCS-2 시범사업이 수행된 전라선(KTCS-2, LTE-R)과 호남고속선(LTE-R)은 현장통합시험의 중요한 사례를 제공한다. 특히 호남고속선에서 시행된 350km/h 성능인증시험은 KTCS-2가 실제 고속 운행 환경에서도 안정적인 성능을 보인다는 것을 공인기관의 입회하에 입증했다.

다음 표는 FAT, SAT, 현장통합시험의 주요 차이점과 역할을 한눈에 보여준다.

[표 20-20] KTCS-2 FAT, SAT, 현장통합시험 비교 및 역할

구분	목적	주요 장소	주요 대상	주요 활동	결과물
FAT	공장 출하 전 시스템의 설계/제작 사양 준수 여부 확인	제조 공장	개별 장치 및 시스템	기능 시험, 환경 시험(진동/충격, 내열 등), 인터페이스 시험	FAT 보고서
SAT	현장 설치 후 개별 시스템의 기능/성능 확인	실제 운행 선로의 역/장치실	설치 완료된 지상 및 차상 시스템	설치 상태 확인, 기능 및 인터페이스 시험	SAT 보고서
현장통합 시험	지상-차상 시스템의 유기적 연계 및 실제 운행 환경에서의 종합 성능 검증	실제 운행 선로	지상(RBC, 통신 등)과 차상(ATP/ATO) 시스템의 통합	무선통신 성능, 핸드오버, 비상 상황 대응 등 실제 운행 시나리오 시험	현장통합시험 보고서

20.7.5. 최고 수준의 안전성 입증 : 독립안전평가(ISA) 절차와 산출물

(1) ISA의 개념, 역할 및 평가 주체

ISA(Independent Safety Assessment)는 시스템의 설계, 개발, 운영과 완전히 분리된 독립적인 제3자가 해당 시스템이 모든 안전 요구사항을 충족하고 관련 위험이 허용 가능한 수준으로 감소되었음을 판단하는 과정이다. ISA 기관은 단순히 최종 문서만을 검토하는 수동적인 역할에 그치지 않는다. 대신, 프로젝트의 전반적인 수명주기에 걸쳐 적극적으로 질문하고 추가 정보를 요구하며, 해당 프로젝트에서 사용된 방법론과 검증 절차가 적절하고 충분

했는지 확인한다.

ISA는 공신력 있는 기관이 수행해야 하며, 이를 위해 유럽 연합의 규정(Commission Implementing Regulation(EU) No 402/2013)을 준수하는 공인된 자격인정 (Accreditation) 기관이 평가를 수행한다. 국내에서는 한국철도기술연구원이 KTCS 열차제어시스템에 대한 KOLAS 공인 검사기관으로 인정받아, 국내 기술을 기반으로 한 독립적인 평가가 가능해졌다.

(2) 국제 표준(CENELEC EN 5012x)에 기반한 ISA 평가 절차의 단계별 활동

ISA는 CENELEC EN 50126(RAMS), EN 50128(소프트웨어), EN 50129(안전관련 전자 시스템) 등 국제 철도 안전 표준을 기준으로 평가를 진행한다. 평가 활동은 시스템 수명주기 전반에 걸쳐 이루어지며, 주요 단계는 다음과 같다.

- 개념 및 시스템 정의 : 안전목표 및 요구사항이 적절하게 정의되었는지 평가한다.
- 위험 분석 : 식별된 위험원에 대한 분석 및 위험 관리 절차가 적절하게 수립되었는지 평가한다.
- 설계 및 구현 : 상세 설계 문서 및 시스템 구성요소의 안전성 증거를 검토한다.
- 제조 및 설치 : 시스템의 품질 관리 체계와 현장 설치가 안전 표준을 준수했는지 감사한다.
- 시스템 유효성 확인 및 인수 : 시스템의 기능 및 성능시험 결과(HIL, FAT, SAT 등)가 안전 요구사항을 만족함을 확인한다.
- 운영 및 유지보수 : 시스템의 운영 및 유지보수 계획이 안전하게 수립되었는지 평가한다.

(3) 핵심 산출물인 종합안전성보고서(Safety Case)의 구조 및 내용

종합안전성보고서(Safety Case)는 시스템이 명시된 안전 요건을 만족한다는 것을 증빙하는 모든 서류를 총망라한 최종 보고서이다. SIL 4 수준의 시스템은 매우 복잡하기 때문에, 방대하고 높은 수준의 문서가 요구된다. EN 50129에 따라 종합안전성보고서는 크게 세 가지 측면의 증거를 포함해야 한다.

- 품질 관리 증거 : 시스템의 개발 및 생산 과정이 적절한 품질 관리 시스템(제작자 승인기술 기준 포함) 하에 이루어졌음을 증명하는 서류이다.
- 안전성 관리 증거 : 위험 분석 및 관리 절차가 체계적으로 이루어졌음을 증명하는 서류이다. 여기에는 안전 관리 계획서, 위험원 분석 보고서, 위험 관리 보고서 등이 포함된다.
- 기능 및 기술 안전성 증거 : 시스템의 기능이 안전 요구사항을 충족함을 입증하는 모든 기술적 데이터 및 시험 보고서이다. 여기에는 시스템 사양서, 설계 문서, FAT/SAT 보고서, HIL 시뮬레이션 보고서, 그리고 SIL 4 인증 보고서 등이 포함된다.

다음에 나오는 표는 종합안전성보고서의 필수 산출물 템플릿을 구체적으로 보여준다. 이는 신호 엔지니어가 실무에서 어떤 문서를 준비해야 하는지 명확한 가이드라인을 제공한다.

[표 20-21] ISA 종합안전성보고서(Safety Case) 산출물 템플릿

구분	목적	주요 장소	주요 대상	주요 활동	결과물
FAT	공장 출하 전 시스템의 설계/제작 사양 준수 여부 확인	제조 공장	개별 장치 및 시스템	기능 시험, 환경 시험 (진동/충격, 내열 등), 인터페이스 시험	FAT 보고서
SAT	현장 설치 후 개별 시스템의 기능/성능 확인	실제 운행 선로의 역/장치실	설치 완료된 지상 및 차상 시스템	설치 상태 확인, 기능 및 인터페이스 시험	SAT 보고서
현장 통합 시험	지상-차상 시스템의 유기적 연계 및 실제 운행 환경에서의 종합 성능 검증	실제 운행 선로	지상(RBC, 통신 등)과 차상(ATP/ATO) 시스템의 통합	무선통신 성능, 핸드오버, 비상 상황 대응 등 실운행 시나리오 시험	현장통합시험 보고서

20.7.6 신호 엔지니어를 위한 실무적 제언

(1) KTCS-2 시험·인증 과정의 주요 기술적 시사점

KTCS-2의 성공적인 실용화는 단순히 외산 기술을 모방하는 것을 넘어, 새로운 기술적 패러다임에 맞는 시험·인증 프레임워크를 자체적으로 구축했음을 의미한다. 특히 LTE-R 기반의 무선통신 시스템은 기존의 불연속적 제어 방식과는 근본적으로 다른 복잡성을 가지며, 이는 **통합적이고 혁신적인 시험 접근 방식**의 필요성을 제기했다. HIL 시뮬레이션, 자동시험 시스템, 그리고 체계적인 안전성 관리가 유기적으로 연계된 KTCS-2의 시험 프레임워크는 각 단계가 독립적인 절차가 아니라, 상호 보완적인 관계를 있으며 시스템의 품질과 안전성을 단계적으로 강화하는 통합적인 과정이라는 것을 보여준다.

이러한 과정은 철도 시스템 개발의 핵심 역량이 하드웨어 제조뿐만 아니라, **소프트웨어의 견고성 검증**과 **시스템 안전성 관리**로 전환되었음을 시사한다. HIL 시뮬레이션을 통한 소프트웨어의 포괄적인 검증과 IEC/CENELEC 표준에 기반한 ISA 절차는 시스템의 신뢰성과 안전 무결성을 확보하는 데 결정적인 임무를 수행한다.

(2) 성공적인 시험·인증 프로젝트 수행을 위한 실무적 접근 방법

KTCS-2의 사례는 신호 엔지니어에게 다음과 같은 실무적 시사점을 제공한다.

① **문서화의 생활화가 필수적이다.** SIL 4 수준의 시스템은 방대한 양의 문서가 요구되며, 이는 개발 초기부터 모든 결정, 변경, 시험 결과를 상세히 기록하고 형상 관리해야 함을 의미한다. ISA는 이와 같은 문서들을 통해 시스템의 안전성을 평가하므로, 철저한 문서 관리는 성공적인 프로젝트 완수에 직접적인 영향을 미친다.

② **ISA를 단순한 최종 승인 기관이 아닌, 협력 파트너로 인식해야 한다.** 프로젝트 초기부터 ISA 기관과 정기적인 협의를 통해 잠재적인 안전 관련 이슈를 조기에 파악하고 해결하

는 것이 중요하다. 이는 프로젝트 막바지에 예상치 못한 결함을 발견하여 발생하는 시간적, 비용적 지연을 방지하는 가장 효과적인 방법이다.

③ **자동화 및 데이터베이스 구축에 대한 전략적 투자가 필요하다.** 시험 케이스를 데이터베이스화하고 자동시험 시스템을 구축하는 것은 초기 투자 비용이 들지만, 시스템의 생애주기 전반에 걸쳐 시험 시간과 비용을 획기적으로 절감하고, 시스템 품질과 신뢰성을 보장하는 가장 효과적인 방법이다. 이는 특히 복잡하고 대규모인 시스템에서 반복적인 시험의 필요성을 고려할 때, 장기적인 성공을 위한 필수적인 기반이다.

20.8 열차제어시스템(KTCS-2)의 장애·열화 운전 대응 설명서

20.8.1 KTCS-2 시스템의 안전 철학 및 매뉴얼 개요

이 장에서는 한국형 열차제어시스템 KTCS-2의 장애 및 열화 상황에 대한 심층적인 이해와 실질적인 대응 절차를 제공하여, 현장에서 근무하는 신호 엔지니어의 운영 및 유지보수 역량을 강화하는 것을 목적으로 한다. 이 문서는 단순한 기술 사양의 나열을 넘어, 장애 발생 시 시스템이 어떠한 원리로 거동하는지, 그리고 인적 개입이 시스템의 안전을 어떻게 보완하는지에 대한 통찰을 제시한다. KTCS-2 시스템의 핵심적인 안전 원칙을 바탕으로, 구체적인 장애 상황별 대응 방안을 체계적으로 설명하고 있다.

KTCS-2는 유럽 철도 신호 시스템인 ETCS(European Train Control System)의 기술 표준을 기반으로 개발되었으며, 국제적으로 공인된 최고 수준의 안전성 평가 기준인 **SIL 4**(Safety Integrity Level 4) 인증을 획득하였다. 이 인증은 시스템의 고장률이 극히 낮을 뿐만 아니라, 고장이 발생하더라도 항상 안전한 상태(Fail-Safe)로 전환됨을 의미한다. Fail-Safe 원리는 어떤 종류의 고장이 발생하더라도 열차를 가장 안전한 상태, 즉 '정지'로 유도함으로써 인명 및 재산 피해를 원천적으로 방지하는 핵심 철학이다. 예를 들어, 전력 공급이 중단되거나 통신이 두절 되는 상황이 발생하면, 신호장치는 즉시 정지 신호를 현시하고 열차는 자동적으로 비상 제동을 적용한다. 이러한 원칙은 시스템의 모든 하드웨어 및 소프트웨어 설계에 깊이 내재되어 있다.

KTCS-2와 같은 현대의 마이크로프로세서 기반 열차제어 시스템은 기존의 기계식 또는 전기식 신호 시스템과 달리, 복잡한 논리적 오류의 가능성을 내포한다. 따라서 단순한 물리적 Fail-Safe 개념을 넘어, **복잡한 이중화 아키텍처와 지속적인 자가 진단(Self-Check) 기능**을 통해 시스템의 논리적 신뢰성을 확보하고 있다. 이는 단순한 하드웨어 백업이 아니라, 두 개의 독립된 시스템이 2-out-of-2 구조로 상호 감시하며 오류를 탐지하고, 일치하지 않는 결과를 발견하면 즉시 안전한 상태로 전환하는 방식으로 작동한다. 이처럼 KTCS-2의 안전성은 기술적 결함 가능성을 근본적으로 제어하는 설계 철학을 통해 완성된다.

20.8.2 RBC 이중화 구조 및 장애 시 전환 절차

(1) RBC 이중화 아키텍처의 이해

KTCS-2 시스템의 핵심 지상 장치인 무선폐색센터(Radio Block Center : RBC)는 열차의 위치를 실시간으로 추적하고, 지상의 연동장치(Interlocking System)로부터 수신한 정보에 따라 열차가 안전하게 주행할 수 있는 거리와 속도를 담은 이동권한(Movement Authority, MA)을 무선으로 전송하는 두뇌 역할을 수행한다. 열차 운행의 안전성을 보장하는 핵심 장치이므로, RBC는 최고의 신뢰성을 위해 2-out-of-2 이중계 구조(Dual-Redundancy)를 채택하고 있다.

이 이중계 구조에서는 두 개의 독립된 RBC 시스템이 항상 동시에 작동한다. 평상시에는 한쪽 시스템이 **Active(주 시스템)** 역할을 맡아 열차와의 통신 및 제어 기능을 수행하며, 다른 쪽 시스템은 **Standby(대기 시스템)** 역할을 하며 Active 시스템의 상태를 실시간으로 감시하고 모든 데이터를 동기화한다. Standby 시스템은 Active 시스템과 동일한 정보를 유지함으로써, Active 시스템에 장애가 발생할 경우 지연 없이 즉시 제어권을 인계받을 수 있도록 준비한다.

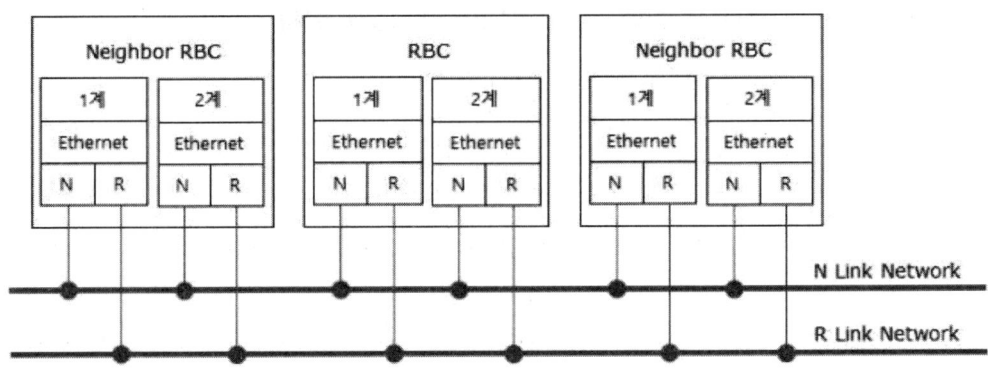

[그림 20-11] RBC Network

(2) RBC 장애 감지 및 페일오버(Failover) 절차

RBC의 장애 감지 메커니즘은 시스템의 내부에 내장된 자가 진단 기능 (Self-diagnosis)을 기반으로 한다. 이 기능은 하드웨어의 물리적 오류뿐만 아니라 소프트웨어의 논리적 오류까지 지속적으로 감시한다. 또한, Active 시스템과 Standby 시스템은 주기적인 통신을 통해 서로의 상태를 확인하고, 데이터의 일치 여부를 검증한다. Active 시스템에 치명적인 오류가 감지되거나 통신이 두절 되면, Standby 시스템은 이를 인지하고 즉시 Active 시스템으로 전환하여 제어권을 인계받는다. 이 자동 전환(Failover) 프로세스는 통상 수 초 이내에 완료되어 열차 운행의 연속성을 보장한다.

만약 Active 시스템의 고장 이후 Standby 시스템으로의 자동 전환마저 실패할 경우, 이는 전체 시스템의 기능 상실로 이어진다. 이러한 상황이 발생하면, RBC는 Fail-Safe 원리에 따라 이동권한(MA) 생성을 즉시 중단한다. 이 경우, 열차는 최신 이동권한을 갱신받지 못해 기존의 이동권한 종점(End of Authority, EoA)에 도달하기 전에 자동으로 비상 제동을 적용하게 된다. 이러한 상황에 직면한 신호 엔지니어는 매뉴얼에 따라 전원, 케이블, 그리고 암호키 관리 시스템(KMC)과 같은 관련 장치들의 상태를 신속히 점검해야 한다. 또한, 관제사와 긴밀하게 통신하여 장애 원인을 파악하고 복구 절차를 시작해야 한다.

KTCS-2 시스템의 상세한 Fail Over 프로토콜은 시스템 공급사의 기밀이거나 극히 민감한 운영 정보인 경우가 많다. 따라서 신호 엔지니어는 시스템 내부의 정확한 작동 원리를 모두 알기 어려운 상황에 직면할 수 있다. 이러한 맥락에서, 중요한 것은 '왜' 고장이 발생했는지에 대한 심층적인 분석보다는 '무엇을' 해야 하는지에 대한 명확한 절차적 이해이다. 본 매뉴얼은 이러한 실무적 접근법을 강조하며, 신호 엔지니어가 불투명한 시스템 상황에서도 안전하게 대응할 수 있도록 안내하는 데 중점을 두고 있다.

20.8.3 RBC 핸드오버(HO) 실패 시의 폴백(Fallback) 절차

(1) 핸드오버 프로세스 및 주요 실패 원인 분석

핸드오버(Handover, HO)는 열차가 한 RBC의 관할 구역(통상 약 60~70km 구간)을 벗어나 인접한 다음 RBC의 관할 구역으로 진입할 때, 열차제어권이 두 RBC 간에 안전하게 이관되는 일련의 절차이다. 이 과정은 이전 RBC(Handing Over RBC)와 다음 RBC(Accepting RBC) 간의 정보 교환을 통해 이루어지며, 열차 운행의 연속성을 보장하는 핵심적인 기능이다.

핸드오버 실패의 가장 흔한 원인은 무선통신 두절(Radio connection with UE lost)이다. 이는 LTE-R 무선통신망의 일시적인 불안정, 전파 음영 지역, 혹은 RBC 시스템 자체의 통신 오류로 인해 발생할 수 있다. 그 외에도, 핸드오버 준비 단계에서의 실패(Handover Preparation procedure is cancelled), 전송 데이터의 무결성 문제, 혹은 핸드오버 취소 절차의 오류 등이 원인이 될 수 있다.

20.3.2. 핸드오버 실패 시 열차 및 시스템 대응 방안

핸드오버가 실패하여 열차가 Accepting RBC로부터 새로운 이동권한을 갱신받지 못하면, 열차의 온보드 시스템은 기존에 수신한 이동권한(MA)이 만료되었다고 판단한다. 이 경우, **Fail-Safe 원리에 따라** 열차는 자동으로 비상 제동을 적용하고 정지하게 된다. 이는 더 이상 안전한 운행이 보장되지 않는다고 시스템이 판단했기 때문이다.

이러한 상황에 직면하면, 운전자는 관제사의 지시에 따라 기관사(Staff Responsible : SR) 모드로 전환하여 수동 운전을 시작해야 한다. SR 모드에서는 운전자가 육안으로 전방 선로 상황을 확인하며 저속(통상 20km/h)으로 운전하게 된다. 이 모드에서 ETCS 시스템은 운전자가 설정된 속도 제한을 초과하지 않도록 감시하는 최소한의 기능만을 제공하며, 운행에 대한 책임이 운전자에게 전적으로 귀속된다.

관제사는 시스템을 통해 핸드오버 실패를 인지하는 즉시, 인계(Handing Over) RBC로 하여금 해당 열차에 대한 핸드오버 시도를 공식적으로 취소하도록 요청해야 한다. 이후, 운전자에게 SR 모드 진입을 지시하고, 무선통신을 통해 다음 RBC 관할 구역까지의 운행 지시를 전달하거나, 필요한 경우 다른 경로로 우회하도록 안내해야 한다.

핸드오버 실패는 KTCS-2와 같은 고도로 자동화된 시스템이 **인간의 개입**을 필요로 하는 가장 중요한 지점이다. 이는 시스템이 모든 잠재적 위험을 완벽하게 예측하고 처리할 수 없다는 한계를 명확히 보여준다. 궁극적인 안전은 시스템의 자동 기능과 인간의 숙련된 판단 및 절차 준수가 결합 될 때 확보된다. 이러한 상황은 단순히 절차를 나열하는 것을 넘어, 자동화 시스템의 한계와 인간의 역할 변화를 이해하는 것이 왜 중요한지를 보여주는 대표적인 사례이다.

다음 표는 RBC 핸드오버 실패의 주요 원인과 이에 따른 시스템적 거동 및 신호 엔지니어의 대응방안을 요약하여 제공한다.

[표 20-22] 핸드오버 실패시 열차 및 시스템 대응방안

원인 유형	세부 원인	예상 시스템 거동	엔지니어 행동 지침
무선통신 실패	Radio connection with UE lost(열차와의 무선 연결 손실)	- 이동권한 미갱신 - 열차의 비상 제동 - 관제 시스템에 통신 장애 알람 발생	- 관제사에게 즉시 보고 - 현장 무선통신 환경(LTE-R) 점검 - 기관사에게 수동 운전(SR 모드) 준비 지시
시스템 준비 실패	Handover target not allowed(핸드오버 대상 RBC가 준비되지 않음)	- 핸드오버 준비 절차 중단 - 열차의 이동권한 만료 임박 알림 - 관제 시스템에 장애 알람 발생	- 관제사에게 보고 - 핸드오버 대상 RBC의 상태 및 전원 점검 - Handover 취소 절차 요청
데이터 오류	Invalid QoS combination (유효하지 않은 QoS 조합)	- 핸드오버 진행 중단 - 열차의 비상 제동 - 관제 시스템에 데이터 오류 알람 발생	- 관제사에게 보고 - 시스템 로그 분석 - 인계 RBC와 인수 RBC 간의 데이터 무결성 확인
타이머 만료	TNGRELOCoverall expiry (핸드오버 절차 전체 시간 초과)	- 핸드오버 진행 중단 - 열차의 비상 제동 - 관제 시스템에 타임아웃 알람 발생	- 관제사에게 보고 - 시스템 및 통신 지연 원인 분석 - 수동 운전 지시 및 지원

20.8.4 분기부 점유 미확정 및 축수검지 불확실 상황 처리

(1) 열차 위치 검지 시스템의 구성 및 신뢰성 이슈

KTCS-2 시스템은 열차의 위치를 정확하게 파악하기 위해 여러 기술을 통합하여 사용한다. 지상의 **궤도회로(Track Circuit)** 또는 차축검지기(Axle Counter)는 특정 구간의 점유 여부를 감지하며, 특히 분기부의 점유 상태를 확정하는 데 중요한 역할을 한다. 이와 더불어, 열차에 장착된 주행거리계(Odometer)는 바퀴의 회전수를 측정하여 열차의 이동 거리를 지속적으로 계산하고, 지상에 설치된 발리스(Balise)는 주기적으로 주행거리계의 계산값을 보정하여 오차를 최소화한다.

이러한 위치 검지 시스템은 다양한 요인으로 인해 신뢰성 이슈에 직면할 수 있다. 차축검지기의 경우, 바퀴의 지름이나 림 폭과 같은 기계적 변수뿐만 아니라, 낙엽이나 악천후와 같은 환경적 요인으로 인해 정확한 바퀴 수 검지가 어려울 수 있다. 주행거리계 또한 바퀴의 미끄러짐(Skating)이나 공전으로 인해 실제 이동 거리와 측정값 사이에 오차가 발생할 수 있다.

(2) 장애 발생 시의 안전 조치 및 절차

궤도회로나 차축검지기 시스템의 장애로 인해 분기부의 점유 여부를 확정할 수 없는 상황이 발생하면, 시스템은 **Fail-Safe 원리에 따라 해당 분기부를 '점유 상태'로 가정**한다. 즉, 열차가 해당 구간을 점유하고 있다고 판단하여 해당 분기부로의 진입을 허용하는 이동권한(MA)은 생성되지 않는다. 따라서 접근하는 열차는 자동으로 정지 신호를 수신하고 정지하게 된다. 또한, 열차의 차상 시스템은 주행거리계와 발리스 간의 위치 보정 과정에서 연속적인 오류를 감지하면, 이는 시스템의 안전성 저하를 의미한다고 판단한다. 이 경우, 열차는 자동으로 **System Failure(SF) 모드**로 진입하며, 즉시 비상 제동을 적용하여 안전하게 정지한다. 이는 시스템이 스스로 자신의 위치 검지 능력에 확신을 잃었을 때 취하는 가장 안전한 조치이다. 분기부 점유 불확실 상황은 단순한 시스템 장애를 넘어, **Fail-Safe 원리가 시스템의 여러 계층에 걸쳐 어떻게 연쇄적으로 적용되는지**를 보여주는 중요한 사례이다. 지상 시스템(궤도회로, 차축검지기)의 불확실성은 '안전한 상태 가정(Assume Safe State)'이라는 논리적 Fail-Safe로 처리되며, 그 결과 열차는 'MA 발급 중단'이라는 상위 시스템적 Fail-Safe 동작을 수행한다. 이는 **물리적 장애 ➡ 논리적 안전 가정 ➡ 운영적 안전 동작**으로 이어지는 다단계 안전 체계를 명확히 보여준다.

(3) 현장 신호 엔지니어의 점검 및 복구 방안

시스템의 장애 메시지에 따라 현장으로 출동한 엔지니어는 관제사의 지시에 따라 장애 지점의 분기부 및 궤도 시설을 육안으로 점검해야 한다. 점검 항목에는 궤도회로 및 차축검지기

장치, 연결 케이블, 그리고 전원 공급 상태가 포함된다. 특히, 케이블 피복 손상, 노출, 침하 등 물리적 손상 여부를 면밀히 확인해야 한다.

점검 결과 물리적 이상이 없거나 수리가 완료된 경우, 엔지니어는 관제 시스템을 통해 해당 구간의 상태를 초기화(Reset)하고 재검지 절차를 수행해야 한다. 복구 작업 완료 후에는 관제사에게 복구 완료를 보고하고, 시스템이 정상적인 열차 위치 검지 기능을 회복했음을 상호 확인한 후에야 해당 구간의 정상 운행을 재개할 수 있다.

20.8.5. Degraded Mode(성능 저하 모드) 운전 절차 및 총괄 관리

(1) 주요 Degraded Mode의 정의 및 특징

KTCS-2/ETCS 시스템은 정상적인 완전 감시(Full Supervision, FS) 운전 외에도, 장애 상황에 대응하기 위한 여러 열화 운전 모드(Degraded Mode)를 정의하고 있다. 각 모드는 특정 조건에 따라 자동으로 또는 운전자 및 관제사의 판단하에 진입하며, 운전 책임과 속도 제한이 달라진다. 다음 표는 주요 운전 모드와 그 특징을 요약하여 보여준다.

[표 20-23] KTCS-2/ETCS 주요 운전 모드 요약

원인 유형	세부 원인	예상 시스템 거동	엔지니어 행동 지침
무선통신 실패	Radio connection with UE lost(열차와의 무선 연결 손실)	- 이동권한 미갱신 - 열차의 비상 제동 - 관제 시스템에 통신 장애 알람 발생	- 관제사에게 즉시 보고 - 현장 무선통신 환경(LTE-R) 점검 - 기관사에게 수동 운전(SR 모드) 준비 지시
시스템 준비 실패	Handover target not allowed(핸드오버 대상 RBC가 준비되지 않음)	- 핸드오버 준비 절차 중단 - 열차의 이동권한 만료 임박 알림 - 관제 시스템에 장애 알람 발생	- 관제사에게 보고 - 핸드오버 대상 RBC의 상태 및 전원 점검 - Handover 취소 절차 요청
데이터 오류	Invalid QoS combination (유효하지 않은 QoS 조합)	- 핸드오버 진행 중단 - 열차의 비상 제동 - 관제 시스템에 데이터 오류 알람 발생	- 관제사에게 보고 - 시스템 로그 분석 - 인계 RBC와 인수 RBC 간의 데이터 무결성 확인
타이머 만료	TNGRELOCoverall expiry(핸드오버 절차 전체 시간 초과)	- 핸드오버 진행 중단 - 열차의 비상 제동 - 관제 시스템에 타임아웃 알람 발생	- 관제사에게 보고 - 시스템 및 통신 지연 원인 분석 - 수동 운전 지시 및 지원

(2) 장애 상황별 Degraded Mode 진입 판단 및 책임 소재

Degraded Mode 운전 절차는 시스템의 자동화된 기능이 제한되는 상황에서 인간의 판단과 매뉴얼이 시스템의 안전을 보완하는 통합 안전망의 핵심이다. 이 과정에서 관제사, 운전자, 그리고 유지보수 엔지니어의 역할과 책임이 명확히 분담된다.

- 관제사(Control Center)의 역할은 시스템 전체의 운영 상태를 실시간으로 모니터링하며, 특정 구간의 궤도 점유 불확실성이나 RBC 기능 저하 등 광범위한 장애를 감지할 경우 해당 구간의 열차에 대해 Degraded Mode 운전을 지시할 책임이 있다.
- 운전자(Driver)의 역할은 열차의 DMI(Driver Machine Interface)에 표시되는 시스템 상태를 지속적으로 확인하고, 시스템의 장애 메시지가 발생하면 즉시 관제사에게 보고한 후, 관제사의 지시에 따라 적절한 Degraded Mode로 전환해야 한다. 특히 Staff Responsible 모드에서는 운전자의 전방 주시 및 수동 조작 책임이 극대화된다.
- 유지보수 엔지니어의 역할은 장애 발생 시 현장으로 출동하여 장애 원인을 파악하고 복구 작업에 임하는 것이다. 이들은 전송 설비(Transition Facility)와 무선 설비(Radio Facility)의 상태를 점검하고, 필요한 수리를 수행하여 Degraded Mode 운전이 정상 모드로 복귀될 수 있도록 기술적 지원을 제공한다.

(3) Degraded Mode 운전 종료 및 정상 모드 복귀

모든 시스템적 및 인적 조치가 완료되어 장애가 해결되면, 관제사는 Degraded Mode를 종료하고 정상 모드(FS) 운전을 재개하도록 지시한다. 이 과정은 시스템의 모든 안전장치가 정상적으로 작동함을 확인하는 절차를 포함하며, 관제사, 운전자, 엔지니어 간의 긴밀한 소통과 상호 확인이 필수적이다. 이처럼 Degraded Mode 운전은 단순히 시스템 기능이 저하된 상태가 아니라, 시스템의 자동화 기능이 제한되는 상황에서 인간의 판단과 매뉴얼(절차)이 시스템의 안전을 보완하는 통합 안전망을 의미한다. 이는 KTCS-2의 안전 철학이 기술적 신뢰성뿐만 아니라, 예측 불가능한 상황에 대한 인간의 유연한 대응 능력과 명확한 절차를 통해 완성됨을 보여준다.

20.8.6 KTCS-2 장애 대응 시스템의 지속 가능성 및 제언

이 장에서는 KTCS-2 시스템의 장애·열화 상황을 **Fail-Safe 원리, 이중화 구조, 다단계 폴백 절차, 그리고 성능저하(Degraded Mode)모드** 운영이라는 네 가지 핵심 개념을 통해 분석했다. 각각의 장애 상황이 어떻게 시스템적, 인적 대응을 요구하는지, 그리고 이 모든 절차가 궁극적으로 승객과 열차의 안전을 최우선으로 한다는 점을 재확인했다. KTCS-2는 지능적인 시스템이지만, 장애 상황에서는 인간의 개입이 필수적이며, 이는 시스템과 인간이 상호 보완하는 통합 안전

체계가 구축되었음을 의미한다.

KTCS-2와 같은 첨단 열차제어시스템의 안전하고 효율적인 운영을 위해서는 시스템의 기술적 이해뿐만 아니라, 비상 상황에서의 신속하고 정확한 의사결정 능력이 필수적이다. 따라서, 매뉴얼에서 제시된 지식을 실제 역량으로 전환하기 위한 **시뮬레이션 기반의 훈련 프로그램**을 도입할 것을 제언한다. 이러한 훈련은 엔지니어, 기관사, 관제사가 성능저하 모드 운전을 반복적으로 숙달하고, 다자간 비상 통신 절차를 체화하는 데 결정적인 역할을 할 것이다. 이는 시스템의 기술적 신뢰성과 함께 인적 역량을 강화하여 KTCS-2의 운영 안전성을 지속 가능하게 만드는 핵심적인 방법이 될 것이다.

20.9 KTCS-2 신호 엔지니어를 위한 통신 공학

20.9.1 무선통신 기반 열차제어의 구조

(1) 궤도회로에서 연속 통신으로의 진화

철도 신호 시스템의 역사는 안전성과 효율성이라는 두 가지 목표를 중심으로 발전해왔다. 전통적인 신호시스템의 근간을 이루는 것은 '고정 폐색(Fixed Block)' 원리이며, 이는 궤도회로(Track Circuit)나 차축검지장치(Axle Counter)를 통해 구현된다. 이 방식은 선로를 지리적으로 고정된 여러 개의 구간, 즉 '폐색'으로 분할한다.

시스템은 각 폐색 내에 열차의 존재 여부만을 검지할 수 있으며, 열차가 해당 폐색 내의 어느 지점에 위치하는지에 대한 정밀한 정보는 파악하지 못한다. 따라서 안전을 확보하기 위해 시스템은 하나의 폐색에는 단 한 대의 열차만 진입할 수 있도록 허용하며, 열차가 폐색 전체를 점유하고 있는 것으로 간주하여 보수적인 안전거리를 유지한다. 이러한 방식은 수십 년간 철도 안전의 초석이 되어왔으나, 선로용량을 극대화하는 데에는 명백한 한계를 가진다.

이러한 고정폐색 방식의 한계인 것이 통신기반 열차제어(CBTC, Communication-Based Train Control) 시스템과 '이동폐색(Moving Block)' 원리이다. KTCS-2는 통신기반 열차제어(CBTC) 기술을 근간으로 하는 한국형 열차제어시스템이다.

CBTC 시스템은 궤도회로와 같은 물리적인 선로 점유 감지 장치에 의존하는 대신, 열차와 지상 장치 간의 연속적이고 양방향적인 무선통신을 통해 열차의 위치와 속도를 실시간으로 파악한다. 이동폐색 원리하에서 각 열차의 안전 구역, 즉 '폐색'은 더 이상 지리적으로 고정되어 있지 않고 열차의 이동에 따라 함께 움직이는 가상의 안전 영역이 된다. 열차는 자신의 정확한 위치, 속도, 제동 성능 데이터를 지속적으로 지상 시스템으로 전송하며, 지상 시스템은 이 정보를 바탕으로 선행 열차의 꼬리 부분까지의 안전거리를 동적으로 계산하여 후행 열차에 운행을 허가한다.

이러한 기술적 패러다임의 전환은 철도 운영에 혁신적인 변화를 가져온다. 고정폐색 시스템에서는 열차 간 간격이 폐색의 길이에 의해 결정되었지만, 이동 폐색시스템에서는 실제 열차의 속도와 제동 거리에 기반하여 간격이 실시간으로 최적화된다. 그 결과, 열차 간의 안전거리를 획기적으로 줄일 수 있어 선로용량을 극대화하고 운행 시격을 단축할 수 있다. 실제로 KTCS-2와 같은 무선통신 기반 시스템은 열차 간격을 기존 10.5km에서 8.1km로 줄이고, 수송력을 최대 1.2배까지 증대시키는 효과를 가져온다.

이러한 변화는 단순히 기술의 발전을 넘어, 신호 시스템의 운영 철학 자체를 근본적으로 바꾸는 것이다. 기존 시스템이 선로변의 물리적 자산(궤도회로, 신호기)에 지능이 고정된 '반응형' 시스템이었다면, KTCS-2는 중앙의 지령 장치(RBC)와 차상의 지능형 컴퓨터(KVC)가 통신 네트워크를 통해 유기적으로 연결된 '예측 및 능동형' 시스템이다. 따라서 신호 엔지니어의 역할과 요구 역량 또한 크게 변화한다. 과거에는 절연 파괴, 신호기 램프 고장과 같은 물리적 설비의 유지보수가 주된 업무였다면, 이제는 RF(Radio Frequency) 간섭, 데이터 패킷 손실, 통신 프로토콜 오류와 같은 무형의 통신 문제를 진단하고 해결하는 능력이 핵심 역량이 된다. KTCS-2 시스템에서 통신 링크는 더 이상 부가적인 보조 시스템이 아니라, 신호 정보가 흐르는 핵심 통로이자 신호 시스템 그 자체이기 때문이다.

(2) KTCS-2 시스템 생태계

KTCS-2는 유럽의 표준 열차제어시스템인 ERTMS/ETCS Level 2를 기반으로 한국의 철도 환경에 맞게 개발된 시스템으로, 국제 표준을 준수하며 상호운용성을 확보하고 있다. 이 시스템은 최고 안전 무결성 등급인 SIL 4(Safety Integrity Level 4) 인증을 획득했으며, 이는 시스템의 모든 구성요소가 유기적으로 결합하여 최고 수준의 안전성을 보장하도록 설계되었음을 의미한다. KTCS-2 시스템은 크게 지상 장치와 차상 장치로 구성된다.

① 지상 서브시스템(Wayside Subsystem)

지상 장치는 선로 주변에 설치되어 열차 운행을 중앙에서 통제하고 관리하는 역할을 수행한다.

- **무선폐색센터(RBC, Radio Block Center)** : KTCS-2 시스템의 '두뇌'에 해당하는 핵심 장치이다. RBC는 컴퓨터 기반 시스템으로, 연동장치(Interlocking System)로부터 선로전환기, 궤도회로, 진로 등의 선로 상태 정보를 수신하고, 각 열차로부터 위치 보고를 받는다. 이 모든 정보를 종합하여 각 열차에 대한 이동 허가(MA, Movement Authority)를 생성하고, 이를 LTE-R 무선통신망을 통해 해당 열차로 전송하는 역할을 한다. RBC 하나는 약 60km에 달하는 넓은 관할 구역을 담당하며, 열차가 관할 구역 경계를 넘어갈 때는 인접 RBC로 제어권을 원활하게 이양하는 핸드오버(Handover) 기능을 수행한다. 최고 수준의 안전성과 가용성을 보장하기 위해, RBC의 핵심 하드웨어는 2중계(2 out of 2) 구조로 설계되어 하나의 시스템에 장애가 발생하더라도 다른

시스템이 즉시 기능을 이어받아 중단 없는 운영을 보장한다.
- 안전전송유닛(STU, Safety Transmission Unit) : RBC와 차상 장치 간의 안전 관련 메시지가 LTE-R 네트워크를 통해 안정적으로 전송될 수 있도록 중계하는 전용 통신 인터페이스 장치이다. STU는 지정된 RBC 및 차상컴퓨터장치와 인터페이스하며, 메시지의 안전한 전송을 보장하는 역할을 담당한다.
- 암호키 관리센터(KMC, Key Management Center) : RBC와 차상 장치 간의 무선 통신은 매우 높은 수준의 보안이 요구된다. KMC는 이 통신 과정에서 사용되는 암호화 키를 생성하고 관리하는 임무를 수행한다. 이를 통해 허가되지 않은 접근이나 데이터 위변조로부터 시스템을 보호하여 통신의 무결성과 인증을 보장한다.
- 하드웨어 사양 : RBC와 같은 핵심 장비는 실시간 운영체제(Realtime OS)를 기반으로 하며, 고성능 CPU(예 200MHz 또는 1GHz 이상)와 충분한 용량의 메모리(DRAM, Flash Memory)를 탑재하여 방대한량의 데이터를 실시간으로 처리하고 복잡한 안전 로직을 수행할 수 있도록 설계되었다. 이러한 하드웨어 구성은 KTCS-2가 요구하는 엄격한 실시간성과 안전성을 물리적으로 뒷받침한다.

② 차상 서브시스템(On-board Subsystem)

차상 장치는 열차에 탑재되어 지상으로부터 수신한 정보를 바탕으로 실질적인 열차제어를 수행한다.
- 차상 컴퓨터장치(KVC, Korean Vital Computer) : 차상 장치의 핵심 두뇌로, RBC의 지상 로직에 상응하는 차상의 핵심 컴퓨터이다. KVC는 RBC로부터 수신한 이동 허가(MA) 정보와 타코미터, 도플러 레이더 등에서 수집한 열차의 현재 속도, 그리고 차량 고유의 제동 성능 곡선 데이터를 종합하여 실시간으로 허용 속도 프로파일을 계산한다. KVC는 이 허용 속도를 기관사가 준수하는지 지속적으로 감시하며, 만약 열차가 허용 속도를 초과할 경우 단계별로 경고(Warning), 상용 제동(Service Brake), 비상 제동(Emergency Brake)을 자동으로 체결하여 열차를 안전한 상태로 유지한다.
- 운전자 현시장치(DMI/ADU, Driver Machine Interface/Advanced Display Unit) : 기관사 운전실에 설치되는 디스플레이 장치이다. DMI는 KVC가 계산한 허용 속도, 목표 지점까지의 거리, 현재 속도 등 핵심 운행 정보를 그래픽 인터페이스를 통해 기관사에게 명확하게 전달한다. 또한, 속도 초과와 같은 위험 상황 발생 시 시각적, 청각적 경고를 통해 기관사의 즉각적인 대응을 유도한다.
- 발리스 전송 모듈(BTM, Balise Transmission Module) : 열차 하부에 설치되어 선로에 부설된 유로발리스(Eurobalise)라는 정보 전송 장치를 지날 때, 발리스가 전송하는 위치 보정 정보를 수신하는 역할을 한다. 차상 장치는 주행 거리를 계산하는 주행기록계(Odometry)의 오차를 이 발리스 정보를 통해 주기적으로 보정함으로써 열차

위치의 정확도를 높은 수준으로 유지한다.
- **LTE-R 무선 모듈**: 차상 장치가 지상의 RBC와 지속적으로 데이터를 교환할 수 있도록 하는 무선통신 장치이다. 이 모듈을 통해 열차는 자신의 위치를 보고하고 RBC로부터 새로운 이동 허가를 수신한다.

KTCS-2의 아키텍처는 '중앙집중형 권한 부여, 분산형 강제 집행'이라는 원리를 명확하게 보여준다. RBC는 연동장치 및 다른 열차들의 정보를 종합하여 전체적인 관점에서 전략적인 운행 허가(MA)를 결정한다.

반면, KVC는 열차 자체의 동적인 상태(속도, 제동 성능)를 가장 정확하게 파악하고 있으며, RBC로부터 부여받은 권한을 열차의 물리적 제약 조건 내에서 전술적으로, 그리고 실시간으로 강제 집행한다. 이 두 핵심 장치 간의 관계는 전적으로 통신 링크의 가용성과 무결성에 의존한다.

통신이 단절되면 KVC는 선로 상태와 무관하게 사전에 정의된 가장 안전한 상태, 즉 제동을 체결해야만 한다. 이는 신호 엔지니어에게 통신 링크의 상태를 파악하는 것이 곧 신호 시스템 전체의 건전성을 파악하는 것과 동일한 의미임을 시사한다.

또한, 시스템의 SIL 4 등급은 단일 구성요소가 아닌 전체 아키텍처의 유기적인 결합을 통해 달성된다. 하드웨어적으로는 2중계 구조를 통한 이중화, 소프트웨어적으로는 모든 예외 상황에서 가장 안전한 상태로 전환되는 페일세이프(Fail-Safe) 로직, 그리고 통신적으로는 KMC가 관리하는 암호화 기술과 Euroradio와 같은 안전 프로토콜을 통해 데이터의 무결성과 인증을 보장한다. 신호 엔지니어는 하드웨어, 소프트웨어, 통신이라는 이 세 가지 안전개념을 모두 이해해야만 KTCS-2 시스템을 구축할 수 있다.

[표 20-24] 신호 시스템 특성 비교(고정 폐색 vs CBTC/KTCS-2)

특성	고정 폐색 시스템(예 ATS)	CBTC/KTCS-2 시스템
열차 검지	궤도회로, 차축검지장치	차상 장치의 위치 보고 (Odometry, Balise)
폐색 원리	지리적으로 고정된 블록	열차와 함께 이동하는 가상 블록 (이동 폐색)
신호 전송	궤도회로, 지상 신호기, 지상자(Balise)	연속적인 양방향 무선통신(LTE-R)
주요 운전자 인터페이스	선로변 신호기 현시	운전실 DMI(차상 신호)
선로 용량	폐색 길이에 의해 제한됨	열차 간 동적 간격 제어로 극대화
운행 시격	상대적으로 김	최소화 가능
지상 설비 의존도	높음 (다수의 궤도회로, 신호기 필요)	낮음 (지상 신호 설비 간소화)
핵심 기술	전기/전자 회로 기술	무선통신, IP 네트워킹, 컴퓨터 공학

이 표는 엔지니어가 기존 시스템과 새로운 시스템 간의 근본적인 차이를 한눈에 파악하고, 기술 패러다임의 전환을 명확하게 인지하는 데 도움을 준다. 이는 익숙한 개념(궤도회로, 지상 신호기)을 새로운 대응물(무선통신, DMI 차상 신호)로 연결하는 '번역 키' 역할을 하며, 기술 변화가 가져오는 성능 향상을 정당화한다.

20.9.2 물리 계층 : 무선 전송의 기초

이 장에서는 디지털 정보가 어떻게 전파에 실려 전송되고, 철도라는 특수한 환경에서 신뢰성을 유지하는지에 대한 물리적, 공학적 원리를 설명한다. 이는 KTCS-2의 통신 기반인 LTE-R 네트워크의 성능과 한계를 이해하는 데 필수적인 기초 지식을 제공한다.

(1) 고속 이동 환경에서의 디지털 변조

디지털 변조(Digital Modulation)는 0과 1로 이루어진 디지털 데이터를 무선으로 전송하기 위해 아날로그 형태의 반송파(Carrier Wave) 신호로 변환하는 과정이다. KTCS-2와 같은 고속 이동 환경에서는 데이터 전송률과 신뢰성 사이의 균형을 맞추는 것이 매우 중요하며, 이를 위해 다양한 변조 방식이 사용된다.

- 위상 편이 변조(PSK, Phase Shift Keying) : PSK는 디지털 데이터값에 따라 반송파의 위상(Phase)을 변화시켜 정보를 전송하는 방식이다.

가장 기본적인 BPSK(Binary PSK)는 0과 1을 각각 다른 위상(예 0°와 200°)에 할당하여 한 번에 1비트를 전송한다.

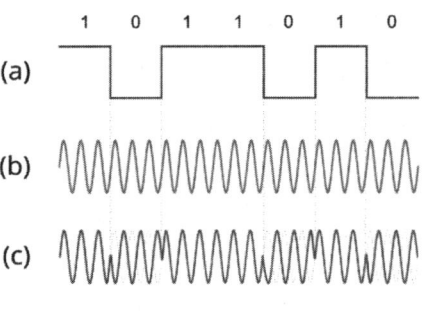

[그림 20-12] PSK(위상편이변조)

직교 위상 편이 변조(QPSK, Quadrature Phase Shift Keying)는 이를 확장하여, 90° 간격의 4개 위상(예 45°, 135°, 225°, 315°)을 사용해 한 번에 2비트의 정보를 전송한다. QPSK는 BPSK에 비해 동일한 시간 동안 2배의 데이터를 보낼 수 있어 주파수 효율이 높으며, 진폭이 일정하여 잡음 환경에 비교적 강한 특성을 보인다.

- 직교 진폭 변조(QAM, Quadrature Amplitude Modulation) : QAM은 PSK보다 한 단계 더 나아간 변조 방식으로, 반송파의 위상뿐만 아니라 진폭(Amplitude)까지 함께 변화시켜 더 많은 정보를 한 번에 전송한다.

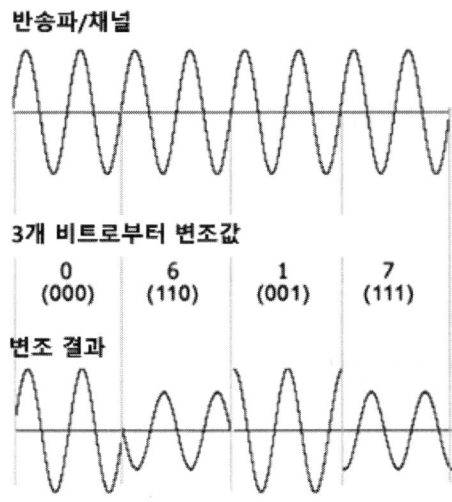

[그림 20-13] 반송주파수와 직교 진폭변조

- 예를 들어, 16-QAM은 16개의 서로 다른 위상과 진폭의 조합을 사용하여 한 심볼(Symbol)에 4비트를, 64-QAM은 64개의 조합으로 6비트를 전송할 수 있다. QAM은 매우 높은 데이터 전송률을 달성할 수 있지만, 진폭의 미세한 차이까지 구분해야 하므로 신호 대 잡음비(SNR, Signal-to-Noise Ratio)가 좋은, 즉 깨끗한 통신 환경을 요구한다. LTE-R 시스템은 이러한 고차 변조 방식(High-order Modulation)을 적극적으로 활용하여 높은 데이터 처리량을 달성한다.
- 성상도(Constellation Diagram) : 성상도는 이러한 변조 방식들을 시각적으로 표현하는 유용한 도구이다. 가로축과 세로축이 각각 동위상(In-phase)과 직교위상(Quadrature) 신호 성분을 나타내는 2차원 평면에 각 심볼이 표현하는 점들을 표시한 것이다. QPSK는 원 위에 4개의 점으로, 16-QAM은 격자 형태로 16개의 점으로 나타난다. 점들 사이의 거리가 멀수록 외부 잡음에 의해 하나의 점이 다른 점으로 오인될 확률이 낮아져 신호의 신뢰성이 높아진다. 따라서 성상도를 보면 QAM이 QPSK보다 점들이 훨씬 촘촘하게 분포하므로, 더 높은 SNR이 요구됨을 직관적으로 이해할 수 있다.

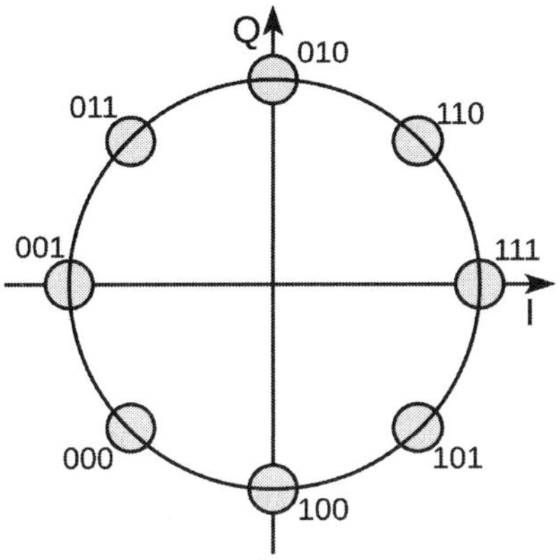

[그림 20-14] 별자리 다이어그램

이러한 변조 방식의 선택은 고정되어 있지 않다. LTE-R과 같은 현대 무선통신 시스템은 적응 변조 및 코딩(AMC, Adaptive Modulation and Coding)이라는 지능적인 기술을 사용한다. 시스템은 통신 채널의 상태를 실시간으로 측정하여, 신호 품질이 좋을 때는 데이터 전송률을 극대화하기 위해 64-QAM과 같은 고차 변조 방식을 사용한다.

반대로, 열차가 기지국에서 멀어지거나 터널에 진입하여 신호 품질이 나빠지면, 데이터 전송률을 다소 희생하더라도 통신 링크의 안정성을 확보하기 위해 16-QAM이나 QPSK와 같이 더 견고한 저차 변조방식으로 동적으로 전환한다.

신호 엔지니어가 현장에서 데이터 처리량의 변동을 관찰할 때, 이는 시스템의 결함이 아니라 채널 환경에 최적으로 적응하고 있는 정상적인 동작일 수 있다. 이 적응적 특성을 이해하는 것은 시스템의 동작을 오진하지 않고 정확하게 분석하는 데 매우 중요하다. AMC 덕분에 KTCS-2는 통신 두절로 인한 비상 제동과 같은 치명적인 상황을 최소화하며 안정적인 운행을 지속할 수 있다.

(2) 철도 무선 채널의 특성

철도 환경은 무선통신에 매우 가혹하고 복잡한 특성을 보인다. 선로를 따라 펼쳐진 개활지, 터널, 교량, 절개지, 역사 등 다양한 구조물은 전파의 경로를 예측하기 어렵게 만든다. 이러한 특성을 이해하는 것은 안정적인 LTE-R 네트워크를 설계하고 유지보수하는 데 필수적이다.

- 다중경로 페이딩(Multipath Fading) : 기지국에서 송신된 전파는 단일 경로로 수신기에 도달하지 않는다. 지면, 건물, 산, 심지어 마주 오는 열차 등 다양한 장애물에 반사, 회절, 산란되어 여러 경로를 통해 수신기에 도달한다. 이 다중경로 신호들은 서로 다른 시간과 위상으로 도착하여 중첩되면서 상쇄 간섭(Destructive Interference) 또는 보강 간섭(Constructive Interference)을 일으킨다. 이로 인해 수신 신호의 세기가 짧은 시간 동안 급격하게 변동하는 현상을 페이딩(Fading)이라고 한다. 페이딩은 통신 품질을 급격히

저하시키고 데이터 오류의 주된 원인이 된다.
- **도플러 효과(Doppler Effect)** : 열차가 고속으로 이동할 때, 송신기와 수신기 사이의 상대 속도로 인해 수신되는 전파의 주파수가 변하는 현상이다. 열차가 기지국에 접근할 때는 주파수가 높아지고, 멀어질 때는 낮아진다. 이러한 도플러 편이(Doppler Shift)는 LTE-R이 사용하는 OFDM(Orthogonal Frequency Division Multiplexing) 기술에 심각한 영향을 미칠 수 있다. OFDM은 다수의 직교하는 부반송파(Subcarrier)를 사용하여 데이터를 전송하는데, 도플러 편이가 심해지면 이 부반송파 간의 직교성이 깨져 상호 간섭(ICI, Inter-Carrier Interference)이 발생하고, 이는 통신 성능을 크게 저하시킨다.
- **경로 손실 및 섀도잉(Path Loss and Shadowing)** : 전파는 거리가 멀어짐에 따라 자연스럽게 세기가 약해지는데, 이를 경로 손실이라고 한다. 또한, 산, 대형 건물, 터널과 같은 큰 장애물에 의해 전파가 완전히 가려져 신호가 급격히 약해지는 현상을 섀도잉(Shadowing) 또는 음영 효과라고 한다. 철도 환경은 이러한 지형적 장애물이 빈번하게 나타나므로, 음영 지역을 최소화하는 것이 네트워크 설계의 중요한 과제이다.

LTE-R 네트워크의 물리적 설계, 예를 들어 기지국(eNodeB) 및 원격 무선 유닛(RRU)의 설치 간격과 위치 선정은 바로 이러한 철도 무선 채널의 혹독한 문제들을 극복하기 위한 공학적 해법이다. 고속 주행 시 발생하는 급격한 페이딩과 도플러 효과에 대응하기 위해서는, 열차의 수신기가 항상 최소한의 요구 신호 품질(예 차량용 단말기 기준 RSRP -95dBm 이상)을 유지할 수 있도록 링크 버짓(Link Budget)을 충분히 확보해야 한다. 이를 위해 LTE-R 네트워크는 일반 상용 셀룰러 네트워크보다 훨씬 촘촘하게, 보통 수 킬로미터 간격으로 RRU를 설치하여 항상 강력한 신호를 제공하고, 신호가 약한 핸드오버 구간에 머무는 시간을 최소화한다.

따라서 신호 엔지니어의 역할은 단순히 장비를 설치하는 것을 넘어, 전파 분석 도구를 사용하여 '커버리지 홀'이나 핸드오버 실패가 발생할 수 있는 잠재적 위험 구간을 사전에 식별하고, 안테나 방향 조정이나 RRU 추가 설치 등을 통해 이를 해결하는 것이다. 이러한 RF 계획 및 최적화 작업은 KTCS-2 신호 시스템 전체의 안전성과 가용성에 직접적으로 기여하는 핵심적인 안전 활동이다.

(3) 오류 복원력을 위한 채널 코딩

아무리 정교하게 무선 네트워크를 설계하더라도, 앞서 설명한 페이딩과 같은 채널 왜곡으로 인해 전송 과정에서 데이터 오류(Bit Error)는 필연적으로 발생한다. 채널 코딩(Channel Coding), 특히 **전방 오류 정정(FEC, Forward Error Correction)** 기술은 이러한 오류를 수신단에서 자체적으로 검출하고 정정할 수 있도록 하는 강력한 수단이다. FEC는 데이터를 재전송해달라고 요청하는 대신, 원본 데이터에 의도적으로 잉여 정보(Redundancy)를 추가하여 전송함으로써 약간의 오류가 발생하더라도 수신기가 원본 데이터를 복원할 수 있게 한다.
- **합성곱(Convolutional Codes)** : 합성곱 부호는 전방 오류 정정, 입력되는 데이터 비트 스트림을 기반으로 특정 규칙(생성 다항식)에 따라 잉여 비트(패리티 비트)를 생성하여 함께 전송하는 방식이다. 이는 특정 시점의 출력 비트가 현재 입력 비트뿐만 아니라 이전 몇 개의 입력 비트에도 영향을 받는 '기억'을 가진 부호화 방식이다.
- **터보 부호(Turbo Codes)** : 터보 부호는 LTE 시스템에서 사용되는 매우 강력한 FEC 기법이다. 터보 부호의 핵심 아이디어는 두 개 이상의 비교적 간단한 나선형 부호기를 병렬로 연결하고, 그 사이에 인터리버(Interleaver)라는 장치를 두는 것이다. 인터리버는 입력 데이터의 순서를 의도적으로 뒤섞어 두 번째 부호기에 입력하는 역할을 한다. 이렇게 하면, 만약 통신 채널에서 특정 구간에 집중적인 오류(Burst Error)가 발생하더라도, 인터리버 덕분에 두 부호기가 보는 오류의 패턴이 서로 달라지게 된다.

터보 부호의 진정한 강력함은 복호(Decoding) 과정에 있다. 터보 복호기는 두 개의 복호기가 서로 정보를 주고받으며 반복적으로 복호과정을 수행하는 독특한 구조를 가진다. 첫 번째 복호기가 수신된 신호를 바탕으로 원본 데이터에 대한 1차 추정치와 함께 각 비트의 신뢰도 정보를 계산한다. 이 신뢰도 정보는 두 번째 복호기로 전달되어, 두 번째 복호기가 더 정확한 복호를 수행하는 데 도움을 준다. 다시 두 번째 복호기는 자신의 복호 결과를 바탕으로 계산한 신뢰도 정보를 첫 번째 복호기로 되돌려 보낸다. 이러한 정보 교환과 반복적인 계산 과정은 마치 터보 엔진이 배기가스를 재활용하여 출력을 높이는 것과 같다고 하여 '터보'라는 이름이 붙었다. 이 과정을 여러 번 반복하면 오류가 점차 수정되고 데이터의 신뢰도가 비약적으로 향상되어, 정보 이론의 창시자인 클로드 섀넌이 제시한 이론적 한계(Shannon Limit)에 매우 근접하는 성능을 얻을 수 있다.

채널 코딩은 철도 무선 채널에서 발생하는 불가피한 오류에 대한 핵심적인 방어막 역할을 한다. 예를 들어, 다중경로 페이딩으로 인해 수신된 데이터 패킷의 일부 비트가 손상되었다고 가정해 보자. FEC가 없다면 이 패킷은 폐기되고, 상위 계층(KVC)은 재전송을 기다려야 한다. 이로 인한 지연은 안전 시스템에서 허용되지 않으며, 결국 타임아웃으로 인한 제동 명령으로 이어질 수 있다. 하지만 터보 부호와 같은 강력한 FEC가 적용되면, 복호기는 신호에 포함된 잉여 정보를 활용하여 손상된 비트를 찾아내고 스스로 정정할 수 있다. 그 결과, 상위 계층에는 최소한의 지연으로 오류가 없는 깨끗한 데이터가 전달되어 신호 시스템의 실시간성과 신뢰성이 유지된다.

따라서 신호 엔지니어는 시스템이 일정 수준의 원시 비트 오류율(Raw BER)을 견딜 수 있도록 설계되었음을 이해해야 한다. 즉, 시스템의 견고함은 완벽한 무선 채널이 아닌, 불완전한 채널을 극복하는 강력한 채널 코딩 기술에 기반하고 있음을 인지하는 것이 중요하다.

20.9.3 네트워크 계층 : LTE-R 백본의 이해

물리 계층이 데이터를 전파에 싣는 방법을 다룬다면, 네트워크 계층은 이 전파 자원을 여러 열차가 어떻게 효율적으로 공유하고, 고속으로 이동하는 열차에 어떻게 끊김 없는 연결을 제공하는지를 다룬다. 이 파트는 KTCS-2 통신 인프라의 핵심을 이해하는 과정이다.

(1) 다중 접속의 원리

철도 환경에서는 제한된 주파수 자원을 다수의 열차뿐만 아니라 관제, 유지보수 등 다양한 서비스가 동시에 사용해야 한다. 다중 접속(Multiple Access) 기술은 이처럼 한정된 무선 자원을 여러 사용자가 효율적으로 공유할 수 있도록 하는 방법론이다.

- **기존 시스템(TDMA/FDMA)** : 과거의 2세대 이동통신이자 유럽 철도 통신의 표준이었던 GSM-R은 시분할 다중 접속(TDMA, Time Division Multiple Access)과 주파수 분할 다중 접속(FDMA, Frequency Division Multiple Access)을 함께 사용했다. FDMA는 전체 주파수 대역을 여러 개의 좁은 채널로 나누고, TDMA는 각 채널을 다시 여러 개의 시간 슬롯(Time Slot)으로 나누어 사용자에게 할당하는 방식이다.

- **직교 주파수 분할 다중 접속(OFDMA – 하향링크)** : LTE-R의 하향링크(기지국에서 열차로) 통신에는 OFDMA(Orthogonal Frequency Division Multiple Access)가 사용된다. OFDMA는 전송 대역을 수백에서 수천 개의 매우 좁은 직교(Orthogonal) 부반송파(Subcarrier)로 분할한다. 그리고 이 부반송파들의 일부 묶음을 각기 다른 사용자(열차)에게 동시에 할당하는 방식이다. 이 방식은 주파수 자원을 매우 유연하고 세밀하게 분배할 수 있어 주파수 이용 효율이 극대화되며, 다중경로 페이딩(Fading)에 강한 장점이 있다.

- **단일 반송파 주파수 분할 다중 접속(SC-FDMA – 상향링크)** : 반면, 상향링크(열차에서 기지국으로) 통신에는 SC-FDMA(Single Carrier-FDMA)라는 다른 방식이 사용된다. 그 주된 이유는 **PAPR(Peak-to-Average Power Ratio, 최대 전력 대 평균 전력 비)** 문제 때문이다. OFDMA는 다수의 부반송파 신호가 특정 순간에 동일한 위상으로 더해질 경우, 순간적으로 매우 높은 피크 전력이 발생할 수 있다. 이 높은 PAPR 신호를 왜곡 없이 증폭하려면 매우 선형적이고 전력 효율이 낮은 고가의 전력 증폭기(Power Amplifier)가 필요하다.

  기지국은 안정적인 전원 공급이 가능하므로 이를 감당할 수 있지만, 배터리로 동작하고 크기와 비용에 제약이 있는 열차의 무선 장치에는 큰 부담이 된다. SC-FDMA는 OFDMA와 유사한 구조를 가지면서도 신호의 PAPR을 현저히 낮춘 기술이다. 이 덕분에 열차의 무선 장치는 더 작고, 저렴하며, 전력 효율이 높은 증폭기를 사용할 수 있게 되어 시스템의 실용성과 안정성이 높아진다.

이처럼 하향링크와 상향링크에 비대칭적인 다중 접속 방식을 채택한 것은 하향링크의 용량과 유연성, 그리고 상향링크의 전력 효율과 단말기 비용이라는 상충하는 요구사항을 모두 만족시키기 위한 정교한 공학적 타협의 결과이다.

신호 엔지니어는 이러한 설계 철학을 이해함으로써 현장에서 발생하는 문제를 더 정확하게 진단할 수 있다. 예를 들어, 상향링크의 전송 성능 문제는 열차에 탑재된 무선 장치의 전력 증폭기 문제와 관련이 있을 가능성이 높은 반면, 하향링크의 문제는 기지국이나 채널 환경의 문제일 가능성이 더 크다고 추론할 수 있다.

(2) LTE-R 네트워크 아키텍처

LTE-R 네트워크는 기존의 회선 교환 방식(Circuit-Switched) 음성 통신망과는 근본적으로 다른, 모든 데이터가 IP(Internet Protocol) 패킷 형태로 전송되는 완전한 패킷 교환(Packet-Switched) 네트워크이다. 이 구조는 크게 무선 접속망(RAN)과 핵심망(EPC)으로 나뉜다.

① **무선 접속망(RAN, Radio Access Network)** : 열차와 직접 무선으로 연결되는 부분이다.

- **eNodeB(evolved Node B)** : 선로변에 설치되는 기지국을 의미한다. 현대적인 기지국은 기능적으로 분리된 구조를 가진다. 신호 처리를 담당하는 디지털 유닛(DU, Digital Unit) 또는 베이스밴드 유닛(BBU)은 보통 신호기계실과 같은 안전한 장소에 집중 설치되며, 실제 무선 신호를 송수신하는 원격 무선 유닛(RRU, Remote Radio Unit)은 광케이블을 통해 DU와 연결되어 선로를 따라 분산 설치된다. 이러한 분리 구조는 유지보수의 효율성을 높이고, 다양한 환경에 유연하게 커버리지를 제공할 수 있게 한다.

- **안테나** : RRU에 연결되어 전파를 방사하고 수신하는 역할을 한다. 선로의 형태와 주변 환경에 따라 최적의 커버리지를 제공하기 위해 다양한 종류의 안테나가 사용된다. 개활지에서는 넓은 영역을 담당하는 섹터(Sector) 안테나, 곡선 구간이나 터널 입구에서는 특정 방향으로 전파를 집중시키는 야기(Yagi) 안테나, 역사나 터널 내부에서는 전 방향으로 고르게 전파를 퍼뜨리는 옴니(Omni) 안테나 등이 사용된다.

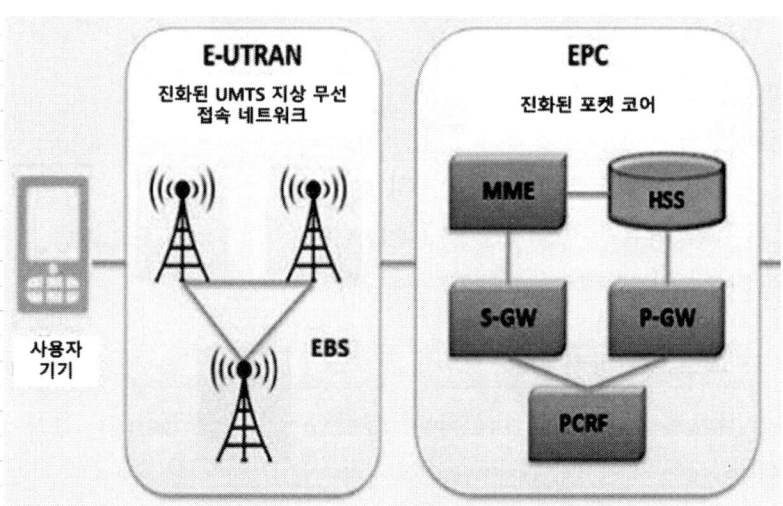

[그림 20-15] EPC 네트워크 구조도

② 핵심망(EPC, Evolved Packet Core) : LTE 네트워크의 중앙 제어부이자 두뇌 역할을 한다.

- MME(Mobility Management Entity) : 제어 평면(Control Plane)의 핵심 요소로, 열차(단말기)가 네트워크에 접속할 때 인증을 수행하고, 세션을 관리하며, 열차가 기지국 간을 이동할 때 위치를 추적하고 핸드오버 절차를 제어하는 등 모든 제어 신호를 처리한다.
- S-GW(Serving Gateway) : 사용자 데이터 평면(User Plane)의 핵심 요소로, 실제 데이터 패킷(이동 허가, 위치 보고 등)의 경로를 설정하고 전달(Routing/Forwarding) 한다. 또한, 기지국 간 핸드오버가 발생할 때 데이터의 흐름이 끊기지 않도록 하는 이동성 앵커(Mobility Anchor) 역할을 수행한다.
- P-GW(PDN Gateway, Packet Data Network Gateway) : LTE-R 네트워크와 외부 IP 네트워크(예 RBC가 위치한 철도 운영 네트워크) 간의 관문 역할을 한다. 열차에 IP 주소를 할당하고, 외부망과의 데이터 통신을 중계한다.
- HSS(Home Subscriber Server) : 가입자(열차)의 프로필 정보, 인증 키, 현재 위치 정보 등을 저장하는 중앙 데이터베이스이다.

LTE-R 아키텍처가 완전한 IP 기반 패킷 교환망이라는 점은 신호 엔지니어에게 매우 중요한 의미를 갖는다. GSM-R에서는 ETCS 데이터 통신을 위해 하나의 회선(시간 슬롯)이 통신 세션 동안 독점적으로 점유된다. 이는 간헐적으로 데이터를 주고받는 신호 시스템의 특성상 매우 비효율적인 방식이었다. 반면, LTE-R에서는 데이터가 필요할 때만 패킷 형태로 전송되고 모든 자원은 동적으로 공유된다. 이 덕분에 주파수 효율이 비약적으로 향상되어, 동일한 네트워크 인프라 위에서 안전 최우선(Safety-Critical)의 열차제어 데이터, 운영용 음성 통화(VoLTE), 실시간 영상 감시, 승객 정보 서비스 등 다양한 종류의 데이터를 동시에 처리할 수 있게 된다.

이러한 변화는 신호 엔지니어의 문제 해결 방식을 근본적으로 바꾼다. 더 이상 특정 음성 채널의 품질을 점검하는 방식이 아니라, IP 네트워크 전문가처럼 패킷 분석기(Packet Analyzer)로 데이터 흐름을 추적하고, 라우팅 문제를 진단하며, 지연(Latency)과 지터(Jitter)를 분석해야 한다. 또한, 다양한 서비스가 공존하는 환경에서 열차제어와 같은 안전 관련 데이터 패킷이 다른 일반 데이터보다 항상 최우선적으로 처리되도록 보장하는 **서비스 품질(QoS, Quality of Service)** 정책을 이해하고 관리하는 능력이 필수적이다. 이는 전통적인 신호 엔지니어링의 영역을 넘어 IT 및 데이터 네트워킹 분야의 전문 지식을 요구하는 새로운 도전 과제이다.

(3) 끊김 없는 이동성 보장 : LTE-R 핸드오버

핸드오버(Handover)는 고속으로 이동하는 열차가 하나의 기지국(셀) 서비스 영역을 벗어나 다음 기지국 영역으로 진입할 때, 진행 중인 통신 세션을 끊김 없이 다음 기지국으로 인계하는 기술이다. KTCS-2 시스템의 연속성과 안전성은 이 핸드오버의 성공 여부에 달려있다고 해도 과언이 아니다.

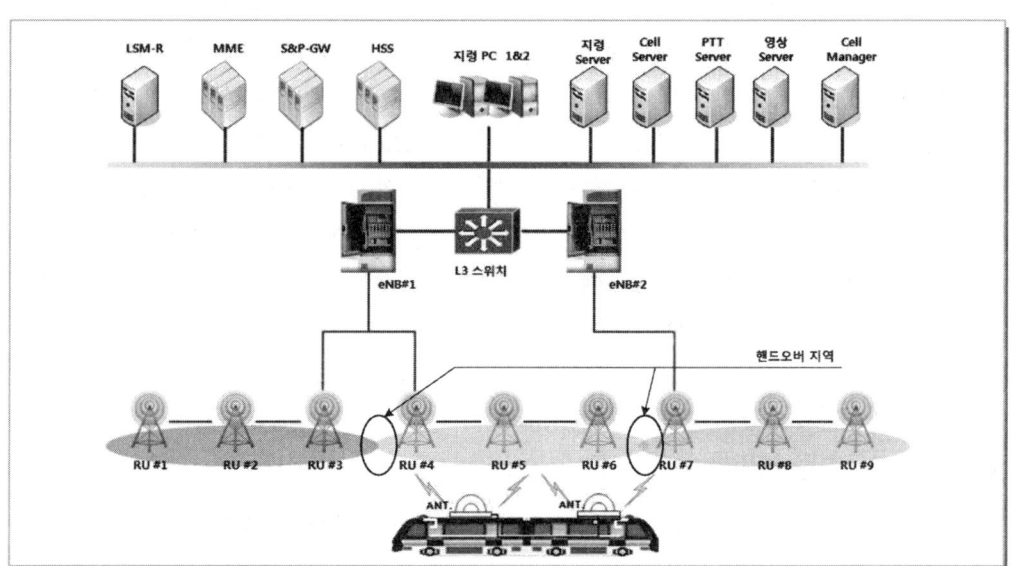

[그림 20-16] LTE-R 시스템구성과 통신 핸드오버

① 핸드오버 절차 : 핸드오버 과정은 다음과 같은 단계로 이루어진다.
  • 측정 보고 : 열차의 무선 장치는 현재 서비스 받고 있는 셀의 신호 품질뿐만 아니라,

주변 인접 셀들의 신호 품질을 지속적으로 측정하여 기지국에 보고한다.
- **핸드오버 결정** : 기지국(네트워크)은 열차로부터 수신한 측정 보고를 바탕으로, 현재 셀의 신호가 약해지고 인접 셀의 신호가 더 강해지는 최적의 시점을 판단하여 핸드오버를 결정하고 명령을 내린다.
- **핸드오버 실행** : 열차는 기지국의 명령에 따라 기존 셀과의 연결을 끊고 새로운 셀에 즉시 접속하여 통신을 재개한다.

② **성능 요구사항** : 철도 환경의 특수성과 안전성 요구로 인해, LTE-R의 핸드오버는 매우 엄격한 성능 기준을 충족해야 한다. 핸드오버는 기존 연결을 끊기 전에 새로운 연결을 설정하는 'Make-before-break' 방식으로 이루어져야 하며, **핸드오버 성공률은 99% 이상**, 통신이 일시적으로 중단되는 **절체 시간은 300ms 이내여야** 한다는 등의 구체적인 규격이 표준으로 정의되어 있다.

③ **도전 과제** : 시속 350km로 주행하는 고속열차의 경우, 만약 RRU가 2km 간격으로 설치되어 있다면 약 20초마다 한 번씩 핸드오버가 발생하게 된다. 이렇게 빈번하고 빠른 핸드오버를 지연이나 실패 없이 완벽하게 처리하는 것은 기술적으로 큰 도전이다. 이를 위해 네트워크는 열차의 이동 방향과 속도를 예측하여 핸드오버를 미리 준비하는 등 다양한 최적화 기술을 사용한다.

핸드오버 성능은 KTCS-2 시스템 전체의 가용성과 직결된다. 만약 단 한 번의 핸드오버라도 실패하여 통신이 단절되면, 차상의 KVC는 RBC와의 연결을 잃게 된다. KVC 내부의 감시 타이머(Supervision Timer)가 만료되면, KVC는 최악의 상황을 가정하여 안전을 확보하기 위해 상용 제동 또는 비상 제동을 체결해야 한다. 이는 실제 선로 상황과는 무관하게 단지 통신 실패만으로 열차 운행에 심각한 지장을 초래하는 것이다.

따라서 신호 엔지니어의 RF 설계 역할, 즉 셀 간의 신호 중첩 영역(Overlap)을 충분히 확보하고, 핸드오버 관련 파라미터를 최적으로 설정하며, 핸드오버 구간의 전파 간섭을 최소화하는 모든 활동은 단순한 통신 품질 관리를 넘어, 신호 시스템의 안전을 직접적으로 책임지는 매우 중요한 임무가 된다.

(4) LTE-R 대 GSM-R : 결정적 기술 비교

LTE-R은 단순히 '더 빠른 GSM-R'이 아니다. 이는 철도 통신을 근본적으로 재정의하는 세대교체이며, 기본 아키텍처부터 성능, 제공 가능한 서비스에 이르기까지 모든 면에서 질적인 차이를 보인다.
- **성능 지표** : GSM-R의 데이터 전송 속도는 약 9.6kbps, 지연 시간은 수백 밀리초(약 400ms) 수준에 머물러 있다. 이는 기본적인 ETCS Level 2의 이동 허가(MA) 메시지를 전송하기에는 충분하지만, 그 이상의 고용량 데이터나 실시간성이 중요한 서비스를 제공

하기에는 역부족이다. 반면, LTE-R은 수십 Mbps급의 데이터 전송 속도와 100ms 미만의 낮은 지연 시간을 제공하여 비교할 수 없는 성능을 자랑한다. 이러한 성능 차이는 아래 표에 정량적으로 요약되어 있다.
- **아키텍처 차이** : 가장 근본적인 차이는 프로토콜 스택(protocol stack)[2])에 있다. GSM-R 기반 ETCS는 OSI 7계층 모델을 따르며, ETCS 애플리케이션과 GSM-R 네트워크 사이에 Euroradio라는 독자적인 안전 프로토콜 계층이 존재한다. 반면, LTE-R 기반 시스템은 모든 통신이 표준 인터넷 프로토콜(IP) 위에서 이루어지는 All-IP 구조를 가진다. 데이터 전송에는 UDP/IP와 같은 표준 프로토콜이 사용되어 네트워크 구조가 단순화되고, 다른 IP 기반 시스템과의 연동이 용이해진다.

이러한 기술적 진보는 단순한 신호 정보 전송을 넘어 새로운 철도 서비스의 가능성을 열어준다. GSM-R의 제한된 대역폭과 높은 지연 시간으로는 불가능했던 자동 열차 운전(ATO, Automatic Train Operation), 고화질 영상 실시간 전송을 통한 원격 감시 및 진단, 승객을 위한 고속 인터넷 서비스 등이 LTE-R이라는 강력한 '디지털 백본' 위에서 비로소 가능해진다. 따라서 철도 시스템이 LTE-R을 도입하는 것은 단순히 기존 신호 통신망을 업그레이드하는 것을 넘어, 미래의 지능형 철도 시스템으로 나아가기 위한 필수적인 인프라를 구축하는 과정이다.

신호 엔지니어는 이러한 변화의 중심에서, 철도 운영 전반의 디지털 전환을 이끄는 핵심적인 임무를 수행하게 될 것이다.

[표 20-25] GSM-R 대 LTE-R 시스템 파라미터 비교

파라미터	GSM-R	LTE-R	철도 운영에 미치는 영향
주파수 대역	876-880 / 920-925MHz	720-728 / 773-783 MHz(한국)	LTE-R은 공공안전망(PS-LTE)과 동일 대역을 사용하여 상호 운용성 확보
채널 대역폭	200KHz	10MHz(한국)	대역폭이 넓을수록 더 많은 데이터를 동시에 전송 가능, 용량 증대
다중 접속	TDMA / FDMA	OFDMA(하향), SC-FDMA(상향)	주파수 자원 사용 효율 극대화, 유연한 자원 할당
변조 방식	GMSK	QPSK, 16-QAM, 64-QAM	고차 변조를 통해 데이터 전송 속도 비약적 향상
최대 데이터 속도	~9.6Kbps(CSD) / ~172Kbps(GPRS)	수십 Mbps(다운링크 50 / 업링크 10 Mbps)	고화질 영상, 대용량 데이터 전송 가능, ATO 등 미래 서비스 기반 마련

---

2) **프로토콜 스택, protocol stack** : 서로 다른 기기들이 데이터 통신을 하는데 필요한 통신 규약을 구현해 주는 소프트웨어 모듈들의 모임. 즉, 각 기기 간의 통신 시 해당 통신 규약을 구현해 주는 핵심 소프트웨어이며, 프로토콜 스택은 각각의 하드웨어에 탑재되어 통신규약을 맞추어 구현해 주는 역할을 담당한다.

지연 시간	~400 ms	< 100 ms	실시간 제어 응답성 향상, 안전성 증대
핸드오버 방식	Hard Handover	Hard/Soft Handover (Seamless)	데이터 손실 없는 부드러운 핸드오버로 고속 이동 시 통신 안정성 확보
핸드오버 성공률	≥ 99.5%	≥ 99%	높은 성공률로 통신 두절로 인한 열차 정지 최소화
프로토콜 스택	OSI 기반 (Euroradio)	All-IP(UDP/IP)	표준 IP 기술 사용으로 시스템 단순화 및 타 시스템과의 연동성 증대
IP 서비스지원	제한적(GPRS)	완벽 지원	음성, 영상, 데이터를 단일 망으로 통합하여 운영 효율성 증대

[표 20-26] 철도 운영을 위한 LTE-R 핵심 성능 요구사항(TTA 표준 기반)

성능 파라미터	요구 값	표준 참조 (예)	공학적 의미
핸드오버 성공률	99% 이상	TTAK.KO-06.0458	통신 두절로 인한 열차 비상 정지 확률 최소화
핸드오버 절체 시간	300msec 이내	TTAK.KO-06.0458	고속 이동 중에도 데이터의 연속성을 보장하는 핵심 지표
종단간 전송 지연 (열차제어)	300msec 이내	TTAK.KO-06.0458	RBC의 제어 명령이 열차에 도달하는 시간으로, 실시간 제어의 기준
긴급 통화 호 접속 시간	300msec 이내	TTAK.KO-06.0458	비상 상황 발생 시 즉각적인 통신 연결 보장
데이터 처리량 (차량용)	다운링크 : 최소 2Mbps 이상 업링크 : 최소 1Mbps 이상	KRSA-T-2019-5003	열차제어 외 영상 전송 등 다중 서비스를 수용할 수 있는 용량 확보
커버리지(차량용)	RSRP -95dBm 이상 (98% 이상)	KRSA-T-2019-5003	선로 전 구간에서 안정적인 통신을 위한 최소 신호 세기 기준
통화 호 접속 성공률	99% 이상	TTAK.KO-06.0458	일반 통신 서비스의 신뢰성 보장

[표 20-25, 26]은 이론적 지식을 현장에서 시스템을 검수하고, 시운전하며, 문제를 해결하는 데 필요한 실용적인 기준으로 전환시켜 준다. 예를 들어, 엔지니어가 현장에서 핸드오버 절체 시간을 400ms로 측정했다면, 이 표를 통해 시스템이 표준 요구사항(< 300ms)을 만족하지 못하고 있음을 즉시 인지하고 조치에 착수할 수 있다. 이는 시스템의 '정상 상태'를 정의하는 핵심적인 참조 자료가 된다.

20.9.4 애플리케이션 및 안전 계층 : 데이터 무결성과 시스템 안전

지금까지 통신 이론과 네트워크 기술을 살펴보았다면, 마지막 파트에서는 모든 기술이 궁극적으로 지향하는 목표, 즉 열차제어 명령의 안전하고 신뢰성 있는 전송을 설명한다. 여기서는 '무엇을 보내는가'와 '그것이 안전하다고 어떻게 확신하는가'라는 신호 엔지니어의 근본적인 질문에 답한다.

(1) 열차제어의 언어 : 이동 허가 메시지

KTCS-2 시스템에서 가장 핵심적인 메시지는 단연 이동 허가(MA, Movement Authority)이다. MA는 RBC가 열차에게 특정 지점까지 안전하게 이동할 수 있도록 부여하는 권한으로, UNISIG SUBSET-026 표준에 그 구조와 내용이 상세히 정의되어 있다.

① **MA의 구조** : MA는 단순한 '진행' 신호가 아니다. 이는 헤더(Header)와 여러 개의 '패킷(Packet)'으로 구성된 복합적인 데이터 구조체로, 열차의 운행 임무를 상세하게 기술한다. 각 패킷은 특정 종류의 정보를 담고 있으며, 이들이 조합되어 하나의 완전한 이동 허가를 형성한다.

② **핵심 패킷과 변수** : MA를 구성하는 주요 정보는 다음과 같다.

- **권한 종료 지점(EOA, End of Authority)** : 열차가 이동하도록 허가된 절대적인 최종 위치이다. 열차는 어떤 경우에도 이 지점을 넘어설 수 없다.
- **속도 프로파일(Speed Profile)** : MA가 허가하는 경로를 따라 지켜야 할 제한 속도의 집합이다. 선로의 곡선 반경, 분기기 통과 속도 제한 등 영구적인 제한 속도(Static Speed Profile)와 공사 등으로 인한 임시 제한 속도(Temporary Speed Restriction) 정보가 포함될 수 있다.
- **선로 구배 프로파일(Gradient Profile)** : 선로의 오르막 및 내리막 구배 정보를 담고 있다. 차상의 KVC는 이 정보를 활용하여 열차의 제동 거리를 더 정밀하게 계산함으로써 안전하고 효율적인 제동 곡선을 생성한다.
- **선로 상태 정보(Track Conditions)** : 전차선 단전 구간, 무선 음영 지역 등 운행에 영향을 미치는 다양한 선로변 상태 정보를 전달한다.
- **오버랩/위험 지점(Overlap/Danger Point)** : EOA를 초과했을 경우를 대비한 추가적인 안전 여유 구간이다. 열차는 EOA를 비상 제동으로 침범하더라도 이 구간 내에서는 반드시 정지해야 한다. 이는 신호 시스템의 안전성을 한층 더 강화하는 역할을 한다.

MA는 단순한 '청신호'가 아니라, RBC와 KVC 간에 체결된 상세하고 다면적인 '데이터 계약'이다. 이 계약은 특정 구간의 선로에 대한 완전한 '임무 프로파일'을 정의한다. 전통적인 신호 시스템이 "이 지점을 지나 X 속도로 진행하라"는 단편적인 정보를 제공했다면, MA는 "Y지점까지 이동을 허가한다. 그 과정에서 A, B, C지점의 제한 속도 Z1, Z2, Z3

를 준수하고, 구배 G를 고려하여 제동해야 한다. Y지점까지 반드시 정지해야 하며, 비상 시에는 O지점(오버랩) 내에서 정지해야 한다"와 같은 포괄적인 지침을 제공한다.

이는 신호 엔지니어에게 데이터 분석이 핵심 역량이 되었음을 의미한다. 과거에는 제동 관련 문제를 해결하기 위해 신호 계전기의 접점을 확인했다면, 이제는 통신 로그를 분석하여 RBC가 전송한 MA 메시지 원문을 파싱(parsing)[3]하고, 그 안에 올바른 속도 및 구배 프로파일이 포함되었는지를 검증해야 한다. 복잡한 데이터 구조를 이해하고 해석하는 능력이 필수적인 시대가 된 것이다.

[표 20-27] 이동 허가(MA) 메시지 패킷 분석(SUBSET-026 기반)

패킷 번호(예)	패킷 이름	포함된 주요 정보	KVC 운영과의 관련성
Packet 15	Movement Authority	EOA(권한 종료 지점), 속도, 타이머 정보 등 MA의 핵심 데이터	KVC가 제어할 이동 거리와 목표 속도의 기본 정보를 제공
Packet 20	Gradient Profile	선로 구배 정보 (경사도, 길이)	정확한 제동 곡선 계산에 필수적인 정보로, 제동 성능 예측에 사용됨
Packet 27	Static Speed Profile	영구적인 선로 제한 속도 정보(구간별 제한 속도)	KVC가 운행 전반에 걸쳐 준수해야 할 기본 속도 제한 프로파일을 구성
Packet 65	Temporary Speed Restriction	임시 속도 제한 정보(공사, 장애 등)	실시간으로 변하는 선로 상황을 반영하여 동적으로 속도 프로파일을 수정
Packet 80	Mode Profile	특정 구간에서 적용될 운전 모드(예 입환 모드) 정보	선로 조건에 맞는 적절한 운전 모드로 자동 전환하여 안전성 및 효율성 확보

위의 표는 현장에서 MA 메시지를 분석하거나 디버깅해야 하는 엔지니어에게 빠른 참조 가이드 역할을 한다. 문제 해결 과정에서 마주치는 원시 데이터 로그 속에서 특정 패킷 번호(예 Packet 15)가 어떤 의미(이동 허가 핵심 데이터)를 갖는지 즉시 파악할 수 있게 하여, 복잡한 데이터 구조를 실용적이고 실행 가능한 정보로 전환시켜 준다.

(2) 에어 갭 보안 : Euroradio 안전 계층

KTCS-2와 같이 개방된 무선 채널(Air Gap)을 통해 안전 최우선 데이터를 전송하는 시스템에서는, 전송되는 메시지가 위변조되지 않았으며 신뢰할 수 있는 출처로부터 왔다는 것을 보장하는 것이 무엇보다 중요하다. Euroradio 안전 계층(Safety Layer)은 바로 이 목적을 위해 설계된 프로토콜로, UNISIG SUBSET-037 표준에 명시되어 있다.

① 안전 계층의 목적 : Euroradio 안전 계층은 ETCS 애플리케이션(RBC, KVC)과 하부 통신 네트워크(LTE-R) 사이에 위치하여, 통신망 자체의 신뢰도와 무관하게 종단간

---

[3] 파싱, parsing : 원시 부호를 기계어로 번역하는 과정의 한 단계로, 각 문장의 문법적인 구성 또는 구문을 분석하는 과정. 즉 원시 프로그램에서 나타난 토큰(token)의 열을 받아들여 이를 그 언어의 문법에 맞게 구문 분석 트리(parse tree)로 구성해 내는 일이다. 파싱은 크게 하향식 파싱과 상향식 파싱으로 나눌 수 있다.

(End-to-End) 데이터의 무결성(Integrity)과 인증(Authentication)을 보장하는 역할을 한다. 이는 CENELEC EN 50159와 같은 철도 안전 표준에서 요구하는 사항을 충족시키기 위함이다.

② 메시지 인증 코드(MAC, Message Authentication Code) : 안전 계층의 핵심 기술은 MAC이다. MAC은 일종의 암호학적 체크섬(Checksum)으로, 메시지 내용과 송수신자만이 공유하는 비밀 키(Secret Key)를 조합하여 생성된다.

③ MAC 처리 과정
- 생성(송신 측 – RBC) : RBC는 전송할 MA 메시지에 일부 메타데이터(수신자 주소 등)를 추가한 후, 사전에 KVC와 공유한 비밀 키를 사용하여 정해진 암호 알고리즘(표준에서는 DES/3DES 기반의 CBC-MAC 변형 사용)을 통해 짧은 고정 길이의 MAC 값을 계산한다. 이 계산된 MAC 값은 원본 메시지 뒤에 붙여 함께 전송된다.
- 검증(수신 측 – KVC) : KVC는 메시지와 MAC 값을 수신한다. KVC는 수신한 메시지 부분을 가지고, RBC와 동일한 비밀 키와 동일한 알고리즘을 사용하여 자신만의 MAC 값을 계산한다. 만약 자신이 계산한 MAC 값과 RBC로부터 수신한 MAC 값이 일치한다면, 이 메시지는 전송 중에 변조되지 않았으며(무결성), 비밀 키를 가진 합법적인 RBC로부터 온 것이 확실하다(인증)고 판단하여 수용한다. 만약 두 MAC 값이 일치하지 않으면, 메시지가 변조되었거나 허가되지 않은 출처로부터 온 것으로 간주하고 즉시 폐기한다.

이 MAC 메커니즘은 데이터의 무결성과 인증은 보장하지만, **기밀성(Confidentiality)은 보장하지 않는다**는 점을 이해하는 것이 중요하다. 즉, MA 메시지 자체는 암호화되지 않으므로, 제3자가 무선 신호를 감청하면 그 내용을 읽을 수 있다. 철도 신호 시스템의 안전 철학은 메시지 내용을 숨기는 것보다, 그 메시지가 변조되지 않았고 올바른 출처에서 왔다는 것을 증명하는 것을 최우선으로 하기 때문이다. 가장 큰 안전 위협은 악의적인 공격자가 더 위험한(더 긴 거리를 허용하는) MA를 주입하거나, 전송 중 노이즈로 인해 메시지가 손상되는 경우이다. MAC은 이 두 가지 위협을 효과적으로 방어한다. 비밀 키가 없는 공격자는 위조된 메시지에 대한 유효한 MAC을 생성할 수 없으며, 전송 중 발생한 오류는 수신 측의 MAC 계산 실패로 이어져 해당 메시지가 거부되도록 한다. 이처럼 유효하지 않은 메시지는 단순히 거부됨으로써 시스템은 항상 안전한 방향(Fail-Safe)으로 동작하게 된다.

Euroradio 표준이 견고한 안전 프레임워크를 제공하지만, 그 기반이 되는 암호 기술(DES/3DES)은 현대적 관점에서 다소 오래된 기술이다. 공식적인 보안 분석을 통해 이론적인 취약점이 발견되기도 했으나, 실제 철도 운영 환경에서 이를 악용하기는 매우 어렵다. 이는 지속적인 보안 모니터링과 향후 표준의 진화가 필요함을 시사한다.

(3) 통신기반 시스템에서 SIL 4 달성하기

KTCS-2가 달성한 최고 안전 무결성 등급 SIL 4는 어느 한 가지 기술이 아닌, 시스템 전반에 걸친 다층적인 안전장치들의 총체적인 결과물이다. 이 매뉴얼에서 다룬 모든 개념들이 어떻게 결합하여 최고 수준의 안전성을 구현하는지 종합적으로 이해할 필요가 있다.

- 하드웨어 이중화 : RBC와 KVC 같은 핵심 제어 장치는 '2 out of 2' 아키텍처로 설계되었다. 이는 동일한 연산을 수행하는 두 개의 독립적인 프로세싱 채널이 서로의 결과를 실시간으로 비교 검증하는 방식이다. 만약 두 채널의 결과가 일치하지 않으면, 시스템은 즉시 가장 안전한 상태로 전환(정지)된다. 이는 하드웨어의 무작위 고장(Random Failure)에 대한 강력한 방어책이다.
- 통신 무결성 : Euroradio 안전 계층과 MAC 메커니즘은 통신 채널을 통해 교환되는 모든 제어 명령이 인증되고 변조되지 않았음을 보장한다. 이는 시스템의 '안전한 통신' 기둥을 형성하며, 외부의 악의적인 공격이나 전송 오류로부터 시스템의 논리적 무결성을 지킨다.
- 네트워크 가용성 : 안전은 단순히 데이터가 정확한 것만으로는 부족하며, 필요할 때 반드시 전달될 수 있어야 한다. LTE-R 네트워크는 엄격한 핸드오버 성능 요구사항, 전 구간에 걸친 커버리지 보장, 안전 데이터를 최우선으로 처리하는 QoS 메커니즘 등을 통해 높은 가용성을 보장한다. 또한, EPC와 같은 핵심망과 RAN의 셀 중첩 설계를 통해 네트워크 자체의 이중화를 구현한다.
- 페일세이프(Fail-Safe) 설계 : 이 모든 것을 아우르는 가장 중요한 원칙은 페일세이프이다. 하드웨어 고장, 소프트웨어 오류, 통신 두절 등 예측 가능한 모든 실패 상황에서 시스템은 예외 없이 가장 제한적이고 안전한 상태, 즉 열차를 정지시키는 방향으로 동작하도록 설계되었다.

결론적으로, KTCS-2와 같은 CBTC 시스템에서 '통신 공학'은 더 이상 '안전 공학'과 분리될 수 없는 하나의 개념이 되었다. 신호 엔지니어의 전통적인 역할이 물리적인 연동 장치를 통해 안전을 확보하는 것이었다면, 현대의 신호 엔지니어는 통신 네트워크의 가용성, 무결성, 인증을 통해 안전을 확보하는 역할까지 포괄해야 한다. 기존 시스템에서 신호기 케이블의 단선이 명백한 안전 관련 결함이었듯이, KTCS-2 시스템에서는 핵심적인 핸드오버 구간에서의 과도한 RF 간섭이 바로 그 단선과 동일한 의미를 갖는 안전 결함이다. 마찬가지로, EPC 내 방화벽의 잘못된 설정으로 신호 패킷이 유실되거나, KMC 시스템이 해킹되어 암호키가 유출되는 것은 이제 신호 시스템의 치명적인 안전 취약점이 된다. 따라서 미래의 신호 엔지니어는 전통적인 신호 원리에 대한 깊은 이해와 더불어, RF 공학, IP 네트워킹, 사이버 보안에 대한 전문성을 겸비한 하이브리드(Hybrid) 전문가가 되어야 한다. 이 설명서는 바로 그 새롭고 필수적인 역량의 통신 중심적인 부분을 채워주기 위해 작성되었다.

20.10 한국형 CBTC(KTCS-M)의 핵심 원리 및 아키텍처 분석

20.10.1 열차 제어의 근본적 전환 - 고정폐색에서 이동폐색으로

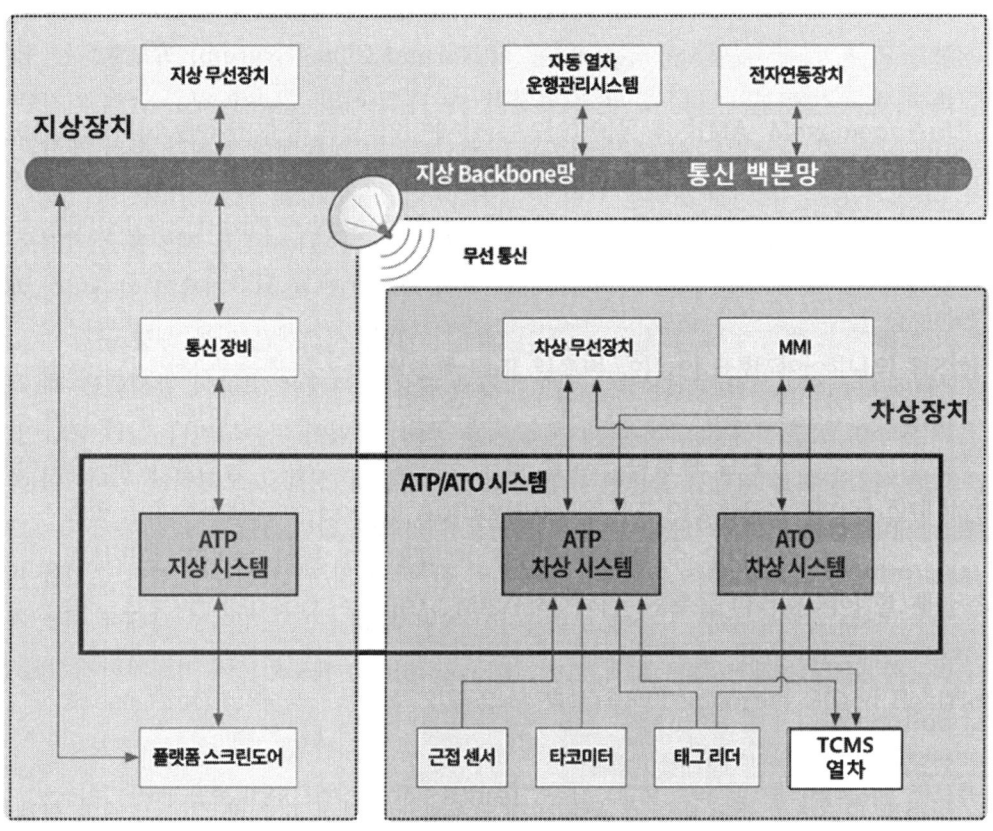

[그림 20-17] KTCS-M 시스템 구성도

현대 도시철도 신호 시스템의 핵심인 KTCS-M(Korean Train Control System for Metro)을 깊이 이해하기 위해서는, 이 기술이 해결하고자 했던 근본적인 문제, 즉 전통적인 고정폐색(Fixed Block) 시스템의 한계에서부터 논의를 시작해야 한다. 고정폐색 시스템은 지난 한 세기 동안 철도 안전의 근간을 이루었지만, 효율성과 유연성 측면에서 현대 도시철도의 요구를 충족시키기에는 역부족이었다. KTCS-M과 같은 통신기반 열차제어(CBTC, Communication-Based Train Control) 시스템의 등장은 단순히 기술의 진보를 넘어, 열차를 분리하고 제어하는 패러다임 자체를 바꾸는 혁신이었다.

(1) 분리의 논리 : 고정폐색 시스템의 해부

고정폐색 시스템의 핵심 원리는 '물리적 열차 검지'에 기반한다. 이는 선로를 지리적으로 명확하게 구분된 여러 개의 구간, 즉 '폐색(Block)'으로 나누고, 각 폐색 내에 열차의 존재 유무를 물리적으로 확인하여 후속 열차의 진입을 통제하는 방식이다. 이 물리적 검지를 위한 가장 보편적이고 핵심적인 기술이 바로 궤도회로(Track Circuit)이다.

① 궤도회로의 메커니즘과 안전성

궤도회로는 철도 신호 시스템의 안전성을 보장하는 핵심적인 'Fail-Safe' 원칙을 내장하고 있다. 가장 널리 사용되는 **폐전로식(Normal Close System)** 궤도회로는 평상시, 즉 폐색 구간에 열차가 없을 때 전원 장치, 두 개의 레일, 그리고 구간 끝에 위치한 계전기(Relay)가 하나의 닫힌 전기 회로를 구성한다. 이 상태에서 전류가 흘러 계전기가 여자(Energize)되고, 시스템은 해당 구간이 '비어있음(Clear)'으로 인지한다.

열차가 해당 폐색 구간에 진입하면, 금속 재질의 차축(Axle)이 두 레일을 전기적으로 연결하여 회로를 단락(Short)시킨다. 이로 인해 계전기로 흐르던 전류가 차단되어 계전기는 중력에 의해 무여자(De-energize) 상태가 되며, 시스템은 이를 해당 구간이 '점유됨(Occupied)'으로 판단한다. 이 설계의 가장 중요한 특징은 고장이 발생했을 때 시스템이 안전한 쪽으로 동작한다는 점이다. 예를 들어, 레일이 파손되거나 전원 공급이 중단되면 마찬가지로 계전기가 무여자되어 구간을 '점유됨' 상태로 보고하게 된다. 이는 잠재적 위험 상황을 회피하는 근본적인 안전장치 역할을 한다.

초기의 단순한 직류(DC) 궤도회로에서부터 전기동차의 귀선 전류에 의한 간섭을 피하기 위한 교류(AC) 궤도회로, 그리고 물리적인 절연 레일 조인트 없이도 차내에 신호 정보를 전송할 수 있는 가청주파수(AF, Audio Frequency) 궤도회로에 이르기까지 기술은 발전해왔다.

② 고정폐색 시스템의 내재적 한계

이러한 견고한 안전성에도 불구하고, 고정폐색 시스템은 다음과 같은 명백한 한계를 가진다.

- **정적이고 비효율적인 공간 활용** : 폐색 구간의 길이는 해당 선로를 운행하는 열차 중 가장 무겁고, 가장 빠르며, 제동 성능이 가장 나쁜 열차의 최악 조건 제동 거리를 기준으로 설정된다. 이는 제동 성능이 우수한 최신 경량 전동차 할지라도, 구시대적인 물리적 경계에 얽매여야 함을 의미한다. 결과적으로 열차와 열차 사이에 불필요하게 긴 안전거리가 확보되어 선로 용량을 심각하게 제한하고 운전 시격을 단축하는 데 걸림돌이 된다.
- **높은 유지보수 비용 및 복잡성** : 궤도회로는 궤조 절연, 임피던스 본드, 계전기, 그리고 방대한 양의 케이블 등 수많은 물리적 설비를 필요로 한다. 이러한 설비들은 외부 환경에 노출되어 있어 고장의 원인이 되며, 지속적이고 비용이 많이 드는 유지보수를 요구한다.
- **운영 유연성 부족** : 신호 시스템의 로직이 선로의 물리적 구성과 '하드코딩' 방식으로 연결되어 있다. 따라서 분기기를 추가하거나 역의 구조를 변경하는 등의 선로 계획 변

경은 대규모의 전기 및 토목 공사를 수반하게 되어, 변화하는 운영 환경에 유연하게 대처하기 어렵다.
- **열차 검지 불능 구간(사구간)의 존재** : 특정 지점, 특히 분기기 주변에서는 궤도회로가 열차를 제대로 검지하지 못하는 '사구간(Dead Section)'이 발생할 수 있다. 이는 안전을 위해 복잡한 추가 규칙과 보완 설비를 필요로 하는 원인이 된다.

(2) 동적 패러다임 : 이동폐색 시스템의 원리

고정폐색의 한계를 극복하기 위해 등장한 것이 바로 이동폐색(Moving Block) 시스템이다. KTCS-M의 근간을 이루는 이 패러다임은 '폐색'의 개념을 물리적 선로 구간에서 열차와 함께 움직이는 동적인 '안전지대'로 재정의한다.

① 이동폐색의 핵심 원리
- **'가상' 또는 '이동'하는 폐색** : 이동폐색 시스템에서 '폐색'은 더 이상 선로 위의 고정된 구간이 아니다. 대신, 각 열차의 정확한 위치와 실시간 속도를 기반으로 연속적으로 계산되는 소프트웨어 정의 안전 영역이다. 이 안전 영역은 열차를 중심으로 형성되어 열차와 함께 선로를 따라 이동한다.
- **안전 제동 거리 곡선(Pattern Brake)** : 이동폐색의 심장은 시스템이 각 열차의 현재 위치와 속도에서 안전하게 정지하는 데 필요한 절대 제동 거리를 지속적으로 계산하는 능력에 있다. '폐색'의 길이는 본질적으로 이 제동 거리에 추가적인 안전 마진을 더한 값이다. 차상 컴퓨터는 이 제동 곡선(Braking Curve)을 생성하고, 열차의 속도가 이 곡선을 절대 넘지 않도록 감시 및 제어한다.
- **이동권한(Movement Authority, MA)** : 지상 관제 설비는 각 열차에게 특정 지점까지 진행할 수 있는 허가, 즉 '이동권한'을 부여한다. 이 목표 지점은 선행 열차의 후미, 닫힌 분기기, 또는 역의 정차 지점이 될 수 있다. 열차의 차상 시스템은 부여받은 MA를 준수하기 위해 필요한 제동 곡선을 스스로 계산하고 이를 철저히 준수하여 운행한다.
- **선로 용량의 극대화** : 각 열차의 실시간 속도, 위치, 제동 성능에 맞춰 열차 간 간격을 최적화함으로써, 이동폐색 시스템은 열차들이 훨씬 더 가깝게 따라붙어 운행(Tail-to-nose)하는 것을 가능하게 한다. 이는 운전 시격을 획기적으로 단축시키고 기존 인프라의 선로 용량을 극대화하는 직접적인 효과를 가져온다. 이것이 전 세계 도시철도 운영 기관들이 CBTC를 도입하는 가장 큰 이유이다.

이러한 패러다임의 전환은 단순히 기술적 개선을 넘어선다. 이는 열차 제어 시스템의 철학이 '물리적 검지'에서 '지속적인 정보'로 이동했음을 의미한다. 고정폐색 시스템은 특정 구간 내에 열차가 '있다' 또는 '없다'는 이진(Binary) 정보만을 제공하는 반응적(Reactive) 시스템이다. 반면, CBTC는 모든 열차의 정확한 위치, 속도, 방향을 실시간으로 파악하는 능동적(Proactive) 시스템이다. 이로 인해 신호 엔지니어에게 요구되는 역량 또한 선로변의 전기기계적 장치를 유지보수하는 것에서, 복잡한 통신 네트워크의 무결성, 보안, 저지연성을 관리하는 방향으로 근본적으로 변화하게 된다.

더 나아가, 신호 로직과 물리적 인프라의 분리가 이루어진다. 고정폐색 시스템에서는 폐색 경계와 신호기의 위치가 물리적으로 결정되고 배선된다. 하지만 CBTC에서는 이러한 경계가 가상이며, 차상 및 지상 컨트롤러의 소프트웨어에 의해 계산된다. 이러한 분리는 운행 속도 프로파일 변경이나 정차 위치 조정과 같은 운영상의 변경을 값비싼 물리적 공사 대신 소프트웨어 업데이트만으로 구현할 수 있게 만든다. 이는 단순히 선로 용량을 늘리는 것을 넘어, 장기적인 운영 유연성을 확보하고 생애주기비용(Life Cycle Cost)을 절감하는 막대한 이점을 제공한다.

[표 20-28] 고정폐색과 이동폐색 비교

특징	고정폐색 시스템(궤도회로 기반)	이동폐색 시스템(CBTC/KTCS-M)
열차 검지	궤도회로 단락을 통한 간헐적, 구간 단위 검지	무선통신을 통한 연속적인 실시간 위치 보고
폐색 원리	물리적으로 고정된 선로 구간	열차와 함께 이동하는 소프트웨어 정의 안전 영역
운전 시격	김 (최악 조건 열차의 제동 거리에 의해 결정)	짧음 (각 열차의 실시간 상태에 따라 최적화)
주요 인프라	궤도회로, 절연, 임피던스 본드, 선로변 신호기	무선 AP, 발리스, 차상장치(VOBC), 지상장치(RBC)
유지보수	선로변 물리적 설비가 많아 복잡하고 비용이 높음	선로변 설비 최소화로 유지보수 비용 절감
유연성	낮음 (선로 변경 시 대규모 신호 개량 필요)	높음 (소프트웨어 변경으로 운영 계획 수정 용이)
데이터 정밀도	낮음 (구간 점유/비점유의 이진 정보)	높음 (cm 단위 위치, 실시간 속도 및 가속도)

20.10.2 한국 철도 신호 시스템의 발전 과정

KTCS-M은 어느 날 갑자기 등장한 기술이 아니다. 이는 수십 년에 걸쳐 안전성과 효율성을 향상시키기 위해 발전해 온 대한민국 철도 신호 시스템의 논리적 귀결이다. 열차를 단순히 멈추게 하는 기본적인 보호 장치에서부터, 속도를 감시하고, 나아가 운행을 자동으로 제어하는 단계에 이르기까지, 각 시스템의 기능과 한계를 이해하는 것은 KTCS-M의 기술적 위상과 역할을 명확히 파악하는 데 필수적이다.

(1) 보호에서 제어로 : 과거 시스템의 고찰

① ATS(Automatic Train Stop, 자동열차정지장치)

ATS는 철도 안전의 가장 기본적인 보호 계층이다. 이는 '점 제어(Point Control)' 방식으로 작동하며, 특정 지점을 통과할 때의 조건 위반을 감지하여 열차를 비상 정지시킨다. 시스템의 작동 원리는 다음과 같다. 신호기 근처 선로에 설치된 지상자(Ground Coil)는 신호 현시(예 정지, 주의, 진행)에 따라 각기 다른 주파수를 발신한다. 열차가 정지 신호가 현시된 지상자를 통과하면, 열차의 차상 수신기는 '정지'에 해당하는 주파수를 수신하고 경고음을 울린다. 기관사가 일정 시간 내에 제동 조치를 취하지 않으면 자동으로 비상 제동이 체결된다. ATS는 신호 위반으로 인한 중대 사고를 방지하는 데 효과적이지만, 신호와 신호 사이 구간에서의 과속은 방지하지 못하는 명백한 한계를 가진다.

② ATP(Automatic Train Protection, 자동열차방호장치)

ATP는 ATS에서 한 단계 진보한 시스템으로, '연속 감시(Continuous Supervision)' 개념을 도입했다. ATP의 핵심은 'Distance-to-Go' 원리이다. 시스템은 다음 제한 속도 지점 또는 정차 지점까지의 거리를 인지하고, 현재 열차의 속도를 기반으로 안전하게 감속하거나 정지하는 데 필요한 제동 곡선을 지속적으로 계산한다. 만약 열차의 실제 속도가 이 허용된 제동 곡선을 초과하면, 시스템이 자동으로 제동을 개입시켜 안전한 속도 범위 내로 열차를 제어한다. 이는 단순한 정지 신호 위반 방지를 넘어, 운행 전반에 걸쳐 속도를 감시하는 보호막을 제공한다. 그러나 ATP는 여전히 운전자의 조작을 보조하는 '보호' 시스템이며, 열차를 능동적으로 '제어'하지는 않는다.

③ ATC(Automatic Train Control, 자동열차제어장치)

ATC는 단순한 보호를 넘어 능동적인 '제어'의 영역으로 들어선 시스템이다. 가장 큰 특징은 차내신호방식(Cab Signalling)의 도입이다. 선로변 신호기를 눈으로 확인하는 대신, 운전 허용 속도와 같은 핵심 정보가 운전실의 표시 장치에 직접 현시된다. 이는 기관사가 신호기를 인지하기 어려운 고속 운행 환경에서 필수적인 기술이다. ATC 시스템은 지시된 속도를 초과할 경우 비상 제동을 체결하는 것을 넘어, 정상 운행 상황에서도 자동으로 출력(Traction Power)을 조절하거나 상용 제동을 사용하여 설정된 속도를 유지할 수 있다. 이는 운전 자동화의 초기 단계로 볼 수 있다.

이러한 시스템들의 발전 과정은 점진적이고 상호 보완적인 특성을 보인다. ATP는 ATS의 기능을 포함하며 더 정교한 속도 감시 기능을 추가한 것이고, ATC는 ATP의 보호 기능 위에 차내 신호와 능동적 속도 제어 기능을 더한 것이다. 그리고 CBTC, 즉 KTCS-M은 이 모든 기능을 통합하고 한 단계 더 발전시킨 시스템이다. KTCS-M의 핵심인 이동폐색 기반 ATP 기능은 기존의 어떤 ATP 시스템보다 정교하며, 운전실의 DMI(Driver Machine Interface)는 ATC의 차내 신호 개념을 극대화한 것이다. 여기에 더해, 완전 자동운전을 위한 ATO(Automatic Train Operation) 계층이 추가된다. 따라서 신호 엔지니어는 KTCS-M을 완전히 새로운 별개의 시스템으로 보기보다는, 기존의 안전(ATP), 제어(ATC), 자동화(ATO) 기능들이 통신기반 기술이라는 새로운 플랫폼 위에서 유기적으로 통합된 진화의 정점으로 이해해야 한다.

(2) KTCS(Korean Train Control System) 프레임워크의 도입

KTCS는 분산되어 있던 국내 철도 신호 시스템을 표준화하고, 해외 기술에 대한 의존도를 낮추며, 국가 철도망 전반의 상호운용성을 확보하기 위한 국가 주도의 연구개발 사업이다. 이는 단순히 기술 국산화를 넘어, 국내 철도 산업의 생태계를 조성하고, 유지보수 및 훈련을 단일화하며, 나아가 해외 시장 진출의 발판을 마련하려는 전략적 목표를 가지고 있다. 엔지니어의 관점에서 이는 KTCS-M을 통해 습득한 기술과 경험이 특정 노선에 국한되지 않고, 국가 철도 전략의 큰 틀 안에서 지속적으로 활용될 수 있는 중요한 자산이 됨을 의미한다. KTCS는 적용 대상 노선의 특성에 따라 다음과 같이 구분된다.

- KTCS-1 : 일반선 및 기존선을 위한 ATP 시스템으로, 기존 ATS 설비를 기반으로 기능을 향상시키는 방식으로 개발되었다. 유럽 표준인 ETCS(European Train Control System) Level 1과 유사한 개념이다.
- KTCS-2 : KTX와 같은 고속선을 위한 고도화된 ATC 시스템이다. 철도 전용 무선통신망인 LTE-R(LTE-Railway)을 사용하여 ETCS Level 1 및 Level 2와 호환성을 갖추도록 설계되었다. 현재 경부고속선 등에 순차적으로 구축되고 있다.
- KTCS-M(Metro) : 본 해설서의 주제로, 높은 운행 밀도와 자동운전이 요구되는 도시철도(Metro) 환경에 특화된 CBTC 표준이다.
- KTCS-3 : 궤도회로와 같은 선로변 열차 검지 장치를 완전히 배제하고, 열차 스스로 자신의 위치를 파악하여 운행하는 것을 목표로 하는 차세대 시스템이다. ETCS Level 3에 해당하며, 이동폐색 기술의 궁극적인 형태로 연구 개발이 진행 중이다.

[표 20-29] 각 시스템별 주요기능 및 자동화 수준동화 수준

시스템	주요 기능	제어 방식	정보 표시	자동화 수준	핵심 기술
ATS	정지 신호 위반 시 비상 정지	점 제어 (Point)	선로변 신호기	없음 (보호만 제공)	지상자 (Ground Coil)
ATP	속도초과 방지 (제동곡선 감시)	연속 감시 (Continuous)	선로변 신호기 + 차내 일부 정보	없음 (보호만 제공)	Distance-to-Go 연산
ATC	차내 신호를 통한 속도 제어	연속 제어 (Continuous)	차내 신호 표시 장치	부분 자동화 (속도 유지)	차내신호 (Cab Signalling)
CBTC/KTCS-M	이동폐색 기반 열차 간격 제어	연속, 양방향 통신 기반 제어	DMI(통합 정보 디스플레이)	완전 자동화 (GoA4) 가능	양방향 무선통신

20.10.3 KTCS-M의 아키텍처

KTCS-M 시스템은 열차의 안전하고 효율적인 운행을 위해 유기적으로 연동하는 여러 하위 시스템으로 구성된다. 이 아키텍처는 크게 **차상(On-Board)**, **지상(Wayside)**, 그리고 **중앙(Central Control)**의 세 가지 영역으로 나눌 수 있다. 각 영역의 구성 요소와 그들 간의 상호작용을 이해하는 것은 시스템 전체의 동작 원리를 파악하는 데 있어 핵심적이다.

(1) 시스템 개요 및 데이터 흐름

KTCS-M의 가장 기본적인 데이터 순환 루프는 다음과 같은 과정으로 이루어진다.
① **위치 보고** : 열차의 차상 시스템이 스스로의 위치와 속도를 정밀하게 계산하여 무선 통신을 통해 지상 시스템으로 전송한다.
② **이동권한(MA) 계산 및 전송** : 지상 컨트롤러는 관할 구역 내 모든 열차의 위치 정보와 연동장치(Interlocking)로부터 받은 선로 상태(분기기 방향, 잠김 상태 등)를 종합하여, 각 열차에게 안전하게 나아갈 수 있는 한계 지점, 즉 이동권한(MA)을 계산하여 다시 열차로 전송한다.
③ **MA 준수 및 운행** : 열차의 차상 시스템은 수신한 MA를 바탕으로 안전 제동 곡선을 생성하고, 이 곡선을 절대 넘지 않는 범위 내에서 열차의 속도를 제어하며 운행한다.
④ **반복** : 이 과정은 1초에도 수 차례씩 지속적으로 반복되며, 실시간으로 변화하는 운행 환경에 동적으로 대응한다.

이러한 구조는 과거의 중앙집중식 제어 시스템과 달리, 안전에 대한 핵심적인 판단과 실행이 분산되어 있다는 특징을 가진다. 차상 장치는 자기 자신의 안전을 책임지고, 지상 장치는 구역 내의 교통을 관리하는 역할을 분담한다. 이러한 분산 지능형 아키텍처는 시스템의 확장성과 복원력을 향상시키는 중요한 요소이다. 예를 들어, 특정 구간을 담당하는 지상 컨트롤러 하나에 장애가 발생하더라도, 그 영향이 해당 구간에 국한될 뿐 전체 노선으로 확산되지 않는다.

(2) 차상 서브시스템 : 열차의 두뇌

차상 서브시스템은 열차에 탑재되어 실질적인 운행 제어를 담당하는 핵심 요소들로 구성된다.
① **차상연산장치(VOBC, Vehicle On-Board Controller)** : VOBC는 말 그대로 '열차의 두뇌' 역할을 하는 안전필수(Safety-Critical) 컴퓨터이다. VOBC의 주요 기능은 다음과 같다.
 • ATP 기능 : 지속적으로 열차의 위치와 속도를 계산하고, 지상으로부터 수신한 MA와 비교하여 안전 제동 곡선을 생성 및 감시한다. 만약 열차 속도가 이 곡선을 침범할 위

힘이 감지되면 자동으로 제동을 체결하여 열차를 보호한다.
- **ATO 기능** : 자동운전(ATO, Automatic Train Operation) 기능이 탑재된 경우, 최적의 에너지 효율로 목표 속도까지 가속 및 순항하고, 역 승강장의 정해진 위치에 오차 없이 정차하며, 출입문 개폐를 제어하는 등 모든 자동 운행을 담당한다.
- **위치 결정** : 차륜의 회전수를 측정하는 속도계(Tachometer)로부터 얻는 주행거리 측정(Odometry) 데이터를 기반으로 자신의 위치를 지속적으로 추정(Dead Reckoning)한다.
- **통신 관리** : 지상 시스템과의 무선 데이터 링크를 관리하고, 정보 송수신을 담당한다.

② **운전자표시장치(DMI, Driver Machine Interface)** : 운전실에 설치된 화면으로, 기관사(또는 무인운전 시스템의 경우 열차 승무원)에게 이동권한, 목표 속도, 현재 속도, 다음 정차역 정보 등 운행에 필요한 모든 핵심 정보를 시각적으로 제공한다.

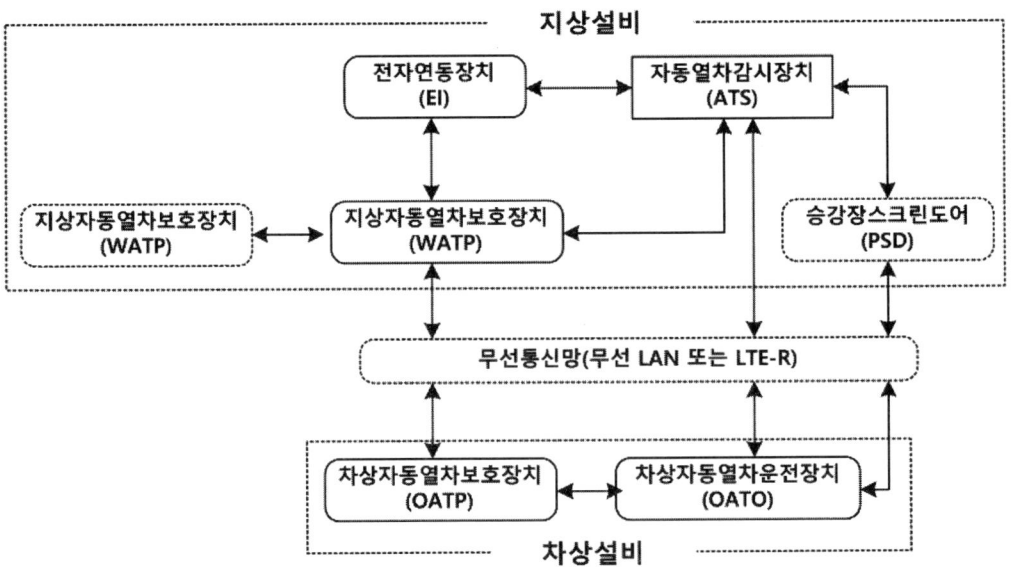

[그림 20-18] KTCS-M 지상-차상 정보 흐름 계통도

(2) 지상 및 중앙 서브시스템 : 지상 인프라

지상 및 중앙 서브시스템은 선로변과 관제실에 설치되어 전체 노선의 열차 운행을 조율하고 감독한다.

① **지상장치(Wayside Controller / Zone Controller / RBC)** : 특정 관할 구역(Zone)의 열차 제어를 총괄하는 지상 컴퓨터이다. KTCS-2에서는 RBC(Radio Block Centre)라는 용어를 사용하며, 약 60km 구간을 관할 할 수 있다. 주요 역할은 다음과 같다.
- **열차 추적** : 관할 구역 내 모든 열차의 위치와 상태 정보를 실시간으로 수집하고 데이

터베이스를 유지한다.
- MA 생성 : 각 열차의 위치, 선로 조건, 연동장치 상태, 그리고 다른 열차들의 위치를 종합하여 안전한 이동권한(MA)을 계산하고 각 열차에 전송한다.

② **연동장치 인터페이스** : 열차의 경로를 설정하기 위해 전통적인 연동장치(Interlocking System)와 통신한다. 연동장치에 경로 설정을 요청하고, 분기기가 정확한 방향으로 전환되고 잠겼음을 확인한 후에야 해당 경로를 포함하는 MA를 열차에 발행한다.

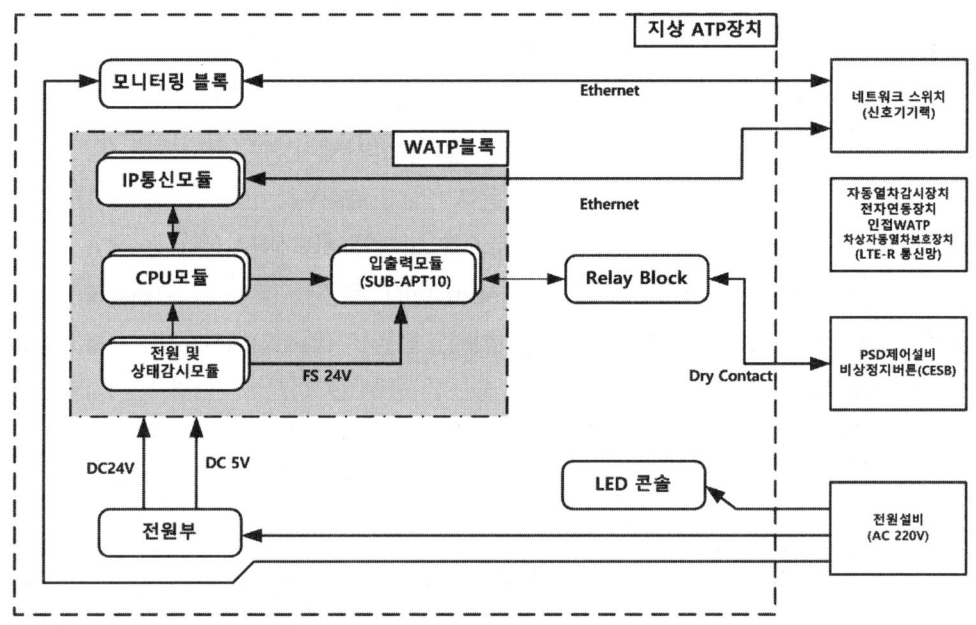

[그림 20-19] 지상 ATP 구성도

- 발리스 (Balise) : 선로의 레일 사이에 설치되는 수동형 데이터 전송 장치이다. 궤도회로가 없는 CBTC 시스템에서 발리스의 역할은 절대적이다. 발리스는 **절대 위치 보정 기준점**의 역할을 수행한다. 열차가 발리스 위를 통과할 때, 차상 안테나는 발리스에 저장된 고유 ID와 정확한 위치 좌표 정보를 읽어들이다. VOBC는 이 정보를 이용해 주행 거리 측정(Odometry) 과정에서 누적된 위치 오차를 즉시 보정한다. 이로써 시스템은 지속적으로 높은 정밀도의 위치 정보를 유지할 수 있다.
- **중앙관제장치(ATS, Automatic Train Supervision)** : 중앙관제실에 위치한 최상위 시스템이다. ATS는 직접적인 안전필수 제어는 수행하지 않지만, 전체 노선의 운행을 관리하고 감독하는 역할을 한다.
- 운행 스케줄을 설정하고 이에 맞춰 각 열차의 경로를 계획한다.
- 지상장치(Wayside Controller)에 "X열차를 Y승강장으로 진입시켜라"와 같은 상위 레벨의 운행 명령을 전달한다.

• 관제사에게 전체 노선의 열차 운행 상황을 실시간으로 시각화하여 제공한다.

CBTC가 '궤도회로가 없는(Track-circuit-less)' 시스템으로 불리기도 하지만, 실제 현장에서는 종종 '하이브리드(Hybrid)' 형태로 구축된다는 점을 이해하는 것이 중요하다. CBTC는 열차와 열차 사이의 간격을 제어하기 위한 궤도회로를 제거하지만, 분기기와 같이 물리적인 전환이 일어나는 구간의 안전을 확보하기 위한 연동장치는 여전히 필요하다. 전통적으로 연동장치는 궤도회로를 통해 분기기 구간 내의 열차 점유 여부를 확인하고, 열차 아래에서 분기기가 전환되는 것을 방지한다. 따라서 CBTC 시스템의 지상장치는 새로운 통신기반 열차 위치 정보 세계와, 기존의 물리적 연동 로직 세계를 연결하는 중요한 가교 역할을 수행해야 한다. 실무 엔지니어는 개활지에서는 CBTC의 이동폐색 원리가, 연동 지역에서는 궤도회로나 액슬카운터(Axle Counter)와 같은 전통적인 점유 검지 장치가 함께 사용되는 하이브리드 시스템을 마주하게 될 가능성이 높다.

[표 20-30] 지상 및 차상, 중앙서브시스템

서브시스템	구성 요소	핵심 기능
차상(On-Board)	VOBC(차상연산장치)	ATP/ATO 기능 수행, 위치 계산, MA 기반 운행 제어
	DMI(운전자표시장치)	운행 정보 시각화
지상(Wayside)	Wayside Controller(지상장치)	관할 구역 열차 추적, MA 생성 및 전송, 연동장치 연계
	Balise(발리스)	절대 위치 정보 제공, 차상장치의 위치 오차 보정
	Interlocking(연동장치)	분기기 등 선로 설비의 물리적 제어 및 잠금
중앙(Central)	ATS(중앙관제장치)	전체 노선 운행 스케줄 관리, 운행 감독 및 상위 명령 전달

20.10.4 KTCS-M 핵심 기술 심층 분석

KTCS-M 아키텍처의 각 구성 요소가 어떻게 기술적으로 구현되고 상호작용하는지를 이해하는 것은 시스템의 성능과 안전성을 파악하는 데 매우 중요하다. 본 장에서는 KTCS-M을 구성하는 네 가지 핵심 기술 기둥인 **통신**, **위치 결정**, **안전성 확보**, 그리고 **자동화**에 대해 심층적으로 분석한다. 이 네 가지 기술은 독립적으로 존재하지 않으며, 서로가 서로의 전제 조건이 되는 긴밀한 상호의존 관계를 형성한다.

(1) 통신 백본 : 무선 링크

CBTC 시스템에서 지상과 차상 간의 무선 통신 링크는 열차가 달리는 레일만큼이나 중요하고 필수적인 인프라이다. 통신의 두절은 곧 시스템의 안전필수 고장으로 이어지며, 이는 즉시 열차의 안전한 정지를 유발한다. 따라서 통신 시스템은 단순한 데이터 전송을 넘어, 극도의 신뢰성과 가용성을 보장하도록 설계되어야 한다.

KTCS 프레임워크는 간선 및 고속철도용으로 LTE-R을 표준으로 채택하고 있지만, 도심의 밀집된 환경에서 운용되는 도시철도용 KTCS-M은 Wi-Fi와 같은 다른 무선 기술을 보다 효과적으로 활용할 수 있다. 그 대표적인 사례가 신림선에 적용된 KRTCS(Korean Radio based Train Control System)의 다중 접속 Wi-Fi 기술이다.

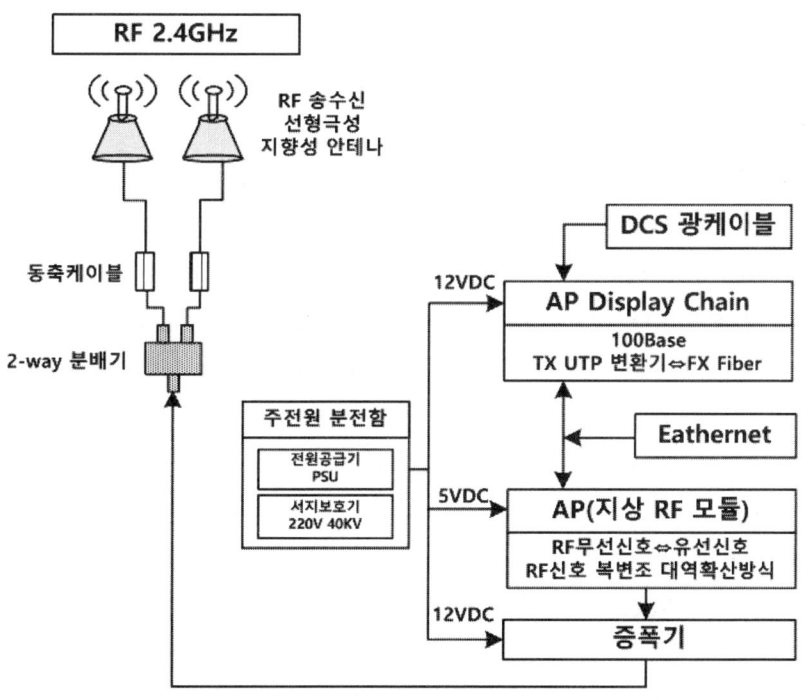

[그림 20-20] AP(Access Point) 구성도

① 사례 연구 : 신림선의 다중 접속(1 : N) Wi-Fi
- 기존 1:1 접속 방식의 문제점 : 전통적인 Wi-Fi 기반 CBTC 시스템은 열차가 이동함에 따라 하나의 선로변 무선 접속장치(AP, Access Point)에서 다음 AP로 접속을 전환하는 '핸드오버(Handover)' 또는 '로밍(Roaming)' 과정을 거친다. 이 핸드오버 순간에는 아주 짧은 시간 동안 통신이 끊길 수 있으며, 안전을 최우선으로 하는 CBTC 시스템은 이 순간적인 통신 두절을 위험 상황으로 간주하여 예방적인 제동을 체결할 수 있다. 이는 승차감 저하와 운행 지연의 원인이 된다.

- **1:N 다중 접속 솔루션** : 신림선 KRTCS는 이러한 문제를 해결하기 위해 '다중 접속 (1:N)' 방식을 국내 최초로 도입했다. 이 방식에서 열차는 단 하나의 AP가 아닌, 통신 가능 반경 내에 있는 **여러 개의 지상 AP와 동시에 연결**을 유지한다. 따라서 열차가 이동하더라도 새로운 AP와의 연결이 끊어지기 전에 미리 설정되는 'Make-before-break' 방식의 연속적인 통신이 가능해져 핸드오버로 인한 통신 두절 문제가 원천적으로 사라진다.
- **이중 주파수 대역을 통한 안정성 강화** : 여기에 더해, 시스템은 2.4GHz와 5GHz Wi-Fi 주파수 대역을 동시에 사용한다. 특정 지역에서 하나의 주파수 대역이 다른 무선 기기와의 간섭으로 혼잡해지거나 장애가 발생하더라도, 다른 주파수 대역을 통해 안정적인 통신을 유지할 수 있다. 이는 통신 오류를 최소화하고 데이터 송수신의 신뢰성을 극대화하는 이중 안전장치 역할을 한다.

(2) 정밀 위치 결정 : "나는 어디에 있는가?"

궤도회로라는 물리적 기준점 없이 열차의 위치를 파악해야 하는 CBTC 시스템의 안전성은 극도로 정확하고 신뢰할 수 있는 위치 결정 능력에 달려 있다. KTCS-M은 두 가지 기술을 상호 보완적으로 결합하여 이 문제를 해결한다.

- **1단계 : 주행거리 측정을 통한 상대 위치 추정(Dead Reckoning)** : VOBC는 차륜에 부착된 속도계(Tachometer)를 통해 바퀴의 회전수를 지속적으로 측정한다. 바퀴의 둘레를 알고 있으므로, 회전수를 통해 열차가 이동한 거리를 계산할 수 있다. 이를 주행거리 측정(Odometry)이라 하며, 알려진 출발점으로부터 이동한 거리를 계속 더해 나가는 방식으로 현재 위치를 추정한다.
- **오차의 누적 문제** : 하지만 이 방식에는 근본적인 약점이 있다. 가속 시 발생하는 미세한 바퀴의 미끄러짐(Slip), 제동 시 발생하는 활주(Slide), 그리고 바퀴의 마모로 인한 직경 변화 등은 작은 오차를 발생시킨다. 이 오차는 시간이 지남에 따라 계속 누적되어, 보정 없이는 결국 안전을 위협할 수준의 위치 불확실성을 야기하게 된다.
- **2단계 : 발리스를 이용한 절대 위치 보정** : 바로 이 누적 오차 문제를 해결하는 것이 발리스의 역할이다. 선로에 설치된 각각의 발리스는 지도 위의 고정된 기준점과 같다. 열차가 발리스 위를 지날 때, VOBC는 발리스로부터 정확한 절대 위치 정보를 읽어들여, 그동안 누적된 자신의 위치 계산 오차를 단번에 '0'으로 리셋한다. 이처럼 연속적인 주행거리 측정과 주기적인 절대 위치 보정의 조합은 CBTC가 요구하는 높은 무결성의 위치 정보를 지속적으로 확보할 수 있게 해주는 핵심 메커니즘이다.

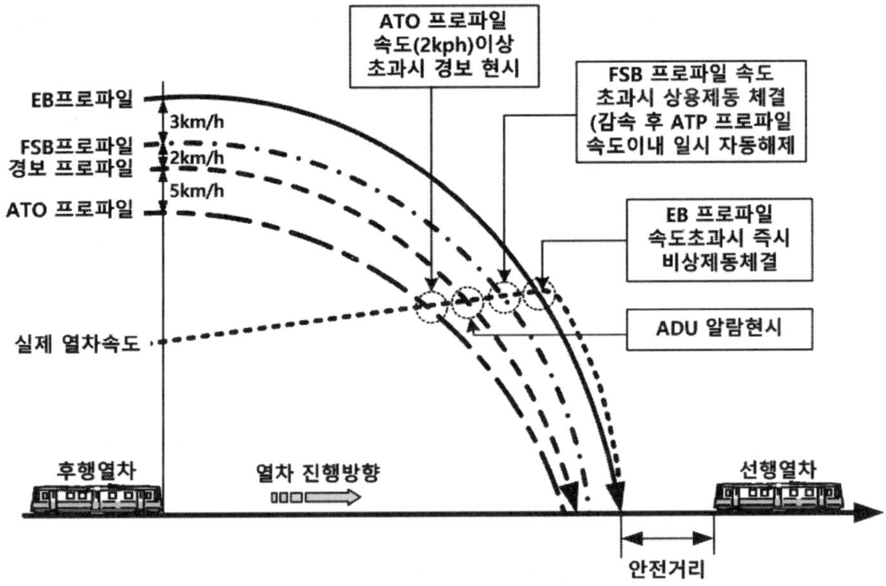

[그림 20-21] 열차 과속 보호

(3) 안전성 확보 : Fail-Safe 아키텍처

철도 신호 시스템은 인명과 직결되므로, 국제전기기술위원회(IEC)의 안전무결성등급(SIL, Safety Integrity Level) 중 가장 높은 등급인 SIL 4를 만족하도록 설계된다. 이는 시스템의 위험한 고장 발생 확률이 극히 희박해야 함을 의미한다. KTCS-M은 이러한 최고 수준의 안전성을 달성하기 위해 다음과 같은 아키텍처 원칙을 따른다.

- 원칙 1 : Fail-Safety(고장 시 안전 측 동작) : 시스템의 어떤 부품이 고장 나거나, 전원이 끊기거나, 데이터가 손상되더라도, 그 결과는 항상 가장 안전한 상태, 즉 열차를 정지시키는 방향으로 나타나야 한다.
- 원칙 2 : 안전을 위한 이중화(2 out of 2 아키텍처) : VOBC나 지상장치와 같은 핵심 제어 장치의 내부는 '2 out of 2' (2oo2) 구조로 설계된다. 이는 동일한 입력 데이터에 대해 동일한 연산을 수행하는 두 개의 완전히 독립된 처리 채널(CPU, 메모리 등)을 갖추고 있음을 의미한다. 두 채널의 출력 결과는 실시간으로 비교되며, 만약 두 결과가 완벽하게 일치할 때만 '가속'이나 '제동 해제'와 같은 명령이 열차의 물리적 장치로 전달된다. 만약 두 결과 사이에 아주 작은 불일치라도 발생하면, 이는 둘 중 하나의 채널에 오류가 발생했음을 의미하므로, 시스템은 즉시 Fail-Safe 상태로 전환되어 안전하게 열차를 정지시킨다. 이 구조는 단일 하드웨어의 임의 고장이 위험한 명령으로 이어지는 것을 원천적으로 차단한다.
- 원칙 3 : 가용성을 위한 이중화(Hot-Standby) : 2oo2 구조는 안전을 보장하지만, 고장이 발생하면 시스템이 멈추는 것을 막지는 못한다. 열차 운행의 중단을 최소화하고 시스템

의 가용성(Availability)을 높이기 위해, 지상장치와 같은 중요 설비는 **'Hot-Standby' 이중계** 구성으로 설치된다. 이는 두 개의 동일한 장치가 동시에 운영되지만, 하나는 실제 제어를 담당하는 'Active' 상태로, 다른 하나는 모든 데이터를 동일하게 받으며 대기하는 'Standby' 상태로 있는 것이다. 만약 Active 장치에 장애가 발생하면, Standby 장치가 거의 즉시 제어권을 넘겨받아 운행 중단을 최소화한다.

신호 엔지니어는 '안전성(Safety)'과 '가용성(Availability)'을 위한 이중화의 차이를 명확히 이해해야 한다. 2oo2 아키텍처는 '절대로 틀린 일을 하지 않도록' 보장하는 안전성 중심의 설계이며, 고장 시 결과는 '정지'이다. 반면 Hot-Standby는 '가능한 한 계속해서 옳은 일을 하도록' 보장하는 가용성 중심의 설계이며, 고장 시 결과는 '백업 시스템으로의 전환 후 운행 계속'이다. KTCS-M은 이 두 가지 이중화 기법을 모두 사용하여, 안전하면서도 높은 신뢰도로 운행할 수 있는 시스템을 구현한다.

(4) 자동화 및 운용 : 유인 운전에서 무인 운전까지

KTCS-M은 높은 수준의 열차 자동운전을 가능하게 하는 기반 기술을 제공한다. 열차 자동화 등급(GoA, Grades of Automation)은 국제 표준에 따라 다음과 같이 정의된다.

- GoA1 : 기관사가 수동으로 운전하며, ATP가 안전을 감시한다.
- GoA2 : ATO가 가속 및 제동을 담당하고, 기관사는 출입문 조작 및 비상 상황 대응을 책임진다.
- GoA3 : 운전실에 기관사 없이 운행되나, 비상시 승객을 지원할 승무원이 열차에 탑승한다.
- GoA4 : 기관사나 승무원 없이 완전 자동으로 운행된다 (Unattended Train Operation, UTO).

KTCS-M은 GoA4 달성에 필요한 모든 기술적 요소를 제공한다. 정밀한 위치 결정 기술은 승강장 정위치 정차를 가능하게 하고, 연속적인 무선 통신은 중앙관제실에서의 원격 제어를 지원하며, 통합된 ATP/ATO 기능은 출발부터 정차, 스케줄 준수에 이르는 모든 운전 과업을 자동으로 수행한다. 신림선과 같은 노선에서 완전 무인운전이 가능한 것은 바로 이러한 KTCS-M의 기술적 완성도 덕분이다.

이 네 가지 핵심 기술 기둥의 상호의존성은 매우 중요하다. 높은 수준의 자동화(GoA4)는 정밀한 위치 결정 없이는 불가능하다. 정밀한 위치 결정 기술은 이동권한(MA)을 수신하기 위한 견고한 통신 링크 없이는 무용지물이다. 그리고 이 모든 기술은 SIL 4 수준의 안전 아키텍처가 보장되지 않으면 실제 노선에 적용될 수 없다. 따라서 엔지니어는 시스템의 한 부분에서 발생한 문제가 다른 기술 영역에 어떻게 연쇄적으로 영향을 미치는지 이해하고, 통합적인 관점에서 문제를 진단하고 해결할 수 있는 능력을 갖추어야 한다.

20.10.5 운영 효과 및 미래 전망

KTCS-M의 도입은 단순히 낡은 신호 시스템을 새로운 것으로 교체하는 차원을 넘어, 도시철도 운영의 효율성, 안전성, 경제성 전반에 걸쳐 근본적인 변화를 가져온다. 기술적인 원리를 이해하는 것만큼이나, 이 기술이 실제 현장에서 어떤 가치를 창출하는지 파악하는 것이 중요하다.

(1) KTCS-M 도입의 정량적 효과

① 선로 용량 증대

KTCS-M 도입의 가장 직접적이고 강력한 효과는 선로 용량의 증대이다. 이동폐색 원리를 통해 열차 간 운전 시격을 안전하게 단축함으로써, 기존의 선로 인프라 위에서 더 많은 열차를 운행할 수 있게 된다. 예를 들어, 고정폐색 시스템에서 3분(200초)이었던 최소 운전 시격을 1분 30초(90초)로 단축할 수 있다면, 이론적으로 동일한 시간에 두 배의 열차를 투입하여 수송 용량을 100% 증대시킬 수 있다. 이는 막대한 비용과 시간이 소요되는 신규 노선 건설을 지연시키거나 대체할 수 있는 매우 경제적인 해결책이다.

② 생애주기비용(LCC) 절감
- 건설비(CAPEX) 절감 : 차상장치나 제어 센터 설비는 고도화되지만, 선로변에 설치해야 했던 수많은 궤도회로, 절연 장치, 임피던스 본드, 신호기 및 이를 연결하는 수백 킬로미터의 케이블이 사라지면서 초기 건설 비용을 절감할 수 있다.
- 유지보수비(OPEX) 절감 : 장기적인 관점에서 더 큰 비용 절감 효과는 유지보수비에서 나타난다. 외부 환경에 노출되어 부식, 파손, 간섭에 취약했던 선로변의 물리적 자산이 대폭 줄어들기 때문에, 점검, 수리, 교체에 필요한 인력과 비용이 획기적으로 감소한다.

③ 안전성 및 운영 효율성 향상
- 인적 오류 감소 : 자동운전(ATO) 시스템의 도입은 신호 위반(SPAD, Signal Passed at Danger)과 같은 기관사의 인적 오류 가능성을 원천적으로 차단하여 안전성을 극대화한다.
- 에너지 효율 최적화 및 정시성 확보 : ATO 시스템은 사람보다 더 일관되고 정밀하게 운전 패턴을 제어할 수 있다. 불필요한 급가감속을 줄이고 최적의 속도 프로파일을 따라 운행함으로써 에너지 소비를 절감하고, 정해진 운행 스케줄을 정확하게 준수하여 열차 운행의 정시성을 높인다.
- 운영 유연성 증대 : KTCS-M은 모든 선로에서 완전한 양방향 운행을 지원한다. 이는 선로 장애나 공사 등으로 일부 구간의 운행이 중단되었을 때, 나머지 선로를 활용하여 유연하게 대체 운행 경로를 구성하는 등 비상 상황 대처 능력을 크게 향상시킨다.

이러한 기술적 장점들은 새로운 운영 모델을 가능하게 하는 촉매제가 된다. 고정폐색 시스템은 물리적 신호설비에 의해 운행 패턴이 제약되지만, 소프트웨어 기반의 KTCS-M

은 훨씬 동적인 운영을 지원한다. 예를 들어, 특정 역에 갑자기 승객이 몰리는 상황이 발생하면, 중앙관제실에서는 즉시 차량 기지에 있는 예비 열차를 추가로 투입하도록 명령할 수 있다. 그러면 지상 시스템은 주변 모든 열차의 이동권한(MA)을 실시간으로 재조정하여 추가 열차가 기존 열차 흐름에 안전하고 원활하게 합류하도록 만든다. 이는 철도 시스템을 정해진 스케줄에 따라 움직이는 정적인 시스템에서, 실시간 수요에 반응하는 동적인 네트워크로 변화시키는 잠재력을 가지고 있다.

(2) 도시철도 열차 제어의 미래

KTCS-M은 대한민국 철도 기술의 중요한 이정표이다. 이는 해외 기술에 의존하던 도시철도 신호 분야에서 기술 자립을 달성하고, 국가 표준화를 통해 상호운용성과 유지보수의 효율성을 확보했으며, 국내 철도 산업 생태계를 강화하는 계기가 되었다. 성공적인 상용화 실적(Track Record)은 향후 해외 시장에 진출할 수 있는 강력한 기반이 될 것이다.

① 미래 동향
- 인공지능(AI)과의 융합 : 미래의 열차 제어 시스템은 AI와 머신러닝 기술을 접목하여 더욱 지능화될 것이다. 실시간 교통 데이터를 분석하여 혼잡을 예측하고, 자동으로 열차 경로를 재설정하여 전체 네트워크의 효율을 최적화하는 '지능형 교통 관리'가 가능해질 것이다.
- 예측 기반 유지보수 : KTCS-M 시스템은 모든 열차로부터 위치, 속도, 가속도, 제동 상태, 시스템 상태 등 방대한 양의 데이터를 실시간으로 생성한다. 이 데이터는 단순히 제어에만 사용되는 것이 아니라, 축적되고 분석되어 거대한 자산이 된다. 이 데이터를 분석하면 특정 부품의 고장 징후를 사전에 포착하여 고장이 발생하기 전에 정비하는 예측 기반 유지보수가 가능해져, 시스템의 안정성과 가용성을 한 차원 더 높일 수 있다.
- KTCS-3를 향한 진화 : 궁극적인 목표는 KTCS-3와 같이 발리스마저 필요 없는 시스템으로 나아가는 것이다. 위성항법시스템(GNSS)과 관성측정장치(IMU) 등 다양한 센서 정보를 융합하여 열차가 외부의 도움 없이 스스로 절대 위치를 확립하는 기술이 상용화되면, 선로변 인프라는 거의 '0'에 가까워질 것이다. 이는 지상 설비에서 차상 설비로 '지능'이 이전되는 거대한 기술적 흐름의 정점을 보여준다.

결론적으로, KTCS-M은 단순한 신호 시스템을 넘어, 도시철도를 더 빠르고, 더 안전하며, 더 효율적인 교통수단으로 만드는 핵심 동력이다. 이 시스템이 생성하는 풍부한 데이터는 과거에는 상상할 수 없었던 방식으로 철도 운영을 최적화할 기회를 제공한다. 미래의 신호 엔지니어는 전통적인 신호 설비 전문가를 넘어, 통신 네트워크, 소프트웨어, 그리고 데이터 분석에 능통한 융합 전문가로서 진화해야 할 것이다. KTCS-M은 바로 그 변화의 중심에 서 있다.

20.11 철도 선로용량에 대한 이론, 적용 및 증대 방안

20.11.1 선로용량의 개요

(1) 철도 성능의 핵심 지표로서 선로용량의 정의

선로용량(Track Capacity)은 철도 시스템의 효율성과 수송 능력을 평가하는 가장 근본적인 지표이다. 이는 주어진 선로 구간에서 특정 시간 단위, 통상적으로 1일(24시간, 즉 1,440분) 동안 안전하게 운행할 수 있는 최대 열차 횟수로 정의된다. 한국철도에서는 일반적으로 편도(one-way) 운행 횟수를 기준으로 삼으며, 이는 특정 방향으로의 최대 수송 능력을 명확히 나타낸다. 그러나 대도시 통근 노선과 같이 특정 시간대에 수요가 집중되는 구간에서는 출퇴근 시간(rush hour) 동안 1시간당 운행 가능한 열차 횟수를 용량의 척도로 사용하기도 한다.

선로용량은 고정된 값이 아니라, 선로의 기하학적 구조, 신호시스템, 차량 성능, 운행 계획 등 다양한 물리적, 기술적, 운영적 조건에 따라 동적으로 변화하는 가변적인 개념이다. 따라서 선로용량을 정확히 이해하고 산정하는 것은 철도 네트워크의 잠재력을 최대한 활용하기 위한 첫걸음이라 할 수 있다.

(2) 네트워크 계획 및 경제 발전에 있어 선로용량의 전략적 중요성

선로용량은 단순한 기술적 수치를 넘어, 철도의 경제적 잠재력과 공공 서비스의 질을 결정하는 전략적 자산이다. 특정 노선의 용량은 해당 구간을 통해 이동할 수 있는 여객과 화물의 총량을 제한하는 궁극적인 제약 조건으로 작용하기 때문이다. 따라서 선로용량에 대한 정확한 평가는 신선 건설, 기존선 개량과 같은 대규모 인프라 투자 결정의 타당성을 검토하고, 효율적인 열차 운행 계획을 수립하는 데 있어 필수적인 기초 자료가 된다.

선로용량의 한계는 여객 서비스의 신뢰성, 정시성, 운행 빈도에 직접적인 영향을 미치며, 국가 물류 시스템의 효율성을 좌우한다. 용량이 부족한 구간에서는 열차 지연이 빈번하게 발생하고, 추가적인 열차 투입이 불가능해져 증가하는 수송 수요에 대응할 수 없게 된다. 이러한 이유로 선로용량 관리는 국가 교통 정책의 핵심 과제로 다루어지며, 철도 인프라의 지속 가능한 발전을 위한 중요한 고려사항이 된다. 결국, 선로용량 분석은 공학, 경제학, 공공 정책이 교차하는 지점에서 이루어지는 고도의 예측 및 계획 활동이며, 막대한 사회기반시설 투자의 성패를 가늠하는 중요한 척도이다.

20.11.2 선로용량의 유형

선로용량은 분석의 목적과 고려하는 제약 조건의 범위에 따라 여러 유형으로 구분된다. 각 유형은 철도 계획 및 운영의 서로 다른 단계에서 중요한 기준으로 활용된다.

(1) 한계용량(Limit Capacity) : 물리적 한계치

한계용량은 선로 유지보수 시간, 열차 취급 시간, 운행 여유 시간 등 현실적인 운영상의 제약 요소를 일절 고려하지 않고, 순수하게 계산상으로 1일 24시간 동안 운행할 수 있는 이론적인 최대 열차 횟수를 의미한다. 이는 물리적으로 달성 가능한 절대적인 상한선으로서, 실제 운영 계획에 직접 사용되지는 않지만 다른 용량 유형을 산출하는 기준점이 된다는 점에서 중요하다.

(2) 실용용량(Practical Capacity) : 현실적 운영 한계치

실용용량은 철도 계획 및 운영에서 가장 핵심적으로 사용되는 개념이다. 이는 한계용량에서 시설 유지보수를 위한 선로 차단 시간, 예상치 못한 지연에 대비하기 위한 운전 여유 시간(buffer time), 역에서의 열차 취급 시간 등 현실적인 제약 조건을 모두 반영하여 산출된 실질적인 운행 가능 최대 열차 횟수이다. 일반적으로 실용용량은 한계용량에 '선로이용률'이라는 계수를 곱하여 산정되며, 모든 열차 운행 계획의 기본이 된다.

한계용량과 실용용량의 차이는 단순히 '손실된 시간'으로 볼 수 없다. 이 차이는 시스템의 안정성과 회복탄력성을 확보하기 위한 전략적 투자로 이해해야 한다. 예측 불가능한 사건이 발생했을 때 시스템이 연쇄적인 붕괴 없이 안정적인 서비스를 유지할 수 있는 능력, 즉 '열차 다이어그램의 원상회복력'은 바로 이 여유 시간에서 비롯된다. 따라서 실용용량을 높이기 위해 무리하게 여유 시간을 줄이는 것은 단기적인 효율성 증대처럼 보일 수 있으나, 장기적으로는 시스템 전체를 불안정하게 만드는 요인이 될 수 있다.

(3) 경제용량(Economic Capacity) : 비용 효율성 최적점

경제용량은 열차 운행이 원활하게 이루어지면서 단위 수송 원가가 가장 낮아지는 지점의 열차 횟수를 의미한다. 선로의 사용 빈도가 실용용량에 가까워질수록 혼잡도가 증가하고, 열차의 대기 시간 및 감속-재가속 운행이 잦아지면서 연료비, 인건비 등 운영 비용이 급격히 증가하는 경향이 있다. 경제용량은 이러한 비효율이 발생하기 시작하는 지점을 나타내며, 보통 실용용량보다 낮은 수준에서 형성된다. 이 지표는 복선화나 신호 시스템 개량과 같은 대규모 수송력 증강 투자의 착수 시기를 결정하는 중요한 경제적 근거 자료로 활용된다.

(4) 영업용량(Commercial Capacity) : 시장 수요의 반영

영업용량은 실제 열차운행시각표(timetable)에 편성된 열차 횟수를 말하며, 이는 실제 여객 및 화물 수송 수요 분포에 따라 결정된다. 이 용량은 철도 운영자가 보유한 차량, 인력 등 가용 자원의 범위 내에서 시장의 요구에 부응하여 제공하는 서비스 수준을 나타낸다. 따라서 영업용량은 실용용량의 범위 내에서 결정되며, 수요가 적은 시간대에는 실용용량보다 훨씬 낮게 설정될 수 있다.

[표 20-31] 선로용량 유형별 비교 분석

용량 유형	정의	주요 고려사항	주 사용 목적
한계용량	24시간 연속 운행을 가정한 이론적 최대 열차 횟수	물리적 선로 조건, 최소 안전 시격	이론적 성능의 상한선 설정, 기초 벤치마크
실용용량	유지보수, 여유 시간 등 현실적 제약을 반영한 최대 열차 횟수	선로이용률, 시설 보수 시간, 운전 여유 시간	열차 운행 계획 수립, 실제 수송 능력 평가
경제용량	단위 수송 원가가 최소가 되는 최적의 열차 횟수	운영 비용, 혼잡 비용, 효율성	수송력 증강 투자 시점 및 타당성 분석
영업용량	실제 시간표에 편성된 열차 횟수	수송 수요, 영업 정책, 가용 자원(차량, 인력)	일상적인 열차 운영 및 서비스 수준 결정

20.11.3 선로용량 산정 시 핵심 고려사항

선로용량은 단일 요인이 아닌, 인프라, 신호, 차량, 운영 방식이 복합적으로 상호작용한 결과로 결정된다. 이들 요소 간의 관계는 단순한 합산이 아니라 곱셈에 가까워, 어느 한 요소의 제약이 전체 시스템의 용량을 결정짓는 '가장 약한 고리' 역할을 하게 된다.

(1) 물리적 인프라 요소

- 선로 기하 구조(Track Geometry) : 급한 곡선(곡선반경)과 가파른 경사(구배)는 열차의 안전 운행 속도를 제한하는 근본적인 요인이다. 속도가 낮아지면 열차가 하나의 폐색 구간을 점유하는 시간이 길어지고, 이는 후속 열차와의 간격을 벌려 전체적인 선로용량을 감소시킨다.
- 역간 거리 및 구내 설비 : 역과 역 사이의 거리가 길어질수록 한 선로 구간을 통과하는 데 걸리는 시간이 증가하여 용량이 감소한다. 특히 단선 구간에서는 마주 오는 열차가 서로 비켜갈 수 있는 교행 설비(대피선 등)의 유무와 그 간격이 용량을 결정하는 가장 중요한 요소가 된다. 복선 구간에서도 역 구내의 착발선 수와 유효 길이는 열차의 대피 및 추월 능력에 영향을 미친다.

- **폐색 구간 길이(Block Section Length)** : 폐색은 열차 간의 안전거리를 확보하기 위한 기본 단위로, 선로를 일정한 구간으로 나눈 것이다. 폐색 구간의 길이가 짧을수록 열차들은 서로 더 가까이 따라붙어 운행할 수 있으므로, 이는 선로용량 증대와 직결된다. 폐색 구간의 길이는 신호 시스템의 성능에 따라 결정된다.

(2) 신호 및 열차 제어 시스템

신호 시스템은 열차 간의 최소 안전 간격, 즉 최소운전시격(minimum headway)을 결정함으로써 선로용량에 가장 큰 기술적 영향을 미치는 요소이다.

- **고정 폐색시스템(Fixed-Block Systems)** : 선로를 물리적으로 고정된 구간으로 나누고, 한 구간에는 하나의 열차만 진입을 허용하는 전통적인 방식이다. 지상 신호기 기반의 열차자동정지장치(ATS)가 대표적이며, 열차의 실제 위치나 속도와 무관하게 항상 보수적인 간격을 유지해야 하므로 용량 확보에 한계가 있다.
- **차상 신호시스템(Cab Signalling Systems)** : 열차자동제어장치(ATC)나 유럽 표준 열차제어시스템인 ETCS Level 1과 같이, 지상의 정보를 차내 신호 장치에 직접 현시하여 기관사가 전방 상황을 더 정확히 파악하고 운전할 수 있도록 지원한다. 이를 통해 기존 고정 폐색 방식보다 운전시격을 다소 단축할 수 있다.
- **이동 폐색시스템(Moving-Block Systems)** : 통신기반 열차제어시스템(CBTC)이나 ETCS Level 3이 이 방식에 해당한다. 이는 무선 통신을 통해 열차의 위치와 속도를 실시간으로 파악하여, 각 열차의 전후방에 유동적인 '안전 보호 구역'을 설정한다. 물리적인 폐색 구간의 개념이 없어져 열차 간 간격을 이론적인 최소치까지 줄일 수 있어 선로용량을 극대화할 수 있다. 서울 신분당선이 CBTC를 채택한 대표적인 사례이다.

[표 20-32] 신호 시스템이 최소운전시격 및 선로용량에 미치는 영향

시스템	운영 원리	일반적인 최소운전시격	시간당 잠재적 용량
ATS (열차자동정지장치)	지상 신호 기반 고정 폐색	3분 ~ 5분 (200 ~ 300초)	12 ~ 20회
ATC (열차자동제어장치)	차상 신호 기반 고정 폐색	2.5분 ~ 4분 (150 ~ 240초)	15 ~ 24회
ETCS Level 1	점-대-점 정보 전송 차상 신호	2.5분 ~ 4분 (150 ~ 240초)	15 ~ 24회
CBTC (통신기반 열차제어)	무선 통신 기반 이동 폐색	1.5분 ~ 2.5분 (90 ~ 150초)	24 ~ 40회

(3) 차량 성능 및 교통 구성

- **차량 성능** : 열차의 가속 및 감속 성능은 역 출발 후 본선 속도까지 도달하는 시간과 역 진입 시 정지하는 데 필요한 거리에 영향을 미친다. 성능이 우수한 차량은 폐색 구간을 더 빨리 진입하고 벗어날 수 있어 전체적인 선로 점유 시간을 줄인다.
- **교통 구성(Traffic Mix)** : 한 선로에 다양한 종류의 열차(고속열차, 일반열차, 화물열차 등)가 혼재되어 운행하는 것은 선로용량에 큰 부담을 준다. 열차 간 속도 차이가 클수록 빠른 열차가 느린 열차를 추월해야 하는 상황이 빈번하게 발생하며, 이 과정에서 느린 열차는 대피선에서 장시간 대기해야 하므로 막대한 용량 손실이 발생한다. 반면, 모든 열차의 속도와 정차 패턴이 동일한 통근 노선은 운영 효율이 매우 높다.

(4) 운영 정책 요소

- **최소운전시격(Minimum Headway)** : 앞서 언급된 인프라, 신호, 차량 성능을 종합하여 결정되는 운영상의 핵심 변수이다. 이는 선행 열차와 후행 열차 사이에 유지해야 하는 최소 시간 간격으로, 선로용량은 이 시격에 반비례한다.
- **역 정차 시간(Station Dwell Time)** : 열차가 역 승강장에서 승객을 태우고 내리기 위해 정차하는 시간이다. 특히 운행 빈도가 높은 도시철도에서 정차 시간은 전체 운행시격의 상당 부분을 차지하는 중요한 변수이며, 승하차 인원, 열차 내 혼잡도 등에 따라 변동된다.
- **유지보수 시간 및 여유 시간** : 안전한 열차 운행을 위해 필수적인 선로 및 시설물 유지보수 작업 시간은 계획적으로 열차 운행이 중단되는 시간으로, 실용용량을 산정할 때 반드시 제외되어야 한다. 또한, 열차 다이어그램에 의도적으로 포함시키는 운행 여유 시간은 작은 지연이 전체 시스템으로 파급되는 것을 막는 완충 역할을 한다.

20.11.4 선로 구성별 용량 분석 및 산정

선로의 구성(단선, 복선 등)은 열차 운행 패턴을 근본적으로 결정하며, 이에 따라 선로용량을 산정하는 방식과 주요 제약 요인이 달라진다. 각 산정 공식의 복잡성은 해당 선로의 운영적 복잡성을 수학적으로 모델링한 결과물이라고 할 수 있다.

(1) 단선 구간 : 양방향 교통의 제약

단선 구간에서는 하나의 선로를 상행과 하행 열차가 공유해야 하므로, 마주 오는 열차는 반드시 지정된 역이나 신호장에서 교행해야 한다. 이로 인해 단선 구간의 용량은 역과 역 사이를 열차가 왕복하는 데 걸리는 시간에 의해 결정된다. 일반적인 단선 구간의 선로용량(N) 산정식은 다음과 같다.

$$N = \frac{f \times T}{t + C}$$

- N : 선로용량(상·하행 총 열차 횟수)
- f : 선로이용률(일반적으로 0.6 적용)
- T : 1일 총 시간(1,440분)
- t : 역간 평균 운전 시분
- C : 폐색 취급 시분(신호 시스템에 따라 자동 1.0분, 연동 1.5분, 기타 2.5분 등)

이 공식은 교행 지점 간의 거리와 운행 시간이 길어질수록 용량이 급격히 감소함을 명확히 보여준다. 따라서 단선 구간의 용량 증대는 교행 설비를 추가하거나 열차 속도를 향상시켜 t값을 줄이는 데 초점을 맞춘다.

(2) 복선 구간 : 이종 속도 열차의 혼재

복선 구간에서는 상행과 하행 선로가 분리되어 교행의 제약은 사라지지만, 대신 한 방향 선로에서 속도가 다른 열차들(예: KTX와 무궁화호)을 어떻게 효율적으로 운행시키느냐가 새로운 과제로 등장한다. 이 문제를 해결하기 위해 저속 열차가 고속 열차에 길을 터주는 대피(추월) 운행이 필요하며, 이 과정에서 용량 손실이 발생한다. 이러한 혼합 교통 상황을 반영한 대표적인 산정 방식이 야마기시(山岸) 식이며, 그 기본 개념은 다음과 같은 변수들을 포함한다.

$$N = \frac{f \times T}{h \cdot v + (r + u) \cdot v'}$$

(주: 실제 야마기시 식은 더 복잡한 형태를 가지나, 핵심 변수의 의미를 설명하기 위해 단순화된 개념식을 제시함)

- h : 고속열차 간의 최소운전시격
- r : 저속열차가 역에 도착한 후, 후속 고속열차가 해당 역에 접근하는 데 필요한 최소 시간
- u : 고속열차가 역을 통과한 후, 대기하던 저속열차가 출발하는 데 필요한 최소 시간
- v, v' : 전체 열차 중 고속열차와 저속열차가 차지하는 비율

이 공식은 속도 차이가 있는 열차의 비율(v, v')이 높아질수록, 그리고 대피에 소요되는 시간(r, u)이 길어질수록 전체 용량이 어떻게 감소하는지를 정량적으로 보여준다. 이는 다양한 서비스 포트폴리오를 운영하는 데 따르는 '용량 비용'을 명확히 드러낸다.

(3) 복복선 구간 : 서비스 분리를 통한 용량 극대화

복복선은 도심 구간이나 간선철도의 핵심 구간과 같이 교통량이 극도로 많은 곳에서 용량을 획기적으로 증대시키기 위한 해결책이다. 4개의 선로를 이용하여 고속/급행열차와 저속/완행열차의 운행 계통을 물리적으로 분리할 수 있다. 예를 들어, 내측 2개 선로는 급행열차가, 외측 2개 선로는 완행열차가 사용하도록 하는 것이다.

이러한 서비스 분리는 복잡한 혼합 교통 문제를 2개의 단순한 동종 교통 문제로 변환시키는 효과를 가져온다. 각 선로에서는 속도가 비슷한 열차들만 운행하게 되므로 대피나 추월이 거의 필요 없어져, 각 선로의 용량을 최대로 활용할 수 있게 된다. 경부고속선의 병목 현상 해소를 위해 추진 중인 '평택-오송 2복선화 사업'은 복복선화를 통해 국가 철도망의 핵심 구간 용량을 두 배로 늘리려는 대표적인 사례이다.

(4) 통근 전동차 구간 : 동종·고빈도 운행의 특수성

수도권 전철과 같은 도시·광역철도 구간은 운행하는 열차의 종류가 거의 단일하고(동종), 속도와 정차역 패턴이 유사하며(동일 패턴), 매우 짧은 간격으로 운행(고빈도)하는 특징을 가진다. 이러한 동질적인 교통흐름 덕분에 용량 산정 방식이 매우 단순해진다. 대피나 추월을 고려할 필요 없이, 오직 최소운전시격(h)만이 용량을 결정하는 변수가 된다.

$$N = \frac{f \times T}{h}$$

- h : 최소운전시격(분)

이 공식에 따르면, 선로이용률(f)을 60%로 가정할 때, 운전시격을 4분에서 3분으로 단축하면 1일 편도 용량은 206회에서 288회로, 2.5분으로 단축하면 345회로 50% 이상 증가시킬 수 있다. 이는 통근 노선에서 용량 증대를 위해 신호 시스템 개량을 통한 운전시격 단축이 얼마나 효과적인지를 잘 보여준다.

20.11.5 선로용량 포화 시 발생하는 현상

선로의 열차 운행 횟수가 실용용량에 근접하게 되면, 철도 시스템은 불안정한 상태에 접어들며 서비스 품질이 급격히 저하된다. 이는 단순한 혼잡을 넘어 시스템 전체의 기능 부전으로 이어질 수 있다.

(1) 병목 현상과 서비스 신뢰도 저하

선로용량이 포화 상태에 이르면 '병목 현상(bottleneck effect)'이 발생한다. 이 상태에서는 평상시라면 충분히 흡수될 수 있었던 사소한 지연(예 승객 승하차 시간 초과, 단기 신호 장애)이 더 이상 완충되지 못하고 후속 열차로 연쇄적으로 파급된다. 하나의 열차 지연이 마치 도미노처럼 뒤따르는 모든 열차의 지연을 유발하며, 이는 특정 구간을 넘어 네트워크 전체로 확산될 수 있다. 결과적으로 열차 운행의 정시성이 심각하게 훼손되고, 승객들은 예측 불가능한 서비스에 대한 불신을 갖게 된다.

이러한 서비스 신뢰도의 저하는 장기적으로 심각한 전략적 문제를 야기한다. 철도 이용을 포기한 승객들이 자가용 등 다른 교통수단으로 전환하면서 도로 혼잡을 가중시키고, 이는 철도에 대한 막대한 공공 투자의 정책적 목표(온실가스 감축, 국토의 효율적 이용 등) 자체를 약화시키는 부정적 피드백 고리를 형성한다. 따라서 선로용량 부족은 단순한 운영상의 문제를 넘어, 철도 시스템의 존재 이유를 위협하는 전략적 위기로 인식되어야 한다.

(2) 사례 연구 1 : 경부선 수도권 구간

경부선의 서울역-금천구청역 구간은 선로용량 부족 문제의 전형적인 사례를 보여준다. 이 구간은 KTX, 새마을/무궁화호 등 일반열차, 그리고 수도권 전철 1호선이 4개의 선로를 공유하며 운행한다. 다양한 속도와 등급의 열차가 혼재되면서, 등급이 낮은 전철 1호선과 무궁화호 열차는 상위 등급 열차를 먼저 보내기 위해 대피하거나 서행해야 하는 상황이 빈번하게 발생한다. 이로 인해 전철 1호선은 만성적인 지연 운행에 시달리며, 이는 수도권 서남부 지역 주민들의 통근 불편을 가중시키고 있다. 한 연구에 따르면, 해당 구간의 지연 발생 확률은 고속열차 운행 횟수보다 일반열차 및 전동열차의 운행 횟수에 1.4배에서 2.8배 더 큰 영향을 받는 것으로 나타나, 이종 열차 혼재가 지연에 미치는 심각성을 입증했다.

(3) 사례 연구 2 : 경의중앙선

수도권 전철 경의중앙선, 특히 **청량리-망우 구간**은 복잡한 운행 계통과 구조적 문제로 인해 선로용량 부족을 겪는 또 다른 사례이다. 이 구간에는 경의중앙선 외에도 경춘선, 강릉선 KTX 등 여러 노선의 열차가 집중된다. 가장 큰 문제는 상봉역 인근의 평면교차 구조로, 경춘선 ITX-청춘 열차가 서울 방면으로 가기 위해 경의중앙선 선로를 가로질러야 한다. 이러한 평면교차는 필연적으로 열차 간 상충을 유발하여 한쪽 열차의 대기를 강제하고, 이는 연쇄 지연의 직접적인 원인이 된다. 이로 인해 경의중앙선은 수도권 전철 중에서도 긴 배차 간격과 잦은 지연으로 악명이 높으며, 이는 선로용량 확충과 함께 입체교차 시설 건설과 같은 근본적인 인프라 개선의 필요성을 시사한다.

20.11.6 선로용량 증대를 위한 다각적 접근 방안

선로용량 부족 문제를 해결하기 위해서는 단기적인 운영 효율화부터 장기적인 대규모 인프라 투자에 이르기까지 다각적인 접근이 필요하다. 각 방안은 비용, 기간, 효과 측면에서 장단점을 가지므로, 노선의 특성과 재정 여건을 고려한 최적의 조합을 찾는 것이 중요하다.

(1) 인프라 기반 해결책 : 용량의 근본적 확대

- **복선화 및 복복선화** : 단선 구간을 복선으로, 복선 구간을 복복선으로 증설하는 것은 선로

의 물리적 공간 자체를 늘리는 가장 확실하고 효과적인 방법이다. 이는 열차 운행의 제약을 근본적으로 해소하여 용량을 획기적으로 증대시킨다. 평택-오송 2복선화 사업은 기존 1일 190회(상·하행) 수준의 용량을 380회까지 두 배로 늘리는 것을 목표로 하며, 이는 국가 철도망 전체의 효율성을 높이는 데 기여할 것이다. 다만, 막대한 건설 비용과 장기간의 공사 기간이 소요되는 단점이 있다.

- **대피선 설치 및 선형 개량** : 기존 선로를 최대한 활용하면서 용량을 증대시키는 방안이다. 단선 구간에 교행 시설을 추가하거나, 복선 구간에 추월을 위한 대피선을 설치하면 특정 지점의 병목 현상을 완화할 수 있다. 또한, 급한 곡선을 완만하게 만들고 경사를 낮추는 선형 개량 작업을 통해 열차의 운행 속도를 향상시켜 구간 통과 시간을 단축하고 용량을 늘릴 수 있다.

(2) 기술적 해결책 : 기존 인프라의 효율 극대화

- **첨단 신호 시스템 도입** : 앞서 설명한 바와 같이, CBTC나 ETCS와 같은 첨단 신호 시스템으로 개량하는 것은 기존 선로를 그대로 사용하면서 운전 시격을 단축하여 용량을 증대시키는 매우 효과적인 방법이다. 독일에서는 ETCS 도입으로 시간당 운행 가능 열차 수를 25%가량 늘렸으며, 일본 신칸센은 고도화된 ATC 시스템을 통해 3분대의 운전시격을 실현하고 있다.
- **인공지능(AI) 및 디지털 트윈 기술 활용** : AI 기반의 열차 운행 최적화 시스템은 실시간 교통 상황을 분석하여 열차 지연을 최소화하고 운행 스케줄을 동적으로 조정할 수 있다. 또한, 실제 철도와 동일한 가상 모델인 디지털 트윈을 구축하여 다양한 시나리오를 시뮬레이션함으로써, 잠재적인 문제를 사전에 예측하고 최적의 용량 증대 방안을 찾는 데 활용할 수 있다.

(3) 운영적 해결책 : 교통 흐름의 최적화

- **열차 운행 패턴 최적화** : 열차 운행 시각표를 정교하게 조정하여 열차 간 상충을 최소화하고 대기 시간을 줄이는 방법이다. 비슷한 속도의 열차들을 그룹으로 묶어 운행(flighting)하거나, 정차역 패턴을 조정하여 추월 횟수를 줄이는 것이 대표적인 예이다.
- **고속열차 전용선 구축** : 장기적으로 고속열차와 일반열차의 선로를 분리하는 것은 두 서비스 모두의 효율성과 정시성을 높이는 근본적인 해결책이다. 이는 각 선로가 동종 교통으로 단순화되어 용량 활용을 극대화할 수 있게 한다.
- **열차 장대화** : 열차의 편성 길이를 늘려 한 번에 더 많은 승객이나 화물을 수송하는 방법이다. 이는 열차 운행 횟수를 늘리지 않고도 전체 수송력을 증대시키는 효과가 있다. 다만, 승강장 유효 길이, 차량기지 시설 등 관련 인프라의 확충이 선행되어야 한다.

[표 20-33] 선로용량 증대 전략별 비용-효과 매트릭스

전략	잠재적 용량 증대 효과	추정 비용	실행 기간	주요 전제 조건
복복선화	높음(50% 이상)	매우 높음	장기(5~10년 이상)	대규모 부지 확보, 환경영향평가
첨단 신호 시스템 도입	중간(20~30%)	높음	중기(3~5년)	기존 시스템과의 호환성, 차량 개조
대피선 추가 설치	낮음~중간(10~20%)	중간	중기(2~4년)	역 구내 공간 확보
선형 개량	낮음(5~15%)	중간~높음	중·장기	지형적 제약, 공사 중 운행 조정
운행 패턴 최적화	낮음(5% 내외)	낮음	단기(1년 이내)	정교한 시뮬레이션, 운영 데이터 분석
열차 장대화	(수송력 증대)	중간	중기	승강장 길이, 차량기지 시설 확충

20.11.7 선로이용률의 동적 특성

선로이용률은 이론적인 한계용량을 현실적인 실용용량으로 변환하는 핵심 계수이다. 이는 고정된 상수가 아니라, 철도 운영의 정책적 목표와 현실적 제약이 반영된 동적인 변수로 이해해야 한다.

(1) 용량 활용 효율성의 정의와 측정

선로이용률(f)은 한계용량(N') 대비 실제 운행 가능한 최대 열차 횟수, 즉 실용용량(N)의 비율($f=N/N'$)로 정의된다. 이 비율은 1일 1,440분 중 실제 열차 운행에 유효하게 사용될 수 있는 시간의 비율을 나타낸다. 일반적으로 간선철도에서는 60~75% 수준이 적용되며, 노선의 특성에 따라 달라진다. 예를 들어, 24시간 운영에 가까운 도시철도는 더 높은 이용률을, 야간에 화물열차 운행이 많고 유지보수 시간이 길게 필요한 노선은 더 낮은 이용률을 보일 수 있다.

(2) 선로이용률에 영향을 미치는 요인

선로이용률의 구체적인 값은 다음과 같은 다양한 요인들의 복합적인 결과로 결정된다.
- 계획된 운행 중단 시간 : 선로, 전차선, 신호 설비 등의 안전을 확보하기 위한 정기적인 유지보수 시간은 선로이용률을 결정하는 가장 큰 요인이다. 이 시간 동안은 열차 운행이 불가능하므로 전체 가용 시간에서 제외된다.
- 수요의 변동성 : 수송 수요는 하루 중에도 출퇴근 시간(첨두)과 그 외 시간(비첨두) 사이에

큰 차이를 보인다. 선로를 24시간 내내 최대 용량으로 운영할 수 없는 근본적인 이유이며, 이는 이용률에 반영된다.
- **운영상의 여유 시간(Buffer)** : 열차 시각표에는 의도적으로 '숨 쉬는 공간(breathing space)'이 포함된다. 이는 작은 지연이 발생했을 때 후속 열차에 영향을 주지 않고 회복할 수 있도록 하는 완충 장치로, 시스템의 안정성을 위해 필수적이다.
- **교통 특성** : 여객과 화물열차의 혼재 비율, 다양한 정차 패턴 등 복잡한 운행 계획은 예측 불가능성을 높이므로 더 많은 여유 시간을 필요로 하게 되어 선로이용률을 낮추는 요인으로 작용한다.

(3) 높은 이용률과 서비스 안정성 간의 균형

선로이용률을 높이는 것은 주어진 인프라를 최대한 효율적으로 사용한다는 의미이지만, 이는 동시에 시스템의 여유를 줄여 외부 충격에 취약하게 만드는 결과를 낳는다. 즉, 효율성과 안정성 사이에는 상충 관계(trade-off)가 존재한다. 선로이용률 목표를 지나치게 높게 설정하면, 평상시에는 더 많은 열차를 운행할 수 있지만 작은 사고나 장애에도 시스템 전체가 마비될 위험이 커진다. 반대로, 안정성을 지나치게 강조하여 이용률을 낮게 유지하면 인프라 활용도가 떨어져 비효율을 초래한다.

따라서 선로이용률의 결정은 단순한 기술적 계산이 아니라, 해당 노선이 추구하는 서비스 품질 목표와 운영자의 위험 관리 전략이 반영된 정책적 판단의 영역이다. 프리미엄 고속철도 서비스는 높은 정시성을 보장하기 위해 의도적으로 낮은 이용률(더 많은 여유 시간)을 선택할 수 있으며, 대도시 통근 노선은 수송력 극대화를 위해 다소의 지연 위험을 감수하고 높은 이용률을 목표로 할 수 있다.

20.11.8 종합 및 제언

(1) 핵심 분석 결과 요약

본 보고서는 철도 선로용량을 이론적 개념부터 실제 적용, 그리고 전략적 증대 방안에 이르기까지 다각적으로 분석하였다. 분석 결과, 선로용량은 한계, 실용, 경제, 영업 용량 등 다양한 층위를 가진 복합적인 개념이며, 특히 현실적인 제약을 고려한 '실용용량'이 모든 철도 계획의 근간을 이룬다는 점을 확인하였다.
- **선로용량**은 인프라, 신호, 차량, 운영 방식이라는 네 가지 핵심 요소의 유기적인 상호작용에 의해 결정되며, 이 중 어느 한 요소의 제약이 전체 시스템의 한계를 결정짓는다는 사실이 명확해졌다. 특히 단선, 복선, 복복선 등 선로 구성에 따라 용량의 제약 요인과 산정

방식이 근본적으로 달라지며, 이종 속도 열차의 혼재는 용량 활용에 가장 큰 도전 과제임을 사례를 통해 입증하였다.
- **선로용량 부족**은 단순한 불편을 넘어 열차 운행의 연쇄 지연, 서비스 신뢰도 저하, 나아가 철도 교통 시스템 전체의 경쟁력 약화로 이어지는 심각한 문제이다. 이에 대응하기 위해서는 복복선화와 같은 장기적인 인프라 투자, 첨단 신호 시스템 도입과 같은 기술 혁신, 그리고 운행 패턴 최적화와 같은 운영 효율화를 병행하는 다각적인 접근이 필수적이다.

(2) 선로용량 관리의 미래 방향

미래 철도 환경은 더욱 빠르고, 더 많은 열차를 안전하게 운행해야 하는 과제에 직면해 있다. 이러한 요구에 부응하기 위한 선로용량 관리의 미래는 '데이터 기반의 동적 최적화'로 요약될 수 있다.

과거의 선로용량 분석이 정적인 계산식에 의존했다면, 미래에는 인공지능(AI)과 디지털 트윈 기술을 활용하여 실시간으로 변화하는 네트워크 상황에 능동적으로 대응하는 방향으로 발전할 것이다. AI 기반 관제 시스템은 열차 운행 데이터를 실시간으로 분석하여 지연 발생 시 최적의 복구 패턴을 즉각적으로 제시하고, 예측 유지보수 시스템과 연계하여 설비 고장으로 인한 운행 중단을 최소화할 것이다. 디지털 트윈은 가상 공간에서 다양한 운행 시나리오와 인프라 개선 효과를 사전에 시뮬레이션하여, 최소의 비용으로 최대의 용량 증대 효과를 거둘 수 있는 최적의 투자 포트폴리오를 도출하는 데 기여할 것이다.

또한, ETCS Level 3나 차세대 통신기반 열차제어시스템의 지속적인 확산은 열차 간격을 더욱 단축시켜 기존 인프라의 잠재력을 극한까지 끌어올릴 것이다. 결국 미래의 선로용량 관리는 정적인 '계산'에서 동적인 '최적화'로 패러다임이 전환될 것이며, 이는 철도 시스템의 효율성과 안정성을 한 단계 높은 수준으로 끌어올리는 원동력이 될 것이다.

20.12 KTCS 신호 엔지니어를 위한 RAMS 기초 이론

20.12.1 철도 신호 시스템의 RAMS 개론

이 첫 번째 섹션에서는 RAMS의 기본 어휘와 개념적 틀을 확립한다. 단순한 정의를 넘어 네 가지 핵심 구성요소 간의 역동적이고 때로는 상충하는 관계를 탐구하며, 이어질 상세한 기술 분석의 기반을 마련한다.

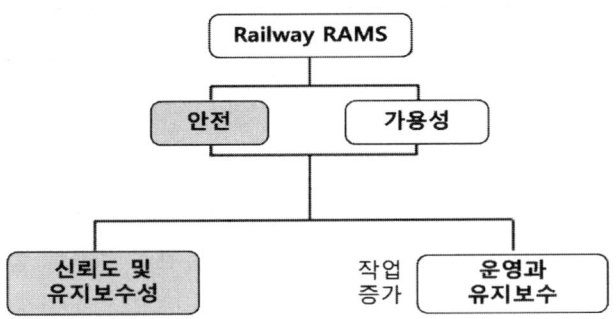

[그림 20-22] 철도신호의 RAMS

(1) RAMS 프레임워크 : 핵심 정의(IEC 62278)

RAMS는 신뢰성(Reliability), 가용성(Availability), 보전성(Maintainability), 안전성(Safety)의 머리글자를 딴 용어이다. 이는 낮은 수명주기비용으로 높은 수준의 안전성과 서비스 신뢰성을 달성할 수 있도록 시스템의 설계, 운영 및 유지보수를 지원하고 관리하는 시스템 엔지니어링의 한 분야이다. 국제 표준인 IEC 62278 (EN 50126으로도 알려짐)은 개념 설계부터 폐기에 이르는 시스템의 전체 수명주기에 걸쳐 RAMS를 관리하기 위한 기초적인 프로세스를 제공한다.

- 신뢰성(Reliability) : 아이템(시스템 또는 부품)이 주어진 조건에서 주어진 시간 동안 요구되는 기능을 고장 없이 수행할 확률이다. 신호 시스템의 관점에서 이는 "시스템이 임무 수행 기간동안 고장없이 정확하게 기능을 수행할 것인가?"라는 질문에 해당한다.
- 가용성(Availability) : 아이템이 특정 시점 또는 주어진 시간 동안 요구되는 기능을 수행할 수 있는 상태에 있을 능력이다. 신호 엔지니어에게 이는 "시스템이 필요할 때 운영 가능하며 서비스를 제공할 준비가 되어 있는가?"를 의미한다.
- 보전성(Maintainability) : 주어진 사용 조건하에서, 아이템이 규정된 절차와 자원을 사용하여 유지보수가 수행될 때, 요구되는 기능을 수행할 수 있는 상태로 유지되거나 복구될 수 있는 능력이다. 이 개념은 "시스템이 고장 났을 때 얼마나 빠르고 쉽게 수리할 수 있는가?"라는 질문을 다룬다.
- 안전성(Safety) : 수용할 수 없는 위험(Risk)으로부터 자유로운 상태를 의미한다. 이는 가장 중요한 고려사항으로, "시스템이 고장 나더라도 치명적인 피해를 방지하는 방식으로 작동할 것인가?"를 묻는다.

(2) RAMS 요소들의 상호보완적 및 경쟁적 관계

RAMS의 네 가지 요소는 독립적이지 않고 서로 깊이 연관되어 있다. 높은 신뢰성(적은 고장)은 자연스럽게 높은 가용성으로 이어지며, 위험한 상황이 발생할 기회를 줄여 안전성을 향상시킨다. 높은 보전성(빠른 수리)은 직접적으로 가용성을 높인다. 하지만 이러한 관계는 때때로 경쟁적일 수 있다. 예를 들어, 신뢰성을 높이기 위해 복잡한 다중화 부품을 추가하면 시스템을 유지보수하는 것이 더 어렵고 시간이 많이 소요되어 보전성에 부정적인 영향을 미칠 수 있다.

RAMS 엔지니어링의 핵심 과제는 각 요소를 개별적으로 극대화하는 것이 아니라, **예산 제약(수명주기비용) 내에서 시스템의 전반적인 운영 및 안전 목표를 충족하는 최적의 균형을 달성하는 것이다**. 예를 들어, 사소한 결함을 감지했을 때 안전을 보장하기 위해 선로 구간을 폐쇄하는 Fail-Safe 메커니즘은 가용성을 명시적으로 희생하여 안전을 보장하는 설계 결정이다. 반대로, 시스템을 계속 운영하기 위해(가용성 우선) 중요하지 않은 부품의 수리를 연기하는 유지보수 전략은 시간이 지남에 따라 잠재적인 결함이 누적되어 예기치 않은 안전 위험을 초래할 수 있다. 엔지니어의 역할은 이러한 상충 관계를 탐색하는 것이다. KTCS-2 시스템이 최고 등급인 SIL 4 인증을 받았다는 사실은 안전이 타협할 수 없는 최우선 순위이며, 가용성 및 보전성과 같은 다른 요소들은 안전 요구사항에 의해 부과된 제약 조건 내에서 최적화되었음을 보여준다.

(3) 가용성 심층 분석 : 운영 준비 상태의 척도

가용성은 시스템이 정상적으로 작동하는 시간의 비율로 정량적으로 표현된다. 기본적인 계산식은 다음과 같다.

$$가용성(A) = \frac{가동\ 시간(Uptime)}{가동\ 시간(Uptime) + 비가동\ 시간(Downtime)}$$

이 식은 신뢰성 및 보전성 지표를 사용하여 실용적으로 표현될 수 있으며, 이는 RAMS 분석의 핵심 공식 중 하나이다.

$$가용성(A) = \frac{MTBF}{MTBF + MTTR}$$

여기서 MTBF는 평균 고장 간격(Mean Time Between Failures)을, MTTR은 평균 수리 시간(Mean Time To Repair)을 의미한다. 이 공식은 가용성이 시스템이 고장 없이 작동하는 시간(MTBF)과 고장 후 복구되는 속도(MTTR) 모두에 의해 결정된다는 점을 명확히 보여준다. 신호 엔지니어에게 이는 가용성 향상이 두 가지 뚜렷한 경로, 즉 더 신뢰성 높은 부품을 설계하거나(MTBF 증가) 유지보수 프로세스, 진단 및 물류를 개선하여(MTTR 감소) 달성될 수 있음을 의미한다. 때로는 값비싼 재설계를 통해 MTBF를 약간 향상시키는 것보다, 더 나은 유지보수 교육과 물류에 투자하여 MTTR을 줄이는 것이 가용성 향상에 더 큰 효과를 가져올 수 있다.

(4) 설계 원칙으로서의 보전성

보전성은 고장 발생 후 시스템을 운영 상태로 복구하는 용이성과 속도를 의미하며, 평균 수리 시간(MTTR)으로 정량화된다. MTTR은 총 유지보수 시간을 고장 횟수로 나누어 계산한다. 보전성은 사후에 고려되는 요소가 아니라, 시스템 설계 초기 단계부터 반영되어야 하는 핵심적인 특성이다. 이론적으로 신뢰성이 높더라도 실제적으로 신속한 수리가 불가능한 시스템은 운영 관점에서 잘 설계된 시스템이 아니다. 예를 들어, 복잡한 단일체 구조의 신호 장비는 계산된 MTBF가 높을 수 있다. 그러나 고장이 발생했을 때 전문 팀, 특수 진단 도구, 그리고 6시간의 수리 과정(높은 MTTR)이 필요하다면, 그 결과로 발생하는 비가동 시간은 상당하며 가용성은 저하된다. 반면, 모듈식 시스템(예 현장 교체 가능 장치, LRU)은 부품 수준의 MTBF가 약간 낮을 수 있지만, 원격 진단으로 고장 모듈을 식별하고 현장 기술자가 15분 내에 교체할 수 있다면(낮은 MTTR), 전체 시스템 가용성은 훨씬 우수할 것이다. KTCS-2 엔지니어는 예측된 고장률뿐만 아니라 부품의 접근성, 진단의 명확성, 구조의 모듈성과 같은 보전성 측면도 함께 평가해야 한다.

[표 20-34] RAMS 구성요소 비교 분석

구성요소	핵심 질문	주요 지표	중점 분야
신뢰성(R)	"요구된 시간 동안 정확하게 작동할 것인가?"	MTBF/MTTF	고장 예방
가용성(A)	"지금 작동하고 있는가?"	가동률 (%)	서비스 가동 시간
보전성(M)	"얼마나 빨리 고칠 수 있는가?"	MTTR	고장 복구
안전성(S)	"고장 나면 안전할 것인가?"	THR/SIL	결과 완화

20.12.2 신뢰성의 기둥

이 섹션에서는 신뢰성의 정량적, 정성적 측면을 깊이 있게 다룬다. 신뢰성을 측정하는 방법과 더 중요하게는, 철도 신호시스템의 근간을 이루는 특정 아키텍처 선택과 설계 철학을 통해 어떻게 시스템에 신뢰성이 내재 되는지를 설명한다.

(1) 신뢰성의 정의와 측정 : MTBF와 MTTF

신뢰성은 특정기간 동안 고장 없이 작동할 확률로 정의된다. 수리 가능한 시스템의 경우, 평균 고장 간격(MTBF)으로 측정되며, 이는 총 운영 시간을 고장 횟수로 나눈 값이다. 퓨즈나 전구와 같이 수리가 불가능한 부품의 경우, 평균 고장 시간(MTTF)이라는 지표를 사용한다. MTBF 또는 MTTF 값이 높을수록 신뢰성이 높다는 것을 의미한다.

MTBF는 보증이 아닌 통계적 척도라는 점을 이해하는 것이 중요하다. 10,000시간의 MTBF는 해당 부품이 정확히 10,000시간 동안 작동한 후 고장 난다는 것을 의미하지 않는다. 이는 같은 부품의 대규모 집단에서 고장 사이의 평균 시간이 10,000시간이라는 것을 의미한다. 이러한 통계적 특성은 유지보수 계획에 매우 중요하다. 예를 들어, MTBF를 알면 특정 유지보수 주기 내의 고장 확률을 계산할 수 있으며, 이는 예방적 교체 일정에 관한 결정을 내리는 데 정보를 제공한다.

(2) 신뢰성을 위한 아키텍처 접근 방식

① 시스템 다중화 : 복제의 원리

다중화(Redundancy)는 시스템의 전반적인 신뢰성을 높이기 위해 핵심 부품이나 기능을 복제하는 것이다. 한 부품이 고장 나면 백업 부품이 그 기능을 대신하여 시스템 장애를 방지한다. 이는 고가용성 및 결함 허용 시스템을 구축하는 주요 방법이다. 예를 들어, KTCS-2 시스템은 '2중계 구조 하드웨어 플랫폼(2 out of 2)'을 명시적으로 사용한다. 다른 일반적인 구성으로는 3개의 동일한 부품이 기능을 수행하고 투표 메커니즘이 다수결 출력을 선택하는 3중 모듈 다중화(TMR, Triple Modular Redundancy)가 있다. 다중화 아키텍처의 선택(예 Hot Standby, 2oo2, 2oo3/TMR)은 비용, 복잡성, 그리고 해당 기능의 특정 안전 요구사항을 포함하는 중요한 설계상의 절충점이다. 예를 들어, KTCS-2에서 사용되는 2oo2 아키텍처는 두 장치가 병렬로 실행되며 출력을 비교한다. 불일치가 발생하면 시스템은 안전한 상태(예 제동)로 전환해야 한다. 이 아키텍처는 결함을 즉시 감지하므로 안전성에는 탁월하지만, 단일 결함이 시스템을 정지시키므로 가용성에는 불리하다. 이는 전형적인 Fail-Safe 설계이다. 반면, 2oo3/TMR 아키텍처는 결함이 있는 장치를 투표로 배제하여 단일 결함을 허용하고도 정상적으로 작동을 계속할 수 있다. 이는 높은 안전성과 높은 가용성을 모두 제공하지만, 비용과 복잡성이 훨씬 높다. KTCS-2의 '2 out of 2' 아키텍처는 SIL 4 요구사항을 충족하는 데 필요한 결함 감지 기능을 가장 직접적인 방식으로 제공하기 때문에 선택되었을 가능성이 높다.

② Fail-Safe 철학 : 신뢰성과 안전성의 관계

철도 신호 시스템에서 가장 중요한 설계 원칙은 Fail-Safe이다. 이 원칙은 부품이나 시스템에 고장이 발생할 경우, 가용성을 희생하더라도 시스템이 안전하다고 알려진 상태로 복귀해야 함을 규정한다.

예를 들어, 신호등 제어 회로가 고장 나는 시나리오를 생각해 볼 수 있다. 비안전 고장은 회로가 고장 나 녹색등에 계속 전원을 공급하여, 전방 구간이 점유되어 있음에도 '진행' 신호를 현시하는 경우이다. 이는 치명적으로 위험하다. 반면, Fail-Safe 설계에서는 어떤 고장(예 전선 단선, 계전기 고장)이 발생하더라도 모든 램프의 전원을 차단하거나 가장 제한적인 신호인 '정지'(적색)로 기본 설정된다. 이 경우 시스템은 서비스 관점에서는 신뢰할 수 없게 되지만(가용성 저하), 완벽하게 안전하다.

Fail-Safe 원칙은 철도 운영에서 신뢰성과 가용성보다 안전이 절대적으로 우선함을 명시한다. 이는 100% 신뢰성은 불가능하다는 것을 인정하고, 따라서 시스템은 고장의 결과를 안전하게 관리하도록 설계되어야 한다는 점을 강조한다. 신뢰성은 고장을 예방하는 것이고, 안전성은 Fail-Safe 원칙을 통해 고장이 필연적으로 발생했을 때 어떤 일이 일어나는지를 제어하는 것이다.

(3) 보전성의 정량화 : MTTR의 역할

위에서 설명했듯이, MTTR은 보전성의 핵심 정량 지표이다. MTTR을 평가하는 방법에는 유지보수 기록 분석, 수리 절차에 대한 시간 연구 수행, 진단 복잡성, 부품 접근성, 필요한 도구와 같은 요소를 고려하는 것이 포함된다. 낮은 MTTR은 단순히 빠른 기술자의 결과물이 아니라, 잘 설계된 시스템과 잘 구조화된 유지보수 조직의 산물이다. KTCS-2 시스템에서 낮은 MTTR을 달성하려면 내장된 진단 기능, 모듈식 하드웨어, 명확한 유지보수 절차, 그리고 유지보수 직원을 위한 효과적인 교육이 필요하다.

20.12.3 안전의 당위성

이 섹션은 고장 예방(신뢰성)의 개념에서 더 중요한 위해 방지(안전성)의 개념으로 전환한다. 두 개념 사이의 미묘한 차이를 탐구하고, 재앙을 초래하지 않으면서 결함을 견딜 수 있는 시스템을 구축하는 데 사용되는 고급 설계 원칙을 소개한다.

(1) 안전성의 정의 : 수용 불가능한 위험으로부터의 자유

안전성은 시스템이 사람, 재산 또는 환경에 수용 불가능한 수준의 위험을 초래하지 않는 상태이다. 이는 확률적 개념으로, 모든 위험을 제거하는 것이 아니라 위험을 식별, 분석하고 사회 및 규제 기관이 허용할 수 있는 수준으로 완화하는 것을 의미한다.

(2) 신호 시스템의 안전성

안전은 신호 시스템 존재의 주된 이유이다. 연동(상충하는 경로 방지), 열차 검지(열차 위치 파악), 열차 방호(속도 제한 및 정지 신호 강제)와 같은 핵심 기능은 모두 안전 기능이다. 이러한 시스템의 설계는 충돌 및 탈선과 같은 사고를 방지하기 위한 안전 원칙에 의해 지배된다.

(3) 결정적 차이 : 안전성 대 신뢰성

시스템은 신뢰할 수 있지만 안전하지 않거나, 안전하지만 신뢰할 수 없을 수 있다.
- 신뢰할 수 있지만 안전하지 않은 경우 : 궤도회로 계전기가 매우 높은 품질의 부품으로 설계

되어 절대 고장 나지 않는다고 가정해 보자. 그러나 설계 결함으로 인해 접점이 '궤도 비어있음' 위치에 영구적으로 '용착'된다. 이 계전기는 상태가 변하지 않으므로 완벽하게 신뢰할 수 있지만, 점유된 궤도를 비어 있다고 거짓으로 보고함으로써 극도로 위험한 상황을 만든다.
- 신뢰할 수 없지만 안전한 경우(Fail-Safe) : 신호등의 필라멘트가 끊어진다. 시스템은 '진행' 신호를 현시할 수 없으므로 열차 지연을 유발하여 신뢰할 수 없게 된다. 그러나 시스템이 녹색등 회로의 손실을 결함으로 해석하고 기본적으로 적색 신호를 현시하도록 설계되었기 때문에 완벽하게 안전하다.

신뢰성은 시스템이 의도된 기능을 수행하는 능력을 측정하는 것이고, 안전성은 특히 의도된 기능을 수행하지 못했을 때 의도하지 않은 해로운 결과를 피하는 능력을 측정하는 것이다. 안전 엔지니어의 초점은 고장 형태에 있다.

(4) 결함 허용 시스템 : 고장을 고려한 설계

① 결함 허용의 원리

결함 허용(Fault Tolerance)은 하나 이상의 결함이 존재하더라도 시스템이 요구되는 기능을 계속 수행하는 능력이다. 성능이 저하될 수는 있지만(단계적 성능 저하), 시스템은 작동을 유지한다. 궁극적인 목표는 결함이 시스템 장애 및 데이터 손실로 이어지는 것을 방지하는 것이다. 이는 다중화, 오류 감지, 복구 메커니즘과 같은 기술을 통해 달성된다. 결함 허용은 고도의 안전성과 가용성을 위한 설계의 실질적인 구현이다. Fail-Safe 설계가 시스템을 정지시켜 안전을 보장하는 반면, 결함 허용 설계는 작동을 계속하면서 안전을 보장하는 것을 목표로 한다. 이는 복잡하고 밀도가 높은 철도 네트워크에서 서비스를 유지하는 데 매우 중요하다. 즉, 결함 허용은 "고장 나면 안전하게 멈춘다"에서 "고장 나도 안전하게 계속 작동하고 수리가 필요하다고 보고한다"로 진화한 개념이다.

② 핵심 시스템에서의 구현 : TMR과 다중화

결함 허용은 모든 핵심 부품을 복제(이중화)하고 동시에 동일한 작업을 수행하게 함으로써 구현된다. 한 모듈에서 결함이 감지되면 해당 모듈은 격리되고, 정상적인 모듈(들)이 데이터 손실이나 전환 지연 없이 작업을 계속한다. 3중 모듈 다중화(TMR) 시스템에서는 3개의 동일한 부품이 동일한 입력을 처리한다. 그 출력은 투표기에 의해 비교된다. 만약 하나의 출력이 다르면, 그 출력은 무시되고 해당 부품은 결함으로 표시되며, 시스템은 다수결 출력으로 계속 작동한다. 이 아키텍처는 무작위 하드웨어 고장에는 매우 효과적이지만, 체계적인 설계 결함(설계 결함은 세 부품 모두에 존재하므로)에는 효과적이지 않다.

20.12.4 사전 예방적 안전 분석 및 위험 완화

이 섹션에서는 안전 엔지니어가 잠재적인 고장과 위험을 발생하기 전에 사전에 식별하기 위해 사용하는 체계적인 프로세스와 방법론을 상세히 설명한다. 이는 시스템의 안전성 입증 자료(Safety Case)의 기초를 형성하는 핵심 활동이다.

(1) 고장 형태 및 영향 분석(FMEA)

FMEA(Failure Mode and Effects Analysis)는 시스템의 부품에서 발생할 수 있는 잠재적 고장 형태를 식별하고, 이러한 고장이 시스템 운영에 미치는 영향을 분석하는 상향식(bottom-up), 체계적인 방법이다. 목표는 설계 변경을 통해 제거하거나 완화할 수 있는 치명적인 고장 형태를 식별하는 것이다. FMEA의 절차는 일반적으로 다음과 같다.

① 시스템을 구성 부품으로 분해한다.
② 각 부품에 대해 모든 신뢰할 수 있는 고장 형태를 식별한다(예 계전기 – 여자 실패, 소자 실패, 접점 용착).
③ 각 고장 형태에 대해 하위 시스템 및 전체 시스템에 대한 잠재적 영향을 결정한다.
④ 각 영향의 심각도를 평가한다.
⑤ 고장 형태의 원인을 식별한다.
⑥ 위험을 줄이기 위한 완화 조치를 권장한다.

(2) 위험원(Hazard)에서 위험(Risk)으로

- 위험원(Hazard) : 해를 끼칠 잠재력이 있는 조건이나 행동이다(예 결함 있는 신호, 파손된 레일, 과속).
- 위험(Risk) : 위험원이 발생할 확률과 그것이 초래할 수 있는 해의 심각도를 조합한 것이다 (위험 = 확률 × 심각도).

위험원은 위험의 원천이지만, 해를 끼칠 경로가 있을 때만 위험이 된다. 안전 엔지니어링의 전체 목적은 위험을 관리하는 것이며, 이는 위험원 발생 확률을 줄이거나 그 결과의 심각도를 완화함으로써 이루어질 수 있다. 예를 들어, 파손된 레일은 위험원이다. 만약 이 레일이 버려진 선로에 있다면 위험은 무시할 수 있지만, 고속 본선에 있다면 탈선의 심각도가 치명적이므로 위험은 극도로 높다. 안전 시스템(궤도 회로)은 사고 확률을 줄이기 위해 설계되고, 차량의 충돌 안전 기준은 사고가 발생했을 때 결과의 심각도를 줄이기 위해 설계된다.

(3) 체계적인 위험원 식별 : HAZOP 방법

HAZOP(Hazard and Operability Study)은 시스템이나 프로세스에서 위험원과 운용성 문제를 식별하기 위해 사용되는 구조화된 팀 기반 브레인스토밍 기법이다. 이 기법은 설계 의도에서 벗어날 수 있는 잠재적 편차를 탐색하기 위해 '가이드워드'(예 No, More, Less, Late, Incorrect 등)를 프로세스 파라미터에 체계적으로 적용한다. 예를 들어, "연동 장치에서 열차로 이동 권한 전송"이라는 프로세스에 대해 HAZOP 팀은 다음과 같은 편차를 탐색할 수 있다.
- No : 이동 권한이 전송되지 않음
- More : 안전한 거리보다 더 긴 이동 권한이 전송됨
- Late : 이동 권한이 너무 늦게 전송되어 불필요한 제동을 유발함
- Incorrect : 이동 권한이 잘못된 열차로 전송됨

(4) 수명주기 위험원 분석 : PHA, SHA, SSHA, O&SHA

위험원 분석은 단일 이벤트가 아니라 시스템의 설계 성숙도에 따라 진화하는 지속적인 프로세스이다. 주요 단계는 다음과 같다.
- PHA(Preliminary Hazard Analysis) : 개념/요구사항 단계 초기에 수행되어 주요 시스템 위험원을 식별하고 초기 안전 설계 기준을 수립한다.
- SSHA(Subsystem Hazard Analysis) : 특정 하위 시스템(예 차축 카운터, 무선폐색센터) 내의 위험원에 초점을 맞춰 할당된 안전 요구사항을 충족하는지 확인한다.
- SHA(System Hazard Analysis) : SSHA 이후에 수행되며, 시스템 전체, 특히 하위 시스템 간의 인터페이스에 초점을 맞춰 부품이 통합될 때만 나타나는 새로운 위험원을 식별한다.
- O&SHA(Operating & Support Hazard Analysis) : 시스템이 어떻게 운영, 유지보수, 지원되는지와 관련된 인적 요소의 위험원에 초점을 맞춘다. 절차, 훈련, 인간-기계 인터페이스를 분석한다.

이러한 분석 유형은 시스템 개발의 V-모델에 직접적으로 대응된다. PHA는 V-모델의 맨 왼쪽(요구사항)에서 발생한다. SSHA와 SHA는 V의 왼쪽을 따라 설계가 개발되면서 발생한다. O&SHA는 V의 오른쪽(운영 및 유지보수)에서 사용될 절차와 훈련을 개발하는 데 중요하다. 이들은 개발의 모든 단계에서 안전이 체계적으로 고려되었음을 보여주는 증거의 사슬을 형성한다.

[표 20-35] 시스템 수명주기에 따른 위험원 분석 기법

수명주기 단계	주요 분석 기법	목적	주요 산출물
개념 및 요구사항	PHA	최상위 위험원 식별 및 안전 목표 설정	예비 위험원 목록(PHL)
시스템 설계	SHA	시스템 수준 위험원 및 인터페이스 분석	시스템 위험원 기록부
하위 시스템 설계	SSHA	단일 하위 시스템 내 위험원 분석	하위 시스템 위험원 기록부
운영 및 유지보수	O&SHA	인적 상호작용 및 절차로 인한 위험원 분석	운영 안전 요구사항

(5) 고장의 종류 이해

고장은 일반적으로 다음과 같이 분류된다.
- **우발 고장(Random Failures)** : 하드웨어 노후화(예 부품 마모)로 인해 발생하는 예측 불가능한 고장이다. 다중화 및 고품질 부품으로 대응한다.
- **체계적 고장(Systematic Failures)** : 설계, 사양 또는 프로세스에 내재된 고장이다 (예 소프트웨어 버그, 잘못된 요구사항). 엄격한 V&V, 품질 관리, 구조화된 설계 프로세스를 통해 대응한다.
- **공통 원인 고장(Common Cause Failures, CCF)** : 단일한 공통 원인으로 인해 여러 개의, 종종 다중화된 부품이 동시에 고장 나는 경우이다(예 두 개의 다중화된 전원 공급 장치를 모두 손상시키는 전력 서지). CCF는 다중화 시스템에 대한 주요 위협이므로 다양성(다른 유형의 부품 사용)과 물리적 분리를 통해 완화해야 한다.

(6) 기능 안전 개론(IEC 61508)

IEC 61508은 전기/전자/프로그램 가능 전자 안전 관련 시스템의 기능 안전에 대한 국제적인 '상위' 표준이다. 이 표준은 철도에 대한 CENELEC EN 5012x 시리즈와 같은 산업별 표준에 의해 적용되는 기본 개념과 수명주기 요구사항을 제공한다. 이는 안전에 대한 위험 기반 접근 방식을 공식화하며, 이는 SIL 개념으로 직접 이어진다.

20.12.5 안전성의 정량화 및 인증

이 섹션에서는 안전 무결성 수준(SIL) 개념을 사용하여 안전을 어떻게 정량화하는지 설명한다. 이전 섹션의 이론적 위험 분석을 KTCS-2와 같은 시스템이 달성해야 하는 실질적인 인증 목표와 연결한다.

(1) 안전 무결성 수준 (SIL) : 위험 감소의 계층 구조

SIL은 안전 기능에 대해 요구되는 위험 감소 수준을 지정하는 데 사용되는 1에서 4까지의 이산적인 등급이다. SIL은 시스템 자체의 속성이 아니라 시스템이 수행하는 특정 안전 기능의 속성이다. SIL 4는 가장 높은 수준의 안전 무결성을 나타내며, 가장 치명적인 위험으로부터 보호하는 기능에만 부여된다. KTCS-2 시스템은 SIL 4 인증을 받았으며, 이는 해당 시스템이 매우 높은 신뢰도로 안전 기능을 수행하도록 설계되었음을 나타낸다.

(2) 고장률, THR, SIL 간의 관계

프로세스는 특정 위험한 사건(예 충돌)에 대한 허용 가능한 위험률(THR, Tolerable

Hazard Rate)을 결정하기 위한 위험 분석으로 시작된다. THR은 위험이 발생하도록 허용되는 최대 빈도이다. 요구되는 THR에 따라 해당 위험을 방지하는 안전 기능에 상응하는 SIL이 할당된다. 각 SIL 등급은 특정 범위의 위험측 고장률에 해당한다.

KTCS-2와 같은 시스템의 SIL 등급은 전체 RAMS 프로세스의 최종 결론이다. 이는 시스템의 설계, 아키텍처, 부품 및 개발 프로세스가 식별된 위험을 허용 가능한 수준으로 제어하기에 충분하다는 최종적이고 정량적인 증거이다. 예를 들어, 위험 분석을 통해 열차의 신호 위반으로 인한 충돌 사고의 THR이 시간당 10^{-9} 미만으로 설정되었다고 가정해 보자. 이 값은 표준에 따라 SIL 4 범주에 해당한다. 따라서 KTCS-2 시스템의 열차 방호 기능은 SIL 4에 명시된 위험측 고장 확률보다 크지 않도록 설계되고 입증되어야 한다. 이 요구사항은 2oo2 아키텍처 사용, 고신뢰성 부품 선택, 엄격한 소프트웨어 개발 프로세스(EN 50128/IEC 62279 준수) 및 독립적인 안전성 평가(ISA)와 같은 설계 결정을 직접적으로 이끌어낸다.

[표 20-36] 안전 무결성 수준(SIL) 분석

SIL	허용 가능한 위험률(THR) [고장/시간]	의미 (평균 위험 발생 간격)	철도에서의 일반적인 적용
4	$10^{-9} \sim 10^{-8}$	10,000 ~ 100,000년	핵심 열차 제어(예 KTCS-2)
3	$10^{-8} \sim 10^{-7}$	1,000 ~ 10,000년	전자연동장치
2	$10^{-7} \sim 10^{-6}$	100 ~ 1,000년	비핵심 제어시스템
1	$10^{-6} \sim 10^{-5}$	10 ~ 100년	자문 시스템

참고 : 표준 문서에 따라 연도 범위에 약간의 차이가 있을 수 있으나, 핵심은 등급별 성능 요구사항의 크기 차이이다.

20.12.6 RAMS 관리의 고급 주제

이 마지막 기술 섹션에서는 시스템의 운영 수명 전반에 걸쳐 RAMS 원칙이 효과적으로 적용되고 관리되도록 보장하는 포괄적인 프로세스와 방법론을 다룬다.

(1) 신뢰성 중심 유지보수(RCM)

RCM(Reliability Centered Maintenance)은 효율적이고 효과적인 유지보수 계획을 개발하기 위한 전략이다. 이는 비효율적인 시간 기반 유지보수 일정에서 벗어나, RAM 분석, FMEA 및 운영 데이터를 사용하여 시스템 기능을 보존하고 가장 중요한 고장 형태를 식별하며 가장 적절하고 비용 효율적인 유지보수 작업을 선택하는 데 중점을 둔다. 목표는 최적의 비용으로 요구되는 수준의 안전성, 가용성 및 운영 능력을 달성하는 것이다.

(2) 확인(Verification) 대 검증(Validation) (V&V)

V&V는 개발 수명주기 전반에 걸쳐 발생하는 중요한 품질 보증 프로세스이다.
- 확인(Verification) : "시스템을 올바르게 만들고 있는가?" 이 프로세스는 개발의 각 단계에서 시스템이 이전 단계의 요구사항을 올바르게 구현했는지 확인한다. 검토, 점검 및 테스트(예 단위 테스트, 통합 테스트)를 포함한다.
- 검증(Validation) : "올바른 시스템을 만들고 있는가?" 이 프로세스는 최종적으로 완성된 시스템이 사용자의 실제 요구와 운영 요구사항을 충족하는지 확인한다. 시스템 수준의 테스트 및 운영 시험을 포함한다.

V&V는 V-모델의 양쪽 날개에 해당한다. 확인 활동은 V의 왼쪽을 따라 내려가면서(설계 및 구현), 검증 활동은 V의 오른쪽을 따라 올라가면서(테스트 및 인수) 발생한다.

(3) 품질 경영 시스템(ISO 9001)

ISO 9001 준수 품질 경영 시스템(QMS)은 RAMS 활동이 일관되고 효과적으로 수행되도록 보장하는 데 필요한 조직적 프레임워크, 프로세스 및 절차를 제공한다. 이는 요구사항 관리, 설계 검토, 변경 제어, 기록 유지 등을 보장하며, 이 모든 것은 안전성 입증 자료를 구축하는 데 필수적이다.

(4) 가속 시험 방법(HALT & HAST)

고가속 수명 시험(HALT) 및 고가속 스트레스 시험(HAST)은 개발 중에 부품을 정상 작동 한계를 훨씬 뛰어넘는 스트레스(온도, 진동, 습도)에 노출시켜 설계의 약점을 신속하게 발견하는 데 사용되는 방법이다. 이를 통해 엔지니어는 압축된 시간 내에 제품의 견고성과 신뢰성을 향상시킬 수 있다.

(5) 의사결정을 위한 계층 분석법(AHP)

AHP(Analytic Hierarchy Process)는 복잡한 의사결정을 조직하고 분석하기 위한 구조화된 기법이다. RAMS 맥락에서, 이는 안전성, 비용, 신뢰성, 보전성과 같은 여러 기준에 대해 평가함으로써 경쟁적인 설계 대안의 가중치를 결정하는 데 사용될 수 있다.

20.12.7 결론 및 향후 전망

이 결론 섹션에서는 보고서의 핵심 교훈을 종합하고 차세대 열차 제어 기술을 전망하며, 엔지니어가 경력에서 직면하게 될 새로운 RAMS 과제를 제시한다.

(1) 현대 신호 엔지니어를 위한 RAMS 종합

본 보고서는 RAMS의 상호 연결성, 안전의 최우선성(Fail-Safe), 위험원 식별에서 위험 완화로의 진행 과정, 그리고 안전 인증의 정량적 기반(THR/SIL)과 같은 핵심 개념을 다루었다. RAMS는 별개의 학문이 아니라 전체 시스템 엔지니어링 프로세스의 필수적인 부분이다. KTCS-2와 같은 현대적인 신호 시스템을 다루는 엔지니어는 이러한 원칙을 깊이 이해하여 안전하고 신뢰할 수 있으며 효율적인 철도 운영을 보장해야 한다.

(2) 다음 개척지 : KTCS-3와 그 이후의 RAMS

차세대 열차 제어 시스템은 ETCS Level 3 원칙에 기반한 KTCS-3이다. 핵심 기술은 다음과 같다.

- 이동 폐색(Moving Block) : 고정된 궤도 회로 대신, 열차 간격이 무선 통신을 통해 동적이고 지속적으로 관리되어 운전시격을 단축하고 선로 용량을 증대시킨다.
- 열차 완전성 감시(Train Integrity Monitoring) : 분리된 열차를 감지할 궤도 회로가 없으므로, 열차 스스로 완전한 상태임을 증명해야 한다. 이는 ETCS L3의 주요 기술적 과제 중 하나이다.
- 자동 열차 운전(ATO) : 교통흐름과 에너지 소비를 최적화하기 위해 시스템이 가속, 제동, 정차를 자동으로 처리하는 고도의 자동화가 통합된다.

KTCS-3로의 전환은 안전 철학과 관련 RAMS 과제에 근본적인 변화를 의미한다. 궤도 회로와 같은 물리적 지상 설비의 신뢰성은 덜 중요해지는 반면, 무선 통신 링크(예 LTE-R)의 신뢰성과 보안, 그리고 차상 위치 확인 및 열차 완전성 감시 시스템의 무결성이 가장 중요해진다. 이는 통신 두절, GPS 스푸핑, 사이버 보안 위협과 같은 새로운 고장 형태를 도입하며, 이에 대한 분석과 완화가 필요하다. RAMS 분석은 더욱 소프트웨어 및 통신 중심적으로 변할 것이다. 미래의 신호 엔지니어는 KTCS-3와 같은 시스템의 RAMS를 효과적으로 관리하기 위해 전통적인 하드웨어 신뢰성 기술에 더해 통신 공학, 소프트웨어 안전, 사이버 보안에 대한 깊은 전문 지식을 갖추어야 할 것이다. RAMS의 기본 원칙은 동일하게 유지되지만, 그 적용 대상은 새롭고 더 복잡한 기술이 될 것이다.

Memo

KTCS 열차제어시스템 기술해설

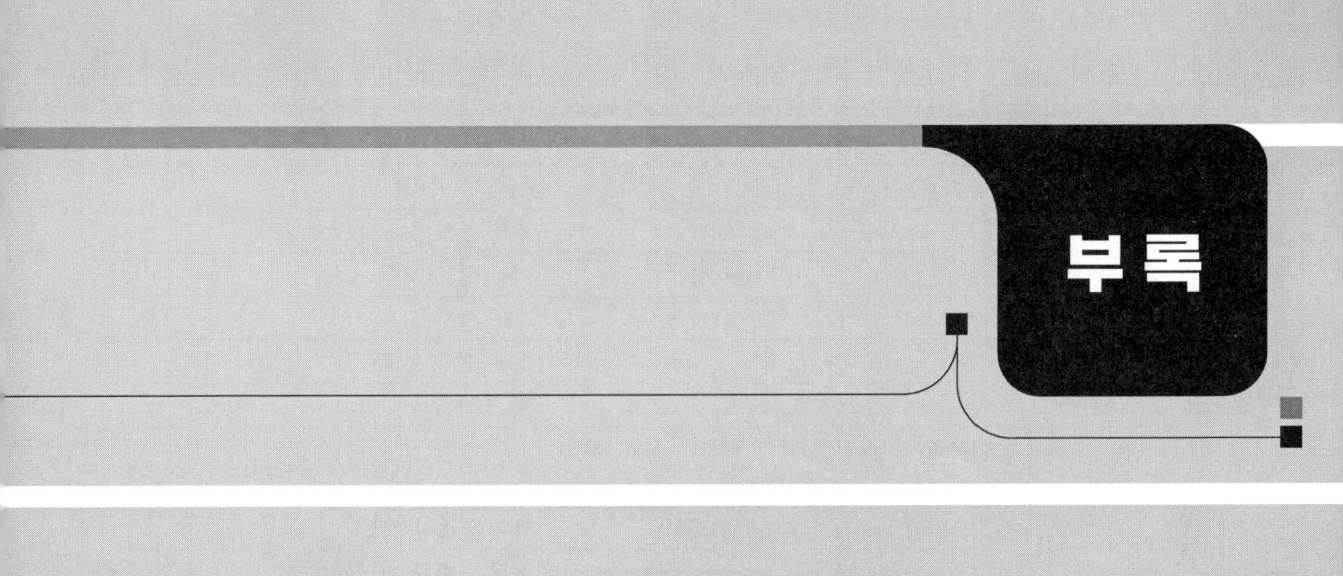
부록

1. 신호 약어

약어	원어	한글
ACK	Acknowledgement	인지
AD	Automatic Driving mode	자동운전 모드
ALE	Adaptation & redundancy management Layer Entity	적응 및 중복 관리 계층 엔티티
APN	Access Point Name	액세스 포인트 이름
ASP	Axle Load speed Profile	차축 부하 속도 프로파일
ATC	Automatic Train Control	자동 열차 제어
ATO	Automatic Train Operation	자동 열차 운전
ATP	Automatic Train Protection	자동 열차 방호
BCD	Binary Coded Decimal	이진 코드 십진법
BIU	Brake Interface Unit, used with regards to STM	브레이크 인터페이스 유니트
BTM	Balise Transmission Module	발리스 송신 모듈
CEN	Comité Européen de Normalisation	유럽 표준화 위원회
CENELEC	European Committee for Electrotechnical Standardisation (Comité Européen de Normalisation Electrotechnique)	유럽 전기기술표준화위원회
CER	Community of European Railways	유럽 철도 공동체
CRC	Cyclic Redundancy Code	순환 중복 코드
CSM	Ceiling Speed Monitoring	최고 속도 모니터링
DMI	Driver Machine Interface	운전사 기계 인터페이스
DP	Danger Point	위험 지점
DV	Difference Value between the Permitted Speed to e.g. DV_EBImin Emergency Brake Intervention speed (minimum) DV_EBImax Emergency Brake Intervention speed (maximum)	허용된 속도 간의 차이 값은 다음과 같다. DV_EBImin 비상 브레이크 개입 속도(최소) DV_EBImax 비상 브레이크 개입 속도(최대)
EB	Emergency Braking	비상제동
EBCL	Emergency Brake Confidence Level	비상제동 신뢰 수준
EBD	Emergency Brake Deceleration Curve	비상제동 감속 곡선
EBI	Emergency Brake Intervention supervision limit	비상제동 개입 감독 한도
EC	European Commission	유럽 위원회
EEIG	European Economic Interest Group.	유럽 경제 관심 그룹

EIRENE	European Integrated Radio Enhanced Network	유럽 통합 라디오 강화 네트워크
EMC	Electromagnetic Compatibility	전자기 호환성
EMI	Electromagnetic Interference	전자기 간섭
EN	European Norm	유럽 규범
EOA	End of Movement Authority	이동 권한 종료
EOLM	End-of-Loop-Marker	루프 마커 종료
Ep	Electro-pneumatic	전기 공기압력
ERA	European Railway Agency	유럽 철도청
ERTMS	European Rail Traffic Management System	유럽 철도 교통 관리 시스템
ERTMS/ETCS	The ETCS part of ERTMS	ERTMS의 ETCS 부분
ERTMS/GSM-R	The GSM-R part of ERTMS	ERTMS의 GSM-R 부분
ETCS	European Train Control System	유럽 열차 제어 시스템
ETCS ID	ETCS Identity	ETCS 아이덴티티
ETSI	European Telecommunications Standards Institute	유럽 전기 통신 표준 연구소
EU	European Union	유럽연합
EVC	European Vital Computer	유럽 생명 컴퓨터
FFFIS	Form-Fit Functional Interface Specification	형식-Fit 기능 인터페이스 사양
FFFS	Form-Fit Functional Specification	형식-Fit 기능 사양
FFS	Form-Fit Functional Specification	형식-Fit 기능 사양
FIS	Functional Interface Specification	기능 인터페이스 사양
LOI	First Line o.f Intervention	개입의 첫 번째 줄
FMEA	Failure Mode and Effects Analysis	고장모드와 영향 평가
FMECA	Failure Mode, Effect and Criticality Analysis	고장모드, 영향과 임계 분석
FRMCS	Future Railway Mobile Communication System	미래 철도 이동 통신 시스템
FRS	Functional Requirements Specification	기능 요구 사양서
FS	Full Supervision mode	완전 감시모드
GSM	Global System for Mobile Communications	이동통신용 글로벌시스템
GSM-R	Global System for Mobile Communications - Railways	철도-이동통신용 글로벌시스템
GUI	Guidance curve	곡선 안내

I	Indication supervision limit	경계 표시	
IEC	International Electro-technical Commission	국제 전기 기술 위원회	
IP	Internet Protocol	인터넷 프로토콜	
IS	Isolation mode	절연 모드	
ISO	International Standardisation Organization	국제 표준화 기구	
KER	KVB, Ebicab, RSDD		
KM	Key Management	키 관리	
KMAC	Authentication Key	인증키	
KMC	Key Management Centre	키 관리 센터	
KTRANS	Transport Key	교통 키	
LEU	Line side Electronic Unit	선로변 전자 유닛	
LOA	Limit of Movement Authority	이동권한의 경계	
LRBG	Last Relevant Balise Group	마지막 관련 발리스 그룹	
LS	Limited Supervision mode	제한된 감독 모드	
LTM	Loop Transmission Module	루프 전송 모듈	
LUC	Line Under Construction	건설 중인 선로	
LX	Level crossing	건널목	
MA	Movement Authority	이동권한	
MAC	Message Authentication Code	메시지 인증 코드	
MRDT	Most Restrictive Displayed Target	가장 제한적으로 표시되는 대상	
MRSP	Most Restrictive Speed Profile	가장 제한적인 속도 프로필	
MORANE	Mobile Radio for Railway Networks in Europe	유럽 철도망용 모바일 라디오	
MTBF	Mean Time Between Failure	평균 고장 간격	
NL	Non Leading mode	비선도 모드	
NP	No Power mode	전원 차단 모드	
NTC	National Train Control	국가 열차 통제	
OBU	On-Board Unit	차상장치	
OL	Overlap	겹침	
ORBG	Other Reference Balise Group	다른 참조 발리스 그룹	
OS	On Sight mode	시계 모드	
P	Permitted speed supervision limit	허용 속도 감독 한계	
PBD SR	Permitted Braking Distance Speed Restriction	허용되는 제동 거리 제한 속도	

PS	Passive Shunting mode	수동 입환 모드
PT	Post Trip mode	운행 후 모드
RAM(S)	Reliability, Availability, Maintainability, (Safety)	신뢰성, 가용성, 유지보수성, (안전성)
RAP	Roll Away Protection	구름 방지
RASTA	Rail Safe Transport Application	철도 적용 안전 프로토콜
RBC	Radio Block Centre	무선 폐색 센터
RIU	Radio In-fill Unit	무선 인필 유닛
RMP	Reverse Movement Protection	역방향 이동 방호
RSM	Release Speed Monitoring	해정 속도 모니터링
RU	Railway Undertaking	철도 사업
RV	Reversing mode	역주행 모드
SB	Service Brake or in the context of modes, Stand By mode	상용제동 또는 모드 맥락에서 스탠바이 모드
SBD	Service Brake Deceleration Curve	상용제동 감속 곡선
SBI	Service Brake Intervention supervision limit	상용제동 개입 감독 한도
SF	System Failure mode	시스템 고장 모드
SH	Shunting mode	입환 모드
SIL	Safety Integrity Level	안전 무결성 레벨
SL	Sleeping mode	수면 모드
SM	Supervised Manoeuvre mode	감독 기동 모드
SN	System National mode	시스템 국가 모드
SOLR	Single On-board Location Reference	단일 차상 위치 참조
SoM	Start of Mission	임무 개시
SR	Staff Responsible mode	직원 책임 모드
SRS	System Requirements Specification	시스템 요구 사양
SSP	Static Speed Profile	정적 속도 프로필
STM	Specific Transmission Module	특정 전송 모듈
SvL	Supervised Location	감독 위치
TCO	Traction Cut Off	견인 차단
TCP	Transmission Control Protocol	전송 제어 프로토콜
TI	Train Interface	열차 인터페이스
TIU	Train Interface Unit	열차 인터페이스 유닛
TR	Trip mode	운행 모드
TRK	Trackside	선로변

TSM	Target Speed Monitoring	목표 속도 모니터링
TSR	Temporary Speed Restriction	임시속도 제한
TTI	Time to Indication	표시 시간
UDMP	Unauthorized Direction Movement Protection	무단 방향 이동 보호
UIC	Union Internationale des Chemins de Fer	국제 철도 연맹
UN	Unfitted mode	적합하지 않은 모드
UNISIG	UNIFE ETCS Working group	UNIFE ETCS 작업 그룹
UTC	Universal Time Coordinated	유니버설 타임 조정
V&V	Verification and Validation	확인 및 검증
VBC	Virtual Balise Cover	가상 발리스 커버
W	Warning supervision limit	경고 감독 한도
WSF	Wrong Side Failure	잘못된 현시 고장
RASTA	Rail Safe Transport Application	철도 적용 안전 프로토콜

2. 신호 용어

Acknowledgement (인지)	정보를 수신했음을 확인하는 기관의 확인
Acknowledgement, Driver (기관사의 인지)	운전자가 DMI를 통해 받은 정보를 고려했음을 확인
Airgap(에너갭)	선로와 열차 사이의 인터페이스 세트. 유로발리스, 유로루프, 유로라디오 인터페이스로 구성.
Airgap Language (에어갭 언어)	ERTMS/ETCS 애플리케이션 데이터는 조화된 규칙과 함께 발리스, 루프 및 무선 전송 매체를 통해 전송.
Application Level (적용 레벨)	다양한 ERTMS/ETCS 애플리케이션 레벨은 선로와 열차 간의 가능한 운영 관계를 표현하는 방법이다. 레벨 정의는 사용되는 선로변 장비, 선로변 정보가 차상 유닛에 도달하는 방식, 선로변과 차상 장비에서 각각 처리되는 기능과 관련이 있다.
Authentication(인증)	누군가 또는 어떤 것이 누구인지 또는 무엇인지를 결정하는 과정이다.
Authentication Key (인증키)	EURORADIO 프로토콜에 따라 안전한 연결을 설정하는 데 사용되는 암호화 키 (KMAC).
Automatic Driving Mode (자동운전 모드)	ERTMS/ETCS 차상 장비 모드에서는 ERTMS/ATO 차상 장비가 ERTMS/ATO 여정 프로필에 따라 열차의 견인/브레이크에 따라 운전자를 대신하여 작동하며, ERTMS/ETCS 차상 장비는 여전히 과속 및 오버런에 대한 완벽한 보호를 제공한다.

Automatic Train Protection (자동 열차 보호)	열차가 속도 제한 및 신호 현시를 준수하거나 관찰하도록 강제하는 안전 시스템이다.
Availability(가용성)	제품이 주어진 조건에서 특정 순간에 필요한 기능을 수행할 수 있는 상태에 있는 능력 또는 주어진 시간 간격 동안 필요한 외부 자원이 제공된다고 가정한다. (3) 기타 가용성 관련 용어에 대한 정의는 참고 문헌 3에 나와 있다.
Balise(발리스)	선로 위를 지나가는 열차와 통신할 수 있는 수동 트랜스폰더.
Balise, Fixed(고정 발리스)	신호 정보에 따라 동적으로 변하지 않는 데이터를 전송하는 발리스.
Balise, Switchable (발리스 조정 가능)	신호 정보에 따라 동적으로 변경될 수 있는 데이터를 전송하는 발리스.
Balise Group (발리스 그룹)	궤도에서 동일한 기준 위치에 있는 것으로 취급되는 하나 이상의 발리스. 그룹의 모든 발리스가 전송하는 전보는 선로 간 메시지를 형성한다.
Balise Group Co-Ordinate System (발리스 그룹 좌표계)	ERTMS/ETCS 전송 매체를 통해 교환되는 모든 위치 기반 정보에 대해 차상과 선로변 간의 공통 위치 참조를 보장하는 수단이다.
Balise Group Location Reference (발리스 그룹 기준점)	발리스 그룹에서 발리스 번호 1의 위치. 발리스 그룹 좌표계의 기원이다.
Balise Transmission Module(발리스 송신 모듈)	궤도와 열차 간의 간헐적 전송을 위한 ERTMS/ETCS 차상 장비 내부의 모듈은 업링크 신호를 처리하고 발리스에서 애플리케이션 데이터 텔레그램을 가져온다.
Balise Transmission Module(발리스 송신 모듈)	궤도와 열차 간의 간헐적 전송을 위한 ERTMS/ETCS 차상 장비 내부의 모듈은 업링크 신호를 처리하고 발리스에서 애플리케이션 데이터 텔레그램을 가져온다.
Baseline(기준선)	기준선은 시스템 기능, 성능 및 기타 비기능적 특성 현시에서 안정적인 커널로 정의된다.
Baseline Release (기준선 제시)	기본 릴리스는 시스템과 관련된 각 CCS TSI 부속서 A 문서의 특정 버전에 의해 정의된다.
Block(폐색)	일반적으로 각 구간에 하나 이상의 열차가 있는 구간으로 노선을 나누어 열차 간 간격을 제어하는 방법이다. 이 폐색은 고정 폐색일 수도 있고 이동 폐색일 수도 있다.
Braking Curve (제동곡선)	ERTMS/ETCS 탑재 장비를 통한 열차 제동 역학 및 전방 궤도 특성의 수학적 모델을 통해 거리 대비 열차 속도 감소 예측.
Braking Distance, Emergency (비상 제동거리)	비상제동을 밟은 상태에서 열차가 멈출 수 있는 거리. 열차 속도, 열차 종류, 제동 특성, 열차 무게 및 경사도에 따라 달라진다.
Braking Distance, Service (상용 제동거리)	열차가 정차할 수 있는 거리, 전체 상용제동이 적용된 경우. 열차 속도, 열차 유형, 제동 특성, 열차 무게 및 경사도에 따라 달라진다.
Cab (운전실)	열차의 동력 장치 또는 구동 장치에 있는 공간에는 운전자나 기관사에게 쉼터와 좌석을 제공하는 조작 제어 장치가 포함되어 있다.

Cab, Active (활성화된 운전실)	활성화 운전실은 ERTMS/ETCS 차상 장비와 연결된 캡으로, 여기서 견인이 제어된다.
Clear (A Signal) (신호기 현시)	신호 현시를 가장 제한적인 현시에서 덜 제한적인 현시로 변경한다.
Common-Mode Fault (공통모드 결함)	독립적으로 의도된 항목에 공통으로 발생하는 결함.
Conditional Level Transition Order (조건부 전환 명령)	조건부 레벨 전환 명령은 차상 운영 레벨을 현장에서 확인하는 것이다. 차상 ERTMS/ETCS가 허용된 레벨 중 하나를 작동하지 않으면 레벨 전환이 발생할 수 있다.
Conditions, Maintenance (조건부 유지보수)	시스템 유지보수를 위해 채택된 유지보수 기준은 운영 조건을 참조했다.
Conditions, Operating (운영 조건)	시스템에 필요한 정격 성능.
Conditions, System (시스템 조건)	시스템이 작동하도록 호출되는 조건에는 다음이 포함된다. • 환경 조건 • 운영 조건 • 유지보수 조건.
Configuration(구성)	시스템의 하드웨어와 소프트웨어를 구조화하고 상호 연결하여 의도된 용도로 사용하는 것.
Configuration Management (구성 관리)	구성 항목의 기능적 및 물리적 특성을 식별하고 문서화하기 위해 기술적 및 행정적 지침과 감시를 적용하는 분야, 해당 특성에 대한 변경 제어, 변경 처리 및 실행 상태 기록 및 보고, 지정된 요구 사항 준수 여부 확인.
Conflicting Movements(상충 이동)	열차가 전채 또는 일부 길이에 걸쳐 선로의 동일한 부분을 차지해야 하는 움직임.
Contact Length	열차가 장치(예 난간)와 통신할 수 있는 장소와 통신이 불가능한 장소 사이의 거리.
Continuous Data Transmission (연속 데이터 전송)	위치와 관계없이 지속적으로 발생할 수 있는 궤도에서-열차 또는 열차에서-궤도 전송(예 라디오).
Control Centre(제어센터)	넓은 지역의 열차 이동을 제어하는 중앙 집중식 제어 시스템.
Criticality(위험한 상태)	고장 또는 여러 번의 고장으로 인해 시스템을 사용할 수 없거나 안전하지 않게 되는 지점이다.
Cross-Acceptance (교차 승인)	한 기관이 관련 유럽 표준에 승인하고 추가 평가 없이 다른 기관이 수용할 수 있는 제품의 지위. (4)
Current Position (현재 위치)	특정 순간에 정의된 시스템 좌표를 사용하여 측정된 열차의 위치.
Danger (Aspect) (정지 현시)	멈추라는 신호로 표시되는 신호
Danger Point(정지 위치)	위험한 상황을 만들지 않고 열차 앞쪽으로 접근할 수 있는 EOA 너머의 위치.

Data Integrity(데이터 무결성)	메시지가 수정되거나 삭제되지 않은 속성
Deceleration Data (감속 데이터)	열차의 제동 성능과 관련된 데이터.
Default Value(초깃값)	ERTMS/ETCS 차상 장비에 저장된 값으로, 다른 값이 없는 경우 사용됨
Desk(데스크)	운전실 내부에는 주어진 방향으로 선호되는 움직임(즉, 운전실에서 운전자에게 시야를 제공하는 전방 움직임)에 전념하는 조작 제어 세트가 있다. [예외] 일부 단일 운전실 기관차에는 하나의 책상이 장착되어 있어 양방향으로 정상적인 이동이 가능하다.
Diversity(다양성)	지정된 요구 사항의 전부 또는 일부를 둘 이상의 독립적이고 다른 방식으로 달성하는 방법. (4)
Driver Identity (운전사 고유번호)	열차 운전사를 식별하는 고유 코드.
Driver Machine Interface (운전사 기계 인터페이스)	ERTMS/ETCS 차상 장비와 드라이버 간의 직접 통신을 가능하게 하는 인터페이스.
Driving On Sight (시계 운전)	선로의 장애물을 피하려고 열차를 멈출 수 있는 속도로 운전하는 운전자.
Dual Cab Engine (이중 운전실 엔진)	차량 유닛에는 두 개의 구동 캡과 하나의 단일 차상 장비가 장착되어 있다.
Dynamic Speed Profile (동적속도 프로파일)	열차가 정적 속도 프로파일 및/또는 이동 종료 권한을 위반하지 않고 따를 수 있는 속도/거리 프로파일.
Emergency Braking (비상제동)	정해진 수준의 브레이크 성능으로 열차를 멈추기 위해 최단 시간 내에 미리 정의된 브레이크 힘을 적용한다.
End Of Loop Marker (루프 마커 종단)	발리스 그룹은 "루프"가 시작되거나 끝나는 지점을 정의하려고 했다.
End Of Authority (권한 종단)	열차가 진행할 수 있는 위치와 목표 속도 = 0.
End of Movement Authority (이동권한 종료)	MA에 따라 열차가 진행할 수 있는 위치입니다. MA를 전송할 때는 MA에 명시된 마지막 구간의 끝
Engine(엔진)	차량 유닛의 하나 또는 두 개의 활성화 운전실(S)과 하나의 단일 차량/ETC 차상 장비의 결합. 엔진의 구동 운전실을 사용하여 열차/쇼닝이 지속되는 경우, 차량/쇼닝의 움직임을 감독하는 차상 장비는 엔진의 소유이다. 엔진의 각 운전중인 운전실은 운전자가 DMI를 통해 차상 장비와 통신할 수 있도록 한다.
Engine Orientation (엔진 방향)	활성 캡이 있는 경우, 이 캡은 엔진의 방향을 정의합니다. 즉, 활성 캡의 측면이 엔진의 앞쪽을 결정하는 것으로 간주된다.

Entrance Signal (장내 신호)	열차가 역에 도착할 때 사용되는 주요 신호이다.
Equipped Line (설비된 선로)	애플리케이션 레벨 1, 2 또는 3에서 ERTMS/ETCS가 장착된 회선
ERTMS/ETCS On-Board Equipment (ERTMS/ETCS 차상설비)	차상 장비의 부품(소프트웨어 및/또는 하드웨어)은 약관/ETCS 사양을 충족한다.
Estimated Speed (예상 속도)	오도미터가 열차가 운행 중인 속도를 추정하며, 열차의 물리적 특성과 오도미터 작업 조건에 따라 가장 높은 확률로 주행한다.
Estimated Position (예상 위치)	ERTMS/ETCS 차상 장비의 위치는 열차의 물리적 특성과 주행 거리계 작업 조건에 따라 열차 전선이 가장 높은 확률로 추정된다. 이는 차상이 감지한 위치 기준으로부터의 거리로 표현된다.
ETCS Identity (ETCS 아이덴티티)	차상장비의 ETCS 신원은 단일 신원 번호로 구성된다. RBC, 발리스 그룹, 루프 또는 RIU의 ETCS 신원은 국가/지역 신원 번호와 국가/지역 내 신원 번호로 구성된다.
European Rail Traffic Management System	제어 명령을 위한 ETCS와 음성 및 데이터 통신을 위한 GSM-R을 포괄하는 신호 및 운영 관리 시스템. GSM-R은 ETCS의 무선 베어러로 사용된다.
European Train Control System	ERTMS의 열차제어 시스템
Eurobalise	유로발리스는 ERTMS/ETCS 사양을 준수한다.
Euroloop	ERTMS/ETCS 사양을 준수하는 루프.
Euroradio(유로라디오)	개방형 무선 네트워크를 통해 ERTMS/ETCS 선로변과 ERTMS/ETCS 차상 장비 간의 안전한 통신 채널을 제공하는 데 필요한 메시지 프로토콜을 포함한 기능
Exit Signal(출구신호기)	역을 떠나는 열차를 위한 주요 신호이다.
Expectation Window (기대 창)	Balise 그룹을 수락하기 위한 외부 한계 사이의 간격.
Fail-Safe	예상되는 고장으로 인해 장비를 안전한 상태로 유지하거나 배치하는 디자인 철학.
Failure(실패)	오류가 의도된 서비스에 미치는 영향.
Fault(고장)	시스템에 오류를 일으킬 수 있는 비정상적인 상태. 결함은 무작위일 수도 있고 체계적일 수도 있다. (4)
Fault Detection Time (고장 검지 시간)	결함이 발생한 순간에 시작하여 결함의 존재가 감지되면 끝나는 시간 범위.
Fault Negation Time (고장 부정시간)	결함의 존재가 감지될 때 시작하여 안전 상태가 시행될 때 끝나는 시간 범위.
Fixed Block(고정 폐색)	폐색구간의 끝이 고정된 위치에 있는 폐색이다. 이 신호는 일반적으로 전방 폐색이 투명할 때만 한 폐색에서 다음 폐색으로 이동할 수 있도록 한다.

ETCS Identity (ETCS 아이덴티티)	차상장비의 ETCS 신원은 단일 신원 번호로 구성됩니다. RBC, 발리스 그룹, 루프 또는 RIU의 ETCS 신원은 국가/지역 신원 번호와 국가/지역 내 신원 번호로 구성된다.
Fouling Point(파울링 지점)	수렴하는 선에 서 있는 차량이 다른 선에 서 있는 차량과 접촉하는 장소.
Full Supervision Mode (완전 감시모드)	ERTMS/ETCS 차상 장비 모드는 과속 및 오버런으로부터 완벽한 보호를 제공한다.
Home KMC(홈 KMC)	해당 도메인에 속한 선로변 및 차상 엔티티가 키 관리를 위해 참조하는 KM 도메인의 KMC.
Immediate Level Transition Order (즉각적인 레벨 전환 명령)	즉각적인 레벨 전환 명령은 두 레벨 모두를 의미한다. 전환은 "지금"으로 정렬되었으며, 레벨 전환은 인필과 관련이 없는 거리에서 정렬된다.
In Advance of(전방)	주어진 방향에 대해 선로의 특정 위치를 벗어난 지점을 나타내는 용어. (전방)
In Rear of(후방)	주어진 방향에 대해 선로의 특정 위치로 접근하는 지점을 나타내는 용어. 특정 위치의 후방
Independence, Technical(독립성, 기술)	여러 항목의 올바른 작동에 영향을 미칠 수 있는 모든 메커니즘으로부터의 자유.
Infill Information(인필 정보)	주 신호라고 하는 선로변 데이터는 주 신호 후방의 위치에서 전송된다. 예를 들어, 전방 신호가 통과했음을 열차에 알릴 수 있는 기능을 제공한다.
Infill Loop(인필 루프)	신호가 사라질 때 열차에 대한 안내 정보를 한 번에 전송하여 불필요한 지연을 방지하기 위해 신호 후방(예 신호 후방)에 설치되는 루프이다.
Information Point(정보 지점)	ERTMS/ETCS 선로변에서 ERTMS/ETCS 차상 장비로 정보를 전송할 수 있는 선로의 특정 위치(직렬 전송도 참조)
Interlocking(연동)	안전하지 않은 상태가 발생하는 것을 방지하기 위해 "신호"와 "지점"의 설정 및 해제를 제어하는 일반 용어와 이 기능을 수행하는 장비에 적용된다.
Intermittent Transmission(간헐 전송)	"스팟 전송"과 "반연속 전송"을 포괄하는 용어.
Interoperability (상호 운용성)	상호 운용성이란 지정된 성능 수준을 달성하는 열차의 안전하고 끊김이 없는 이동을 허용하는 능력을 의미한다. (1)
Interoperability Constituent (상호 운용성 구성 요소)	철도 시스템의 상호 운용성이 직접 또는 간접적으로 의존하는 모든 기본 구성 요소, 구성 요소 그룹, 하위 구성 요소 또는 장비의 완전한 조립은 하위 시스템에 통합되거나 통합될 예정이다. 구성 요소의 개념은 유형 객체와 소프트웨어와 같은 무형 객체를 모두 포함한다.
Interoperability, Operational (상호 운용성, 운영성)	상호 운용성을 가능하게 하는 조화로운 운영 규칙 세트.
Interoperability, Technical (상호운용성 기술)	상호 운용성을 가능하게 하는 조화로운 기술 요구 사항 세트. ERTMS/ETCS 사양은 기술적 상호 운용성을 위한 요구 사항을 정의한다.

Intervention(개입)	ERTMS/ETCS가 견인력을 줄이거나 풀 서비스 브레이크를 적용하고 견인력을 줄이거나 비상 브레이크를 적용하여 운전자로부터 제어권을 얻는 경우.
Isolation Mode(격리 모드)	ERTMS/ETCS 차상 장비가 차량 제동 시스템에서 분리되면 운전자에게 격리가 표시된다.
Juridical Data(법률 데이터)	열차 이동과 관련된 모든 행동과 교환을 기록하는 데이터는 사건으로 이어지는 모든 사건의 오프라인 분석에 충분하다.
Kernel(커널)	ERTMS/ETCS 차상 장비의 핵심.
Key(키)	데이터를 암호화하거나 암호화된 데이터를 해석하는 데 필요한 미리 정의된 구성 요소 또는 정보.
Key Management(키 관리)	KM 도메인에서 보안 정책에 따른 주요 항목의 생성, 저장, 안전한 배포, 삭제, 보관 및 적용.
Key Management Centre(키 관리 센터)	KM 도메인에서 주요 관리 기능을 담당하는 기관.
Key Management System(키 관리 시스템)	키 분배 시스템에 참여하는 엔티티와 운영 절차의 집합.
Key Validity Period (키 유효기간)	키가 유효한 특정 시간 범위.
KM Domain(KM 도메인)	하나의 KMC(홈 KMC)와 해당 KMC를 주요 관리 목적으로 사용하는 모든 온보드, RBC 및 RIU.
Last Relevant Balise Group (마지막 관련 발리스 그룹)	LRBG는 레벨 2 및 3에서 ERTMS/ETCS 차상 및 선로변 장비 간의 공통 위치 참조로 사용된다.
Leading Engine(선두 엔진)	활성화 운전실을 사용하여 열차/쇼닝의 움직임을 제어하는 엔진은 활성화 운전실과 관련된 ERTMS/ETCS 차상 장비의 감독하에 구성된다.
Level(레벨)	계약된 형태의 애플리케이션 레벨
LEVEL 0 AREA	레벨 0 작업이 지원되는 선로변 영역.
Level 0	선로변에 작동 ERTMS/ETCS 장비가 장착되지 않았거나 작동 국가 시스템이 장착되지 않은 영역에서 ERTMS/ETCS 차상 장비가 작동하는 경우를 포괄하도록 정의된 ERTMS/ETCS 수준
LEVEL 1 AREA	레벨 1 작업이 지원되는 선로변 영역.
Level 1	Eurobalises / Euroloop / Radio Fill을 사용하여 열차의 위치와 무결성을 결정하는 기존 방법에 의존하면서 이동 당국을 열차로 통과시키는 기존의 선로 측 신호에 ERTMS/ETCS 수준을 겹친다.
LEVEL 2 AREA	레벨 21 작업이 지원되는 선로변 영역.
Level 2	선로변의 기존 수단을 사용하여 열차의 위치와 무결성을 파악하면서 무선을 사용하여 이동 당국을 열차로 전달하는 ERTMS/ETCS 수준이다.

Level 3	무선을 사용하여 이동 권한을 열차로 전달하는 ERTMS/ETCS 레벨. 레벨 3은 열차 보고 위치와 무결성을 사용하여 이동 권한을 발급하는 것이 안전한지 아닌지를 확인한다.
LEVEL NTC AREA	레벨 NTC 작업이 지원되는 선로변 영역.
Level NTC(레벨 NTC)	기존의 국가 열차제어 시스템으로 열차를 감독할 수 있는 수준의 ERTMS/ETCS.
Level Transition Announcement (레벨 전환 선언)	레벨 전환 발표는 추가 위치에 대해 주문된 레벨 전환과 인필 정보로 전송되는 널 거리에서 주문된 레벨 전환을 모두 의미한다.
Level Transition Border (레벨 전환 경계)	선로변에서 지원하는 레벨 목록이 변경되는 위치.
Level Transition Information (레벨 전환 정보)	이 용어는 레벨 전환 순서와 조건부 레벨 전환 순서 모두에 사용된다.
Level Transition Order (레벨 전환 명령)	이 용어는 즉각적인 레벨 전환 순서와 레벨 전환 발표 모두에 사용된다.
Lifecycle Cost (System) (시스템 생명주기 비용)	시스템 수명 주기의 운영 부분에서 발생하는 활동을 수행하고 적절하게 지원하기 위해 지속되거나 지속되어야 하는 비용의 합계이다.
Lifecycle (System) (시스템 생명주기)	시스템이 구상될 때 시작하여 시스템이 더 이상 사용할 수 없을 때 해체될 때 끝나는 일정 기간 발생하는 활동. (참고 문헌 3 참조)
Limited Supervision Mode (제한감시 모드)	ERTMS/ETCS 차상 장비 모드는 과속 및 오버런에 대한 부분적인 보호를 제공한다. 제한된 감독 모드에서는 운전자가 차선 현시 신호와 작동 규칙을 준수하고 준수해야 한다.
Limit of Authority (권한 한계)	열차가 정보를 가지고 있지 않지만, 열차가 0보다 높은 정해진 목표 속도로 달릴 수 있는 권한이 있는 곳. 열차는 권한의 한계를 넘기 전에 새로운 정보를 받을 것으로 예상된다.
Line(선로)	철도 선로의 연속 구간.
Line Side Electronic Unit(선로변 전자 유닛)	가변 신호 데이터를 전환할 수 있는 발리스로 통신하는 장치.
Line Side Equipment (선로변 설비)	선로변 장비 참조.
Linking(연결)	정보 링크를 통해 미리 발표하고 특정 기대 범위 내에서 읽혔는지 확인하여 Balise 그룹의 빠진 데이터를 보호하는 기능
Linking Distance(연결 거리)	발표된 발리스 그룹 간의 거리.
Linking Information (연결 정보)	발리스 그룹 간의 거리, 정체성 및 방향, 발표된 발리스 그룹이 주어진 한계 내에서 감지되지 않으면 취해야 할 조치를 정의하는 데이터(예상 기간).
Local Time(로컬 시간)	역 시계에 표시될 가능성이 높은 지역의 일반 시간.

Location Item(위치 목록)	개별 위치 기반 정보(즉, 위치 데이터의 위치 또는 프로필 데이터의 위치 중 하나)를 "추정", "최소" 또는 "최대" 위치 항목으로 분류한다. 개별 위치 기반 정보는 하나, 두 개 또는 세 개의 위치 항목으로 분류될 수 있다.
Loop(루프)	정해진 구역 내에서 선로 간 데이터 전송을 위한 선로 장착 장치.
Loop Message Format (루프 메시지 형식)	루프를 통한 데이터 전송 형식.
Loop Transmission Module (루프 송신 모듈)	루프에서 애플리케이션 데이터를 검색하는 모듈(ERTMS/ETCS 차상 장비 내부).
Main Signal(주 신호기)	"위험 현시" 및 하나 이상의 "진행 현시"를 표시할 수 있는 열차 이동용 고정 신호기이다. 때에 따라 위험에 처한 주요 신호는 입환 이동에 유효하다.
Maintainability(유지보수성)	주어진 사용 조건 하에 주어진 항목에 대해 명시된 시간 간격 내에 명시된 절차와 리소스를 사용하여 유지보수를 수행할 수 있는 능동적 유지보수 작업의 확률. (기타 유지보수 관련 용어에 대한 정의는 참고 문헌 3에 나와 있다).
Malfunction(오작동)	지정된 성능과의 차이로 인해 시스템이 잘못 작동한다. 이는 일반적으로 시스템의 오류 또는 결함으로 인한 것이다.
Mandatory(의무적인)	ERTMS/ETCS 장비 또는 시스템에 대한 기술적으로 상호 운용할 수 있는 표준을 실현하기 위한 요구 사항을 이행하고 이행해야 하는 경우.
Manual Level Change (수동 레벨 변경)	운전자가 시작한 레벨 전환.
May(허용)	허용된다.
Max Safe Front End (최대 안전 전방 지점)	최대 안전 전방 끝 지점 위치는 LRBG에서 측정한 거리에 LRBG의 위치 정확도를 더한 읽어드리는 양에 의해 추정된 위치와 다르다.
Min Safe Front End (최소 안전 전방 지점)	최소 안전 전방 끝 지점 위치는 LRBG에서 측정된 거리의 판독량과 LRBG의 위치 정확도에 따라 추정 위치와 다르다.
Min Safe Antenna Position (최소 안전 안테나 위치)	최소 안전 안테나 위치는 열차 방향에 따라 활성 유로발리스 안테나와 엔진 끝 사이의 거리가 열차의 최소 안전 앞쪽 끝과 다르다. 또한, 기동 감시 모드에서만 최소 안전 안테나는 열차 방향이 각각 활성 캡과 같거나 반대인지에 따라 엔진 앞쪽/뒤쪽 길이가 일치한다.
Message(메시지)	Balise 그룹, 루프 또는 무선에서 열차로 또는 열차에서 선로변 또는 라디오로 전송되는 애플리케이션 데이터와 프로토콜 데이터의 조합.
Message Authentication Code (Mac) (메시지 인증 코드(Mac))	데이터 출처 인증 및 데이터 무결성을 제공하는 코드.
Minor Failure(작은 실패)	실패, 마이너 보기
Mission(임무)	시스템이 수행해야 할 기본 작업에 대한 객관적인 설명. (3)

Mission, ETCS(ETCS 임무)	모든 열차 이동은 ERTMS/ETCS 차상 장비의 감독 아래에 다음 모드 중 하나로 시작되었다: Fs, Ls, Sr, Os, Nl, Un 또는 Sn. 다음 모드 중 하나가 입력되면 ETCS 임무가 종료된다: Sb, Sh
Mode(모드)	ERTMS/ETCS 시스템과 운전자 간의 운영 책임이 명시된 ERTMS/ETCS 차상 장비의 운용 상태.
Most Restrictive Speed Profile(가장 제한적인 속도 프로필)	열차가 넘지 말아야 할 속도. 다양한 속도 프로필을 모두 고려할 때 가장 느린 속도이다.
Movement Authority(이동권한)	인프라의 제약 내에서 특정 위치로 열차가 운행할 수 있는 허가.
Moving Block(이동 폐색)	길이가 전방 선로 구간을 차지하는 열차의 위치에 따라 정의되는 폐색. 최소 폐색 길이는 점유 중인 열차의 뒷부분에서 선로의 한 지점까지이며, 열차가 현재 속도에서 제동을 걸면 점유 중인 열차의 앞부분이 서 있을 때까지이다.
Multiple Units(다중 유닛)	기계적, 공압적, 전기적으로 연결된 두 개 이상의 견인 장치가 하나의 운전자에 의해 작동한다.
National System Mode(국가 시스템 모드)	열차의 감독이 국가 시스템에 의해 보장되는 ERTMS/ETCS 차상 장비 모드.
National Train Control System(국가 열차제어 시스템)	CCS TSI에서 클래스 B 시스템으로 정의된 이전에 설치된 열차 제어 시스템.
National Values(국가 값)	해당 행정부의 규칙 및 규정과 관련된 행정부의 인프라에 진입할 때 열차로 전송되는 값. 국가 가치는 행정 구역 내에서 변경될 수 있다.
No Power Mode(무동력 모드)	기내 장비에 전원이 공급되지 않고 비상 브레이크가 명령받는 ERTMS/ETCS 차상 장비 모드.
Non-Equipped Line(비설비 노선)	선로 옆 자동 열차 보호 시스템이 없는 노선.
Non-Leading Mode(비선두 모드)	열차의 선두 엔진에 없는 활성화 운전실에 연결되었을 때 ERTMS/ETCS 차상 장비 모드.
Non-Vital(논 바이털)	장애 또는 이용 불가능성이 철도 교통을 직접적으로 위험에 빠뜨리거나 신호 시스템의 무결성을 저하하지 않는 신호 시스템의 부품에 적용되는 설명이다.
Occupied(점유)	열차의 일부가 있는 선로 구간.
Odometer Accuracy(주행 거리계 정확도)	주행 거리계가 열차의 움직임을 측정할 때 과소평가/과대평가할 수 있는 정도.
Odometry(주행 거리계)	선로를 따라 "S 열차의 움직임을 측정하는 과정. 속도 측정 및 거리 측정에 사용된다.
Odometry Reference Location(주행 거리계 기준 위치)	열차 기반 주행 거리 측정을 참조하는 기준 위치.

Off-Line KMS (오프라인 KMS)	주요 항목의 배포, 삭제 또는 업데이트가 필요한 KMS에서는 대상 장치에 대한 직원의 개입이 필요하다.
On-Board Equipment (차상 장치)	이 장비는 차량 운행 감독을 목적으로 열차에 탑재된 장비
On-Board Recording Device (차상 기록기기)	후속 분석(예 열차 사고 이후)을 위해 데이터를 기록하고 저장하는 장치 (ERTMS/ETCS 차상 장비 외부).
On-Board Unit (차상장치 유닛)	ERTMS/ETCS 차상 장비 참조.
On-Line KMS (온라인 KMS)	KMS는 대상 장치의 주요 항목을 원격으로 배포, 삭제 또는 업데이트할 수 있도록 한다.
On Sight Mode (시계 모드)	ERTMS/ETCS 차상 장비 모드는 운전자에게 열차의 안전한 제어에 대한 부분적인 책임을 부여한다. 이 모드에서는 열차가 이동 권한을 가지고 있지만, 앞 선로는 다른 열차에 의해 점유될 수 있다.
Operated System Version (운영 체제 버전)	선로변과 차상 모두에서 시스템 버전을 운영한다는 것은 이 시스템 버전과 관련 하위 시스템에 적용되는 모든 TSI 부속서 A 문서의 요구 사항을 준수하는 것을 의미한다. 운영되는 시스템 버전은 선로변에 의해 정렬된다. 그러나 시스템 버전 번호 X를 제한된 선로변 영역 내에서 운영하려면 이 영역에서 실행되는 차상장비가 시스템 버전 번호 X·Y에 적용되는 요구 사항 세트에 따라 작동해야 한다. 여기서 X는 선로변에 의해 정렬된 장비이고 Y는 이 버전 X 내에서 차상장치가 운영하는 시스템 버전 번호 Y(선로변에 의해 정렬된 장비와 다를 수 있음)이다.
Other Reference Balise Group (기타 참조 발리스 그룹)	ORBG는 ERTMS/ETCS 차상 장비와 선로변 장비 간의 공통 위치 참조로 사용되는 LRBG와는 다른 균형 잡힌 그룹이다.
Operated System Version (운영 체제 버전)	운영되는 시스템 버전은 선로변에 의해 결정된다. 그런 점에서 시스템 버전 번호 X를 지정된 선로변 영역 내에서 운영한다는 것은 이 영역에서 실행되는 모든 차상 장비가 이 운영되는 시스템 버전에 적용되는 요구 사항 세트에 따라 작동해야 함을 의미한다.
Overlap(중첩)	정지 신호 전에 비어 있어야 하며, 필요한 경우 신호가 신호기 뒤로 이동하기 전과 도중에 잠겨 열차 브레이크가 예상대로 작동하지 않고 열차가 권한 종료 지점을 통과할 때 사고를 방지하는 구간이다.
Over-Reading Amount(과주거리)	열차가 예상 위치보다 덜 멀리 이동했을 수 있는 거리. 이 거리는 유로발리스 사양에 정의된 대로 주행 거리계 부정확성과 균형 위치 감지 오류를 고려하여 ERTMS/ETCS 차상 장비로 추정된다.
Packet(패킷)	패킷은 정의된 내부 구조를 가진 단일 단위로 그룹화된 여러 변수이다. 패킷은 텔레그램과 메시지의 일부이다.
Pantograph(팬터그래프)	오버헤드 전차선에서 열차로 전력을 전송하는 장치.

Partial Supervision Modes (부분 감독 모드)	선로 데이터가 충분하지 않아 완전한 감독이 가능한 경우 사용되는 ERTMS/ETCS 차상 장비 모드의 정의된 세트는 다음과 같다. • 제한된 감독 • 적합하지 않은 모드 • 온사이트 모드 • 직원 책임 모드 • 입환 • 여행 후 모드 • 후진
Permissive Signal (허용 신호)	신호 현시 또는 신호 식별은 신호 담당자의 특별한 허가 없이도 특별한 조건에서 주 신호를 위험에 빠뜨릴 수 있게 해준다.
Permitted Speed (허용속도)	열차가 ERTMS/ETCS 경고 및/또는 개입 없이 진행할 수 있는 속도 제한.
Point(선로전환기)	열차 노선이 수렴하거나 분기할 수 있도록 설치된 선로의 일부 구간.
Possession, Of Signalling Equipment (신호장비의 소유권)	유지보수 및 운영 직원들이 장비에 대한 작업을 수행할 수 있도록 신호 장비의 분리 또는 사용 제한에 합의했다.
Post Trip Mode (여행 후 모드)	열차가 정차하고 운전자가 상황을 확인했을 때 열차 여행 후 입력되는 ERTMS/ETCS 차상 장비 모드이다.
Proceed Aspect (진행현시)	운전자가 신호를 통과할 수 있는 모든 신호 현시
Protected Wrong Side Failure (잘못된 측면 장애 보호)	신호 시스템의 다른 부분이 허용 가능한 수준의 보호를 제공하는 잘못된 측면 장애.
Public Key Infrastructure (PKI)	디지털 인증서를 생성, 관리, 배포, 사용, 저장 및 취소하고 다양한 네트워크 활동을 위한 정보의 안전한 전송을 촉진하기 위해 공개 키 암호화를 관리하는 데 필요한 하드웨어, 소프트웨어, 사람, 정책 및 절차 세트.
Radio Block Centre (무선 폐색 센터)	무선을 통해 열차 위치 정보를 수신하고 무선을 통해 이동 당국을 열차로 보내는 중앙 집중식 안전장치.
Radio Hole(음영지역)	신뢰할 수 있는 무선 연결을 설정하거나 유지할 수 없는 알려진 영역.
Radio Infill Unit (무선 인필 유닛)	GSM-R을 통해 반연속 채우기 기능을 제공하는 장치.
RBC Area	선로변 영역은 하나의 RBC에 의해 관리된다.
RBC/RBC Border	두 개의 서로 다른 RBC가 감독하는 두 지역 간의 경계 위치.
RBC/RBC Handover (RBC/RBC 핸드오버)	두 개의 무선 폐색 센터 사이의 열차 감독을 통과하는 과정.
RBC/RBC Transition (RBC/RBC 전환)	RBC/RBC 인수인계 대체 용어

Recommended(권고된)	요구 사항을 충족하지 않으면 장비나 시스템의 기술적 상호 운용성에는 영향을 미치지 않지만, 구현을 쉽게 하거나 성능을 향상하기 위해 충족될 수 있다.
Redundancy(여분)	기능의 가용성을 달성하거나 유지하기 위해 하나 이상의 추가 요소를 제공하는 것은 이러한 요소 중 하나 이상이 "오작동"하는 경우이다.
Reference Location (기준 지점)	선로변 또는 열차 위치에서 전송된 정보의 참조로 사용되는 선로 내 위치 (예 발리스 그룹 참조 위치)
Release Speed (해제 속도)	열차가 이동 권한의 끝에 접근할 수 있도록 허용하는 속도 값. 신호의 정보 지점에 도달하기 위해 열차가 통과한 신호에 접근할 수 있도록 간헐적인 변속이 필요하다.
Reliability(신뢰도)	주어진 시간 간격 동안 주어진 조건에서 항목이 필요한 기능을 수행할 수 있는 확률. (3) 기타 신뢰성 관련 용어에 대한 정의는 참고 문헌 3에 정의되어 있다.
Relocation(재배치)	위치 기반 정보의 참조 균형 그룹 수정은 이전 참조 균형 그룹에서 계산된 거리의 조정과 함께 이루어진다.
Reversing Mode (후진 모드)	운전자가 같은 운전실에서 열차를 제어하면서 열차의 이동 방향을 변경할 수 있는 ERTMS/ETCS 차상 장비 모드.
Reverse Movement (역방행 진행)	운전자가 선두 엔진에 위치하지만, 열차가 열차 방향과 반대 방향으로 이동하는 열차 이동.
Revocation of Movement Authority (이동권한의 취소)	이전에 주어진 장소로 열차를 이동할 수 있는 허가 취소.
Right Side Failure (우측 고장)	신호 시스템에서 일반적으로 제공하는 보호 수준이 감소하지 않는 장애.
Risk(위험)	특정 위험 사건의 빈도, 확률 및 결과의 조합.
Roll Away(구름)	의도하지 않은 무동력 열차가 방향으로 이동하는 것은 액티브 데스크의 방향 제어기의 현재 위치와 충돌한다.
Route(진로)	출발점에서 목적지까지, 열차 운행을 준비하는 특정 구간 또는 선로 구간
Route Release(진로해정)	진로쇄정 해제.
Route Suitability Data (진로 적합성 데이터)	ERTMS/ETCS 온보드 장비로 전송된 데이터는 이동 권한에 따라 선로에서 주행할 수 있는 능력을 확인할 수 있도록 한다. 여기에는 로딩 게이지, 견인 시스템 및 차축 하중 범주와 관련된 데이터가 포함된다.
Safe Deceleration (안전 감속)	열차의 감속은 일정한 신뢰 수준에서 달성할 수 있다고 가정된다.
Safe State(안전 상태)	안전을 계속 유지하는 상태.
Safety(안전)	용납할 수 없는 최악의 위험으로부터의 자유.
Safety Acceptance (안전 수용)	안전 수락 절차

Safe Consist Length, ETCS (안전한 구성 길이, ETCS)	엔진 앞쪽을 정의하는 활성화 운전실 측면을 고려하여 엔진 뒤쪽 및 (있는 경우) 앞에 있는 차량 편성에 대한 정보이다. 안전 일치 길이 정보는 다음 여섯 가지 값으로 구성된다. a) 엔진 앞쪽의 명목 상, 최소 안전 및 최대 안전 구성 길이는 엔진 앞쪽 끝에서부터 계산된다. b) 엔진 앞쪽 끝에서 계산한 엔진 뒤쪽의 명목 상, 최소 안전 및 최대 안전 구성 길이 [참고] 최소 안전 일관 길이와 최대 안전 일관 길이의 차이는 결합플레이 또는 일관 길이 정보의 다른 불확실성과 관련이 있다. 이를 통해 ERTMS/ETCS 탑재 장비를 통해 이동을 감독할 수 있는 열차의 두 사지 사이의 전체 길이를 추론할 수 있다: a) SM 모드에서는 엔진 앞에 차량이 있든 없든 상관없이 b) 유효한 열차 데이터를 이용할 수 있어야 하는 모드에서는 엔진 앞에 차량이 없는 경우가 있다
Safe Deceleration (안전감속)	열차의 감속은 특정 신뢰 수준에서 달성된다고 가정된다.
Safe State(안전 상태)	안전을 계속 유지하는 상태.
Safety(안전)	용납할 수 없는 위험으로부터의 자유. (3) 기타 안전 관련 용어에 대한 정의는 참고 문헌 3에 나와 있다.
Safety Acceptance (안전 승인)	안전 수용 과정 및 관련 용어는 참고 문헌 4에 나와 있다.
Safety Life Cycle (안전 생애주기)	안전 수명 주기
Section(구간)	이동권한 승인 당국의 일부.
Section Timer (구간 타이머)	이동 권한의 일부로 구간과 관련된 타이머. 타이머가 선로변 장비에 의해 정의된 값에 도달하면 해당 구간은 더 이상 사용할 수 없으며 그에 따라 열차의 이동 권한이 줄어든다.
Security(보안)	데이터의 우발적이거나 악의적인 수정 또는 공개를 방지하기 위한 모든 조치, 즉 행정적 조치로 인한 보호. 키 관리를 위해 이 보호는 일반적으로 키의 기밀성, 진위성 및 무결성을 보장한다.
Semi-Continuous Transmission (반 연속 송신)	정해진 거리에서 전송이 이루어진다.
Service Brake Command, ETCS (상용제동 명령, ETCS)	ERTMS/ETCS 서비스 브레이크 명령은 열차가 전체 서비스 브레이크 노력을 적용하는 결과를 가져온다.
Service Braking(상용 제동)	열차의 속도를 제어하기 위해 정지 및 임시 고정을 포함한 조정 가능한 제동력을 적용한다.

Session, Communication (세션 통신)	무선을 통해 선로변과 차상 간의 응용 대화를 시작하고 종료하는 과정.
Set Speed(설정속도)	이것은 ETCS 외부의 함수로부터 수신된 입력으로, 기관사에게 표시하기 위해 사용된다. 이 입력은 외부 장치(예 크루즈 컨트롤 시스템)에 의해 열차 속도가 조절되는 속도 값을 나타낸다.
Shall	필수이다.
Should	권장한다.
Shunting Mode (입환 모드)	ERTMS/ETCS 차상 장비 작동 모드를 통해 열차 데이터 없이도 열차가 입환 상태로 이동할 수 있다.
Shunting Movement (입환 이동)	달리는 노선을 따라 정상적인 통로가 아닌 열차나 차량의 이동. 열차 데이터가 없는 상태에서 차량이 이동하는 경우.
Shunting Signal (입환 신호기)	입환 전용 신호. 입환용 고정 신호. 위험시 입환 신호는 열차 움직임에도 유효한 때도 있다.
Signal(신호기)	운전자 "S 권한에 관한 지침을 전달하거나 사전 경고를 제공하는 시각적 디스플레이 장치이다.
Signal Location (신호기 위치)	신호기의 지리적 위치.
Signalling System (신호시스템)	열차 운행을 통제하고 보호하기 위해 철도에서 사용되는 특정 종류의 시스템.
Single On-Board Location Reference (단일 차상위치 참조)	SOLR은 열차 위치에 대한 모든 위치 항목을 감독하기 위해 ERTMS/ETCS가 탑승한 고유 위치 참조로 사용하는 균형 그룹이다.
Slave Engine (슬레이브 엔진)	열차나 입환의 주요 롤링 스톡 유닛이 아닌 엔진은 일관성이 있다. 슬레이브 엔진의 ERTMS/ETCS 차상 장비는 열차/쇼팅의 움직임을 제어하지 않는 모드 중 하나(비선도 모드, 슬립 모드, 패시브 입환 모드)로 작동한다.
Sleeping Mode (수면 모드)	선도 엔진이 제어하는 슬레이브 엔진의 차상 장비에 사용되는 ERTMS/ETCS 차상 장비 모드.
Specific Transmission Module (특정 전송 모듈)	ERTMS/ETCS 차상 장비를 기존 국가 열차 제어 시스템의 차상 부품과 인터페이스 할 수 있는 장치. 이 장치는 국가 시스템 간의 원활한 전환을 가능하게 하며 일부 ERTMS/ETCS 차상 리소스(예 DMI)에 대한 액세스를 제공한다.
Speed Confidence Interval (속도 신뢰 구간)	ERTMS/ETCS가 탑승하는 구간은 정의된 확률로 실제 열차 속도를 가정한다.
Spot Transmission (스폿 송신)	선로변과 차상 간의 전송은 개별 위치에서 이루어진다.
Staff Responsible Mode (기관사 책임 모드)	ERTMS/ETCS 차상 장비 모드는 운전자가 장비가 갖춰진 지역에서 열차의 이동에 대한 모든 책임을 질 수 있도록 한다. ERTMS/ETCS 차상 장비는 이 모드에서 속도 제한을 부과한다.

Standby Mode(대기 모드)	ERTMS/ETCS 차상 장비 모드는 차상 장비가 전원이 켜지거나 입환 또는 비선도 모드가 남아 있거나 활성화 운전실이 닫혀 있을 때 기본 모드로 전환된다.
Standstill, ETCS (정지, ETCS)	ERTMS/ETCS 차상 장비가 열차가 움직이지 않는다고 판단할 때 입력되는 상태이며, ERTMS/ETCS 차상 장비가 열차가 움직이고 있다고 판단할 때 종료되는 상태이다. [중요한 점] 정지 상태를 판단하는 기준이 조화롭지 않다. ERTMS/ETCS 기내에서 "정지 상태"를 보고한다고 해서 열차 이동이 전혀 없다는 보장은 없다.
Static Speed Profile (정적 속도 프로필)	주어진 선의 고정 속도 제한에 대한 설명. 속도 제한은 최대 선 속도, 곡선, 점, 터널 프로필, 교량과 같은 항목과 관련이 있을 수 있다.
Station(역)	열차가 정차하거나 하역이 이루어지는 장소, 그리고 도움을 받을 수 있는 곳. 열차가 다른 경로를 사용할 수 있는 지점(방향 또는 후행)이 있을 수 있는 곳.
Stop Signal(정지 신호)	정지 위험 현시나 표시를 표시할 수 있는 모든 주요 신호. 열차에 이동 권한이 부여되지 않은 위치. 반드시 고정 신호는 아니다.
Sub-System	장비, 유닛, 어셈블리 등의 조합으로 운영 기능을 수행하며 시스템의 주요 세분화이다.
Supervised Manoeuvre Mode(감독 기동 모드)	ERTMS/ETCS 차상 장비 작동 모드는 차량 이동 기관의 감독을 받으며, 엔진과 활성화 운전실은 어디에나 위치할 수 있다.
Supported System Version (지원되는 시스템 버전)	차상 장비가 지원하는 시스템 버전은 차상 장비가 작동할 수 있는 시스템 버전 중 하나이다. 정의에 따르면, 지원되는 시스템 버전 번호 X 중 하나 내에서 차상 장비는 항상 하나의 시스템 버전 번호 Y를 운영하며, 이는 차상 장비가 ETCS 사양 릴리스에서 규정한 최고 수준이다. [중요한 점] 시스템 버전 번호 X 내에서 최소한 두 개의 Y 값이 정의되었다면, 차상 장치가 항상 가장 높은 Y 값을 작동/지원한다는 사실이 더 낮은 Y 값을 사용하여 선로변 정보를 처리할 수 없다는 것을 의미하지는 않는다.
System	운영 역할을 수행하거나 지원할 수 있는 장비, 기술 및 기술의 복합체이다. 완전한 시스템에는 운영 및 지원에 필요한 모든 장비, 관련 시설, 재료, 소프트웨어, 서비스 및 인력이 포함되며, 이는 의도된 운영 환경에서 자급자족 단위로 간주할 수 있다.
System Failure Mode (시스템 실패 모드)	안전에 영향을 미칠 수 있는 치명적인 고장이 발견되면 ERTMS/ETCS 차상 장비 모드가 시작된다.
System Life-Cycle (시스템 생애주기)	시스템 수명 주기
System Version (시스템 버전)	시스템 버전은 ERTMS/ETCS 차상 장비와 선로변 간의 기술적 상호 운용성을 보장하는 ERTMS/ETCS 필수 기능을 정의한다.
Systematic Fault (체계적 결함)	동일한 상황에서 여러 장비에 영향을 미치는 시스템, 하위 시스템 또는 장비의 사양, 설계, 건설, 설치, 운영 또는 유지보수에 내재한 결함.

Tandem(탠덤)	두 개 이상의 견인 유닛이 기계적으로 결합하였지만 전기적으로 결합하지 않은 상태로 동일한 열차에 사용된다. 각 견인 유닛에는 별도의 운전사가 필요하다. 단 하나의 유닛만 선도 유닛으로 지정되며, 다른 유닛은 선도 유닛이 아닌 유닛으로 분류된다.
Target(목표)	열차 속도가 주어진 목표 속도보다 낮아야 하는 위치
Telegram(텔레그램)	Balise 텔레그램에는 하나의 헤더와 식별되고 일관된 패킷 세트가 포함되어 있다. Balise 그룹 메시지는 하나 또는 여러 개의 텔레그램으로 구성될 수 있다.
Temporary Speed Restriction (임시 속도 제한)	선로 유지보수와 같은 일시적인 조건에 대해 계획된 속도 제한이 부과된다.
Track Condition(궤도 상태)	운전자 및/또는 열차에 미리 상태를 알리기 위해 ERTMS/ETCS 차상 장비로 전송되는 정보. 이 정보는 속도 및 거리 모니터링 이외의 다른 기능에 전념한다.
Track Description (궤도 설명)	이동 권한을 보완하고 최소한의 정적 속도 프로필과 기울기 프로필을 제공하는 정보. 선택적으로 차축 하중 프로필, 선로 조건, 경로 적합성 데이터, 입환이 허용되는 영역 등을 포함할 수 있다.
Track Free(궤도 무점유)	장애물이 없는 경로가 감지되어 해당 경로에 열차가 진입할 수 있도록 허가를 받을 수 있다.
Track Geometry (궤도 기하학)	곡률, 기울기 및 캔트 현시에서 선로의 물리적 배열.
Track Occupied(궤도 점유)	해당 경로가 열차에 제공되지 않도록 하는 경로의 객체.
Trackside Equipment (선로변 설비)	열차 순환을 안전하게 감독하기 위해 차량과 정보를 교환하는 것을 목표로 하는 장비. 선로와 열차 간에 교환되는 정보는 ERTMS/ETCS 적용 수준과 정보 자체의 특성에 따라 연속적이거나 간헐적일 수 있다.
Track-To-Train Transmission (궤도에서 차량으로 송신)	선로변 장비에서 발리스, 루프 또는 무선을 통해 열차로 ERTMS/ETCS 메시지 전송. 간헐적 전송(발리스 또는 루프 또는 라디오 채우기)을 사용하면 전송 장치를 통과하는 열차에만 정보를 전송할 수 있다.
Traction Unit(견인 유닛)	스스로 움직일 수 있는 동력 차량과 결합할 수 있는 다른 차량.
Train(열차)	하나 이상의 견인 장치가 운반하는 하나 이상의 철도 차량 또는 하나의 견인 장치가 단독으로 주행하는 하나 이상의 견인 장치가 초기 고정 지점에서 터미널 고정 지점까지 주어진 운행 번호에 따라 운행된다.
Train Data(열차 데이터)	열차에 대한 정보를 제공하는 정의된 데이터 세트. 열차를 특징짓는 데이터로, 열차 이동을 감독하기 위해 ERTMS/ETCS에 필요한 데이터이다.
Train Detection(열차 검지)	노선의 특정 구간에서 열차의 존재 여부를 증명한다.
Train Integrity(열차 무결성)	열차가 완성되었고 코치나 마차가 뒤처지지 않았다는 믿음의 수준.
Train Interface Unit (열차 인터페이스 유닛)	ERTMS/ETCS 차상 장비 내부에 있는 이 장치는 ERTMS/ETCS 차상 장비와 열차 사이의 인터페이스를 제공한다.

Train Movement(열차 이동)	열차 데이터를 이용할 수 있는 상태에서 차량이 이동하는 경우, 역에서 역으로 이동하는 것이 규칙이며, 주요 신호 또는 유사한 절차의 진행 권한에 따른 규칙이다.
Train Orientation, ETCS (열차 오리엔테이션, ETCS)	활성 운전실이 있는 경우, 이 운전실은 열차의 방향을 정의한다. 즉, 활성 운전실의 측면이 열차의 앞쪽을 결정하는 것으로 간주된다. 활성 운전실이 없는 경우, 열차의 방향은 마지막 활성 운전실에 의해 정의된다. [예외] 첫 번째 감독 기동 승인이 수신될 때부터 임무가 종료되거나 비선도 모드로 계속될 때까지 열차 방향은 마지막으로 수신된 감독 기동 승인에서 이동 당국의 방향에 따라 결정되며, 이는 입환 구성에서 엔진의 위치와 어느 캡이 활성화 되어 있는지에 관계없이 결정된다.
Train Position Confidence Interval (열차 위치 신뢰 구간)	ERTMS/ETCS가 탑승한 열차가 실제 열차 위치를 가정하는 거리 간격은 정의된 확률로 설정된다. 오도미터 판독량과 과소 판독량, 기준 발리스 그룹의 위치 정확도의 두 배로 구성되어 있다.
Train Running Number (열번)	열차가 운행되는 번호.
Train Trip(열차 주행)	열차가 권한 종료 시점을 지날 때 시작되며, 억제 시설을 사용할 때는 예외이며 비상 브레이크가 즉시 적용된다.
Train-To-Track Transmission (열차에서 궤도로 송신)	열차에서 선로변 장비로 무선으로 ERTMS/ETCS 메시지 전송.
Transitions(전환)	작동 모드 및/또는 레벨 간의 제어된 변경 사항
Transition Buffer (전환 버퍼)	레벨 전환 또는 RBC/RBC 핸드오버의 경우, 이는 즉시 사용되지 않는 선로변 정보를 포함하는 차상드 스토리지를 의미하며, 레벨 전환이 수행될 때 또는 수락 RBC가 감독 대상이 될 때 각각 평가된다.
Transponder(트랜스폰더)	발리스와 유로발리스
Trip Mode(트립모드)	ERTMS/ETCS 차상 장비 모드(예 EOA 통과 시 진입)로 인해 정지 상태에서만 취소할 수 있는 비상 브레이크가 적용되고 추가 예방 조치가 필요하다.
Uncommissioned Area (미시험 구간)	ERTMS/ETCS가 설치되어 있지만 아직 시험 완료되지 않은 선로의 일부이므로 고려하지 않는다.
Under-Reading Amount (과주거리)	열차가 예상 위치보다 더 멀리 이동했을 수 있는 거리이다. 이 거리는 유로발리스 사양에 정의된 대로 주행 거리계 부정확성과 균형 위치 감지 오류를 고려하여 ERTMS/ETCS 탑재 장비 때문에 추정된다.
Unfitted Area(미설치 구간)	장착되지 않은 지역 선로를 말한다.
Unfitted Mode(미설치 모드)	장착된 열차가 장착되지 않은 구역에서 운행할 수 있는 ERTMS/ETCS 차상 장비 모드.
Unprotected Wrong Side Failure(보호되지 않은 잘못된 측면 장애)	신호 시스템의 다른 어떤 부분도 보호 기능을 제공하지 않는 잘못된 현시 장애.

Validation(검증)	특정 용도에 대한 특정 요건이 충족되었는지를 검토하고 객관적인 증거를 제공하여 확인한다.
Validator(검증자)	검증을 수행하도록 임명된 사람 또는 대리인.
Variable(유동)	고유한 정체성과 의미가 부여된 비트 집합.
Verification(확인)	검토 및 객관적인 증거 제공을 통해 생명주기 단계에 대한 명시된 요구 사항이 충족되었는지 확인
Verifier(확인자)	검증을 수행하도록 임명된 사람 또는 대리인.
Virtual Balise Cover (가상 발리스 커버)	Balise Telegrams의 특정 마커로, 건설 중인 라인에 물리적 커버 플레이트를 교체할 수 있다.
Vital(바이털)	올바른 작동이 신호 시스템의 무결성에 필수적인 장비에 적용되는 시스템을 말한다. 대부분의 중요한 장비는 안전하지 않은 원칙을 준수하도록 설계되었으며, 중요한 장비의 잘못된 현시 고장은 철도 교통을 직접적으로 위험에 빠뜨릴 수 있다.
Warning(경고)	운전자가 긍정적인 조처해야 하는 상태를 경고하는 청각 및/또는 시각적 표시.
Wheelslide(차륜미끄러짐)	브레이크가 달린 바퀴가 레일과의 접착력을 잃고 아래로 회전할 때.
Wheelslip(차륜 슬립)	견인 구동 휠이 레일과의 접착력을 잃고 과도하게 회전하는 경우
Wrong Side Failure (잘못된 측면 실패)	철도 교통에 위험을 초래할 수 있는 장비 고장.

3. KTCS-2 통신 시스템 용어 및 약어집

(1) 철도 시스템 약어(Railroad System Abbreviations)

약어	정식 명칭	설명
AD	Automatic Driving (자동 운전)	열차의 운전이 시스템에 의해 자동으로 수행되는 모드.
ATP	Automatic Train Protection (열차 자동 보호)	열차의 운행 위치와 속도를 연속적으로 감시하여, 위험 구간으로부터 제동 거리를 역산해 열차 속도를 자동으로 제어하는 시스템.
ATC	Automatic Train Control (자동 열차 제어)	궤도회로를 통해 지상 신호 정보를 연속적으로 수신하여 차상 속도계에 제한 속도를 표시하고, 과속이 감지되면 자동으로 열차 속도를 제어하는 장치.
ATO	Automatic Train Operation (자동 열차 조작)	ATC를 기반으로 열차의 출발, 정차, 출입문 개폐 등 운전 전반을 자동화하여 기관사 없이도 운행이 가능한 시스템.
BITU	Block Information Transmission Unit (폐색정보전송장치)	폐색 정보를 전송하는 장치.
CTC	Centralized Traffic Control (열차집중제어장치)	관제센터에서 각 역의 운전취급원이 하던 열차 진로 설정을 집중적으로 제어할 수 있도록 구축한 설비.
ERTMS	European Railway Traffic Management System (유럽 철도교통관리시스템)	유럽의 철도 교통 관리 시스템.
ETCS	European Train Control System (유럽 열차제어시스템)	유럽의 열차 제어 시스템.5
FFFIS	Form Fit and Functional Interface Specification (형식 인터페이스 사양)	형식, 적합성, 기능적 인터페이스 사양.
FIS	Functional Interface Specification (기능 인터페이스 사양)	기능 인터페이스 사양.
JRU	Juridical Recording Unit (열차 운행 정보 기록장치)	열차 운행 정보를 기록하는 장치.
KMAC	Key from the Message Authentication Code (메시지 인증 코드 키)	메시지 인증 코드에서 파생된 키.
KMC	Key Management Center (암호키 관리센터)	RBC와 KVC 간의 안전한 통신을 위해 사용되는 암호화 키를 생성, 관리, 배포하는 중앙 서버.

KVC	Korean Vital Computer (차상컴퓨터장치)	열차에 탑재된 핵심 컴퓨터로, RBC로부터 수신한 운행 허가와 열차의 실제 위치, 속도 정보를 비교하여 ATP 기능을 수행한다.
KTCS-2	Korean Train Control System-2 (한국형 무선기반 열차제어시스템-2)	LTE-R을 기반으로 하는 한국형 열차제어시스템으로, 일반선 및 고속선에 적용된다.
KTCS-M	Korean Train Control System-Metro (한국형 도시철도 열차제어시스템)	도시철도에 적용되는 한국형 열차제어시스템.
LAB Test	Laboratory Test (시험실 시험)	시험실에서 수행하는 시험.
LCC	Life Cycle Costs (수명주기비용)	수명 주기 동안 발생하는 비용.
LEU	Lineside Electronic Unit (선로변 제어 장치)	선로변에 설치되어 지상 장치인 발리스와 신호기 사이에 신호 정보를 전달하여 철도 안전을 확보하는 주요 용품.
LS	Limited Supervision (제한적 감시)	시스템이 제한적인 범위 내에서 열차를 감시하는 모드.
LRBG	Last Relevant Balise Group (최종 참조 발리스 그룹)	열차의 위치를 추적하기 위해 최종적으로 참조된 발리스 그룹.
LTE-R	Long Term Evolution-Railway (철도용 LTE 통신)	4세대 이동통신 기술인 LTE를 철도 환경에 최적화하여 개발한 무선 통신 시스템.
MA	Movement Authority (이동 권한)	열차가 안전하게 주행할 수 있는 최대 거리와 제한 속도 정보를 담고 있는 데이터.
OS	On Sight (시계)	기관사가 육안으로 신호를 확인하며 운전하는 모드.
RAMS	Reliability Availability Maintainability Safety (신뢰성, 가용성, 유지보수성, 안전성)	철도 시스템의 성능 및 안전을 평가하는 지표.
RBC	Radio Block Centre (무선폐색센터)	약 60km 구간을 관할하며 열차 위치, 속도, 운행 계획을 실시간으로 파악하여 각 열차에 대한 운행 허가(MA)를 전송하는 지상 장비.
SR	Staff Responsible (기관사 책임)	시스템 감시 없이 기관사의 책임하에 운행하는 모드.
SRS	System Requirements Specification (시스템 요구사양서)	시스템에 대한 요구사항을 명시한 문서.
TSR	Temporary Speed Restriction (임시속도제한)	임시로 설정되는 속도 제한.
TSI	Technical Specification for Interoperability (연계운행 기술사양)	연계 운행에 필요한 기술 사양.
UIC	International Union of Railways (국제철도연맹)	국제 철도 연맹.
ATP	Automatic Train Protection	열차자동보호

BITU	Block Information Transmission Unit	폐색정보전송장치
CTC	Centralized Traffic Control	열차집중제어장치
ERTMS	European Railway Traffic Management System	유럽 철도교통관리시스템
ETCS	European Train Control System	유럽 열차제어시스템
FFFIS	Form Fit and Functional Interface Specification	형식 인터페이스 사양
FIS	Functional Interface Specification	기능 인터페이스 사양
JRU	Juridical Recording Unit	열차 운행정보 기록장치
KMAC	Key from the Message Authentication Code	메시지 인증 코드 키
KMC	Key Management Center	암호키 관리센터
KVC	Korean Vital Computer	차상컴퓨터장치
KTCS-2	Korea Radio-based Train control System-2	한국형 무선기반 열차제어시스템-2
LAB Test	Laboratory Test	시험실 시험
LCC	Life Cycle Costs	수명주기비용
LEU	Lineside Electronic Unit	선로변제어장치
LRBG	Last Relevant Balise Group	최종 참조 발리스 그룹
LTE-R	Long Term Evolution-Railway	철도용 LTE 통신
MA	Movement Authority	이동 권한
RBC	Radio Block Centre	무선폐색센터
RAMS	Reliability Availability Maintainability Safety	신뢰성, 가용성, 유지보수성, 안전성
RRU	Remote Radio Unit	원격무선유닛
SRS	System Requirements Specification	시스템 요구사양서
STU	Safety Transmission Unit	안전전송유닛
TSR	Temporary Speed Restriction	임시속도제한
UDP	User Datagram Protocol	사용자 데이터 프로토콜
UIC	International Union of Railways	국제철도연맹
TSI	Technical Specification for Interoperability	연계운행 기술사양
TDM	Time Division Multiplexing	시분할 다중화
DWDM	Dense Wavelength Division Multiplexing	도시간 DWDM
DWDM 롱 홀	DWDM Long Haul	장거리 DWDM
DXC	Digital Cross Connect	회선 분배 장치

OXC	Optical Cross Connect	광 분배 장치
NMS	Network Management System	네트워크관리시스템
MSPP	Multi-Service Provisioning Platform	다중 서비스 지원 플랫폼
MSSP	Multi-Service Switching Platform	다중 서비스 통합 플랫폼

(2) 통신 및 네트워크 용어(Communication & Network Terminology)

약어	정식 명칭	설명
ACK/NAK	Acknowledgement / Negative Acknowledgement (긍정 응답 / 부정 응답)	데이터 통신에서 수신 측이 데이터의 정상 수신 여부를 송신 측에 알리는 제어 신호.
CRC	Cyclic Redundancy Check (순환중복검사)	전송된 데이터에 오류가 있는지 검출하기 위해 사용되는 알고리즘.
DU	Digital Unit (디지털 유닛)	LTE 기지국(eNodeB)의 일부로, 무선 신호 처리 및 제어 기능을 담당하는 중앙 처리 장치.
eNodeB	Evolved NodeB (진화된 노드B)	LTE 무선 접속망을 구성하는 기지국으로, DU와 RRU로 구성된다.
EPC	Evolved Packet Core (진화된 패킷 코어)	LTE 네트워크의 핵심 제어부(코어망)로, 가입자 인증, 데이터 경로 설정 등을 수행한다.
FCS	Frame Check Sequence (프레임 검사열)	데이터 프레임의 끝에 추가되어 전송 오류를 검출하는 데 사용되는 코드.
GTP	GPRS Tunnelling Protocol (GPRS 터널링 프로토콜)	LTE 코어망 내에서 사용자 데이터 패킷을 터널링(캡슐화하여 전송)하는 데 사용되는 프로토콜.
IP	Internet Protocol (인터넷 프로토콜)	패킷 교환 네트워크에서 데이터를 패킷 단위로 나누어 주소를 부여하고 전송하는 규칙.
LAN	Local Area Network (근거리 통신망)	건물이나 특정 지역 내의 컴퓨터와 장치들을 연결하는 통신망.
LSB/MSB	Least/Most Significant Bit (최하위/최상위 비트)	이진수에서 가장 작은 자리값(LSB) 또는 가장 큰 자리값(MSB)을 갖는 비트.
MIMO	Multiple Input Multiple Output (다중 입출력)	여러 개의 안테나를 사용하여 데이터를 동시에 송수신함으로써 전송 속도와 안정성을 높이는 기술.
MME	Mobility Management Entity (이동성 관리 개체)	EPC의 구성 요소로, 단말기의 망 접속, 위치 추적, 핸드오버 등 이동성과 관련된 제어 기능을 담당한다.
P-GW	PDN Gateway (패킷 데이터 네트워크 게이트웨이)	EPC의 구성 요소로, LTE 망과 외부 인터넷망 간의 관문 역할을 한다.
PTT	Push-to-Talk (푸시투토크)	버튼을 누르는 동안에만 음성을 전송하는 무전기 방식의 통신 서비스.

약어	용어	설명
QoS	Quality of Service (서비스 품질)	네트워크에서 특정 데이터에 높은 우선순위를 부여하여 지연이나 손실 없이 안정적으로 전송되도록 보장하는 기술.
RRU	Remote Radio Unit (원격 무선 유닛)	LTE 기지국(eNodeB)의 일부로, DU로부터 신호를 받아 실제 무선 주파수 신호로 변환하여 안테나를 통해 송수신하는 장비.
S-GW	Serving Gateway (서빙 게이트웨이)	EPC의 구성 요소로, 기지국 간 핸드오버 시 데이터 경로를 전환하고 사용자 데이터 패킷을 라우팅하는 역할.
STU	Safety Transmission Unit (안전전송유닛)	RBC와 같은 핵심 장치와 통신망 사이에 위치하여, 안전 관련 데이터를 암호화하고 무결성을 보장하는 보안 장치.
TCP	Transmission Control Protocol (전송 제어 프로토콜)	전송 제어 프로토콜. 신뢰성 있는 데이터 전송을 보장하는 연결 지향형 프로토콜. 데이터의 순서 보장, 오류 검출 및 재전송 기능을 제공한다.
UDP	User Datagram Protocol (사용자 데이터그램 프로토콜)	연결 설정이나 재전송 기능이 없어 신뢰성은 낮지만, 전송 속도가 빠른 비연결형 프로토콜.
UE	User Equipment (사용자 장비)	LTE 네트워크에 접속하는 모든 단말기를 총칭하는 용어. 열차에 설치된 무선 통신 모듈이 이에 해당.
DWDM	Dense Wavelength Division Multiplexing (고밀도파장 다중화)	하나의 광케이블 상에서 여러 개의 빛 파장을 동시에 전송하는 광전송 방식.
DXC	Digital Cross Connect (디지털 회선 분배 장치)	대용량 회선이 집중되는 장소에 들어가는 회선 분배 장치.
MSPP	Multi-Service Provisioning Platform (다중 서비스 지원 플랫폼)	여러 가지 다양한 서비스를 하나의 플랫폼에서 제공하는 장비.
MSSP	Multi-Service Switching Platform (다중 서비스 통합 플랫폼)	여러 가지 다양한 서비스를 하나의 플랫폼에서 효율적으로 분배해주는 대형 장비.
NMS	Network Management System (네트워크 관리 시스템)	모든 광장비들을 하나의 소프트웨어로 운용하는 통합 망 관리 시스템.
OXC	Optical Cross Connect (광 회선 분배 장치)	광연결로 이루어진 더 높은 용량의 회선 분배 장치.
TDM	Time Division Multiplexing (시분할 다중화)	한 전송로의 자료 전송 시간을 일정한 시간폭으로 나누어 여러 채널이 하나의 고속 전송선을 나누어 이용하도록 하는 방법.

(3) 기타 핵심 용어(Other Key Concepts)

용어	정식 명칭	설명
SIL	Safety Integrity Level (안전 무결성 등급)	철도를 비롯하여 안전이 최우선시되는 산업 분야에서 시스템의 안전성과 신뢰성을 평가하는 국제 표준.
SIL 4	Safety Integrity Level 4 (안전 무결성 등급 4)	국제 안전성 규격의 최고 등급으로, 1시간당 10^{-9} 수준의 극히 낮은 고장 확률을 요구한다. KTCS-2의 핵심 부품들도 개별적으로 SIL 4 인증을 획득했다.
Fail-safe	페일-세이프	시스템에 고장이나 전원 공급 중단과 같은 비상 상황이 발생했을 때, 자동으로 가장 안전한 상태로 전환되도록 하는 설계 원리. 일반적으로 전원이 제거되면 잠금(lock)이 해제되는 제품이 이에 해당한다.
Fail-secure	페일-시큐어	시스템에 고장이나 전원 공급 중단 시, 현재의 상태를 유지하여 보안이 유지되도록 하는 원리. 전원이 제거되면 잠금(lock) 상태가 유지되는 제품이 이에 해당한다.
RAN-Sharing	Radio Access Network Sharing (무선망 기지국 공동 활용)	인접한 LTE-R 망과 PS-LTE 망이 하나의 기지국을 공유하여 사용하는 기술로, 주파수 간섭을 해소하는 데 사용된다.

(4) 통신 용어(Communication Terminology)

용어	정식 명칭	설명
ACK/NAK	Acknowledgement / Negative Acknowledgement)	긍정 응답 / 부정 응답. 데이터 통신에서 수신 측이 데이터를 정상적으로 수신했는지(ACK) 또는 오류가 있어 재전송이 필요한지(NAK)를 송신 측에 알리는 제어 신호이다.
CRC	Cyclic Redundancy Check	순환중복검사. 전송된 데이터에 오류가 있는지 검출하기 위해 사용되는 알고리즘. 송신 측에서 데이터 블록을 기반으로 계산한 짧은 체크섬을 덧붙여 보내면, 수신 측에서 동일한 계산을 수행하여 오류 여부를 확인한다.
DU	Digital Unit	디지털 유닛. LTE 기지국(eNodeB)의 일부로, 무선 신호 처리 및 제어 기능을 담당하는 중앙 처리 장치이다. 보통 랙(Rack) 형태로 실내에 설치된다.
eNodeB	Evolved NodeB	LTE 무선 접속망(E-UTRAN)을 구성하는 기지국을 의미한다. DU와 RRU로 구성된다.
EPC	Evolved Packet Core	LTE 네트워크의 핵심 제어부(코어망). 가입자 인증, 데이터 경로 설정, 이동성 관리 등 네트워크의 모든 두뇌 역할을 수행한다.
FCS	Frame Check Sequence	프레임 검사 순서. 데이터 프레임(전송 단위)의 끝에 추가되어 전송 오류를 검출하는 데 사용되는 코드로, CRC와 유사한 개념이다.

약어	원문	설명
GTP	GPRS Tunnelling Protocol	GPRS 터널링 프로토콜. LTE 코어망 내에서 사용자 데이터 패킷을 IP 네트워크를 통해 터널링(캡슐화하여 전송)하는 데 사용되는 프로토콜이다.
IP	Internet Protocol	인터넷 프로토콜. 패킷 교환 네트워크에서 데이터를 패킷 단위로 분할하고, 각 패킷에 주소(IP 주소)를 부여하여 목적지까지 전송하는 규칙이다.
KMC	Key Management Center	암호키 관리센터. RBC와 KVC 간의 안전한 통신을 위해 사용되는 암호화 키를 생성, 관리, 배포하는 중앙 서버이다.
LAN	Local Area Network	근거리 통신망. 건물이나 특정 지역 내의 컴퓨터 및 장치들을 연결하는 통신망이다.
LSB/MSB	Least/Most Significant Bit	최하위 비트 / 최상위 비트. 이진수에서 가장 작은 자리값(LSB) 또는 가장 큰 자리값(MSB)을 갖는 비트를 의미한다.
LTE-R	Long-Term Evolution - Railway	철도통합무선망. 4세대 이동통신 기술인 LTE를 철도 환경에 최적화하여 개발한 무선 통신 시스템이다. 음성, 데이터, 영상을 통합하여 제공하며 KTCS-2의 통신 기반으로 사용된다.
MIMO	Multiple-Input Multiple-Output	다중 입출력. 기지국과 단말기에 여러 개의 안테나를 사용하여 데이터를 동시에 주고받음으로써 전송 속도와 안정성을 높이는 기술이다.
MME	Mobility Management Entity	이동성 관리 개체. EPC의 구성 요소로, 단말기의 망 접속, 위치 추적, 핸드오버 등 이동성과 관련된 제어 기능을 담당한다.
P-GW	PDN Gateway	패킷 데이터 네트워크 게이트웨이. EPC의 구성 요소로, LTE 망과 외부 인터넷망(PDN) 간의 관문(Gateway) 역할을 하며, 단말기에 IP 주소를 할당한다.
PTT	Push-to-Talk	푸시투토크. 버튼을 누르는 동안에만 음성을 전송하는 무전기 방식의 통신 서비스이다.
QoS	Quality of Service	서비스 품질. 네트워크에서 특정 데이터(예 열차제어 데이터)에 높은 우선순위를 부여하여 지연이나 손실 없이 안정적으로 전송되도록 보장하는 기술이다.
RRU	Remote Radio Unit	원격 무선 유닛. LTE 기지국(eNodeB)의 일부로, DU로부터 광케이블로 신호를 받아 실제 무선 주파수(RF) 신호로 변환하여 안테나를 통해 송수신하는 장비이다. 선로변에 분산 설치된다.

RS-232 / RS-422		시리얼 통신 표준. 컴퓨터와 주변 장치 간에 데이터를 한 번에 1비트씩 순차적으로 전송하는 통신 방식의 규격이다.
RX/TX	Receiver / Transmitter	수신기 / 송신기. 데이터를 수신하는 장치(RX)와 송신하는 장치(TX)를 의미한다.
S-GW	Serving Gateway	서빙 게이트웨이. EPC의 구성 요소로, 기지국 간 핸드오버 시 데이터 경로를 전환하고 사용자 데이터 패킷을 라우팅하는 역할을 한다.
STU	Security Transmission Unit	보안전송유닛. RBC나 KVC와 같은 핵심 장치와 통신망 사이에 위치하여, 전송되는 모든 안전 관련 데이터를 암호화하고 무결성을 보장하는 보안 장치이다.
UDP	User Datagram Protocol	사용자 데이터그램 프로토콜. TCP와 달리 연결 설정이나 재전송 기능이 없어 신뢰성은 낮지만, 프로토콜 오버헤드가 적어 전송 속도가 빠른 비연결형 프로토콜이다. 실시간 데이터 스트리밍에 적합하다.
코어망	Core Network	통신 네트워크의 핵심 제어부. 가입자 정보 관리, 데이터 경로 설정, 다른 네트워크와의 연동 등 모든 지능적인 제어 기능을 수행하는 부분이다. LTE에서는 EPC가 코어망에 해당한다.
액세스망	Access Network	사용자의 단말기(UE)가 코어망에 접속할 수 있도록 무선 또는 유선 인터페이스를 제공하는 네트워크 부분. LTE에서는 기지국(eNodeB)들로 구성된 E-UTRAN이 액세스망에 해당한다.
핸드오버	Handover	이동 중인 단말기가 하나의 기지국 서비스 영역을 벗어나 다른 기지국 서비스 영역으로 진입할 때, 통신이 끊기지 않고 자연스럽게 서비스 기지국을 전환하는 기술이다.
IP 주소	IP Address	인터넷이나 IP 기반 네트워크에 연결된 모든 장치를 고유하게 식별하기 위해 부여되는 번호이다.
패킷	Packet	네트워크를 통해 전송되는 데이터의 기본 단위. 큰 데이터는 여러 개의 작은 패킷으로 분할되어 전송되며, 각 패킷에는 목적지 주소와 같은 제어 정보가 포함된다.
프로토콜 스택	Protocol Stack	데이터 통신을 위해 필요한 여러 프로토콜들의 계층적인 구조. 각 계층은 특정 기능을 수행하며, 하위 계층은 상위 계층에 특정 서비스를 제공한다. 예를 들어, S1-U 인터페이스의 프로토콜 스택은 GTP, UDP, IP 계층으로 구성된다.
처리율 / 데이터 전송률	Throughput / Data Rate	단위 시간당 네트워크를 통해 성공적으로 전송될 수 있는 데이터의 양. 보통 Mbps(초당 메가비트) 단위로 측정한다.

4. EULYNX : 유럽 철도 신호 시스템의 혁신을 이끄는 표준화 이니셔티브

EULYNX(European Initiative Linking Interlocking Subsystems)는 유럽의 철도 인프라 관리자들이 모여 철도 신호 시스템의 연동 장치(Interlocking)와 하위 시스템 간의 인터페이스를 표준화하기 위해 출범한 중요한 이니셔티브이다. 2014년에 시작된 이 프로젝트의 핵심 목표는 비용 절감, 시스템 상호운용성 확보, 특정 공급업체에 대한 종속성 탈피를 통해 유럽 철도망의 효율성과 지속 가능성을 높이는 것이다.

쉽게 비유하자면, 각기 다른 제조사의 스마트폰(신호 시스템)에 통일된 충전 포트(표준 인터페이스)를 도입하여 어떤 충전기(하위 시스템)와도 호환되도록 만드는 것과 같다. 이를 통해 철도 운영사는 더 유연하고 경제적으로 신호 시스템을 구축하고 유지보수할 수 있게 된다.

(1) EULYNX의 핵심 목표와 기대 효과

EULYNX는 다음과 같은 구체적인 목표를 가지고 추진되고 있으며, 이를 통해 다양한 긍정적 효과를 기대하고 있다.

- 수명주기 비용(Life Cycle Costs) 절감 : 표준화된 인터페이스를 통해 여러 제조사의 제품을 경쟁적으로 도입하고, 시스템의 일부만 업그레이드하거나 교체하는 것이 용이해져 전체적인 시스템 구축 및 유지보수 비용이 크게 감소한다.
- 공급업체 종속성(Vendor Lock-in) 해소 : 과거에는 특정 공급업체의 연동 장치를 도입하면 해당 업체의 하위 시스템만을 사용해야 하는 제약이 있었다. EULYNX는 개방형 표준을 통해 이러한 종속 관계를 없애고, 철도 운영사가 자유롭게 최적의 제품을 선택할 수 있도록 한다.
- 상호운용성(Interoperability) 증대 : 표준화된 인터페이스는 다른 국가의 철도 시스템이나 각기 다른 제조사의 장비 간에도 원활한 데이터 교환과 연동을 보장한다. 이는 유럽 단일 철도 시장(Single European Railway Area) 구축에 필수적인 요소이다.
- 혁신 및 기술 발전 촉진 : 개방된 시장 환경은 중소기업을 포함한 다양한 기술 기업들의 시장 진입을 유도하여, 신호 시스템 분야의 기술 혁신과 경쟁을 촉진하는 역할을 한다.

(2) EULYNX 아키텍처의 핵심 : 표준 인터페이스

EULYNX 아키텍처의 심장은 바로 표준화된 인터페이스이다. 이 인터페이스들은 기능에 따라 다음과 같이 분류된다.

- SCI(Standard Communication Interface) : 연동 장치와 선로변 설비(신호기, 선로전환기, 궤도회로 등) 간의 데이터 통신을 담당하는 가장 핵심적인 인터페이스이다. 안전과 관련된 중요한 명령과 상태 정보를 교환한다.

- SMI(Standard Maintenance Interface) : 유지보수 활동을 위한 인터페이스이다. 원격으로 시스템의 상태를 점검하고, 필요한 유지보수 작업을 수행할 수 있도록 지원한다.
- SDI(Standard Diagnostic Interface) : 시스템의 진단 정보를 수집하고 분석하기 위한 인터페이스이다. 실시간으로 시스템의 이상 징후를 감지하고 신속하게 대응할 수 있도록 돕는다.
- SSI(Standard Security Interface) : 사이버 공격과 같은 외부 위협으로부터 신호 시스템을 보호하기 위한 보안 인터페이스이다. 데이터 암호화, 접근 제어 등 강력한 보안 기능을 제공한다.

이러한 표준 인터페이스들은 SysML(Systems Modeling Language)이라는 모델 기반 시스템 엔지니어링 언어를 사용하여 정밀하게 정의되며, 이를 통해 명확하고 일관된 사양을 보장한다.

(3) EULYNX의 참여 기관 및 현황

EULYNX는 독일의 DB Netz, 프랑스의 SNCF Réseau, 네덜란드의 ProRail 등 유럽의 주요 철도 인프라 관리자들이 주도하고 있으며, 현재는 스페인의 ADIF를 포함한 다수의 유럽 국가 기관들이 정회원으로 참여하여 국제적인 협력 체계를 구축하고 있다.

이들은 지속적으로 '베이스라인 세트(Baseline Set)'라는 이름으로 표준 사양을 업데이트하고 발표하며, 현재는 'Baseline Set 4' 버전을 기반으로 실제 프로젝트에 적용을 확대하고 있다. 각 회원국들은 자국의 철도 현대화 사업 및 신규 노선 구축에 EULYNX 표준을 적극적으로 도입하고 있으며, 이는 점차 유럽 철도 신호 시스템의 표준으로 자리매김하고 있음을 보여준다.

EULYNX는 또한 유럽 철도 시스템의 통합을 목표로 하는 더 큰 규모의 이니셔티브인 'Europe's Rail Joint Undertaking (EU-Rail)'과 긴밀히 협력하며, 유럽 철도의 미래 기술 표준을 함께 만들어가고 있다.

5. 통신관련 Data

(1) KTCS-2 고정된 수치 데이터 목록

고정된 수치 데이터	수치	명칭
안전한 연결을 확립하기 위해 시도하는 횟수	3회	
무선 메시지의 반복	3회	
허용 속도와 비상제동 개입한계 사이의 속도 차이, 최소치	5km/h	DV_EBI_{min}
허용 속도와 비상제동 개입한계 사이의 속도 차이, 최대치	15km/h	DV_EBI_{max}
허용 속도와 비상제동 개입한계 사이의 관계를 정의하는 상수	0.1	C_EBI
지리적 거리의 계산을 위한 최대 거리	10,000meter	D_{GEO}
MA 요청 반복 주기, 디폴트 값	60s	$T_{CYCRQSTD}$
모드 전이 인지 시간	5s	TAMT
점착 수치(1), 미끄럽지 않은 레일	100%	
점착 수치(2), 미끄러운 레일	70%	
레벨s 0/STM에서 금속 면제(immunity) 거리	300meter	D_Metal
발리스 그룹의 디폴트 위치 정확도	12meter	

① LTE-R 전송지연 시간 검토
  ㉠ 열차제어정보 전송지연 시간
  열차 제어 데이터 서비스의 열차의 제어권 정보는 열차가 최대 350km/h 고속으로 이동하는 전파 환경에서 폐색 센터와 차량 이동국 간 무선구간에서 **300msec 이내에 전달**되어야 한다.
  ㉡ 음성 통화 호 접속 시간
  음성 통화 서비스는 열차가 최대 350km/h의 고속으로 이동하는 전파 환경에서 **통화 시도 시 접속 시간은 1초 이내 이어야 하고 호접속 성공률은 평균 99% 이상**이 되어야 한다.
② 무선 통신망 성능 요구 사항
  ㉠ 열차제어 정보 전송 지연
  무선 통신망은 열차 제어에 관련된 **제어권 정보를 차량 이동국으로 300msec 이내에 전송**할 수 있어야 한다.
  ㉡ 핸드오버 절체 시간
  무선 통신망의 핸드오버의 **절체 시간은 300msec 이내** 이어야 한다.

③ KTCS-M 통신 목표 성능 범위(KRS SG 0069-19(R) 기준 요약)

항목	목표 성능
통신지연시간(Latency)	100ms 이하(왕복 기준)
패킷 손실률(Packet Loss Rate)	10^{-3} 이하(0.1%)
통신가용도(Availability)	99.9% 이상(연간 기준)
통신 신뢰성(Reliability)	99.999% 이상(한 회 운행 기준)
통신 거리	열차 위치, 주행속도에 따라 100m 이상 안정 수신 가능해야 함
핸드오버 시간	200ms 이하(AP 간 전환 시간)
통신 재접속 시간	2초 이내(일시 단절 후 복구 시간)

④ 주요 설명

　㉠ 통신지연시간 (Latency ≤ 100ms)
　　• 열차의 실시간 위치, 속도, 방향 등 데이터를 100ms 이내에 왕복 전달
　　• 지연 시간이 길어지면 열차 간 간격 유지 실패 → 추돌 위험 증가

　㉡ 패킷 손실률 (≤ 0.1%)
　　• 제어 명령이나 열차 위치 정보가 손실되면 제동 명령 실패 등의 위험 발생
　　• 무선 환경에서 에러정정 및 재전송 기술 필수

　㉢ 통신가용도 (≥ 99.9%)
　　• 1년 8,760시간 중 통신 장애 허용 시간은 약 8.76시간 이내
　　• 시스템은 이중화(Redundancy) 또는 핸드오버 기능으로 고가용성 유지

　㉣ 핸드오버 시간 (≤ 200ms)
　　• 열차가 AP(Access Point) 간 이동 시 무선 연결을 즉시 전환해야 함
　　• 전환 시간이 길어지면 통신 끊김 → 비정상 모드 진입 가능성

　㉤ 통신 재접속 시간 (≤ 2초)
　　• 간헐적 통신 장애 후 2초 이내 자동 복구되어야 정상 모드 유지 가능
　　• 이 기준을 넘기면 시스템은 강제로 안전모드로 전환됨

(2) 국가 / 디폴트 데이터 목록

국가/디폴트 데이터 목록	디폴트 값	SRS 명칭(참조 전용임)
기관사에 의한 점착 계수 수정	허용되지 않음	Q_NVDRIVER_ADHES
입환 모드 (허용) 속도한계	30km/h	V_NVSHUNT
요원 책임 모드 (허용) 속도한계	40km/h	V_NVSTFF
온사이트 모드 (허용) 속도한계	30km/h	V_NVONSIGHT
미설치 모드 (허용) 속도한계	100km/h	V_NVUNFIT
해제 속도 수치	40km/h	V_NVREL
구름방지, 역행보호 및 완전정지 감독에 사용되는 거리	2m	D_NVROLL
목표에 대한 제동 시 상용제동 사용	예	Q_NVSRBKTRG
비상제동 해제 허가	완전정지에서만	Q_NVEMRRLS
권한의 종료 오버라이드 기능 촉발 위한 최대속도 한계	0km/h	V_NVALLOWOVTRP
'오버라이드 EOA' 기능이 활성화될 때 감시되는 허용속도 한계	30km/h	V_NVSUPOVTRP
권한의 종료 오버라이드가 촉발될 때 열차 트립 억제거리	200m	D_NVOVTRP
권한의 종료 오버라이드가 촉발될 때 열차 트립 최대시간	60s	T_NVOVTRP
운행 중 기관사 ID 변경 허용	예	M_NVDERUN
무선 채널 감시한계 만료 시 시스템 반응 (T-Contact)	반응 없음	M_NVCONTACT
최종 수신 텔레그램 RBC 작성 이후 최대 시간		T_NVCONTACT
트립 후 모드에서 역전에 허용되는 거리	200 m	D_NVPOTRP
요원 책임 모드에서 최대 허용 운행거리		D_NVSTFF

(3) JRU(법률적 기록계)에 기록되는 이벤트

촉발자	사건/정보
기록기능의 고장 검출	JRU 고장
모드의 선택/변경	현재 모드
레벨의 선택/변경	현재 레벨
데이터 입력완료	데이터 입력/열차 데이터 및 추가 데이터
기동	ETCS ID
비상제동 명령/ 취소	비상제동 상태
상용제동 명령/취소	상용제동 명령
5초 마다	현재 속도
수신될 때	발리스 그룹의 메시지
수신될 때	유로루프의 메시지
수신될 때	무선인필장치의 메시지
수신될 때	RBC의 메시지
전송될 때	RBC에 대한 메시지
차상시스템 (MMI, 열차 인터페이스)에 대한 기관사 조치	기관사 조치
이 사건이 일어나고 여전히 기록이 가능한 때	시스템 고장
발리스 그룹 오류(모든 유형의 수신 이상)	NID_C 및 NID_BG
무선응동 감독 오류 (이전 메시지 수신 만료 후 최대 시간)	오류 식별자
변경될 때	위 항목에서 언급되지 않은 기관사에 대한 모든 표시 (즉 텍스트 메시지, 허용속도, 목표속도)
인터페이스에서의 새로운 데이터	외부 제공원으로부터의 데이터

참고자료

1. 프랑스가 점령 했던 국내 철도…열차 이어 제어시스템도 국산화 – 한국철도산업협회, https://korass.or.kr/kr/board/railroad_news/boardView.do;korass_JSESSIONID=E4887CF530B6730BFAA14E7B2CA5BF4E?bbsIdx=1718&pageIndex=4&searchCondition=&searchKeyword=&viewMode=myone
2. "한국형 열차제어시스템 구축 본격화, 수송력 높일 수 있나?" [기획], https://www.redaily.co.kr/news/articleView.html?idxno=13174
3. KTCS-2 한국형 일반 및 고속철도용 열차제어시스템, LTran-RX – LS Electric, https://www.ls-electric.com/ko/product/category/CCC001004
4. 한국형 열차제어 시스템 레벨 2(KTCS -2) 설치공사 – 국가철도공단, https://www.kr.or.kr/boardCnts/fileDown.do?fileSeq=5519d0b626296db0adedae00a3c276a6
5. [안전특집-철도신호] ②한국형 고속열차제어시스템, 국산화 기술로 무장 – 국토매일, http://www.pmnews.co.kr/104104
6. [현장르포] 국산·표준화, 다 잡은 KTCS-2 '전라선 시범 … – 철도경제신문, https://www.redaily.co.kr/news/articleView.html?idxno=3277
7. 한국형 열차제어시스템 KTCS-2 – YouTube, https://m.youtube.com/watch?v=IcdIIN9CcSI&pp=0gcJCa0JAYcqIYzv
8. ERA_ERTMS_040026 Introduction to ETCS Braking Curves
9. Simulation of the Effect of Selected National Values on the Braking Curves of an ETCS Vehicle
10. ETCS-L2 차상신호장치 Braking Curve 모델 설계에 관한 연구 – 한국철도학회, http://railway.or.kr/Papers_Conference/201501/pdf/KSR2015S131.pdf
11. Determining the Optimal Positions of Infill Balise Groups for ERTMS/ETCS Level 1 Applications
12. Infrastructure Capacity in the ERTMS Signaling System
13. 철도 신호 시스템 통신 프로토콜 기술 설명서
14. https://koreascience.kr/article/CFKO201132164226544.pdf
15. KRTCS_2용 지상장치 – 국가철도공단, https://www.kr.or.kr/boardCnts/fileDown.do?fileSeq=749ecf5cdf72170d1aaee89031ba3906
16. 신호시스템 정보전송방식 – 국가철도공단, https://www.kr.or.kr/boardCnts/fileDown.do?fileSeq=2baa4a1d57819610f58e8bc062453df4
17. New CBTC System for Smart Operation : Hitachi Review – Hitachihyoron, https://www.hitachihyoron.com/rev/archive/2018/r2018_07/07a05/index.html

18. Communications-based train control - Wikipedia,
 https://en.wikipedia.org/wiki/Communications-based_train_control
19. Radio communication for Communications-Based Train Control (CBTC): A tutorial and survey - DTU Research Database, ,
 https://orbit.dtu.dk/files/128950142/COMST2661384.pdf
20. 철도전용 무선통신 기술 동향 - ETRI Electronics and ..., ,
 https://ettrends.etri.re.kr/ettrends/191/0905191003/023-033_%EC%9D%B4%EC%88%99%EC%A7%84.pdf
21. 국내 열차제어시스템의 용어 정의에 관한 연구,
 http://railway.or.kr/Papers_Conference/201502/pdf/KSR2015A114.pdf
22. [그때 그 사건] "1·2번 신호기 헷갈린 기관사"....2013년 8월 대구역 3중 충돌사고,
 https://www.redaily.co.kr/news/articleView.html?idxno=6230
23. "한국형 열차제어시스템 구축 본격화, 수송력 높일 수 있나?" [기획],
 https://www.redaily.co.kr/news/articleView.html?idxno=13174
24. 철도 시스템 기능 안전(Functional Safety) 및 인증,
 https://koreascience.kr/article/JAKO201436351073714.pdf
25. Tolerable Hazard Rate 도출을 위한 정량적 분석 기법 검토,
 https://koreascience.kr/article/CFKO200314835293350.pdf
26. IEC 61508 기반 안전 무결성 레벨 평가 및 관리방안에 관한 연구,
 http://railway.or.kr/Papers_Conference/202112/pdf/KSR2021A018.pdf
27. 코레일 "수도권 전동차 고장, 이상전압에 SIV 퓨즈 소손...합동조사반 구성" - 철도산업정보센터,
 http://www.kric.go.kr/jsp/board/portal/sub01/railNewsDetail.jsp?p_id1=M01060101&p_id2=554679&p_id3=2024.03.20
28. 일반·고속철도용 무선기반 열차제어시스템(KRTCS-2) 표준사양 개발
29. NOR-STA 도구를 활용한 체계적 철도시스템 독립안전성 평가 방안
30. 철도연, 국내 최초 KTCS 열차제어시스템 공인검사기관 인정 - 한국철도기술연구원,
 https://www.krri.re.kr/web/contents/krri030202.do?id=23742&schM=view
31. Hardware-in-the-loop Platform for Virtual Certification of Traction Systems for Railway
32. 10^{-9}분의 1 기술 진입장벽을 뚫은 열차의 두뇌 'KTCS-2 열차 제어시스템' 개발 〉 24년 05/06월호 - 기술과혁신, http://webzinekoita.or.kr/202405/10
33. 철도 신호제어시스템 적합성평가 기술개발 최종보고서,
 https://www.codil.or.kr/filebank/original/RK/OTKCRK200796/OTKCRK200796.pdf
34. Fail-Safe Relays in Rail Safety, ,
 https://www.intertechrail.com/articles/fail-safe-relays-in-rail-safety
35. Radio Block Center Model, https://elib.dlr.de/117338/1/paper.pdf

36. 한국형 열차제어 시스템 레벨 2(KTCS -2) 설치공사 - 국가철도공단, https://www.kr.or.kr/boardCnts/fileDown.do?fileSeq=5519d0b626296db0adedae00a3c276a6
37. Failure Modes and Effects Analysis for the Interface to/from an Adjacent RBC - in Application Level 2, https://www.era.europa.eu/system/files/2022-11/index020_-_subset-078_v333.pdf
38. 74. RBC/RBC handovers - ERTMS Users Group, https://ertms.be/wp-content/uploads/2024/07/17E112-2-_RBC-RBC-handovers.pdf
39. ertms/etcs unit interfaces between control-command and signalling trackside and other subsystems, https://www.eu-trans.biz/project1/p3e.pdf
40. Communications-based train control - Wikipedia, https://en.wikipedia.org/wiki/Communications-based_train_control
41. Terminology, Differences, And Challenges Of CBTC And ETCS
42. Radio communication for Communications-Based Train Control (CBTC): A tutorial and survey - DTU Orbit, https://orbit.dtu.dk/files/128950142/COMST2661384.pdf
43. SUBSET-026-2 v360.pdf, Basic System Description, http://webpages.iust.ac.ir/sandidzadeh/Courses/Signalling%202/spec3%20ETCS%20baseline%203%20and%20GSM-R%20baseline%201/Index04%20SUBSET-026%20v360/SUBSET-026-2%20v360.pdf
44. 한국형 열차제어시스템 기능별 분류에 관한 연구 박주훈, 김희식
45. 변조방식 - 디지털 to 아날로그 (ASK, FSK, PSK) - 담쟁이 - 티스토리, https://linecard.tistory.com/38
46. 데이터 변조 QPSK, QAM이란?? - RF열무의 라이프 스터디 블로그 - 티스토리, https://rf-yeolmu.tistory.com/17
47. 열차 고속 주행환경에서 LTE-R 무선통신시스템 성능 분석, https://www.koreascience.kr/article/JAKO202223753928742.pdf
48. TTA 표준 해설서 - 한국정보통신기술협회, https://www.tta.or.kr/data/standard_2018/2018_guide_article_a8.html
49. 철도 신호제어시스템 적합성평가 기술개발 최종보고서
50. 220419_Korean_Train_Control_System_Commences_Service_in_Jeolla_Line (1)
51. 241217_철도연_KTCS 열차제어시스템 공인검사기관 인정
52. CBTC 차상장치 시스템 구성 설계
53. Determining the Optimal Positions of Infill Balise Groups for ERTMS-ETCS Level 1 Applications
54. Development of Standard Specification of Korea Radio based Train Control System(KRTCS-2) for Conventional & High Speed Railway
55. ERTMS_ETCS_signalling_system_revF

56. ETCS 제동 곡선이란
57. ETCS-L2 차상 속도 감시 시스템 설계에 대한 연구 2014 전재훈, 이종성외
58. Infrastructure Capacity in the ERTMS Signaling System
59. Introduction to ETCS braking curves
60. NOR-STA 도구를 활용한 체계적 철도시스템 독립안전성 평가 방안
61. Radio communication for Communications-Based Train Control (CBTC)
62. Railway Engineering Guidelines-핀린드.헬싱키
63. SIL 4 인증문서 한글 표준양식(템플릿) 적용사례 연구
64. Simulation of the Effect of Selected National Values on the Braking Curves of an ETCS Vehicle
65. Terminology, Differences, And Challenges Of CBTC And ETCS
66. KRTCS_2용_지상장치_공단표준규격 제정 전문 (3)
67. 일반철도 & 고속철도용 무선기반 열차제어시스템(KRTCS-2) 표준사양 개발
68. 자동운전을 지원하는 ETCS L3급
69. 차세대 열차제어시스템 안전전송장치 설계에 관한 연구
70. 철도 시스템 기능 안전(Functional Safety) 및 인증
71. 무선통신기반 열차제어시스템 제작 및 성능평가 최종보고서 -국토교통부
72. A modular simulation tool for Fixed Block and Moving Block railway signalling systems M. Barbaro 외 Italy
73. CBTC 차상장치 시스템 구성 설계 - 류명선외 4
74. 철도 신호제어시스템 적합성평가 기술개발 - 국토교통부

맺음말

KTCS 열차제어시스템 기술해설

우리의 여정은 시속 300km로 질주하는 KTX의 이미지에서 시작되었습니다. 이제 책의 마지막 장을 덮는 이 순간, 독자 여러분의 머릿속에 그려지는 KTX는 처음과는 다른 모습이리라 믿습니다. 그 매끈한 차체 위를 흐르는 무수한 데이터와, 보이지 않는 선로 위를 오가는 정교한 신호, 그리고 이 모든 것을 관장하는 강력한 두뇌, KTCS-2와 KTCS-M의 작동 원리가 선명하게 그려질 것입니다.

이 책을 통해 우리는 열차제어의 기본 원리부터 시작하여, 대한민국 철도 기술 자립의 상징인 KTCS-2와 도시철도 운영의 혁신을 가져온 KTCS-M의 핵심을 탐험했습니다. 지상의 RBC부터 차상의 KVC까지, 그들을 잇는 LTE-R의 견고한 네트워크까지, 각 구성 요소들이 어떻게 유기적으로 결합하여 절대적인 안전과 최고의 효율을 만들어내는지 확인했습니다.

또한 우리는 현재에만 머무르지 않았습니다. 궤도회로의 개념을 넘어선 KTCS-3와 열차 간 통신으로 운행 간격을 획기적으로 줄일 가상결합(Virtual Coupling) 기술을 미리 만나보며 K-철도가 나아갈 미래를 엿보았습니다.

하지만 이 책이 제공하는 지식은 완성된 결과물이 아니라, 여러분의 손에서 새로운 가치를 만들어낼 씨앗입니다. 이 책에서 다룬 기술적 원리와 시스템에 대한 이해는 현장에서 마주할 수많은 문제를 해결하고, 더 나은 시스템을 구상하며, 대한민국 철도 기술을 한 단계 더 도약시키는 밑거름이 될 것입니다.

기술은 끊임없이 진화하고 있으며, 우리가 풀어야 할 과제들 또한 남아있습니다. 더 높은 수준의 자동화, 인공지능 기반의 예지 정비, 날로 중요해지는 사이버보안 강화 등 미래를 향한 도전은 이제 현장을 지키는 신호 엔지니어 여러분의 손에 달려있습니다.

이 긴 지적 탐험에 함께해주신 모든 분께 깊은 감사를 드립니다. 부디 이 책이 여러분의 서재에서 든든한 기술 동반자가 되어, 대한민국 철도의 빛나는 미래를 열어가는 여정에 작은 등불이 되기를 소망합니다.

여러분이 바로 K-철도의 내일을 움직이는 새로운 심장입니다.

저자 : 서 석 철

- **학력**
  - 서울과학기술대 철도전문대학원
- **자격**
  - 공학박사, 철도신호기술사
- **경력**
  - 철도청/서울메트로
  - 서울특별시도시철도공사 기술연구소장
  - ㈜대림산업 기술고문
  - 현 ㈜경인기술 상임고문
  - K2 전라선 시범사업구간 감리 활동
- **위원참여**
  - 서울특별시 설계기술 심의위원
  - 인천/광주/대구광역시 기술자문위원
  - 한국철도공사 기술자문위원
  - 국가철도시설공단 기술자문위원

감수 : 손 운 락

- **학력**
  - 충남대학교 대학원(전기)
- **자격**
  - 철도신호기술사, 국제기술사
- **경력**
  - 철도청 전기사무관
  - 한국철도공사 신호제어처장, 고속철도전기소장
  - 현 한국철도신호기술협회 회장
- **위원참여**
  - 국토교통부 신호전문위원
  - 한국산업인력공단 NCS 위원
  - 대한전기협회 전기위원
  - 철도건설 운영기관 신호분야 전문위원

감수 : 류 상 환

- **학력**
  - 성균관대학교 대학원
- **자격**
  - 공학박사, 철도신호기술사
- **경력**
  - 한국철도기술연구원 수석연구원
  - 한국철도기술연구원 경량전철시스템 연구단장
  - 한국고속철도건설공단 전기연구실
- **위원참여**
  - 국토교통부 항공철도사고조사위원회 위원
  - 국토교통부 중앙건설기술심의위원회 위원
  - 국토교통부 철도기술전문위원회 위원
  - 한국산업인력공단 기술사검정심의위원회 위원
  - 국가철도공단 기술자문 위원

KTCS 열차제어시스템 기술해설

1판 1쇄 발행	2025년 11월 20일	
1판 2쇄 발행	2026년 01월 20일	

저자	서석철
펴낸이	박 용
펴낸곳	도서출판 세화
주소	경기도 파주시 회동길 325-22(서패동469-2)
영업부	(031)955-9331~2
편집부	(031)955-9333
FAX	(031)955-9334
등록	1978년 12월 26일 제1-338호

이 책에 실린 모든 내용에 대한 저작권은 도서출판 세화에 있으므로
모단으로 복사 복제할 수 없습니다.
copyright©Sehwa Publishing Col.,Ltd.

ISBN	978-89-317-1361-9 (13530)
정가	**45,000원**

독자 여러분의 의견을 기다립니다.
잘못된 책은 교환하여 드립니다.